José Abrantes
Rosa Maria Rodriguez Nielsen

O Pré-Cálculo

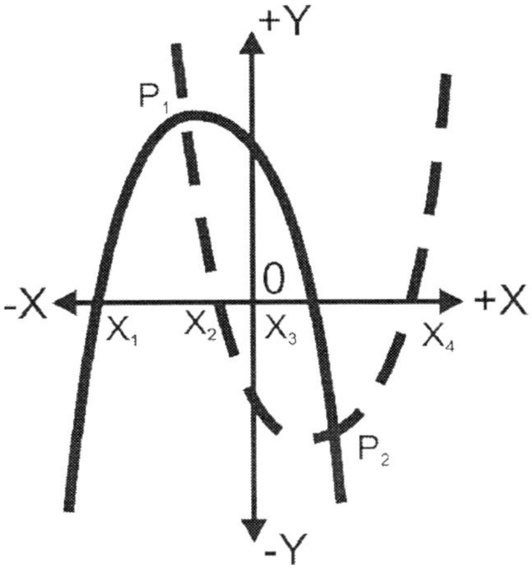

EDITORA
CIÊNCIA MODERNA

Editor: Paulo André P. Marques
Produção Editorial: Dilene Sandes Pessanha
Capa: Daniel Jara
Diagramação: Daniel Jara
Copidesque: Equipe Ciência Moderna

FICHA CATALOGRÁFICA

ABRANTES, José; NIELSEN, Rosa Maria Rodriguez.

O Pré-cálculo – Teorias e Aplicações Práticas Reais

Rio de Janeiro: Editora Ciência Moderna Ltda., 2022.

1. Matemática 2. Cálculo
I — Título

ISBN: 978-65-5842-218-1

CDD 510
515

Editora Ciência Moderna Ltda.
R. Alice Figueiredo, 46 – Riachuelo
Rio de Janeiro, RJ – Brasil CEP: 20.950-150
Tel: (21) 2201-6662/ Fax: (21) 2201-6896
E-MAIL: LCM@LCM.COM.BR
WWW.LCM.COM.BR

10/22

Sobre os autores

José Abrantes é carioca, nascido no bairro do Catete em 07 de fevereiro de 1951. É engenheiro mecânico (UERJ), licenciado em Desenho (UCAM/AVM), licenciado em Matemática (UCAM/AVM), especialista (*lato sensu*) em docência do Ensino Fundamental e Médio (UCAM/AVM), especialista (*lato sensu*) em docência do Ensino Superior (FABES/ISEP), mestre, M.Sc. em tecnologia (CEFET/RJ) e doutor, D.Sc., em Engenharia de Produção (COPPE/UFRJ). Possuí pós-doutorado na área de Educação, pela Faculdade de Engenharia Agrícola da Universidade Estadual de Campinas (FEAGRI/UNICAMP), pesquisando a interdisciplinaridade e pós-doutorado na Faculdade de Engenharia Civil da Universidade Federal Fluminense (UFF), pesquisando a pedagogia/antropologia empresarial. Apresenta sete anos de experiência como projetista técnico mecânico de nível médio (1970 a 1976) e 22 anos (1977 a 1998) como engenheiro mecânico em cálculos, projetos, montagens e manutenção de fábricas. Atuou como auxiliar de ensino, entre 1974 e 1975, em cursos técnicos, no atual CEFET/RJ. Atua continuamente como professor/educador desde 1998. Lecionou, entre 1999 e 2002, em cursos Técnicos de nível médio, na FAETEC. Entre 1998 e 2015, lecionou em cursos superiores de Engenharia e Administração, nas seguintes instituições: UniverCidade, UBM, USS, MSB, UNISUAM, FRASCE, UNIABEU e FTESM. É professor associado aposentado do Colégio de Aplicação - Cap/Uerj, onde foi lotado (entre 2002 e 2015) no Departamento de Matemática e Desenho - DMD. Até janeiro de 2023, quando se aposentou, era professor titular efetivo, em regime de dedicação exclusiva, do Instituto de Matemática e Estatística da Universidade do Estado do Rio de Janeiro - IME/UERJ, sendo lotado no Departamento de Geometria e Representação Gráfica, onde, após concurso público realizado em setembro de 1999, foi empossado em 19/01/2000.

Rosa Maria Rodriguez Nielsen é carioca, nascida em 25 de julho de 1951. É engenheira Metalúrgica, graduada pela PUC/RJ em 1974 e Mestre, M. Sc. em Engenharia Metalúrgica (PUC/RJ - 1979). Atuou como auxiliar de ensino e pesquisa, entre 1974 e 1979, no curso de graduação em Engenharia Metalúrgica, na PUC/RJ e entre 1979 e 1997 como professora do Departamento de Ciência dos Materiais e Metalurgia, na mesma instituição. Entre 1975 e 1979 atuou como professora conferencista no Instituto Militar de Engenharia - IME nos cursos de Engenharia Mecânica e Engenharia Metalúrgica e de Materiais; entre 1979 e 1983 foi professora em regime parcial nos cursos de graduação em Engenharia Mecânica e Metalúrgica e pesquisadora responsável pelo Laboratório de Materiais Conjugados (Compósitos). Lecionou em cursos de graduação de diferentes Engenharias em instituições tais como: UGF, USU, UNIRJ e SUESC. Desde 2004, leciona no curso de Engenharia Mecânica da Fundação Técnico-Educacional Souza Marques - FTESM.

PREFÁCIO

Uma das ferventes demandas dos cursos de graduação em ciências exatas é a disciplina de Cálculo Diferencial e Integral, que tem como princípio mostrar as aplicações nas diversas ciências e como se pode fazer para entendê-las. As maiores dificuldades encontradas não são especificamente na disciplina de Cálculo, mas, sim, na Matemática da educação básica, que muitas vezes não foram criadas ao longo dos anos de forma basal e efetiva na vida dos alunos. Uma Matemática sem aplicação prática, para a maioria, continua sendo abstrata e sem significado para a vida. Preocupados com isso, os professores José Abrantes e Rosa Maria Rodriguez Nielsen, em sua vasta experiência como professores e conhecendo as dificuldades encontradas pelos seus alunos, trazem para todos nós, experientes ou não, mas, preferencialmente focados nos iniciantes dos cursos de graduação, uma abordagem simples, porém efetiva, tratando de forma cirúrgica os assuntos essenciais e relevantes que servirão de base para qualquer um que deseja ter êxito em seus estudos de Cálculo. Esse conteúdo passa desde a introdução à Álgebra até aos vários tipos de funções, formando assim uma grande base, e o mais importante, com diversas aplicações, que mostram a utilidade do saber matemático e ainda com muitos exemplos e exercícios para que esse conteúdo, além de ser entendido, seja interiorizado por cada um de seus leitores. Como professor da educação básica, há mais de 25 anos, e dos cursos de graduação, sinto-me feliz e honrado por receber esta obra em minhas mãos, que vem preencher uma lacuna necessária na literatura do saber matemático do século XXI. Aproveitem!
Meus sinceros agradecimentos aos autores pela dedicação e zelo na produção dessa obra. Agora, vamos ao trabalho!

Marco Antonio Gonçalves Netto Marins.
Coordenador e Professor do Curso de Licenciatura em Matemática
da Fundação Técnico-Educacional Souza Marques.
Professor das Redes Públicas Municipal e Estadual do Rio de Janeiro.

SUMÁRIO

CAPÍTULO 2

CAPÍTULO 3

Apresentação do livro de Pré-Cálculo

Estudantes, e as pessoas em geral, entendem que engenheiros e outros profissionais da área chamada de "ciências exatas", especialmente os que trabalham com projetos e cálculos estruturais, passam horas resolvendo intrincadas fórmulas e problemas matemáticos, utilizando funções, limites, derivadas e o famoso e importante cálculo integral. Não é bem assim. Em verdade, esses profissionais, passam grande parte do seu tempo às voltas com raciocínios lógicos, fórmulas específicas, interpretação espacial e básicas habilidades para entender e se expressarem por meio de gráficos, desenhos, esquemas e ou diagramas (habilidades pictóricas). Em verdade, esses profissionais são resolvedores de problemas reais e práticos, bem como tomadores de decisão, buscando as soluções mais seguras, inclusive do ponto de vista ambiental, rápidas, econômicas e simples possíveis. Primeiro eles entendem o problema (raciocínio lógico), depois, mentalmente, vêem a solução (visão espacial) e rabiscam ou digitam alguns traços (habilidade gráfica ou pictórica), para finalmente buscar quais fórmulas, com seus algoritmos, são aplicáveis (operações matemáticas), realizando o cálculo de forma manual ou usando um programa específico.

Esse livro, que envolve, majoritariamente, a Álgebra e a Geometria, procura exatamente isso, ajudar estudantes a desenvolverem suas habilidades (ou Inteligências) Lógico-matemática, Viso-espacial e Pictórica (ou gráfica). Estudantes e profissionais precisam que as diversas disciplinas do campo da Matemática façam exatamente isso: desenvolvimento de habilidades específicas. Muito antes do advento dos computadores, esses profissionais faziam "cálculos", tanto com o uso de fórmulas específicas, quanto com o auxílio de desenhos, desenvolvidos em pranchetas por profissionais de nível médio. Já, há muitos anos, existem programas (*softwares*) que tanto executam os cálculos, quanto desenham com precisão. Isto não quer dizer que, os profissionais citados não mais precisam estudar aquelas várias disciplinas de Matemática, os famosos "Cálculos", tão temidos por tantos. Nada disso. Esses profissionais precisam continuar estudando disciplinas de base matemática, só que de forma aplicada e contextualizada, inclusive com programas. Não faz o menor sentido ensinar algo, especialmente de Matemática, sem que se explique de onde veio e para que serve. É como tomar um remédio qualquer, sem prescrição médica, sem estar doente e sem saber para que serve.

Observa-se que, principalmente, engenheiros, não são cientistas nem matemáticos. Eles têm que aprender as disciplinas matemáticas específicas de suas áreas de atuação, de forma prática, objetiva e aplicada. Uma pergunta/crítica que se ouve frequentemente é: "mas, e se ocorrer um problema onde se faz necessário um cálculo ou análise mais sofisticada, inclusive envolvendo conceitos de Matemática Avançada e Pura?" Nesse caso (que é raro), recorre-se a um consultor, especialista no assunto, normalmente com nível de doutorado em Engenharia ou em Matemática. Sempre foi assim. Profissionais, das mais diversas áreas, precisam e usam a "Matemática Aplicada", como por exemplo, o cálculo integral.

Além das aplicações práticas reais, o livro apresenta cerca de 600 imagens entre gráficos, figuras e desenhos, o que muito facilita o aprendizado da Matemática. Para além de suas experiências no magistério, inclusive lecionando a disciplina "Cálculo I", os autores também mostram problemas práticos reais, que vivenciaram como engenheiros.

Finalmente, pode-se afirmar que todos os conteúdos desenvolvidos nesse livro, permitem uma excelente base e fonte de consulta, para cursar a disciplina "Cálculo I", comum a vários cursos de bacharelado e licenciatura.

José Abrantes (D.Sc.), professor titular aposentado do Instituto de Matemática e Estatística da Universidade do Estado do Rio de Janeiro – Ime/Uerj e professor associado aposentado do Cap/Uerj .

Rosa Maria Rodriguez Nielsen (M.Sc.), professora adjunto da Fundação Técnico-Educacional Souza Marques – FTESM.

O que é "Cálculo I"? Para que serve essa disciplina?

O Cálculo Diferencial e Integral ou Cálculo Infinitesimal ou simplesmente Cálculo, é um ramo importante da Matemática, desenvolvido a partir da Álgebra e da Geometria (em especial, da Geometria Analítica), que se dedica ao estudo de taxas de variação de grandezas e a acumulação de quantidades (como a área sob uma curva ou o volume de um sólido). Por exemplo, onde há movimento ou crescimento em que forças variáveis agem produzindo aceleração, o cálculo é a Matemática a ser empregada.

Sabe-se que o volume de um cilindro reto ($V_{cil.}$), de diâmetro d e altura h é expresso pelo produto da área da base ($A_{base} = \pi d^2/4$) pela altura, ou seja: $V_{cil} = (\pi d^2/4)$. h. Variando-se a altura (para h1), o volume varia proporcionalmente, ou seja, basta aplicar a nova altura e calcular o novo volume. Por exemplo, um cilindro com 5 metros de diâmetro e 10 metros de altura, tem um volume de 196,344 m^3 ou 196.344 litros. Um cilindro de mesmo diâmetro, porém com seis metros de altura (60% de 10m), tem um volume de 117,806 m^3 ou 117.806 litros, ou seja, 60% do volume (117,806/196,344 = 0,6) do cilindro mais alto.

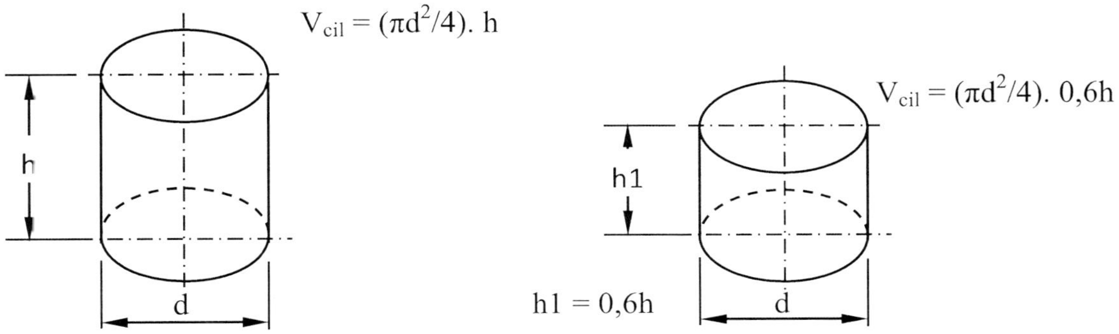

Sabe-se que o volume de uma esfera de diâmetro d é igual a $V_{esf.} = (\pi/6)d^3$. Variando-se o diâmetro, o volume varia segundo o cubo do mesmo. Por exemplo, uma esfera de diâmetro interno 10 metros, têm um volume de 523,583 m^3 ou 523.583 litros. Uma esfera com diâmetro interno de 5 metros, ou seja, metade do diâmetro da primeira, tem um volume de 65,448 m^3 ou 65.448 litros. Ou seja, a segunda esfera tem apenas 12,5% do volume da primeira, embora seu diâmetro interno seja a metade da maior.

Se for considerada uma esfera de 10 metros de diâmetro interno, porém com um líquido de altura igual a 7 metros, em relação ao fundo, qual o seu volume?

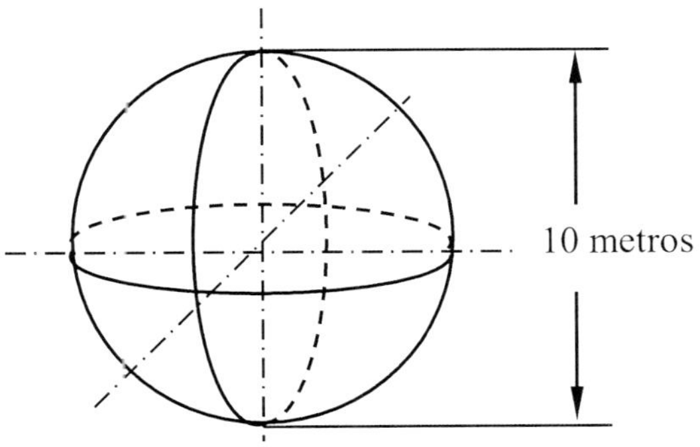

Esfera diâmetro interno 10 metros, cheia: Volume = 523,583 m^3

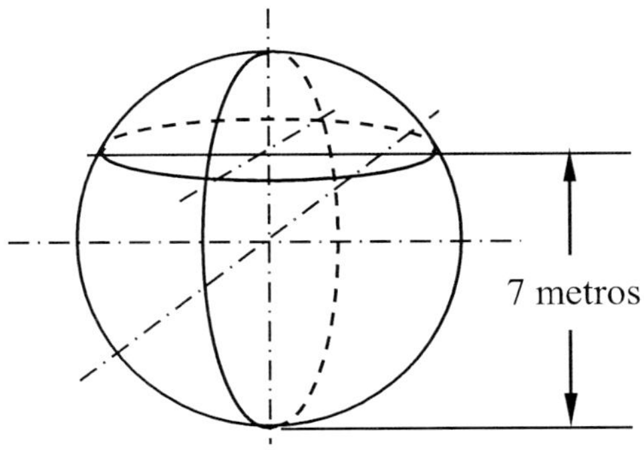

Esfera diâmetro interno 10 metros, com 7 metros de coluna de líquido: Volume = ?

Como se calcula o volume de uma esfera, relativo a uma determinada coluna de líquido, ou seja, mantendo-se o diâmetro interno e variando a altura de líquido? O Cálculo Integral, como estudado na disciplina "Cálculo I", fornece meios desse cálculo. Nesse livro de Pré Cálculo, no parágrafo 2.3.3, é feita a dedução de como se chega à fórmula para o cálculo do volume total de uma esfera, em função do seu diâmetro ($V_{esf.} = (\pi/6)d^3$). O cálculo do volume de uma coluna de líquido em uma esfera, é desenvolvido no livro de Cálculo I, dos mesmos autores. No apêndice B, do livro atual, é feita uma breve introdução da disciplina "Cálculo I".

UNIDADE I

A ÁLGEBRA. COORDENADAS CARTESIANAS. EQUAÇÕES, FUNÇÕES, CURVAS E SEUS GRÁFICOS. CORPOS REDONDOS

Capítulo 1
A álgebra básica. Coordenadas cartesianas. Representação gráfica de funções. Equações

Seja a equação do 2º grau: $+ax^2 + bx + c = 0$, onde a e b são números reais, $a \neq 0$ e x é variável.

Determinar as raízes de: $+2x^2 - 3x - 4 = 0 \begin{cases} a = +2 \\ b = -3 \\ c = -4 \end{cases}$

Pelo método de Bhaskara: $x = \dfrac{-b \pm \sqrt{(b)^2 - [(4)(a)(c)]}}{2(a)}$

$$x = \frac{-(-3) \pm \sqrt{(-3)^2 - [(4)(+2)(-4)]}}{2(+2)} = \frac{+3 \pm \sqrt{41}}{+4} = \frac{+3 \pm 6,403}{+4}:$$

Esta equação tem duas raízes: x_1 e x_2.

$x_1 = \dfrac{+3 + 6,403}{+4} = +2,351$ e $x_2 = \dfrac{+3 - 6,403}{+4} = -0,851$.

Qual o significado destas raízes? (Veja parágrafo 1.7).

Álgebra é o ramo da Matemática que introduz o conceito de variável na representação de um número. A álgebra utiliza números, letras e sinais (símbolos) para generalizar as diversas operações aritméticas. Também entende-se por álgebra o ramo da Matemática que estuda as estruturas, as relações e as quantidades. A álgebra elementar é aquela que diz respeito às operações aritméticas (soma, subtração, multiplicação e divisão) mas que, ao contrário da aritmética, utiliza letras (a, x, y) em vez de números (1, 2, 9, etc.). A disciplina "Cálculo I", se utiliza basicamente da álgebra, com as imagens de funções, equações e curvas, sendo feitas com os fundamentos da geometria, usando gráficos em sistemas de coordenadas cartesianas.

1.1 Os números

Inteiros, são todos os números que não possuem nenhuma fração. Incluem os positivos e os seus opostos, os negativos.

Naturais, são todos os números inteiros positivos, incluindo o zero.

Naturais negativos, são todos os números inteiros menores que zero.

Racionais, é o conjunto que engloba os números inteiros, decimais finitos (fração) e decimais infinitos (dízima periódica).

Fracionários, são os números representados por uma fração ou que possuem casa decimal. Podem ser finitos, como 1,5, ou infinitos, que são as dízimas periódicas, ou melhor, números decimais infinitos que seguem uma periodicidade. Ex. 1,0505050505…

Irracionais, é o conjunto que representa os números decimais infinitos que não possuem uma periodicidade, isto é, números com casas decimais infinitas que não seguem um padrão. Um exemplo bem conhecido e utilizado desse conjunto é a representação do valor de $\pi = 3,14159265$.
Outro exemplo, são as raizes não exatas. Quando um número natural não possui raiz exata, ele é considerado irracional. Por exemplo: $\sqrt{5} = \pm 2,2360679$, é um número irracional.

Reais, é um conjunto que amplia os números racionais, contendo, não somente os números inteiros, como também os fracionários e irracionais.

Complexos, são representados na forma algébrica como $Z = a + bi$, sendo "a" a parte real e "b" a parte imaginária. Tais números formam um conjunto que engloba, por exemplo, as raízes quadradas de números negativos, considerada por matemáticos antigos como insolúveis ou inexistentes. São bastante utilizados, por exemplo, em cálculos de engenharia e em resoluções de equações algébricas complexas e diferenciais.

1.2 Expressão algébrica, monômios e polinômios

Expressões algébricas são as que possuem letras e números, sendo as letras utilizadas para expressar valores desconhecidos ou valores que podem variar, sendo conhecidas também como variáveis.
O uso de expressões algébricas é bastante comum para analisar o comportamento matemático de variáveis e para descrever fórmulas da Física, Química e da própria Matemática, sendo bastante comum no estudo da geometria analítica, funções, polinômios e equações.
Monômios são expressões algébricas que representam um produto de números reais por uma parte formada por letras e expoentes, que devem ser números naturais. As letras são chamadas variáveis.
Por exemplo, um octógono regular (polígono com oito lados), possui lados iguais e seu perímetro é igual à soma dos oito lados. Chamando o perímetro de P e o lado de a, podemos escrever: $P = 8a$. Ou seja, o perímetro do octógono regular é igual a oito vezes o valor do seu lado. Quando o valor de a varia, o mesmo acontece com o perímetro.
Monômios semelhantes são os que possuem a parte literal igual. Por exemplo: $-5x^3$ e $+4x^3$, são monômios semelhantes. Os polinômios são casos particulares de expressões algébricas, que possuem vários termos. Por exemplo, a expressão: $S = x^2 + 2xy$, é um polinômio que expressa o valor da área da figura a seguir.

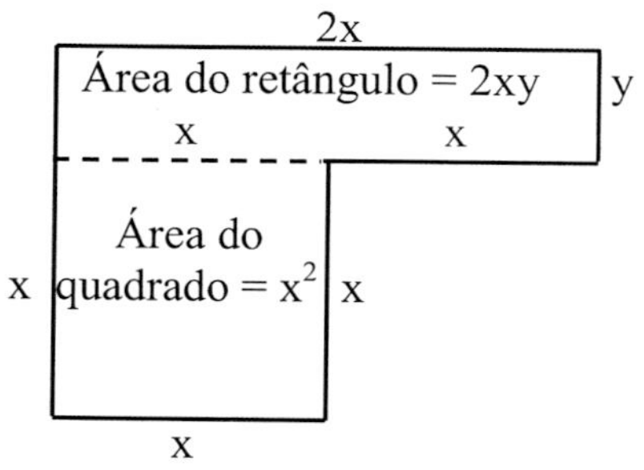

1.3 Potenciação de números e operações entre monômios

A potenciação é uma operação matemática que representa a multiplicação sucessiva de um número por ele mesmo.

1.3.1 Potenciação de números

Tipos de potenciação

Expoente positivo: quando a base for um número real e o expoente for positivo, obtém-se a potência efetuando o produto dos fatores. Veja os exemplos:

$3^{+2} = 3 \cdot 3 = 9.$

$0{,}5^{+3} = 0{,}5 \cdot 0{,}5 \cdot 0{,}5 = 0{,}125.$

$(1/2)^{+3} = (1/2) \cdot (1/2) \cdot (1/2) = 0{,}125.$

Expoente negativo: se o expoente é negativo, devemos fazer o inverso do número, que é trocar numerador com denominador, para o expoente passar a ser positivo. Veja os exemplos:

$$3^{-2} = \frac{1}{3^{+2}} = \frac{1}{3} \cdot \frac{1}{3} = \frac{1}{9} = 0{,}111.$$

$$0{,}4^{-3} = \frac{(4)^{-3}}{(10)^{-3}} = \frac{(10)^{+3}}{(4)^{+3}} = \frac{10 \cdot 10 \cdot 10}{3 \cdot 3 \cdot 3} = \frac{1.000}{27} = 37{,}037.$$

$(1/2)^{-2} = 2^{+2}/1^{+2} = 4/1 = 4$.

Expoente igual a +1: quando o expoente for igual a um positivo, a potência será o próprio número da base. Ou seja: $a^1 = a$; $3^1 = 2$; $5^1 = 5$ e $1.000^1 = 1.000$.

Expoente igual a zero: se o expoente for 0, a reposta referente à potência sempre será 1. Ou seja: $a^0 = 1$; $1.000^0 = 1$ e $25^0 = 1$. A explicação para isso é mostrada na propriedade 2 a seguir.

Propriedades da potenciação

1ª - **Produto de potências de mesma base:** conserva-se a base e somam-se os expoentes.

$\mathbf{a^n \,.\, a^m = a^{(n+m)}}$.

$5^2 \,.\, 5^3 = 5^{(2+3)} = 5^5 = 3.125$.

$3^5 \,.\, 3^2 = 3^{(5+2)} = 3^7 = 2.187$.

2ª - Divisão de potências de mesma base: conserva-se a base e subtraem-se os expoentes.

$\mathbf{a^n : a^m = a^n = a^{(n-m)}}$.

$4^6/4^3 = 4^{(6-3)} = 4^3 = 64$.

$4^3/4^5 = 4^{(3-5)} = 4^{-2} = 1/4^2 = 1/16 = 0{,}0625$.

$3^4/3^4 = 3^{(4-4)} = 3^0$. Desenvolvendo o cálculo tem-se: $3^4/3^4 = 81/81 = 1$. Portanto: $3^0 = 1$.

3ª - Potência de potência: multiplicam-se os expoentes.

$\mathbf{(a^n)^m = a^{(n\,.\,m)}}$.

$(3^4)^2 = 3^{(4\,.\,2)} = 3^8 = 6.561$.

4ª - Potência de um produto: o expoente geral é expoente dos fatores.

$\mathbf{(a \,.\, b)^n = (a^n \,.\, b^n)}$.

$(4 \,.\, 5)^2 = (4^2 \,.\, 5^2) = 16 \,.\, 25 = 400$.

5ª - Multiplicação de potências com o mesmo expoente: conserva-se o expoente e multiplicam-se as bases.

$\mathbf{a^n \,.\, b^n = (a \,.\, b)^n}$.

$4^2 \,.\, 6^2 = (4 \,.\, 6)^2 = (24)^2 = 576$.

1.3.2 Radiciação de números

Nomenclatura: Índice → 3; Radical; Radicando; Raiz: $\sqrt[3]{-27} = -3$ (Raiz cúbica de -27 é igual a -3, pois: -3.-3.-3 = -27)

Radiciação é a operação inversa da potenciação, portanto, todas as propriedades da radiciação são derivadas da potenciação. A seguir são citadas e exemplificadas as cinco propriedades da radiciação.

1ª $\sqrt[n]{a} \cdot \sqrt[n]{b} = \sqrt[n]{a \cdot b}$.

$\sqrt[3]{+27} \cdot \sqrt[3]{+8} = \sqrt[3]{+27 \cdot +8} = \sqrt[3]{+216} = +6$.

2ª $\dfrac{\sqrt[n]{a}}{\sqrt[n]{b}} = \sqrt[n]{a/b}$. $(b \neq 0)$.

$\dfrac{\sqrt[2]{4}}{\sqrt[2]{16}} = \sqrt[2]{4/16} = \sqrt[2]{1/4} = \dfrac{\sqrt[2]{1}}{\sqrt[2]{4}} = \dfrac{1}{2} = 0{,}5$. (Observa-se que, em raízes, não se usa o expoente 2, na prática).

3ª $(\sqrt[n]{a})^m = \sqrt[n]{a^m}$.

$(\sqrt[3]{-27})^2 = \sqrt[3]{-27^2} = \sqrt[3]{+729} = +9$.

4ª $\sqrt[n]{\sqrt[m]{a}} = \sqrt[n \times m]{a}$.

$\sqrt[2]{\sqrt[3]{+27}} = \sqrt[6]{+27} = +1{,}732$.

5ª $\sqrt[n]{a^m} = \sqrt[n \times p]{a^{m \times p}}$.

$\sqrt[2]{a^4} = \sqrt[2 \times 3]{3^{4 \times 3}} = \sqrt[6]{3^{12}} = \sqrt[6]{531.441} = +9$.

1.3.3 Operações entre monômios: adição, subtração, multiplicação e divisão

Os monômios podem ser operados, da mesma forma que as operações com números, quais sejam: adição, subtração, multiplicação e divisão.

Adição e subtração de monômios

Monômios semelhantes (de mesma potência) podem ser somados e ou subtraídos. Por exemplo:

$+5x^5 - 2x^5 + \dfrac{2}{3}x^5 = +5x^5 - 2x^5 + 0{,}667{*}x^5 = +3x^5 + 0{,}667{*}x^5 = +3{,}667x^5$.

*2/3 = 0,667. Em problemas práticos reais, principalmente os da área de Engenharia, as operações e resultados finais são apresentados em números Naturais, não utilizando números fracionários ou irracionais.

Multiplicação e divisão de monômios

O produto de dois ou mais monômios é um monômio com:

a) coeficiente igual ao produto dos coeficientes desses monômios e b) parte literal igual ao produto das partes literais desses monômios.

$3x^2 \cdot 4x^3 = (3 \cdot 4) \cdot (2 \cdot 3) = 12x^6$.

A divisão ou quociente entre dois monômios, com o divisor diferente de zero, é um monômio com:

a) coeficiente igual ao quociente entre os coeficientes desses monômios e b) parte literal igual ao quociente entre as partes literais desses monômios.

$(-9x^6)/(-3x^2) = (-9/-3)(x^6/x^2) = (+3)(x^{(6-2)}) = +3x^4$.

$(+2x^3)/(-4x^5) = (+2/-4)(x^3/x^5) = (-1/2)(x^{(3-5)}) = (-1/2)(x^{-2}) = (-1/2)(1/x^2) = -1/2x^2 = -0{,}5x^2$.

1.4 Binômios, trinômios, polinômios e suas operações

Binômios são expressões algébricas compostas por dois monômios, como por exemplo: $+2x^3 - 7x$.

Trinômios são expressões algébricas compostas por três monômios, como por exemplo: $-5x^2 + 5x - 9x^4$.

Polinômios são expressões algébricas compostas por quatro ou mais monômios, como por exemplo: $+x^4 - 7x^2 + 9x + 8$.

Operações com binômios, trinômios e polinômios

Seguem as mesmas regras das operações com monômios.

1.5 Produtos notáveis e fatoração

1.5.1 Produtos notáveis

São multiplicações em que os fatores são polinômios. Existem cinco produtos notáveis mais relevantes: quadrado da soma, quadrado da diferença, produto da soma pela diferença, cubo da soma e cubo da diferença.

1.5.1.1 Quadrado da soma $(x + a)^2$

São os produtos do tipo: $(x + a) . (x + a)$.

O nome quadrado da soma é dado porque a representação por potência desse produto é dada por: $(x + a)^2$.

A solução desse produto notável sempre será o polinômio: $\mathbf{(x + a)^2 = +x^2 + 2xa + a^2}$.

Esse polinômio é obtido por meio da aplicação da propriedade distributiva da seguinte maneira:

$$(x + a)^2 = (x + a)(x + a) = \begin{array}{r} (x + a) \\ \times \underline{\ (x + a)} \\ +a^2 + ax \\ \underline{+ax + x^2} \\ +x^2 + 2ax + a^2 \end{array}$$

> Em sala de aula, em geral no 8º ano do Ensino Fundamental, os professores falam da seguinte forma:
> "O quadrado do primeiro termo, mais duas vezes o primeiro vezes o segundo, mais o quadrado do segundo termo."

Por exemplo: $(x + 5)^2 = (x)^2 + (2)(x)(5) + (5)^2 = +x^2 + 10x + 25$.

1.5.1.2 Quadrado da diferença $(x - a)^2$

O nome quadrado da diferença é dado porque a representação por potência desse produto é dada por: $(x - a)^2$.

A solução desse produto notável sempre será o polinômio: $\mathbf{(x - a)^2 = +x^2 - 2xa + a^2}$.

Esse polinômio é obtido por meio da aplicação da propriedade distributiva da seguinte maneira:

$$(x - a)^2 = (x - a)(x - a) = \begin{array}{r} (x - a) \\ \times \underline{\ (x - a)} \\ +a^2 - ax \\ \underline{-ax + x^2} \\ +x^2 - 2ax + a^2 \end{array}$$

> Em sala de aula, em geral no 8º ano do Ensino Fundamental, os professores falam da seguinte forma:
> "O quadrado do primeiro termo, menos duas vezes o primeiro vezes o segundo, mais o quadrado do segundo termo."

Por exemplo: $(x - 5)^2 = (x)^2 - (2)(x)(5) + (5)^2 = +x^2 - 10x + 25^2$.

1.5.1.3 Produto da soma pela diferença (x + a) . (x - a)

É o produto notável que envolve um fator com uma soma e outro com uma subtração, do tipo: $(x + a)(x - a)$.

Não há representação em forma de potência para esse caso, mas sua solução sempre será determinada pela seguinte expressão, também obtida com a técnica do quadrado da soma:

$\mathbf{(x + a)(x - a) = x^2 - a^2}$. Ou seja: o quadrado do primeiro termo menos o quadrado do segundo.

Por exemplo: $(xy + 4) . (xy - 4) = (xy + 4) . (xy - 4) = (xy)^2 - 16$.

1.5.1.4 Cubo da soma $(x + a)^3$

É um produto notável do tipo: $(x + a) . (x + a) . (x + a)$, escrito na forma de potência como: $(x + a)^3$.

A solução desse produto notável sempre será o polinômio: $\mathbf{(x + a)^3 = +x^3 + 3x^2a + 3xa^2 + a^3}$.

Esse polinômio é obtido por meio da aplicação da propriedade distributiva da seguinte maneira:

$$(x + a)^2 = (x + a) . (x + a) = \quad \begin{array}{r} (x + a) \\ \times \ \underline{(x + a)} \\ +a^2 + ax \\ + \ \underline{+ax + x^2} \\ +x^2 + 2ax + a^2 \end{array} \quad \longrightarrow \quad \begin{array}{r} (+x^2 + 2ax + a^2) \\ \times \ \underline{(x + a)} \\ +a^3 + 2xa^2 + x^2a \\ + \ \underline{+xa^2 + 2x^2a + x^3} \\ +x^3 + 3x^2a + 3xa^2 + a^3. \end{array}$$

Por exemplo: $(x + 5)^3 = (x)^3 + (3x)^2(5) + (3x)(5)^2 + (5)^3 = +x^3 + 15x^2 + 75x + 125$.

1.5.1.5 Cubo da diferença $(x - a)^3$

É um produto notável do tipo: $(x - a) . (x - a) . (x - a)$, escrito na forma de potência como: $(x - a)^3$.

A solução desse produto notável sempre será o polinômio: $\mathbf{(x - a)^3 = +x^3 - 3x^2a + 3xa^2 - a^3}$.

Esse polinômio é obtido por meio da aplicação da propriedade distributiva da seguinte maneira:

$$(x - a)^2 = (x - a) . (x - a) = \quad \begin{array}{r} (x - a) \\ \times \ \underline{(x - a)} \\ +a^2 - ax \\ + \ \underline{-ax + x^2} \\ +x^2 - 2ax + a^2 \end{array} \quad \longrightarrow \quad \begin{array}{r} (+x^2 - 2ax + a^2) \\ \times \ \underline{(x - a)} \\ -a^3 + 2xa^2 - x^2a \\ + \ \underline{+xa^2 - 2x^2a + x^3} \\ +x^3 - 3x^2a + 3xa^2 - a^3. \end{array}$$

Por exemplo: $(x - 2y)^3 = +x^3 - 3x^2 2y + 3x(2y)^2 - (2y)^3 = +x^3 - 3x^2 2y + 3x4y^2 - 8y^3 = +x^3 - 6x^2y + 12xy^2 - 8y^3$.

1.5.1.6 Produto do tipo: (x + a) . (x + b)

Resulta no trinômio $+x^2 + (a + b)x + ab$.

$$\begin{array}{r} +x + a \\ \times \ \underline{+x + b} \\ +ab + bx \\ + \ \underline{+ax + x^2} \\ +x^2 + ax + bx + ab \end{array} = +x^2 + (a + b)x + ab.$$

1.6 Fatoração de polinômios

A fatoração ocorre quando polinômios são decompostos em um produto de outros polinômios, facilitando diversos cálculos, por exemplo, de derivadas e integrais, quando se estuda a disciplina "Cálculo I".
Existem três tipos principais de fatoração, como mostrados a seguir.

1.6.1 Fator comum em evidência

Por exemplo, $+8x^3 - 4$, pode ser escrito como: $4(+2x^3 - 1)$, ou seja, o binômio foi dividido por 4, que foi colocado em evidência.

Fatorar o trinômio: $+9n^4 - 12n^2m - 6n^2$.

Decompondo o trinômio tem-se: $(3 . \underbrace{3 . n^2} . n^2) - (4 . \underbrace{3 . n^2} . m) - (2 . \underbrace{3 . n^2})$.

Observa-se que o fator $3n^2$ é comum aos três termos, portanto pode ser colocado em evidência.

O trinômio fica da seguinte forma fatorada: $3n^2(3n^2 - 4m - 2)$.

Fatorar a expressão: $x\underbrace{(+6a - 1)} - 8\underbrace{(+6a -1)}$.

Observa-se que o fator comum é $(+6a - 1)$, portanto, a forma fatorada é: $(+6a - 1) . (+x - 8)$.

Verificação: $x(6a - 1) - 8(6a -1) = +6ax - x - 48a +8$. →

$$
(6a - 1) . (x - 8) = \begin{array}{r} +6a - 1 \\ x \quad \underline{+x - 8} \\ +8 - 48a \\ + \underline{-x + 6ax} \\ +6ax - x - 48a + 8 \end{array}
$$

Portanto: $x(+6a - 1) - 8(+6a -1) = +6ax - x - 48a +8 = (+6a - 1) . (+x - 8)$.

1.6.2 Fatoração por agrupamento

É o método pelo qual simplifica-se uma expressão algébrica, agrupando os termos semelhantes (termos em comum). Esse método do agrupamento faz uso do método do fator comum em evidência, visto anteriormente.

Por exemplo, no polinômio: $+4x^2 + 8x + 6xy + 12y$, inicialmente faz-se: $(+4x^2 + 8x) + (+6xy + 12y)$, ou seja, foram agrupados os termos em x e y, em dois binômios, analisados da seguinte forma.

$(+4x^2 + 8x) = +4x\underbrace{(+x + 2)}$ e $(+6xy + 12y) = +6y\underbrace{(+x + 2)}$. Agora o fator comum é $(+x + 2)$.

$+4x^2 + 8x + 6xy + 12y = +4x(+x + 2) + 6y(+x + 2) = (+4x + 6y) . (+x +2)$.

Verificação:

$$
(+4x + 6y) . (+x +2) = \longrightarrow \begin{array}{r} +4x + 6y \\ x \quad \underline{+x +2} \\ +12y + 8x \\ + \underline{\; +6xy + 4x^2} \\ +4x^2 + 8x + 6xy + 12y \end{array}
$$

Portanto: $+4x^2 + 8x + 6xy + 12y = (+4x + 6y) . (+x +2)$.

1.6.3 Fatoração da diferença de dois quadrados

É feita seguindo o inverso do conceito do produto notável quadrado da diferença $(x - a)^2$, como visto no parágrafo 1.5.1.2. Exemplos:

$+x^2 - 64 = (+x +8) . (+x - 8)$.
$+y^2 - 16 = (+y +4) . (+y - 4)$.

1.6.4 Fatoração do trinômio quadrado perfeito

Essa fatoração advém do produto notável do quadrado da soma, visto no parágrafo 1.5.1.1.

Por exemplo, seja o trinômio $+9x^2 + 24x + 16$.

O termo $9x^2$ é o quadrado de $+3x$ e 16 é o quadrado de 4.

Observa-se que $(3x + 4)^2 = +9x^2 + 24x + 16$. Portanto é uma forma fatorada do trinômio original.

1.6.5 Fatoração de trinômios não quadrados perfeitos

Dependendo dos termos do trinômio, o mesmo pode ser fatorado seguindo o conceito do produto notável visto no parágrafo 1.5.1.6, ou seja: $(x + a) . (x + b)$.

Seja o trinômio: $+x^2 + 5x + 6$. Sabe-se que: $(x + a) . (x + b) = +x^2 + \underbrace{(a + b)}x + \underbrace{ab}$.

Como $x = +1$, para que ele seja do tipo $(x + a) . (x + b)$ é preciso que $a + b = +5$ e $ab = +6$.
Para que $a + b = +5$ e $ab = +6$, então: $a = +3$ e $b = +2$ ou $a = +2$ e $b = +3$

Ou seja: $+x^2 + 5x + 6 = (+x + 3) . (+x + 2)$.

Dado o trinômio: $+x^2 - 7x + 12$, como $x = +1$, para que se enquadre como $(x + a) . (x + b)$, é preciso que $a +b = -7$ e $ab = +12$.

De fato, se $a = -3$ e $b = -4$, então: $a + b = (-3) + (-4) = -7$ e $ab = (-3) . (-4) = +12$.

Ou seja: $+x^2 - 7x + 12 = (x - 3) . (x - 4)$.

1.7 Equações do 1º grau e sistema de equações do 1º grau. Equação de uma reta no espaço R^2

1.7.1 Equações do 1º grau

Equação é uma sentença ou expressão matemática que possui igualdade entre duas expressões algébricas e uma ou mais incógnitas (valores desconhecidos) que são expressas por letras. Uma equação é do 1º grau, quando as incógnitas tem expoente igual a um (1), do 2º grau quando o maior expoente é igual a dois (2) e, assim sucessivamente. Toda equação tem: o primeiro membro, o sinal de igualdade (=) e o segundo membro.

$-3x + 8 = +6$, é um exemplo de uma equação do 1º grau, onde $-3x + 8$ é o primeiro membro e $+6$ é o segundo membro.

A solução dessa equação do 1º grau é feita da seguinte forma:

1) No primeiro membro deve ficar somente a incógnita e, no outro, os números. Nesse caso, retira-se +8 do primeiro membro. Aplicando-se o princípio aditivo, adiciona-se -8 nos dois membros, ou seja:

$-3x + 8 - 8 = +6 - 8 \Rightarrow -3x = -2$.

2) Para que, no primeiro membro tenha-se apenas a incógnita x, nesse caso, dividem-se ambos os membros por -3, ou seja:

$\frac{-3x}{-3} = \frac{-2}{-3} \Rightarrow +x = \frac{+2}{+3} \Rightarrow x = +0{,}667$.

Na prática, o raciocínio é o seguinte: quando se muda um membro de posição, inverte-se o seu sinal, ou seja, se num membro o número é positivo, ao mudar para o outro membro, passa a negativo, e vice versa. No mesmo raciocínio, um número que num membro está multiplicando, ao mudar para o outro membro, passa a dividir, e vice versa. Considerando a equação: -3x + 8 = +6, tem-se:

-3x + 8 = +6 => -3x = -8 + 6 => -3x = -2 => -x = -2/3 => +x = +2/3 => x = +0,667.

Observação: quando uma equação do 1° grau passa a uma função em y, a mesma representa ou uma função linear ou uma função afim. No caso da equação: -3x + 8 = +6, quando se faz y = -3x + 6, tem-se uma função afim, ou seja, uma reta que não passa pela origem (0; 0), dos eixos cartesianos X, Y.

1.7.2 Sistema de equações do 1° grau

É formado por duas ou mais equações do 1° grau, com duas incógnitas. Para determinar os valores de x e y, numa equação do 1° grau é preciso relacionar essa equação com outra ou outras com as mesmas incógnitas. Essa relação é chamada de sistema. Equações do 1° grau podem ser oriundas de problemas práticos reais, como os a seguir citados.

Exercício 1.7.2.1) sobre uma mesa existem 70 moedas, num total de R$ 55,00, sendo moedas de R$ 1,00 e R$ 0,50. Determinar as equações que formam um sistema do 1° grau, de forma se calcular quantas moedas existem de cada valor.
A quantidade de moedas de R$ 1,00, será chamada de x e as de R$ 0,50 de y. Ou seja: x + y = 70, que é a primeira equação. O total de R$ 50,00 pode ser relacionado aos valores de cada moeda da seguinte forma:
x moedas de R$ 1,00 = 1.x e y moedas de R$ 0,50 = 0,5y. Ou seja: x + 0,5y = 55, que é a segunda equação.
O sistema de equações do 1° grau, para resolver esse problema, fica da seguinte forma:

$\begin{cases} x + y = 70. \\ x + 0,5y = 55. \end{cases}$ Usa-se uma chave para realçar as duas equações. No parágrafo adiante, serão estudados os métodos para a solução desse tipo de sistema.

Exercício 1.7.2.2) um avô faz a seguinte brincadeira com o neto, que está cursando o Ensino Médio: a minha idade é o triplo da sua, sabendo que nossas idades somam 80 anos, qual a idade de cada um de nós?
Chamando a idade do avô de x e a do neto de y, tem-se: x + y = 80. Também sabe-se que: x = 3y. Desse jeito o sistema de equações do 1° grau fica:

$$\begin{cases} x + y = 80. \\ x = 3y. \end{cases}$$

1.7.2.1 Métodos para resolução de sistema de equações do 1° grau

Existem os seguintes métodos mais utilizados: o da substituição e o da adição

Método da substituição

Uma das variáveis é isolada em uma das equações do sistema e, então, a expressão isolada é colocada no lugar na outra equação do sistema. O exemplo a seguir, é a solução do problema 1.7.2.1 do parágrafo anterior.

$\begin{cases} +x + y = 70 \Rightarrow x = 70 - y. \\ +x + 0,5y = 55 \Rightarrow 70 - y + 0,5y = 55. \end{cases}$ Substituindo x na 2ª equação tem-se: ... Com isso tem-se uma equação do 1° grau, com uma incógnita (y).

70 - y + 0,5y = 55 => -y + 0,5y = 55 - 70 => -0,5y = -15 => y = -15/-0,5 => y = +30.

Substituindo y = +30 na 1ª equação, tem-se o valor de x.

x + y = 70 => x + 30 = 70 => x = 70 - 30 => x = 40.

Conclusão: existem 30 moedas de R$ 0,50 (total de R$ 15,00) e 40 moedas de R$ 1,00 (total de R$ 40,00), perfazendo 70 moedas no valor total de R$ 55,00.

Problema 2:

$$\begin{cases} +x + y = 80. \\ +x = 3y. \end{cases}$$ ← Substituindo o valor de x na 1ª equação tem-se: 3y + y = 80 => 4y = 80 => y = 80/4 = 20.

y = 20 anos é a idade do neto. Como x + y = 80, logo: x + 20 = 80 => x = 80 - 20 = 60.

Conclusão: o avô tem 60 anos de idade e o neto 20 anos de idade.

Método da adição

Nesse método, busca-se a soma das duas equações, de forma a se eliminar uma das incógnitas, ficando apenas com. Com essa calculada, substituí-se a mesma em uma das equações, achando o valor da segunda incógnita. Por exemplo, o problema 1 do parágrafo 1.7.2 pode ser resolvido por esse método.

$$\begin{cases} +x + y = +70. \\ +x + 0{,}5y = +55. \end{cases}$$ Multiplicando-se os dois membros da 2ª equação por -1, tem-se:

$$\begin{cases} +x + y = +70 \\ -x - 0{,}5y = -55 \\ \hline 0 + 0{,}5y = +15. \end{cases}$$

Somando as duas equações tem-se: →

+0,5y = +15 => y = 15/0,5 = 30.

Voltando à 1ª equação, substituindo o valor de y tem-se: +x + 30 = +70 => +x = +70 - 30 = 40.
Conclusão: x = 40 e y = 30.

Resolver o sistema: $\begin{cases} +2x + 2y = +104. \\ +x - 3y = +4. \end{cases}$ Para somar e anular a incógnita x, multiplica-se a 2ª equação por (-2), ou seja:

(-2)(+x) - (-2)(+3y) = (-2)(+4) => -2x + 6y = -8. Agora o sistema fica da seguinte forma:

$$\begin{cases} +2x + 2y = +104. \\ -2x + 6y = -8 \\ \hline 0 + 8y = +96 \end{cases}$$ ← Somando as duas equações tem-se. +8y = +96 => y = +96/+8 = +12.

Voltando à 1ª equação do sistema, substituindo o valor de y tem-se: +2x + (2)(+12) = +104 => +2x + 24 = +104 =>
+2x = +104 - 24 => +2x = +80 => x = +80/+2 = +40.

Conclusão: x = +40 e y = +12.

Verificação: +2x + 2y = +104 => +(2)(+40) + (2)(+12) = +104 => +80 + 24 = +104 => +104 = +104.
Os valores encontrados estão corretos.

Resolver o sistema: $\begin{cases} +x + 4y = +7 \text{ (A)} \\ +3x + y = -1 \text{ (B)} \end{cases}$ => +x = +7 - 4y.

Substituindo o valor de x, obtido em (A), na equação (B), tem-se:

+3(+7 - 4y) + y + 1 = 0 => +21 - 12y + y + 1 = 0 => +22 - 11y = 0 => +11y = +22 => y = +22/+11 = +2.

Com y = +2, substituindo em (A), tem-se: x = +7 - 4y => x = +7 - (4)(+2) => x = + 7 - 8 => x = -1.

Conclusão: x = -1 e y = +2.

Qual o significado desses valores de x e y, para além do fato de satisfazerem a ambas as equações?

O parágrafo a seguir mostra, por exemplo, como equações do 1º grau podem ser representadas graficamente.

1.8 Representação gráfica de equações do 1º grau

Equações do 1º grau, bem como de outros graus, podem ser representadas graficamente, usando-se o conceito do sistema de coordenadas cartesianas, como a seguir descrito.

1.8.1 Sistema de coordenadas cartesianas: abscissa (x) e ordenada (y)

Um sistema de coordenadas cartesianas corresponde a uma superfície plana bidimensional, ou seja, possui duas dimensões: comprimento (X) e largura (Y). É no plano (X, Y) que se formam e se estudam as funções e as figuras geométricas planas. Chama-se sistema de coordenadas cartesianas ou espaço cartesiano, um esquema ou diagrama reticulado que localiza pontos num determinado plano com dimensões. As coordenadas cartesianas foram propostas, em 1637, pelo filósofo e matemático francês René Descartes (1596-1650), sendo há muito um sistema usado para localizar um ponto em relação a dois (X, Y) ou três eixos (X, Y e Z). Considerando os estudos de Descartes, Isaac Newton (1643-1727) e Gottfried Wilhelm Leibniz (1646-1716), a representação gráfica cartesiana, muito contribuiu para o desenvolvimento do Cálculo Diferencial e Integral.

A seguir é mostrada a representação gráfica de um sistema de coordenadas cartesianas.

Eixo vertical ou das ordenadas

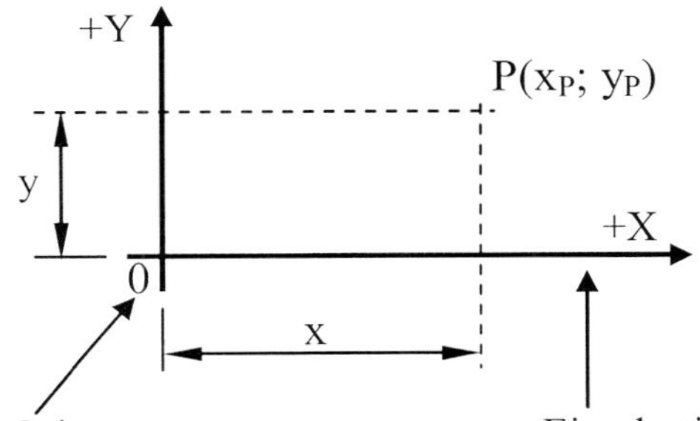

Origem Eixo horizontal ou das abscissas

Observa-se que, a partir da origem (0) ou ponto (0; 0), pode-se plotar ou definir a posição de um ponto, em função de suas distâncias em relação ao eixo X ou das abscissas e eixo Y ou das ordenadas. Dependendo da aplicação, por exemplo, na Engenharia, a unidade de medida pode ser expressa em milímetro, centímetro ou metro.

Na prática, quando se tem, por exemplo, a notação P (+5; +2), significa que o ponto P está à direita e distante 5 Unidades de Medida do eixo Y, ou seja, sua abscissa é x = +5, bem como está acima e distante 2 do eixo X, ou seja, sua ordenada é y = +2.

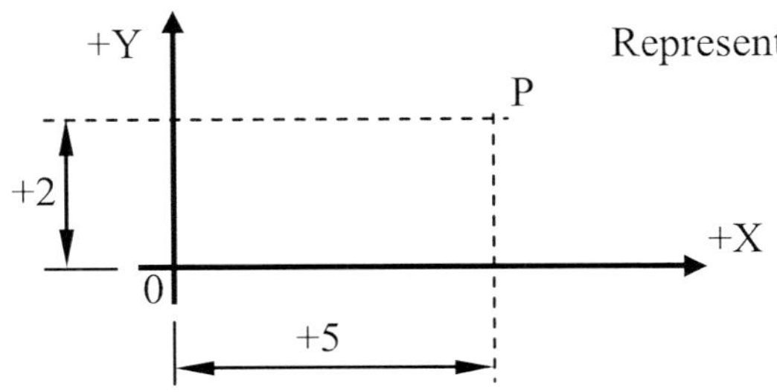

Representação gráfica do ponto P(+5; +2)

A partir desse conceito, o espaço bidimensional (X, Y), pode ser imaginado como dividido em quatro partes, chamadas quadrantes (numerados no sentido anti-horário), inclusive com coordenadas x e y assumindo valores negativos. A figura a seguir mostra esse conceito, com os pontos A, E, J e H (valores na tabela), plotados, um em cada quadrante.

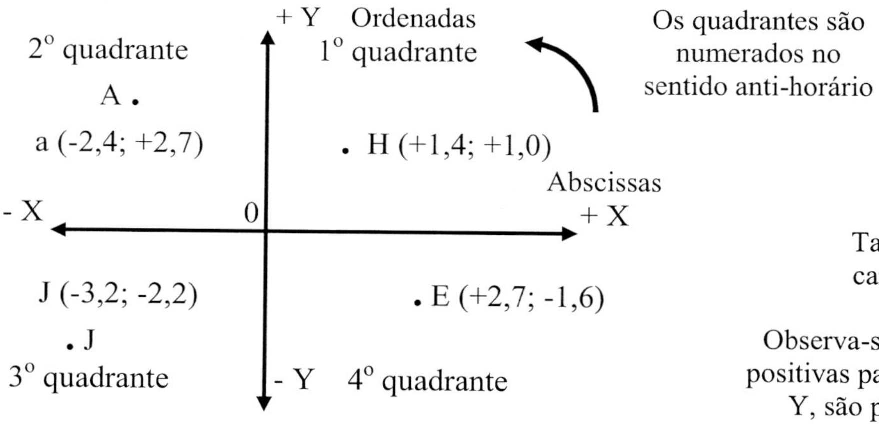

Figura com o sistema de coordenadas cartesianas
(Com os quatro quadrantes)

	x	y
A	-2,4	+2,7
E	+2,7	-1,6
J	-3,2	-2,2
H	+1,4	+1,0

Tabela com as coordenadas cartesianas de quatro pontos

Observa-se que abscissas, eixo X, são positivas para a direita e ordenadas, eixo Y, são positivas para cima, sendo negativas no sentido inverso.

A partir do conceito das coordenadas cartesianas é possível, por exemplo, representar graficamente um segmento de reta, conhecendo-se, pelo menos, as coordenadas de dois pontos dessa reta, uma vez que por dois pontos passa uma e somente uma reta.

No parágrafo 1.7.2.1, foi resolvido o sistema a seguir, encontrando-se os seguintes valores: x = -1 e y = +2.

$$\begin{cases} +x + 4y = +7. \\ +3x + y = -1 \end{cases}$$

A seguir será feita a representação gráfica dessas duas equações do 1° grau, bem como a interpretação dos valores x = -1 e y = +2.

1.8.2 Equação de uma reta no espaço R^2

1.8.2.1 Reta definida por dois pontos

No espaço bidimensional ou R^2 ou X, Y, por dois pontos quaisquer, definidos por suas coordenadas cartesianas, passa uma e somente uma reta, sendo que estes dois pontos definem um segmento de reta.

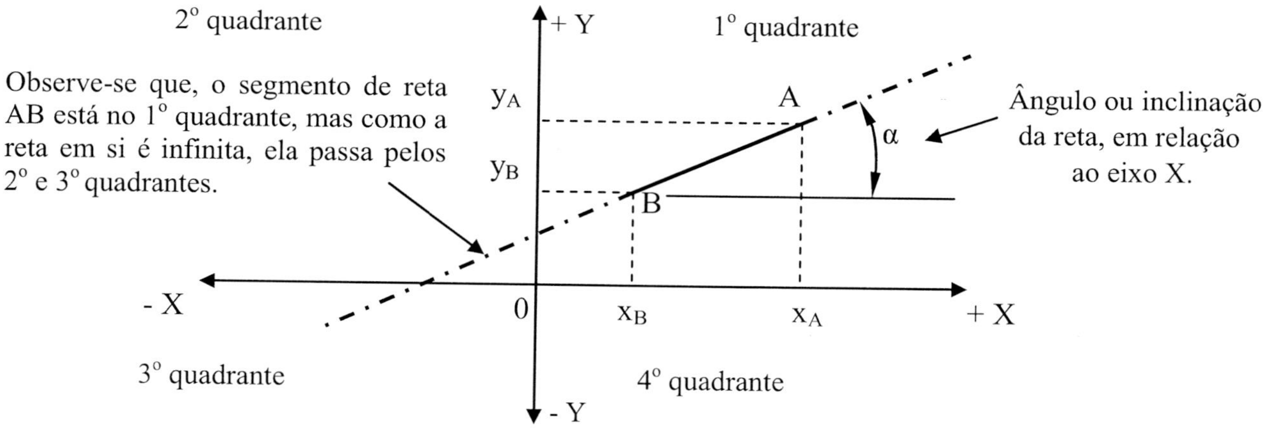

1.8.2.2 Coeficiente angular, coeficiente linear e equações de uma reta

O coeficiente angular "m" de uma reta é igual à tangente do seu ângulo de inclinação (ou declividade) α. A seguir estuda-se a reta S, que passa pelos pontos AB.

Considerando o triângulo ABC, tem-se que: tg α = AC/BC.

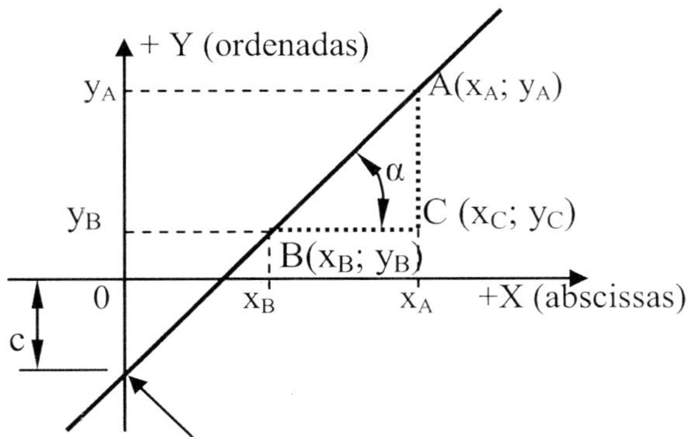

Considerando o triângulo ABC, tem-se que: tg α = AC/BC.

$AC = y_A - y_B \quad BC = x_A - x_B$

$tg\,\alpha = m = (y_A - y_B) / (x_A - x_B)$

$y_A - y_B = \Delta y$ e $x_A - x_B = \Delta x$

$m = \Delta y/\Delta x$ (coeficiente angular)

O coeficiente linear "c" é o valor numérico (constante), por onde a reta intercepta o eixo das ordenadas (Y), ou seja, onde a abscissa é nula (x = 0).

$m = \dfrac{y_A - y_B}{x_A - x_B}$ isto significa que: $\boxed{y_A - y_B = m\,(x_A - x_B)}$ Esta é a equação fundamental da reta.

Analisando a fórmula, conclui-se que, pode-se definir uma reta quando se conhece o seu coeficiente angular m e as coordenadas cartesianas de um ponto qualquer, pertencente à reta. Também se define uma reta, quando são conhecidos dois pontos pertencentes à mesma.

Exercício 1.8.2.2.1) Uma reta tem uma inclinação (α) de 60°. Sabendo que o ponto A (+3; +5) pertence à reta, pede-se escrever sua equação.

$\alpha = 60^\circ$, logo $m = tg\,\alpha = +1{,}732$

$y_A - y_B = m\,(x_A - x_B)$, logo: $+5 - y_B = +1{,}732\,(3 - x_B)$; $+5 - y_B = +5{,}196 - 1{,}732\,x_B$ ou
$+5 - 5{,}196 = -1{,}732\,x_B + y_B$;
$+1{,}732\,x_B - y_B = +0{,}196$, como o ponto B também pertence à reta, a equação fica:

$+1{,}732\,x - y = +0{,}196$ ou $+1{,}732x - y - 0{,}196 = 0$ ou: $\mathbf{y = +1{,}732x - 0{,}196}$ ⟵ **Equação da reta solicitada**.

A representação gráfica ou imagem geométrica dessa reta fica da seguinte forma:

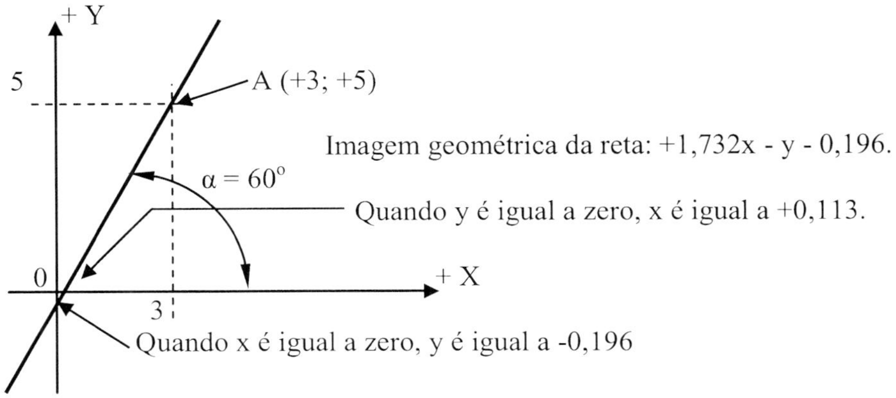

Exercício 1.8.2.2.2) Determine a equação da reta que passa pelos pontos: A(-1; -3) e B(+3; +4). Calcule a sua inclinação α ou sua declividade.

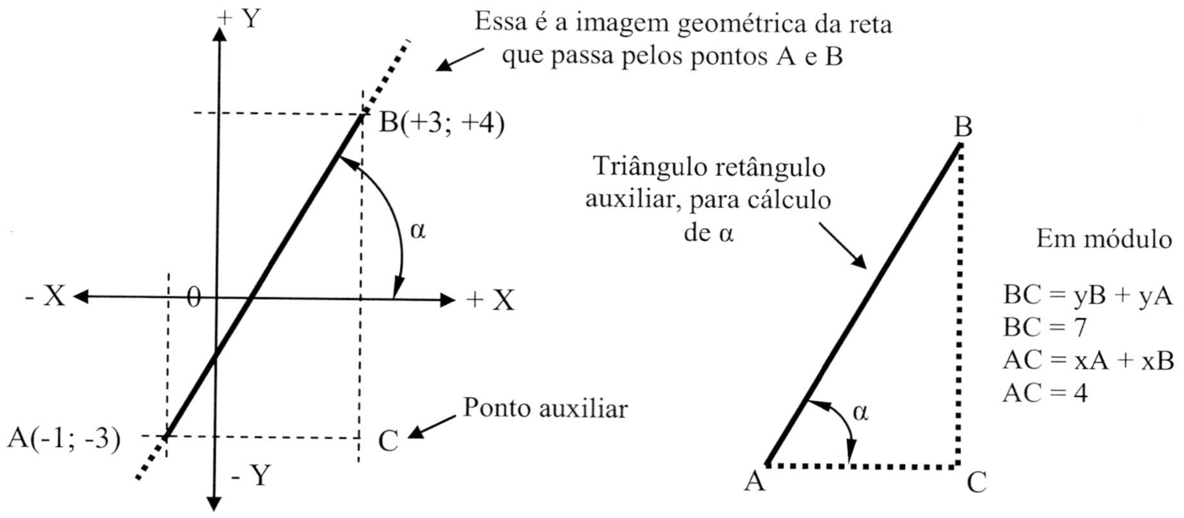

$Tg\ \alpha = BC/AC \Rightarrow Tg\ \alpha = 7/4 = 1{,}75 \Rightarrow \alpha = arc\ tg\ 1{,}75 \Rightarrow \alpha = 60{,}255^\circ$ ou $\alpha = 60^\circ\ 15'\ 18''$.

Sabe-se que a tg α é igual ao coeficiente angular m, ou seja: m = +1,75.

Como a equação fundamental de uma reta é: $y_A - y_B = m\ (x_A - x_B)$, só é preciso escolher um ponto, por exemplo o A, substituir na equação e operar:

$$\left.\begin{array}{l} -3 - y_B = +1{,}75\ (-1 - x_B); \\ -3 - y_B = -1{,}75 - 1{,}75\ x_B; \\ +1{,}75\ x_B - y_B + 1{,}75 - 3 = 0; \\ +1{,}75\ x_B - y_B - 1{,}25 = 0; \end{array}\right\}$$

A equação da reta é: y = +1,75x - 1,25.

Uma forma de verificar se a equação está correta é substituindo os valores das coordenadas dos pontos A e B, para se confirmar a igualdade, já que os pontos A e B pertencem à reta.

Ponto A: $+1{,}75\ x - y - 1{,}25 = 0$; $+1{,}75.(-1) - (-3) - 1{,}25 = 0$; $-1{,}75 + 3 - 1{,}25 = 0$; $+ 3 - 3 = 0$.
Ponto B: $+1{,}75\ x - y - 1{,}25 = 0$; $+1{,}75\ .\ (+3) - (+4) - 1{,}25 = 0$; $+5{,}25 - 5{,}25 = 0$.

Como as igualdades se confirmaram, a equação está correta.

1.8.3 Sistemas de equações do 1º grau. Aplicações práticas

Para representar num gráfico cartesiano x, y, cada equação, elaboram-se tabelas, atribuindo-se valores a x e calculando-se o valor correspondente de y, para cada equação. O gráfico é traçado, a partir da determinação de cada ponto calculado e conforme as tabelas.

Tabela para equação +x + 4y = +7

x	y	Ponto
- 3	+2,5	A
- 2	+ 2,25	B
- 1	+ 2	C
0	+ 1,75	D
+ 1	+ 1,5	E
+ 2	+ 1,25	F
+ 3	+ 1	G

Tabela para equação +3x + y = -1

x	y	Ponto
- 3	+ 8	A
- 2	+5	B
- 1	+ 2	C
0	- 1	D
+ 1	- 4	E
+ 2	- 7	F
+ 3	- 10	G

Representação gráfica de um sistema de equações do 1º grau

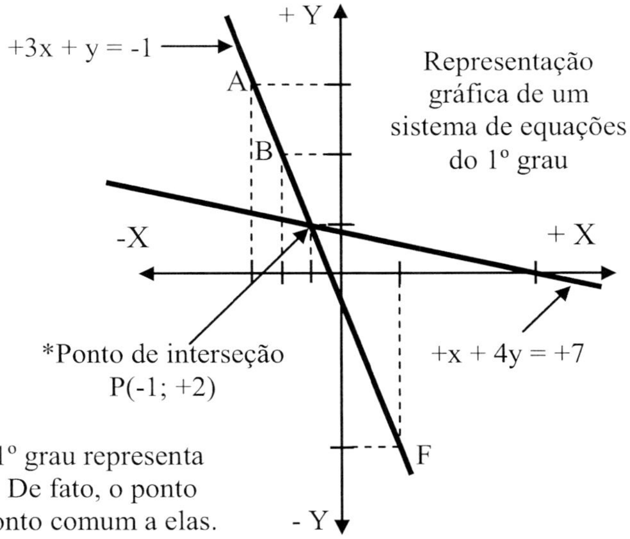

***Interpretação**: a solução do sistema de equações do 1º grau representa o ponto onde os dois segmentos de reta se interceptam. De fato, o ponto P(-1; +2) satisfaz a ambas as equações, ou seja, é um ponto comum a elas.

Sistemas de equações do 1º grau aplicados à Engenharia de Produção Industrial

A produção industrial exige uma série de controles, dentre os quais o de custos, relacionados ao que se chama de Contabilidade Industrial. Um dos controles utilizados é quanto aos custos de matéria prima e do consumo de energia elétrica. Por exemplo, uma indústria de produção mecânica em série, após anos de atividades parametrizou seus custos de matéria prima, versus o consumo de energia elétrica. O gráfico a seguir mostra esses consumos, na forma de duas funções afins, ou seja, retas.

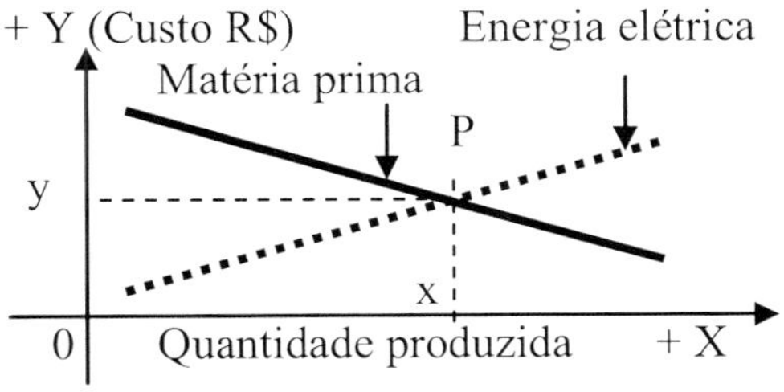

Este gráfico mostra que, de forma linear, quanto maior a quantidade de itens produzidos, maior é o consumo de energia elétrica (reta tracejada) e menor é o custo da matéria prima (reta contínua).

O ponto P (x; y) indica os valores ótimos das variáveis, ou seja, x é a quantidade máxima de itens produzidos, com o menor custo de energia elétrica. A explicação para essas duas retas, com inclinações diferentes é a seguinte: quando se compra uma maior quantidade de matéria prima, consegue-se um preço menor por quilo. Por exemplo, quem compra uma tonelada de material paga R$ 5.000,00 (cinco mil Reais), ou seja, cinco Reais por quilo. Mas quando compra duas toneladas, paga R$ 8.000 (oito mil Reais), ou seja, quatro Reais por quilo. Conclusão, pagou-se menos por quilo. Já o consumo de energia elétrica, nesse exemplo, aumenta, à medida que se produz mais. Para esse caso, o ótimo é o ponto P, onde ocorre o custo mínimo das duas variáveis.

Apesar de ser mostrado um gráfico sem valores, o mesmo expressa o que acontece, por exemplo, em muitas indústrias metalúrgicas. Em alguns casos os custos não variam linearmente, mas sim segundo uma determinada curva. Também é normal os custos de energia elétrica variar linearmente, ou seja, segundo uma reta, e os custos de matéria prima variar segundo uma determinada curva. O importante é a empresa conhecer "suas curvas", e estar sempre as atualizando, para procurar trabalhar com o ponto ótimo, ou seja, otimizando seus custos. O gráfico a seguir mostra um exemplo do que se chama de Lote Econômico de Compra – LEC

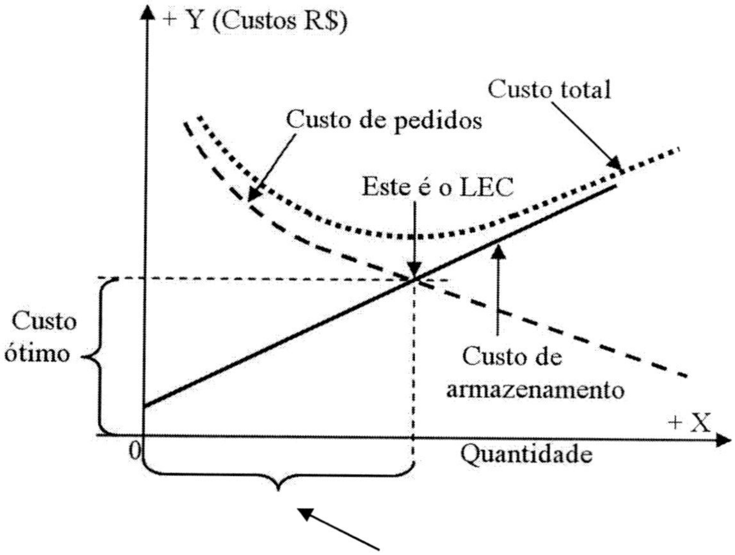

Esse é um tipo de gráfico, comum em controle de estoques, onde se procura otimizar, tanto a quantidade a ser comprada, quanto os seus custos. Observa-se que existe uma função linear, que é o custo de armazenamento e uma função não linear, que é o custo de pedidos. O custo total pode ser entendido como a soma das curvas funções. * A reta do custo de armazenamento é uma função afim, ou seja, não parte da origem ou custo zero, uma vez que, mesmo sem produto ou matéria prima estocada, existem custos, por exemplo, de manutenção do espaço.

Quantidade ótima - LEC (esta é a quantidade que otimiza os custos)

1.8.4 Aplicações práticas de retas e funções lineares

Aplicação na Engenharia Agrícola

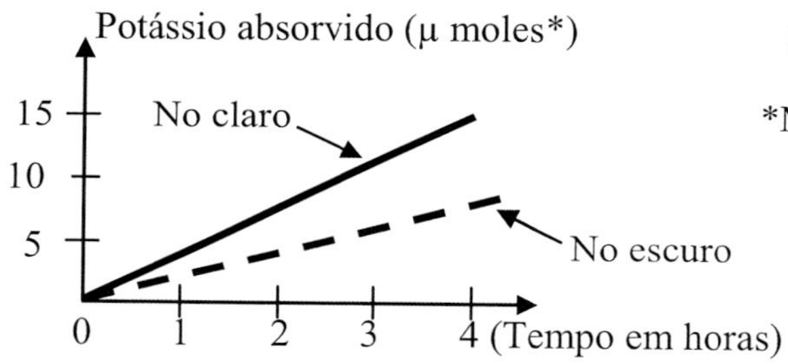

μ = mícron = 10^{-6}.

*Mol é uma unidade de medida que expressa a quantidade de matéria microscópica, como átomos e moléculas.

O gráfico acima, transcrito de Batschelet (1978, p. 65 e 66), mostra a absorção do mineral Potássio (K) pelo tecido das folhas do pé de milho (*zea mays*), em duas situações: a) quando a planta está no escuro (por exemplo, à noite) e quando está exposta à claridade.
Observa-se que a planta absorve o Potássio (K) do solo, que pode ou não ter adição de fertilizante sintético que, em geral são os compostos chamados "NPK", onde N é Nitrogênio, P é Fósforo e K é Potássio. Batschelet conclui (como o gráfico mostra) que a taxa de absorção de Potássio, para essa planta, é cerca de duas vezes quando no claro, em relação a quando está no escuro.

Sabe-se que 100 g de soja seca contém 35 g de proteínas e que 100 g de lentilha seca contém 26 de proteína. Em geral, homens de estatura média, vivendo em clima moderado (por exemplo, no Sul da Europa) necessitam diariamente de 70 g de proteínas. Supondo que um indivíduo queira adquirir essas 70 g, comendo simultaneamente soja e lentilha, sendo x gramas de soja e y gramas de lentilha, pergunta-se qual a relação entre x e y, para satisfazer às 70 gramas diárias.

Inicialmente tem-se: $35x + 26y = 70$ ou expressando y como uma função de x: $y = \frac{-35x}{26} + \frac{70}{26}$ =>

$y = -1{,}346x + 2{,}69$, que representa uma função afim, como mostrada a seguir.

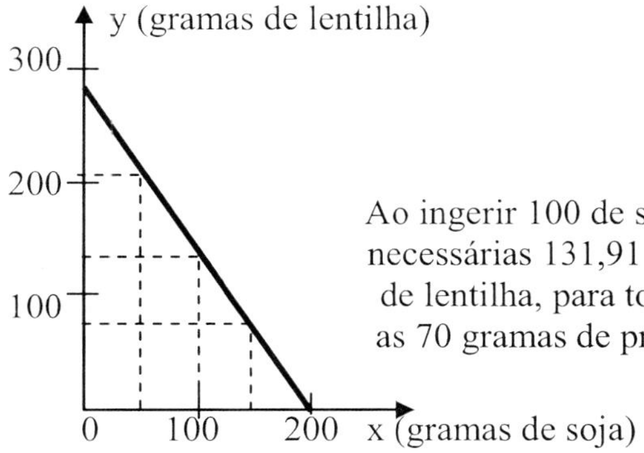

Ao ingerir 100 de soja, são necessárias 131,91 gramas de lentilha, para totalizar as 70 gramas de proteína.

Observa-se que essa função só existe nesse trecho mostrado.

A tabela a seguir mostra algumas combinações, entre lentilha e soja, de modo a que o indivíduo adquira as 70 gramas diárias de proteína.

x (gramas de soja)	y (gramas de lentilha)
0	269
50	201,7
100	**134,4**
200	0

Relação entre temperaturas em graus Celsius (°C) e graus Fahrenheit (°F)

No Brasil e em vários países as temperaturas são expressas em graus centígrados (Celsius), enquanto nos Estados Unidos e Inglaterra usa-se graus Fahrenheit. Na escala Celsius existem duas temperaturas características, considerando-se a pressão ao nível do mar. Como zero grau tem-se a temperatura de fusão do gelo e como 100 graus, a temperatura de ebulição da água. Ou seja, tem-se um intervalo de 100 ou centígrado. Na escala Fahrenheit este mesmo intervalo é dividido em 180 partes. Com isso zero grau Celsius equivale a 32 graus Fahrenheit e 100 graus Celsius equivalem a 212 graus Fahrenheit.

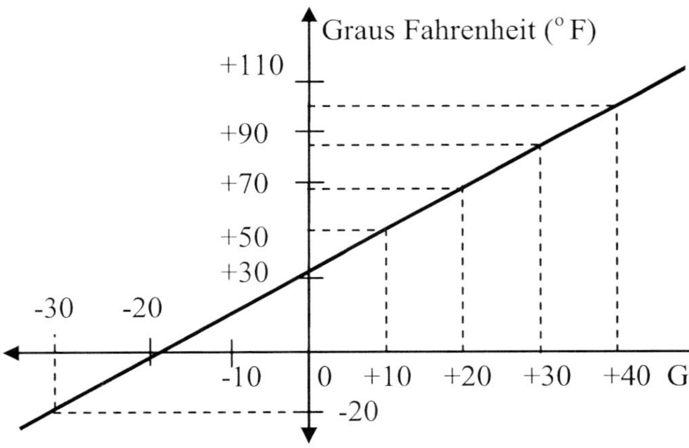

°C	°F
-28,9	-20
-17,8	0
0	+32
+10	+50
+20	+68
+30	+86
+40	+104

Com essas características pode-se dizer que existe a seguinte função afim: °F = 1,8 °C + 32, ou seja: $y = +1{,}8x + 32$, onde x corresponde à temperatura em graus Celsius.

Gráfico conceitual da dilatação linear de uma barra metálica

Se pegarmos uma barra metálica de comprimento L_0, à temperatura T_1 e a submetermos a uma temperatura maior T_2, quando houver a estabilização térmica, a barra terá um comprimento L_1, maior do que o inicial L_0. A variação da temperatura é calculada pela diferença entre a temperatura final e a inicial: $\Delta T = T_2 - T_1$. Da mesma forma, podemos calcular a variação de comprimento causada por essa variação da temperatura: $\Delta L = L_1 - L_0$.

A dilatação linear sofrida pela barra é proporcional ao aumento de temperatura, de forma que quanto maior for esse aumento, maior será a dilatação. Ela também depende do comprimento inicial e do material que constitui a barra, uma vez que cada material apresenta um comportamento diferente ao ser submetido a variações de temperatura.

Segundo os conceitos da Física, existe uma relação matemática para calcular a dilatação, chamada de Lei da dilatação linear, que é expressa pela equação: $\Delta L = \alpha \,.\, L_0 \,.\, \Delta T$, onde a letra grega α representa o coeficiente de dilatação linear do material que constitui a barra e assume um valor específico para cada tipo de material. Sua unidade de medida é 1/°C ou $°C^{-1}$.

Essa função linear, da variação do comprimento, em função da temperatura, pode ser representada por uma reta, como a seguir mostrada. Deve ser ressaltado que, o material se dilata, ou seja, aumenta seu comprimento com o aumento da temperatura, mas também diminuí de comprimento, ou seja, se contrai quando a temperatura decresce.

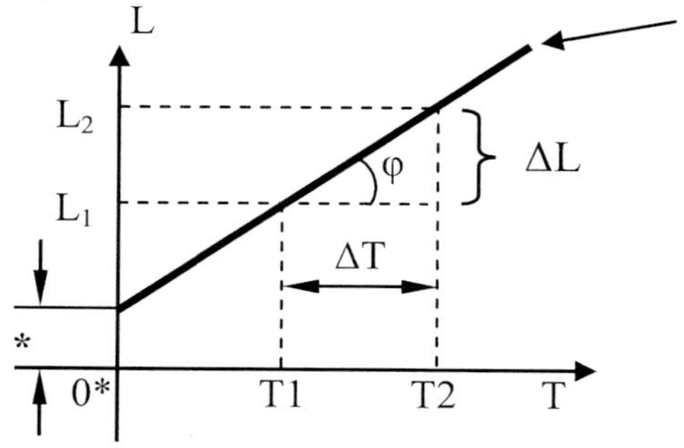

$\Delta L = \alpha \cdot L_0 \cdot \Delta T.$ => $(\Delta L/\Delta T = \alpha \cdot L_0)$.

tg φ = ΔL/ΔT. Logo: tg φ = α . L_0 (isto significa que a inclinação φ varia conforme o tipo de material).

* Essa reta da dilatação linear não passa pelo ponto zero (0), já que, mesmo à baixa temperatura ela tem um comprimento inicial.

Exemplo prático de dilatação linear (trilho de uma ferrovia)

Um trilho em aço de uma ferrovia tem 10 m de comprimento. Qual o acréscimo de comprimento desse trilho, sabendo-se que nesta região no inverno a temperatura mínima é de 5 °C e no alto verão pode chegar a 45 °C? (dado: coeficiente de dilatação linear do aço: $\alpha = 1{,}1 \cdot 10^{-5}\ °C^{-1}$).

$$\Delta L = \alpha \cdot L_0 \cdot \Delta T. \quad \left\{\begin{array}{l} \alpha = 1{,}1 \cdot 10^{-5}\ °C^{-1} \\ L_0 = 10\ m. \\ \Delta T = 40\ °C. \end{array}\right\} \Delta L = 1{,}1 \cdot 10^{-5}\ (°C)^{-1} \cdot 10\ (m) \cdot 40\ (°C).$$

$\Delta L = 0{,}0044$ m => $\Delta L = 4{,}4$ mm.

Observação de Engenharia: apesar de "parecer" pequena, essa dilatação pode causar grandes esforços (tensão térmica). É por isso que existem as famosas juntas de expansão ou de dilatação entre os trilhos de ferrovias, deixadas de espaços em espaços.

O alongamento de uma mola, como exemplo prático da equação de uma reta

A Física mostra que, ao se aplicar uma força de tração à uma mola metálica, por exemplo, cilíndrica com espiras circulares, o comprimento da mola se alonga, proporcionalmente à força (F) aplicada. A equação que rege este conceito é: F = - kx, onde F é a força aplicada, x é o alongamento e k é a constante elástica da mola, que varia em função de vários fatores, dentre os quais: material da mola, temperatura de operação, diâmetro médio da mola e diâmetro do arame da espira da mola.

Observa-se que, o sinal negativo de x (F = - kx) significa que o sentido da força elástica de reação da mola é oposto ao deslocamento da mola. Para molas na vertical, a força elástica de reação é para cima, enquanto o deslocamento (x) é para baixo.

Um engenheiro precisa descobrir a constante elástica de uma mola, que está sendo retirada de uma máquina, para uso em outra. No laboratório ele aplicou forças (F) na mola, medindo cuidadosamente o deslocamento (x) para cada força aplicada. Após a aplicação de seis forças crescentes, entre 1 N e 6 N, o engenheiro tabulou os deslocamentos (x), para cada força. A tabela a seguir resume os dados encontrados. Com estes dados pedem-se: a) o gráfico da experiência, onde no eixo das Abscissas (X) estão os deslocamentos (x) em metros e no eixo das Ordenadas estão as forças (F) em Newton. b) calcular a constante elástica (k) desta mola. c) Qual será o alongamento quando for aplicada uma força de 11 N?

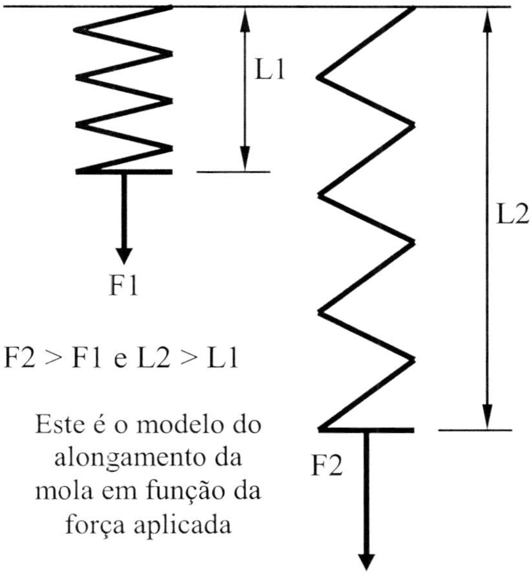

Este é o modelo do alongamento da mola em função da força aplicada

Força (N)	Deslocamento (x) (Metros)
0*	0*
1	0,02
2	0,04
3	0,06
4	0,08
5	0,10
6	0,12

* F = 0 e x = 0, significa que a mola está em repouso, com o seu comprimento L original.

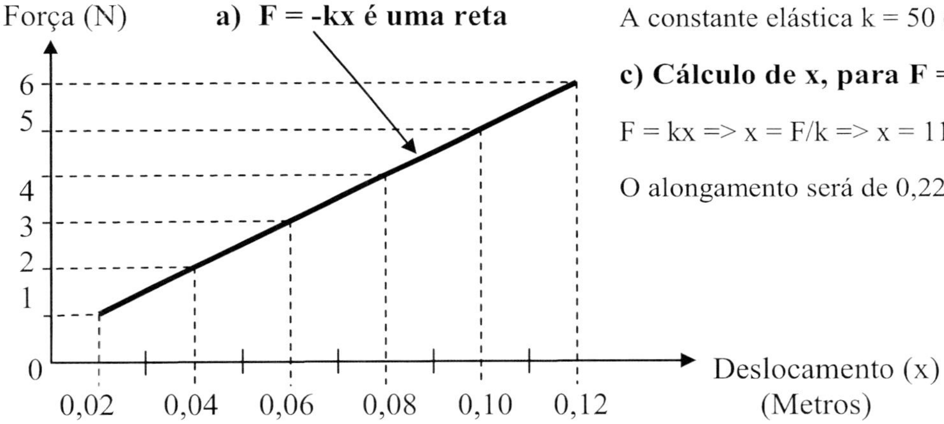

b) Cálculo da constante elástica k

F = |kx|; logo: |k| = F/x.

$$\frac{6}{0,12} = \frac{5}{0,10} = \frac{4}{0,08} = \frac{3}{0,06} = \frac{2}{0,04} = \frac{1}{0,02} = 50$$

A constante elástica k = 50 (N/m).

c) Cálculo de x, para F = 11 N.

F = kx => x = F/k => x = 11 N/50 N/m => x = 0,22 m.

O alongamento será de 0,22 m, para F = 11 N.

1.9 Inequações do 1º grau com uma incógnita e seus gráficos

Uma inequação do 1º grau é toda desigualdade que envolve expressões algébricas de modo que a incógnita esteja em 1º grau, ou seja, elevado a 1. As desigualdades são expressas pelos símbolos: > maior que, < menor que, ≥ maior ou igual e ≤ menor ou igual.
As inequações são resolvidas do mesmo modo que as equações, porém igualando-as a zero e, posteriormente, é analisada a desigualdade para se saber o domínio da inequação, ou melhor, para qual intervalo ela existe.
Por exemplo: resolver a inequação +3x - 4 > 0.
Igualando a zero tem-se: +3x - 4 = 0 => +3x = +4 => x = +4/+3 => x = +1,333.

Como, na verdade, tem-se uma desigualdade, a resposta não é x = +4/3, mas sim x > 4/3. Ou seja, x existe para todo o conjunto dos números reais maiores que 1,333, exceto para x = +1,333.
Com o gráfico da equação +3x - 4 = y, a visualização fica melhor.

Tabela para a equação $+3x - 4 = y$

Ponto	x	y
A	-3	-13
B	-2	-10
C	-1	-7
D	0	-4
E	+1	-1
F	+2	+2
G	+3	+5

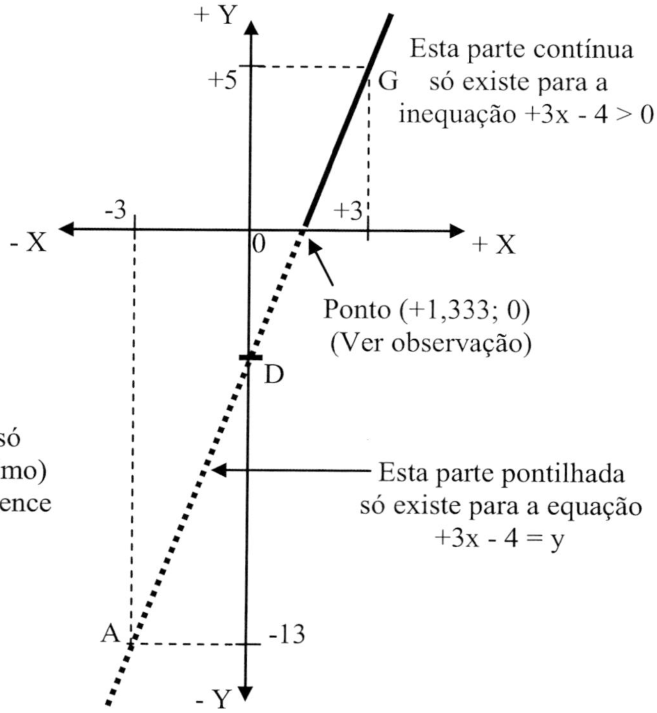

Observação: para a inequação, o segmento de reta só existe a partir de um ponto muito próximo (infinitésimo) de $x = +1{,}333$, ou seja, o ponto $P(+1{,}333; 0)$ não pertence ao segmento de reta de linha contínua.

1.9.1 Sistemas de inequações do 1º grau, com uma incógnita e seus gráficos

Esses sistemas também são resolvidos igualando cada equação a zero e depois fazendo-se a interpretação. Tal e qual nos sistemas de inequações, existem interseções das retas.

Problema: estudar o sistema de inequações: $\begin{cases} -x + y \leq +4. \\ +3x + 2y \leq +6. \end{cases}$ Inicialmente, resolve-se o sistema, igualando as inequações a zero.

$$\begin{cases} -x + y - 4 = 0 \;\; x\,(+3) \Rightarrow -3x + 3y - 12 = 0 \\ +3x + 2y - 6 = 0. \qquad\quad +3x + 2y - 6 = 0 \end{cases}$$

Somando tem-se: $\longrightarrow$ $+5y - 18 = 0 \Rightarrow +5y = +18 \Rightarrow y = +18/+5 \Rightarrow y = +3{,}6.$

Substituindo o valor de y na primeira inequação tem-se: $-x + y - 4 = 0 \Rightarrow -x + 3{,}6 - 4 = 0 \Rightarrow -x = +4 - 3{,}6 \Rightarrow$ $-x = +0{,}4$ e $x = -0{,}4$. Portanto os segmentos de retas das inequações se interceptam no ponto $P(-0{,}4; +3{,}6)$.
O próximo passo é a interpretação geométrica, ou seja, gráfica, do sistema. Serão feitas as imagens das inequações, ou seja, das retas e na sequência a interpretação.

x	y
-2	+2
-1	+3
0	+4
+1	+5
+2	+6

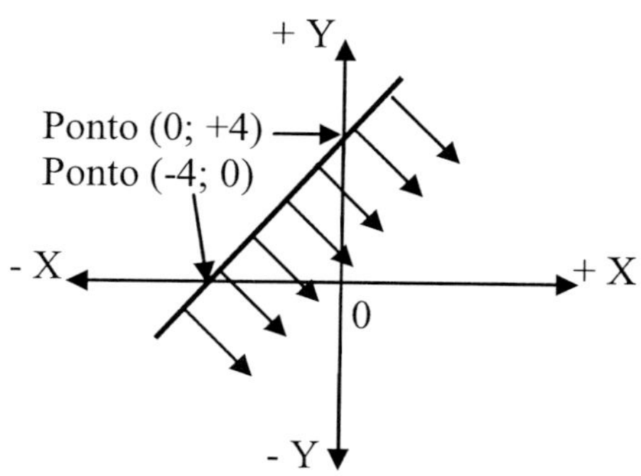

Inequação: $-x + y \leq +4$
só existe abaixo e à direita,
no sentido das setas.

x	y
-2	+6
-1	+4,5
0	+3
+1	+1,5
+2	0

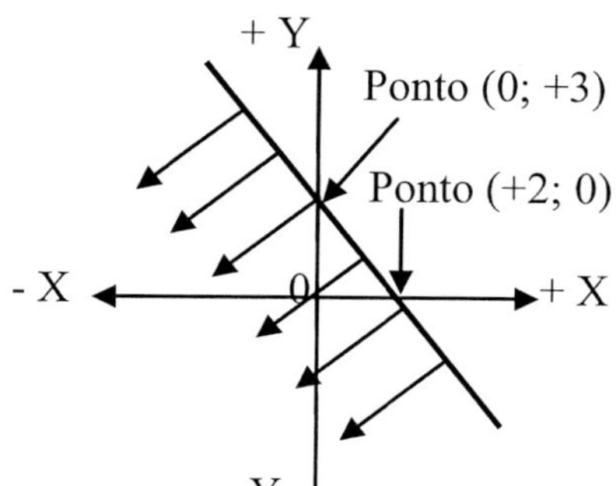

Inequação $+3x + 2y \leq +6$
só existe abaixo e à esquerda,
no sentido das setas.

A representação gráfica ou imagem geométrica da solução do sistema de inequações é a seguinte:

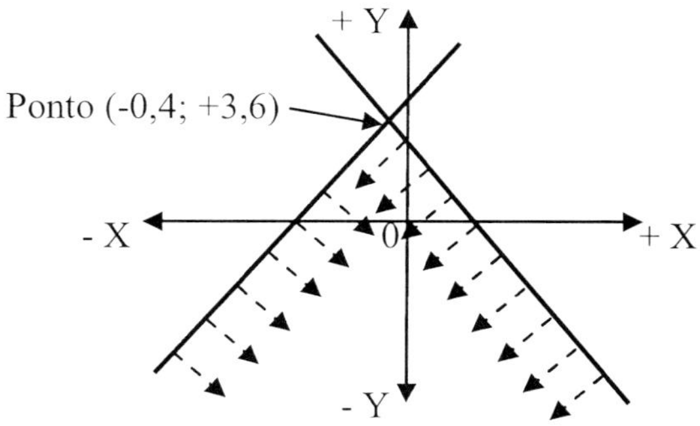

Graficamente, a solução do sistema é toda a região abaixo das retas e no sentido das setas.

1.10 Equações do 2º grau ou equações quadráticas, com uma incógnita

Equações do 2º grau ou equações quadráticas são as do tipo $+ax^2 + bx + c = 0$ em que a, b e c são números reais e $a \neq 0$ (diferente de zero). Tem esse nome porque, no primeiro membro da igualdade, há um polinômio de grau dois com uma única incógnita.

Por exemplo: $+2x^2 +4x - 6 = 0$, é uma equação do 2º grau onde: $a = +2$; $b = +4$ e $c = -6$.

A equação do 2º grau é completa, quando todos os coeficientes são diferentes de 0 (zero), ou seja, $a \neq 0$, $b \neq 0$ e $c \neq 0$. A equação acima é do tipo completa.

A equação do 2º grau é incompleta quando o valor dos coeficientes b ou c são iguais a 0 (zero), isto é, $b = 0$ ou $c = 0$.

$+2x^2 - 4 = 0$, onde $a = +2$; $b = 0$ e $c = -4$, bem como: $-x^2 + 3x = 0$, onde $a = -1$; $b = +3$ e $c = 0$, são exemplos de equações do 2º grau incompletas.

1.10.1 Resolução de equações incompletas do 2º grau

Existem alguns métodos para a resolução, tanto para as incompletas, quanto as completas.

Por exemplo: $+x^2 - 36 = 0$, é incompleta, pois b e c são iguais a zero, facilmente resolvida, da seguinte forma:

$+x^2 - 36 = 0 \Rightarrow +x^2 = +36 \Rightarrow x = \pm\sqrt{+36} \Rightarrow x = \pm 6$.

A equação $+x^2 - 9x = 0$, é incompleta, pois c é igual a zero, podendo ser resolvida da seguinte forma:

$+x^2 - 9x = 0 \Rightarrow +x(x - 9) = 0$. Essa fatoração mostra que, como o produto é zero, um dos fatores tem que ser igual a zero.

Ou seja: Para $+x(x - 9) = 0$ → $x = 0$ ou → $x - 9 = 0 \Rightarrow x = +9$.

Faz-se a verificação substituindo o valor de x encontrado e, caso se confirme a igualdade, os valores encontrados estão corretos.

Quando $x = 0$: $+x^2 - 9x = (0)^2 - (9)(0) = 0 - 0 = 0$; portanto 0 (zero) é uma raiz da equação.
Quando $x = +9$: $+x^2 - 9x = (+9)^2 - (9)(9) = +81 - 81 = 0$; portanto +9 é outra raiz da equação.

Conclusão: as raízes da equação $+x^2 - 9x = 0$ são: $x_1 = 0$ e $x_2 = +9$.

Seja a equação: $+x^2 + 25 = 0 \Rightarrow +x^2 = -25 \Rightarrow x = \pm\sqrt{-25}$.

Como $\sqrt{-25}$ não é um número real, a equação $+x^2 - 9x = 0$ não tem raiz no conjunto dos números reais.

1.10.2 Resolução de equações, completas e incompletas, pela fórmula de Bhaskara

Bhaskara Akaria (1114 - 1185), também conhecido como Bhaskaracharya foi um matemático, astrônomo e astrólogo indiano. A seguir é detalhado o desenvolvimento que Bhaskara utilizou, com o método do completamento de quadrados.

Seja $+ax^2 + bx + c = 0$, com $a \neq 0$ e x um número real. Dividindo todos os termos por a, tem-se:

$$\frac{ax^2}{a} + \frac{bx}{+a} + \frac{c}{+a} = \frac{0}{+a} \Rightarrow x^2 + \frac{bx}{a} + \frac{c}{a} = \frac{0}{a} \Rightarrow x^2 + \frac{bx}{a} = -\frac{c}{a} \text{ . (A)}$$

Considerando $\frac{bx}{a} = 2 \cdot \frac{b}{2a}x$ e considerando as seguintes áreas auxiliares de quadrados e retângulos, tem-se:

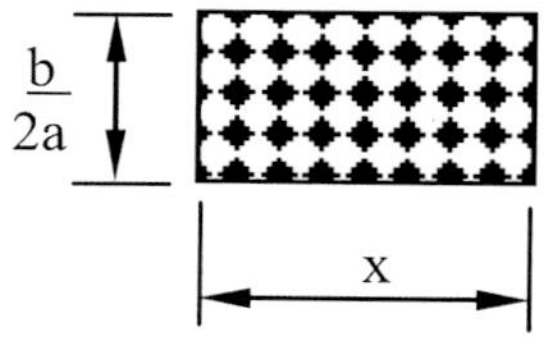

$\Rightarrow$ Área $= \frac{b}{2a} \cdot x$

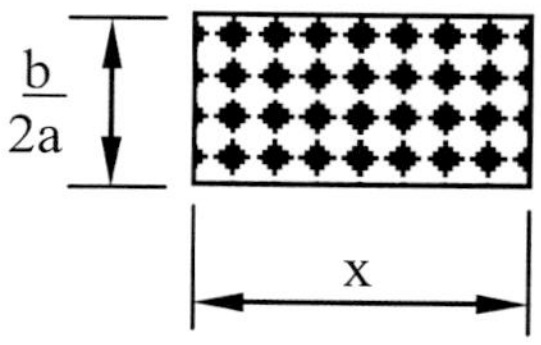

$\Rightarrow$ Área $= \frac{b}{2a} \cdot x$

Deseja-se obter o seguinte quadrado de área $= x^2$.

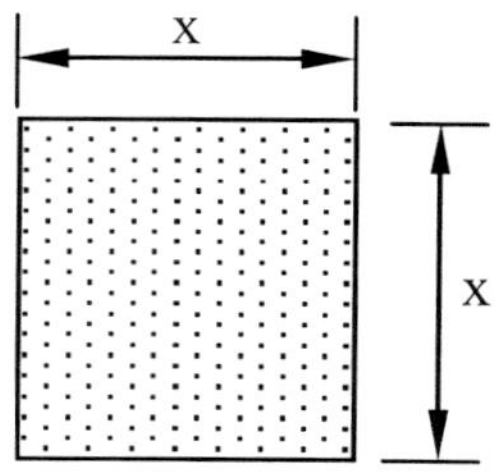

Utilizando os dois retângulos e o quadrado, tem-se:

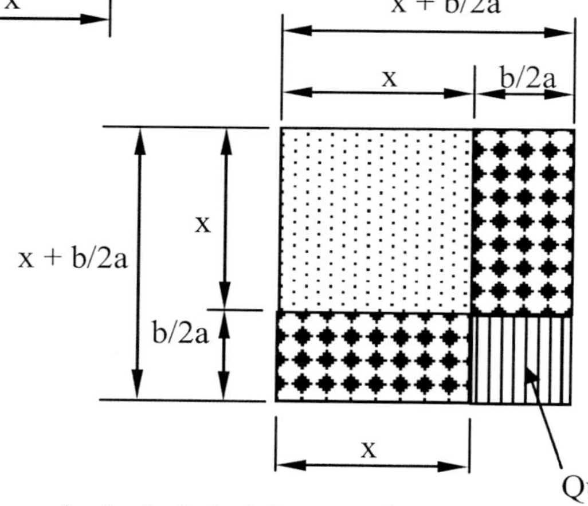

Área dessa figura:

Área $= x^2 + b/2a \cdot x + b/2a \cdot x =$
$= x^2 + 2 \cdot b/2a \cdot x = x^2 + b/a\, x$.

da equação (A): $x^2 + \frac{bx}{a} = -\frac{c}{a}$.

Ou seja: área da figura = - c/a.

Observa-se que, o quadrado de lado b/2a completa o quadrado maior (de lado x + b/2a).
Desse jeito, ao adicionar-se $(b/2a)^2$, aos dois membros da equação (A), tem-se:

$$x^2 + \frac{bx}{a} + (b/2a)^2 = -\frac{c}{a} + (b/2a)^2 \Rightarrow x^2 + \frac{b}{a} + \frac{b^2}{4a^2} = \frac{b^2}{4a^2} - \frac{c}{a} = \underbrace{x^2 + \frac{b}{a} + \frac{b^2}{4a^2}} = \frac{b^2 - 4ac}{4a^2} \text{ . (B)}$$

Trinômio quadrado perfeito $\left[x + \frac{b}{2a}\right]^2$

Fatorando o primeiro membro da equação (B) tem-se:

$$\left[x + \frac{b}{2a}\right]^2 = \frac{b^2 - 4ac}{4a^2}$$

. Isso significa que:

$$x + \frac{b}{2a} = +\sqrt{\frac{b^2 - 4ac}{4a^2}}$$

$$x + \frac{b}{2a} = -\sqrt{\frac{b^2 - 4ac}{4a^2}}$$

Nessas equações o valor de x fica:

$x = -\frac{b}{2a} + \frac{\sqrt{b^2 - 4ac}}{2a} \Rightarrow x = \frac{-b + \sqrt{b^2 - 4ac}}{2a}$.

$x = -\frac{b}{2a} - \frac{\sqrt{b^2 - 4ac}}{2a} \Rightarrow x = \frac{-b - \sqrt{b^2 - 4ac}}{2a}$.

Na prática faz-se: $\mathbf{x = \frac{-b \pm \sqrt{b^2 - 4ac}}{2a}}$. Esta é a fórmula de Bhaskara.

O termo $b^2 - 4ac$ é chamado de discriminante, sendo representado pela letra grega delta maiúscula ou Δ.

O sinal do discriminante de uma equação do 2º grau, $\Delta = b^2 - 4ac$, define as raízes reais da equação, da seguinte forma:

Se Δ for um número real positivo ou igual a zero a equação terá raízes reais.

Se Δ for um número real negativo, resultando em uma raiz quadrada de um número negativo, a equação não terá raízes reais.

Quanto à existência ou não de raízes, pode ser apresentado o seguinte resumo:

$\Delta > 0 \begin{cases} x_1 = \frac{-b + \sqrt{\Delta}}{2a} \\ x_2 = \frac{-b - \sqrt{\Delta}}{2a} \end{cases}$ A equação tem duas raízes reais diferentes.

$\Delta = 0 \begin{cases} x_1 = \frac{-b + \sqrt{0}}{2a} = \frac{-b + 0}{2a} = \frac{-b}{2a} \\ x_2 = \frac{-b - \sqrt{0}}{2a} = \frac{-b - 0}{2a} = \frac{-b}{2a} \end{cases}$ A equação tem duas raízes reais iguais ou uma única raiz real.

$\Delta < 0 \Rightarrow \sqrt{\Delta}$ não é um número real para valores negativos de Δ. $\Rightarrow$ A equação não possui raiz real.

Exercício 1.10.2.1) Determinar as raízes de: $+2x^2 - 3x - 4 = 0$. Esta equação do 2º grau foi apresentada, e resolvida, logo no início desse capítulo, ficando a pergunta do que significavam as suas raízes.

$+2x^2 - 3x - 4 = 0 \Rightarrow a = +2$, $b = -3$ e $c = -4$.
$\Delta = b^2 - 4ac \Rightarrow \Delta = (-3)^2 - (4)(+2)(-4) \Rightarrow \Delta = +9 + 32 \Rightarrow \Delta = +41$.

Como $\Delta > 0$ a equação tem duas raízes reais diferentes.

Pelo método de Bhaskara: $x = \frac{-b \pm \sqrt{(b)^2 - [(4)(a)(c)]}}{2(a)}$.

$x = \frac{-(-3) \pm \sqrt{(-3)^2 - [(4)(+2)(-4)]}}{2(+2)} = \frac{+3 \pm \sqrt{41}}{+4} = \frac{+3 \pm 6{,}403}{+4}$ $\begin{cases} x_1 = \frac{+3 + 6{,}403}{+4} = +2{,}351 \\ x_2 = \frac{+3 - 6{,}403}{+4} = -0{,}851. \end{cases}$

O que essas raízes significam?

Quando passamos a equação, para uma função de x, tem-se: $y = +2x^2 - 3x - 4$. Ou seja, como o valor de y (ordenada) depende ou é função do valor de x (abscissa), podemos representar essa equação do segundo grau em um gráfico cartesiano X, Y. Tal e qual nos gráficos das equações do 1º grau, primeiro faz-se uma tabela para obter pontos e traçar o gráfico ou imagem geométrica da equação.

Ponto	x	y
A	-3	+23
B	-2	+10
C	-1	+1
D*	-0,851	0
E	0	-4
F	+1	-5
G	+2	-2
H*	+2,351	0
I	+3	+5

Como será visto no capítulo 6, esta curva é uma parábola.

D*(-0,851; 0)
H*(+2,351; 0)

Imagem geométrica da função $y = +2x^2 - 3x - 4$.

Interpretação:
As raízes da função são os pontos D e H onde a curva intercepta o eixo X.

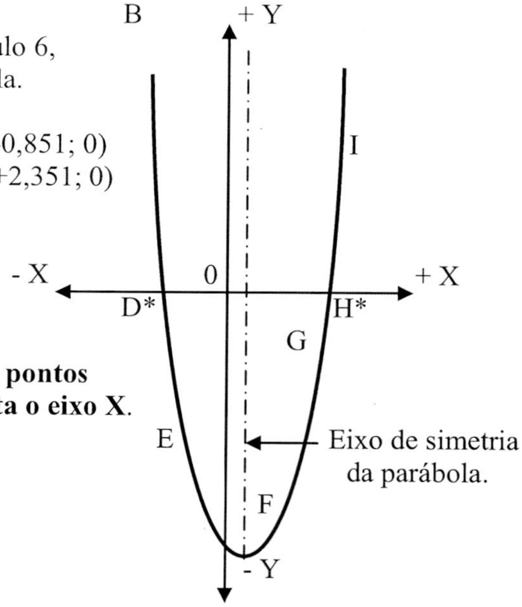

Exercício 1.10.2.2) Determinar as raízes da equação $-2x^2 - 3x + 4 = 0$, fazendo a imagem geométrica da curva e interpretando o significado das raízes.

$-2x^2 - 3x + 4 = 0 \Rightarrow a = -2$, $b = -3$ e $c = +4$.

$\Delta = b^2 - 4ac \Rightarrow \Delta = (-3)^2 - (4)(-2)(+4) \Rightarrow \Delta = +9 + 32 \Rightarrow \Delta = +41$. Como $\Delta > 0$ a equação tem duas raízes reais diferentes.

Pelo método de Bhaskara: $x = \dfrac{-b \pm \sqrt{(b)^2 - [(4)(a)(c)]}}{2(a)}$.

$$x = \frac{-(-3) \pm \sqrt{(-3)^2 - [(4)(-2)(+4)]}}{2(-2)} = \frac{+3 \pm \sqrt{41}}{-4} = \frac{+3 \pm 6{,}403}{-4} \quad \begin{cases} x_1 = \dfrac{+3 + 6{,}403}{-4} = -2{,}351. \\ x_2 = \dfrac{+3 - 6{,}403}{-4} = +0{,}851. \end{cases}$$

Observa-se que essa equação é muito "parecida" com a do exercício anterior, tendo mudado os sinais de a (era positivo) e o de c (era negativo). Também se observa que as raízes têm o mesmo módulo ou valor numérico, porém nesse caso os sinais estão trocados, pois x_1 era positivo e x_2 era negativo.

O que isso significa? Como fica a imagem geométrica da curva, no caso uma parábola?

A seguir é feita a imagem geométrica da função $y = -2x^2 - 3x + 4$.

Valores para a função
$y = -2x^2 - 3x + 4$.

Ponto	x	y
A	-3	-5
B	-2	+2
C	-1	+5
D*	+0,851	0
E	0	+4
F	+1	-1
G	+2	-10
H*	-2,351	0
I	+3	-23

Funções parabólicas do tipo: $y = +ax^2 + bx + c$, têm o vértice para baixo, quando o sinal de a é positivo, sendo o vértice o ponto de mínimo valor. Quando o sinal de a é negativo, o vértice é para cima, sendo o ponto de máximo valor.

Imagem geométrica
da função $y = -2x^2 - 3x + 4$.

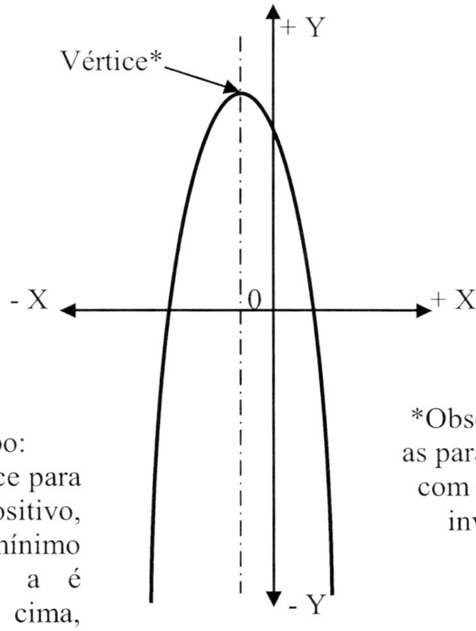

Imagem geométrica
da função $y = +2x^2 - 3x - 4$.

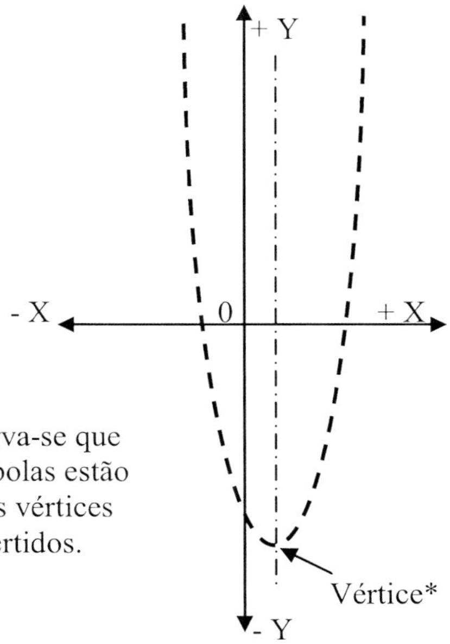

*Observa-se que as parábolas estão com os vértices invertidos.

1.10.3 Determinação das coordenadas cartesianas do vértice de uma parábola, do tipo $+ax^2 + bx + c = 0$

A parábola é uma curva plana aberta (oriunda de uma superfície cônica) simétrica, onde o eixo de simetria passa pelo vértice e intercepta o eixo X no ponto médio da distância entre os pontos onde a parábola intercepta o eixo X, ou seja, é o ponto médio da distância entre os valores de x_1 e x_2, ou seja, das raízes. Como já visto, o vértice é o ponto máximo ou mínimo, onde a parábola muda de direção. Portanto, para determinar a abscissa x_v do vértice basta fazer:

$x_V = \frac{x_1 + x_2}{2}$. Como: $x_1 = \frac{-b + \sqrt{\Delta}}{2a}$ e $x_2 = \frac{-b - \sqrt{\Delta}}{2a}$, então:

$$x_V = \frac{x_1 + x_2}{2} = \frac{\left[\frac{-b + \sqrt{\Delta}}{2a}\right] + \left[\frac{-b + \sqrt{\Delta}}{2a}\right]}{2} = \frac{\frac{-b + \sqrt{\Delta} - b - \sqrt{\Delta}}{2a}}{2} = \frac{\frac{-2b}{2a}}{2} = \frac{(-2b)}{2a} \cdot \frac{(1)}{2} = \frac{-b}{2a}.$$

$$\mathbf{x_V = \frac{-b}{2a}}.$$

A determinação da ordenada y_V é deduzida a partir da equação geral, como a seguir:

A equação $+ax^2 + bx + c = 0$, na forma de função fica: $y_V = +ax_V^2 + bx_V + c$. Substituindo $x_V = \frac{-b}{2a}$ tem-se:

$$y_V = +a\left[\frac{-b}{2a}\right]^2 + b\left[\frac{-b}{2a}\right] + c = \frac{ab^2}{4a^2} - \frac{b^2}{2a} + c = \frac{b^2}{4a} - \frac{b^2}{2a} + c = \frac{b^2}{4a} - \frac{2b^2}{4a} + \frac{4ac}{4a} = \frac{b^2 - 2b^2 + 4ac}{4a} = \frac{-b^2 + 4ac}{4a}.$$

$y_V = \frac{-b^2 + 4ac}{4a}$. Como $\Delta = b^2 - 4ac$, então: $\mathbf{y_V = -\frac{\Delta}{4a}}$.

Exercício 1.10.3.1) Determinar as coordenadas cartesianas dos vértices das parábolas: $y = -2x^2 - 3x + 4$ e $y = +2x^2 - 3x - 4$.

Parábola: $y = -2x^2 - 3x + 4 \Rightarrow a = -2$; $b = -3$ e $c = +4$.

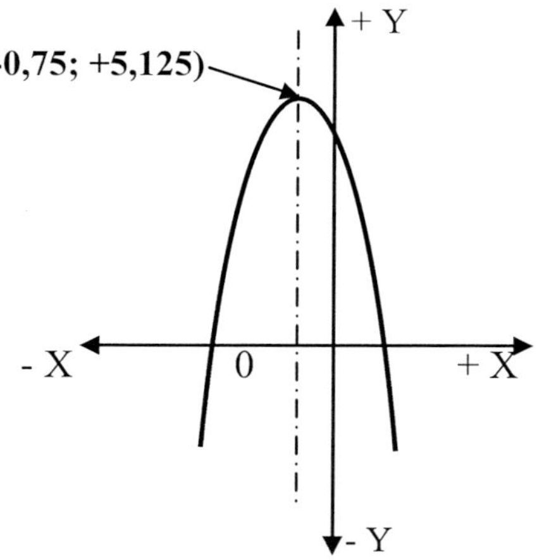

$\Delta = b^2 - 4ac \Rightarrow \Delta = (-3)^2 - (4)(-2)(+4) = +9 + 32 = +41.$

$$x_V = \frac{-b}{2a} \Rightarrow x_V = \frac{-(-3)}{2(-2)} = \frac{+3}{-4} = -0{,}75. \quad \mathbf{x_V = -0{,}75.}$$

$$y_V = -\frac{\Delta}{4a} \Rightarrow y_V = \frac{-41}{4(-2)} = \frac{-41}{-8} = +5{,}125. \quad \mathbf{y_V = +5{,}125.}$$

Parábola: $y = +2x^2 - 3x - 4 \Rightarrow a = +2$; $b = -3$ e $c = -4$.

$\Delta = b^2 - 4ac \Rightarrow \Delta = (-3)^2 - (4)(+2)(-4) = +9 + 32 = +41.$

$$x_V = \frac{-b}{2a} \Rightarrow x_V = \frac{-(-3)}{2(+2)} = \frac{+3}{+4} = +0{,}75. \quad \mathbf{x_V = +0{,}75.}$$

$$y_V = -\frac{\Delta}{4a} \Rightarrow y_V = \frac{-41}{4(+2)} = \frac{-41}{+8} = -5{,}125. \quad \mathbf{y_V = -5{,}125.}$$

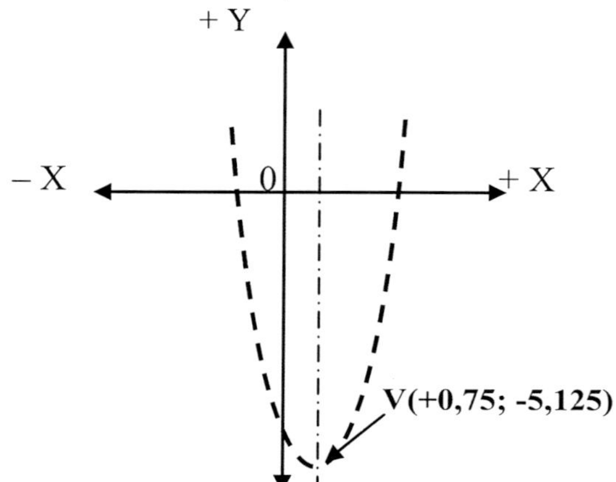

1.11 Sistema de equações do 2º grau

Ocorre quando existem duas ou mais equações do segundo grau. São comuns quando se quer estudar a interseção ou pontos comuns a duas ou mais equações/funções do 2º grau.

Exercício 1.11.1) Estudar e resolver o sistema a seguir mostrado.

$$\begin{cases} y = -2x^2 - 3x + 4. \\ y = +2x^2 - 3x - 4. \end{cases}$$ Essas funções são as duas parábolas, estudadas no parágrafo anterior.

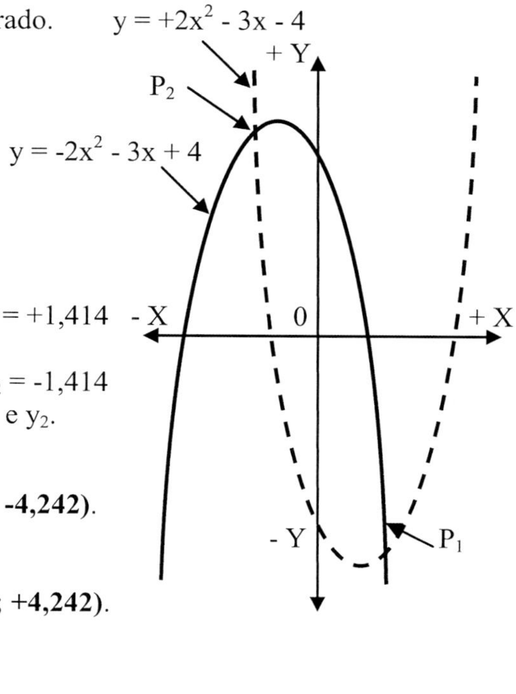

Resolver o sistema significa encontrar os pontos comuns, ou seja, os pontos P_1 e P_2, onde as curvas se interceptam. Para achar P_1 e P_2 basta igualar as funções:

$$-2x^2 - 3x + 4 = +2x^2 - 3x - 4 \Rightarrow +4x^2 = +8 \Rightarrow x = \sqrt{2} \Rightarrow \begin{cases} x_1 = +1{,}414 \\ x_2 = -1{,}414 \end{cases}$$

Substituindo x_1 e x_2, por exemplo, na 1ª função, acham-se y_1 e y_2.

$y_1 = -2x_1^2 - 3x_1 + 4 \Rightarrow y_1 = -2(+1{,}414)^2 - 3(+1{,}414) + 4 \Rightarrow$
$y_1 = -2(2) - 4{,}242 + 4 \Rightarrow y_1 = -4{,}242.$ Portanto: $\mathbf{P_1(+1{,}414; -4{,}242)}$.

$y_2 = -2x_2^2 - 3x_2 + 4 \Rightarrow y_1 = -2(-1{,}414)^2 - 3(-1{,}414) + 4 \Rightarrow$
$y_2 = -2(2) + 4{,}242 + 4 \Rightarrow y_1 = +4{,}242.$ Portanto: $\mathbf{P_2(-1{,}414; +4{,}242)}$.

1.12 Exercícios complementares resolvidos

1.12.1) (ENEM/2009) Suponha que o modelo exponencial $y = 363 \cdot e^{0,03x}$, em que x = 0 corresponde ao ano 2000, x = 1 corresponde ao ano 2001, e assim sucessivamente, e que y é a população em milhões de habitantes no ano x, seja usado para estimar essa população com 60 anos ou mais de idade nos países em desenvolvimento entre 2010 e 2050. Desse modo, considerando $e^{0,3} = 1,35$, estima-se que a população com 60 anos ou mais estará, em 2030, entre:

a) 490 e 510 milhões
b) 550 e 620 milhões
c) 780 e 800 milhões
d) 820 e 860 milhões
e) 870 e 910 milhões

> Como será visto no capítulo 10, e = 2,7182818 ..., chamado de número de Euler, é a base dos logaritmos naturais, também chamado de logaritmos neperianos.

Como em 2030, a variável x assume o valor de 30, basta substituir x = 30 na equação $y = 363 \cdot e^{0,03x}$, ou seja: $y = 363 \cdot e^{(0,03)(30)} \Rightarrow y = 363 \cdot e^{0,9} \Rightarrow y = 363 \cdot (e^{0,3})^3 \Rightarrow y = 363 \cdot (1,35)^3 \Rightarrow y = 363 \cdot 2,460375 \Rightarrow$
$y = 893,311612$, ou seja $y = 893$.

A resposta correta é a letra e, com a população com 60 anos ou mais em 2030 entre 870 e 910 milhões de pessoas.

1.12.2) Estudar a equação: $-3x^2 + x - 4 = 0$.

$a = -3$; $b = +1$ e $c = -4$.

$\Delta = b^2 - 4ac \Rightarrow \Delta = (1)^2 - (4)(-3)(-4) \Rightarrow \Delta = +1 - 48 \Rightarrow \Delta = -47$.

$x_V = \frac{-b}{2a} \Rightarrow x_V = \frac{-(+1)}{2(-3)} = \frac{-1}{-6} = +0,167$. $x_V = +0,167$ (O eixo de simetria não coincide com o eixo Y).

$y_V = -\frac{\Delta}{4a} \Rightarrow y_V = \frac{-(-47)}{4(-3)} = \frac{+47}{-12} = -3,917$. $y_V = -3,917$.

Como visto no parágrafo 1.10.2, discriminante negativo, significa que a equação não tem raiz real, ou seja, essa parábola não intercepta o eixo dos X. A imagem gráfica da função $y = -3x^2 + x - 4$, mostra isso.

Tabelas para valores de y, em função de x

Ponto	x	y
A	-3	-34
B	-2	-18
C	-1	-8
D	0	-4
E	+1	-6
F	+2	-14
G	+3	-28

Os valores de y da tabela, mostram só valores negativos, ou seja, a parábola não intercepta o eixo dos X, pois a curva não tem raízes. A imagem geométrica confirma a parte algébrica.

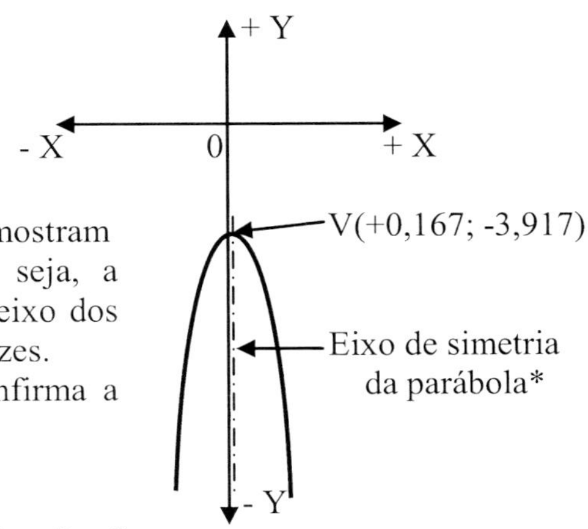

*Observa-se que o eixo de simetria não coincide com o eixo Y.

1.12.3) Estudar o sistema de equações: $+2x + 3y - 5 = 0$ e $+x - 4y - 8 = 0$.

$$\begin{cases} +2x + 3y - 5 = 0 \\ +x - 4y - 8 = 0 \quad x\,(-2) \end{cases} \Rightarrow \begin{array}{r} +2x + 3y - 5 = 0 \\ + \underline{-2x + 8y + 16 = 0} \\ +11y + 11 = 0 \end{array} \Rightarrow +11y = -11 \Rightarrow y = +11/-11 \Rightarrow y = -1.$$

Substituindo $y = -1$ na 1ª equação: $+2x + 3(-1) - 5 = 0 \Rightarrow +2x - 3 - 5 = 0 \Rightarrow +2x = +8 \Rightarrow x = +4$.

Ou seja, no ponto (+4; -1) as equações se interceptam. Passando as equações para função tem-se:

$+2x + 3y - 5 = 0 \Rightarrow +3y = -2x + 5 \Rightarrow +y = -2/3x + 5/3 \Rightarrow y = -0{,}667x + 1{,}667$.

$+x - 4y - 8 = 0 \Rightarrow -4y = -x + 8 \Rightarrow +y = -x/-4 + 8/-4 \Rightarrow y = +0{,}25x - 2$.

} São duas retas.

O próximo passo, para desenhar a imagem geométrica, é fazer duas tabelas, para obter pontos de cada equação.

$y = -0{,}667x + 1{,}667$.

Ponto	x	y
A	-3	+3,668
B	-2	+3,001
C	-1	+2,334
D	0	+1,667
E	+1	+1,000
F	+2	+0,333
G	+3	-0,334
H	+4	-1,001
I	+5	-1,668

$y = +0{,}25x - 2$.

Ponto	x	y
A	-3	-2,75
B	-2	-2,50
C	-1	-2,25
D	0	-2,00
E	+1	-1,75
F	+2	-1,50
G	+3	-1,25
H	+4	-1,00
I	+5	-0,75

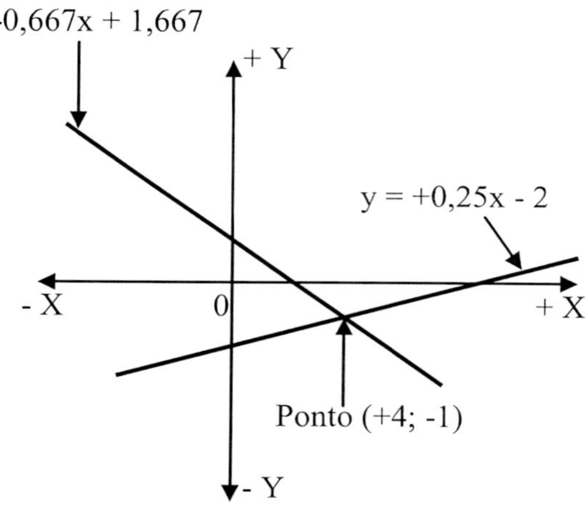

1.12.4) Determinar a divisão dos seguintes polinômios: $\dfrac{+2x^3 - 20x^2 + 50x}{+x^2 - 10x + 25}$.

No numerador pode-se colocar $+2x$ em evidência e tem-se: $+2x(+x^2 - 10x + 25x)$. Com isso, tem-se:

$$\frac{+2x(+x^2 - 10x + 25x)}{(+x^2 - 10x + 25)} = +2x.$$

Resposta: $\mathbf{\dfrac{+2x^3 - 20x^2 + 50x}{+x^2 - 10x + 25} = +2x.}$

1.12.5) Sabendo que $+x + y = +8$ e que $+x^2 - y^2 = +16$, determinar os valores de x e y.

Como $+x^2 - y^2 = (+x + y) . (+x - y)$, logo:

$(+x + y) . (+x - y) = +16$. Como $x + y = +8$, então:

$+8(+x - y) = +16 \Rightarrow (+x - y) = +16/+8 = +2$. Ou seja: $(+x - y) = +2$.

Agora tem-se o sistema:

$$\begin{array}{l} +x + y = +8 \\ \underline{+x - y = +2} \; + \\ +2x = +10 \Rightarrow x = +10/+2 \Rightarrow x = +5. \end{array}$$

Como $+x + y = +8 \Rightarrow +5 + y = +8 \Rightarrow +y = +8 - 5 \Rightarrow +y = +3$.

Resposta: x = +5 e y = +3.

1.12.6) Resolver a seguinte inequação modular, fazendo sua imagem geométrica: $|+3x + 5| < +20$.

$|+3x + 5| < +20 \Rightarrow -20 < +3x + 5 < +20 \Rightarrow -20 - 5 < +3x < +20 - 5 \Rightarrow -25 < +3x < +15 \Rightarrow \frac{-25}{+3} < x < \frac{+15}{+3} \Rightarrow$

$-8{,}333 < x < +5$.

Portanto: $|+3x + 5| < +20 = -8{,}333 < x < +5$.

Imagem geométrica de $-8{,}333 < x < +5$.

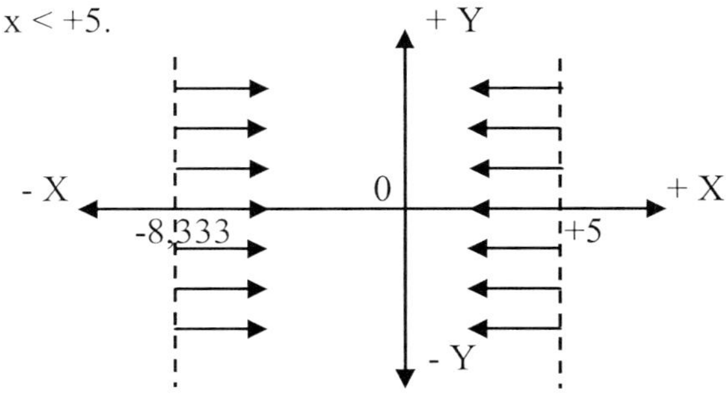

A inequação existe apenas no intervalo entre as setas, excluindo os pontos: $x = -8{,}333$ e $x = +5$.

Exercício 1.12.7) Analise se são paralelas as retas: s: $(+2x + 3y - 7 = 0)$ e r: $(-10x - 15y + 45 = 0)$

Basta calcular-se o coeficiente angular α de cada reta e, se: $m_s = m_r$, as retas são paralelas. No parágrafo 1.8.2.2 foi visto que: $\text{tg}\,\alpha = m = (y_A - y_B) / (x_A - x_B)$.
Para calcular o coeficiente angular de cada reta, primeiro determinam-se dois pontos (A e B) em cada uma, ou seja, pontos A1, B1 e A2, B2, que pertençam às retas.

s: $(+2x + 3y - 7 = 0) \Rightarrow x_{A1} = 0;\ y_{A1} = +7/3; \Rightarrow x_{B1} = +2;\ y_{B1} = +1$

r: $(-10x - 15y + 45 = 0) \Rightarrow x_{A2} = 0;\ y_{A2} = +3; \Rightarrow x_{B2} = +3;\ y_{B2} = +1$

$m_s = (+7/3 - 1) / (0 - 2) \Rightarrow m_s = -2/3$

$m_r = (+3 - 1) / (0 - 3) \Rightarrow m_r = -2/3$

Como os coeficientes angulares* são iguais, as retas são paralelas.

$m = -2/3$; significa $m = -0{,}667$. $\alpha = \text{arc tg}\,(-0{,}667) \Rightarrow \alpha = -33{,}70°$. Esse é o ângulo $\alpha 1$. O ângulo α, que é o coeficiente angular das retas, é igual a $146{,}30°$ $(+180° - 33{,}70° = +146{,}30°)$.

Exercício 1.12.8) traçar a imagem geométrica das retas paralelas, estudadas no exercício 1.11.7.

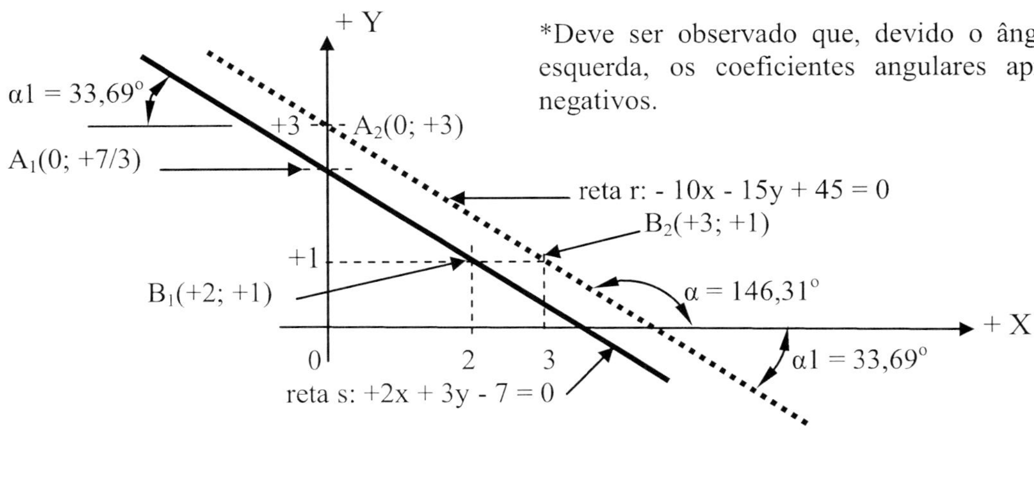

*Deve ser observado que, devido o ângulo α estar para a esquerda, os coeficientes angulares apresentaram valores negativos.

1.13 Exercícios propostos (veja respostas no Apêndice A)

1.13.1) Sabendo que: $x > y$, simplificar a seguinte expressão algébrica: $\frac{(x - y)(x^2 - y^2)}{x + y}$.

1.13.2) Determinar: : $\sqrt{2} + 2/3\sqrt{18}$.

1.13.3) Determine a solução gráfica do sistema de inequações: $y < +x$ e $y \leq -x$.

1.13.4) Determinar: $\frac{(10^{-3}) . (10^{5})}{(10) . (10^{4})}$.

1.13.5) Determinar a solução da seguinte inequação modular: $+1 < |+x - 1| < +2$.

1.13.6) Dada a equação: $(K^2 - 4)x^3 + (K - 2)x^2 + 7x - 8 = 0$, pede-se: a) Determinar o valor de K, para se obter uma equação do 2º grau; b) Escrever a equação, determinando suas raízes; c) Determinar as coordenadas cartesianas do vértice V da parábola e c) Fazer sua imagem geométrica.

1.13.7) Determinar o cubo do produto das raízes da equação: $+2x^2 + 4x - 6 = 0$.

1.13.8) (UFG) Certa pessoa entra na igreja e diz a um santo: se você dobrar a quantia de dinheiro que eu tenho, dou-lhe R$ 20 000,00. Dito isto, o santo realizou o milagre, e a pessoa, recebeu o prometido. Muito animada, ela repetiu a proposta, e o santo, o milagre. Feito isto, esta pessoa saiu da igreja sem qualquer dinheiro. Pergunta-se: quanto em dinheiro a pessoa possuía ao entrar na igreja?

1.13.9) Estudar as seguintes parábolas, quanto às suas interseções e imagens geométricas: $y = +x^2$ e $y = -2x^2 - 1$.

1.13.10) Determinar as coordenadas cartesianas dos pontos de interseção das funções expressas no sistema:

$$\begin{cases} \frac{+x^2}{+16} + \frac{y^2}{+9} = +1. \text{ (Esta é a equação de uma elipse, estudada no capítulo das curvas cônicas).} \\ y = +0{,}577x - 1{,}527. \end{cases}$$

1.13.11) Desenhe a imagem geométrica da reta r: $+8x - 2y + 9 = 0$. Plote o ponto P(+1; +2). Determine a equação geral da reta que passa pelo ponto P e que seja paralela à reta r.

1.13.12) Determinar a equação da reta t que faz 60º com o eixo X e que passa pelo ponto de interseção P das retas r: $+x + 2y = 0$ e s: $-2x + 3y +7 = 0$.

Capítulo 2

A Geometria dos corpos redondos: cilindro, cone e esfera

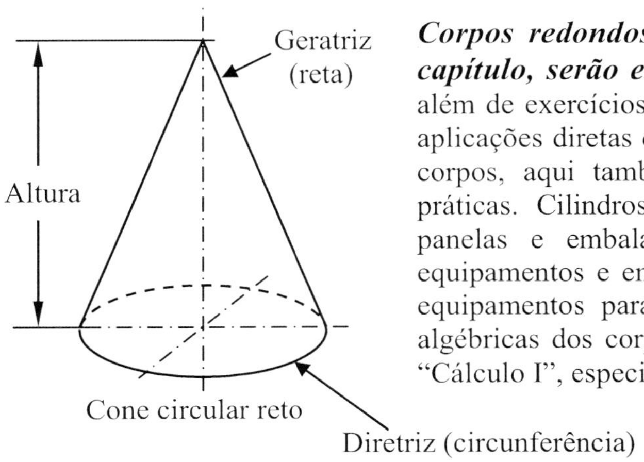

Corpos redondos são os sólidos que têm partes curvas e, nesse capítulo, serão estudados os cilindros, os cones e as esferas. Para além de exercícios matemáticos, e aplicações nas artes e no *design*, com aplicações diretas das fórmulas, especialmente de áreas e volumes desses corpos, aqui também serão citados diversos exemplos de aplicações práticas. Cilindros são usados como tubos, equipamentos, corpos de panelas e embalagens. Cones são usados como funis, fundos de equipamentos e embalagens. Esferas são usadas como bolas de futebol, equipamentos para estocagem de fluidos e na Arquitetura. As partes algébricas dos corpos redondos são amplamente estudadas na disciplina "Cálculo I", especialmente na resolução de integrais.

2.1 Cilindros circulares

Cilindros ou superfícies cilíndricas são geradas por uma reta móvel (denominada geratriz) que se apóia sobre uma curva fixa (denominada diretriz), conservando-se paralela a uma direção dada. Observa-se que também existem cilindros elípticos, parabólicos e hiperbólicos, que não são objeto de estudo na Educação Básica.
Cilindros circulares podem ser retos ou oblíquos, conforme seus eixos sejam perpendiculares ou inclinados em relação ao plano de base.
Existem muitos exemplos de utilizações práticas de cilindros, principalmente na forma de tubulações, bem como em latas de refrigerantes, embalagens de óleos vegetais e lubrificantes, copos de vidro, extintores de incêndio e também na Arquitetura, em especial como colunas ou pilotis circulares.

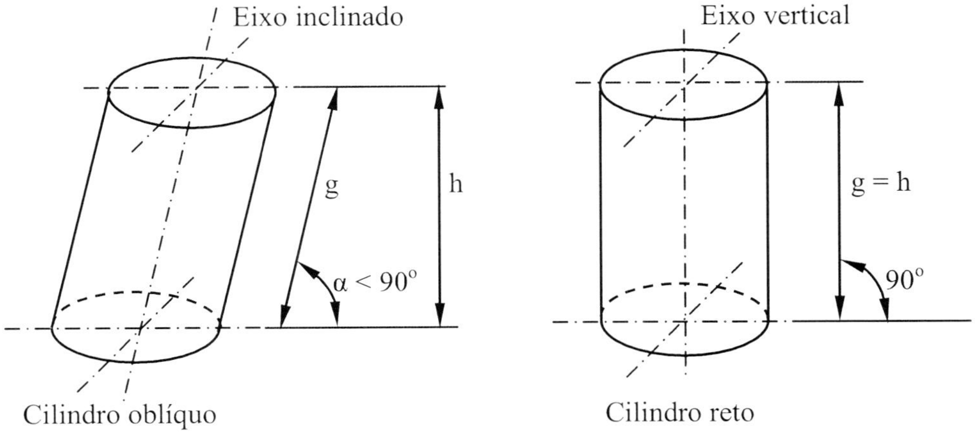

Quando a altura é igual ao diâmetro, o cilindro é dito equilátero.

Exemplo prático de uso de cilindros circulares na Arquitetura/Engenharia Civil

A Arquitetura e a Engenharia Civil usam muito o conceito de cilindros, principalmente na forma de colunas de sustentação ou pilotis. Essas áreas também utilizam cilindros metálicos, no formato de tubulações, fabricados a partir de chapas planas. No Rio de Janeiro existe um belo exemplo de como a arquitetura utiliza estruturas metálicas, com tubos metálicos, aqui se fala da estação Cidade Nova, do Metrô, no Centro da Cidade e em frente à sede da Prefeitura do município.

2.1.1 Planificação de cilindros e troncos de cilindros

Do ponto de vista de aplicações práticas, os cilindros podem ser fechados, como numa lata de óleo vegetal, abertos, como em tubulações ou com fundo e parte superior aberta, como numa lata de lixo circular. Cilindros abertos, por exemplo, tubos, são planificados a partir da retificação de uma circunferência.

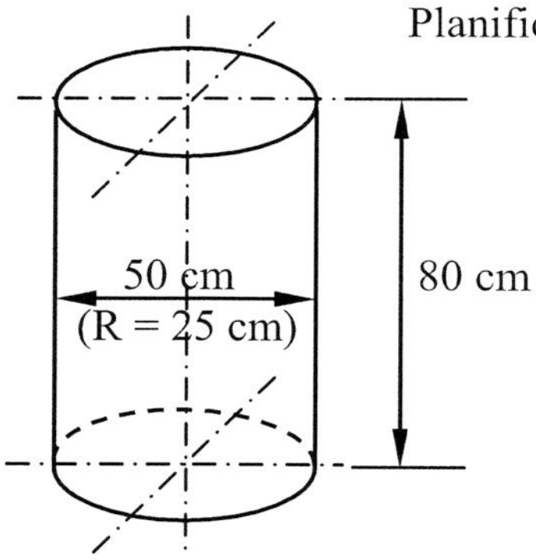

Planificação de um cilindro circular reto, aberto, diâmetro 50 cm e altura 80 cm.

A retificação é igual a $2\pi R = 2 \times 3{,}14 \times 25$ cm = 157 cm = 1,57 m.

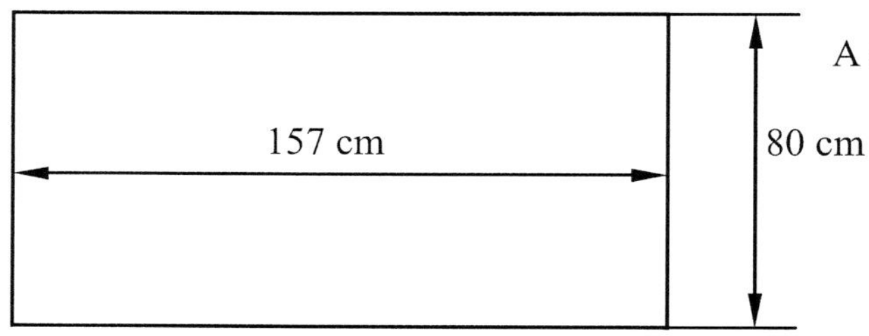

A altura se mantém

Uma interpretação prática dessa planificação é que, caso se queira fabricar um cilindro aberto, com 80 cm de altura e diâmetro 50 cm, precisa-se de uma chapa plana com 157 cm de comprimento e 80 cm de largura.

Caso se queira a planificação do cilindro anterior, porém fechado no fundo e no topo, tem-se o corpo igual ao anterior e duas circunferências, em cima e embaixo, como a seguir mostrado à esquerda.

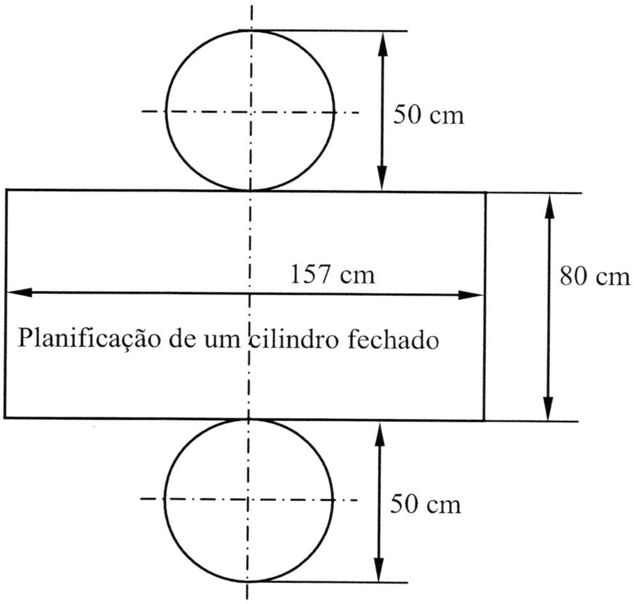

Tronco inclinado de cilindro reto

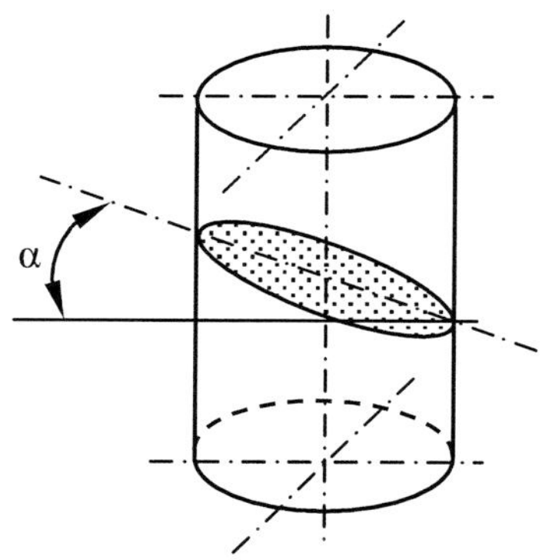

Uma seção, num cilindro circular, por um plano inclinado, em relação à base gera uma elipse. Caso o plano seja paralelo à base, obtém-se uma circunferência.

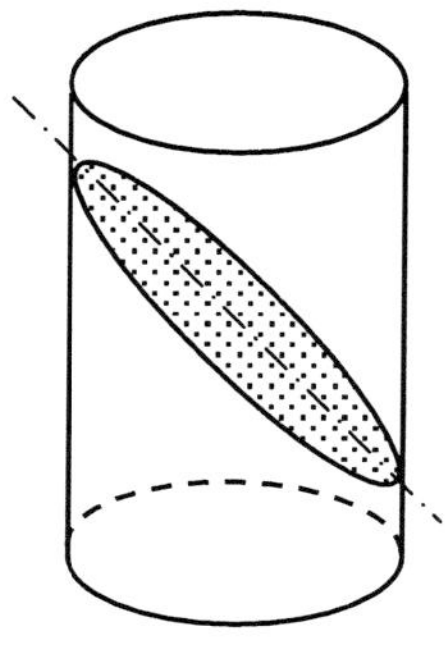

Um cilindro reto, com uma seção ou corte a 45°, gera uma derivação a 90°

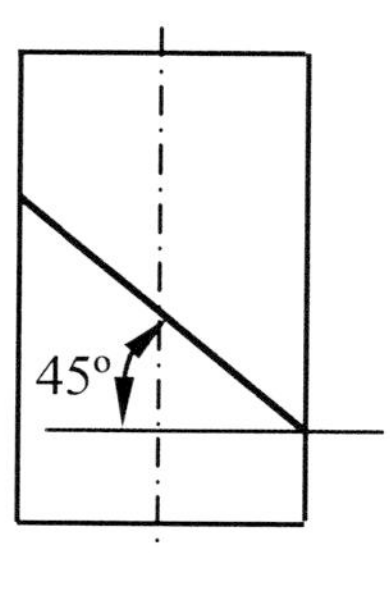

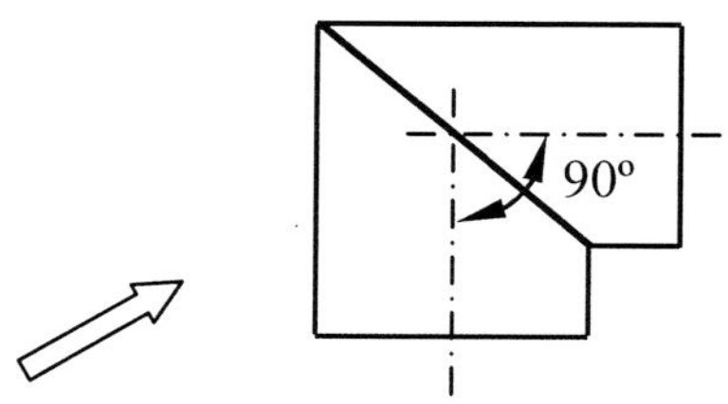

Após o corte a 45°, e um giro, obtém-se uma derivação ou curva a 90°.

Planificação de um tronco inclinado de um cilindro reto fechado

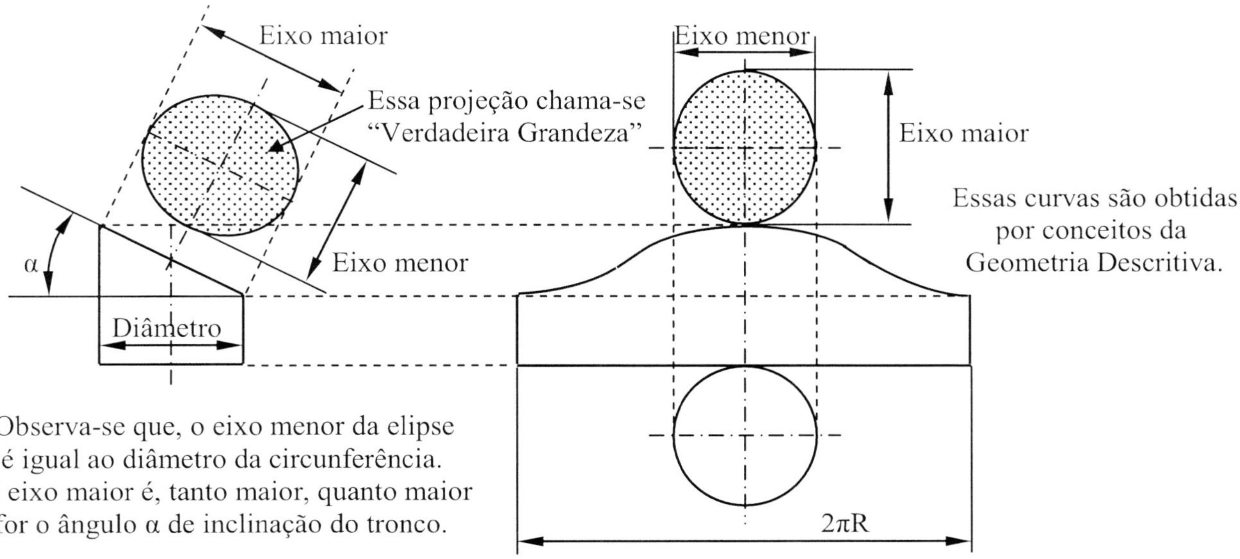

Observa-se que, o eixo menor da elipse é igual ao diâmetro da circunferência. O eixo maior é, tanto maior, quanto maior for o ângulo α de inclinação do tronco.

Exercício 2.1.1.1) Determinar as dimensões máximas (eixos maior "2a" e menor "2b") de uma elipse, gerada por uma seção em um cilindro de diâmetro 50 cm e altura 1 m. A secção ocorre por um plano inclinado a 45º em relação à base do cilindro.

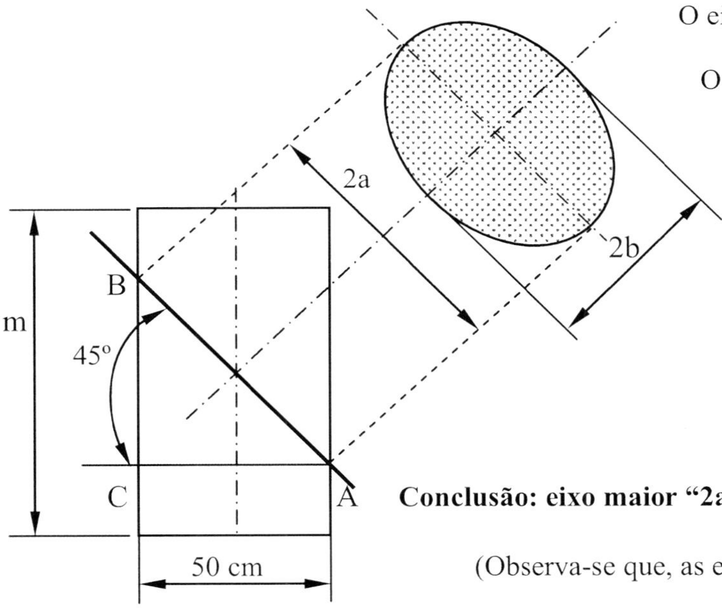

O eixo menor "2b" é igual ao diâmetro: 50 cm.

O eixo maior "2a" (AB) é calculado pelo triângulo a seguir:

AC = BC = 50 cm.

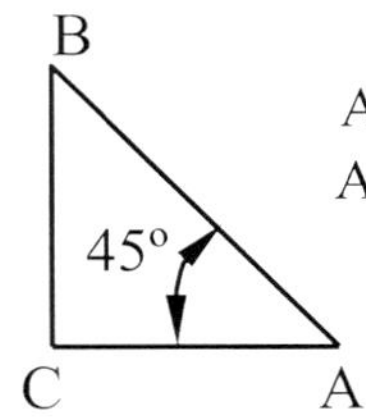

$AB^2 = AC^2 + BC^2 \Rightarrow$
$AB = \sqrt{50^2 + 50^2} \Rightarrow$
$AB = 70{,}71$ cm.

Conclusão: eixo maior "2a" = 70,71 cm e eixo menor "2b" = 50 cm.

(Observa-se que, as elipses são estudadas no capítulo 5).

2.1.2 Área da superfície de um cilindro reto fechado

Observando-se a planificação do cilindro reto fechado, mostrada no parágrafo 2.1.1, nota-se que esse cilindro é composto de uma chapa retangular e dois círculos, que são o fundo e o topo. Ou seja, para calcular a área da superfície de um cilindro reto basta calcular a área da chapa retangular e somar com as áreas dos círculos de fundo e topo.

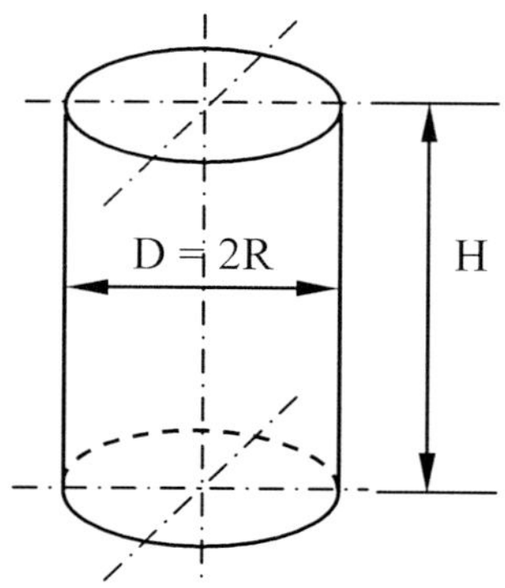

Área do corpo cilíndrico = $2\pi RH$.

Área do fundo e do topo = $2(\pi R^2)$.

Soma das áreas = $2\pi RH + 2\pi R^2 = 2\pi R\,(H + R)$.

Área da superfície de um cilindro reto fechado = $2\pi R\,(H + R)$.

Exercício 2.1.2.1) Considerando uma chapa metálica de 2 metros de comprimento e um metro de largura, determinar e comparar as áreas dos dois cilindros retos que podem ser obtidos, curvando-se a chapa ou no sentido do comprimento ou no sentido da largura. Fazer o desenho de cada cilindro. Considere que os cilindros serão fechados no fundo e no topo (considerar $\pi = 3{,}14$).

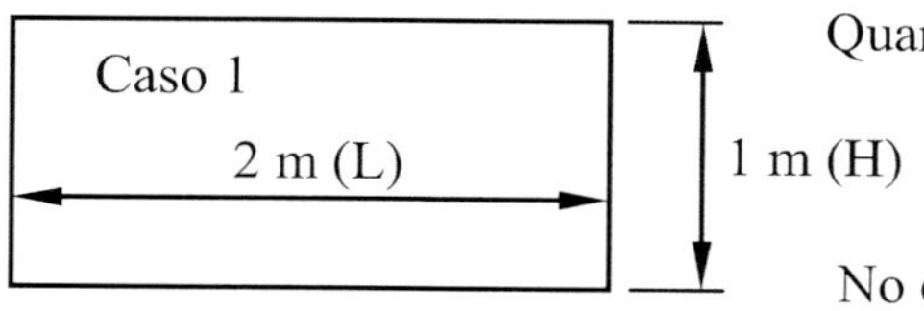

Quando se curva uma chapa, para obter um cilindro, o comprimento L da chapa é a retificação da circunferência de raio R, ou seja: $L = 2\pi R$. Isso significa que: $R = L/2\pi$.

No caso 1: $R = L/2\pi \Rightarrow R = 2\text{ m}/2\pi \Rightarrow R = 0{,}3185\text{ m} = 31{,}85\text{ cm}$.
Área da superfície do cilindro = $2\pi R(H + R) = 2.\pi.31{,}85\ (1 + 31{,}85) \Rightarrow$
Área da superfície do cilindro = 6.570, 59 cm^2.

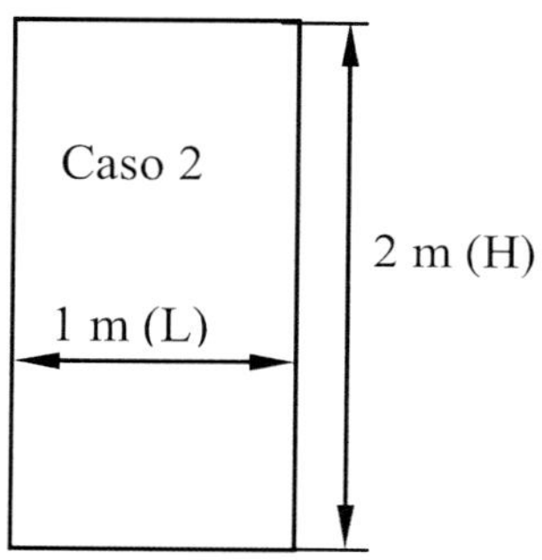

No caso 2: $R = L/2\pi \Rightarrow R = 1\text{ m}/2\pi \Rightarrow R = 0{,}1592\text{ m} = 15{,}92\text{ cm}$.
Área da superfície do cilindro = $2\pi R(H + R) = 2.\pi.15{,}92\ (2 + 15{,}92) \Rightarrow$
Área da superfície do cilindro = 1.791, 6 cm^2.

Conclusão: quando a chapa é curvada no sentido da largura de 1 m, tem-se um cilindro mais fino e mais alto, comparativamente quando se curva no sentido do comprimento de 2 m.

Desenho do cilindro 1

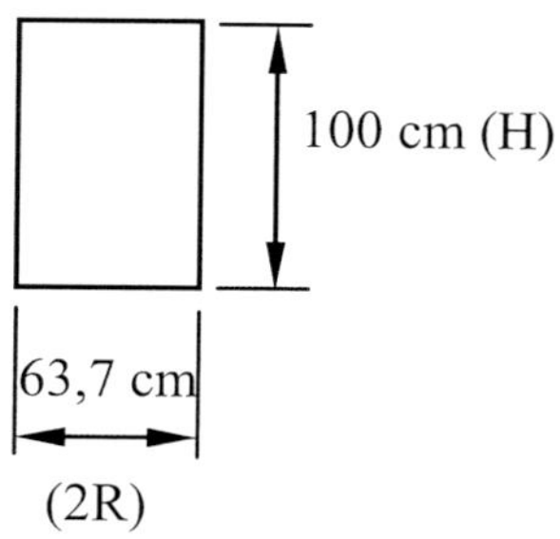

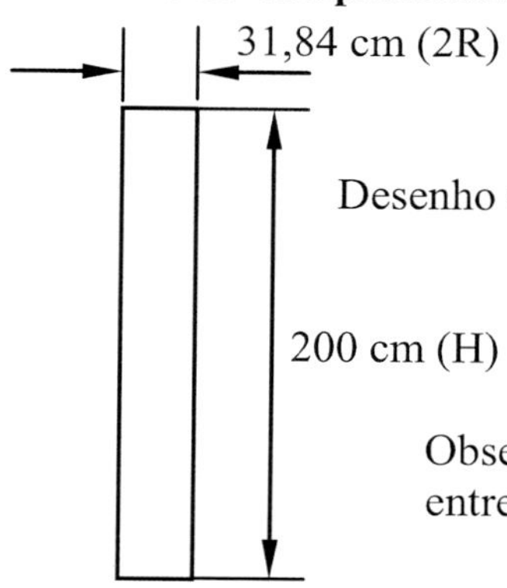

Desenho do cilindro 2

Observa-se a grande diferença entre os dois cilindros obtidos.

2.1.3 Volume de cilindros

O conceito teórico que embasa o cálculo do volume de cilindros é o princípio de Cavalieri. Quando se compara, por exemplo, um prisma com um cilindro, de mesma área de base, baseado em Cavalieri tem-se que ambos têm o mesmo volume. Como o volume de um prisma é igual ao produto da área da base pela sua altura, também para cilindros, retos ou oblíquos, o seu volume é igual ao produto da área da base (πR^2) pela altura H, portanto:

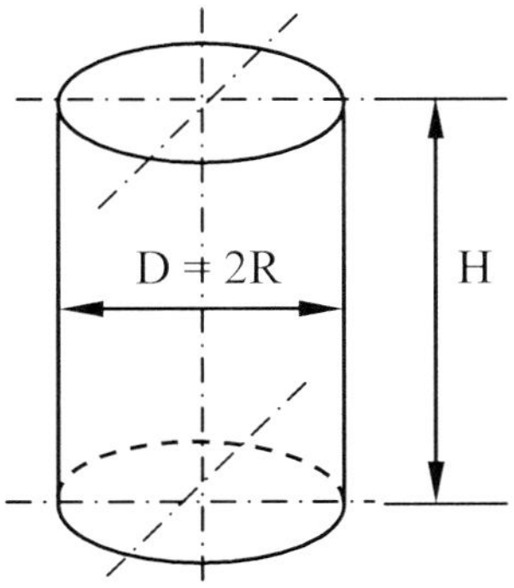

Volume do cilindro = $\pi R^2 H$.

Exercício 2.1.3.1) Determinar os volumes dos dois cilindros estudados no exercício 2.3.1, ou seja: um com raio igual a 31,85 cm e um metro* de altura e outro com raio igual a 15,92 cm e dois metros* de altura.

Volume do cilindro 1 = $\pi R^2 H = \pi.(31{,}85\ cm)^2.100\ cm = 318.528{,}66\ cm^3 = 0{,}31852866\ m^3 = 0{,}3185\ m^3$.

Volume do cilindro 2 = $\pi R^2 H = \pi.(15{,}92\ cm)^2.200\ cm = 159.164{,}33\ cm^3 = 0{,}15916433\ m^3 = 0{,}1592\ m^3$.

* Observa-se que, os cálculos têm que ser feitos com unidades de mesma medida (1 m = 100 cm).

Exercício 2.1.3.2) Precisa-se estocar 10 m^3 (10 mil litros) de um determinado líquido ou num tanque cilíndrico eqüilátero fechado no fundo* ou num tanque no formato cúbico, também fechado no fundo. Determinar qual o tipo de tanque que apresenta a menor área de material e, portanto, custará menos para ser fabricado em chapas de aço.

* Cilindro equilátero tem altura igual ao diâmetro (ou dois raios).

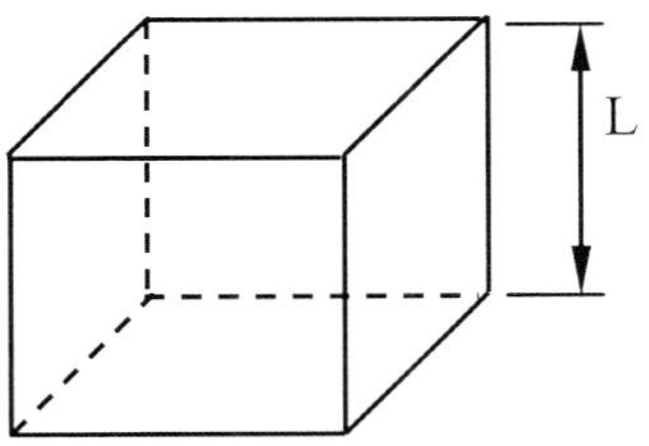

Tanque cúbico: $10\ m^3 = L^3$ =>

$L = \sqrt[3]{10\ m^3}$ => $L = 2{,}1544\ m$.

Área da superfície = $6\ (2{,}1544\ m)^2$ =>

Área da superfície do tanque cúbico = $27{,}85\ m^2$.

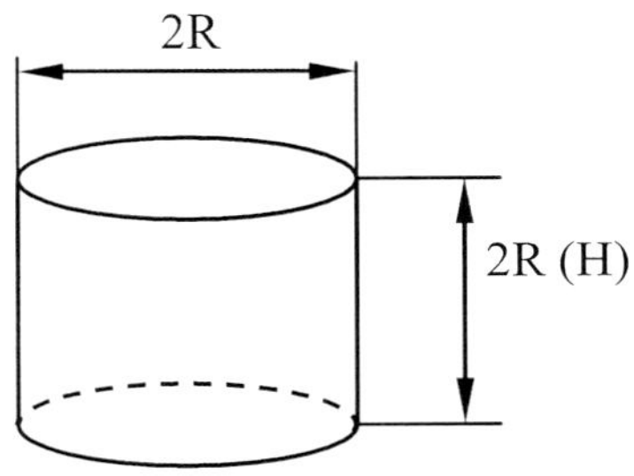

Tanque cilíndrico: $10\ m^3 = \pi R^2 H = 2\pi R^3$ =>

$10\ m^3 = 2\pi R^3$ => $R = \sqrt[3]{10\ m^3/2\pi}$ =>

$R = 1{,}1677\ m$. Área da superfície = $2\pi R\ (H + R)$ =>

Área = $2\pi R\ (3R) = 2.\pi.1{,}1677.3.1{,}1677 = 25{,}69\ m^2$.

Área da superfície do tanque cilíndrico = $25{,}69\ m^2$.

Conclusão: o tanque que apresenta a menor área de material é o tipo cilíndrico equilátero.

2.2 Superfície cônica. O cone

Uma superfície cônica (genericamente um cone) é uma superfície gerada por uma reta que se move ao longo de uma curva e que passa por um ponto fixo, fora da curva. A reta móvel é chamada de geratriz, a curva denominada de diretriz e o ponto fixo de vértice do cone. Ou seja, um cone é a reunião de retas passando por pontos de uma curva e por um ponto fixo (vértice) fora da curva. O vértice separa o cone em duas partes opostas pelo vértice, denominadas folhas embora, usualmente, representa-se apenas uma das folhas. A superfície cônica assume diversas formas, segundo sua diretriz, podendo-se ter cones: circulares, parabólicos, elípticos ou hiperbólicos.

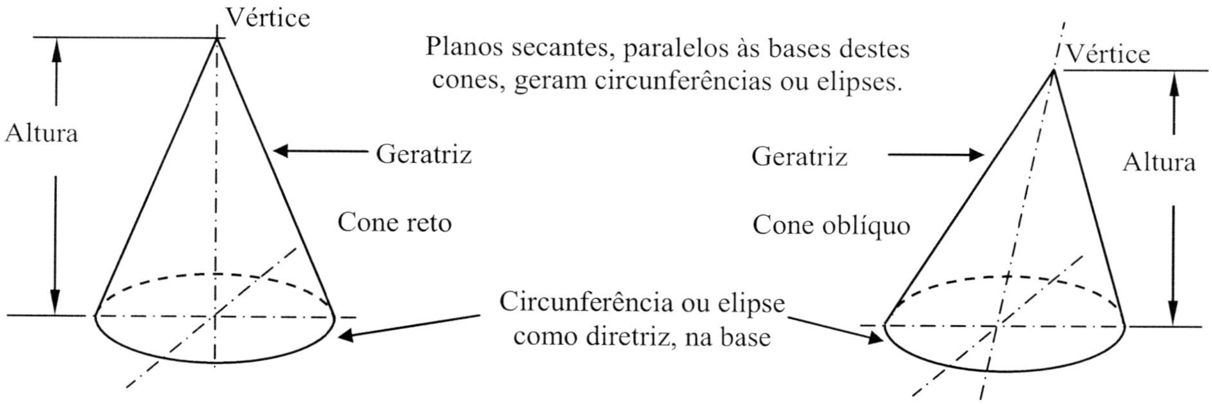

Um cone é equilátero, quando o diâmetro da base é igual ao comprimento da geratriz, ou seja, passando-se um plano secante pelo vértice e perpendicular à base, obtém-se um triângulo equilátero.

Exemplo de aplicação prática de superfície cônica, como fundo de tanque de estocagem

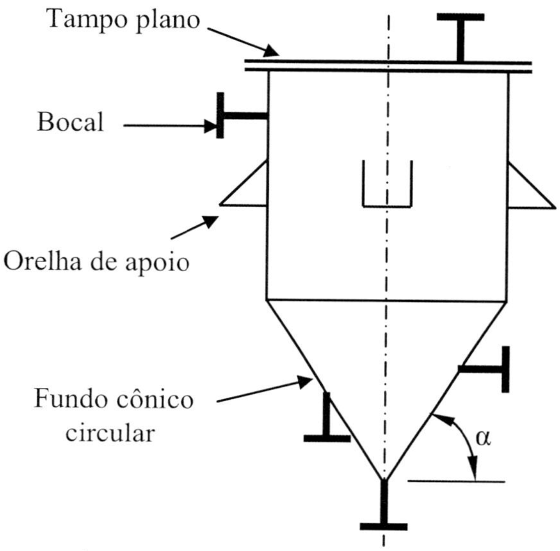

Esse é o desenho esquemático de um tanque cilíndrico vertical, com tampo plano e fundo cônico circular, muito utilizado para a estocagem de materiais granulados ou em pó, inclusive cereais como milho, soja, feijão, etc. O ângulo α é definido em função da maior ou menor facilidade que o material estocado tem para escoar.

2.2.1 Área da superfície dos cones retos

O raciocínio lógico para a determinação da área da superfície de um cone reto, passa pela análise de sua planificação, como a seguir mostrado.

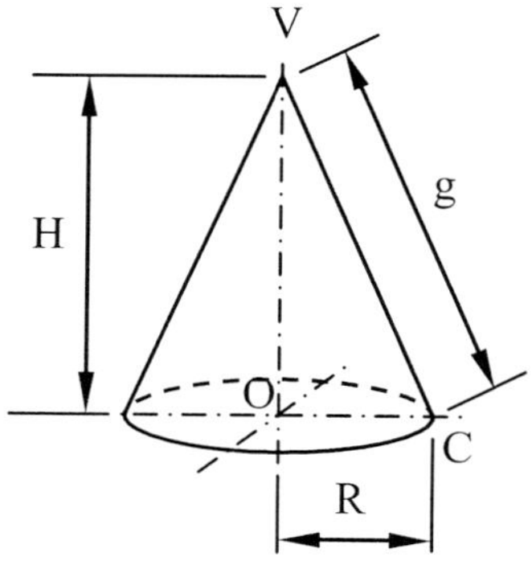

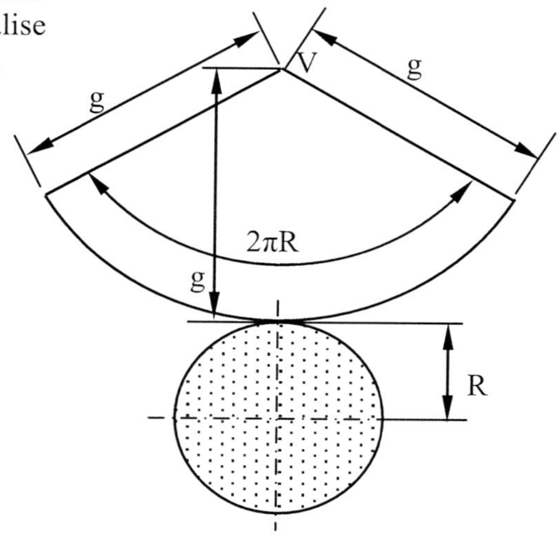

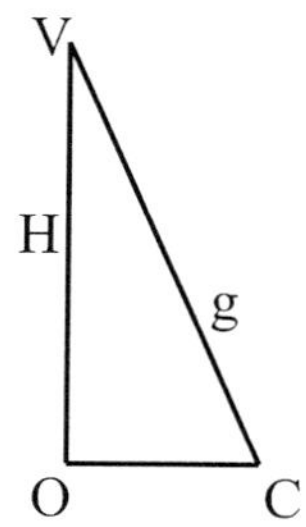

$g = \sqrt{H^2 + R^2}$.

A planificação mostra que a base é um círculo de raio R e a superfície lateral é um setor circular. Ou seja, a área do cone é a soma dessas áreas.

Área da base: $A_B = \pi R^2$.

Área lateral = área do setor circular = A_L => Considerando g como raio do setor circular, tem-se:

$2\pi g \longrightarrow \pi g^2 \Rightarrow A_L = \frac{2\pi R \times \pi g^2}{2\pi g} \Rightarrow A_L = \pi Rg$.
$2\pi R \longrightarrow A_L$

Soma das áreas: $A_B + A_L = \pi R^2 + \pi Rg = \pi R(R + g)$.

Área da superfície de um cone reto = $\pi R(R + g)$. Área em função do raio R da base e da geratriz g.

Área da superfície de um cone reto = $\pi R(R + \sqrt{H^2 + R^2})$. Área em função do raio R da base e da altura H do cone.

Exercício 2.2.1.1) O tanque de armazenamento, a seguir mostrado, a ser fabricado em chapa metálica em aço, é composto de uma parte cilíndrica com 1 metro de diâmetro e 1 metro de altura, bem como uma parte cônica reta e equilátera com diâmetro da base igual ao do cilindro. O tampo da parte cilíndrica é uma chapa circular de diâmetro 1,1 m. Baseado nesses dados, e no desenho, calcular a área total de chapa, a ser usada para a fabricação desse tanque. (Usar $\pi = 3{,}14$).

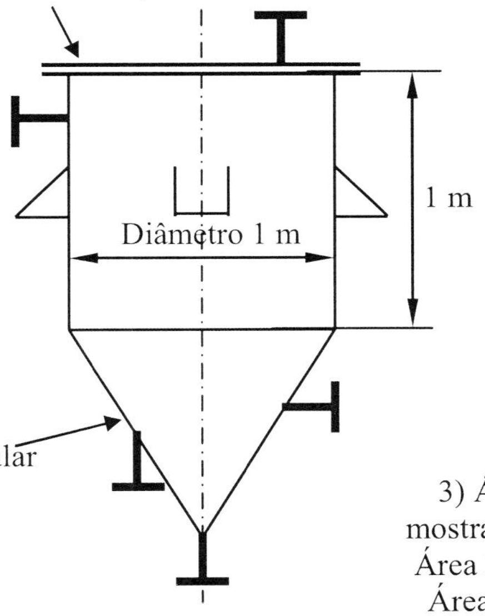

Raciocínio lógico e cálculos:

Existem três áreas a serem calculadas: 1) Área do tampo circular de diâmetro 1,1 m (110 cm); 2) Área do cilindro reto de diâmetro 1 m (100 cm) e altura 1 metro (100 cm) e 3) Área de um cone reto circular equilátero de diâmetro de base 1 m (100 cm).

1) Área do tampo circular = $\pi R^2 = \pi(55 \text{ cm})^2$ =>
Área do tampo circular = 9.498,5 cm^2.

2) Área do cilindro = $2\pi RH = 2\pi(50 \text{ cm})(100 \text{ cm})$ =>
Área do cilindro = 31.400 cm^2.

3) Área do cone: como é um cone equilátero, o desenho mostra um triângulo equilátero de lado igual a 1 m (100 cm).
Área lateral do cone = πRg, onde: R = 50 cm e g = 100 cm.
Área lateral do cone = $\pi(50 \text{ cm})(100 \text{ cm})$ = 15.700 cm^2.

Conclusão: a área total a ser usada, para a fabricação do tanque é igual a 56.598,5 cm^2 = 5,65985 m^2.

Observação: Na prática, seria pensada a compra de, no mínimo 5,7 m^2, de chapa metálica. No mercado, esse tipo de chapa de aço é fornecido pelas siderúrgicas, no formato de 2,4 m de largura por 6,1 m de comprimento, ou seja, cada chapa comercial tem uma área de 14,64 m^2. Em geral, como comercialmente, só se vende ou uma chapa inteira (ou meia chapa), certamente terá que ser comprada meia chapa ou 7,32 m^2. Será usada a área de 5,7 m^2, com uma sobra de 1,62 m^2 (7,32 m^2 - 5,7 m^2 = 1,62 m^2).

2.2.2 Volume dos cones

O conceito lógico espacial para desenvolver o cálculo do volume de um cone, envolve a análise do volume de um prisma e o princípio de Cavalieri, como a seguir detalhado.

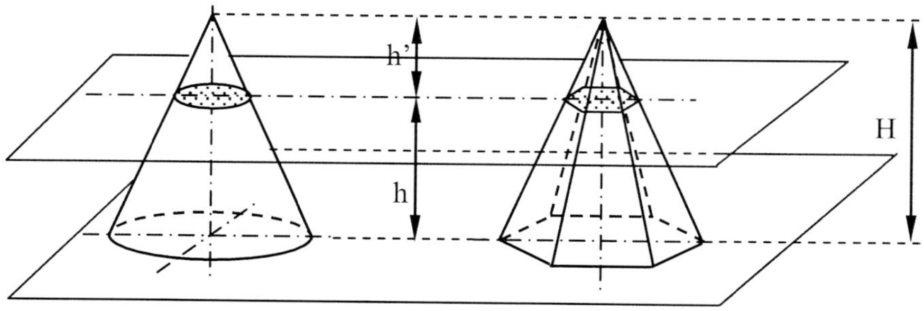

Volume do cone = $\frac{\pi R^2 H}{3}$.

A figura mostra um cone e uma pirâmide de base hexagonal, de mesma altura e mesma área de base. Ao se passar um plano paralelo ao de base e à uma altura h, confirma-se que, pelo princípio de Cavalieri as duas seções superiores têm também a mesma área. Ou seja, confirma-se que o cone e pirâmide têm o mesmo volume. Conclusão: o volume de um cone é igual a um terço o produto da área da base (πR^2) pela altura (H).

Exercício 2.2.2.1) Considerando o exercício 2.2.1.1, determinar o volume total, em litros, do tanque.

Precisa-se calcular dois volumes: 1) Volume de um cilindro de diâmetro 1 m e altura 1 m e 2) Volume de um cone equilátero de lado ou geratriz igual a 1 m.

1) Volume do cilindro = $\pi R^2 H = \pi(50\ cm)^2(100\ cm) = 785.000\ cm^3$ = 785 dcm3 = 785 litros.
2) Volume do cone = $\frac{\pi R^2 H}{3}$. Onde R = 50 cm e a altura H tem que ser calculada, como a seguir.

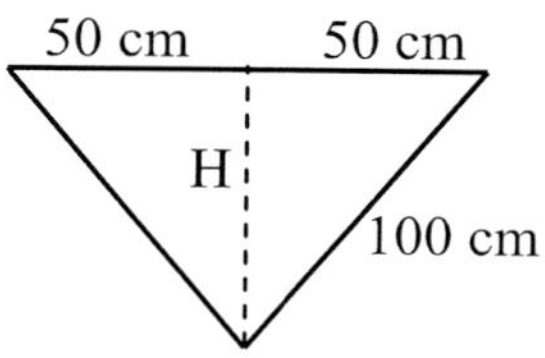

$100^2 = 50^2 + H^2 \Rightarrow H = \sqrt{100^2 - 50^2} \Rightarrow H = 86{,}6$ cm.

Volume do cone = $\frac{\pi R^2 H}{3} = \frac{\pi(50\ cm)^2(86{,}6\ cm)}{3} = 226.603{,}33\ cm^3 \Rightarrow$ $226{,}60333\ dcm^3$ = 226,6 litros.

Conclusão: o volume total do tanque é igual a 1.011,6 litros (ou 1,0116 m^3).

2.2.3 Troncos de cones

Uma superfície cônica reta pode ser cortada (secionada) das seguintes formas: a) Por um plano paralelo à base, gerando uma circunferência ou um círculo (para cones sólidos); b) Por um plano inclinado à base, mas sem passar pela base, gerando uma elipse; c) Por um plano perpendicular à base, e passando pela base, gerando uma hipérbole (em verdade, são duas folhas de hipérbole) e d) Por um plano inclinado à base e passando pela base, gerando uma parábola. Aqui, nesse capítulo, serão estudados dois tipos de troncos de cone: o que gera uma circunferência ou círculo e o que gera uma elipse. Os outros troncos, que geram as curvas cônicas: parábola e hipérbole serão estudados na Unidade II.

Tronco de cone reto, com corte paralelo à base

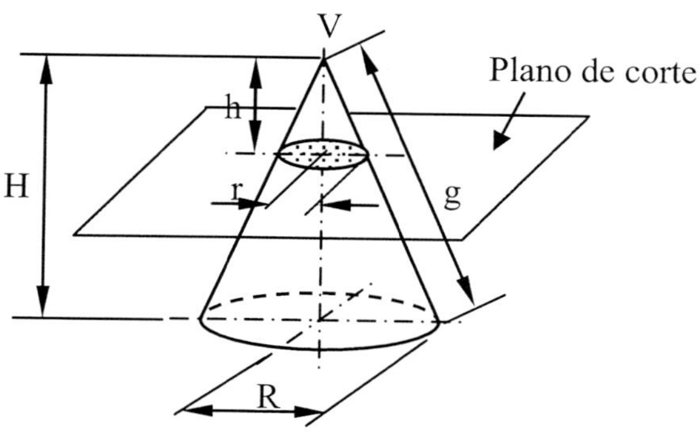

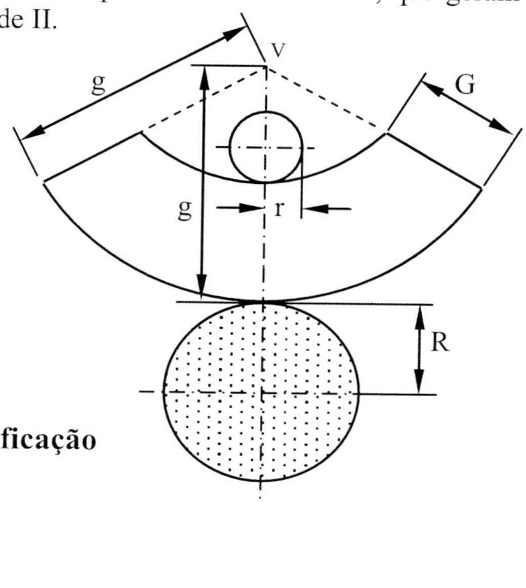

Planificação

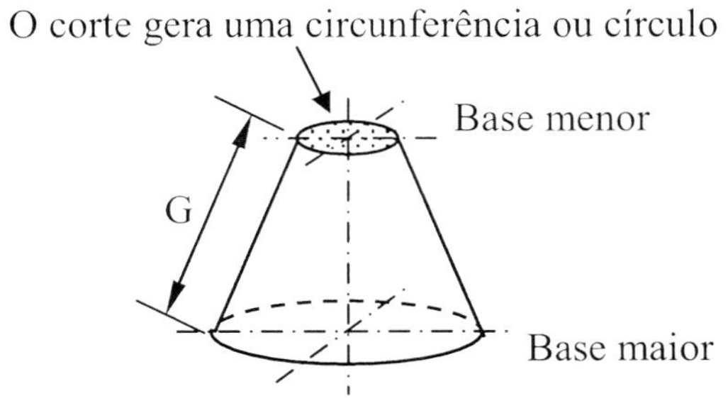

Tanto a área total, quanto o volume desse tipo de tronco de cone, podem ser calculados fazendo-se a diferença entre a área/volume do cone maior de altura H e base com raio R e o cone menor de altura h e raio r

Tronco de cone reto, com corte inclinado em relação à base

* Observa-se que, nesse tipo de tronco de cone, existe uma ligeira diferença entre as linhas de eixo da elipse gerada e a do cone.

Esse tipo de tronco de cone é utilizado no fundo de silos da indústria de mineração.

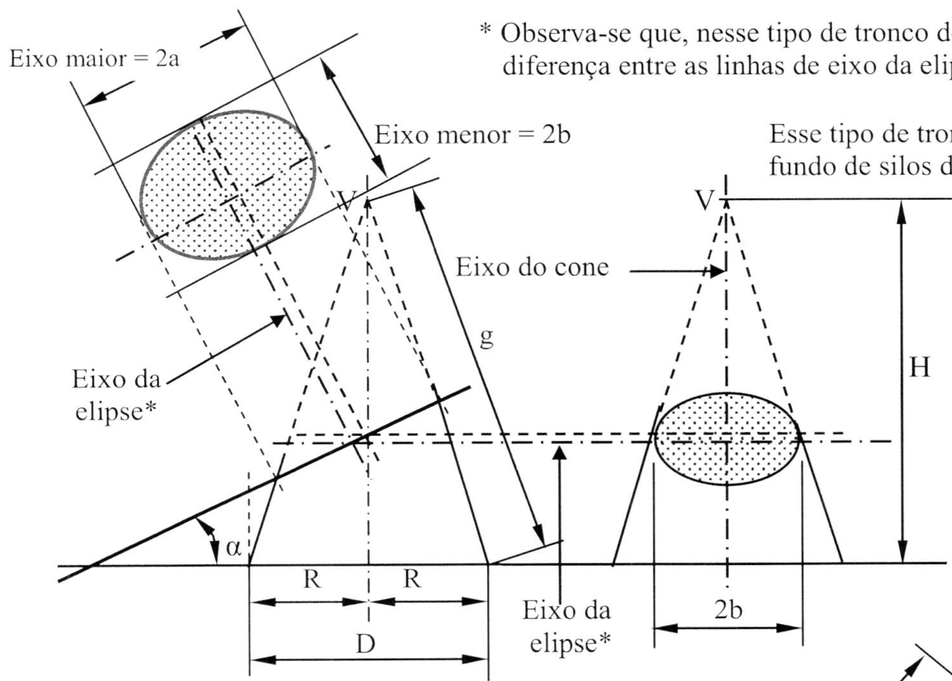

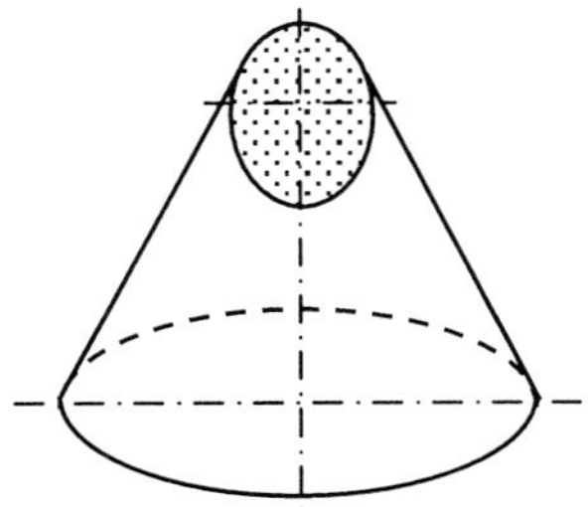

Visão tridimensional do tronco

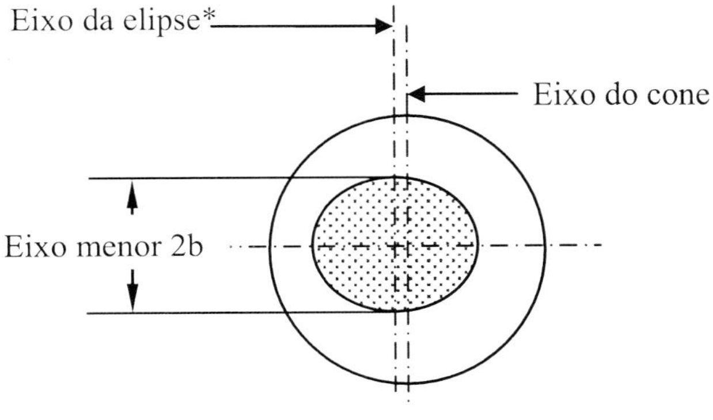

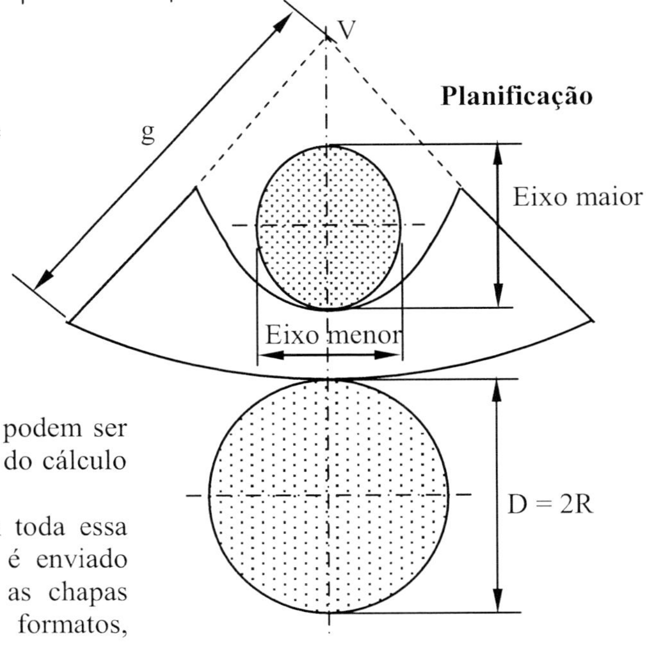

Tanto a área, quanto o volume desse tronco, não podem ser feitos por fórmulas diretas, mas sim com análises do cálculo integral.

Existem programas específicos que desenvolvem toda essa planificação, inclusive gerando um arquivo que é enviado para uma grande mesa, onde por corte Laser, as chapas metálicas são cortadas exatamente nesses formatos, permitindo as dobras e soldagem.

2.3 Esfera: definição, elementos e particularidades

Superfície esférica (esfera) é aquela de centro C e raio r > 0, sendo o lugar geométrico dos pontos do espaço que mantêm a mesma distância r do centro C. Em termos de características geométricas e nomenclatura uma esfera apresenta os seguintes elementos principais:

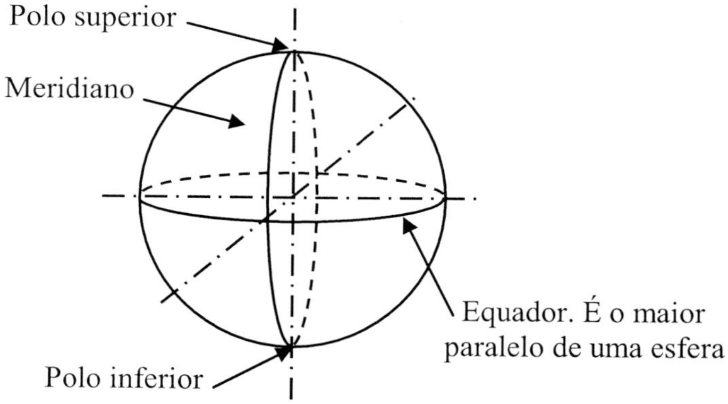

Qualquer corte em uma esfera maciça gera um círculo, com o perímetro sendo uma circunferência. Dois cortes se destacam em uma esfera: quando passa pelo eixo dividi-a em duas metades ou hemisferas e quando passa por outro ponto gera uma calota esférica, como a seguir mostrada. Esferas, hemisferas e calotas esféricas, têm muitas aplicações práticas, sendo uma delas na produção de espelhos ou lentes esféricas.
Um exemplo prático, e icônico, do uso de calotas esféricas, na Arquitetura/Engenharia, está no prédio do Congresso Nacional, em Brasília, onde existem duas cúpulas na forma de calotas esféricas e posicionadas de formas opostas, ou seja, uma com a concavidade para cima e a outra para baixo. Quando teve essa ideia, na década de 1960, Oscar Niemeyer (1907-2012) não as colocou assim por acaso, mas sim com todo um significado filosófico. O Senado, que se encontra abaixo da cúpula côncava (virada para baixo), pretende transmitir e prevalecer a reflexão, a ponderação, o equilíbrio e o peso da experiência (já que o mandato dos senadores é de 8 anos) àqueles que o seu interior ocupar. Também pode representar a mais alta "cúpula" do país, sendo aquela que irá validar as regras e leis da nação. Já a cúpula convexa (virada para cima), localizada acima da Câmara dos Deputados, é maior e mais aberta; seu vértice vasto está aberto a todas as ideias e ideologias, tendências, anseios e opiniões que compõem o povo brasileiro, representados no interior do edifício pelos deputados.
Outro exemplo prático, de uso de esferas, na área de Engenharia, são as esferas metálicas utilizadas para armazenamento de gases sobre pressão (veja parágrafo 2.3.2), por exemplo, o gás utilizado em fogões e aquecimento. Além desses existem muitos outros exemplos de uso de superfícies esféricas e de sólidos esféricos, tais como: bolas de bilhar, bolas de futebol e outros esportes.

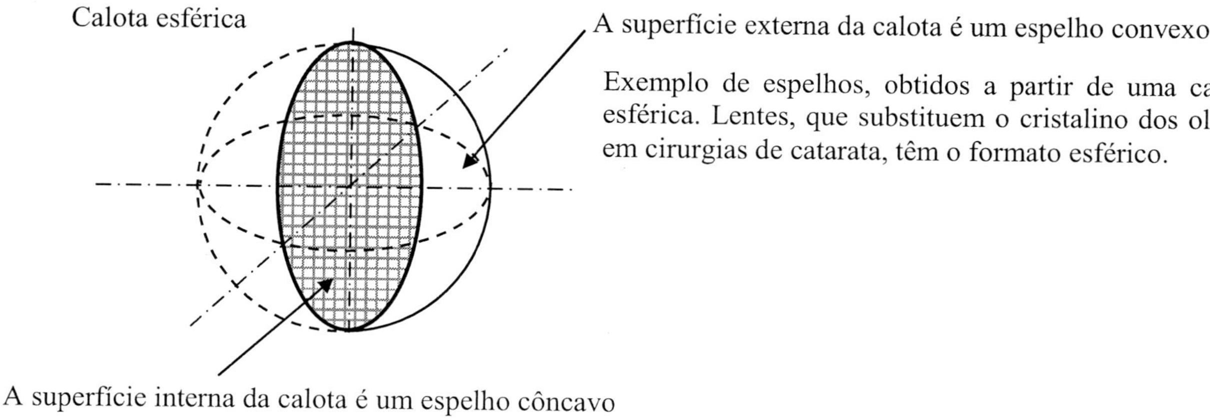

Exemplo de espelhos, obtidos a partir de uma calota esférica. Lentes, que substituem o cristalino dos olhos, em cirurgias de catarata, têm o formato esférico.

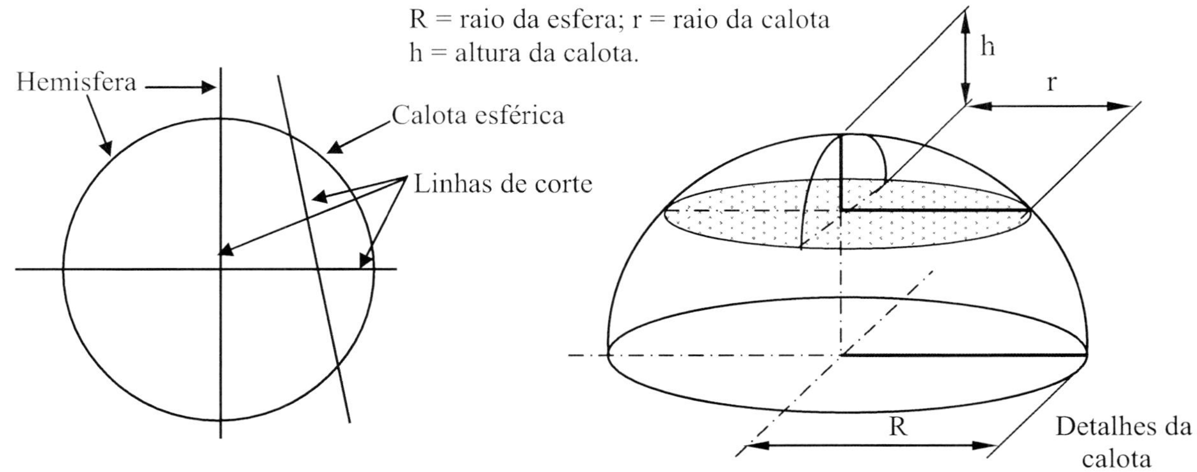

2.3.1 Planificação de superfícies esféricas

Existem diversas formas de se imaginar a planificação de uma superfície esférica, inclusive imaginando-se as bolas de futebol, onde classicamente se faz a planificação a partir de pentágonos e hexágonos, como a seguir mostrado.

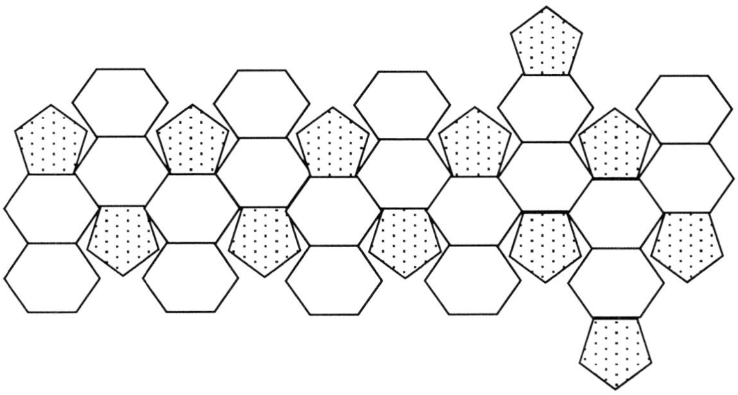

Observe-se que, a forma clássica de se planificar uma esfera, usada como bola de futebol, com gomos em couro, é com a construção de 12 pentágonos regulares e 20 hexágonos regulares.
Também se observa que, mesmo com essa construção, existem outras formas de se unir os gomos pentagonais e hexagonais.

Outra forma é dividindo-se a esfera em gomos, segundo os meridianos.

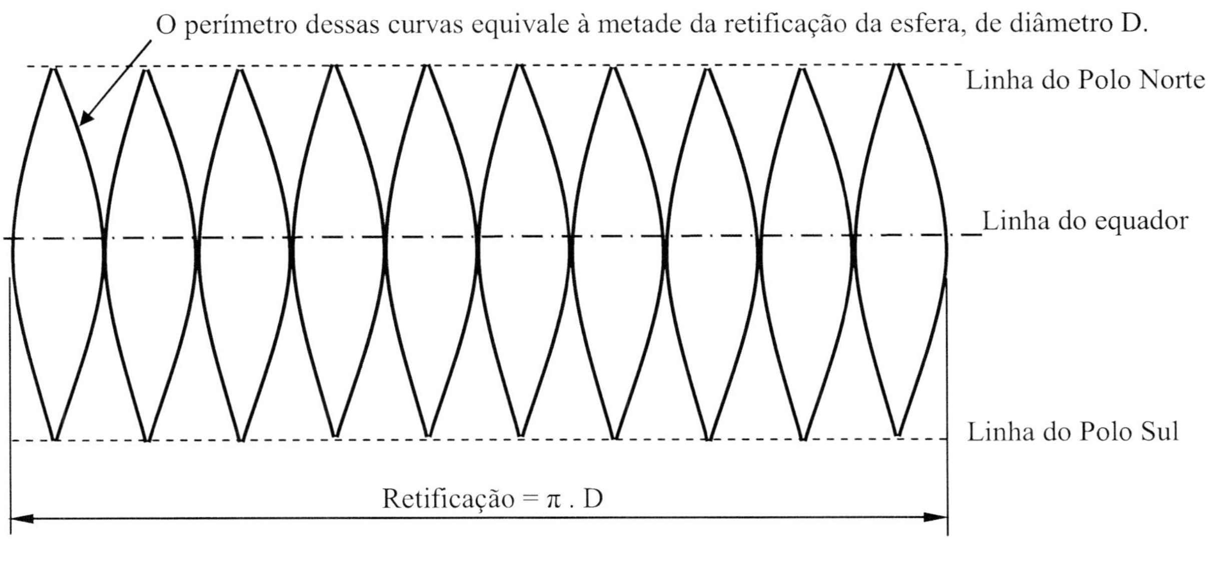

Quando a esfera é utilizada, como um reservatório esférico metálico, devido às soldas entre os gomos, a planificação não permite, por exemplo, que seja segundo os cortes de gomos anteriormente mostrados, pois nos Polos ocorreria uma junção de várias soldas num único ponto, o que não é possível do ponto de vista da engenharia de fabricação mecânica (pois concentraria muitas tensões térmicas). Para esses tipos de esferas, também existem variações na forma de se planificar, dependendo do diâmetro e da espessura das chapas utilizadas. A planificação a seguir foi utilizada para uma esfera metálica de diâmetro 5 metros.

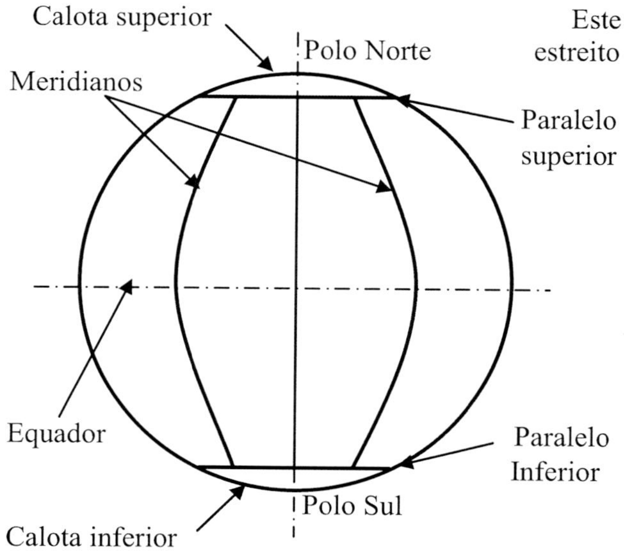

Vista de frente

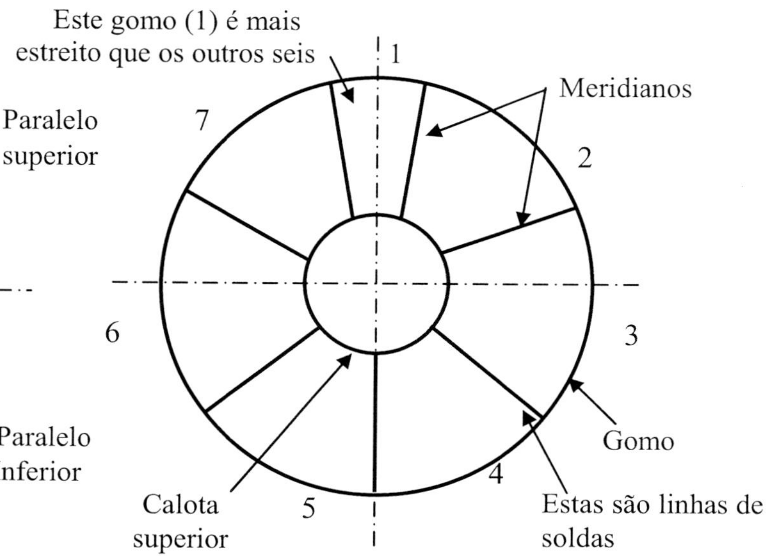

Vista de cima

Com diâmetro interno de 5.000 mm, considerando a vista de frente, a circunferência planificada (perímetro) dessa esfera é igual a 15.708 mm. Em geral, chapas metálicas são fornecidas com 6.100 mm de comprimento por 2.400 mm de largura. As figuras a seguir mostram as imagens gerais da planificação dessa esfera. Na prática, cada gomo é dimensionado e detalhado, permitindo uma perfeita montagem.

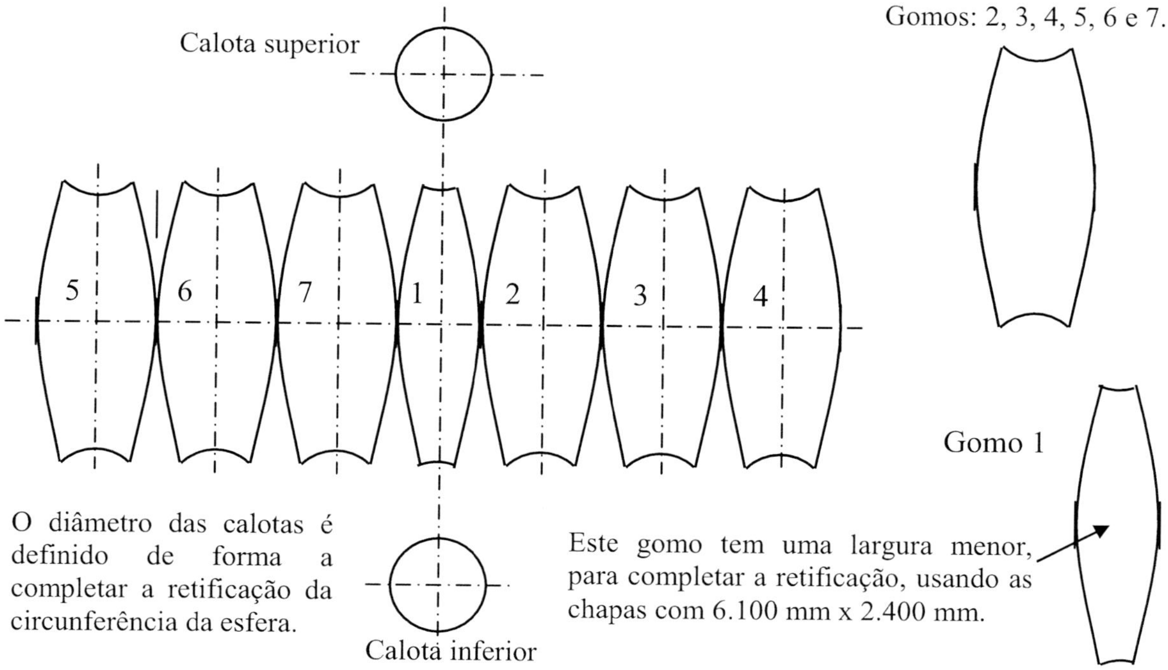

2.3.2 Exemplo de esfera metálica, usada como tanque de armazenamento

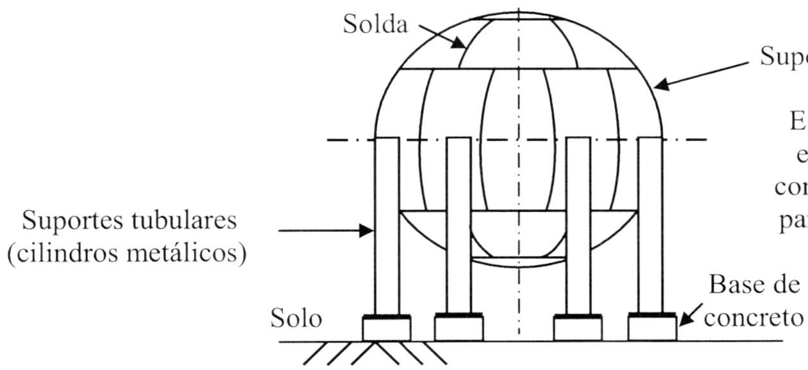

Especialmente em indústrias químicas e petroquímicas, utilizam-se esferas construídas em chapas metálicas de aço, para armazenamento de gases a pressão.

Na prática existem esferas desse tipo com até 20 m de diâmetro.

2.3.3 Volume de uma esfera

O conceito lógico espacial para desenvolver o cálculo do volume de uma esfera, envolve a análise do volume de um cilindro, dois cones e o princípio de Cavalieri, como a seguir detalhado.

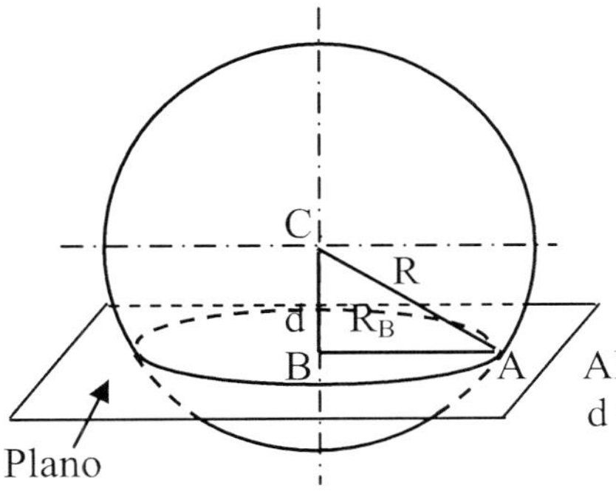

Inicialmente, imagina-se a esfera de centro C e raio R, seccionada por um plano, gerando o círculo de raio R_B e o triângulo retângulo ABC.

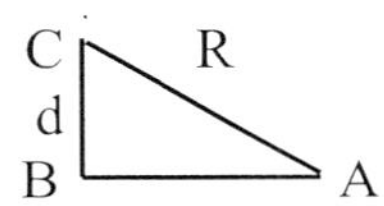

$R^2 = BC^2 + R_B^2 \Rightarrow R_B^2 = R^2 - d^2$.

Área do círculo de raio $R_B = \pi R_B^2 = \pi(R^2 - d^2)$.

$AB = R_B$; $BC = d$.
$d = R - R_B$.

Na sequência, considera-se um sólido Y, gerado a partir de um cilindro reto equilátero, ou seja, a altura é igual a diâmetro, sendo esse igual ao diâmetro da esfera ou duas vezes o raio R. Esse sólido Y, chamado de anticlepsidra, é obtido retirando-se os volumes dos dois cones, como a seguir mostrado.

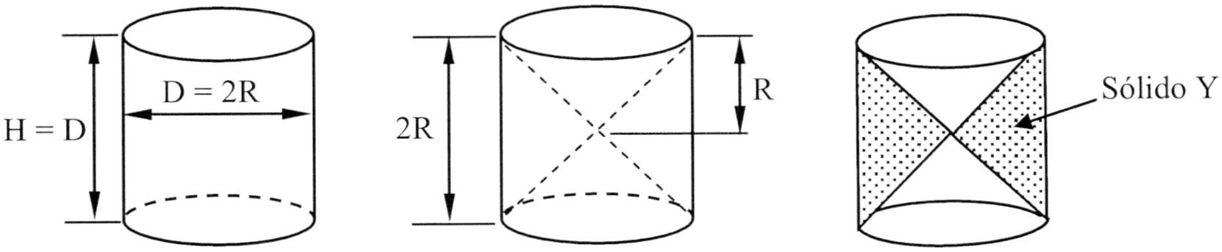

O volume do sólido Y é igual à diferença entre o volume do cilindro e dos volumes dos dois cones.

Volume do cilindro $= \pi R^2 2R = 2\pi R^3$. Volume do cone $= \dfrac{\pi R^2 2R}{3} = \dfrac{2\pi R^3}{3}$. Volume de dois cones $= \dfrac{2\pi R^3}{3}$.

Volume do sólido Y $= 2\pi R^3 - \dfrac{2\pi R^3}{3} = 2\pi R^3\left(1 - \dfrac{1}{3}\right) = 2\pi R^3 \dfrac{2}{3} = \dfrac{4\pi R^3}{3}$.

Utilizando o princípio de Cavalieri, para obter o volume da esfera, considera-se a esfera e o cilindro apoiados no mesmo plano e secionados por um novo plano, com a distância entre os planos igual à medida E.

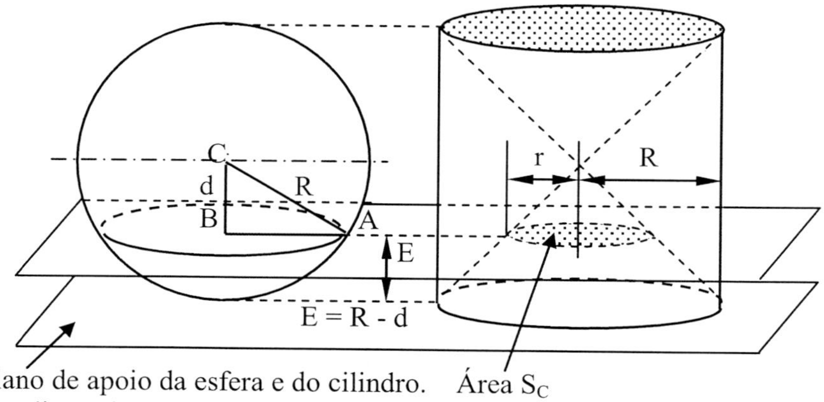

E = distância entre os dois planos.

Volume de uma esfera = $\mathbf{\dfrac{4\pi R^3}{3}}$.

A área S_C da seção no sólido Y é igual à área da coroa circular, de raios d e R.

$$S_C = \pi R^2 - \pi r^2 = \pi(R^2 - d^2).$$

Observa-se que essa área da coroa é igual à área do círculo de raio R_B na esfera. Ou seja, as duas áreas são iguais, e pelo princípio de Cavalieri, tanto o volume da esfera, quanto o volume do sólido Y são iguais.

Portanto: $V_{esfera} = \dfrac{4\pi R^3}{3}$.

2.3.4 Área da superfície de uma esfera

O raciocínio lógico espacial para desenvolver o cálculo da área da superfície da esfera é imaginá-la composta por uma infinidade de minúsculas pirâmides, por exemplo, de base hexagonal, com todos os vértices V coincidentes com o centro C da esfera e altura H igual ao raio R da esfera.

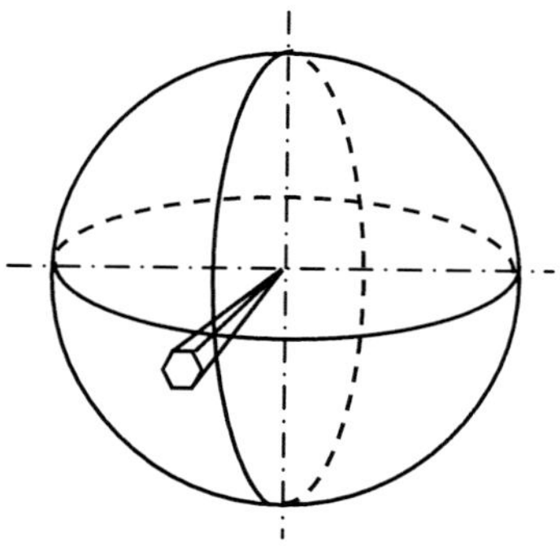

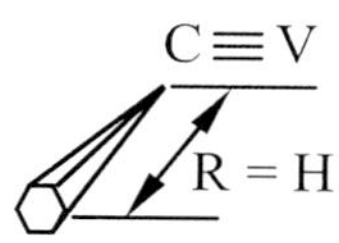

O volume de cada pirâmide é: $V_i = \dfrac{1}{3} A_i \times R$.

A_i = área da base da pirâmide.

Considerando "n" pirâmides o volume da esfera é: $V = V_1 + V_2 + ... + V_n$. Como: $V = \dfrac{4\pi R^3}{3}$, então:

$$V = \frac{1}{3} A_1 R + \frac{1}{3} A_2 R + ... + \frac{1}{3} A_n R \Rightarrow V = \frac{4\pi R^3}{3} = \frac{1}{3} R\underbrace{(A_1 + A_2 + ... + A_n)}_{=A}.$$

Quando "n" tende ao infinito, a soma das áreas das bases das pirâmides é igual à área A da superfície esférica, ou seja:

$$\frac{4\pi R^{\cancel{3}\,2}}{\cancel{3}} = \frac{1}{\cancel{3}} \cancel{R} A \Rightarrow A = 4\pi R^2,$$ portanto:

Área da superfície esférica: $\mathbf{A_{esf.} = 4\pi R^2}$.

2.4 Exercícios complementares resolvidos

2.4.1) (EsPCex - 2019). Sabendo que uma esfera de raio 10 cm está inscrita em um cone equilátero, determinar o volume, em litros, desse cone.

Raciocínio lógico e cálculos:

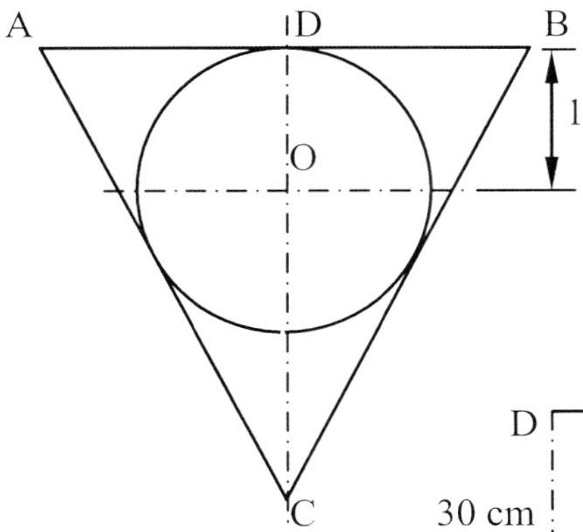

Estando inscrita, significa que a esfera é tangente aos lados do cone.

Como CD é uma das alturas do triângulo, OD que é igual ao raio, é um terço de CD. Ou seja: CD = 30 cm (30 cm/3 = 10 cm)

Nesse caso, CD é a altura do cone, portanto o volume é dado por:

$V = \frac{\pi R^2 H}{3}$. R = raio do cone = AD = DB. H = 30 cm.

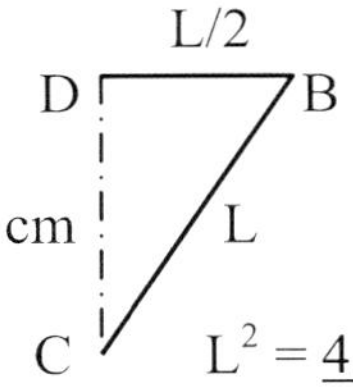

AB = AC = BC = lados do triângulo equilátero.

$L^2 = 30^2 + (L/2)^2 \Rightarrow L^2 = 900 + L^2/4 \Rightarrow 3L^2/4 = 900 \Rightarrow$

$L^2 = \frac{4.900}{3} \Rightarrow L^2 = 1.200 \Rightarrow L = 34{,}64$ cm. $R = L/2 \Rightarrow R = 17{,}32$ cm.

$V = \frac{\pi R^2 H}{3} = \frac{\pi(17{,}32\text{cm})^2(30\text{ cm})}{3} = 9.420\text{ cm}^3 = 9{,}42\text{ dm}^3 = 9{,}42$ litros.

Conclusão: o volume do cone é igual a 9,42 litros.

2.4.2) Em 2022 já era possível técnica e comercialmente imprimir, pela impressão 3D, os mais diversos objetos, bem como peças de máquinas, nos mais diferentes tipos de materiais, inclusive metais, como alumínio. Uma das vantagens de imprimir, por exemplo, peças em metais, é que não existe desperdício de material, usando-se exatamente a quantidade necessária. Uma indústria recebeu um pedido para fabricar 10 peças, conforme o desenho a seguir, através da impressão em um tipo de liga de alumínio. Sabendo que essa impressão é feita com pó de alumínio, misturado com determinado material de liga em pó, determinar o volume total de pó a ser utilizado, em litros, bem como o peso total*, para imprimir as 10 peças. (Usar π = 3,14). (Ø: esse símbolo é a letra grega fi e significa diâmetro).
Observa-se que o processo de solidificação da mistura de pó, após a impressão tridimensional, é feito através de um processo de fabricação mecânica chamado sinterização.

* Esse pó tem peso específico de 670 kg/m³.

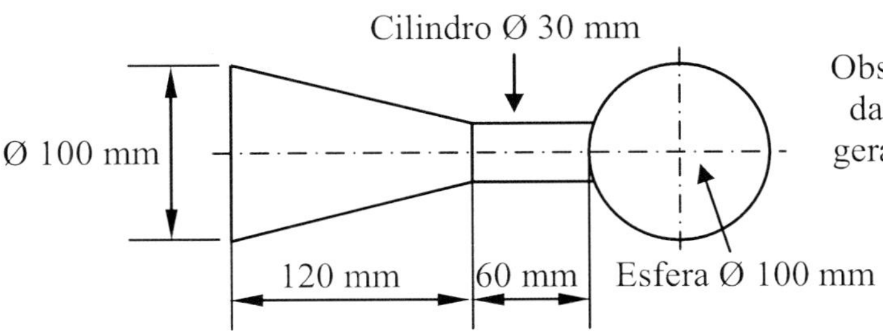

Observa-se que a interseção da esfera com o cilindro, gera uma calota esférica, adiante detalhada.

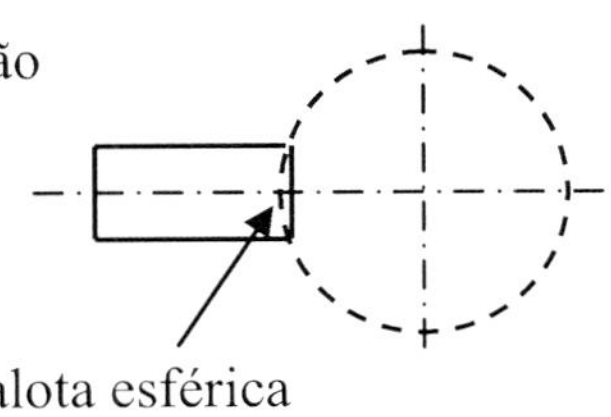

Uma análise lógico espacial mostra que terão que ser calculados quatro volumes: 1) De um tronco de cone reto; 2) De um cilindro reto; 3) De uma esfera e 4) De uma pequena calota esférica.

1) Volume do tronco de cone: inicialmente, determinam-se as dimensões do cone, para depois por diferenças, calcular o volume do tronco.

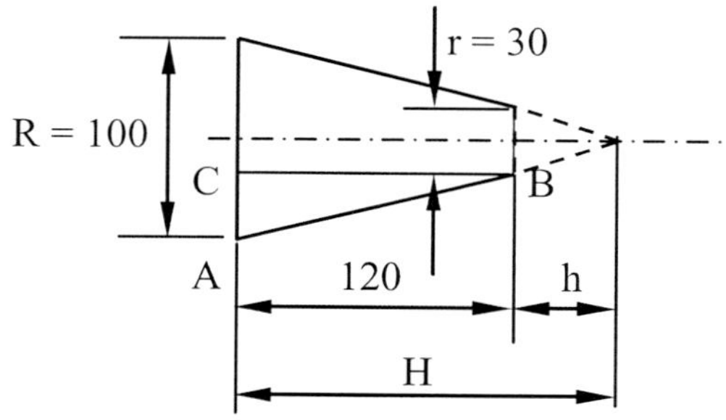

$AC = \frac{100 - 30}{2} = 35$. Por semelhança de triângulo:

$\frac{H}{50} = \frac{120}{35} \Rightarrow H = \frac{50 \times 120}{35} \Rightarrow H = 171{,}43$ mm.

$h = H - 120 \Rightarrow h = 171{,}43 - 120 \Rightarrow h = 51{,}43$ mm.

Volume tronco = Volume cone maior - Volume cone menor.

Volume cone maior $= \frac{\pi R^2 H}{3} = \frac{\pi (50 \text{ mm})^2 (171{,}43 \text{ mm})}{3} = 448.575{,}15 \text{ mm}^3$.

Volume cone menor $= \frac{\pi r^2 h}{3} = \frac{\pi (15 \text{ mm})^2 (51{,}43 \text{ mm})}{3} = 12.111{,}77 \text{ mm}^3$.

Volume do tronco = $448.575{,}15 \text{ mm}^3 - 12.111{,}77 \text{ mm}^3 = 436.463{,}38 \text{ mm}^3 = 436{,}463 \text{ cm}^3 = 0{,}436463 \text{ dcm}^3$.

Volume do tronco = 0,436 litros.

2) Volume do cilindro: $V = \pi r^2 h = \pi(15 \text{ mm})^2(60 \text{ mm}) = 42.390 \text{ mm}^3 = 42{,}390 \text{ cm}^3 = 0{,}04239 \text{ dcm}^3$.

Volume do cilindro = 0,0424 litros.

3) Volume da esfera: $V = \frac{4\pi R^3}{3} = \frac{4\pi(50 \text{ mm})^3}{3} = 523.333{,}33 \text{ mm}^3 = 523{,}33333 \text{ cm}^3 = 0{,}52333333 \text{ dm}^3$.

Volume da esfera = 0,5233 litros.

4) Volume da calota esférica: como esse volume envolve o conceito de ângulo sólido que, normalmente, não é estudado no Ensino Médio, aqui será mostrada apenas a fórmula e a solução para esse problema.

R = 50 mm
r = 15 mm

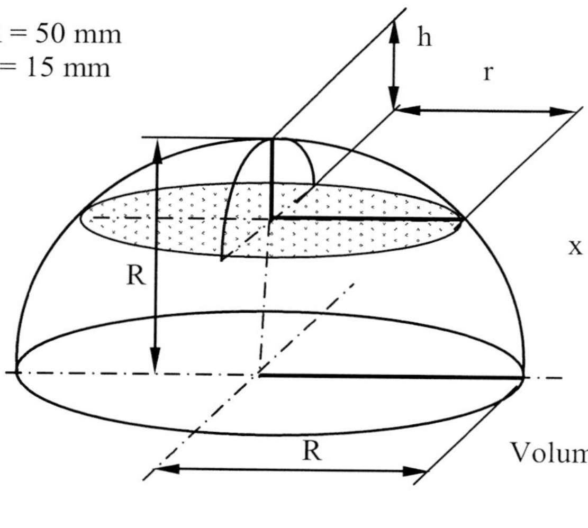

$h = R - x$

$R^2 = r^2 + x^2 \Rightarrow$
$x^2 = R^2 - r^2 \Rightarrow$
$x = \sqrt{R^2 - r^2} \Rightarrow$
$x = \sqrt{2.500 - 225} \Rightarrow$
$x = 47{,}7$ mm

$h = R - x = 50 - 47{,}7 \Rightarrow$
$h = 2{,}3$ mm.

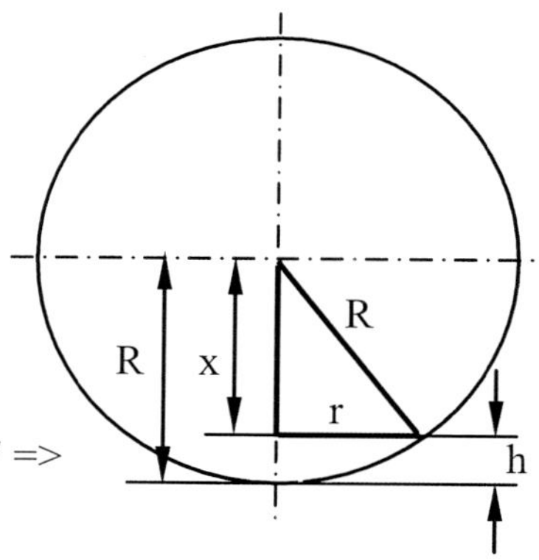

Volume da calota $= \frac{\pi . h(3r^2 + h^2)}{6} = \frac{(\pi)(2{,}3)(3.15^2 + 2{,}3^2)}{6} \Rightarrow$

Volume da calota $= 818{,}84 \text{ mm}^3 = 0{,}81884 \text{ cm}^3 = 0{,}00081884 \text{ dm}^3 = 0{,}00082$ litros.

Como o volume da calota tem que ser subtraído do volume da esfera, portanto:

Volume da parte esférica = 0,5233 litros - 0,00082 litros = 0,52248 litros.

Observa-se que o volume da calota é mínimo. Na prática é desconsiderado.

Volume de cada peça = 0,436 litros + 0,0424 litros + 0,52248 litros.

Volume de cada peça = 1,00088 litros = 1 litro = 1 dm^3.

Cálculo do peso de cada peça:

Peso específico do pó = 670 kg/m^3 = 0,67 kg/dm^3.

0,67 kg/dm^3, significa que um cubo desse material, com aresta de 10 cm, pesa 0,67 kg ou 670 gramas.

Peso de cada peça = $1\ dm^3 \times \frac{0,67\ kg}{dm^3} = 0,67\ kg$. Ou seja: cada peça pesa cerca de 670 gramas.

Conclusão: serão necessários 10 litros de pó, equivalentes a cerca de 6,7 kg, para imprimir as 10 peças.

2.4.3) O sistema a seguir é composto de um tanque cilíndrico horizontal com tampos hemisféricos, uma bomba centrífuga e uma esfera de armazenamento. As manobras a serem feitas compreendem: a bomba aspira o fluido do tanque cilíndrico horizontal (pelo fundo) e envia para a esfera maior (pela parte superior). Baseando-se nas dimensões do tanque cilíndrico, determinar o diâmetro interno da esfera maior, em metros, de modo que seu volume seja 5% maior do que o volume total do tanque cilíndrico. Observa-se que, esses equipamentos são fabricados a partir do corte, dobramento e soldas de chapas planas de aço. (Usar π = 3,14).

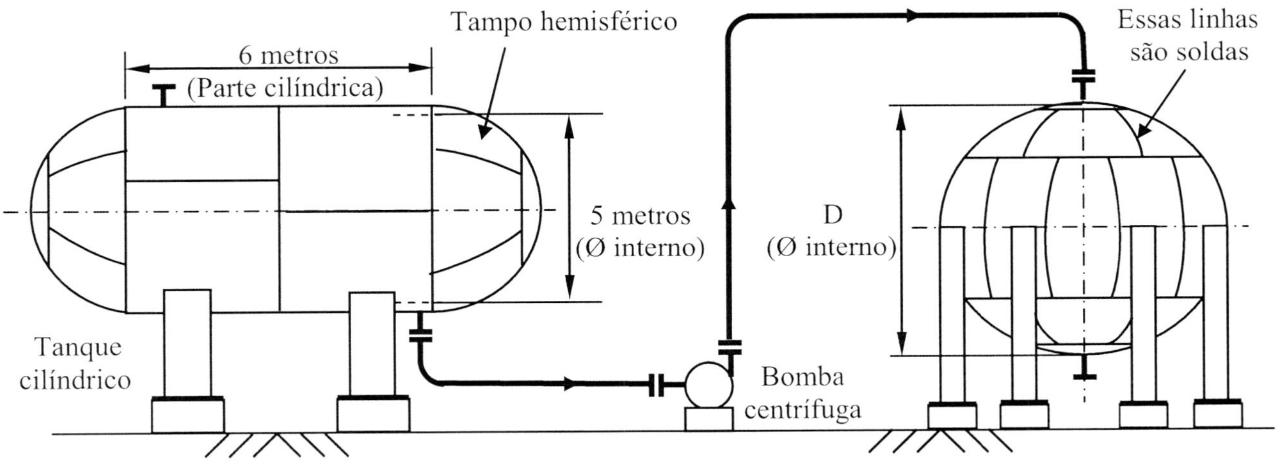

O raciocínio lógico espacial mostra que primeiro calcula-se o volume do tanque cilíndrico horizontal, aumenta-se esse volume em 5% e, então, calcula-se o diâmetro da esfera maior. O volume do tanque cilíndrico compreende: 1) o volume de um cilindro de 5 metros de diâmetro e 6 metros de comprimento e 2) o volume de duas hemisferas de diâmetro 5 metros, sendo que duas hemisferas iguais (uma em cada extremidade) equivalem a uma esfera. Ou seja, calculam-se os volumes de um cilindro e o de uma esfera.

Volume da parte cilíndrica = $\pi r^2 L = \pi(2,5\ m)^2(6\ m) = 117,75\ m^3$.

Volume da esfera menor = $\frac{4\pi R^3}{3} = \frac{4.\ \pi.(2,5\ m)^3}{3} = 65,417\ m^3$.

Volume total do tanque cilíndrico = $117,75\ m^3 + 65,417\ m^3 = 183,167\ m^3$. Mais 5% = $(183,167\ m^3)(1,05) =$

$= 192,33\ m^3$. Volume da esfera maior = $\frac{4\pi R^3}{3} = 192,33\ m^3 \Rightarrow R^3 = \frac{3.(192,33)}{4\pi} m^3 \Rightarrow R = \sqrt[3]{45,94\ m^3} \Rightarrow$

R = 3,5815 m. Diâmetro D = 7,163 m = 7.163 mm.

Conclusão: o diâmetro D da esfera maior é igual a 7,163 m ou 7.163 mm.

2.4.4) Uma pirâmide reta tem base quadrada de aresta igual a 60 cm e altura 52 cm. Considerando um furo circular de diâmetro 20 cm, localizado a 25 cm da base, como mostrado, determinar o volume da pirâmide furada. (Usar $\pi = 3,14$).

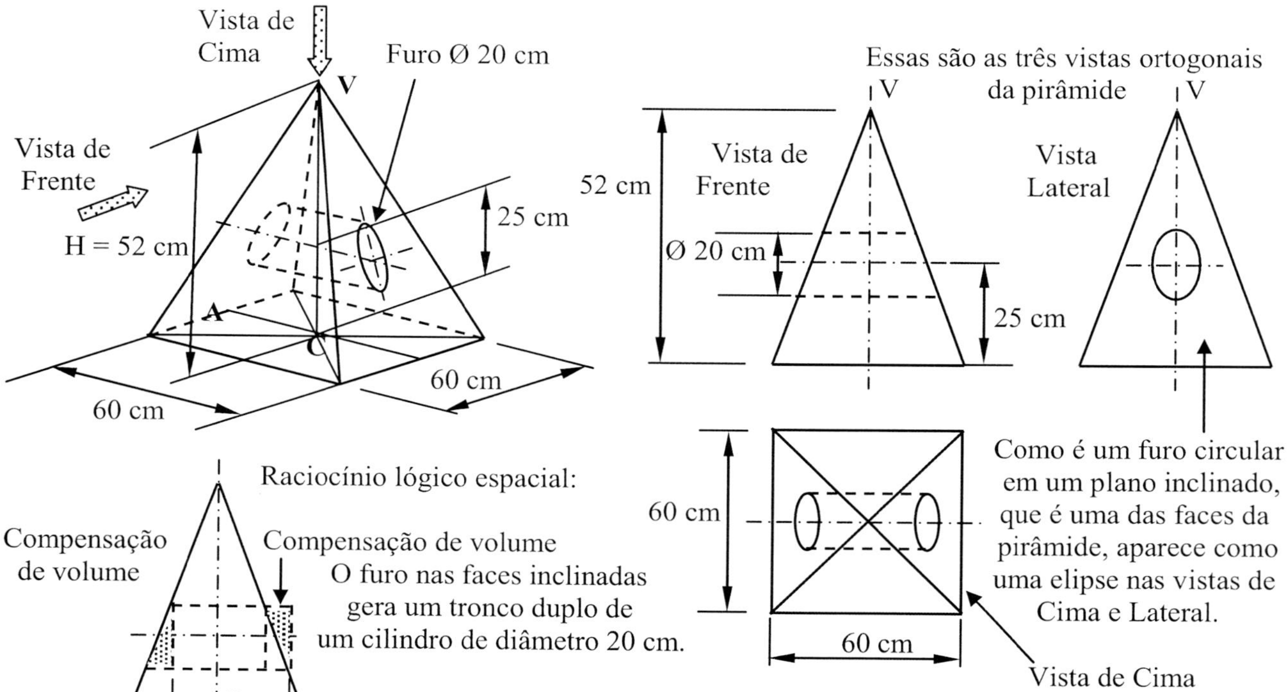

Com a compensação de volumes, "transforma-se" um tronco duplo de cilindro em um cilindro circular reto.

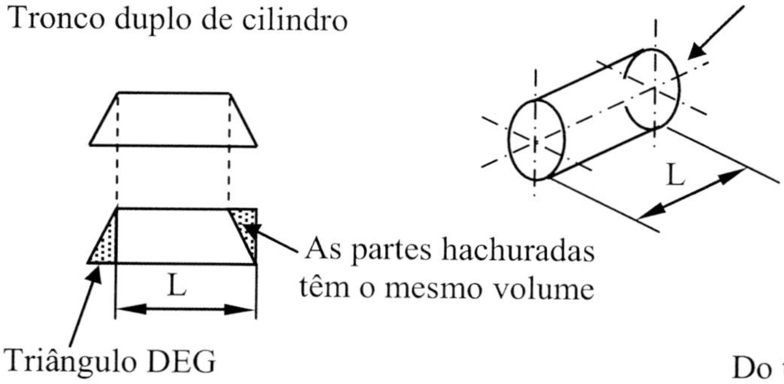

O cálculo do comprimento L, do cilindro, é feito por semelhança de triângulos, como a seguir mostrado.

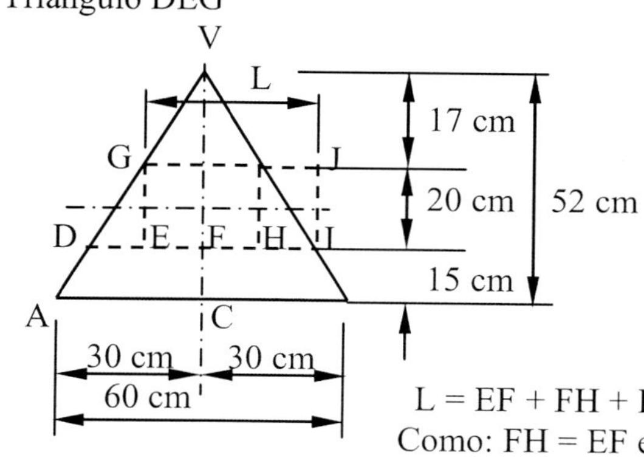

Do triângulo AVC semelhante ao DEG, tem-se:

$$\frac{VC}{AC} = \frac{GE}{DE} \Rightarrow DE = \frac{AC \times GE}{VC} = \frac{30 \times 20}{52} \Rightarrow DE = 11{,}54 \text{ cm.}$$

Do triângulo AVC semelhante ao DFV, tem-se:

$$\frac{VC}{AC} = \frac{VF}{DF} \Rightarrow DF = \frac{AC \times VF}{VC} = \frac{30 \times 37}{52} \Rightarrow DF = 21{,}35 \text{ cm.}$$

L = EF + FH + HI. EF = DF - DE => EF = 21,35 - 11,54 => EF = 9,81 cm.
Como: FH = EF e HI = DE, portanto: L = 9,81 + 9,81 + 11,54 => L = 31,16 cm.

O volume da pirâmide furada é igual ao volume da pirâmide menos o volume do cilindro de comprimento L igual a 31,16 cm e diâmetro 20 cm.

Volume da pirâmide = $\frac{\text{Área da base x Altura}}{3} = \frac{60\text{ cm x }60\text{ cm x }52\text{ cm}}{3}$ = 62.400 cm^3.

Volume do cilindro = $\pi r^2 L = \pi(10\text{ cm})^2(31{,}16\text{ cm})$ = 9.784,24 cm^3.

Volume da pirâmide furada = 62.400 cm^3 - 9.784,24 cm^3 = 52.615,76 cm^3.

Conclusão: o volume da pirâmide furada é igual a 52.615,76 cm^3.

2.4.5) (UERJ - 2020). No cilindro circular reto, mostrado a seguir, observam-se dois cones congruentes, de mesmo vértice, cujas bases coincidem com as bases do cilindro. Sabendo que o raio do cilindro é 10 cm e sua altura é 20 cm, pede-se: a) A altura de um desses cones e b) O volume, em cm^3, da região interior ao cilindro e exterior aos cones, mostrada como hachurada. (Usar π = 3,14).

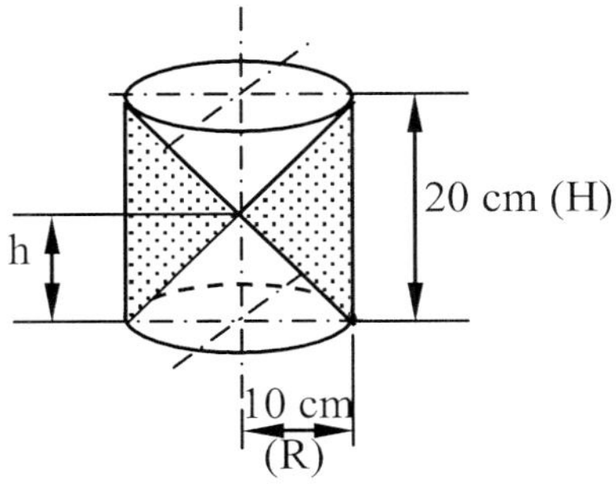

Raciocínio lógico espacial e cálculos:

Considerando V1 como a região a ser calculada, tem-se que:
V1 = Volume do cilindro - 2(Volume do cone).

Como os cones são congruentes, a altura de cada um é igual a 10 cm.
Volume do cilindro = $\pi R^2 H = \pi(10\text{ cm})^2(20\text{ cm})$ = 6.280 cm^3.
Volume de um cone = $\frac{\pi R^2 h}{3} = \frac{\pi(10\text{ cm})^2(10\text{ cm})}{3}$ = 1.046,67 cm^3.
Volume dos dois cones = 2.093,34 cm^3.

V1 = 6.280 cm^3 - 2.093,34 cm^3 = 4.186,66 cm^3.

Conclusão: a) A altura de cada cone é igual a 10 cm e b) O volume da área hachurada é igual a 4.186,66 cm^3.

2.4.6) A peça a seguir, será fabricada a partir de um tarugo circular de aço, com diâmetro 100 mm e comprimento 200 mm. A fabricação ocorrerá numa máquina chamada torno mecânico, onde o tarugo gira e uma ferramenta de corte vai removendo material, conforme os diâmetros e comprimentos necessários. Com esses dados, calcular o volume de material, em dm^3, que será removido do tarugo original.

Todas as medidas indicadas estão em milímetros.

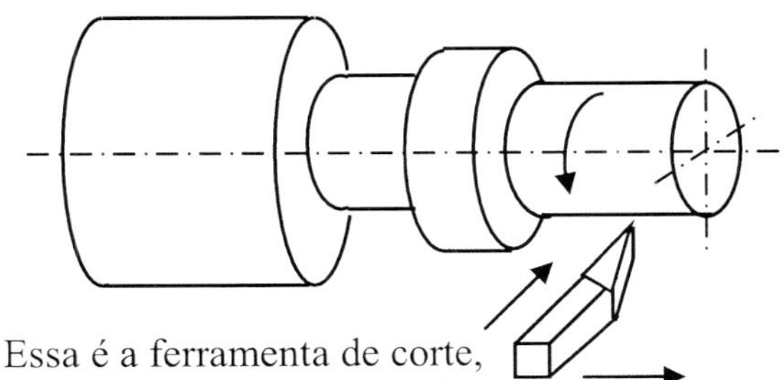

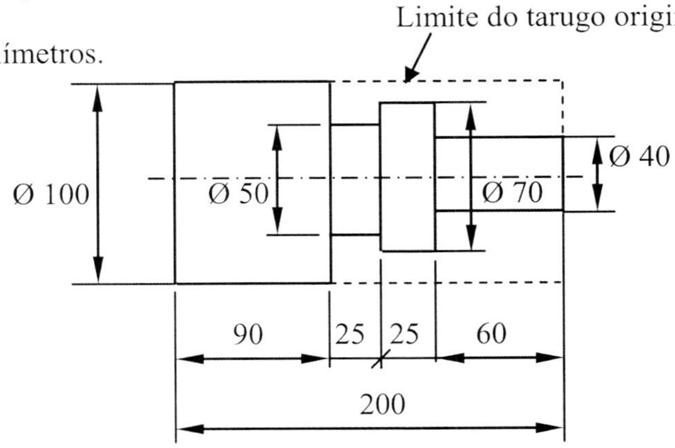

O raciocínio lógico espacial mostra que o volume de material a ser removido, será igual à diferença dos volumes do tarugo original, ou seja, um cilindro reto de diâmetro 100 mm e comprimento 200 mm pelos volumes de cada parte, que são quatro cilindros de diâmetros e comprimentos diferentes.
Os quatro cilindros têm as seguintes dimensões: 1) Ø 100 mm e comprimento 90 mm; 2) Ø 50 mm e comprimento 25 mm; 3) Ø 70 mm e comprimento 25 mm e 4) Ø 40 mm e comprimento 60 mm. O tarugo original tem diâmetro 100 mm e comprimento 200 mm.

1) Volume do cilindro 1: $\pi R^2L = \pi(50 \text{ mm})^2(90 \text{ mm}) = 706.500 \text{ mm}^3 = 706,500 \text{ cm}^3 = 0,7065 \text{ dm}^3$.

2) Volume do cilindro 2: $\pi R^2L = \pi(25 \text{ mm})^2(25 \text{ mm}) = 49.062,5 \text{ mm}^3 = 49,0625 \text{ cm}^3 = 0,0491 \text{ dm}^3$.

3) Volume do cilindro 3: $\pi R^2L = \pi(35 \text{ mm})^2(25 \text{ mm}) = 96.162,5 \text{ mm}^3 = 96,1625 \text{ cm}^3 = 0,0962 \text{ dm}^3$.

4) Volume do cilindro 4: $\pi R^2L = \pi(20 \text{ mm})^2(60 \text{ mm}) = 75.360 \text{ mm}^3 = 75,36 \text{ cm}^3 = 0,0754 \text{ dm}^3$.

5) Volume do tarugo original $= \pi R^2L = \pi(50 \text{ mm})^2(200 \text{ mm}) = 1.570.000 \text{ mm}^3 = 1.570 \text{ cm}^3 = 1,57 \text{ dm}^3$.

Volume do material que será removido:

$V = 1,57 \text{ dm}^3 - (0,7065 \text{ dm}^3 + 0,0491 \text{ dm}^3 + 0,0962 \text{ dm}^3 + 0,0754 \text{ dm}^3) = 0,6428 \text{ dm}^3$.

Conclusão: o volume do material a ser removido é igual a cerca de 0,6428 dm^3.

Observação: a partir do tarugo original, cerca de 40,94 % será removido, ou melhor, desperdiçado. Se essa peça for produzida a partir de uma impressão tridimensional, só será utilizado o material necessário.

2.4.7) (AFA). Determinar o volume de um cilindro, cuja base está circunscrita a um triângulo equilátero de lado $2\sqrt{3}$ m, e cuja altura é a mesma do triângulo inscrito em sua base.

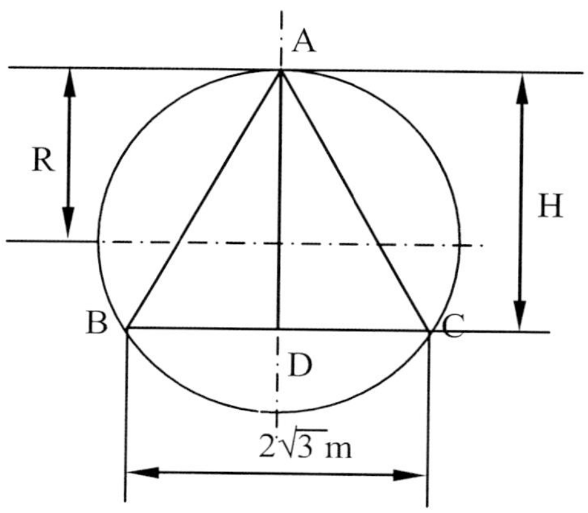

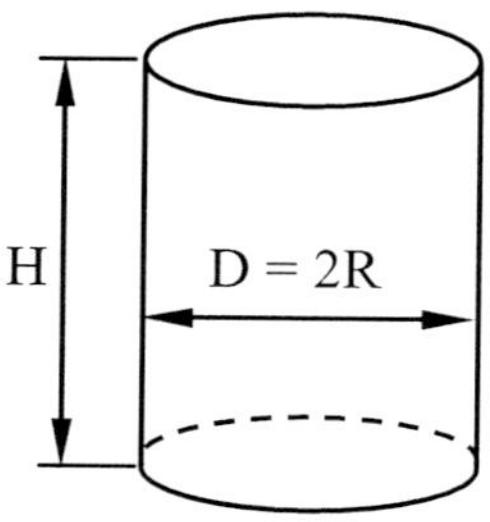

Raciocínio lógico espacial:

Como o triângulo é equilátero, as linhas das três alturas passam pelo centro da circunferência e o raio R da circunferência é, portanto, igual a 2/3 de H.

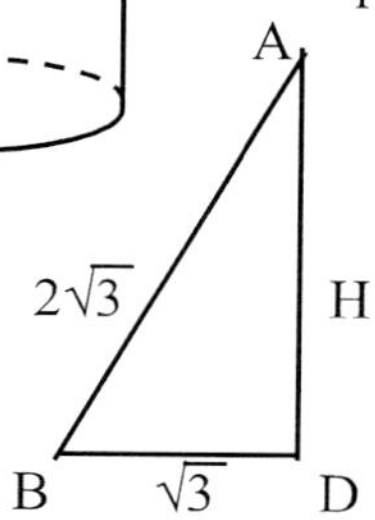

$AB^2 = AD^2 + BD^2 \Rightarrow$
$H^2 = AB^2 - BD^2 \Rightarrow$
$H^2 = (2\sqrt{3})^2 - (\sqrt{3})^2 \Rightarrow$
$H^2 = (4)(3) - 3 = 9 \Rightarrow$
$H = 3$ m.

Como $R = 2H/3 \Rightarrow R = 2$ m.

Volume do cilindro $= \pi R^2H = \pi(2 \text{ m})^2(3 \text{ m}) = 12\pi \text{ m}^3$.

Conclusão: o volume do cilindro é igual a 12π m^3 ou 37,68 m^3.

2.4.8) (UFF). No paralelogramo a seguir, determinar o volume do sólido gerado, quando o paralelogramo é girado em torno da reta suporte do lado MQ.

Os triângulos mostrados são iguais.

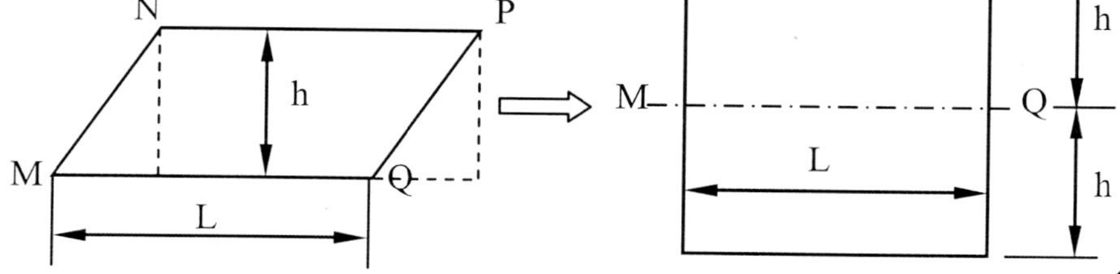

Raciocínio lógico espacial:

Devido igualdade dos triângulos, o paralelogramo se transforma num retângulo que, ao ser girado, se transforma num cilindro de raio h e comprimento ou altura L. Volume $= \pi h^2L$.

Esse raciocínio é apenas para o volume, pois o sólido gerado não é um cilindro.

Conclusão: o volume do sólido gerado é igual a $\pi h^2 L$.

Esse é o sólido gerado, pela rotação do paralelogramo.

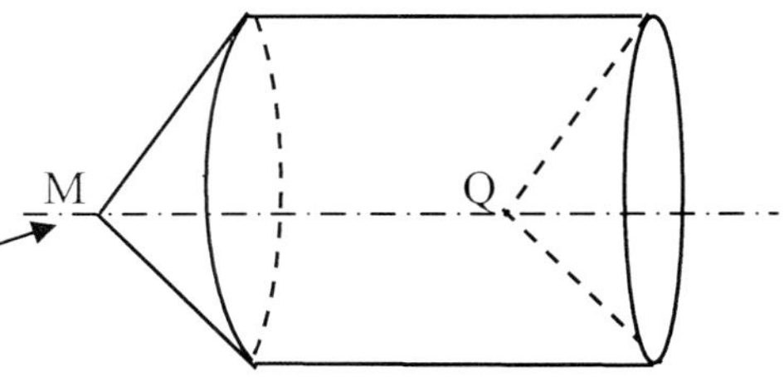

2.4.9) (ENEM - 2019). Uma construtora pretende conectar um reservatório central (R_C) em formato de um cilindro, com raio interno igual a 2 m e altura interna igual a 3,3 m, a quatro reservatórios cilíndricos auxiliares (R_1, R_2, R_3 e R_4), os quais possuem raios internos e alturas internas medindo 1,5 m.
As ligações entre o reservatório central e os auxiliares são feitas por tubos cilíndricos com 0,10 m de diâmetro interno e 20 m de comprimento, conectados próximos às bases de cada reservatório. Na conexão de cada um desses canos, com o reservatório central, há registros que liberam ou interrompem o fluxo de água. (Considerar $\pi = 3{,}14$).

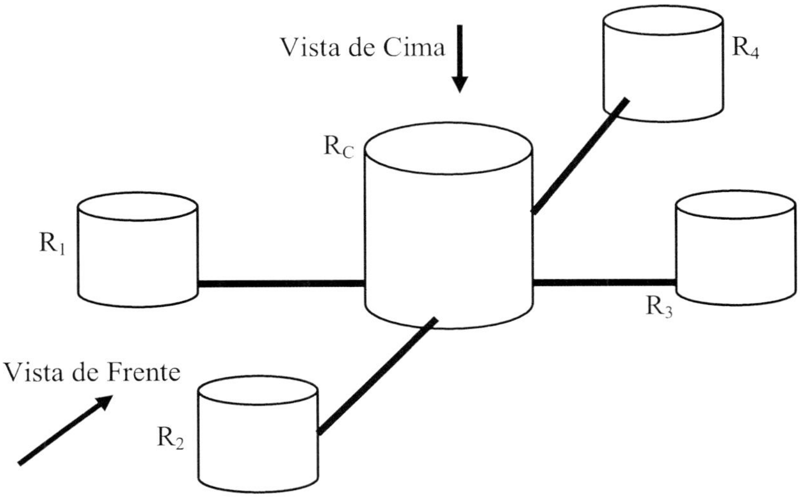

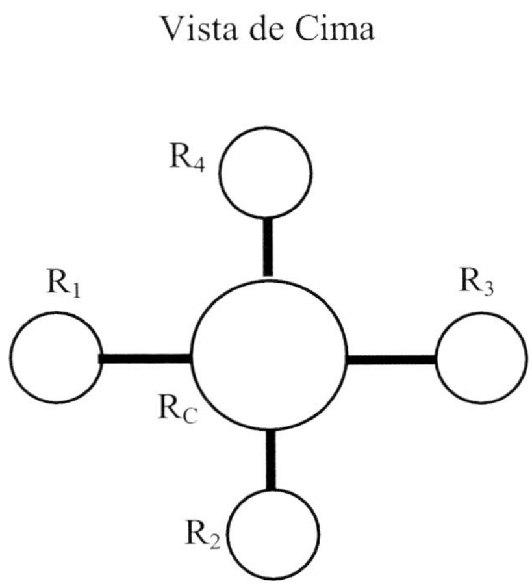

No momento em que o reservatório central está cheio, e os auxiliares vazios, abrem-se os quatro registros e, após algum tempo, as alturas das colunas de água nos reservatórios se igualam, e assim cessa o fluxo de água entre eles, pelo princípio dos vasos comunicantes. Determinar a medida, em metro, das alturas das colunas de água nos reservatórios auxiliares, após cessar o fluxo de água entre eles.

Raciocínio espacial

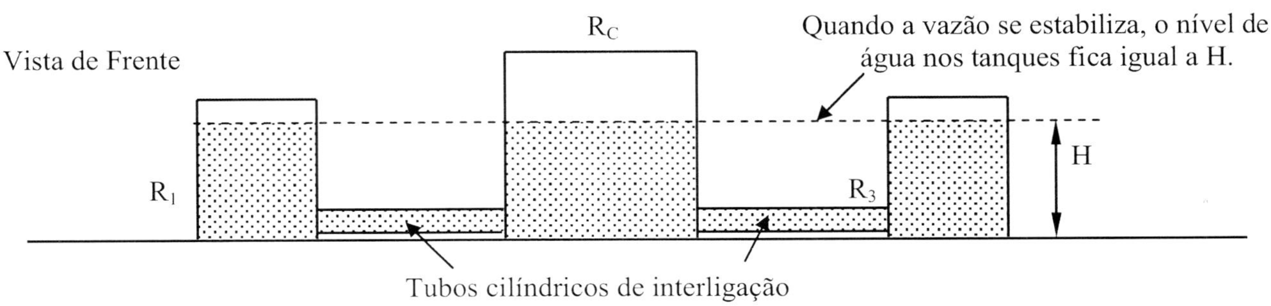

Raciocínio lógico: Existem nove lugares onde todo o volume de água, que inicialmente é igual ao volume do reservatório central, é distribuído até que todos os reservatórios fiquem no mesmo nível, altura H.

Raciocínio matemático: O volume do reservatório central será distribuído pelos quatro tubos cilíndricos, pelos quatro reservatórios menores e também haverá água no reservatório central. Os cálculos matemáticos compreendem determinar os seguintes volumes: 1) Do reservatório Central; 2) Dos quatro reservatórios menores, considerando altura H e 3) Dos quatro tubos de interligação entre o reservatório central e os outros reservatórios.

Volume do reservatório central = $\pi(2\ m)^2(3{,}3\ m) = 41{,}448\ m^3$.
Volume dos quatro trechos de tubos = $4[\pi(0{,}1\ m)^2(20\ m)] = 2{,}512\ m^3$.

Como o volume do reservatório central será distribuído para todo o sistema, então:

$4[\pi(1{,}5\ m)^2(H\ m)\ ] + \pi(2\ m)^2(H\ m) + 2{,}512\ m^3 = 41{,}448\ m^3$.
$9\pi H\ m^2 + 4\pi\ H\ m^2 + 2{,}512\ m^3 = 41{,}448\ m^3 \Rightarrow 13\pi H\ m^2 = 38{,}936\ m^3 \Rightarrow H = \dfrac{38{,}936\ m^3}{13\pi\ m^2} \Rightarrow H = 0{,}954\ m$.

Conclusão: a medida, em metro, das alturas das colunas de água nos reservatórios auxiliares, após cessar o fluxo de água entre eles é igual a 0,954 m ou 954 mm.

2.4.10) (ENEM - 2019). Muitos restaurantes servem refrigerantes em copos contendo limão e gelo. Suponha um copo de formato cilíndrico, com as seguintes medidas: diâmetro = 6 cm e altura = 15 cm. Nesse copo, há três cubos de gelo, cujas arestas medem 2 cm cada, e duas rodelas cilíndricas de limão, com 4 cm de diâmetro e 0,5 cm de espessura cada. Considere que, ao colocar o refrigerante no copo, os cubos de gelo e os limões ficarão totalmente imersos. (Use 3 como aproximação para π). Determinar o volume máximo de refrigerante, em centímetros cúbicos, que cabe nesse copo contendo as rodelas de limão e os cubos de gelo, com suas dimensões inalteradas.

Copo:

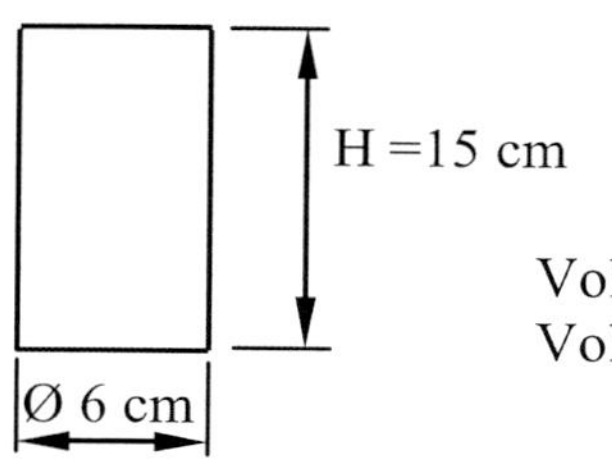

Três cubos de arestas = 2 cm.

Volume dos três cubos de gelo:
$Volume_{cubos} = 3(2\ cm)^3 = 24\ cm^3$.

Duas rodelas de limão

Volume das duas rodelas:
$V_{rodelas} = (2)\pi(2\ cm)^2(0{,}5\ cm) \Rightarrow$
$V_{rodelas} = 12\ cm^3$.

Volume do copo = $\pi(3\ cm)^2(15\ cm) = 405\ cm^3$.

O raciocínio lógico mostra que o volume máximo de refrigerante é igual ao volume do copo menos a soma dos volumes dos três cubos de gelo e das duas rodelas de limão.

$Volume_{máximo} = 405\ cm^3 - (24\ cm^3 + 12\ cm^3) = 369\ cm^3$.

Conclusão: o volume máximo de refrigerante que cabe no copo é igual a 369 cm^3.

2.4.11) (ENEM - 2018). A figura a seguir mostra uma anticlepsidra (partes hachuradas), que é um sólido geométrico obtido ao se retirar dois cones opostos pelos vértices de um cilindro equilátero, cujas bases coincidem com as bases desse cilindro. A anticlepsidra pode ser considerada, também, como o sólido resultante da rotação de uma figura plana em torno de um eixo.

Anticlepsidra

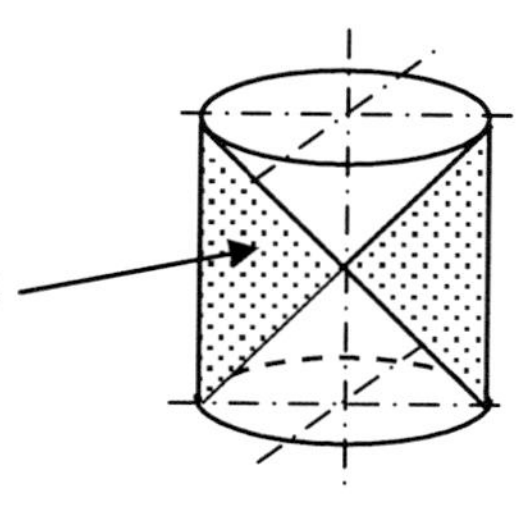

Determinar a figura plana que, ao ser girada, em torno de um eixo da origem à anticlepsidra.

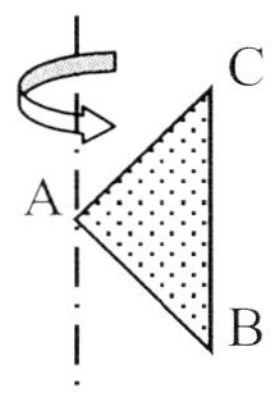

Conclusão:

⟹ O triângulo ABC ao ser girado em relação ao eixo vertical, gera a anticlepsidra. (O giro pode ser, tanto no sentido horário, quanto no anti-horário).

2.4.12) Uma das formas de se obter uma mola em espiral cilíndrica é enrolando, por exemplo, um arame em um cilindro, segundo um determinado ângulo constante. Tendo-se um cilindro com diâmetro 1 cm, enrola-se um arame segundo um ângulo de 30°. Quantas voltas (n) se deve dar, ao redor do cilindro, para se ter uma mola com comprimento de 31,4 cm. (Considerar $\pi = 3{,}14$).

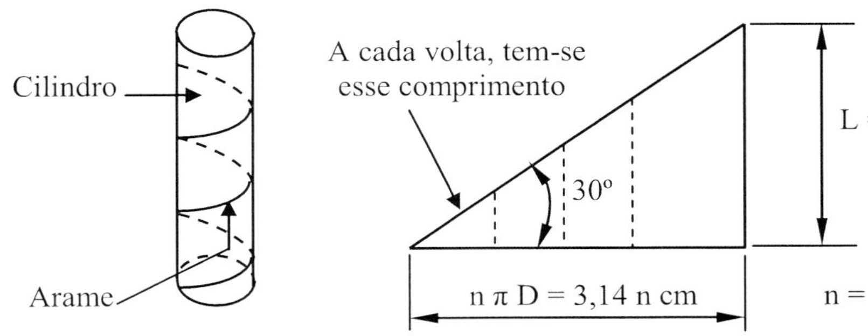

Comprimento ou altura da mola.

L = 31,4 cm

tg 30° = +0,577.

$$\text{tg } 30° = \frac{31{,}4 \text{ cm}}{3{,}14 \text{ n cm}} = \frac{10}{n} \Rightarrow$$

n = 10/0,577 => n = 17,33 voltas.

Conclusão: para se ter uma mola com 31,4 cm de comprimento, deve-se dar 17 voltas e mais um terço de volta (0,33 voltas ou o equivalente a mais 120° de volta).

2.4.13) (ENEM - 2014). Para fazer um pião, brinquedo muito apreciado pelas crianças, um artesão utilizará o torno de madeira para trabalhar um pedaço de madeira em formato de cilindro reto, cujas medidas do diâmetro e da altura estão ilustradas na Figura 1. A parte de cima desse pião será uma hemiesfera, e a parte de baixo, um cone com altura 4 cm, conforme Figura 2. O vértice do cone deverá coincidir com o centro da base do cilindro. Como o artesão deseja fazer um pião com a maior altura que esse pedaço de madeira possa proporcionar, e de modo a minimizar a quantidade de madeira a ser descartada, determinar a quantidade de madeira, em cm^3, a ser descartada. (Considerar $\pi = 3{,}14$).

Figura 1

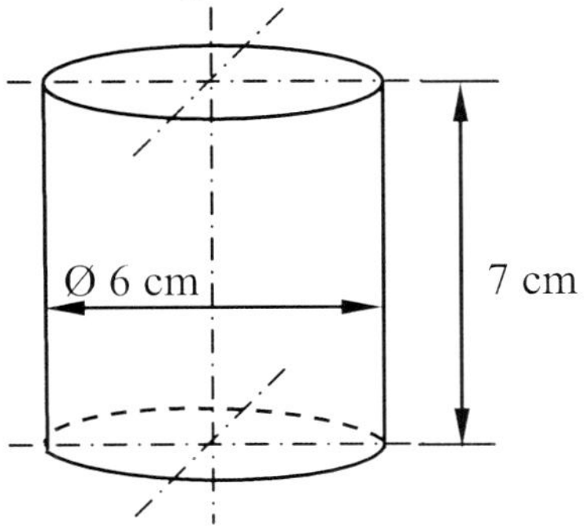

Figura 2

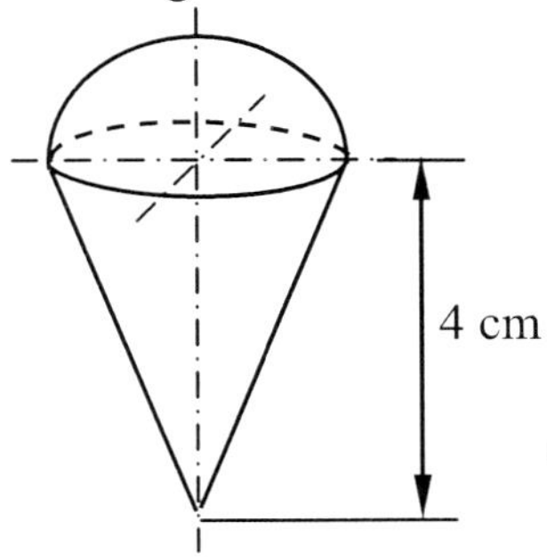

Raciocínio lógico espacial:

Para visualizar como a madeira cilíndrica pode gerar o pião, basta fazer uma sobreposição das vistas frontais dos dois sólidos, como a seguir.

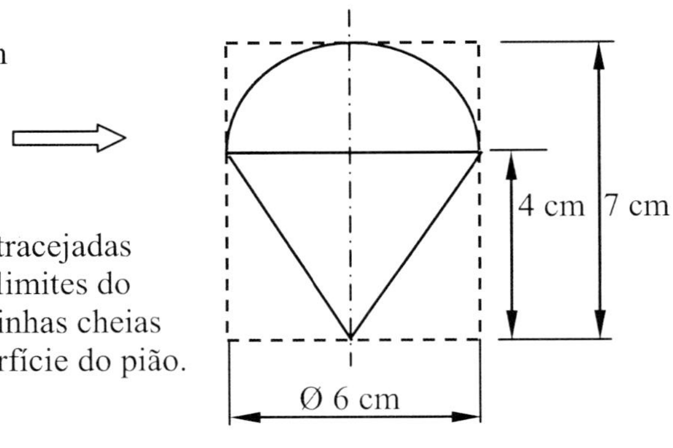

As linhas tracejadas indicam os limites do cilindro. As linhas cheias indicam a superfície do pião.

Dados complementares:

Área do círculo = πR^2.
Volume do cilindro = $\pi R^2 H$.
Volume do cone = $\pi R^2 H/3$.
Volume da esfera = $4\pi R^3/3$.

O raciocínio lógico matemático mostra que a quantidade de madeira a ser descartada é igual à diferença do volume do cilindro pelos volumes somados do cone e da hemisfera.

Volume do cilindro = $\pi R^2 H = \pi(3\ cm)^2(7\ cm) = 197{,}82\ cm^3$.
Volume da hemiesfera = $4\pi R^3/6 = 4\pi(3\ cm)^3/6 = 56{,}52\ cm^3$.
Volume do cone = $\pi R^2 H/3 = \pi(3\ cm)^2(4\ cm)/3 = 37{,}68\ cm^3$.

Volume a ser descartado = $197{,}82\ cm^3 - (56{,}52\ cm^3 + 37{,}68\ cm^3) = 103{,}62\ cm^3$.

Conclusão: a quantidade de madeira a ser descartada é igual a 103,62 cm^3 ou 52,38% do volume do cilindro de madeira original.

2.4.14) (ENEM - 2015). Uma fábrica brasileira de exportação de peixes vende para o exterior atum em conserva, em dois tipos de latas cilíndricas: uma de altura igual a 4 cm e raio 6 cm, e outra de altura desconhecida e raio de 3 cm, respectivamente, conforme figuras. Determinar a altura X desconhecida, sabendo-se que a medida do volume da lata que possui raio maior, V1, é 1,6 vezes a medida do volume da lata que possui raio menor, V2. (Considerar $\pi = 3{,}14$).

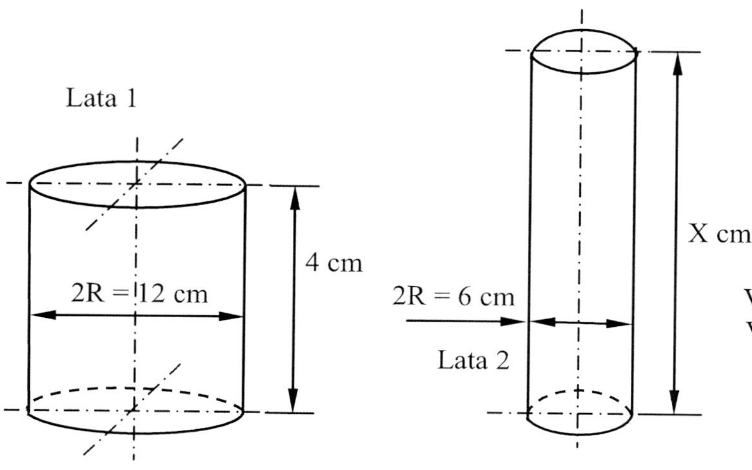

Raciocínio lógico matemático:

Calcula-se o volume V1 da lata 1, com as medidas conhecidas e multiplica-se por 1,6. Como o volume V1 = (1,6)V2, então: V2 = V1/1,6. Com o volume V2 calculado, e sabendo que: V2 = $\pi(3\ cm)^2(X)$, acha-se: X cm = V2 $cm^3/9\pi\ cm^2$.

Volume V1 = $\pi(6\ cm)^2(4\ cm) = 452{,}16\ cm^3$.
Volume V2 = V1/1,6. = $452{,}16\ cm^3/1{,}6$ =>
Como Volume V2 = $282{,}6\ cm^3$, portanto:
X cm = $282{,}6\ cm^3/9\pi\ cm^2 = 10$ cm.

Conclusão: a altura X da lata 2 é igual a 10 cm.

2.4.15) (ENEM - 2014). Enchem-se, segundo vazões constantes e idênticas, dois reservatórios, um em forma de um cilindro circular reto e outro em forma de prisma reto de base quadrada, cujo lado da base tem a mesma medida do diâmetro da base do primeiro reservatório. Com esses dados, desenhar o gráfico que representa a variação das alturas dos níveis da água do reservatório cilíndrico (h1) e do reservatório em forma de prisma (h2), em função do volume de água contido em cada um dos reservatórios (V).

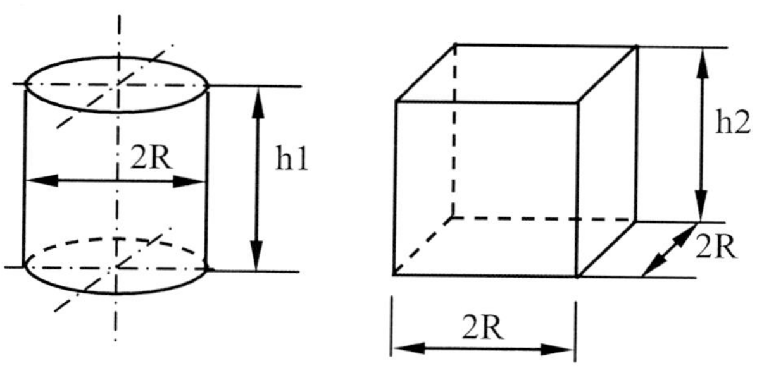

Raciocínio lógico espacial:

Como o diâmetro do círculo do cilindro é igual ao lado do quadrado base do prisma, é lógico que a área do quadrado é maior do que a do círculo, ou seja, para um mesmo volume, a altura de líquido no reservatório prismático é menor do que a altura no reservatório cilíndrico, como nas figuras.

Raciocínio matemático:

Volume cilindro = $\pi R^2 h1$.
Volume prisma = $(2R)^2 h2 = 4R^2 h2$.

$V = \pi R^2 h1 \Rightarrow h1 = V/\pi R^2$.
$V = 4R^2 h2 \Rightarrow h2 = V/4R^2$.

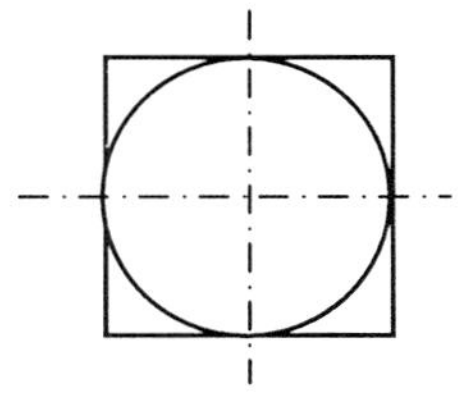

Vista de cima

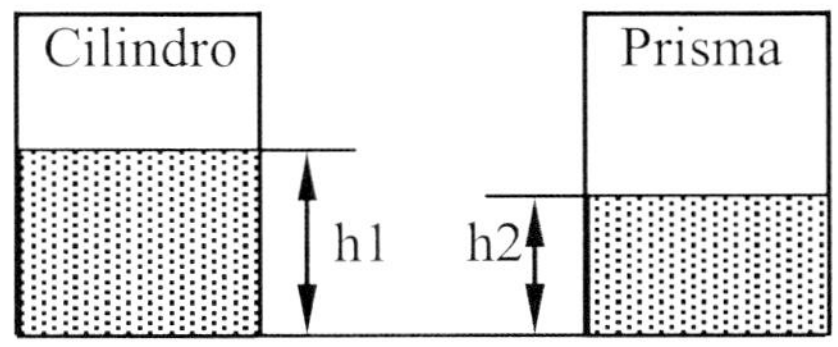

Vistas frontais

Para volumes iguais, é lógico que: $h1 > h2$. O gráfico da variação das alturas, em função do volume é:

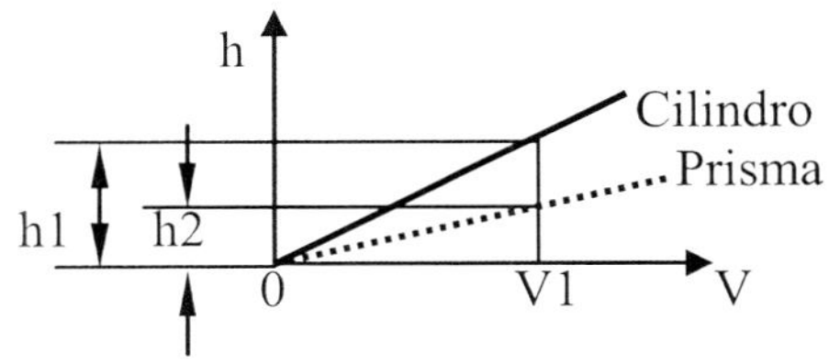

Conclusão: para o mesmo volume V, h1 é maior do que h2.

2.5 Exercícios propostos (veja respostas no Apêndice A)

2.5.1) Uma caixa cúbica tem um volume de 27 dm^3 e no seu interior são colocadas esferas, todas de mesmo diâmetro, conforme mostra uma visão de uma das faces do cubo. Baseado nisso pedem-se: a) Qual o diâmetro de cada esfera? b) Quantas esferas podem ser colocadas, dessa forma? e c) Qual a relação percentual entre a soma dos volumes de todas as esferas, em relação ao volume da caixa? (Usar $\pi = 3,14$).

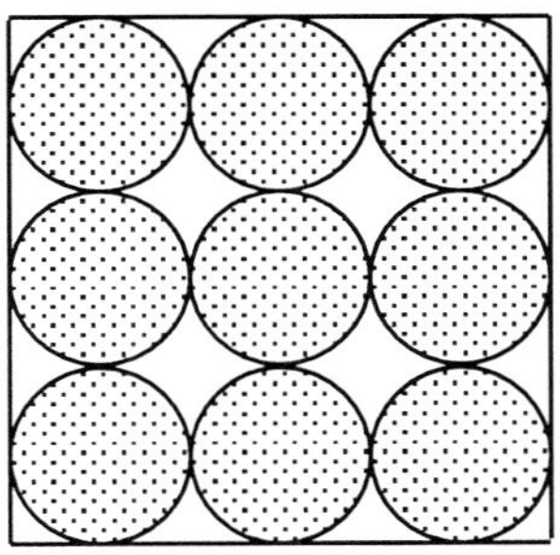

2.5.2) Uma esfera, a seguir mostrada, tem diâmetro de 50 cm e o furo que passa por toda a esfera, do Polo Norte ao Polo Sul, tem diâmetro 20 cm. Determinar o volume da esfera furada, em dm^3. (Usar $\pi = 3,14$).

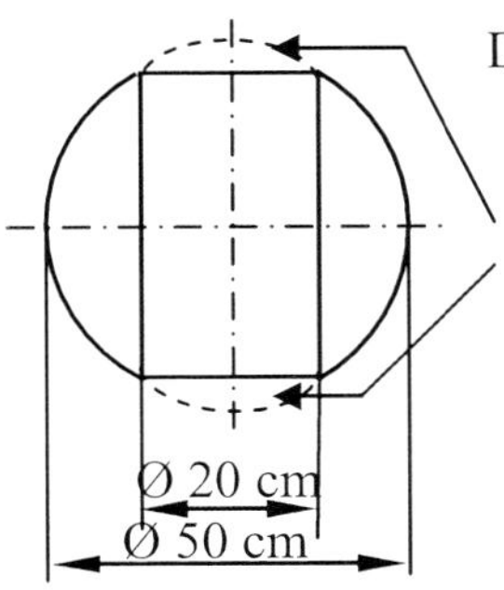

Dado complementar: Volume de uma calota esférica = $\dfrac{\pi . h(3r^2 + h^2)}{6}$.

As duas calotas esféricas são retiradas

2.5.3) (UERJ - 2018). Duas latas contêm 250 ml e 350 ml de um mesmo suco e são vendidas, respectivamente, por R$ 3,00 e R$ 4,90. Tomando por base o preço por mililitro do suco, determinar quantos por cento a lata maior é mais cara do que a lata menor.

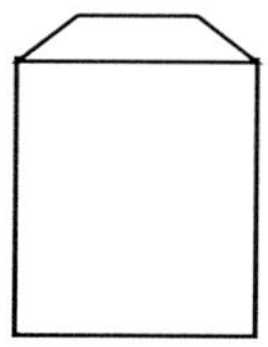

Lata de 250 ml

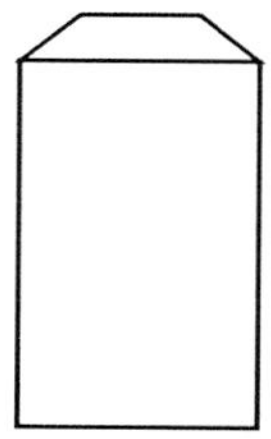

Lata de 350 ml

2.5.4) (UFOP). Um circo tem sua cobertura no formato de um cone reto, com 24 metros de raio de base e 7 metros de altura. A parte cilíndrica tem, por óbvio, 24 metros de raio e 3 m de altura. Com esses dados, determinar a área de lona necessária para cobrir totalmente o circo.

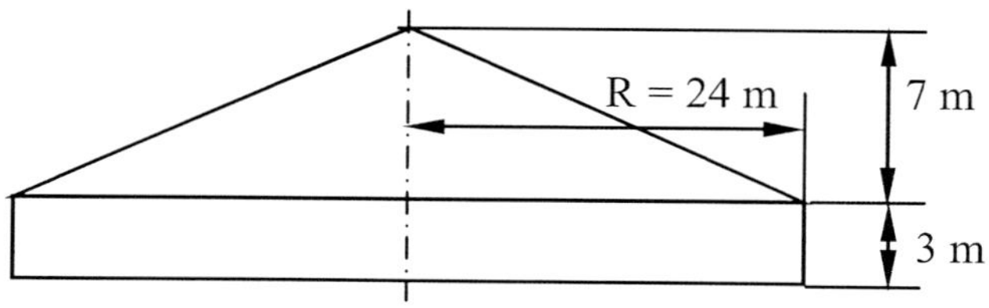

2.5.5) Um tronco de madeira, em forma de cilindro, de altura H e raio R, é transformado em uma barra de madeira, em forma de um paralelepípedo de base quadrada, com aproveitamento máximo da madeira. Sabendo que o volume original do tronco era $V = \pi R^2 H$, determinar o valor do lado da base quadrada da barra.

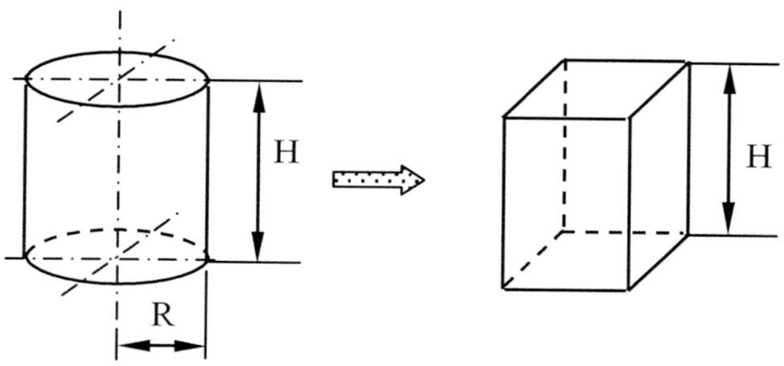

2.5.6) (ENEM - 2014). Um sinalizador de trânsito, para uso noturno, tem o formato de um cone circular reto, fabricado em plástico, devendo ser revestido externamente com um adesivo fluorescente, desde sua base até a metade de sua altura. O responsável pela colocação do adesivo precisa fazer o corte do material de maneira que a forma do adesivo corresponda exatamente à parte da superfície lateral a ser revestida. Das cinco opções a seguir, qual deverá ser a forma do adesivo?

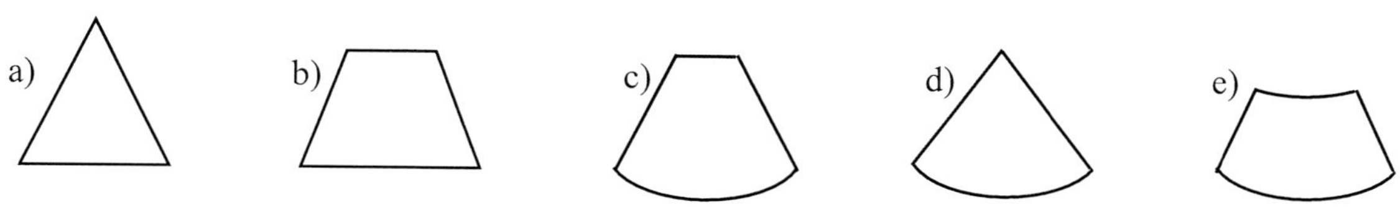

2.5.7) (ENEM - 2016). Uma indústria de perfumes embala seus produtos, atualmente, em frascos esféricos de raio R, com um volume dado por: $V_{esfera} = (4/3)(\pi R^3)$. Observou-se que haverá redução de custos se forem utilizados frascos cilíndricos com raio de base igual a R/3, cujo volume é: $V_{cilindro} = (R/3)^2(\pi H)$, sendo H a altura da nova embalagem. Para que seja mantida a mesma capacidade do frasco esférico, qual deve ser a altura H do frasco cilíndrico, em função do raio R?

2.5.8) (EsSA - 2012). Dobrando-se a altura de um cilindro circular reto e triplicando o raio de sua base, determinar por quanto seu volume será multiplicado.

2.5.9) (EsSA - 2014). Dobrando o raio da base de um cone e reduzindo sua altura à metade, o que acontece com seu volume?

2.5.10) Qual o volume de uma esfera, colocada dentro de uma caixa cúbica de volume 64 m^3, sabendo que a superfície da esfera encosta nas faces internas da caixa?

2.5.11) (EEAR - 2017). Uma esfera está inscrita num cilindro equilátero, cuja área lateral é igual a 16π cm^2. Qual o volume dessa esfera?

2.5.12) Considerando o triângulo a seguir, determinar os tipos e os volumes dos sólidos gerados, quando se gira a figura, das seguintes maneiras: a) Em relação ao lado de 4 cm e b) Em relação ao lado de 3 cm.

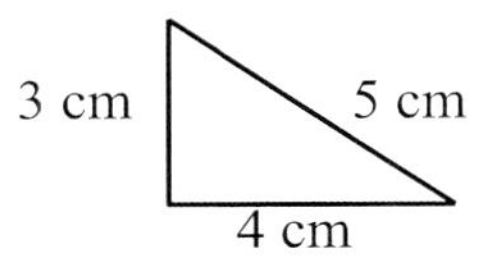

2.5.13) Considerando o trapézio retângulo a seguir, determinar o tipo do sólido gerado, quando o trapézio é girado em torno do lado AB.

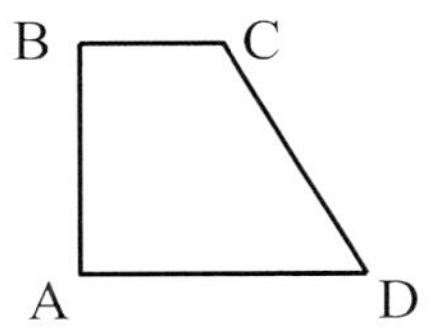

AB = 5 cm; BC = 2 cm e AD = 5 cm.

2.5.14) (ENEM - 2016) Uma artesã confecciona dois diferentes tipos de vela ornamental a partir de moldes feitos com cartões de papel retangulares de 20 m x 10 cm (conforme ilustram as figuras abaixo). Unindo dois lados opostos do cartão, de duas maneiras, a artesã forma cilindros e, em seguida, os preenche completamente com parafina. Supondo que o custo da vela seja diretamente proporcional ao volume da parafina empregada, determinar o custo da vela do tipo I, em relação ao custo da vela do tipo II.

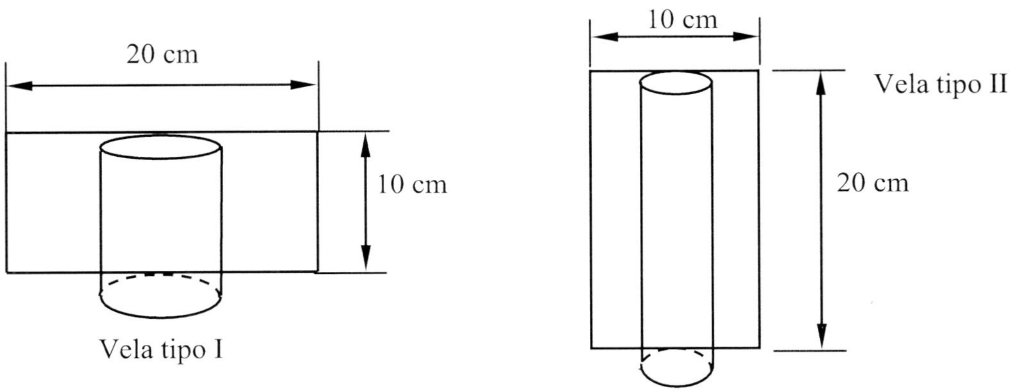

2.5.15) Qual é o volume de um cilindro cuja altura H é igual ao dobro do seu raio R?

2.5.16) (ENEM - 2016). Em regiões agrícolas, é comum a presença de silos para armazenamento e secagem de grãos, no formato de um cilindro reto sobreposto por um cone, como mostrado no desenho a seguir. Com o silo cheio, o transporte de grãos é feito em caminhões de carga, cuja capacidade é de 20 m^3. Uma região possuí um silo cheio e apenas um caminhão para transportar os grãos, para a usina de beneficiamento. Qual o número mínimo de viagens que o único caminhão, que existe, deverá fazer para escoar todo o volume de grãos armazenado no silo? (Considerar $\pi = 3$).

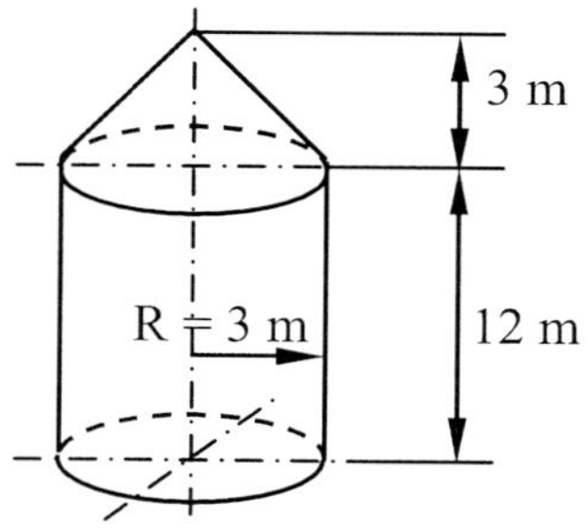

2.5.17) (EEAR - 2017). Um escultor irá pintar completamente a superfície de uma esfera de 6 metros de diâmetro, utilizando uma tinta que, para essa superfície, rende 3 m^2 por litro. Determinar quantos litros de tinta o escultor irá gastar.

2.5.18) (EsFAO). Em uma cavidade cônica, conforme figura a seguir, cuja abertura tem um raio de 8 cm e profundidade 32/3 cm, deixa-se cair uma esfera de 6 cm de raio R. Determinar a distância H do vértice A da cavidade cônica ao centro da esfera.

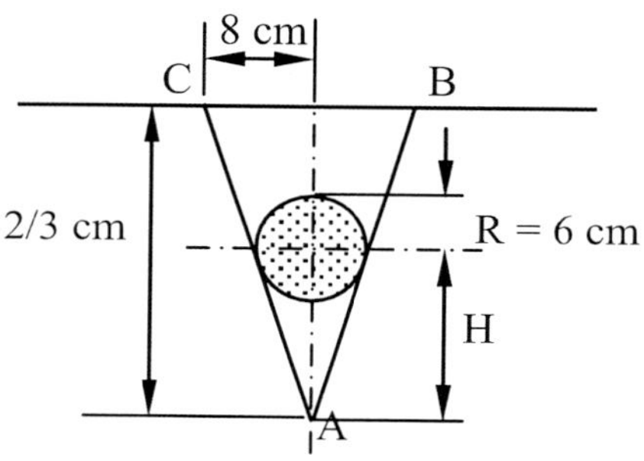

2.5.19) (EsPCEX). Um trapézio isósceles, cujas bases medem 2cm e 4 cm, e cuja altura é 1 cm, sofre uma rotação de 360º em torno do eixo que passa pelos pontos médios das bases. Determinar o volume, em cm^3 do sólido gerado por essa rotação.

2.5.20) (ENEM - 2015). Em um prédio, para resolver o problema de abastecimento de água foi decidido, numa reunião do condomínio, a construção de uma nova cisterna. A cisterna atual tem formato cilíndrico, com 3 m de altura e 2 m de diâmetro e, estimou-se que a nova cisterna deverá comportar 81 m^3 de água, mantendo o formato cilíndrico e a altura da atual. Após a inauguração da nova cisterna a antiga será desativada. Considerando π igual a 3, determinar o aumento em metros, no raio da cisterna para atingir o volume desejado.

2.5.21) (ENEM - 2015). O índice pluviométrico é utilizado para mensurar a preciptação da água da chuva, em milímetros, em determinado período de tempo. Seu cálculo é feito de acordo com o nível de água da chuva acumulada em 1 m^2, ou seja, se o índice for de 10 mm, significa que a altura do nível de água acumulada em tanque aberto, em formato de um cubo com 1 m^2 de área de base, é de 10 mm. Em uma região, após um forte temporal, verificou-se que a quantidade de chuva acumulada em uma lata de formato cilíndrico, com raio 300 mm e altura 1.200 mm, era de um terço da sua capacidade. Considerando π igual a 3, determinar o índice pluviométrico da região, em milímetros, durante o período do temporal.

2.5.22) (EsSA - 2016). Duas esferas de raios 3 cm e $\sqrt[3]{51}$ cm são fundidas para formar uma nova esfera. Determinar o raio da nova esfera.

2.5.23) (EsSA - 2017). Sabendo que a geratriz de um cone circular reto de altura 8 cm é 10 cm, determinar a área da base desse cone.

2.5.24) Determinar a altura H do nível máximo (em relação à parede interna do fundo) de um produto químico, dentro de um equipamento cilíndrico vertical, com tampos hemisféricos, quando é transferido, por meio de uma bomba centrífuga, de um silo cilíndrico vertical com tampo plano e fundo cônico. Considere-se que o silo de fundo cônico esteja totalmente cheio, e o equipamento com tampos hemisféricos esteja vazio. (Considerar $\pi = 3,14$).

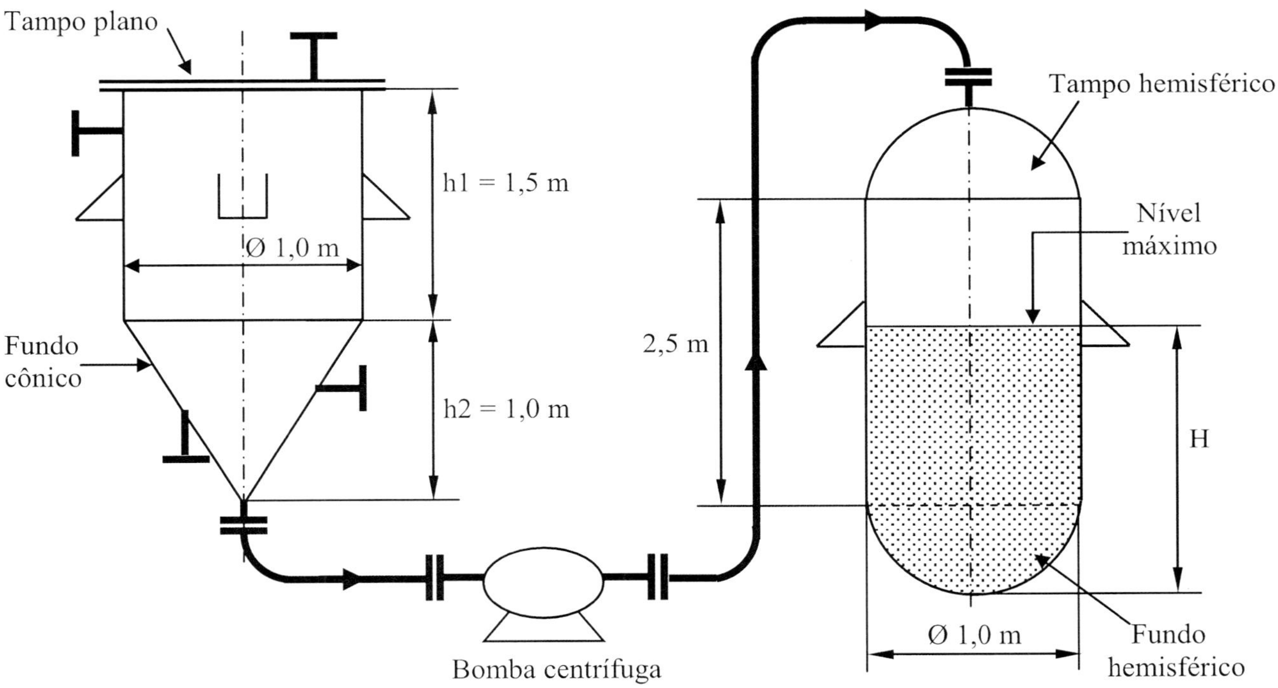

2.5.25) (ENEM - 2014). Uma empresa farmacêutica produz medicamentos em pílulas, cada uma na forma de um cilindro, com uma hemiesfera com o mesmo raio do cilindro, em cada uma de suas extremidades. Essas pílulas são moldadas por uma máquina programada para que os cilindros tenham sempre 10 mm de comprimento, adequando o raio de acordo com o volume desejado. Um medicamento é produzido em pílulas com 5 mm de raio. Para facilitar a deglutição, deseja-se produzir esse medicamento diminuindo o raio R para 4 mm, e, por consequência, seu volume. Isso exige a reprogramação da máquina que produz essas pílulas. Usando 3 como valor aproximado para π, determine a redução de volume da pílula, em milímetros cúbicos, após a reprogramação da máquina.

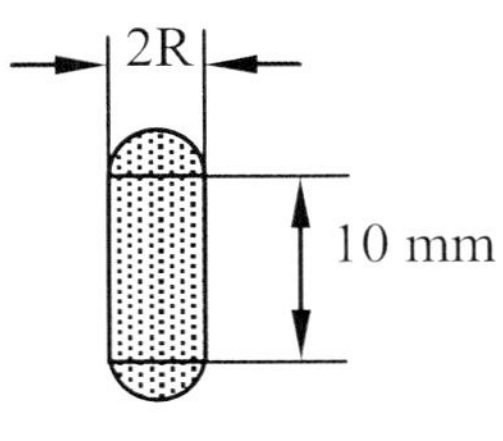

Capítulo 3
Funções: definição, representação gráfica, domínio e imagem. Gráficos de funções e curvas. Aplicações práticas gerais

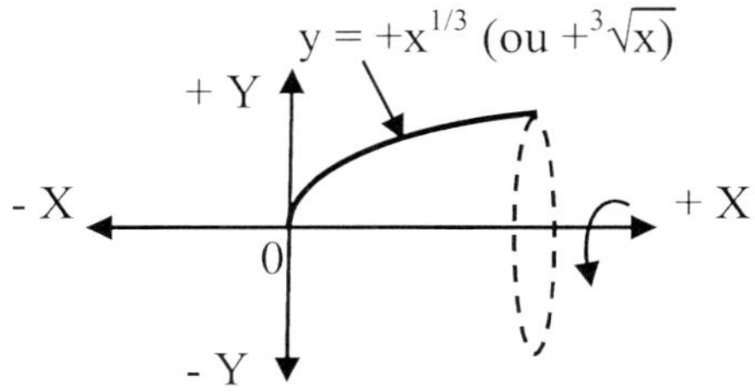

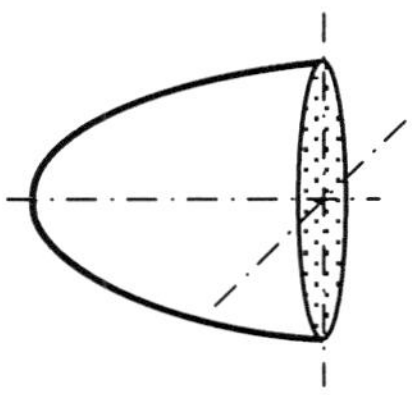

A função $y = +x^{1/3}$ ao ser girada em torno do eixo X origina esse tipo de superfície, que pode ter aplicações práticas. O volume dessa superfície usa o cálculo integral

Funções não lineares, em geral, e curvas cônicas, em particular*, são muito utilizadas na prática, principalmente na Engenharia, para as mais diversas finalidades. Um cilindro parabólico, para captação de luz solar, para a produção de energia elétrica, uma concha acústica elipsoidal, uma esfera de armazenamento de gases, um suporte metálico no formato de um hiperboloide circular e um bloco de concreto composto de duas faces no formato exponencial, são exemplos de casos reais que, para serem projetados e construídos ou fabricados, necessitam de cálculos matemáticos, dentre os quais o importante Cálculo Integral. O grande objetivo desse capítulo é dar uma visão geral de funções e curvas, estudadas em Cálculo I, com alguns exemplos gráficos de aplicações práticas.*

"Função é um conjunto de pares ordenados (x; y) tal que a cada valor da primeira variável x corresponde um e só um valor da segunda variável y" (THOMAS, 1968, p.6). Uma função pode ser representada de duas formas: a) Por uma lei ou b) Através de um gráfico.

No Espaço R^2 (X, Y), toda função f(x) pode ser representada num sistema cartesiano de eixos por um conjunto de pontos, definidos pelas coordenadas: abscissas (x) e ordenadas (y). Esse conjunto de pontos pode ou não gerar uma curva característica possível de ser definida algebricamente, como uma reta, uma parábola, etc. A notação básica de uma função é: f(x) = y. Para cada valor de x (abscissa) existe um e somente um valor de y (ordenada) associado a ele.

Por exemplo, quando se cita: y = +x, constata-se que esta função representa uma reta (uma função linear) que passa pela origem (0; 0) dos eixos cartesianos X, Y, e que forma 45^0 com o eixo X. A figura a seguir mostra a imagem geométrica dessa função, chamada de linear, pois representa uma linha reta que passa pela origem. Funções lineares são estudadas neste capítulo. Matematicamente, retas que não passam pela origem (0; 0), são representadas por funções afins do tipo: f(x) = ax + b, onde a e b são constantes, como por exemplo: y = +3x - 4 . (a = +3 e b = -4).

x	y
-3	-3
-2	-2
-1	-1
0	0
+1	+1
+2	+2
+3	+3

a) y = x (lei de definição)

Observa-se que, para construção do gráfico, necessitam-se valores relacionando x e y, obtidos por meio de uma tabela.

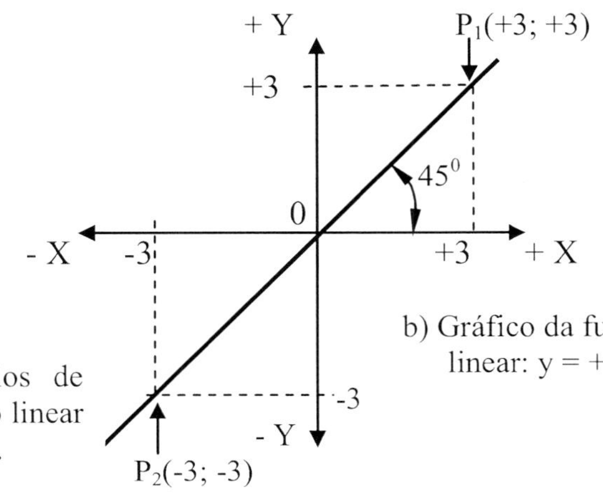

b) Gráfico da função linear: y = +x

Alguns problemas de Engenharia envolvem cálculos de funções afins e lineares como, por exemplo, a dilatação linear de uma viga metálica usada em uma ponte ou passarela.

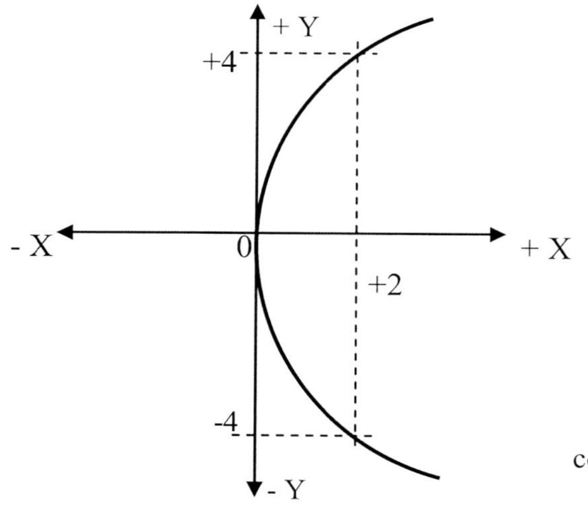

Esse gráfico mostra a imagem geométrica de uma equação do 2° grau, no caso uma parábola, em uma determinada posição, de forma que para cada valor de x (abscissa), existem dois valores de y (ordenada). Esta parábola tem equação: $y^2 = +8x$. Parábolas são estudadas no capítulo 6. Algumas parábolas não são funções, são curvas cônicas, como esta equação.

Gráfico da curva: $y^2 = +8x$
(Para cada valor de x, existem dois valores para y)
Para x = +2 => y1 = +4 e y2 = -4.
Para x = +4 => y1 = +5,657 e y2 = -5,657
Na prática, por exemplo, em estudos estatísticos, costuma-se usar apenas a parte de ordenadas positivas (+y).

Alguns problemas de Engenharia envolvem cálculos de curvas parabólicas, dentre os quais: antenas de telecomunicações, espelhos parabólicos em usinas fotovoltaicas e entrada de túneis.

O domínio de uma função, representa o conjunto dos valores possíveis das abscissas (x), ou seja, a região do universo em que a função pode ser definida. **A imagem de uma função** é o conjunto dos valores das ordenadas (y).

No caso da função linear y = +x, tanto o domínio (valores de x), quanto a imagem (valores de y) são: $+\infty$ $-\infty$, ou seja; de mais infinito ao menos infinito, portanto, todo o universo dos números reais.
Quando se escreve y = f(x), significa que y é função de x, ou seja, para cada valor de x, corresponde um de y. Nestes termos, y é chamada de variável dependente e x é a variável independente, ou seja: y depende de x. Por exemplo, o volume V de um cubo de lado L é expresso por: $V = L^3$. Nesse caso, V é uma função de L, onde L é a variável independente e V é a variável dependente (é óbvio que, o volume depende do lado).

3.1 Como definir graficamente uma função (teste da linha vertical)

Graficamente, uma função é definida quando, ao se passar uma linha vertical, ou seja, paralela ao eixo Y (portanto perpendicular ao eixo X), por qualquer região de imagem do gráfico (eixo X), a curva é cortada em apenas um ponto. Os gráficos a seguir ilustram esse critério.

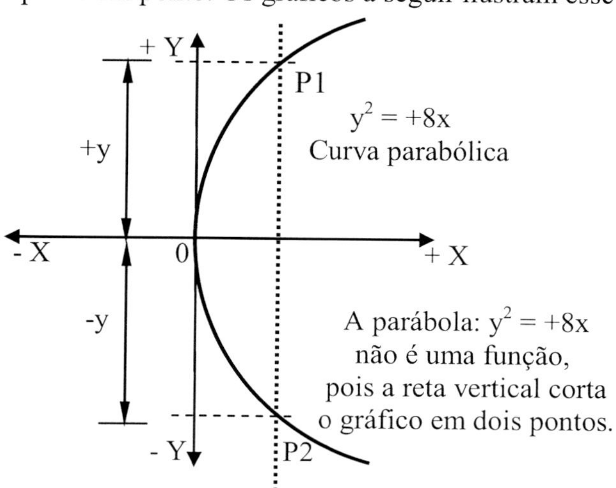

$y^2 = +8x \Rightarrow y = \pm\sqrt{+8x}$. Para cada x => dois y.

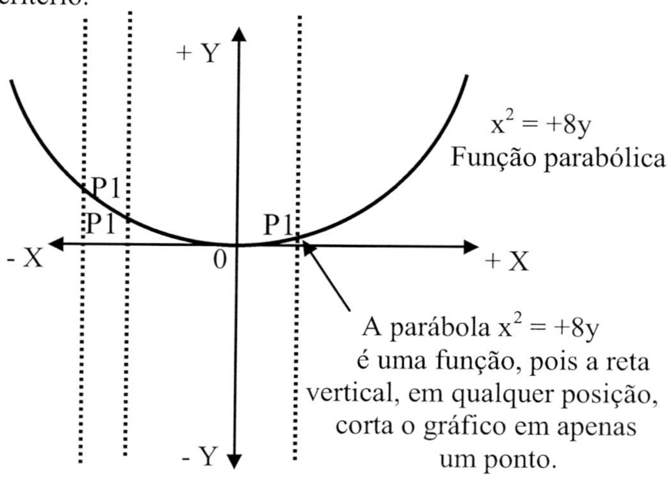

$x^2 = +8y \Rightarrow x = \pm\sqrt{+8y}$. Para cada y => dois x.

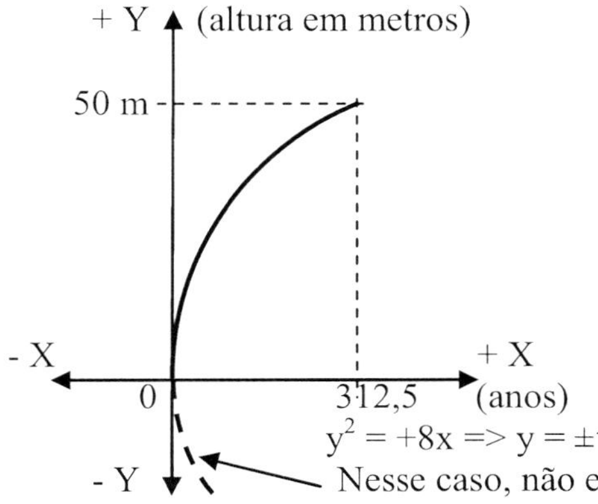

$y^2 = +8x$ ($0 < x < 312,5 \Rightarrow 0 < y < 50$)
y expressa a altura em metros, de uma árvore
e x a idade em anos.
Observa-se que, a parábola: $y^2 = +8x$
pode ser considerada uma função,
quando utiliza-se apenas o trecho positivo de y,
por exemplo, quando se representa o crescimento
de um tipo de árvore, ao longo de anos.
(Existem árvores com mais de dois mil anos de vida).

$y^2 = +8x \Rightarrow y = \pm\sqrt{+8x}$. Para $x = 312,5 \Rightarrow y = \pm 312,5$.
Nesse caso, não existe sentido no valor negativo de y.

3.2 Função constante

Em uma função constante, todo valor do domínio (x) tem a mesma imagem (y). Ou seja, enquanto x (abscissa) varia de $+\infty$ a $-\infty$, y (ordenada) tem um valor constante. Exemplos de funções constantes são as retas y = -3 e y = +4, a seguir mostradas.

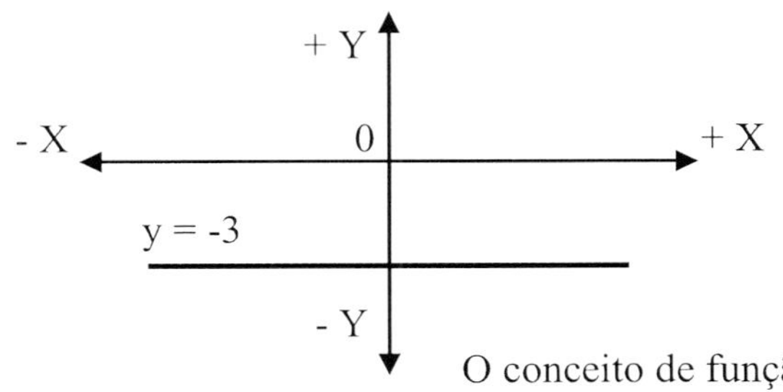

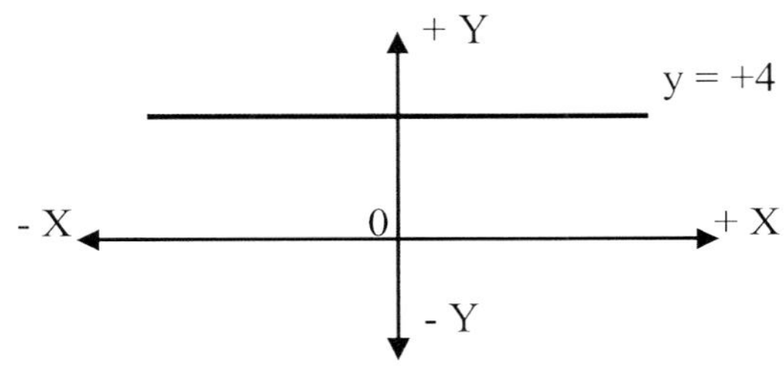

O conceito de função constante é utilizado, por exemplo, para definir larguras em túneis no formato parabólico (interseção de parábola com reta).

3.3 Função par

Considere y = f(x) uma função definida no intervalo [-a, +a], onde a é um número real positivo. Essa função é dita par se, elementos simétricos +x e –x, pertencentes ao intervalo dado, possuem imagens f(+x) e f(-x) iguais. O gráfico de uma função par é simétrico em relação ao eixo vertical, ou seja, ao eixo das ordenadas y. A função parabólica $y = x^2/8$, a seguir mostrada, é um exemplo de função par.

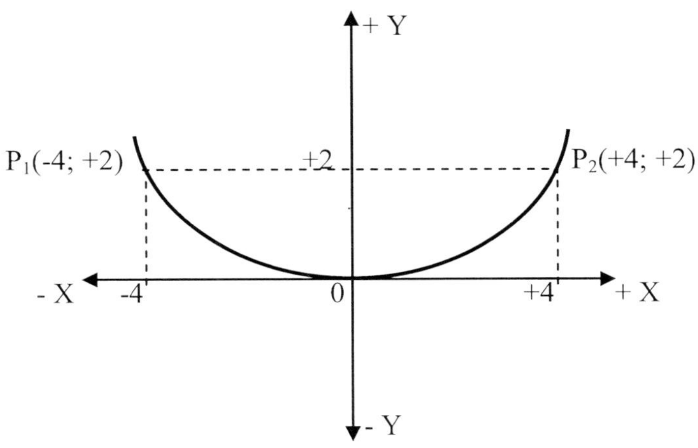

$y = x^2/8$, para $x = \pm 4 \Rightarrow y = +2$.

$[-a, +a] = [-4, +4] \Rightarrow y = +2$.

3.4 Função ímpar

Considere y = f(x) uma função definida no intervalo [-a, +a], onde a é um número real positivo. Essa função é dita ímpar se, elementos simétricos +x e –x, pertencentes ao intervalo dado, possuem imagens f(+x) e f(-x) simétricas, isto é: f(-x) = -f(x). O gráfico de uma função ímpar é simétrico em relação ao eixo horizontal, ou seja, ao eixo das abscissas x. A função linear y = -2x é um exemplo de função ímpar.

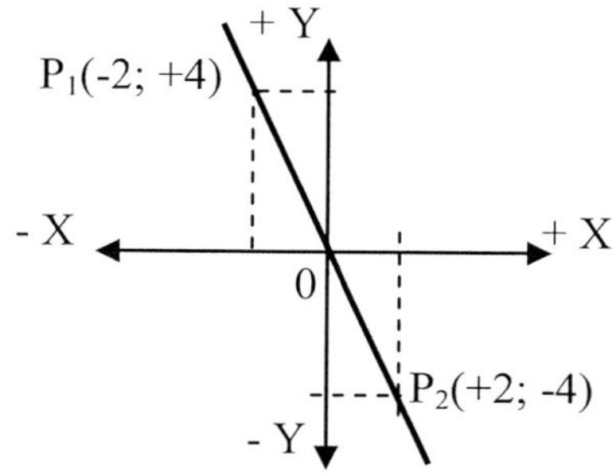

$$y = -2x \begin{cases} \text{para } x = -2 \Rightarrow y = +4. \\ \text{para } x = +2 \Rightarrow y = -4. \end{cases}$$

3.5 Funções crescentes e decrescentes

Uma função é crescente quando o valor de y (ordenada) aumenta, à medida que o valor de x (abscissa) aumenta. É decrescente quando o valor de y (ordenada) diminui, à medida que o valor de x (abscissa) aumenta. Os gráficos a seguir mostram exemplos, das funções afins: y = +x + 2 e y = -x + 2.

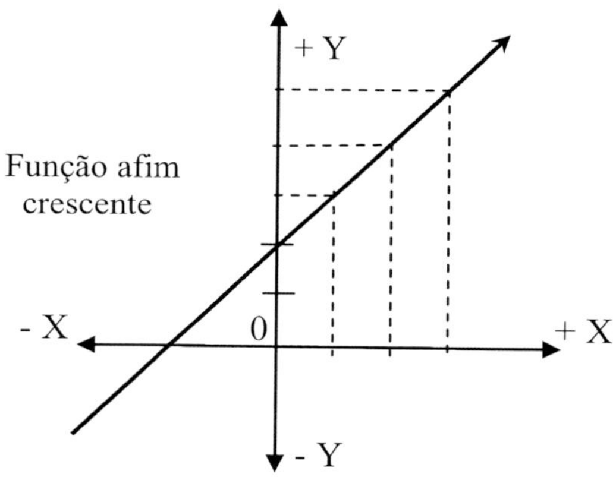

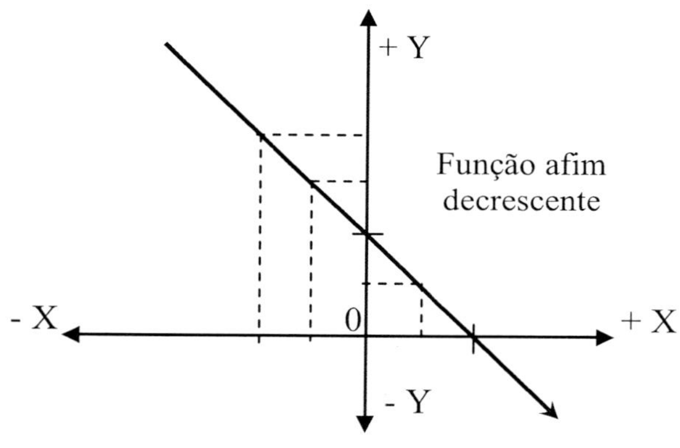

y = +x + 2 ⟶ Função crescente   y = -x + 2 ⟶ Função decrescente

A seguir são mostrados dois exemplos reais de funções crescente e decrescente, relacionadas ao enchimento ou esvaziamento de um tanque cilíndrico com água.

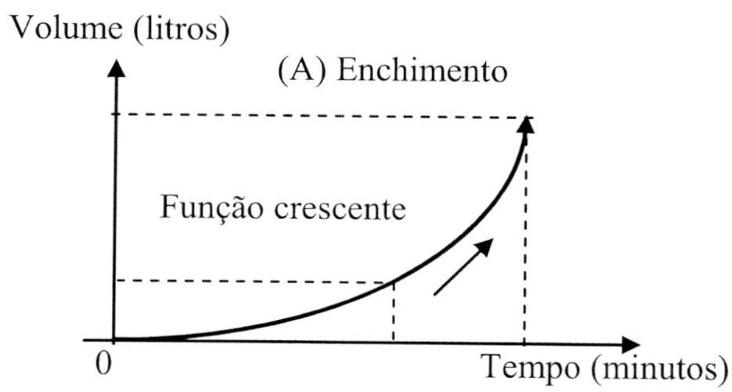

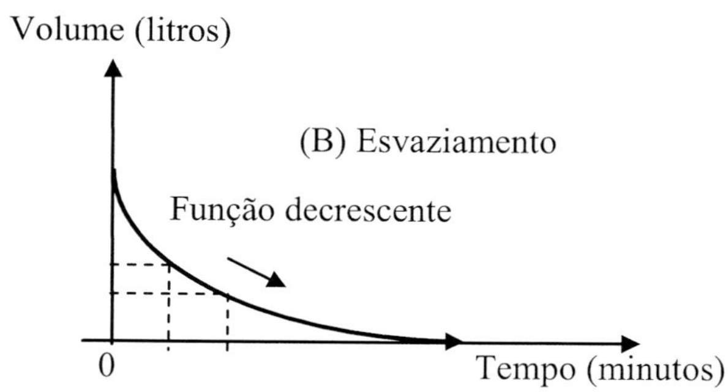

(A) Enchimento: observa-se que o tipo de curva, ou seja, a equação dessa função crescente, depende de fatores como diâmetro do tanque, sua altura e principalmente do tamanho da válvula (bica) ou do tubo por

onde a água irá escoar. Ou seja, a velocidade de enchimento, relacionada ao tempo de enchimento, depende desses fatores.
(B) Esvaziamento: aqui também, o tipo de equação dessa função decrescente depende do diâmetro do tanque, sua altura e o diâmetro do orifício (bocal) por onde a água irá escoar. Observa-se que, tanto para encher, quanto para esvaziar esse tipo de tanque, existem conceitos da Física que se aplicam a essas operações. Para fluidos diferentes da água, a viscosidade e o peso específico também influenciam as velocidades.

3.6 Funções explícitas e implícitas

Na língua portuguesa, uma coisa explícita é aquela definida claramente, já uma coisa implícita é aquela não expressa formalmente, ou melhor, algo subentendido.
Matematicamente, uma função explícita é toda aquela expressa na forma $y = f(x)$, ou seja, onde a variável y aparece sozinha de um lado da equação. Como exemplos de funções explícitas têm-se: $y = +3x^2 + 6x - 8$. $y = -8x + 5$ e $y = (+3x^4 - 7)/(+x^2 + 9)$.
Uma função implícita é toda aquela onde a variável y não está definida como uma função explícita de x. Como exemplos de funções implícitas têm-se: $+x^2 + y^2 = +16$, que representa uma circunferência de raio 4 e centro coincidente com a origem dos eixos cartesianos. $+x^2/16 + y^2/25 = +1$, que representa uma elipse com centro coincidente com a origem dos eixos cartesianos, eixo maior igual $2a = 10$, eixo menor $2b = 8$, sendo o eixo maior 2a coincidente com o eixo cartesiano Y.

3.7 Operações com funções. Funções compostas

Duas funções podem ser combinadas, através de uma soma, diferença, produto ou divisão, criando assim novas funções. Considerando-se as funções: $f(x) = +x^2 + 3x$ e $g(x) = +2x + 5$, podem ser criadas:

$f(x) + g(x) = (+x^2 + 3x) + (+2x + 5) = +x^2 + 5x + 5$. (Soma).

$f(x) - g(x) = (+x^2 + 3x) - (+2x + 5) = +x^2 + x - 5$. (Subtração).

$f(x).g(x) = (+x^2 + 3x).(+2x + 5) = +2x^3 + 11x^2 + 15x$. (Multiplicação).

$f(x)/g(x) = (+x^2 + 3x)/(+2x + 5)$. (Divisão).

$+k.f(x) = k(+x^2 + 3x) \Rightarrow +kx^2 + k3x$; multiplicação, onde k é uma constante positiva.

Compondo-se f(x) com g(x), obtém-se a chamada função composta, escrita como: $(f \circ g)(x) = f(g(x))$.
O termo $(f \circ g)(x)$ significa "f bola g de x". Na prática, obter uma função composta é um processo simples. Por exemplo, para obter a composta $(g \circ f)(x)$, deve-se substituir a variável da função g por toda a função f.

Considerando as funções acima tem-se que: $(f \circ g)(x) = f(g(x)) = (g(x))^2 + 3g(x) =$
$(2x + 5)^2 + 3(2x +5) = 4x^2 + 26x + 40$.

Agora se for: $(g \circ f)(x) = g(f(x))$, tem-se: $2(f(x)) + 5 = 2(x^2 + 3x) +5 = 2x^2 +6x +5$.

Outro exemplo: dadas as funções $f(x) = 2x^3$ e $g(x) = +2x + 3x^2$, tem-se: $g \circ f(x) = +2(2x^3) + 3(2x^3)^2 \Rightarrow$ $g \circ f(x) = +4x^3 + 3 \cdot 4x^6 \Rightarrow f \circ f(x) = +4x^3 + 12x^6 \Rightarrow f \circ g(x) = 2(2x + 3x^2)^3$.

3.8 Funções inversas

Quando funções inversas são representadas graficamente, constata-se que uma é o reflexo da outra, existindo uma simetria entre ambas, com o eixo de simetria sendo a reta ou função linear y = x. Uma forma teórica e literal de definir uma função inversa é que o domínio de uma é o contradomínio da outra.
A função inversa de f(x) é grafada ou simbolizada como $f^{-1}(x)$. Alerta-se que a notação $f^{-1}(x)$ não é igual a 1/f(x), que é o recíproco de f(x). Outra observação é que, nem toda função tem inversa, como mostrado a seguir. Na prática, para se achar a função inversa, de uma dada função, faz-se a inversão dos termos x e y. Por exemplo, a função $f(x) = +x^3$, tem como inversa: $f^{-1}(x) = +\sqrt[3]{x}$. Algebricamente, essas são consideradas funções diferentes e estão representadas, graficamente, a seguir.

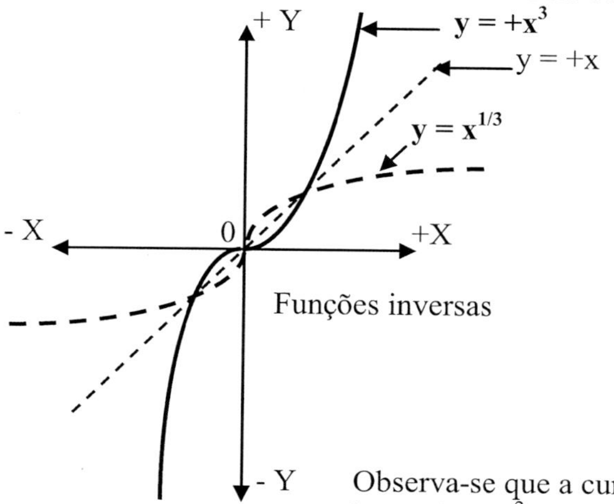

Tabela com valores para $y = +x^3$

x	y
-3	-27
-2	-8
-1	-1
0	0
+1	+1
+2	+8
+3	+27

Tabela com valores para $y = +x^{1/3}$ $(y = +\sqrt[3]{x})$

x	y
-3	-1,442
-2	-1,26
-1	-1
0	0
+1	+1
+2	+1,26
+3	+1,442

Observa-se que a curva da parábola $y^2 = +8x$, não pode ser considerada como inversa da função parabólica: $x^2 = +8y$.

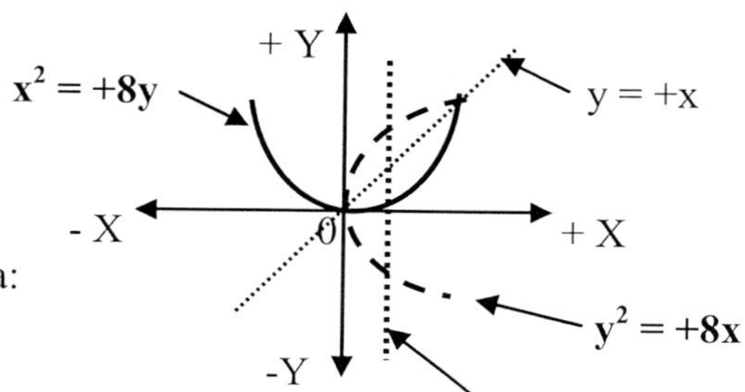

Como a vertical corta a curva em dois pontos, logo $y^2 = +8x$ não é uma função.

Gráfico das funções inversas: y = tgh x e y = arctgh x

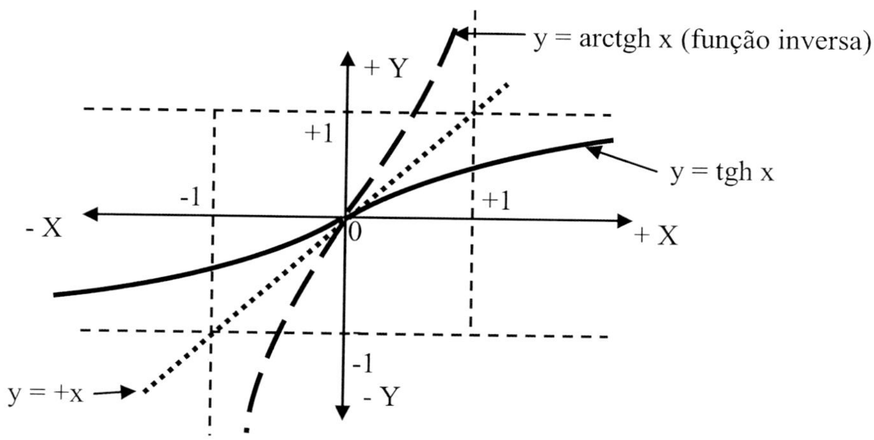

Outro exemplo, aplicável a funções afins, é a função inversa de y = +3x - 5. Troca-se o y por x, ou seja: y = +3x - 5; resulta em x = +3y - 5; onde: y = (+x + 5)/3. Na função y = +3x - 5, o Ponto P3(+2; +1), resulta no Ponto P4(+1; +2) na função y = (+x + 5) / 3, ou seja: P3(x; y) e P4(y; x). Confirma-se que o domínio de uma é o contradomínio da outra. Essas funções são inversas, como visto no gráfico a seguir.

Gráfico das funções inversas: y = +3x - 5 e y = (+x + 5)/3

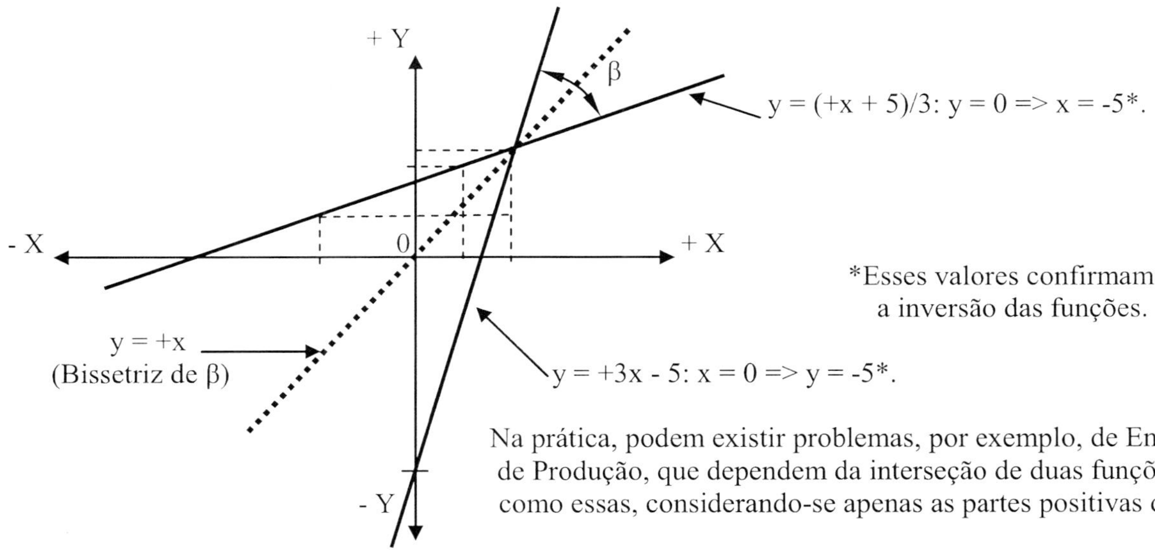

Na prática, podem existir problemas, por exemplo, de Engenharia de Produção, que dependem da interseção de duas funções afim como essas, considerando-se apenas as partes positivas de x e y.

Graficamente, se uma função possui inversa significa que, qualquer reta paralela ao eixo X intercepta o gráfico da função inversa, no máximo em um ponto. Os gráficos de y = sen x e y = arcsen x, mostram essa característica.

Gráfico da função: y = arcsen x

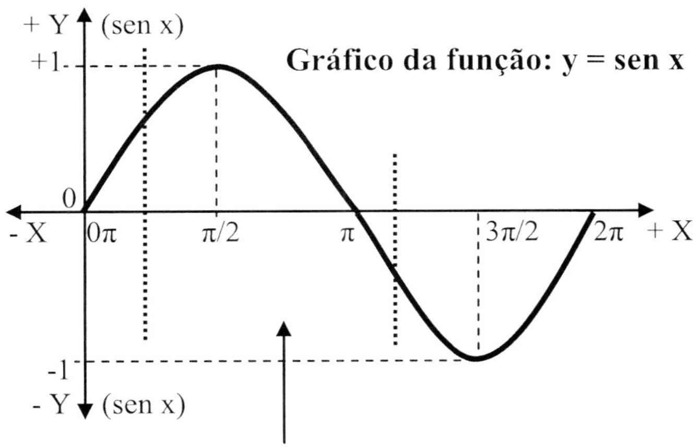

y = sen x é função, pois retas paralelas a Y só interceptam a curva em um único ponto.

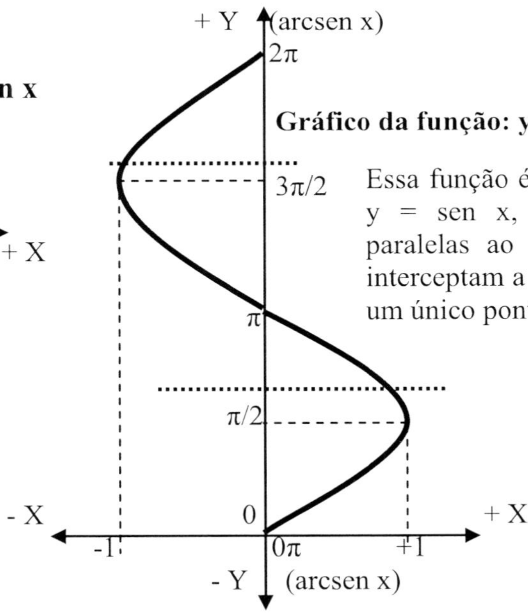

Gráfico da função: y = arcsen x

Essa função é inversa de y = sen x, pois retas paralelas ao eixo X só interceptam a inversa em um único ponto.

3.9 Ajuste de curvas e funções

Em algumas situações práticas, por exemplo, ao se analisar resultados de uma determinada experiência ou resultado de uma determinada produção industrial, consegue-se plotar duas grandezas ou características, sendo uma em função da outra, obtendo-se um gráfico de trechos lineares, mas que podem ser ajustados para uma determinada função matemática bem conhecida. O exemplo a seguir mostra um caso, onde seis pares de

dados lineares, podem ser ajustados, por exemplo, para uma função trigonométrica ou uma função parabólica, que tem um determinado ciclo.
Esses seis pares de dados, com trechos lineares, após os cálculos, que às vezes envolvem limites e integrais, podem ser ajustados, por exemplo, para uma função trigonométrica ou parabólica cíclica. O ajuste de curvas, objetivando seu enquadramento como uma função, tem grande aplicação em análises estatísticas.

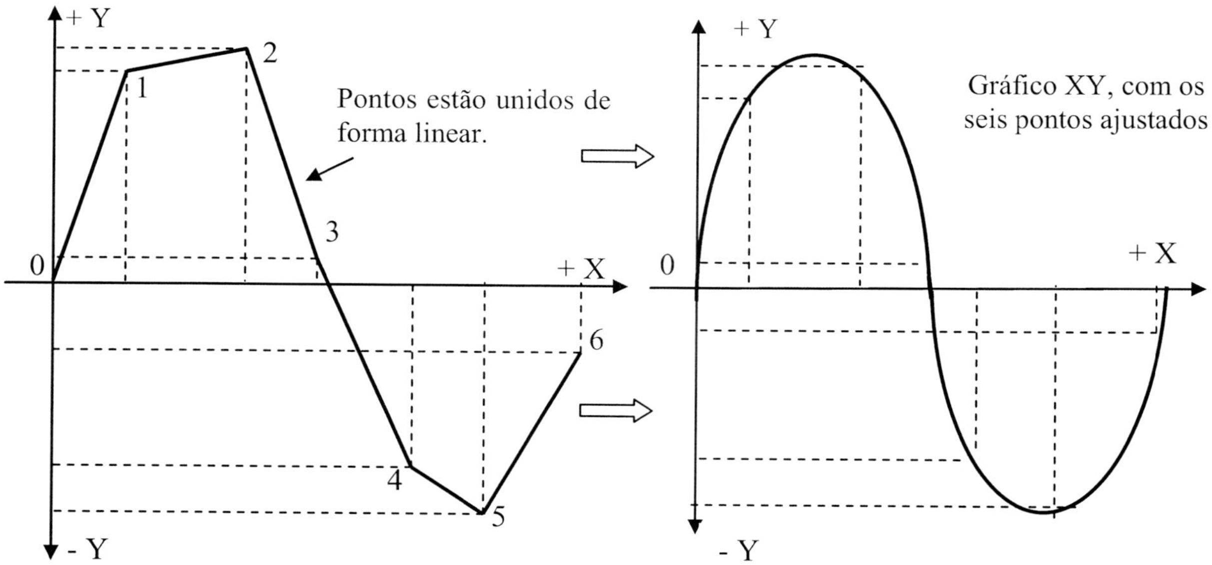

3.10 Translações horizontal e vertical de curvas

Às vezes, ocorre que uma determinada função sofre um deslocamento vertical ou horizontal, basicamente em decorrência de se somar ou subtrair determinado valor numérico à função original.

3.10.1 Translação horizontal

Por exemplo, a função $f(x) = x^2$, caracteriza-se como uma parábola com vértice (V) na origem (0) e concavidade para cima, como a seguir é mostrado. Quando se altera a função para $f(x) = (x + 1)^2$, ocorre uma translação horizontal do vértice (V) para a esquerda, ou seja, no sentido -x. Ao alterar a função para $f(x) = (x - 1)^2$, obtém-se uma translação horizontal do vértice (V) para a direita, ou seja, no sentido +x. As figuras a seguir mostram estas translações horizontais.

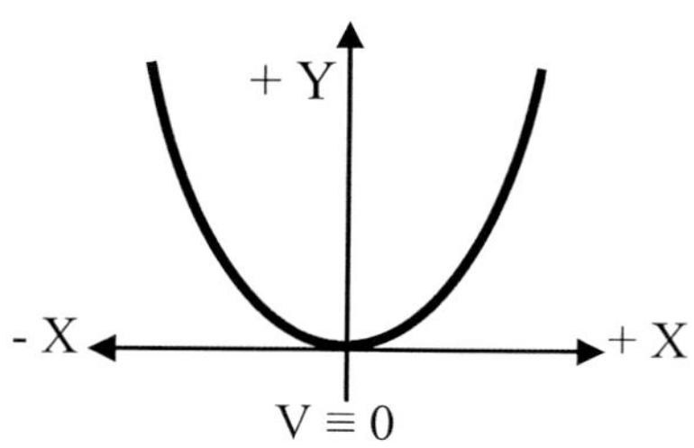

$f(x) = +(x)^2$
(Vértice coincide com origem)

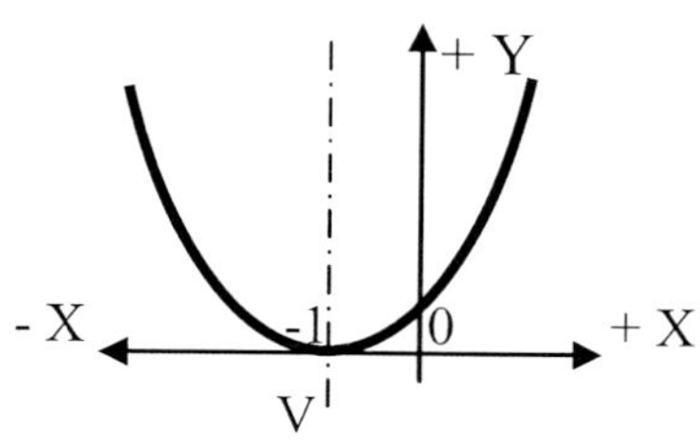

$f(x) = +(x + 1)^2$
(Vértice à esquerda da origem)

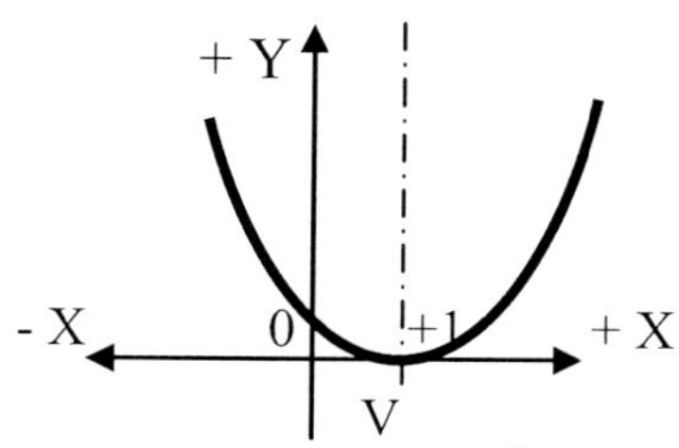

$f(x) = +(x - 1)^2$
(Vértice à direita da origem)

3.10.2 Translação Vertical

Quando na função $f(x) = x^2$, soma-se uma constante, por exemplo: $f(x) = x^2 + 1$, obtém-se uma translação vertical para cima do Vértice (V). Já quando se subtrai uma constante, por exemplo: $f(x) = x^2 - 1$, tem-se uma translação vertical para baixo do Vértice (V). As figuras a seguir mostram essas translações verticais.

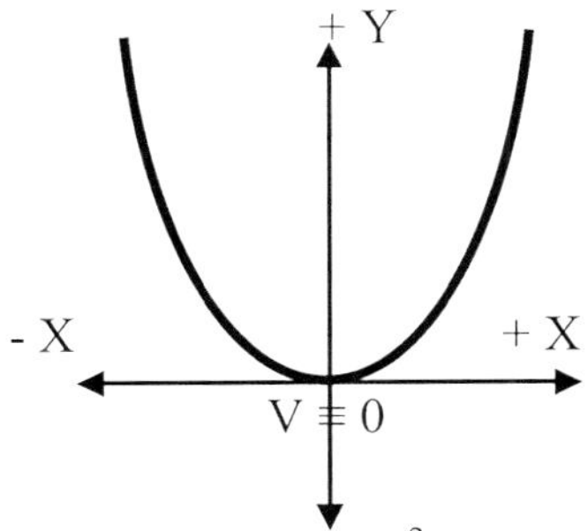

$f(x) = (x)^2$
(Vértice coincide com Origem)

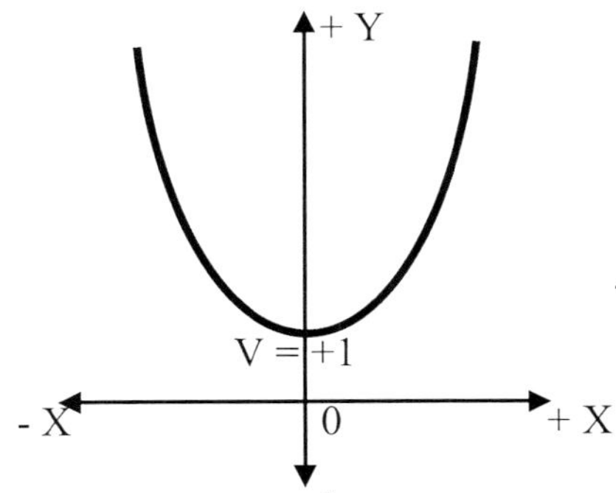

$f(x) = x^2 + 1$
(Vértice acima da Origem)

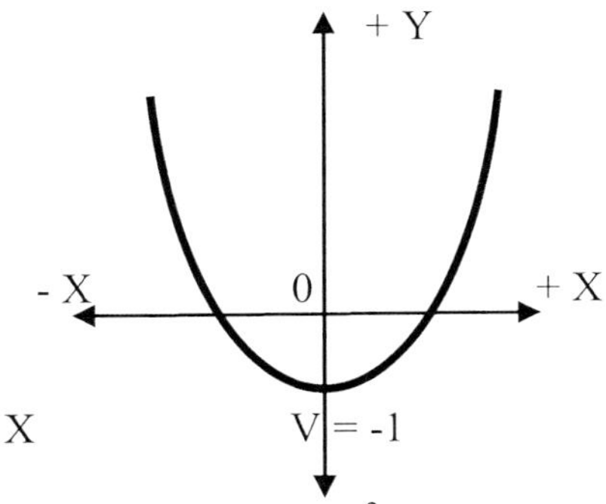

$f(x) = x^2 - 1$
(Vértice abaixo da Origem)

3.11 Interpretações e aplicações práticas gerais de curvas cônicas e funções específicas

Especialmente na Engenharia, é fundamental a visualização gráfica da função ou da curva cônica, até porque como se irá construir, por exemplo, um túnel com entrada elíptica se não houver os desenhos com as medidas? Os gráficos a seguir mostram exemplos de diversas curvas e funções, principalmente as citadas nesse livro, com diversos exemplos de aplicações.

3.11.1 Circunferência

A equação: $+x^2 + y^2 = +36$, representa uma circunferência com centro coincidente com a origem (0; 0) e raio 6 (veja capítulo 4). Escrita como $y = f(x)$, fica na seguinte forma: $y = \sqrt{(36 - (x^2)}$, ou seja, para cada valor de x, tem-se dois de y, com x variando de -6 a +6. (y também varia de -6 a +6).

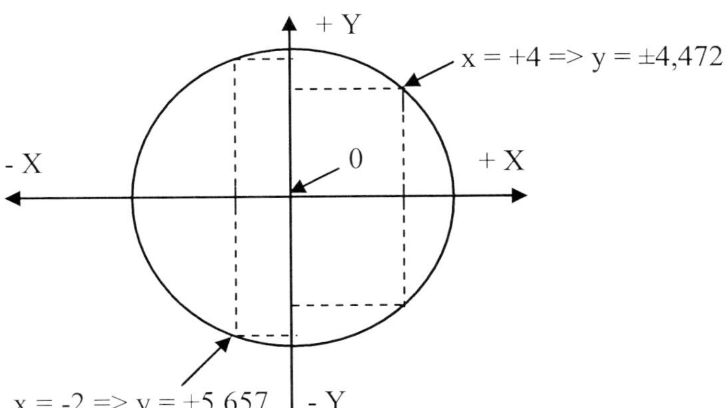

x	y
-6	0
-5	±3,317
-4	±4,472
-3	±5,196
-2	±5,657
-1	±5,916
0	±6
+1	±5,916
+2	±5,657
+3	±5,196
+4	±4,472
+5	±3,317
+6	0

Esta tabela mostra que, para cada valor de x existem dois de y.

Um exemplo prático, para a circunferência é quando se precisa fazer os desenhos técnicos para a construção de um túnel no formato semi circular, como mostrado.

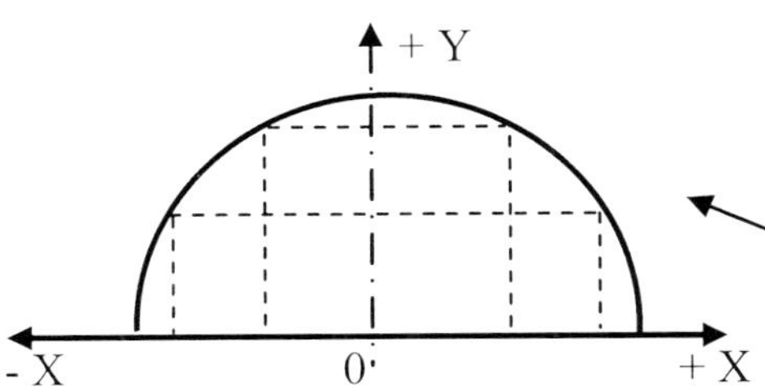

Para marcar o túnel semi circular, e fazer sua escavação, é necessário ter desenhos com várias marcações, relacionando x e y.

3.11.2 Elipse

A equação $+x^2/20{,}25 + y^2/5{,}0625 = +1$, representa uma elipse com centro coincidente com a origem (0; 0), eixo maior 2a igual a 9 e eixo menor 2b igual a 4,5, como mostrada a seguir:

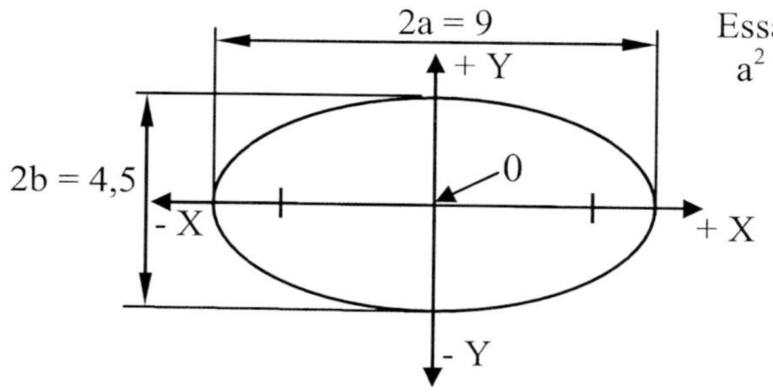

Essa é uma elipse do tipo: $+x^2/a^2 + y^2/b^2 = +1$, onde: $a^2 = 20{,}25$ e $b^2 = 5{,}0625$ ou $a = \pm 4{,}5$ e $b = \pm 2{,}25$.

Essa elipse pode ser a curva origem de um elipsoide circular utilizado como tampo de um vaso de pressão. É comum ter-se vasos de pressão, como o mostrado abaixo, onde são soldados bocais, para a entrada e saída de fluidos.

No exemplo a seguir, tem-se um vaso de pressão cilíndrico vertical, com tampos semi elipsoidais. O diâmetro do cilindro (chamado costado) vale 9.000 mm (9 m) e a altura do tampo, que é o semi eixo menor da elipse vale 2.250 mm (2,25 m). Tem-se um bocal de entrada de fluido soldado no tampo superior e a uma distância de 3.000 mm (3 m) do eixo do vaso (que coincide com o eixo cartesiano Y).
Com esses dados, pede-se calcular o valor da distância Y**, já que os projetistas precisam saber com exatidão esta medida, para poder fazer o projeto das tubulações.

Essa medida Y ** é calculada a partir da resolução da equação da elipse dada.

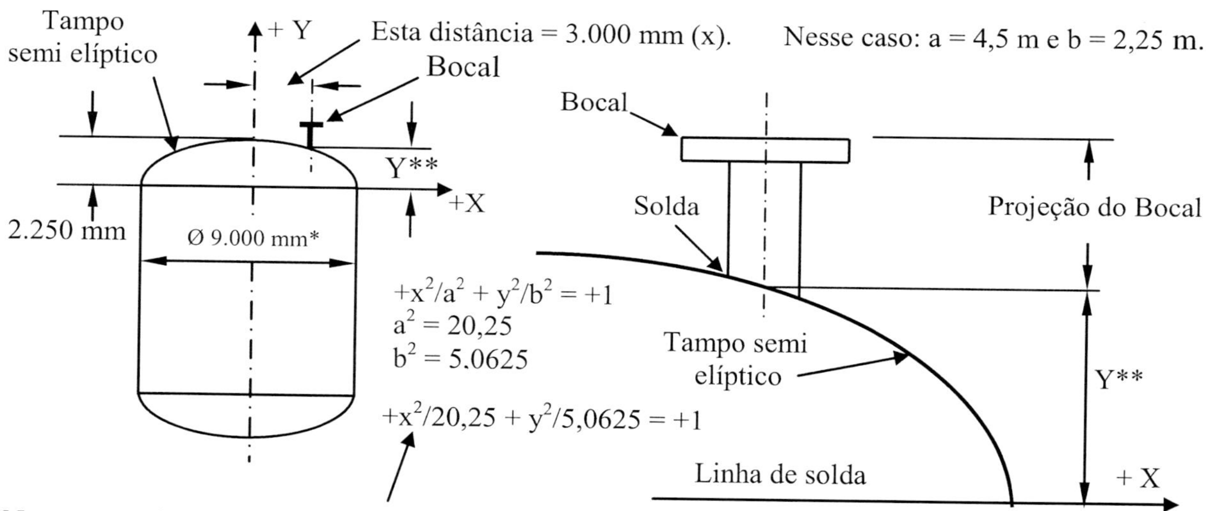

Na equação da elipse, fazendo x = 3, tem-se: $9/20{,}25 + y^2/5{,}0625 = +1$, com Y** = 1,677 m.

Resposta: a medida Y** pedida vale 1.677 mm ou 1,677 m.

3.11.3 Parábola

A equação $x^2 = +4py$, expressa uma parábola, com vértice na origem (0; 0), cavidade voltada para cima e que só existe para valores positivos de y, pois: $x = \sqrt{+4py}$. Para cada valor positivo de y existem dois valores de x, como mostrado a seguir.

Considerando *p = 1, tem-se a tabela:

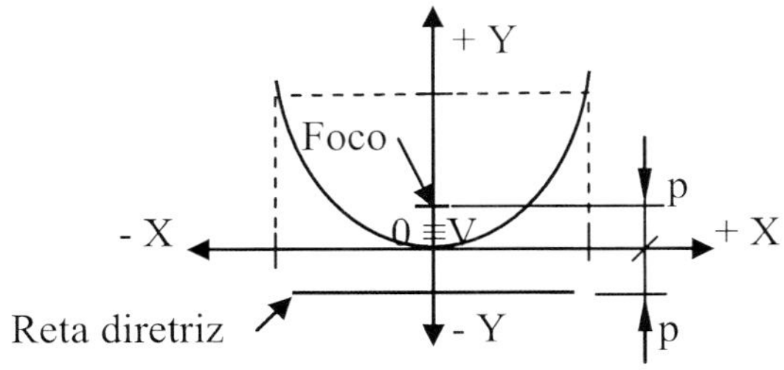

y	x
0	0
+1	±2
+2	±2,828
+3	±3,464
+4	±4

*p é o parâmetro de uma parábola e representa a distância entre o vértice e a reta diretriz, bem como entre o vértice e o foco.

Na prática comercial, por exemplo, em uma antena parabólica, a distância focal p é calculada pela equação: $p = D^2/16H$, onde p é o parâmetro, D é o diâmetro da antena e H é a altura, como mostrado a seguir. O cálculo da distância focal p tem que ser preciso, pois é para o foco que convergem (ou são refletidos) qualquer tipo de raio, por exemplo, sinal de imagem e som. (Especialmente na Engenharia Civil, existem muitas aplicações práticas para a curva da parábola, como por exemplo, na entrada de túneis).

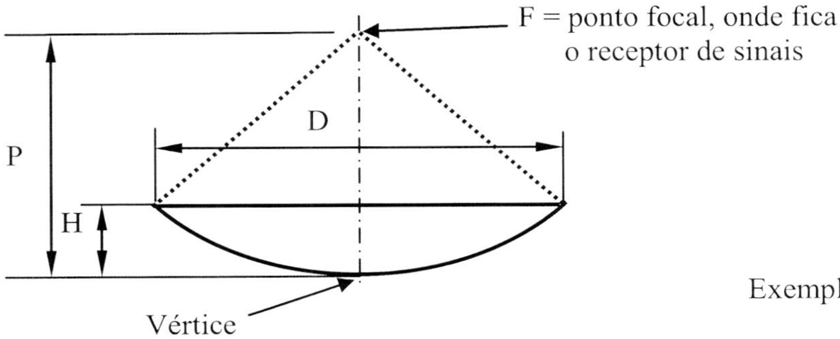

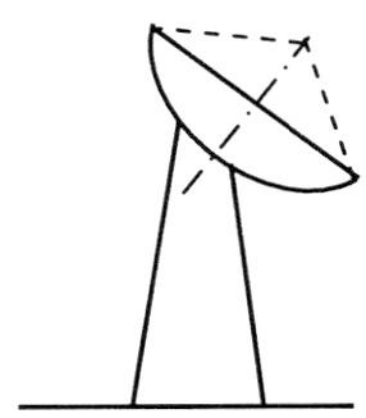

Exemplo de uma antena parabólica

3.11.4 Hipérbole

A hipérbole é muito utilizada, tanto por engenheiros, quanto por arquitetos. O exemplo a seguir mostra a cobertura de um pavilhão de exposições, com uma área interna de cerca de 1.000 m², onde a cúpula é no formato de um hiperboloide circular, com diâmetro de 36 m.

Esta é a concepção arquitetônica, com a cúpula hiperbólica AB

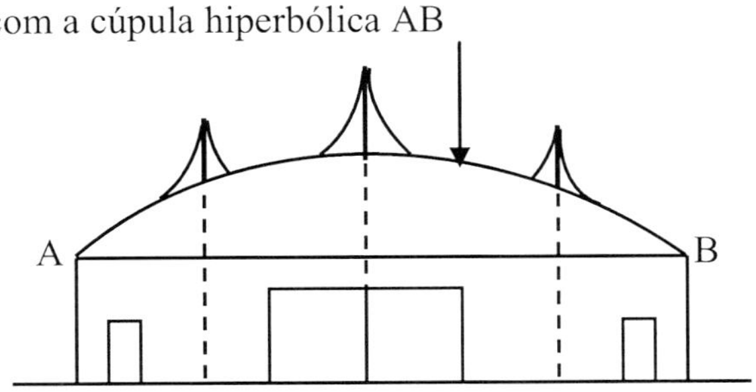

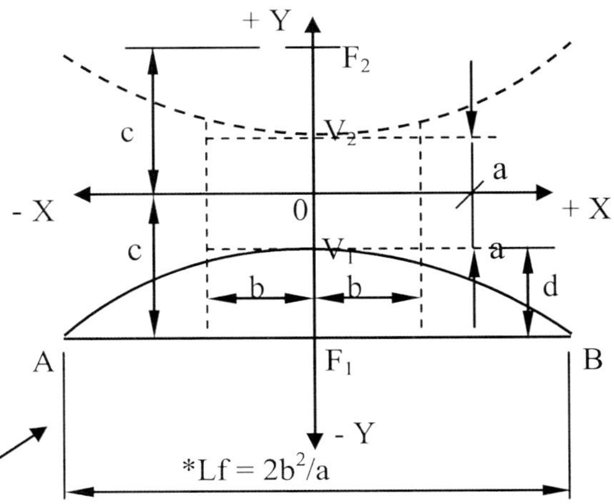

$c = \sqrt{(a^2 + b^2)}$ $\quad$ $*b = \sqrt{(a.Lf)/2}$; $\quad$ $d = c - a$.

Essa hipérbole tem equação: $+y^2/a^2 - x^2/b^2 = +1$ ou: $+9y^2 - x^2 - 36 = 0$ ou $+y^2/4 - x^2/36 = +1$.

*Lf = AB = corda focal.

3.11.5 Função exponencial

Existem materiais, como por exemplo, o urânio 235, que emitem radiações, tanto do ponto de vista natural, quanto artificialmente. Ao longo do tempo esta emissão vai diminuindo, caracterizando um fenômeno chamado "decaimento radioativo". Através de uma série de análises e cálculos, que extrapolam os objetivos deste livro, demonstra-se que este decaimento ocorre segundo uma curva exponencial decrescente, com o eixo vertical sofrendo translação para a esquerda. A literatura cita a função $N_0 = N^{(-\lambda t)}$, onde: N_0 = número de átomos radioativos no estado inicial; N = número de átomos radioativos no estado atual (tempo t); λ = constante de decaimento radioativo e t = tempo considerado. A figura a seguir mostra esta função.

Gráfico esquemático do "Decaimento Radioativo"

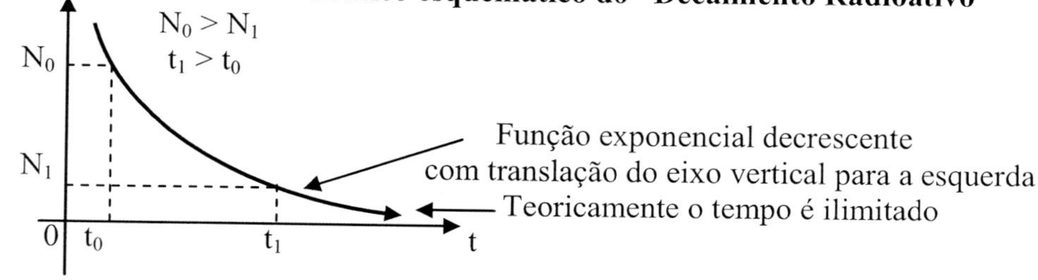

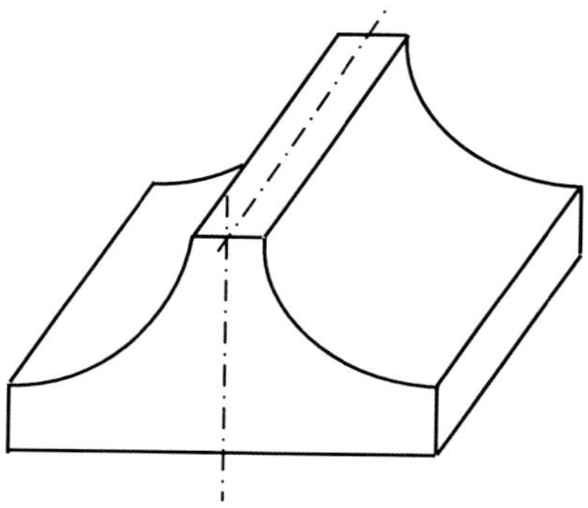

Blocos de concreto armado, como esse, são exemplos práticos da utilização da função exponencial.
Como já citado, blocos de concreto para serem construídos necessitam de análises matemáticas, por exemplo, o Cálculo Integral.

3.11.6 Função logarítmica

A amplitude de um terremoto (relacionada ao grau do terremoto) segue uma função logarítmica de base 10. Essa amplitude é medida por aparelhos denominados sismógrafos, que detecta e registra graficamente as ondas produzidas pela liberação de energia do terremoto. A fórmula utilizada é: $M = \log A - \log A_0$, onde M: magnitude, A: amplitude máxima, A_0: amplitude de referência.

No capítulo 10, onde são detalhadas as funções logarítmicas, mostram-se outras aplicações reais.

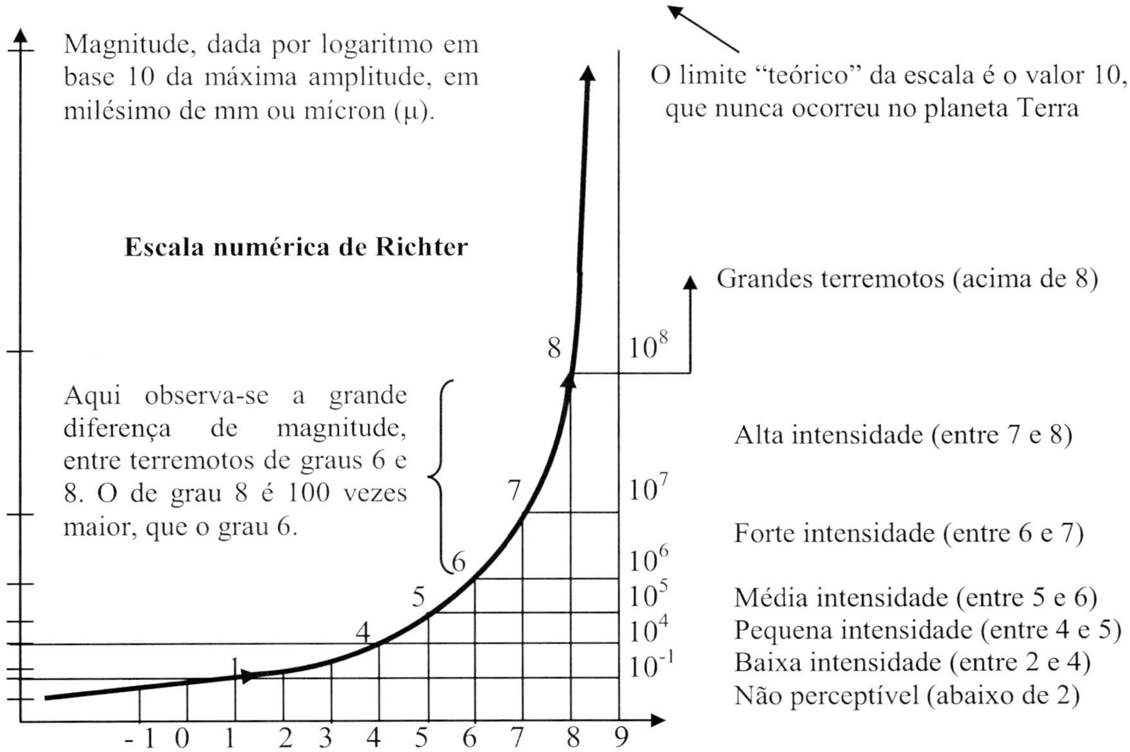

3.12 Funções trigonométricas

Como detalhado no capítulo 8, as funções trigonométricas têm muitas utilizações em cálculos, especialmente na área de Engenharia. A Matemática estuda os tipos de funções trigonométricas, descritas a seguir, cada uma com as suas aplicações específicas: no triângulo retângulo, no círculo, na esfera (trigonometria esférica) e a trigonometria hiperbólica, desenvolvida a partir de uma hipérbole equilátera. Basicamente, existem seis funções trigonométricas, todas com suas funções inversas: seno, cosseno, tangente, cossecante, secante e cotangente. Embora detalhada no capítulo 8, a figura a seguir mostra a função seno (chamada de senoide).

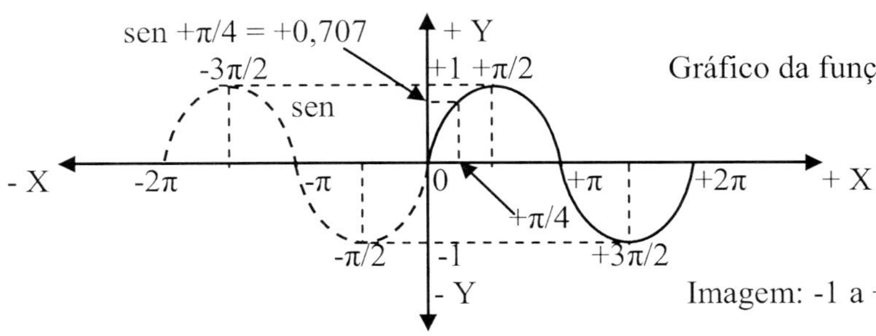

Gráfico da função sen x (a senoide)

Imagem: -1 a +1; Domínio: 0π a +2π.

3.13 Gráficos e considerações sobre algumas funções específicas, usadas na disciplina "Cálculo I"

A seguir são citadas funções, com seus gráficos e aplicações práticas. Várias dessas funções serão detalhadas nos capítulos de limites, derivadas e, especialmente no Cálculo Integral, quando se comprova a importância desses conteúdos, em diversas atividades profissionais.

3.13.1 Função: $y = +1/x^2$

Observa-se que esta função só existe na parte positiva das ordenadas, ou seja, eixo Y, sendo que nas abscissas, ou seja eixo X, existe de $-\infty$ a $+\infty$. A seguir são apresentados alguns valores calculados (veja tabela) e o gráfico da função. Nas aplicações práticas, esse tipo de função pode ser utilizado, na parte positiva de x, em análises estatísticas, por exemplo, quando se compara idade com vigor físico.

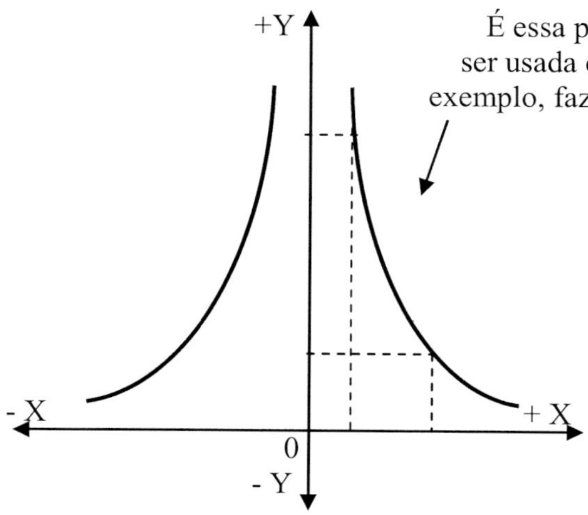

x	y
-3	+0,111
-2	+0,250
-1	+1
0	$+\infty$
+1	+1
+2	+0,25
+3	+0,111

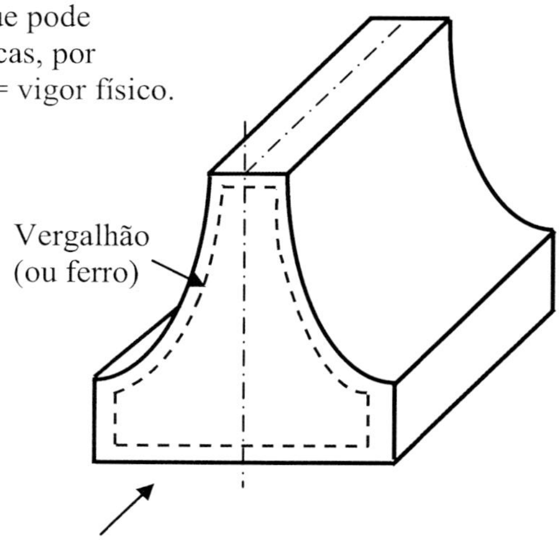

Blocos desse tipo podem ser produzidos a partir do formato da função: $y = +1/x^2$.

O cálculo do peso de um bloco, desse tipo, exige o cálculo do volume que, multiplicado pelo peso específico do concreto, indica o peso. O volume é dado pela área multiplicada pelo comprimento. O cálculo da área é obtido pelo Cálculo Integral. Caso o bloco seja em concreto armado, ou seja, com vergalhões (ou ferros) no interior, o comprimento dos vergalhões curvos também é calculado por uma integral.

3.13.2 Função: $y = +1/x$

Esta função existe, tanto nas partes positivas, quanto nas negativas de x e y. Aqui também se pode utilizar as partes positivas de x e y, tal e qual a função $y = +1/x^2$.

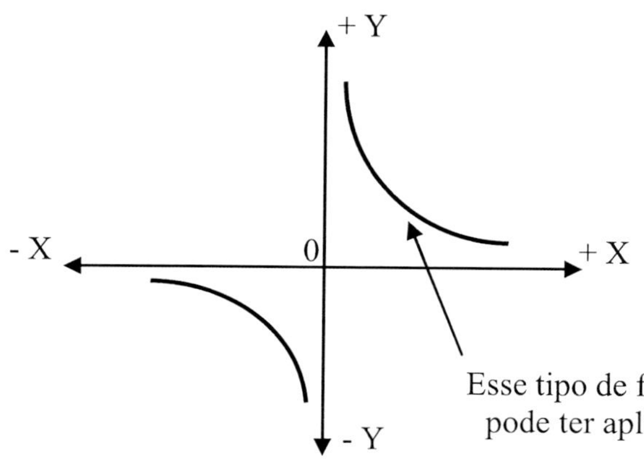

x	y
-3	-0,333
-2	-0,5
-1	-1
0	$\pm\infty$
+1	+1
+2	+0,5
+3	+0,333

3.13.3 Função: $y = +1/(x - 1)$

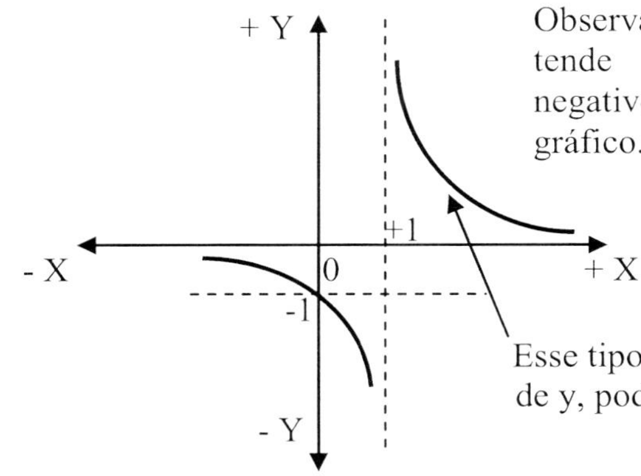

Observa-se que para x = +1, y tende ao infinito positivo ou negativo, como mostrado no gráfico.

Esse tipo de função, na parte positiva de y, pode ter aplicações em análises estatísticas.

x	y
-3	-0,25
-2	-0,333
-1	-0,5
0	-1
+1	±∞
+2	+1
+3	+0,5

3.13.4 Função raiz ($y = \sqrt[n]{x}$)

Toda função do tipo $y = x^{1/n}$, onde "n" é um número natural (ou seja, um número inteiro não negativo), é chamada Função Raiz. São exemplos de funções raízes:

$y = +x^{1/2}$, significa $y = \sqrt{x}$ ou raiz quadrada de x. $y = x^{1/3}$, significa $y = \sqrt[3]{x}$ ou raiz cúbica de x.

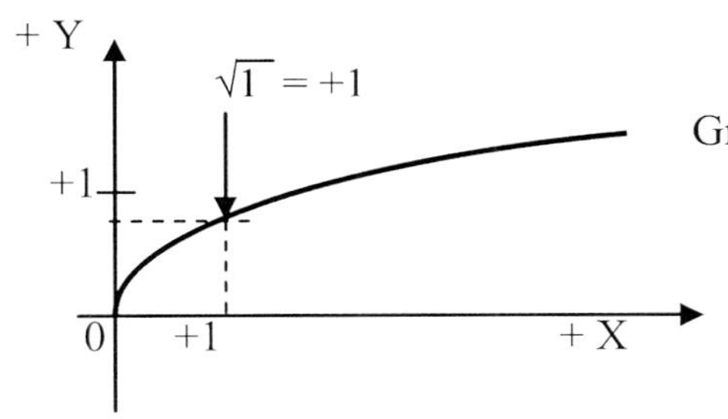

Gráfico da função $y = +x^{1/2}$ (raiz quadrada de x)

Essas funções, quando giradas ao redor do eixo X, geram superfícies com aplicações na Arquitetura.

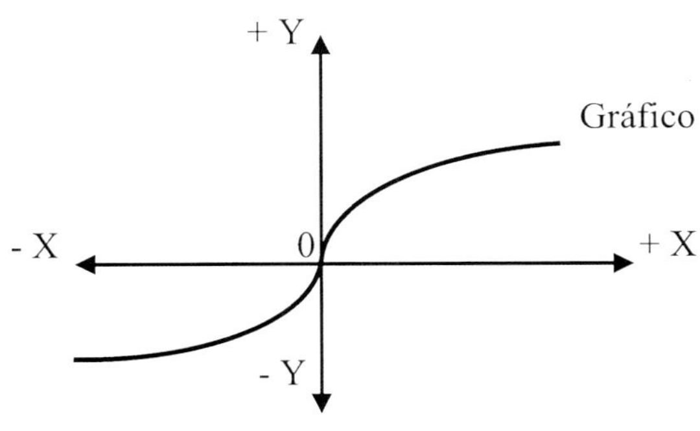

Gráfico da função $y = +x^{1/3}$ (raiz cúbica de x)

Observa-se que essas duas funções podem ter aplicações, na área de Estatística. Por exemplo, a função $y = +x^{1/3}$ pode ser utilizada para expressar o crescimento de uma árvore, ao longo dos anos, onde o eixo Y expressa o crescimento em metros, e o eixo X a idade em anos.

3.13.5 Função: $y = (1 + 1/x)^x$

Observa-se que o domínio dessa função é dado por: $(1 + 1/x) > 0$, com x diferente de zero, ou seja: $x < -1$ ou $x > 0$, com y não existindo no intervalo de x entre -1 e zero.

*O número "e", que vale 2,7182818, é uma constante matemática, sendo a base dos logaritmos naturais (ver capítulo 10). Por vezes é chamado número de Euler em homenagem ao matemático suíço Leonhard Paul Euler (1707-1783), mas também número de Napier, em homenagem ao matemático escocês John Napier (1550-1617). A primeira referência à constante "e" foi publicada em 1618 na tabela de um apêndice de um trabalho sobre logaritmos de John Napier.

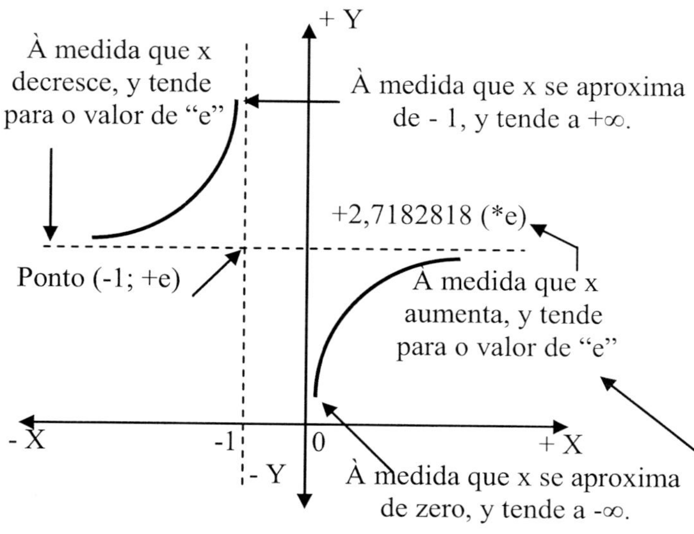

x	y
-5	+3,052
-4	+3,16
-3	+3,370
-2	+4
-1	Não existe
0	-∞
+1	+2
+2	+2,25
+3	+2,369
+4	+2,441
+5	+2,488

Esse tipo de função, na parte positiva de x, pode ter aplicações em análises estatísticas.

3.13.6 Função $y = +x^3$. Função irracional $y = +x^{1/3}$

Essas funções são inversas e bem apropriadas para a conceituação da derivada de uma curva em determinado ponto. Como mostrado a seguir, também podem ter utilizações práticas reais.

Essas funções, sofrendo uma rotação, em relação a X ou Y, geram uma superfície, ou seja, espaço R^3, que pode ter aplicação prática, por exemplo, como objeto de decoração ou arquitetônico. A rotação pode ser segundo uma circunferência ou segundo uma elipse.

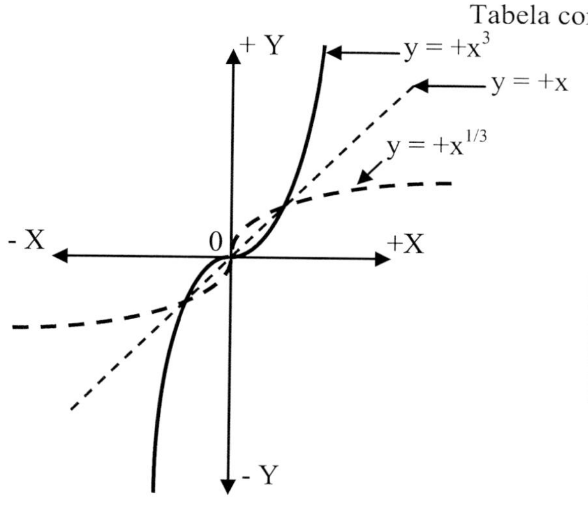

Tabela com valores para $y = +x^3$

x	y
-3	-27
-2	-8
-1	-1
0	0
+1	+1
+2	+8
+3	+27

Tabela com valores para $y = +x^{1/3}$ (ou $y = +\sqrt[3]{x}$)

x	y
-3	-1,442
-2	-1,26
-1	-1
0	0
+1	+1
+2	+1,26
+3	+1,442

Função irracional é toda função que tem variáveis sob radical, como $y = +\sqrt[3]{x}$. Outros exemplos são: $\sqrt{x + 2}$; $\sqrt[4]{3x - 6}$ e $\sqrt[3]{3x^2 - 6x + 3}$.

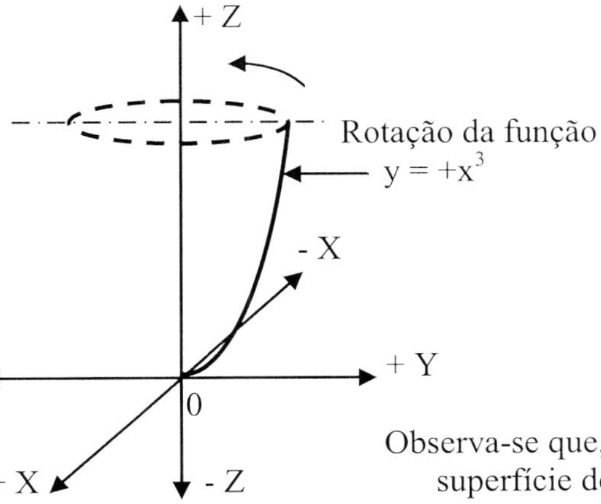

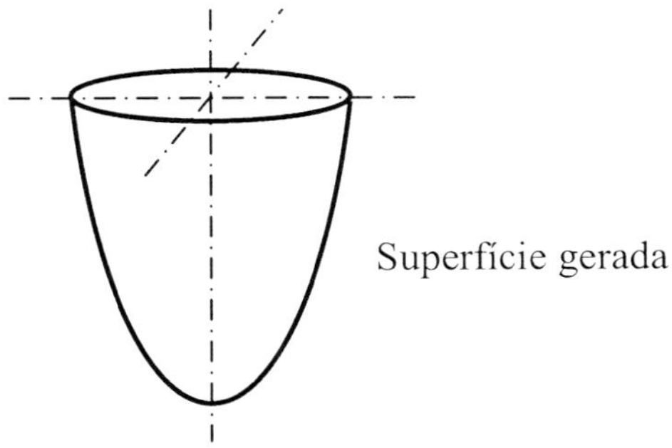

Observa-se que, caso haja necessidade de se calcular o volume de uma superfície desse tipo, a solução é através do Cálculo Integral.

3.13.7 Função $y = +x^3 - x$

Tabela para: $y = +x^3 - x$

x	y
-3	-24
-2	-6
-1	0
-0,5	+0,375
0	0
+0,5	-0,375
+1	0
+2	+6
+3	+24

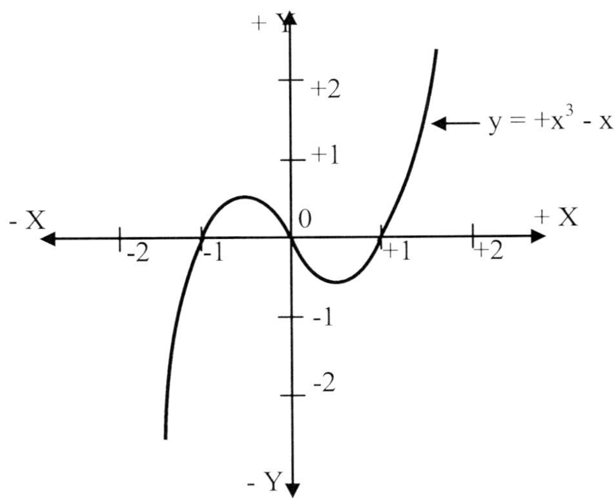

3.13.8 Função $y = (2x^2)/(1 + x^2)$

x	y	x	y
-3	+1,8	+3	+1,8
-2	+1,6	-4	+1,88
-1	+1,0	-5	+1,92
0	0	-10	+1,98
+1	+1,0	-20	+1,995
+2	+1,6	-30	+1,998

Observa-se que essa função em y só existe na parte positiva de y, a partir de y = 0 e tem como limite y = +2.

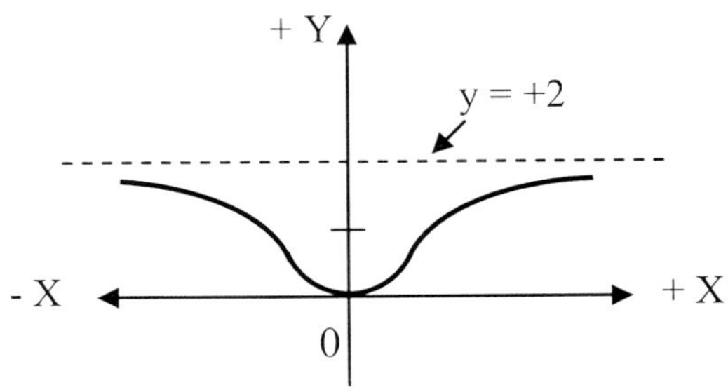

As imagens a seguir mostram duas possíveis aplicações da função $y = (2x^2)/(1 + x^2)$, tanto na Arquitetura, quanto no projeto de um produto (Desenho Industrial ou *Design*). Quando a função é girada, por exemplo, de forma circular, segundo o eixo Y, uma superfície tridimensional é obtida. A junção de um trecho de um cilindro circular completa a superfície. O uso pode ser em qualquer posição, já que as relações matemáticas (medidas) continuam válidas. Ou seja, matematicamente a função pode sofrer rotação e translação.

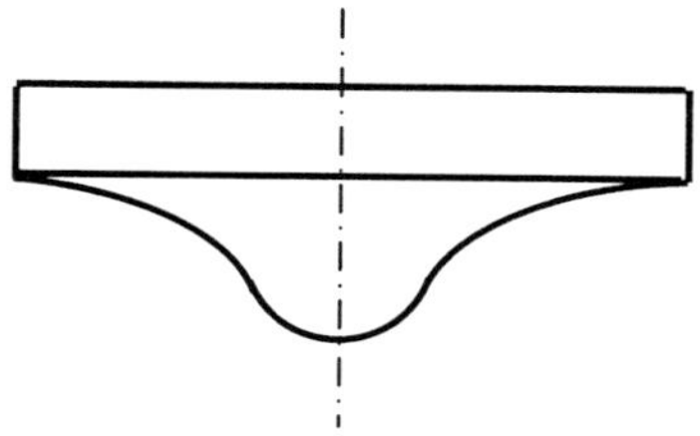

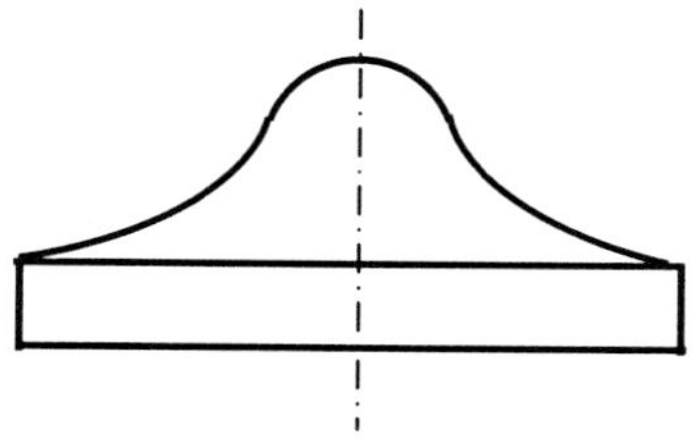

3.13.9 Função $y = +e^x$

Baseando-se na função logarítmica $y = +e^x$, pode-se pensar numa rotação, segundo uma circunferência ou uma elipse, gerando uma superfície tridimensional, que pode ser usada, por exemplo, como um produto industrial, ou seja, da área do *Design* ou Desenho Industrial.

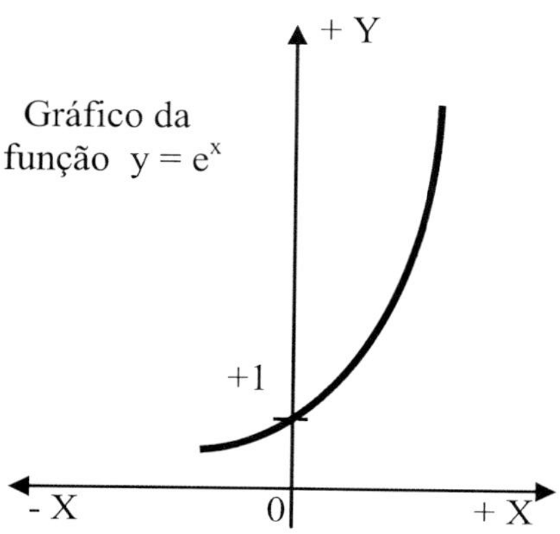

x	y
-3	+0,049
-2	+0,135
-1	+0,368
0	+1
+1	+2,718
+2	+7,389
+3	+20,086

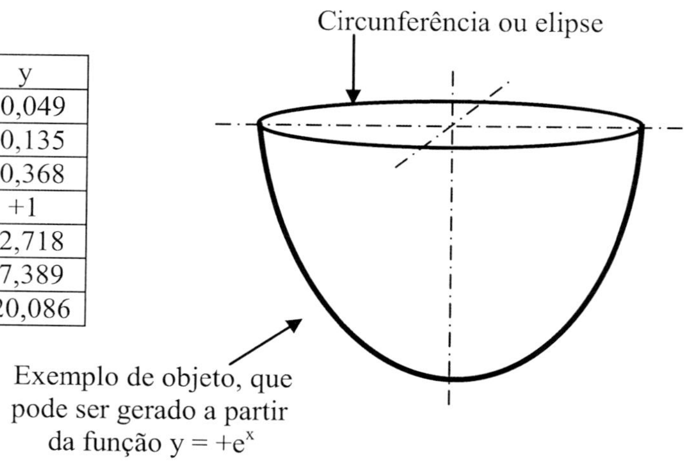

3.14 Curvas especiais

3.14.1 Curva de Agnesi

Foi citada pela matemática italiana Maria Gaetana Agnesi (1718-1799), em 1748, no seu livro *Instituzioni analitiche ad uso della gioventù italiana.* Cita-se que Fermat e Luigi Guido Grandi (1671-1742) já haviam estudado essa curva em 1703. A obra *Instituizioni* é composta por dois volumes e quatro livros, perfazendo um total de mais de mil páginas. Esse material é extenso em inúmeros conteúdos matemáticos; o primeiro volume traz uma abordagem da álgebra e o segundo do cálculo diferencial e integral e análise matemática, conceitos considerados relativamente novos em meados dos anos 1700. Agnesi utilizava os métodos de Newton e Leibniz em sua abordagem, lembrando-se que, quando Agnesi nasceu em 1718, Newton ainda era vivo e o cálculo integral e diferencial era pesquisado por um grande número de estudiosos.

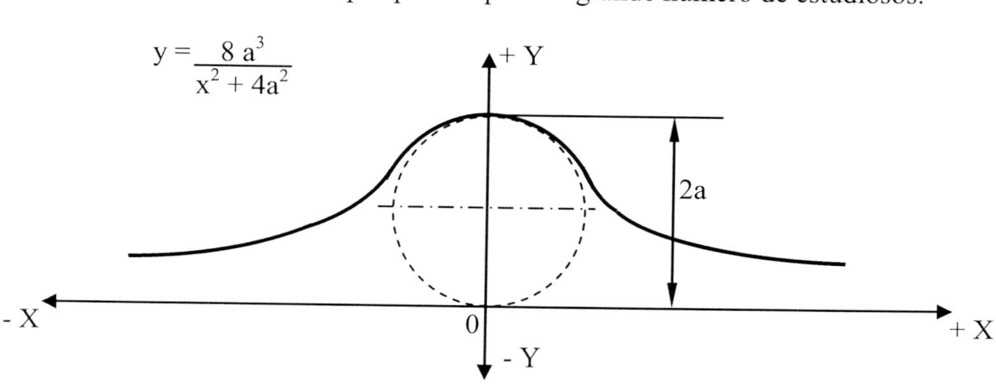

3.14.2 *Folium* de Descartes

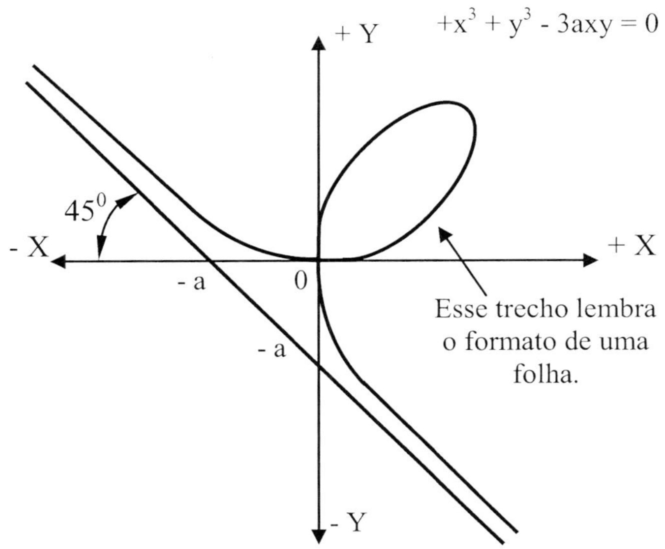

O *folium* (folha em latim) foi proposto pela primeira vez por René Descartes (1596-1650) em 1638. Descartes acreditava, inicialmente, que o formato da folha se repetia nos quatro quadrantes. A curva tornou-se famosa através de um incidente ocorrido durante o desenvolvimento do cálculo diferencial e integral, quando Descartes desafiou Pierre de Fermat (1607-1665) a encontrar a reta tangente à referida curva em um ponto arbitrário, uma vez que Fermat acabara de descobrir um método para encontrar retas tangentes. Fermat resolveu o problema facilmente. Desde que o Cálculo diferencial foi criado, a inclinação de uma reta tangente pode ser facilmente encontrada através da diferenciação implícita, como estudado na disciplina "Cálculo I".

Além dessas duas curvas, aqui chamadas especiais, existem dezenas de outras, com aplicações e pesquisas matemáticas, normalmente estudadas em disciplinas mais avançadas, como por exemplo, no "Cálculo III". Apenas como informação, podem ser citadas:

Astroide ($+x^{2/3} + y^{2/3} = a^{2/3}$):
Cardioide [$(+x^2 + y^2 - 2ax) = 4a^2(x^2 + y^2)$];
Espiral de Fermat ($r^2 = a^2\theta$);
Curva de frequência [$y = \sqrt{2\pi}$ esp $(- x^2/2)$];
Espiral hiperbólica ($r = a/\theta$);
Limniniscata de Bernoulli [$(x^2 + y^2)^2 = a^2(x^2 - y^2)$];
Limaçon ou caracol de Pascal [$(x^2 + y^2 - 2ax)^2 = b^2(x^2 + y^2)$];
Parábola semi cúbica ($y^3 = +ax^2$);
Serpentina de Newton ($+x^2y + aby - a^2x = 0$) e
Espiral de Arquimedes ($r = a + b\theta$).

3.15 Uso das curvas cônicas em análises estatísticas

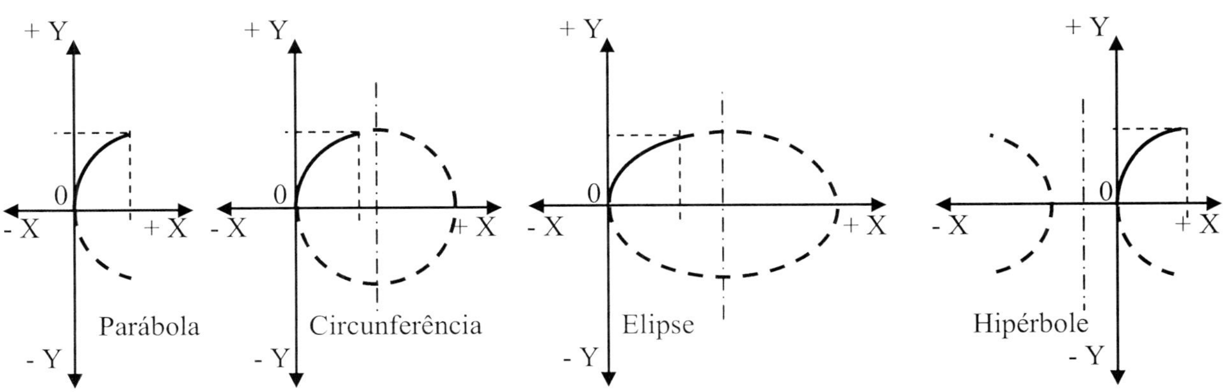

Dependendo dos valores e tipos de dados, é possível ajustar um trecho de uma das quatro curvas cônicas, de forma a se ter uma equação da distribuição, no 1° quadrante, permitindo análises estatísticas, especialmente de previsão.

UNIDADE II

CURVAS CÔNICAS: CIRCUNFERÊNCIAS, ELIPSES, PARÁBOLAS E HIPÉRBOLES

Origem das curvas cônicas

O termo cônica significa proveniente ou com origem em uma superfície cônica, que é gerada por uma reta inclinada que se move no espaço, passando sempre por um mesmo ponto fixo, chamado vértice. A superfície cônica compõe-se de duas partes, chamadas de folhas, opostas pelo vértice. Foi o matemático inglês John Walesa (1616-1703), um dos pioneiros a tratar as cônicas como curvas de 2º grau, em vez de considerá-las, apenas, como seções de um cone.

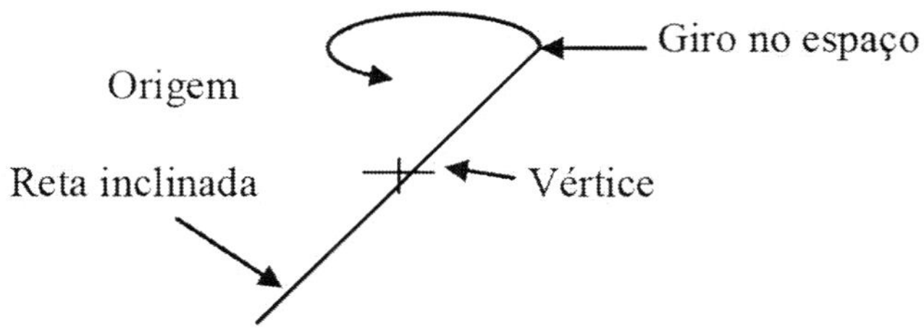

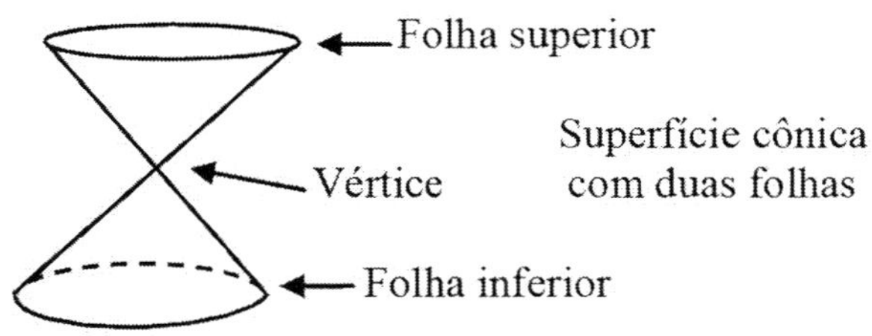

Antes de detalhar cada uma das curvas cônicas é importante mostrar as suas origens. Passando-se um plano secante por uma superfície cônica, conforme a posição deste plano, em relação à base do cone, obtém-se as seguintes curvas ou linhas: circunferência, elipse, parábola e hipérbole (ou até um triângulo).

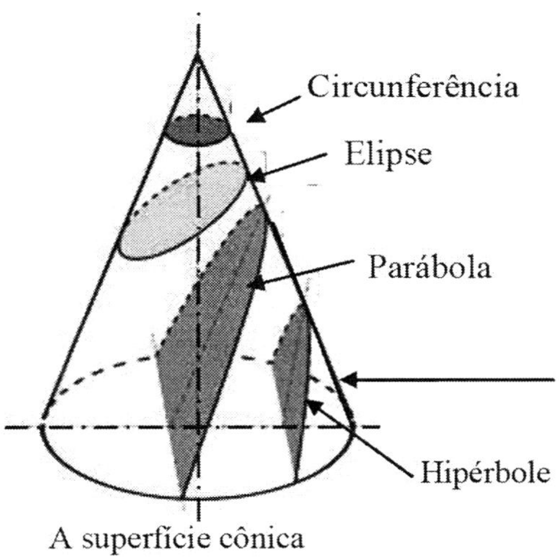

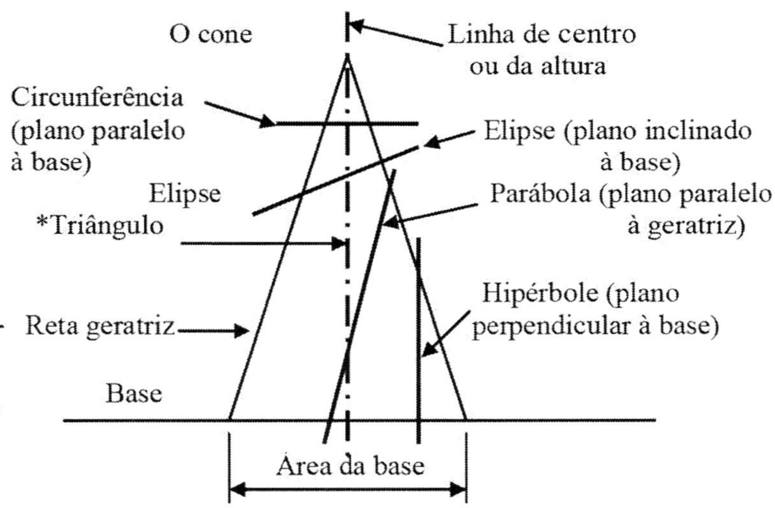

Circunferência: é obtida quando um plano corta a superfície cônica, paralelamente à base.

Elipse: é obtida quando um plano corta a superfície cônica, de forma inclinada à base, mas sem atingir a superfície na área da base. Também se obtém uma elipse ao passar um plano inclinado à base de uma superfície cilíndrica, como mostrado no parágrafo 5.1 e exercício 5.7.

Parábola: é obtida quando um plano corta a superfície cônica, de forma inclinada à base, atingindo a superfície na área da base e paralela à reta geratriz.

Hipérbole: é obtida quando um plano corta a superfície cônica, de forma perpendicular à base, atingindo a superfície na área da base. É a única seção cônica que corta as duas folhas.

***Triângulo**: é obtido quando se passa um plano perpendicular à base e coincidente com a linha de centro ou da altura da superfície cônica.

Capítulo 4
Circunferências

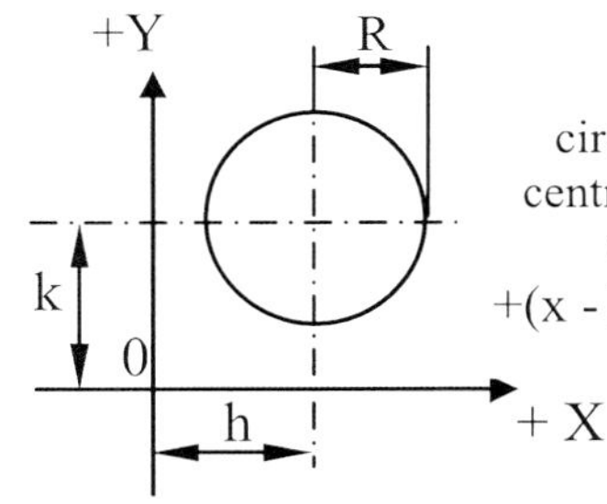

Equação da circunferência com centro não coincidente com a origem
$+(x - h)^2 + (y - k)^2 = R^2$

A Circunferência como uma linha ou perímetro permite, por exemplo, cálculos de planificações de tubulações e equipamentos cilíndricos. Também a partir de um disco circular é possível fabricar, por exemplo, uma panela de pressão. Várias áreas profissionais usam muitos elementos circulares, especialmente a Arquitetura e a Engenharia .

Circunferência é o lugar geométrico dos pontos equidistantes a um determinado ponto, ou seja, é uma linha, ou melhor, um perímetro. Círculo é a área contida no interior de uma circunferência.

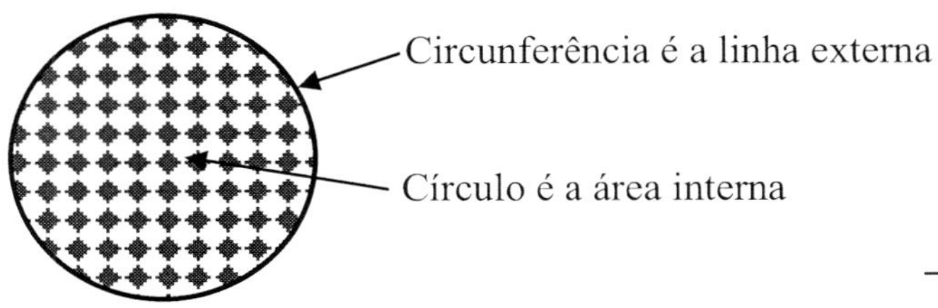

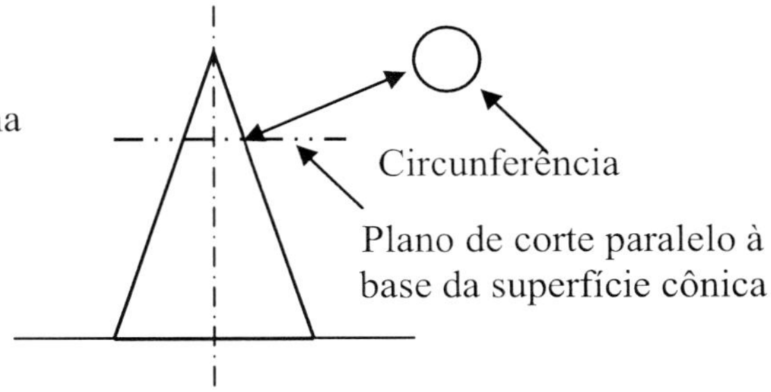

Elementos principais de uma circunferência

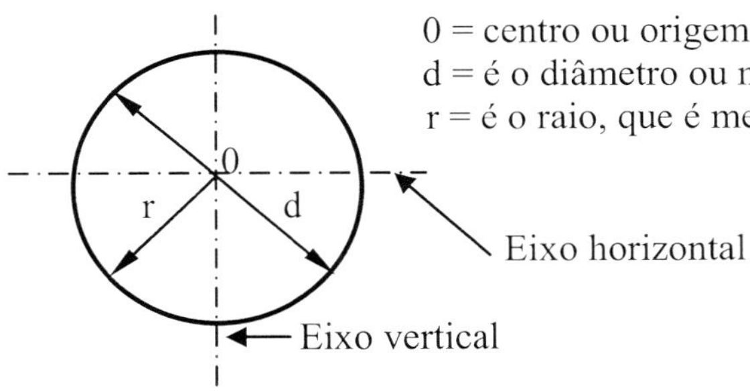

0 = centro ou origem (é o ponto que equidista da linha externa)
d = é o diâmetro ou maior corda
r = é o raio, que é metade do diâmetro: d = 2r

Quando se faz o desenho de uma circunferência, utilizando um compasso, a sua abertura tem que ser igual ao valor do raio.

Elementos característicos e suas relações geométricas

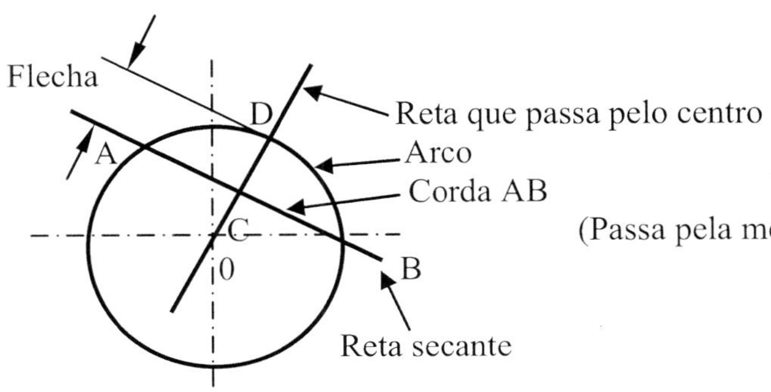

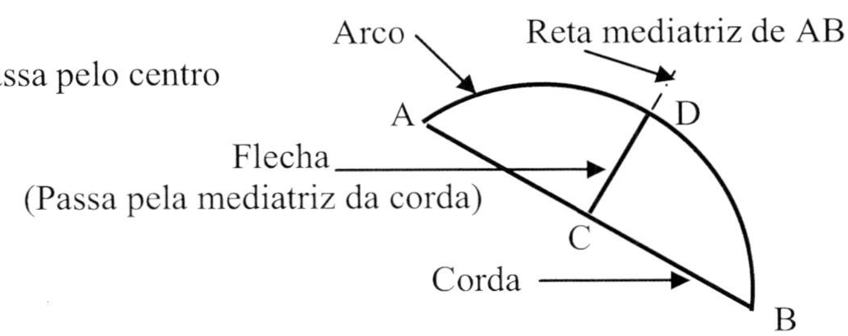

Perímetro (P) ⟶ $P = \pi \cdot d$ ou $P = 2 \cdot \pi \cdot r$ ou retificação da circunferência.

O diâmetro é a maior corda de uma circunferência, e o raio é a maior flecha. Considerando a corda AB, a flecha CD lhe é perpendicular, passando pelo seu ponto médio e pelo centro da circunferência.

Elementos característicos de um círculo

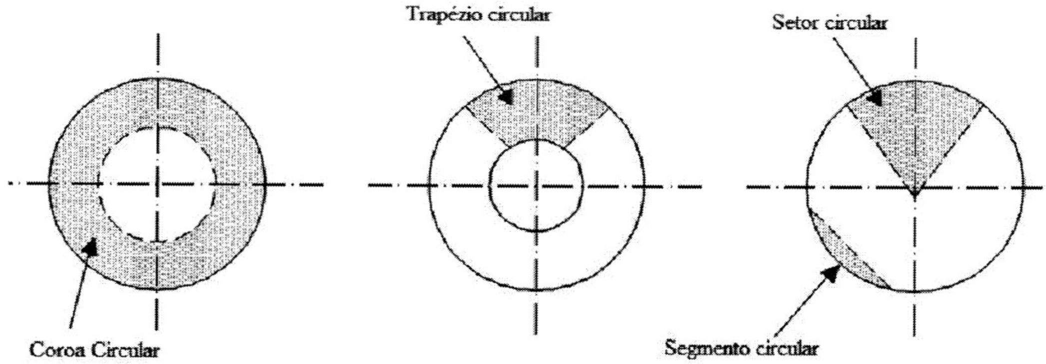

Detalhes e relações geométricas

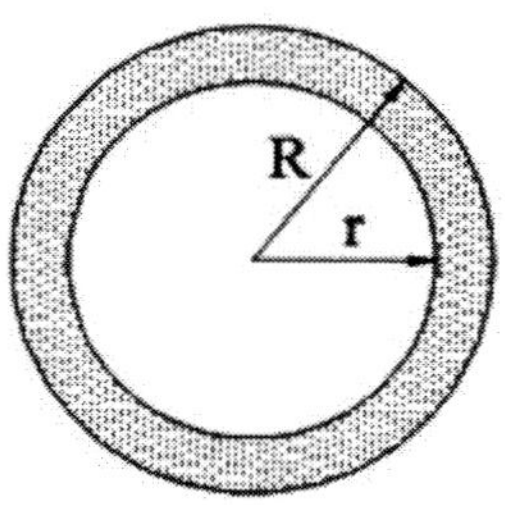

Área do círculo: $S = \pi \cdot r^2$ ou $S = \pi \cdot d^2/4$

Área da coroa circular = área maior – área menor.

$$\text{Área} = \pi\,(R^2 - r^2)$$

Um exemplo real do conceito de coroa circular, é o seu uso como tubulação (que é um cilindro oco).

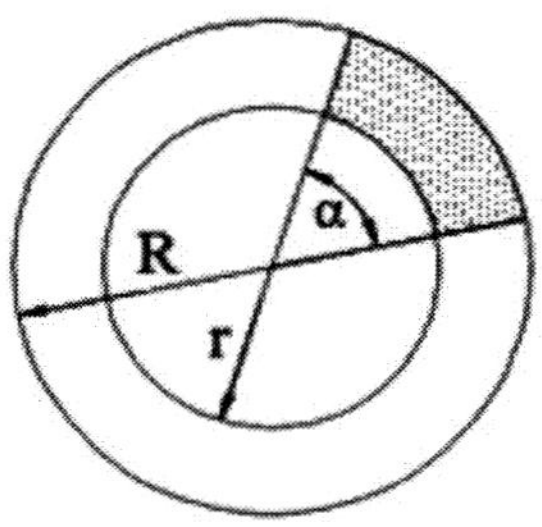

Área do trapézio circular:

$$\text{Área} = \frac{\pi \cdot (R^2 - r^2) \cdot \alpha}{360^\circ} \qquad (\alpha \text{ em graus})$$

A Arquitetura utiliza o conceito de trapézio circular, em algumas construções. *Designers* também usam esta forma geométrica, por exemplo, em móveis.

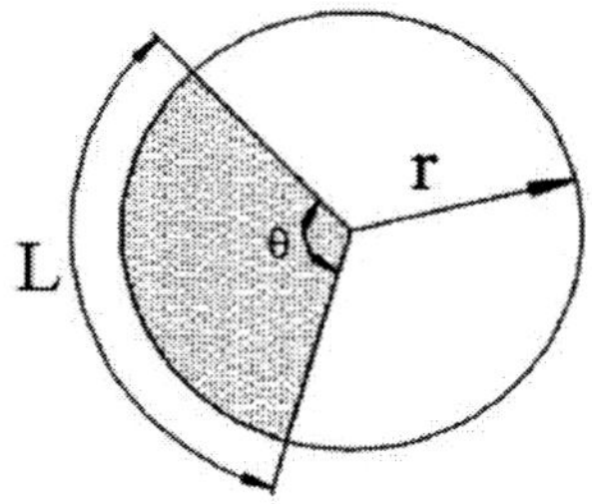

Área do setor circular

$$\text{Área} = \frac{\Theta \cdot \pi \cdot r^2}{360^\circ} \qquad (\Theta \text{ em graus})$$

Algumas válvulas, usadas em tubulações industriais, têm o seu sistema de vedação no formato de um setor circular.

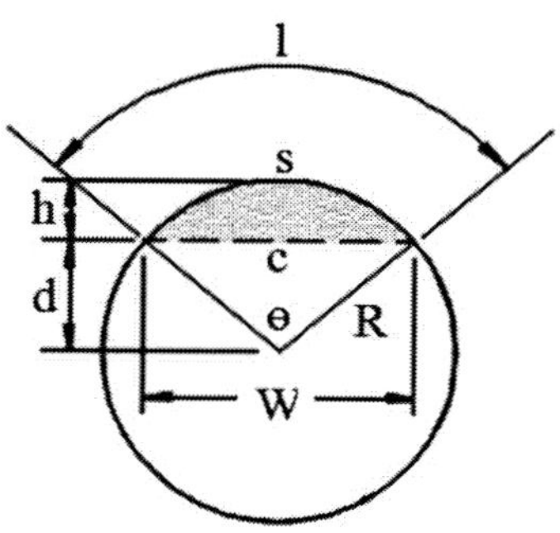

Área do segmento circular

$$\text{Área} = \frac{1}{2} \cdot R^2 \cdot \left[\frac{\pi \cdot \Theta}{180^\circ} - \operatorname{sen}\Theta \right] \qquad (\Theta \text{ em graus})$$

Em Engenharia Mecânica, existem peças chamadas chavetas, no formato de segmento circular, do tipo Woodruff, são usadas para unir engrenagens a eixos.

4.1 Equações reduzidas da circunferência, em função da posição do seu centro

Seja uma circunferência com centro no ponto Q (h, k) e raio r. Se o ponto P (x, y) pertencer à circunferência, então a distância entre P e Q (igual ao raio r) será:

$r = d\ (P; Q) = \sqrt{[(x_P - x_Q)^2 + (y_P - y_Q)^2]}$ ⟸ Equação da distância entre pontos.

Considerando o ponto Q (h; k), tem-se:

$r^2 = +(x - h)^2 + (y - k)^2$ ⟸ Equação reduzida da circunferência (com centro fora da origem).

$r^2 = +x^2 + y^2$ ⟸ Esta é a equação, quando o centro coincide com a origem (0; 0)**.

$r^2 = +(x - h)^2 + (y - k)^2$

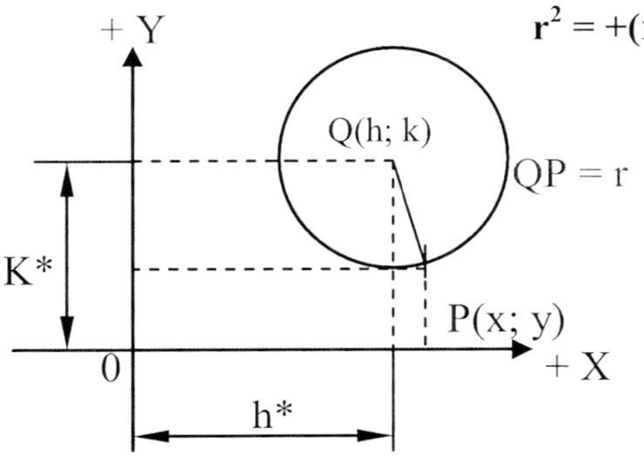

*Dependendo da posição do centro, h e ou k podem ser positivo ou negativo

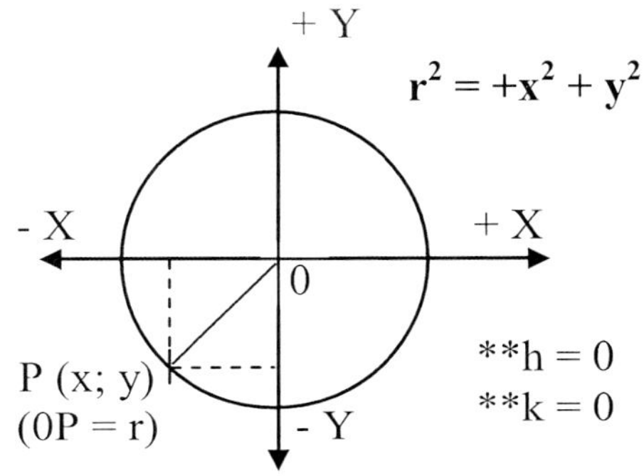

Centro não coincide com origem 0 (0; 0)

Centro coincide com origem (0; 0)*

Exercício 4.1.1) Dadas a equação da circunferência $+(x + 1)^2 + y^2 = 36$ e da reta $+x + y - 6 = 0$, pede-se: a) Plotar imagem geométrica do conjunto, b) Determinar as coordenadas cartesianas dos pontos P1 e P2 de interseção, entre a reta e a circunferência e c) Calcular a área do setor circular, determinado entre o centro da circunferência e os pontos P1 e P2.

a) Imagem geométrica do conjunto.

$+(x + 1)^2 + y^2 = 36$, comparada com a equação reduzida: $+(x - a)^2 + (y - b)^2 = r^2$ mostra que a circunferência tem um raio igual a 6 ($r^2 = 36$) e as coordenadas cartesianas do centro são: (-1; 0).

A equação $+x + y - 6 = 0$ define os seguintes pontos, por onde a reta passa: (0; +6), (+1; +5), (+3; +3), (+6; 0). Com estes dados é possível plotar a imagem geométrica do conjunto:

x	y
0	+6
+1	+5
+3	+3
+6	0

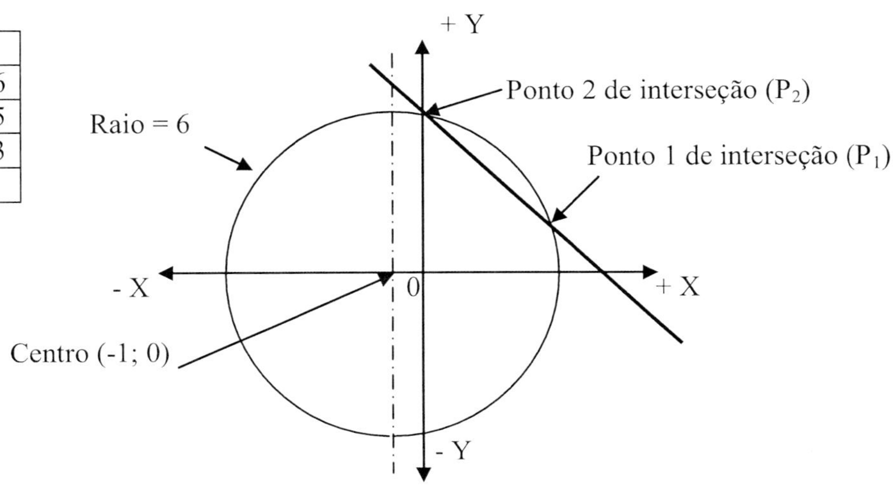

b) Determinação das Coordenadas Cartesianas dos Pontos P_1 e P_2 de interseção, entre a reta e a circunferência

A solução é obtida com a resolução do sistema do 2º grau, de duas equações e duas incógnitas.

$$\begin{cases} +x + y - 6 = 0 \implies x = 6 - y. \text{ Este valor será substituído na equação da circunferência.} \\ +(x + 1)^2 + y^2 = 36 \end{cases}$$

$(6 - y + 1)^2 + y^2 = 36 \implies (7 - y)^2 + y^2 = 36 \implies 49 - 14y + y^2 + y^2 - 36 = 0 \implies +2y^2 - 14y + 13 = 0.$

$+2y^2 - 14y + 13 = 0 \implies y = [-(-14)] +/- \sqrt{[(-14)^2 - 4.2.13]}/4$

$y = (+14 +/- 9,592)/4 \longrightarrow \begin{cases} y1 = +5,898 \\ y2 = +1,102 \end{cases}$ Estas duas raízes satisfazem, pois a reta corta a circunferência em dois pontos.

Para calcular x1 e x2, basta substituir os valores de y1 e y2 na equação da reta.

$$x + y - 6 = 0 \begin{cases} x1 + y1 - 6 = 0 \implies x1 + 5,898 - 6 = 0 \implies x1 = +0,102. \\ x2 + y2 - 6 = 0 \implies x2 + 1.102 - 6 = 0 \implies x2 = +4,898. \end{cases}$$

Conclusão: os pontos onde a reta e a circunferência se cortam são: $\begin{cases} P1(+4,898; +1,102). \\ P2(+0,102; +5,898). \end{cases}$

c) Cálculo da área do setor circular, determinado entre o centro da circunferência e os pontos P1 e P2.

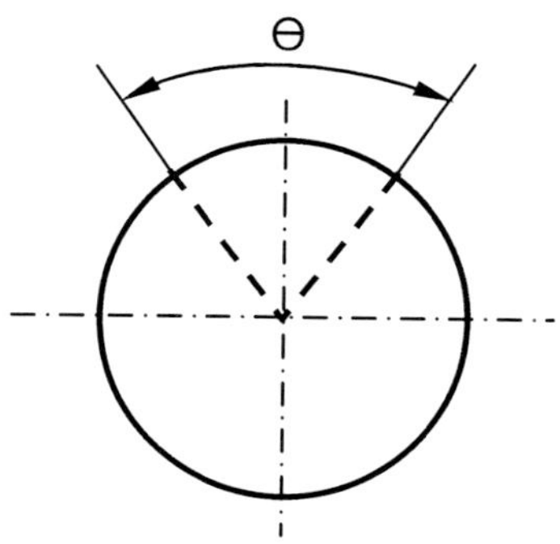

Como visto no parágrafo 4.1 a área do setor circular é dada por;

$$\text{Área} = \frac{\Theta . \pi . r^2}{360}$$

Ou seja, inicialmente precisamos calcular o ângulo Θ, em graus, sabendo-se que o raio é igual a 6.

Analisando a circunferência, com centro em 0 (-1; 0), e os pontos P1 e P2, observa-se que existem três triângulos: 0BP2, 0P2P1 e 0P1A, onde 0BP2 e 0P1A são retângulos.

$\alpha + \Theta + \beta = 90^o$

$\Theta = 90^o - (\alpha + \beta)$

Os ângulos α e β serão calculados pelos triângulos: 0BP2 e 0P1A.

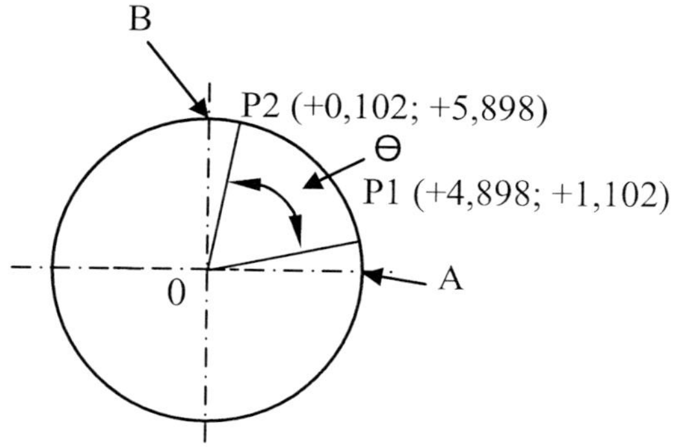

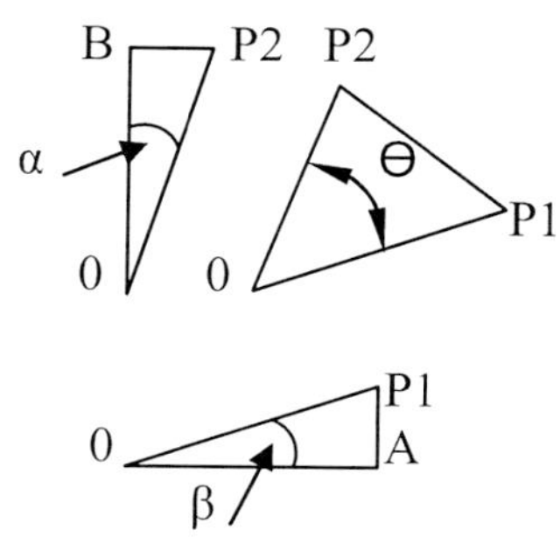

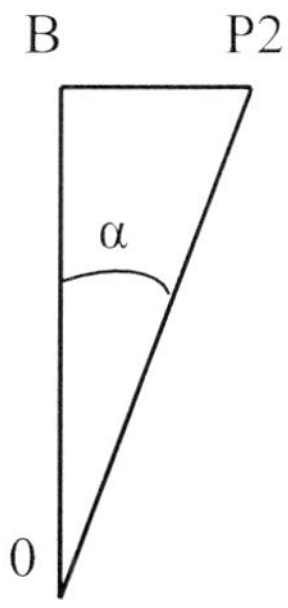

$$\begin{cases} BP2 = 0{,}102 \text{ (abscissa de P2).} \\ 0P2 = 6 \text{ (é o raio).} \\ \text{sen } \alpha = BP2/OP2. \\ \text{sen } \alpha = 0{,}102/6. \\ \text{sen } \alpha = 0{,}017. \\ \\ \alpha = 0{,}974^\circ. \end{cases}$$

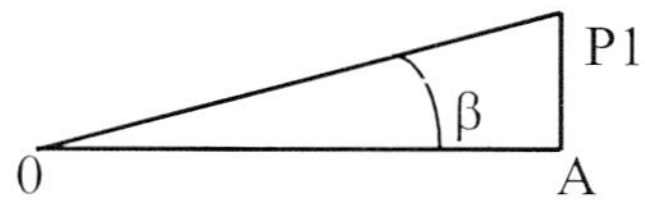

$$\begin{cases} 0P1 = 6 \text{ (é o raio). } P1A = 1{,}102 \text{ (ordenada de P1).} \\ \text{sen } \beta = P1A/OP1 = 1{,}102/6 = 0{,}184. \\ \beta = 10{,}603^\circ. \end{cases}$$

$\alpha + \beta = 0{,}974^\circ + 10{,}603^\circ = 11{,}577^\circ.$

$\Theta = 90^\circ - (11{,}577^\circ) \Rightarrow \Theta = 78{,}423^\circ$ ($\Theta = 0{,}684$ radianos).

Área do setor circular = $\Theta . \pi . r^2/360 = 78{,}423 . 3{,}1415 . 6^2/360 = 24{,}636$ Unidades de Área.

4.2 Reta tangente à circunferência

Para que uma reta seja tangente a uma circunferência, a distância entre o ponto de tangência e o centro da circunferência tem que ser igual ao raio da mesma.

P' e P'' são pontos de tangência

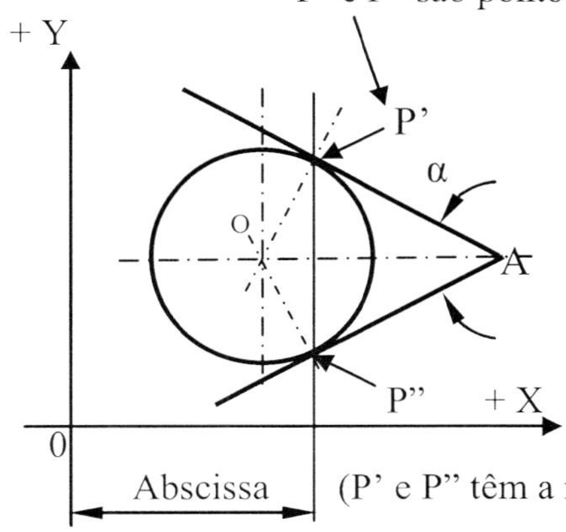

(P' e P'' têm a mesma abscissa).

Por um ponto A, externo à uma circunferência é possível traçar duas retas tangentes, formando um ângulo α. A reta que passa pelo ponto A e pelo centro O, é a bissetriz do ângulo α. As distâncias P'O e P''0 são iguais ao raio e as retas que passam pelos pontos de tangências e o centro da circunferência, são perpendiculares às retas tangentes.

Exercício 4.2.1) Na figura a seguir, o centro da circunferência tem coordenadas O (+4; +3) e seu raio é 1,5. Determinar a equação da reta S, tangente à circunferência, que passa pelo ponto T, segundo o ângulo α de 60°.

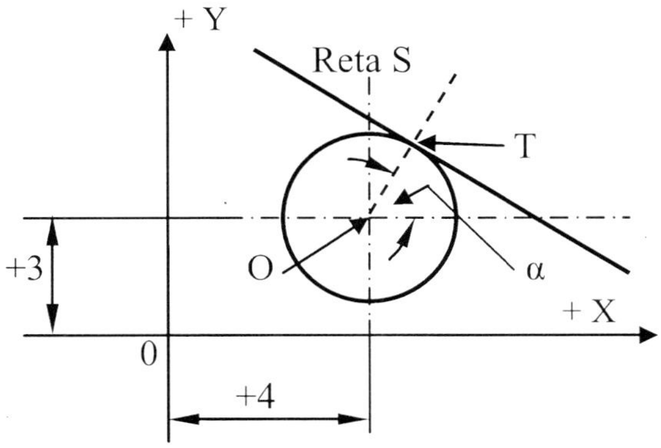

O raciocínio lógico para a solução é que se tem que determinar, primeiro, a equação da reta OT (que é perpendicular à reta S), para então determinar a equação da reta S.

Inicialmente calcula-se o valor das coordenadas cartesianas (x; y) do ponto T de tangência.

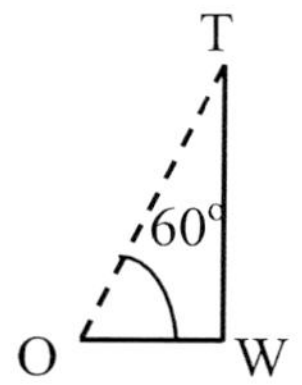

$$\begin{cases} OT = raio = 1{,}5 \\ xT = x0 + 0W \\ yT = y0 + WT \end{cases} \quad \begin{cases} sen\ 60^o = WT/1{,}5 \Rightarrow WT = sen\ 60^o.\ 1{,}5 \Rightarrow WT = 1{,}299. \\ cos\ 60^o = OW/1{,}5 \Rightarrow 0W = cos\ 60^o.\ 1{,}5 \Rightarrow OW = 0{,}75. \\ xT = 4 + 0{,}75 \Rightarrow xT = 4{,}75. \quad \{ T\ (+4{,}75; +4{,}299). \\ yT = 3 + 1{,}299 \Rightarrow yT = 4{,}299. \end{cases}$$

Como as retas OT e S são perpendiculares, seus coeficientes angulares (ver parágrafo 2.5) têm a seguinte relação: m S = -1/m OT.

O coeficiente angular m OT é igual à tg 60°. Logo m OT = +1,732.

A equação fundamental de uma reta é: $y_A - y_B = m\ (x_A - x_B)$.

Assim tem-se: $y - y_0 = m\ OT(x - x_O)$ ou $y - 3 = 1{,}732(x - 4)$;

$-1{,}732x + y + 3{,}928 = 0$ ⟵ Equação da reta OT (ou: $+1{,}732x - y - 3{,}928 = 0$).

m S = -1/1,732; m S = -0,577.

Assim tem-se: $y - y_T = mS(x - x_T)$ ou $y - 4{,}299 = -0{,}577(x - 4{,}75)$.

Conclusão: y = -0,577x + 7,04 ⟵ **Equação da reta S**

4.3 Interseção entre circunferências

Especialmente nas práticas da Arquitetura, Engenharia e Desenho Industrial, acontece a necessidade de se analisar a interseção entre circunferências, tanto de mesmo diâmetro, quanto de diâmetros diferentes. Analisar os pontos de interseção entre duas circunferências, significa analisar quais pontos satisfazem, ao mesmo tempo, a ambas as equações.

Exercício 4.3.1) Dadas as circunferências: $+x^2 + y^2 = +9$ e $+(x - 4)^2 + y^2 = +4$, pede-se: a) As coordenadas cartesianas dos pontos de interseção das mesmas e b) Plotar a imagem geométrica do conjunto.

a) Cálculo das coordenadas cartesianas dos pontos de interseção.

Monta-se o sistema com as duas equações, achando-se os valores de x e y.

$$\begin{cases} +x^2 + y^2 = 9\ (I) \\ +(x - 4)^2 + y^2 = 4 \Rightarrow +x^2 + 8x + 16 + y^2 - 4 = 0 \Rightarrow +x^2 + y^2 - 8x + 12 = 0. \end{cases}$$

$(x^2 + y^2) - 8x + 12 = 0 \Rightarrow +9 - 8x + 12 = 0 \Rightarrow +8x = +21 \Rightarrow x = +21/8 \Rightarrow x = +2{,}625.$

Substituindo o valor de x na equação I: $2{,}625^2 + y^2 = 9 \Rightarrow y^2 = 9 - 6{,}891 \Rightarrow y^2 = +2{,}109.$

$$y^2 = 2{,}109 \Rightarrow y = +/- \sqrt{2{,}109} \Rightarrow \begin{cases} y_1 = +1{,}452. \\ y_2 = -1{,}452. \end{cases}$$

Observa-se que, as circunferências se interceptam de tal forma que, só existe uma coordenada x (+2,625) e duas y. A imagem geométrica, a seguir, mostra esse detalhe.

b) Imagem geométrica do conjunto das duas circunferências

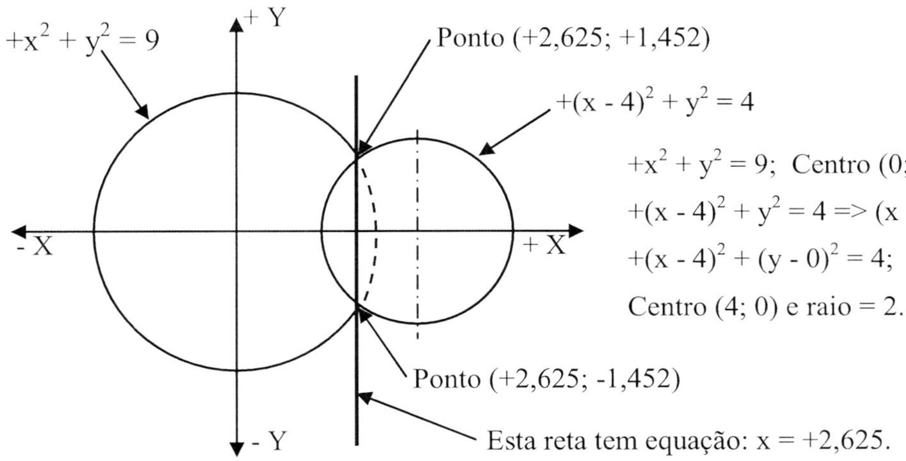

$+x^2 + y^2 = 9$; Centro (0; 0) e raio = 3.

$+(x - 4)^2 + y^2 = 4 \Rightarrow (x - 4)^2 + (y - 0)^2 = 4$.

$+(x - 4)^2 + (y - 0)^2 = 4$; ou seja:

Centro (4; 0) e raio = 2.

Exercício 4.3.2) a) Plotar a imagem geométrica da interseção entre as circunferências: $+(x - 1)^2 + (y - 2)^2 = 9$ e $+x^2 + y^2 = 4$. b) Determinar as coordenadas cartesianas dos pontos de interseção das circunferências, caso exista interseção.

$$\begin{cases} +(x - 1)^2 + (y - 2)^2 = 9 \leftarrow \text{É uma circunferência (círculo) de centro (+1; +2) e raio = 3.} \\ +x^2 + y^2 = 4 \longleftarrow \text{É uma circunferência (círculo) de centro (0; 0) e raio = 2.} \end{cases}$$

a) Imagem geométrica da interseção

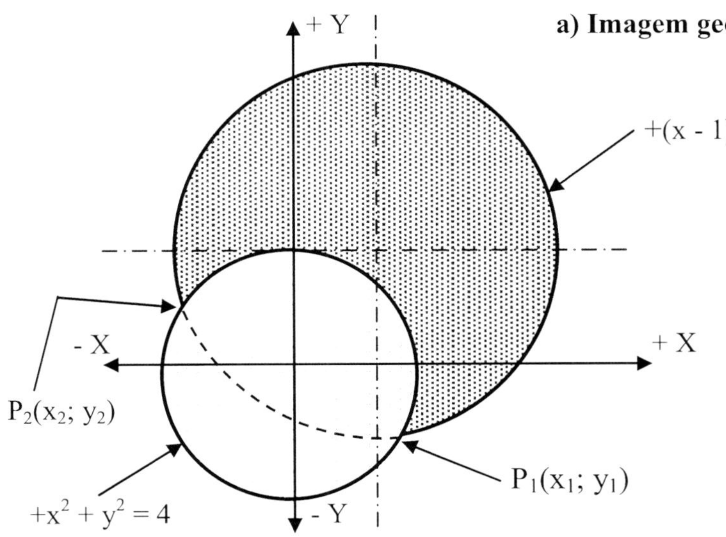

A imagem mostra que existe interseção, mas é o cálculo analítico que irá confirmar e determinar as coordenadas das interseções.

b) Coordenadas cartesianas dos pontos de interseção

(A) $(x - 1)^2 + (y - 2)^2 = 9 \Rightarrow +x^2 - 2x + 1 + y^2 - 4y + 4 = 9$; $\quad +\underbrace{(x^2 + y^2)}_{=4} - 2x - 4y = 4 \Rightarrow x = -2y$.
(B) $x^2 + y^2 = 4 \longrightarrow (-2y)^2 + y^2 = 4 \Rightarrow y = +/- 0,8944$. Substitui em B
$x = -2y$, em B: logo: $x = +/-1,7888$.

Coordenadas cartesianas da interseção: $P_1(+1,7888; -0,8944)$, $P_2(-1,7888; +0,8944)$.

Exercício 4.3.3) Considerando as duas inequações a seguir, analise qual região do plano XY satisfaz a ambas. $+x^2 + y^2 \leq +16$ e $+(x - 2)^2 + y^2 \geq +4$.

A equação: $+x^2 + y^2 = +16$, refere-se a uma circunferência de raio 4 e centro na origem (0; 0).
A equação: $+(x - 2)^2 + y^2 = +4$, refere-se a uma circunferência de raio 2 e centro (+2; 0).
A representação gráfica destas circunferências tem a seguinte imagem geométrica:

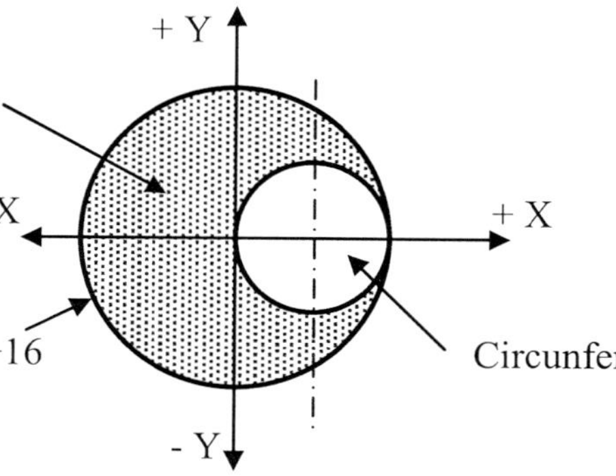

4.4 Aplicações práticas de circunferências e círculos

O conceito de circunferência como uma linha (perímetro) é muito utilizado na prática da Engenharia. Por exemplo, se numa construção são utilizadas colunas circulares, existem vergalhões internos que serão dobrados no formato circular. Estes formatos advêm de varas retas de vergalhão, que são dobrados na forma circular. Furos circulares e eixos circulares de máquinas, são exemplos clássicos de usos práticos de circunferências e círculos. Outros: fabricação de panelas e esferas de armazenamento de gases. Placas circulares são utilizadas na Engenharia Mecânica. Por exemplo, quando se fabrica o corpo de uma panela de pressão em alumínio ou aço inoxidável, esse corpo é prensado por um processo chamado embutimento, onde uma placa circular do metal (*blank*), de diâmetro maior que o do corpo da panela, é colocada em uma prensa, onde o par punção/matriz causa uma deformação permanente, gerando o corpo cilíndrico da panela.

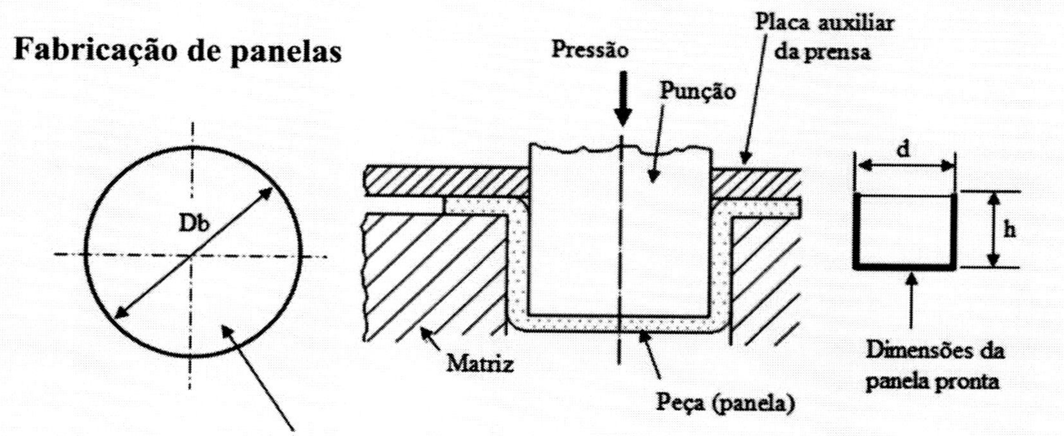

Inicialmente é cortada uma placa ou disco circular que, após prensagem, adquire o formato de um cilindro, no caso uma panela. Essa placa é chamada de "*blank*".

O corpo da panela, sendo embutido. Originalmente era uma placa metálica circular, de diâmetro maior que o do corpo da panela.

É importante observar que, na fabricação dessa panela, transforma-se uma placa circular, ou seja, bidimensional, em um cilindro oco e aberto no topo, ou seja, tridimensional. Desconsiderando possíveis abas, o diâmetro Db da placa ou disco circular pode ser calculado da seguinte forma:

$Db = \sqrt{[d^2 + (4 . d . h)]}$

- Db = diâmetro do disco ou placa circular (*blank*).
- d = diâmetro médio da panela.
- h = altura da panela.

Esferas de armazenamento de gases

Ao se girar um círculo, segundo uma outra circunferência, obtém-se uma superfície quádrica chamada esfera. Em indústrias químicas, petroquímicas e petrolíferas, é comum o uso de esferas, construídas a partir de chapas de aço soldadas. Em alguns casos, constroem-se esferas com até 20 metros de diâmetro, exigindo o uso de dezenas de chapas metálicas, que são cortadas segundo um minucioso projeto de planificação da superfície, que exige cálculos específicos. A figura à direita mostra uma esfera desse tipo.

Como a esfera é oca, trata-se de girar uma coroa circular, não um círculo.

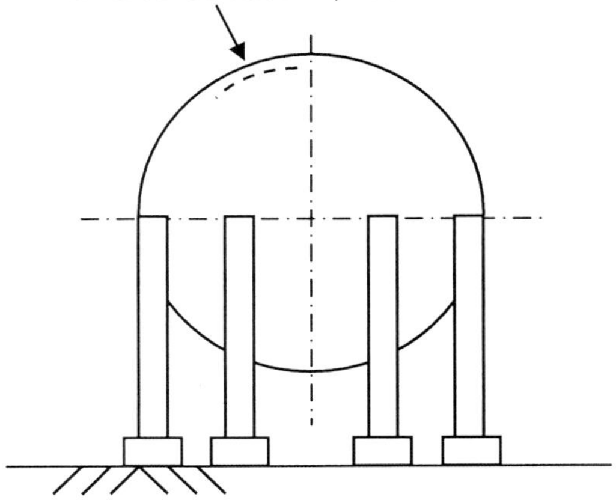

4.5 Exercícios complementares resolvidos

4.5.1) Uma estação de tratamento de esgoto, possui um grande separador, no formato de um tubulão de diâmetro três metros, que possuí um vertedor colocado a 80% de altura em relação ao fundo. Esse separador se mantém com água até a altura do vertedor, acima dele passam os materiais orgânicos do esgoto. Considerando a figura a seguir, determinar a relação de área entre o segmento circular (definido pelo vertedor) e a área total do tubulão de diâmetro três metros. (usar $\pi = 3,14$).

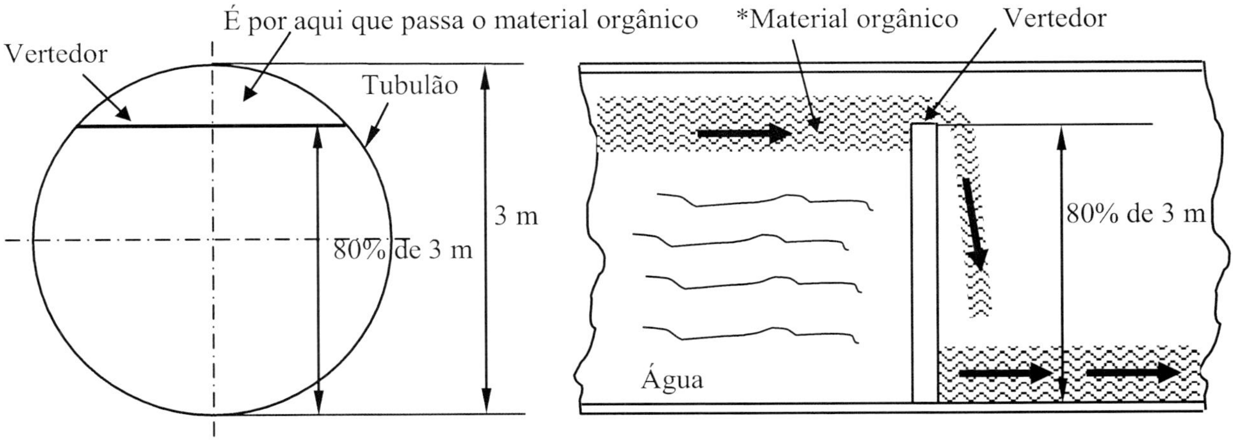

*Observa-se que o material orgânico (fezes) é mais leve do que a água, logo flutua. As vazões são calculadas, de forma que pelo vertedor só passe o material orgânico, misturado com água, que segue para um outro tanque para ser tratado.

O raio do tubulão é 3 m/2 =1,5 m. 80% de 3 m = 2,4 m.

O segmento circular ocorre entre o topo do vertedor e a parede superior do tubulão, como adiante descrito.

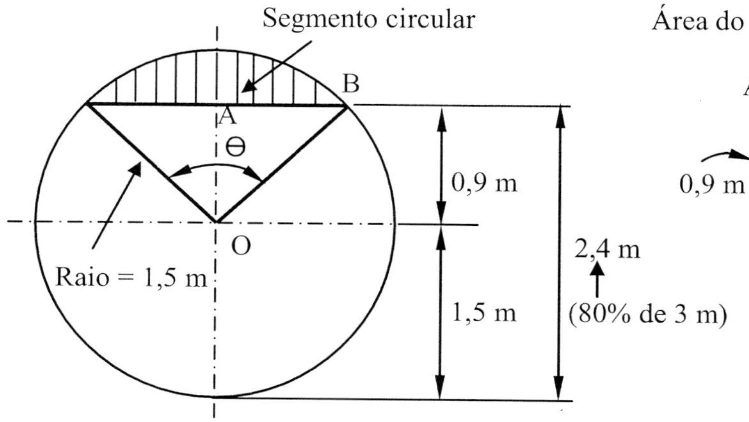

Área do segmento circular = $\frac{1}{2} R^2 \left(\frac{\pi \times \Theta}{180^\circ} - \text{sen } \Theta\right)$.

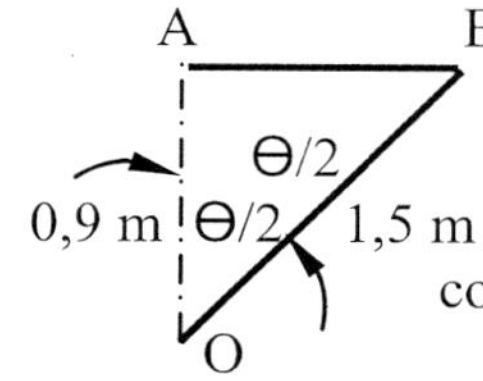

$\cos \Theta/2 = 0,9 \text{ m}/1,5 \text{ m} \Rightarrow$

$\cos \Theta/2 = 0,6 \Rightarrow \Theta/2 = 53,13^\circ$.

$\Theta = 106,26^\circ$.

sen $106,26^\circ = +0,96$.

Área do segmento circular = $1 \times 1,5^2\left(\frac{3,14 \times 106,26^\circ}{180^\circ} - 0,96\right) = 1,5^2(1,85 - 0,96) = 1,5^2 \times 0,894 = 2,012 \text{ m}^2$.

Área do círculo do tubulão = $\pi \times R^2 = 3,14 \times 1,5^2 = 7,065 \text{ m}^2$.

Relação entre a área do segmento circular e a área do tubulão = $2,012 \text{ m}^2/7,065 \text{ m}^2 = 0,285$ ou 28,5%.

Conclusão: a relação entre as áreas do segmento circular e do tubulão é igual a 0,283, ou seja: a área do segmento circular é 28,3% da área interna do tubulão.

4.5.2) (IME - 2010). O triângulo retângulo ABC a seguir tem os catetos AB medindo 3 cm e AC 4 cm. Os diâmetros dos três semicírculos traçados, coincidem com os vértices ABC. Com esses dados, calcular a soma das áreas marcadas, em cm^2.

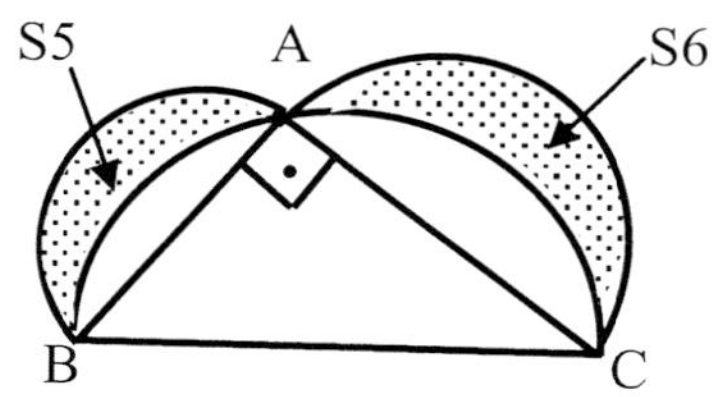

Observa-se que existem seis áreas a ser analisadas.
1 - Área do triângulo retângulo (S1).
2 - Área do semicírculo de raio BC/2 = 5 cm/2 = 2,5 cm (S2).
3 - Área do semicírculo de raio AC/2 = 4 cm/2 = 2 cm (S3).
4 - Área do semicírculo de raio AB/2 = 3 cm/2 = 1,5 cm (S4).
5 - Área marcada do lado AB (S5).
6 - Área marcada do lado AC (S6).

Observa-se que, o semicírculo que passa pelos três vértices tem seu centro no ponto médio do lado BC. Esse ponto médio sobre BC é o circuncentro do triângulo, ou seja, encontro das mediatrizes dos três lados que, no triângulo retângulo, encontra-se no ponto médio da hipotenusa.
O problema pede o cálculo da soma das áreas S5 e S6, que pode ser expressa como:

S5 + S6 = (S3 + S4) - (S2 - S1).

Área do triângulo retângulo: $S1 = \frac{AB \times AC}{2} = \frac{3 \text{ cm} \times 4 \text{ cm}}{2} \Rightarrow S1 = 6 \text{ cm}^2$.

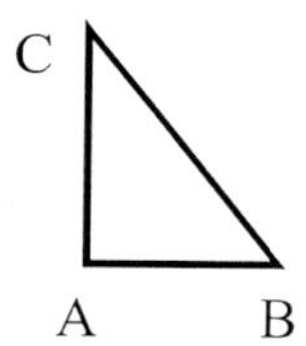

Área do semicírculo $S2 = \pi \times (2,5 \text{ cm})^2 \Rightarrow S2 = 6,25\pi \text{ cm}^2$.
Área do semicírculo $S3 = \pi \times (2 \text{ cm})^2 \Rightarrow S3 = 4\pi \text{ cm}^2$.
Área do semicírculo $S4 = \pi \times (1,5 \text{ cm})^2 \Rightarrow S4 = 2,25\pi \text{ cm}^2$.

$S5 + S6 = (S3 + S4) - (S2 - S1) \Rightarrow S5 + S6 = (4\pi \text{ cm}^2 + 2,25\pi \text{ cm}^2) - (6,25\pi \text{ cm}^2 - 6 \text{ cm}^2) \Rightarrow$
$S5 + S6 = (6,25\pi \text{ cm}^2) - (6,25\pi \text{ cm}^2) + 6 \text{ cm}^2 \Rightarrow S5 + S6 = 6 \text{ cm}^2$.

Conclusão: a soma das áreas marcadas é igual a 6 cm^2.

4.5.3) (ENEM - 2016). A bocha é um esporte jogado em canchas, que são terrenos planos e nivelados, limitados por tablados perimétricos de madeira. O objetivo desse esporte é lançar bochas, que são bolas feitas de um material sintético, de maneira a situá-las o mais perto possível do bolim, que é uma bola menor feita, preferencialmente de aço, previamente lançada. A figura a seguir ilustra uma bocha e um bolim que foram jogados em uma cancha. Suponha que um jogador tenha lançado uma bocha, de raio 5 cm, que tenha ficado encostada no bolim, de raio 2 cm. Considere o ponto como o centro da bocha, e o ponto O como o centro do bolim. Sabe-se que A e B são os pontos em que a bocha e o bolim, respectivamente, tocam o chão da cancha, e que a distância entre A e B é igual a d. Com esses dados, determinar a razão entre d e o raio do bolim.

O triângulo OCE é retângulo.

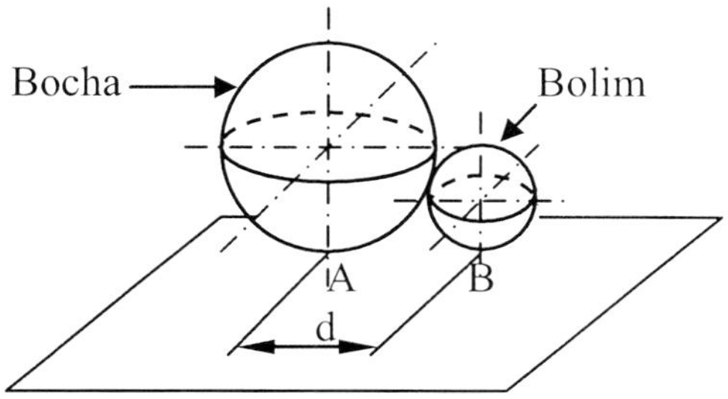

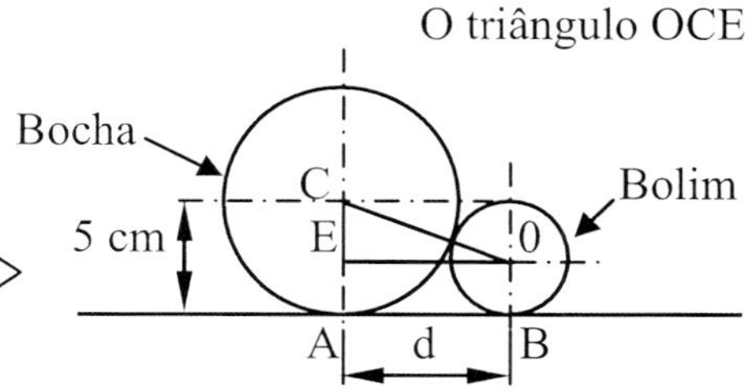

AC = raio da bocha e OB = raio do bolim.

No triângulo OCE, a hipotenusa é 5 cm + 2 cm = 7 cm. AE = BO = raio de 2 cm. Portanto: CE = 3 cm.

No triângulo retângulo: $CO^2 = CE^2 + AB^2 \Rightarrow AB^2 = CO^2 - CE^2 \Rightarrow AB^2 = 7^2 - 3^2 \Rightarrow AB^2 = 40 \Rightarrow AB = \sqrt{40}$.

$AB = d = 2\sqrt{10}$. Relação entre d e o raio do bolim $\Rightarrow \dfrac{d}{OB} = \dfrac{2\sqrt{10}}{2} = \sqrt{10} = 3{,}16$.

Conclusão: a razão entre d e o raio do bolim é 3,16.

4.5.4) (UNIFRA - 2011). A figura a seguir é formada por arcos de círculos. Com os dados indicados, determinar o perímetro e a área da parte marcada.

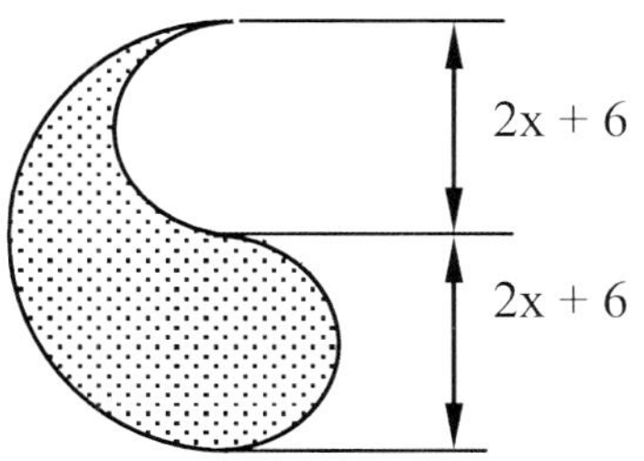

Observa-se que a área da parte côncava (ou para dentro) é igual à área da parte convexa (ou para fora). Essas partes são equivalentes a semi círculos de diâmetro d = 2x + 6. Com isso, observa-se que a área de toda a parte marcada é igual à área de um semicírculo de raio R = 2x + 6.

Área de um semi círculo $= \dfrac{\pi R^2}{2} = \dfrac{\pi\,(2x + 6)^2}{2} = \pi\,\dfrac{(4x^2 + 24x + 36)}{2} \Rightarrow$

Área do semi círculo $= 4\pi\,\dfrac{(x^2 + 6x + 9)}{2} = 2\pi(x^2 + 6x + 9)$

O perímetro da área marcada é igual ao perímetro de uma semi circunferência de raio R = 2x + 6.
O perímetro de uma semi circunferência é: $\dfrac{2\,\pi\,R}{2} = \pi\,R = \pi\,(2x + 6) = 2\,\pi\,(x + 3)$.

Conclusão: o perímetro da área marcada é igual a $2\,\pi\,(x + 3)$ e a área $2\pi(x^2 + 6x + 9)$.

4.5.5) Na figura a seguir, o diâmetro da roda menor é 4 cm e o da roda maior 8 cm. Sabendo que o centro das rodas estão afastados de 12 cm, determinar o comprimento total da corrente que circunda as duas rodas. (usar $\pi = 3{,}14$).

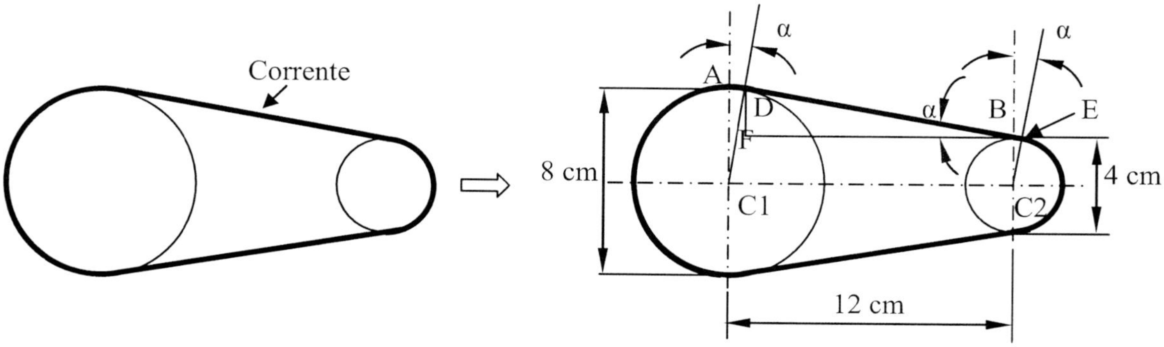

Os pontos D e E são tangentes às circunferências e, portanto, existem linhas perpendiculares às partes retas da corrente e que passam pelos centros das circunferências. O cálculo do ângulo α possibilita saber o comprimento da corrente, tanto na circunferência maior, quanto na menor. O comprimento da corrente na circunferência maior é equivalente ao arco 180° mais duas vezes α. Já na circunferência menor é equivalente ao arco 180° menos duas vezes α. A análise do ângulo α é feita pelo triângulo retângulo EFD, como a seguir.

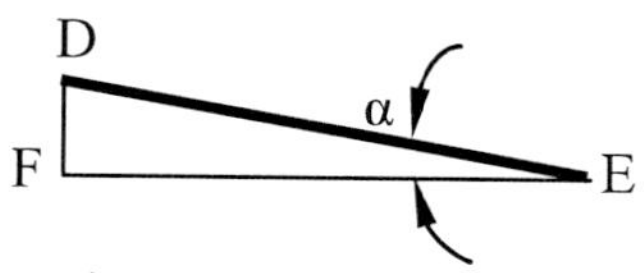

EF = 12 cm. DF = raio maior - raio menor = 2 cm.

$tg\ \alpha = 2/12 = 0{,}1666 \Rightarrow \alpha = 9{,}46°$.

Ou seja, na circunferência maior o arco da corrente é $180° + 2(9{,}46°) = 198{,}92°$. Na circunferência menor, o arco da corrente é $180° - 2(9{,}46°) = 161{,}08°$.

O comprimento das partes retas é igual ao dobro da distância DE, calculada pelo triângulo EFD.

$DE^2 = DF^2 + EF^2 \Rightarrow DE^2 = 4 + 144 \Rightarrow DE^2 = 148 \Rightarrow DE = 12{,}165$ cm. O dobro de DE = 24,33 cm.

Comprimento da corrente no arco 198,92°: $360° \longrightarrow 2 \times \pi \times 4$ cm $\Rightarrow X = \dfrac{198{,}92° \times 2 \times 3{,}14 \times 4}{360°} = 13{,}88$ cm.
$198{,}92° \longrightarrow X$ cm

Comprimento da corrente no arco 161,08°: $360° \longrightarrow 2 \times \pi \times 2$ cm $\Rightarrow Y = \dfrac{161{,}08° \times 2 \times 3{,}14 \times 2}{360°} = 5{,}62$ cm.
$161{,}08° \longrightarrow Y$ cm

Comprimento total = 24,33 cm + 13,88 cm + 5,62 cm = 43,83 cm.

Conclusão: o comprimento total da corrente que circunda as duas rodas é igual a 43,83 cm.

4.6 Exercícios propostos (veja respostas no Apêndice A)

4.6.1) Determinar as coordenadas cartesianas dos pontos P1 e P2, de interseção entre a reta $x = -3$ e a circunferência de centro na origem (0; 0) e raio 4.

4.6.2) a) Determinar as coordenadas cartesianas dos pontos P1 e P2, de interseção entre a reta $y = +4$ e a circunferência de centro C(+2; +1), com raio 6.

4.6.3) Uma circunferência tem raio 5cm e centro na origem (0; 0). Qual a equação da reta que corta a circunferência nos pontos U(-5; 0) e J(0; +5).

4.6.4) Verificar se as circunferências a seguir têm ponto de interseção e, em caso afirmativo determinar a(s) coordenada(s) cartesiana(s) da interseção: $+(x - 3)^2 + (y - 2)^2 = 16$ e $+(x - 10)^2 + (y - 2)^2 = 9$.

4.6.5) Dada a equação $+(x - 3)^2 + (y - 5)^2 = 25$, pedem-se: a) Determinar o tipo de curva e suas características e b) Analisar se a curva intercepta os eixos X e ou Y, determinando as coordenadas cartesianas dos pontos de interseção.

4.6.6) A figura a seguir é um quadrilátero, onde estão colocadas três circunferências de diâmetro 10 cm. As circunferências são tangentes entre si e tangente aos lados do quadrilátero. Determinar as dimensões x e y. (Considerar $\pi = 3,14$).

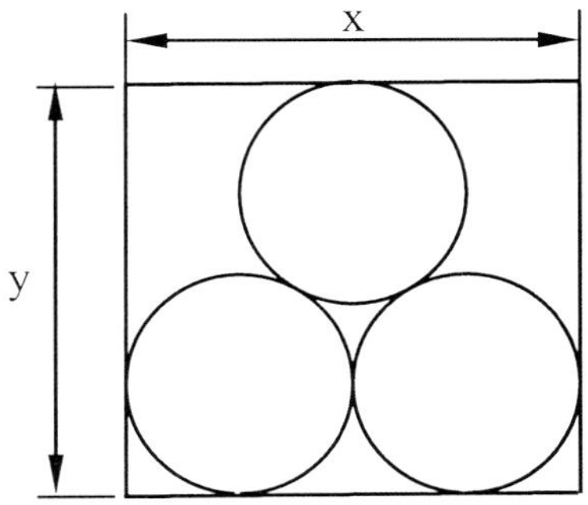

4.6.7) (FATEC - 2014). Brazuca, a bola oficial da copa do mundo de futebol de 2014, realizada no Brasil, quando completamente cheia, podia ser considerada uma esfera perfeita, com circunferência máxima de 68 centímetros. Nessas condições, determinar o raio máximo aproximado, em centímetros da bola. Considere $\pi = 3,1$.

4.6.8) Com os mesmos dados do exercício 4.6.6, determinar o diâmetro da circunferência menor, que é tangente às três circunferências maiores. (Considerar $\pi = 3,14$).

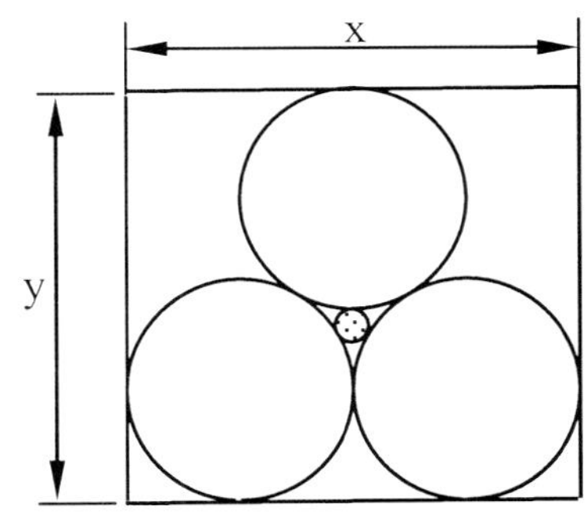

4.6.9) Considerando a área da coroa circular a seguir determine: a) O lado do quadrado de mesma área da coroa e b) O lado do triângulo equilátero de mesma área. (Considerar $\pi = 3,14$).

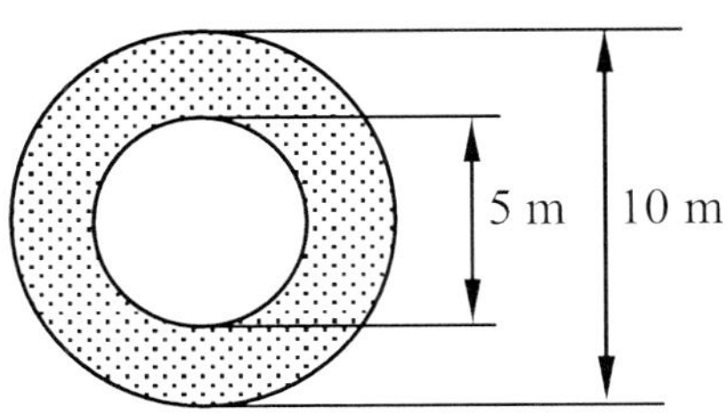

4.6.10) (UCS - 2015) A praça central de uma cidade tem forma de semicírculo. Parte da praça, em forma de triângulo isósceles, será pavimentada, como mostrado na figura abaixo. Sendo a área da parte a ser pavimentada igual a 2 km^2, qual é área total da praça?

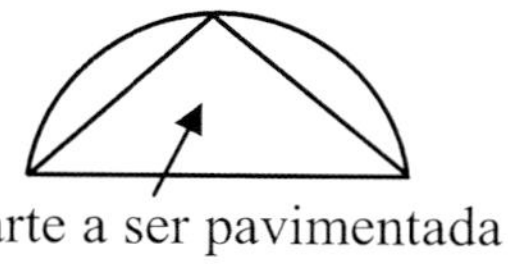

4.6.11) Um zoológico planeja construir um local especial para abrigar uma família de pequenos macacos. A ideia é que os bichos ocupem um círculo com 30 metros de diâmetro, rodeada por um fosso, também circular de diâmetro 40 metros, profundidade de dois metros e com água até a altura de meio metro. Baseado nos desenhos a seguir, calcular a área total que terá que ser revestida de azulejos, sabendo que serão azulejadas, tanto o fundo do fosso, quanto as paredes circulares do fosso, da borda até o fundo. (Considerar $\pi = 3,14$).

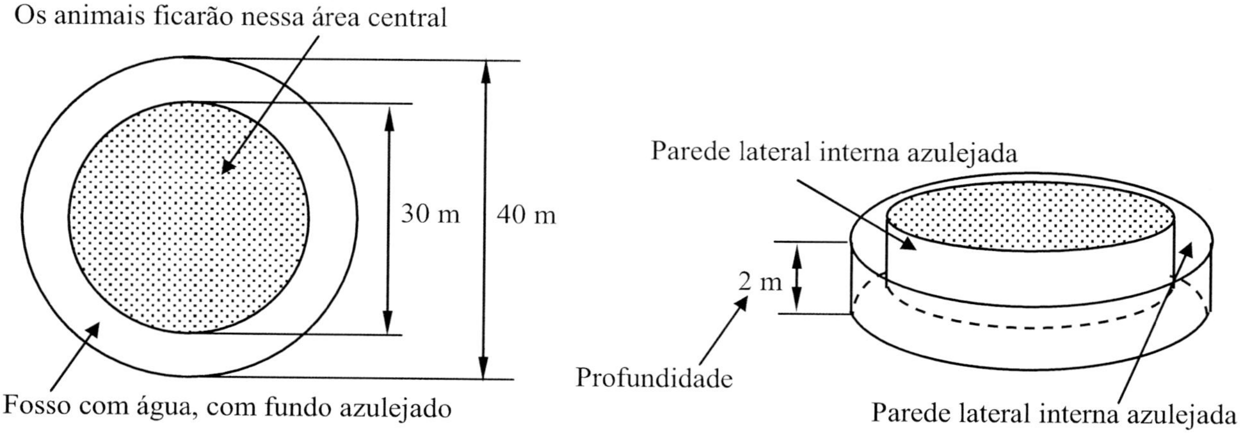

4.6.12) (FATEC - 2014). No retângulo ABCD, da figura a seguir, M é o ponto médio do lado AD e N é o ponto médio do lado DC. Determinar a área do triângulo MDN, sabendo que a área do retângulo ABCD é igual a 72 cm^2.

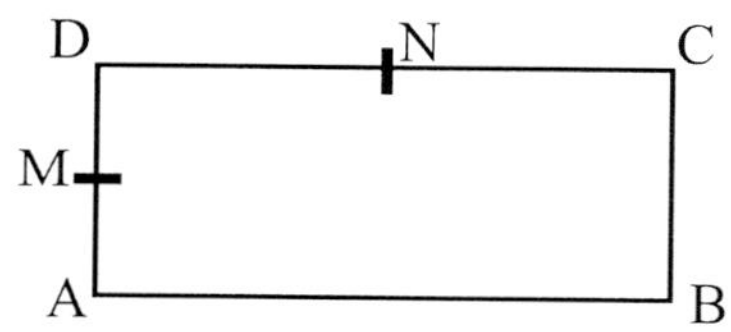

4.6.13) A figura a seguir mostra um peso de 100 kgf sendo içado por um sistema de roldanas, com diâmetro de 20 centímetros, cada uma. Quantas voltas terão que ser dadas na roldana 1, para que o peso seja içado 3,14 metros na vertical. (Usar $\pi = 3,14$).

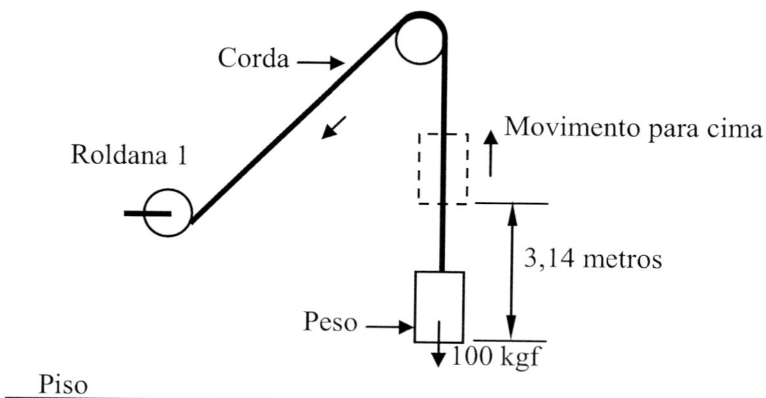

4.6.14) (ENEM - 2011). O atletismo é um dos esportes que mais se identifica com o espírito olímpico. A figura a seguir ilustra uma pista de atletismo composta por oito raias de largura total de 9,76 metros. As raias são numeradas do centro da pista para a extremidade e são constituídas de segmentos de retas e arcos de circunferência, ou seja, dois semicírculos iguais. Caso os atletas partam do mesmo ponto, dando uma volta completa na pista, em qual das raias o corredor estaria sendo beneficiado?

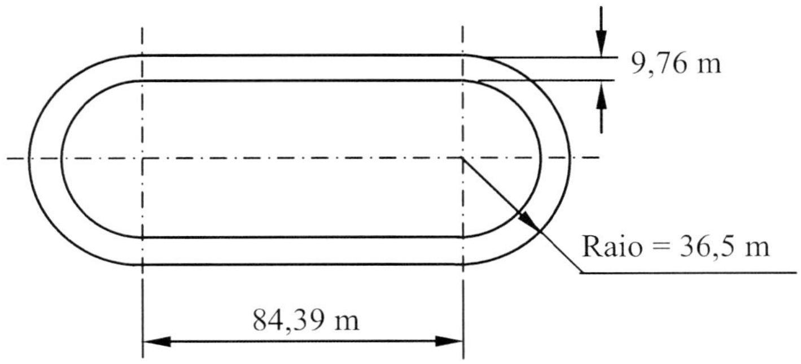

4.6.15) As figuras a seguir mostram detalhes de uma peça metálica, usada em uma máquina. Essa peça é revestida, em todas as suas superfícies, internas e externas, com um tratamento termoquímico muito caro, em função da área a ser revestida. A peça em questão é uma mistura de um prisma reto de base triangular (a partir de um triângulo equilátero de lado 5 cm) composto com um semi cilindro de comprimento 8 cm, tendo um furo circular de diâmetro 2 cm, com centro coincidente com o centro do semi círculo. Esse furo transpassa todo o comprimento de 8 cm. Calcular a área total a ser revestida. (Considerar $\pi = 3{,}14$).

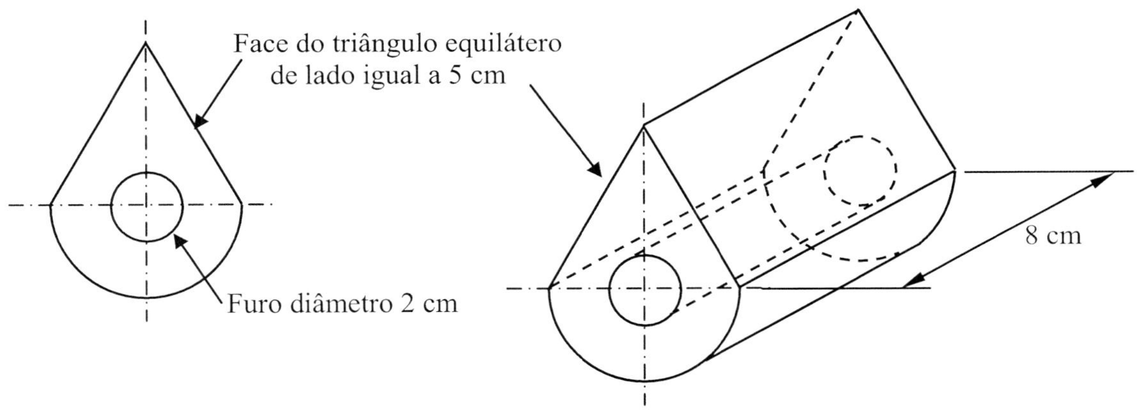

4.6.16) (EEAR - 2017). Na figura a seguir, O é o centro do semicírculo de raio 2 cm. Se A, B e C são pontos do semicírculo e vértices dos triângulos OAB e OBC, determinar a área marcada. (Considerar $\pi = 3{,}14$).

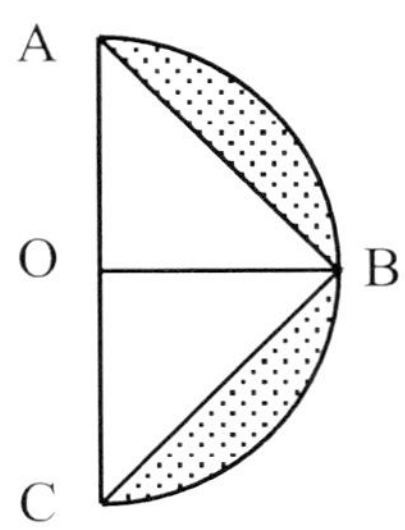

4.6.17) (CN - 2018). Na figura à direita, tem-se um triângulo equilátero, inscrito na circunferência maior e circunscrito a uma circunferência menor de raio igual a 2 cm, onde destacou-se a região com ângulo central de 120°. Com esses dados, determinar a área das regiões marcadas.

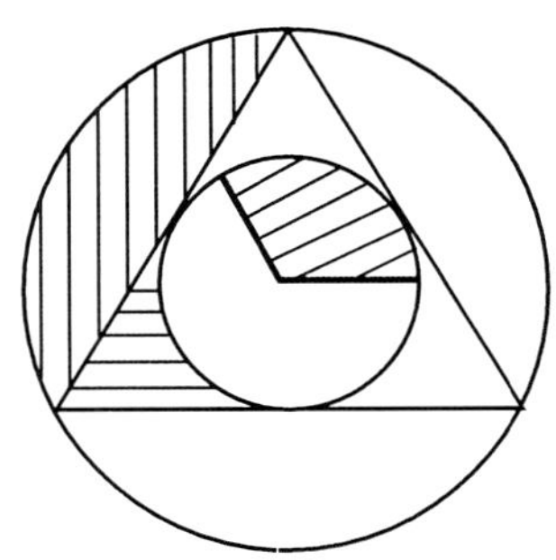

4.6.18) Um artista plástico criou uma mini escultura (que será usada como trofeu), como a seguir desenhada e detalhada. A peça é composta de uma base em madeira jacarandá, polida e lustrada, e a parte metálica é em barra chata de aço fundido banhada em ouro. Como o banho em ouro é muito caro e cobrado pelo peso em ouro utilizado, o artista precisa saber quanto gastará. O peso em ouro é calculado multiplicando-se a área total banhada pela espessura em ouro (0,5 mm). Com esses dados, e os detalhes a seguir, calcular a área total que será banhada em ouro.

Considerar os comprimentos da barra chata em aço, segundo esses detalhes geométricos.

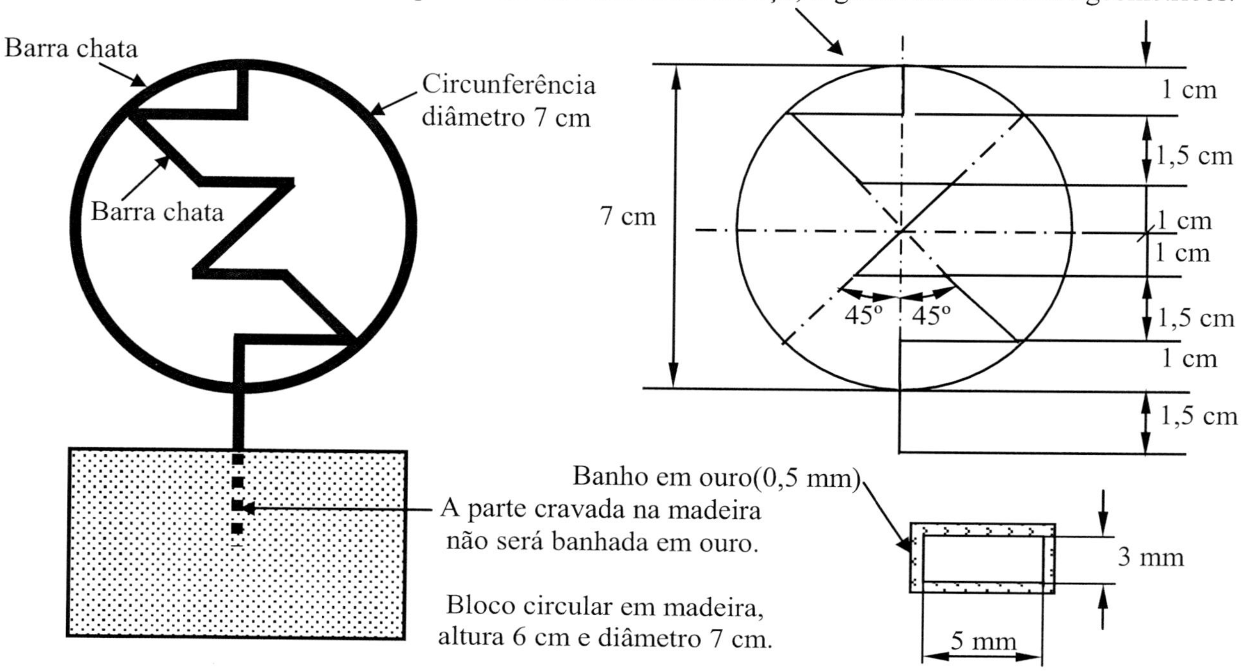

Detalhe da barra chata
(5 mm x 3 mm em aço fundido)

4.6.19) (PUC/RS - 2016) Uma pracinha com formato circular ocupa uma área de 100π m^2. No terreno dessa área, foram colocados 3 canteiros em forma de setor circular, cada um formado por um ângulo central de 30°, como na figura. Calcular a área total ocupada pelos canteiros, em m^2.

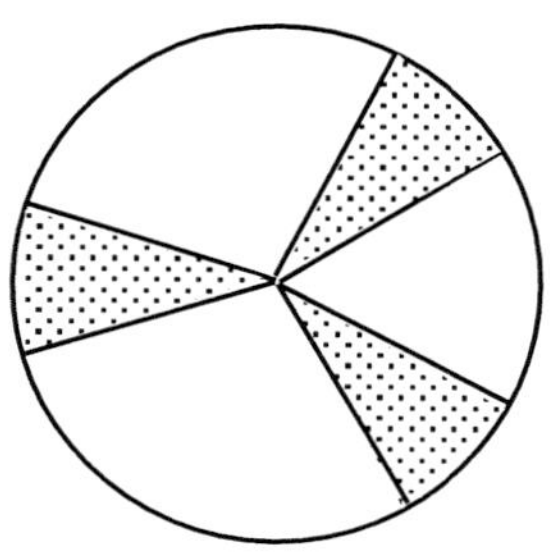

4.6.20) (PUC/RS - 2015). Em um ginásio de esportes, uma quadra retangular está situada no interior de uma pista de corridas circular, como mostra a figura. Sabendo que o raio do círculo é 5 metros e o lado menor do retângulo é 6 metros, determinar a área interior à pista circular, excedente à da quadra retangular, em m^2. (Observa-se que os vértices A e C estão sob a mesma linha de centro e pertencem ao círculo).

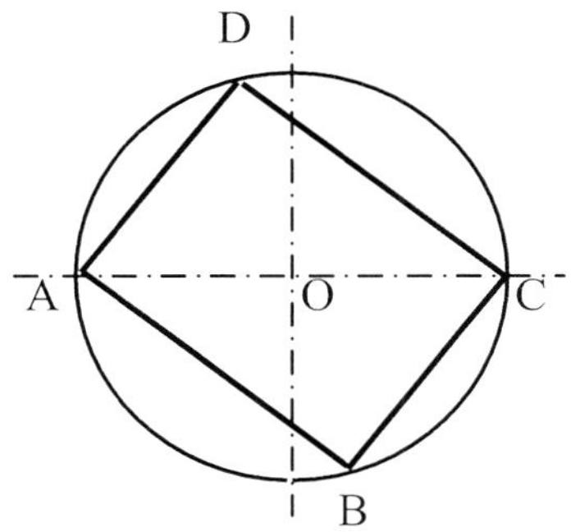

4.6.21) (UFRGS - 2015) As circunferências do desenho a seguir foram construídas de maneira que seus centros estão sobre a reta r e que uma intercepta o centro da outra. Os vértices do quadrilátero ABCD estão na interseção das circunferências com a reta r e nos pontos de interseção das circunferências. Se o raio de cada circunferência é 2, determinar a área do quadrilátero ABCD.

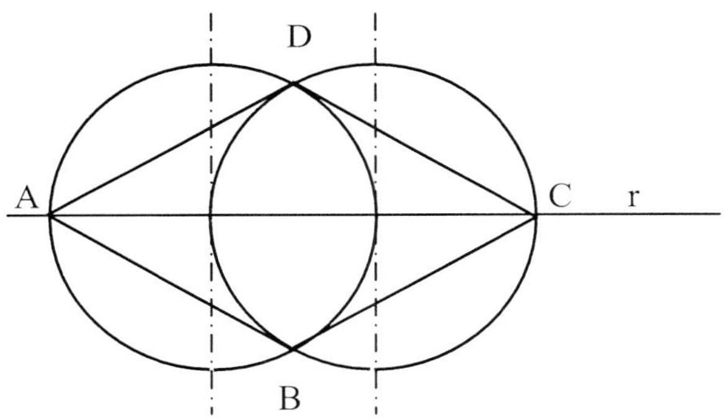

4.6.22) (ENEM - 2010) Uma fábrica de tubos acondiciona tubos cilíndricos menores dentro de outros tubos cilíndricos. A figura mostra uma situação em que quatro tubos cilíndricos estão acondicionados perfeitamente em um tubo com raio maior. Suponha que você seja o operador da máquina que produzirá os tubos maiores em que serão colocados, sem ajustes ou folgas, quatro tubos cilíndricos internos. Se o raio da base de cada um dos cilindros menores for igual a 6 cm, a máquina por você operada deverá ser ajustada para produzir tubos maiores, com qual raio da base?

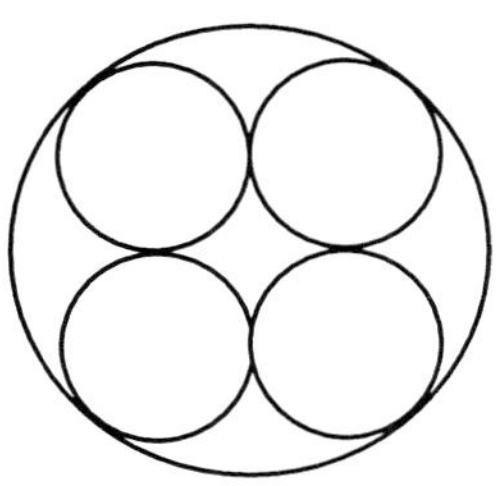

4.6.23) A figura a seguir mostra quatro circunferências de diâmetro 3 cm, tangentes entre si e tangentes aos lados do quadrilátero. Definir o tipo de quadrilátero e a sua área.

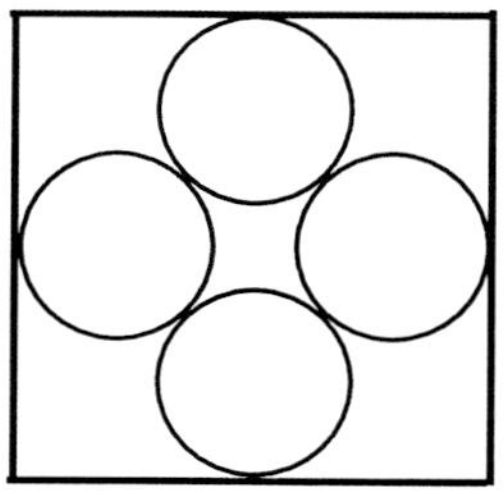

4.6.24) (CN - 2007). A figura a seguir mostra o perfil de um tambor de 25 cm de raio e uma rampa de 760π cm de comprimento. Se o tambor descer a rampa, do ponto em que está na figura, rolando sem escorregar, determinar o número de voltas inteiras que dará até atingir o chão.

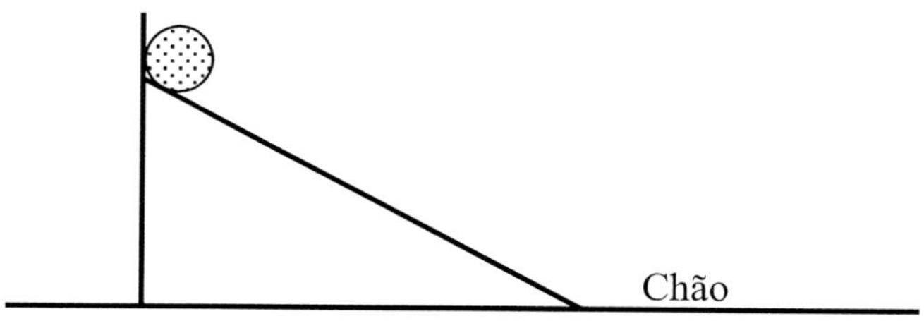

Capítulo 5
Elipses

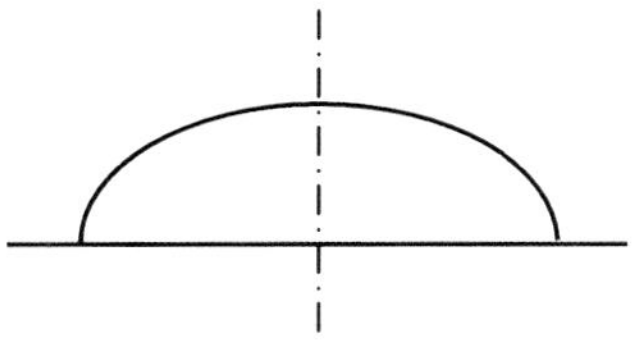

Entrada de um túnel,
no formato elíptico.

A elipse é conhecida desde a Grécia antiga, sendo inclusive usada em algumas construções do Império Romano. Especialmente a Arquitetura e a Engenharia, utilizam construções e equipamentos no formato elipsoidal. Conchas acústicas, entrada de túneis e tampos de vasos de pressão, são alguns exemplos de aplicações práticas das elipses. Os desenhos a seguir mostram exemplos do uso real de elipses e elipsóides* circulares

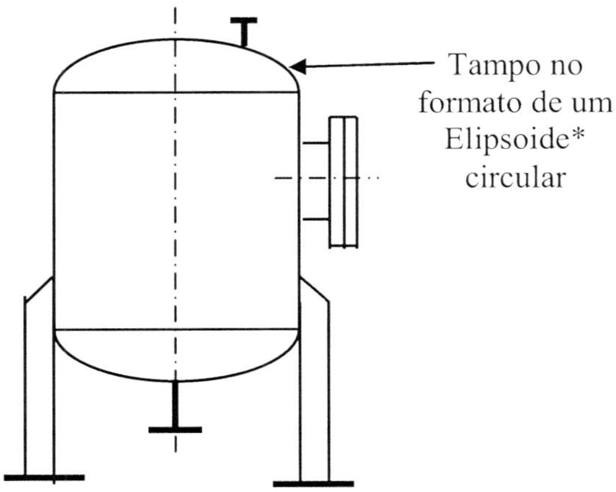

Vaso de pressão,
cilíndrico vertical

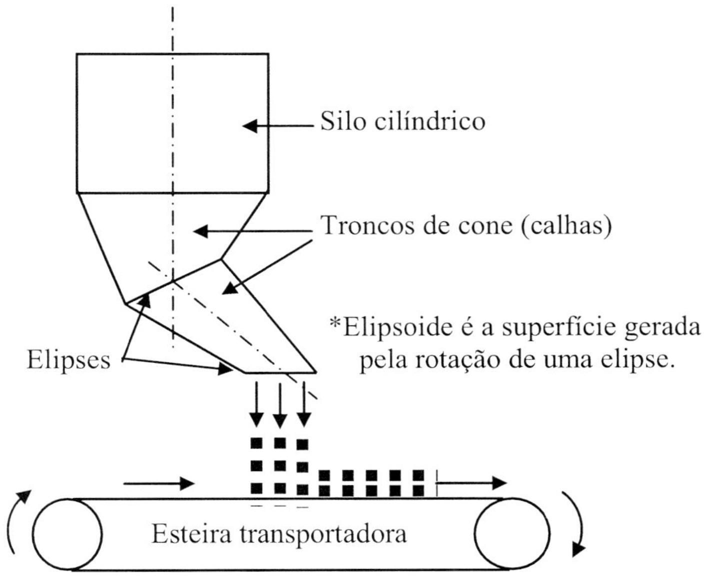

O desenho acima, e à direita, mostra uma aplicação prática de troncos de cones, normalmente utilizados como calhas de amortecimento, em indústrias de mineração, quando materiais particulados (minérios) devem ser transferidos de um silo para uma esteira transportadora. Caso a vazão ocorra diretamente, ocorre um impacto muito grande sobre a correia transportadora. Os troncos de cones reduzem a vazão e o impacto. Nesse exemplo, ocorrem duas elipses.

É interessante citar que a grande maioria dos estádios de futebol, tem o formato elíptico, tanto na cobertura, quanto no posicionamento das cadeiras. Isto vem desde o tempo antigo, pois eram no formato elíptico as arenas romanas, onde aconteciam as lutas e outros espetáculos "deprimentes" onde escravos e inimigos capturados eram colocados para lutar contra animais ferozes. Mas por que eram, e são, elípticos esses estádios? Porque com as cadeiras no formato elíptico, devido o formato retangular dos gramados de futebol, todas as pessoas têm uma visão melhor. Se o posicionamento das cadeiras fosse circular, muitos torcedores não teriam uma boa visão. Na Engenharia Civil também é comum utilizar-se o conceito de elipse, sendo comum túneis escavados no formato de uma semi elipse.

5.1 Definição, elementos e características

Elipse é o lugar geométrico dos pontos P (x_P; y_P) de um plano cujas distâncias a dois pontos fixos, chamados focos (F_1 e F_2) desse plano têm soma constante, igual ao eixo maior "2a" ($PF_1 + PF_2 = 2a$). O segmento de reta que passa pelos dois focos (F_1 e F_2) chama-se eixo maior ($A_1A_2 = 2a$), e o segmento de reta que passa pelo ponto médio do eixo maior, perpendicular a ele, que corta a elipse, chama-se eixo menor ($B_1B_2 = 2b$). As medidas da elipse são dadas pela metade dos eixos maior e menor sendo chamadas, respectivamente, de semi eixo maior (a) e semi eixo menor (b), sendo as outras medidas e características relacionadas a essas.

A elipse e seus elementos

A_1A_2 = eixo maior
B_1B_2 = eixo menor
2a = eixo maior
2b = eixo menor
F_1 e F_2 = focos
$F_1F_2 = 2c$ = distância focal
e = excentricidade = c/a
$DF = 2b^2/a$ (corda focal)
C = centro
A_1, A_2, B_1, B_2 = vértices

DF = corda focal ou *latus rectum*

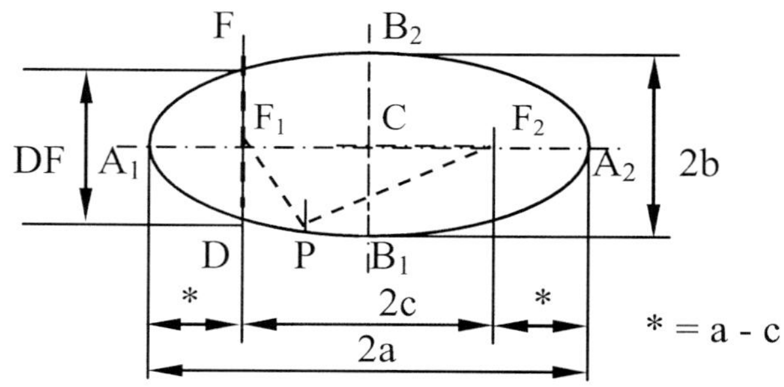

Pela definição de elipse: $|PF_1| + |PF_2| = 2a$

(De fato: $|A_1F_1| + |A_1F_2| = 2a$, pois: $*|A_1F_1| = |A_2F_2|$)

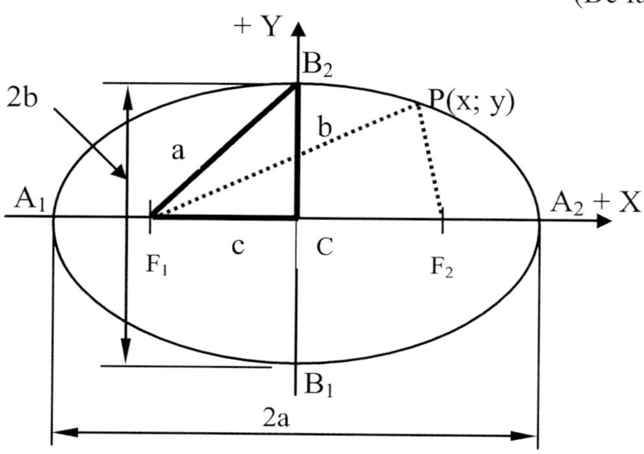

Nesse caso, os focos têm coordenadas $F_1(-c\ ;\ 0)$ e $F_2(+c\ ;\ 0)$.

Em toda elipse, o semi eixo maior (a) é igual à distância do foco (F_1 ou F_2) ao ponto onde ocorre o valor do semi eixo menor (B_1 ou B_2). Disso resulta que, no triângulo F_1CB_2, tem-se a seguinte relação fundamental de uma elipse:

$a^2 = b^2 + c^2$, uma vez que:

$(F_1B_2)^2 = (B_2C)^2 + (F_1C)^2$

5.2 Dedução da equação da elipse com focos sobre o eixo X, e centro C coincidente com a origem

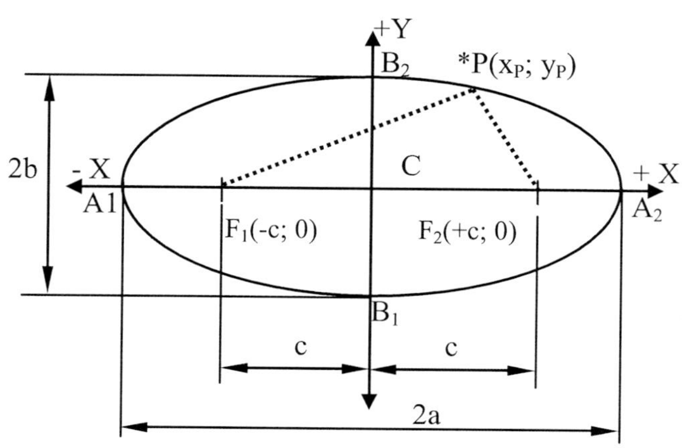

C = centro da elipse ≡ 0(0; 0)

*Quando o ponto $P(x_P;\ y_P)$ coincide com o ponto A_1 ou A_2, tem-se que: $PF_1 + PF_2 = 2a$.

$|A_1F_1| = |A_2F_2|$

Pela definição de elipse ⟶ $*PF_1 + PF_2 = 2a$. (Distâncias entre pontos).

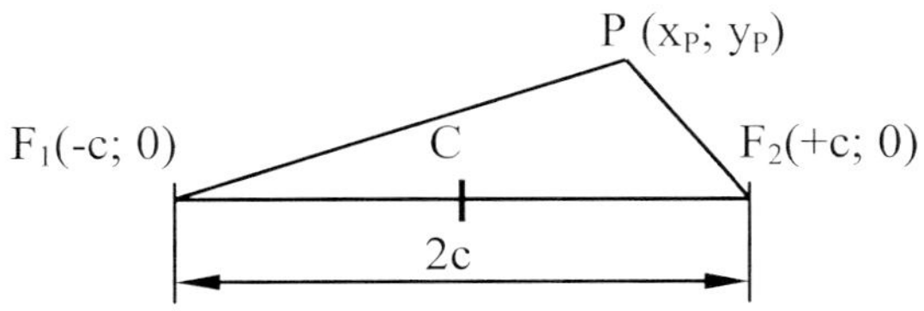

$$\begin{cases} PF_1 = \sqrt{[x_P - (-c)]^2 + [(y_P - 0)]^2} \\ PF_2 = \sqrt{[(x_P - c)]^2 + [(y_P - 0)]^2} \end{cases}$$

Portanto: $PF_1 + PF_2 = \sqrt{[x_P + (-c)]^2 + [(y_P - 0)]^2} + \sqrt{[(x_P - c)]^2 + [(y_P - 0)]^2} = 2a.$

$$\begin{cases} \text{Fazendo:} \\ x_P = x \text{ e} \\ y_P = y \end{cases}$$

Tem-se: $PF_1 + PF_2 = \sqrt{[(x + c)\,]^2 + (y^2)]} + \sqrt{[(x - c)^2 + (y^2)]} = 2a$, que pode ser escrito como:

$\sqrt{[(x - c)^2 + (y^2)]} = 2a - \sqrt{[(x + c)^2 + (y^2)]}$. Elevando estes dois membros ao quadrado tem-se:

$x^2 - 2cx + c^2 + y^2 = 4a^2 + x^2 + 2cx + c^2 + y^2 - [4a\sqrt{[(x + c)^2 + (y^2)]}$. Simplificando tem-se:

$4xc = 4a^2 - 4a\,[\sqrt{[(x - c)]^2 + (y^2)]}$. Dividindo-se ambos os membros por 4, tem-se:

$cx = a^2 - a\,[\sqrt{[(x - c)]^2 + (y^2)]} \Rightarrow cx - a^2 = -a\sqrt{[(x - c)\,]^2 + (y^2)]} \Rightarrow a^2 - cx = a\sqrt{[(x - c)^2 + (y^2)]}$

Elevando-se, mais uma vez, ambos os membros ao quadrado, e operando, tem-se:

$a^4 - 2a^2cx + c^2x^2 = a^2\,[(x - c)^2 + y^2] \Rightarrow a^4 - 2a^2cx + c^2x^2 = a^2\,(x^2 - 2cx + c^2 + y^2) \Rightarrow$

$a^4 - 2a^2cx + c^2x^2 = a^2x^2 - 2a^2cx + a^2c^2 + a^2y^2 \Rightarrow a^4 + c^2x^2 = a^2x^2 + a^2c^2 + a^2y^2 \Rightarrow$

$a^4 + c^2x^2 - a^2x^2 = a^2c^2 + a^2y^2 \Rightarrow a^4 + x^2(c^2 - a^2) = a^2c^2 + a^2y^2 \Rightarrow$

$x^2(c^2 - a^2) - a^2y^2 = a^2c^2 - a^4$. Multiplicando ambos os membros por -1, tem-se:

$x^2(a^2 - c^2) + a^2y^2 = a^4 - a^2c^2$. Dividindo ambos os membros por -1, tem-se:

$x^2(a^2 - c^2) + a^2y^2 = a^2(a^2 - c^2)$. Dividindo ambos os membros por $a^2(a^2 - c^2)$ tem-se:

$$\frac{x^2(a^2 - c^2)}{a^2(a^2 - c^2)} + \frac{a^2y^2}{a^2(a^2 - c^2)} = \frac{a^2(a^2 - c^2)}{a^2(a^2 - c^2)} \Rightarrow \frac{x^2}{a^2} + \frac{y^2}{a^2 - c^2} = 1.$$

Da relação fundamental: $a^2 = b^2 + c^2 \Rightarrow b^2 = a^2 - c^2$. Substituindo na equação acima, finalmente se tem a equação da elipse:

$$\frac{+x^2}{a^2} + \frac{y^2}{b^2} = +1 \quad \Longleftarrow$$

Equação reduzida da elipse com focos sobre o eixo X e centro C coincidente com a origem (0; 0).

Em toda elipse, existe a relação fundamental: $a^2 = b^2 + c^2$, que advém do seguinte raciocínio lógico: quando um ponto P qualquer sobre a linha da elipse, coincide com o ponto B_2 ou (B_1), tem-se: $B_2F_1 + B_2F_2 = 2a$. Como B_2F_1 é igual a B_2F_2, logo: $B_2F_1 = B_2F_2 = a$. Desta forma, tem-se o triângulo retângulo B_2CF_2 (ou B_2CF_1), onde $B_2C = b$, $CF_2 = c$ e a hipotenusa B_2F_2 (igual a B_2F_1) é igual a c. Portanto, pelo teorema de Pitágoras: $(CF_2)^2$ ou $(B_2F_2)^2 = (B_2C)^2$, resultando que: $a^2 = b^2 + c^2$.

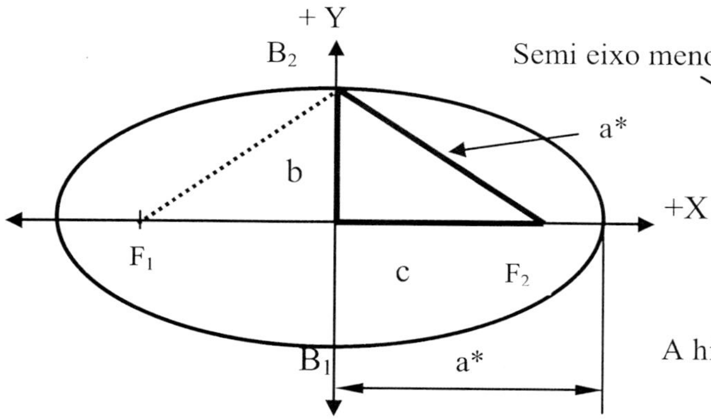

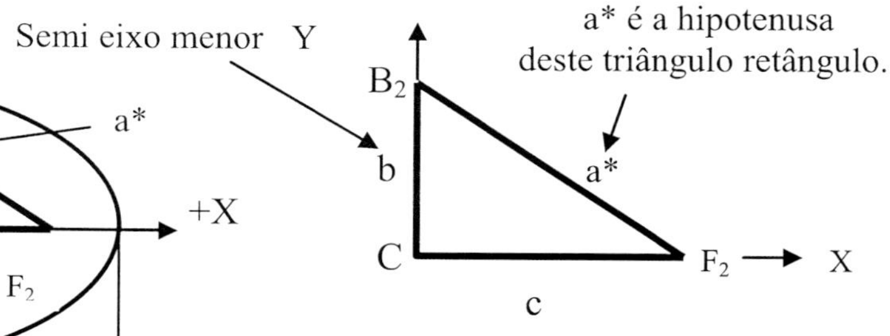

A hipotenusa é igual ao semi eixo maior (a*) da elipse.

Exercício 5.2.1) a) Determinar a equação da elipse, com focos sobre o eixo X e centro coincidente com a origem (0; 0), sabendo-se que o eixo menor vale 4 e a distância focal é 8. b) Qual o valor da ordenada positiva y, para um ponto P, com abscissa (x), exatamente sobre o foco?

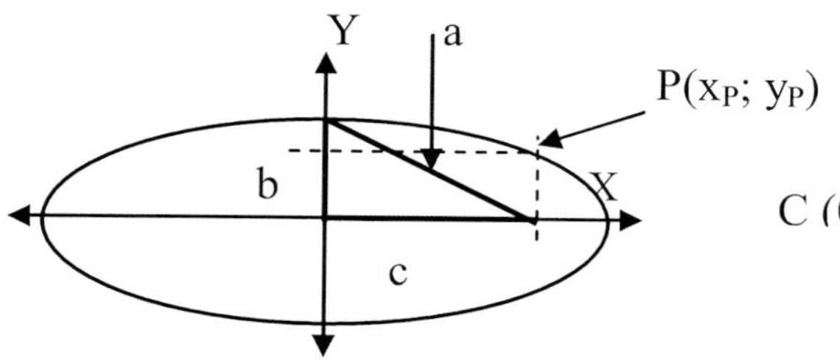

Imagem geométrica da elipse onde b = 2 (2b = 4) e c = 4 (2c = 8)

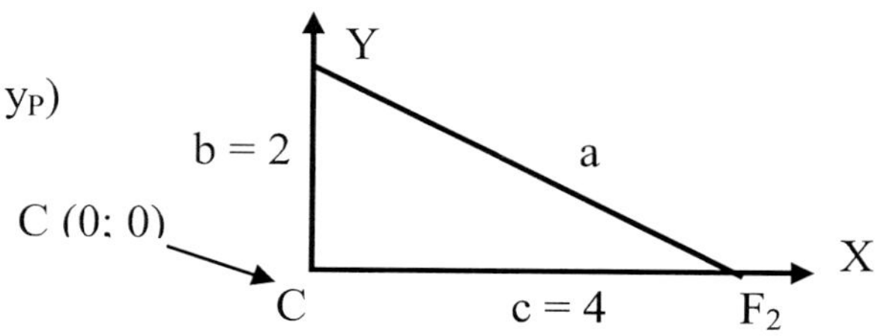

Para aplicar a fórmula, primeiro tem-se que calcular o valor da hipotenusa "a"

a) Determinação da equação

$a^2 = b^2 + c^2$; $a^2 = 2^2 + 4^2 \Rightarrow a^2 = 20 \Rightarrow a = 4{,}472$; aplicando a fórmula temos:

$+x^2/a^2 + y^2/b^2 = +1 \Rightarrow +x^2/20 + y^2/4 = +1$ ou $+x^2 + 5y^2 - 20 = 0$ ⟵ equação geral da elipse.

Quando y = 0, x = 4,472 ou semi eixo maior a, e o eixo maior 2a = 8,944.

b) Cálculo da ordenada do ponto P

Basta na fórmula da equação, substituir x = 4.

$+x^2 + 5y^2 - 20 = 0 \Rightarrow 4^2 + 5y^2 - 20 = 0 \Rightarrow +16 + 5y^2 - 20 = 0 \Rightarrow 5y^2 = 4$;
logo $y^2 = 4/5 \Rightarrow y = +/-0{,}894$.

Como o ponto P tem ordenada positiva, suas coordenadas cartesianas são: P(+4; +0,894).

$+x^2/a^2 + y^2/b^2 = +1$ ⟸ Equação reduzida da elipse com focos sobre o eixo X e centro C coincidente com a origem (0; 0).

Equação da elipse com focos sobre o eixo Y, e centro C coincidente com a origem

A dedução da fórmula segue o mesmo raciocínio da anterior, porém com uma inversão dos fatores, já que a elipse está girada de 90°.

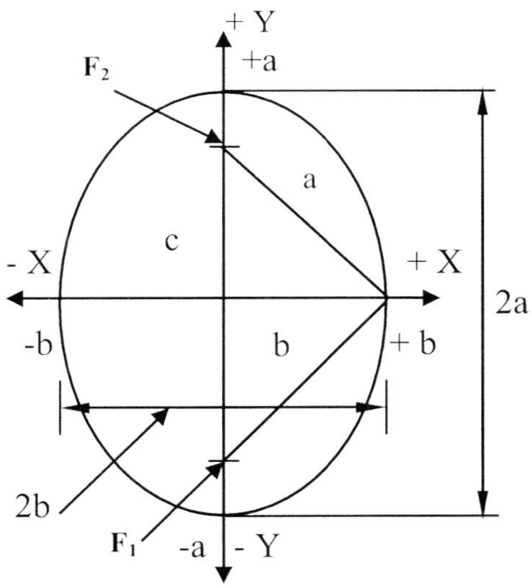

Observa-se que o triângulo está a 90°, em relação ao do parágrafo anterior.

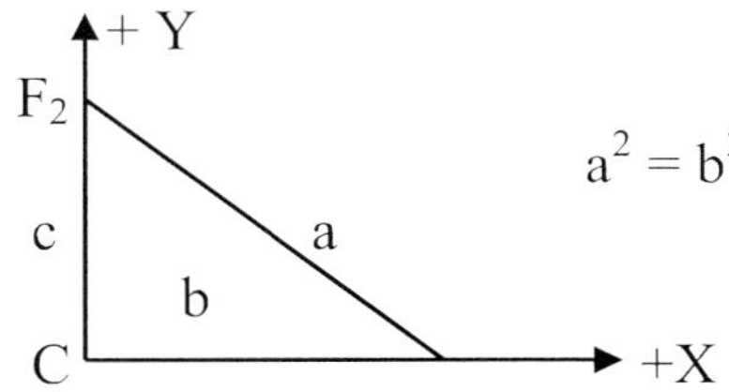

$$a^2 = b^2 + c^2$$

A equação desse tipo de elipse é:

$$+\frac{y^2}{a^2} + \frac{x^2}{b^2} = +1 \quad \text{ou} \quad +\frac{x^2}{b^2} + \frac{y^2}{a^2} = +1$$

Nesse caso o semi eixo maior (a) está sobre y.

Supondo elipses como mostradas a seguir, com centro O'(x_0; y_0), suas equações ficam modificadas, das seguintes formas:

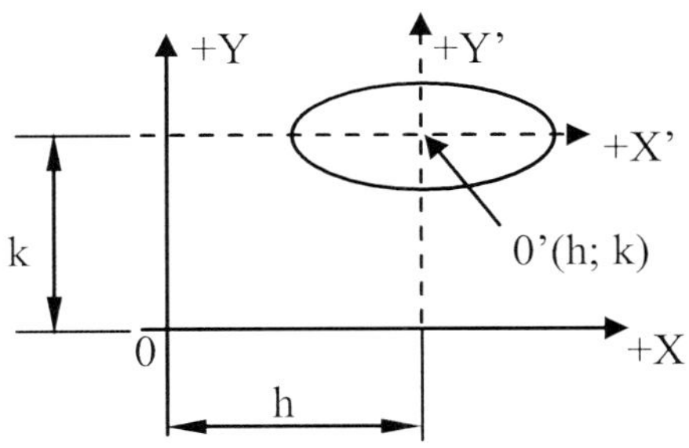

$$+\frac{(x-h)^2}{a^2} + \frac{(y-k)^2}{b^2} = +1$$

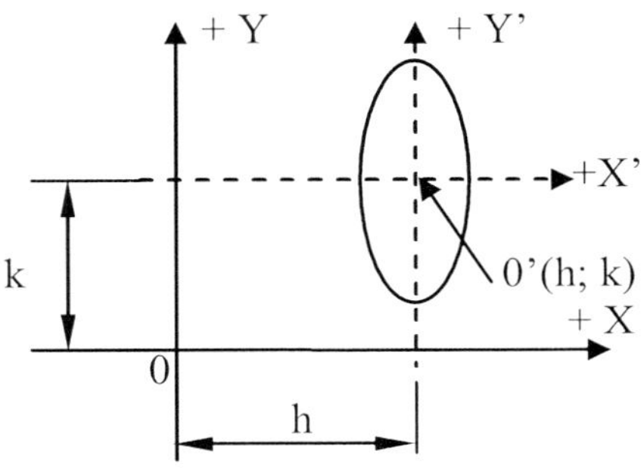

$$+\frac{(x-h)^2}{b^2} + \frac{(y-k)^2}{a^2} = +1$$

Dependendo do quadrante, onde se situa o centro 0' da elipse, h e k podem ter valores positivos e ou negativos.

Exemplo de tampo elíptico aplicado a vasos de pressão (área de caldeiraria)

Esse tipo de análise/cálculo é muito frequente, na área de Engenharia Mecânica, especificamente nos projetos e cálculos de equipamentos tipo vasos de pressão. Esses equipamentos costumam ser cilindros metálicos em aço, com tampos semi elípticos onde, nos tampos são soldados bocais para entrada/saída dos fluidos. Na prática, tampos semi elípticos usados em vasos de pressão, têm o semi eixo menor b igual a um quarto do eixo maior 2a, ou seja: $b = 2a/4$.

Exercício 5.2.2) Com os dados do vaso de pressão a seguir, calcular a dimensão Y**.

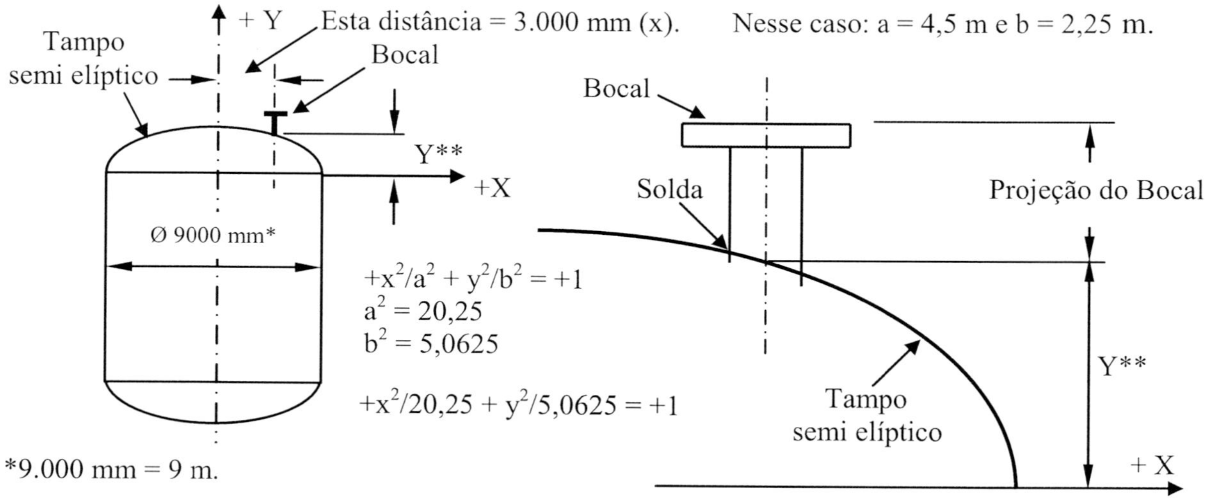

**Os projetistas precisam saber com exatidão esta medida Y, para poder fazer o projeto das tubulações. Essa medida é calculada a partir da resolução da equação da elipse dada.
Na equação da elipse, fazendo x = 3, tem-se: $9/20,25 + y^2/5,0625 = +1$, com **Y** = 1,677 m**.

Exercício 5.2.3) Imagine o cilindro circular, como a seguir mostrado, com diâmetro de 30 centímetros e sendo cortado por um plano a 45 graus com a horizontal. Desse corte resulta uma elipse. Determinar todas as características dessa elipse, inclusive sua equação.
Esse tipo de problema ocorre na prática, quando se faz uma curva de tubulação a 45°.

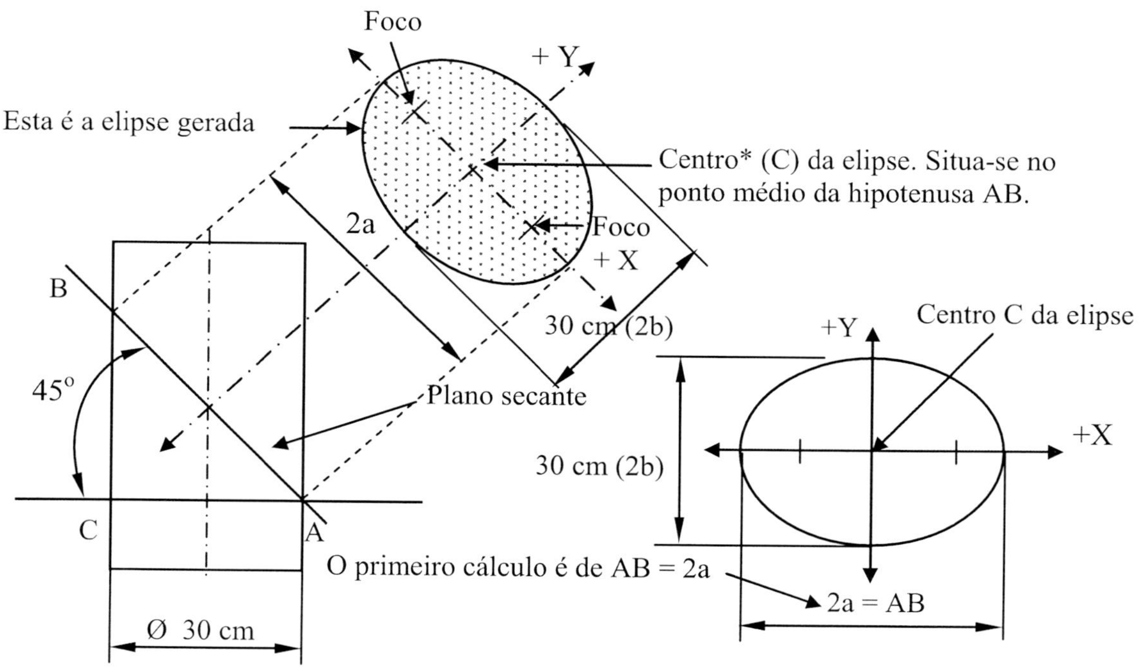

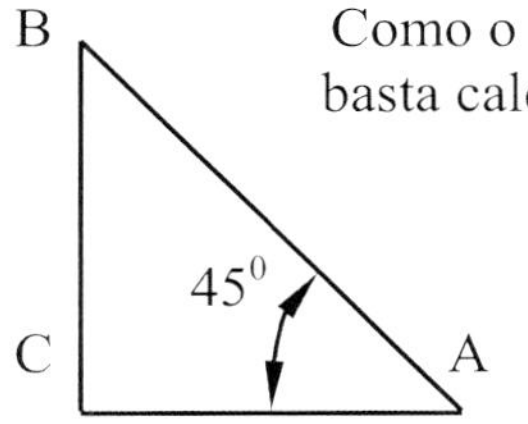

Como o ângulo é de 45°, o triângulo retângulo tem lados iguais (AC=BC), logo basta calcular a hipotenusa AB que é o eixo maior (2a) da elipse.

$$AB^2 = 2.\ AC^2;\ AB = 2a = \sqrt{(2.\ 30^2)} \Rightarrow 2a = 42{,}4264\ \text{cm}.$$

Características dimensionais da elipse

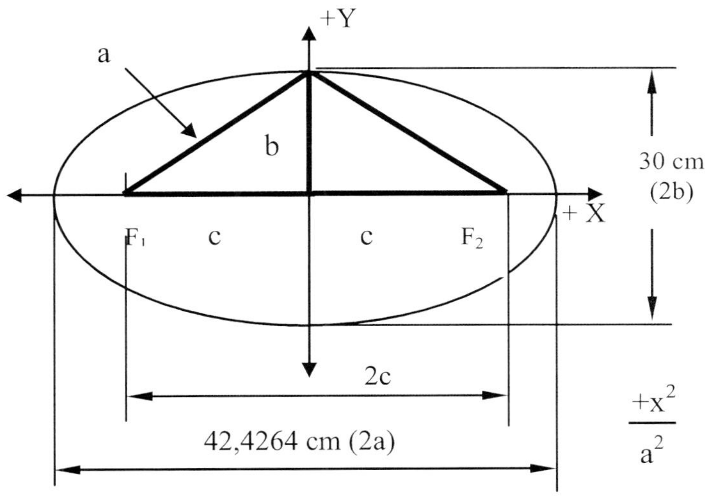

$$\begin{cases} a^2 = b^2 + c^2 \text{ logo: } c = \sqrt{(a^2 - b^2)}. \\ a = 21{,}2132 \text{ cm e } b = 15 \text{ cm.} \\ c = 15 \text{ cm. } (b = c, \text{ pois é } 45^\circ) \\ e = c/a;\ e = 15/21{,}2132; \\ e = 0{,}7071. \end{cases}$$

$$\frac{+x^2}{a^2} + \frac{y^2}{b^2} = +1$$ { Equação da elipse com centro coincidente com a origem e eixo maior coincidente com X.

$$\frac{+x^2}{21{,}2132^2} + \frac{y^2}{15^2} = +1$$

$$\begin{cases} \dfrac{+x^2}{450} + \dfrac{y^2}{225} = +1 \text{ (equação reduzida)} \\ +x^2 + 2y^2 - 450 = 0 \text{ (equação geral)*} \end{cases}$$

* Essa equação foi obtida, multiplicando-se a equação reduzida por 450, que é o m.m.c entre 450, 225 e 1.

5.3 A propriedade refletora da elipse, e suas aplicações práticas

Em qualquer elipse, um raio emitido de um dos seus Focos "reflete-se" na linha da curva, passando pelo outro foco. Essa propriedade pode ser comprovada, por exemplo, quando se está em uma estação de Metrô, onde o túnel seja uma abóbada de forma elíptica. Ouve-se com nitidez a voz de uma pessoa que está do outro lado, na outra plataforma, mesmo que fale em voz baixa. A justificativa é que, devido ao formato elíptico do túnel, o som emitido por alguém que esteja sobre o foco incide na parede, refletindo e passando pelo outro foco, obviamente do outro lado e, também, desde que a segunda pessoa esteja no outro foco.

Essa propriedade também tem aplicações bem práticas na área cirúrgica, com refletores chamados de foco cirúrgico. Um bom exemplo é a construção de refletores odontológicos, que têm como objetivo concentrar o máximo de luz onde se está trabalhando e também evitar que a luz incida diretamente sobre os olhos do paciente, causando desconforto. Outro exemplo é o aparelho de radioterapia, para tratamento médico. Ele emite raios cujo objetivo é destruir tecidos doentes sem afetar os tecidos sadios que se encontram ao redor. Nesse caso, são usados espelhos elípticos, para concentrar os raios em um determinado ponto.

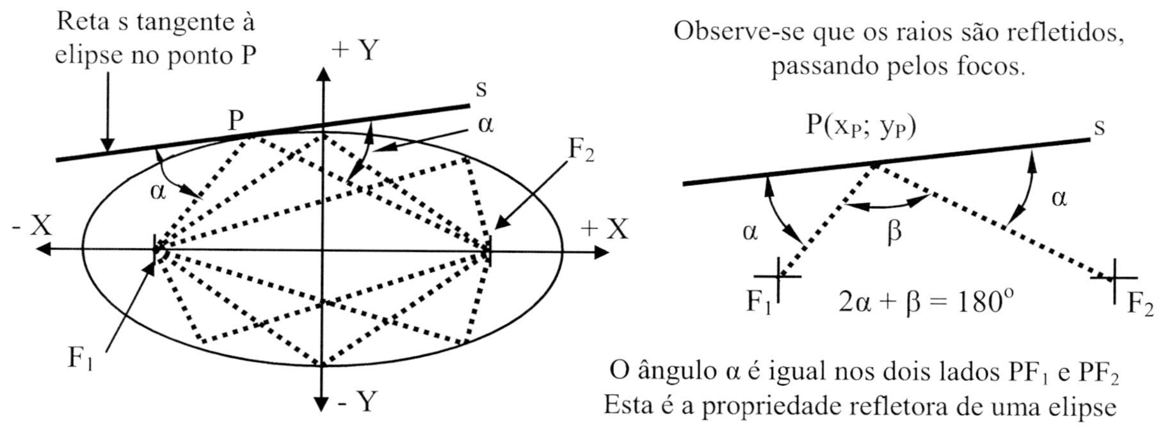

Imagem Geométrica da propriedade refletora da elipse

A propriedade refletora da elipse, mostra que em qualquer reta tangente à mesma, pelo ponto de tangência passam retas que se refletem nos focos, sendo que o ângulo α, formado entre a tangente e os raios (retas) refletidos é igual, nos dois lados.

É importante citar que a superfície elipsoidal que irá refletir a luz, do foco cirúrgico, tem que ter um acabamento de ultra-espelhamento, sendo utilizados materiais de polímeros plásticos especiais, com o polimento sendo feito por processos super especiais de usinagem mecânica.

Ainda no campo da saúde, existe um procedimento muito utilizado no tratamento de cálculo renal, denominado litotripsia extracorpórea. Nesse procedimento ondas de choque (ultrassom) criadas fora do corpo do paciente viajam através da pele e tecidos até encontrarem os cálculos mais densos, pulverizando-os. O litotriptor possui um espelho elíptico que concentra os raios emitidos num determinado ponto com grande precisão. Na prática, os raios de ultrassom são emitidos em um dos focos e todos se refletem diretamente para o outro foco, onde está o cálculo renal (pedra nos rins), que se quer fragmentar.

Outra aplicação da propriedade refletora das elipses é no campo da engenharia acústica, utilizada em igrejas, auditórios e teatros, pois quando duas pessoas estão cada uma em um dos focos de um elipsoide (sólido que se obtém rodando uma elipse em torno do seu eixo, isto é, da reta definida pelos dois focos) e uma delas falar, mesmo que seja baixo, a outra pessoa ouvirá perfeitamente, mesmo que haja outros ruídos e sem que demais pessoas que estiverem entre os dois focos possam ouvir.

Na indústria automotiva existem os faróis com bloco elíptico, que são formados por um refletor em forma de elipse (e não de uma parábola, como nos faróis comuns), uma lente plano convexa (a parte de dentro da lente é plana, a externa é convexa). Esses faróis são mais compactos, ocupando menos espaço no conjunto ótico, porém são mais caros que os do tipo parabólico. Um campo onde também são utilizadas lentes elípticas é o da fotografia, bem como em alguns tipos de telescópios.

5.4.Exercícios complementares resolvidos

5.4.1) Sabendo que uma elipse tem equação: $+x^2/36 + y^2/16 = +1$, pedem-se: a) Os valores dos semi eixos maior (2a) e menor (2b); b) A imagem geométrica da Elipse; c) O valor da distância focal (2c); d) A área do retângulo inscrito à elipse, onde os lados menores são perpendiculares ao eixo maior e passam pelos focos e e) Considerando o lado AB, do retângulo inscrito, onde as abscissas de A e B são positivas, determinar as equações das retas A0 e 0B, onde 0 (0; 0) é a origem dos eixos cartesianos, que coincide com o centro (C) da elipse.

5.4.1.a) Comparando $+x^2/36 + y^2/16 = +1$, com $+x^2/a^2 + y^2/b^2 = +1$, vê-se que: $a^2 = 36$, logo $a = \pm 6$, ou seja: o semi eixo maior $2a = 12$. Vê-se que $b^2 = 16$, logo $b = \pm 4$, ou seja: o semi eixo menor $2b = 8$. Estes valores, e a equação, mostram que o eixo maior (2a) da elipse coincide com o eixo X ou das abscissas.

5.4.1.b) Imagem geométrica da elipse:

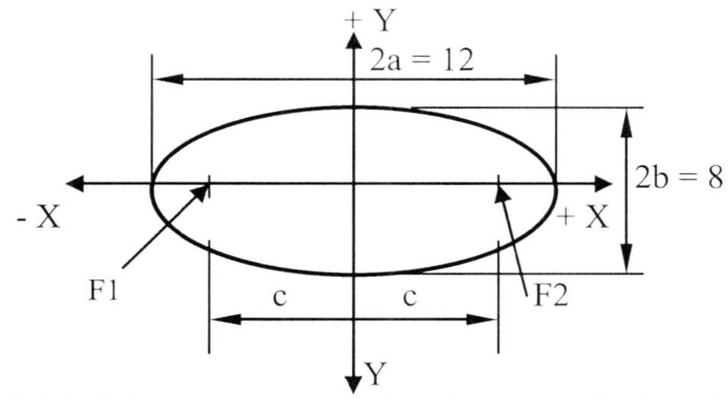

5.4.1.c) Cálculo da distância focal = 2c.

$a^2 = b^2 + c^2 \Rightarrow$ a = 6 e b = 4.

$c = \sqrt{(a^2 - b^2)} \Rightarrow c = \sqrt{20} \Rightarrow c = \pm 4{,}472$.

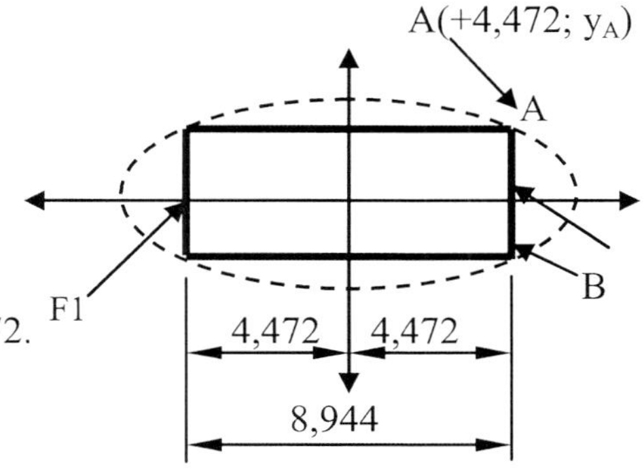

5.4.1.d) Imagem geométrica do retângulo inscrito:

Cálculo do lado AB: na equação da elipse, faz-se x = 4,472.

$+x^2/36 + y^2/16 = +1 \Rightarrow (4{,}472)^2/36 + y^2/16 = +1$:

$+20/36 + y^2/16 = +1 \Rightarrow y^2/16 = 1 - 20/36 \Rightarrow y^2 = (36 - 20)/36$:

$y^2 = 16/36 \Rightarrow y = +/-2{,}67$. 2y = AB.

Área do retângulo (S)

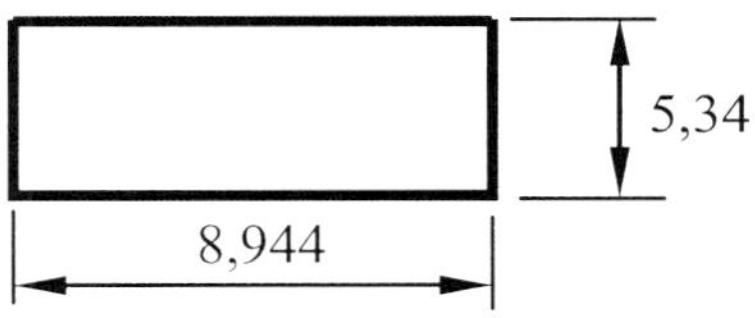

S = 5,34 x 8,944 => **S = 47,761 UM²**.(*).

(*) Unidade de Medida ao quadrado.

5.4.1.e) Equações das retas:

A(+4,472; +2,67) ; B(+4,472; -2,67); 0(0; 0).

$m0A = (y_A - y_O)/(x_A - x_O)$:
$m0A = (+2{,}67 - 0)/(+4{,}472 - 0)$
$m0A = +2{,}67/+4{,}472$: $m0A = +0{,}597$.

$+0{,}597 (x - 0) = y - 0 \Rightarrow +0{,}597x = y$
ou: $+0{,}597x - y = 0$.

Equação reta 0A: $+0{,}597x = y$; ou: $+0{,}597x - y = 0$.

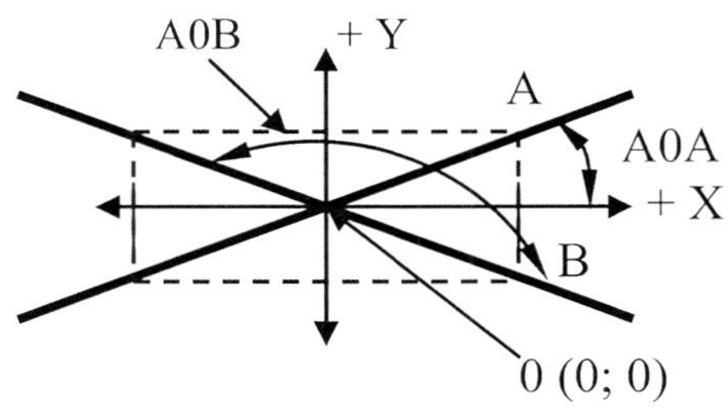

$m0B = (y_B - y_O)/(x_B - x_O) \Rightarrow m0B = (-2{,}67 - 0)/(+4{,}472 - 0)$.

$m0B = -2{,}67/+4{,}472 \Rightarrow m0B = -0{,}597$.

$-0{,}597 (x - 0) = y - 0$: $-0{,}597x = y$ ou: $-0{,}597x - y = 0$.

Observações:

$\alpha 0A = 30{,}8372^\circ$.

$\alpha 0B = 149{,}1628^\circ$.

Ângulo entre as retas: $61{,}6744^\circ$.

Equação reta 0B: $+0{,}597x = y$ ou: $-0{,}597x - y = 0$; ou ainda: $+0{,}597x + y = 0$.

5.4.2) Determinar as coordenadas cartesianas dos pontos de interseção da elipse: $x^2/16 + y^2/9 = 1$, e a reta que passa pelo foco da elipse de abscissa positiva e forma 30° com o eixo X. Mostre a imagem geométrica aproximada do conjunto.

Com: $+x^2/16 + y^2/9 = +1$; tem-se: a = 4 e 2a = 8; b = 3 e 2b = 6. $c = \sqrt{(a^2 - b^2)} \Rightarrow c = 2{,}646$.

As coordenadas do foco positivo são $F_2(+2{,}646; 0)$.

Se a reta forma 30° com o eixo X, logo seu coeficiente angular é igual à tangente de 30°, ou seja: $mF_2 = +\ 0{,}577$. Como a reta passa pelo ponto $F_2\ (+2{,}646; 0)$, sua equação é:

$mF_2 = (y - yF_2)/(x - x\ F_2) \Rightarrow +0{,}577[(x - x\ F_2)] = (y - yF_2) \Rightarrow +0{,}577(x - 2{,}646) = y - 0.$

A equação da reta é: $+0{,}577x - y - 1{,}527 = 0$. $+x^2/16 + y^2/9 = +1$, também é igual a: $+9x^2 + 16y^2 = +144$.

Os pontos de interseção da reta com a elipse, são determinados, resolvendo-se o sistema:

$\begin{cases} +0{,}577x - y - 1{,}527 = 0. \\ +9x^2 + 16y^2 = +144. \end{cases}$ As raízes desse sistema são: $\begin{cases} x1 = +3{,}884 \text{ e } y1 = +0{,}714. \\ x2 = -1{,}917 \text{ e } y2 = -2{,}633. \end{cases}$

As coordenadas cartesianas da interseção são: P1(+3,884; +0,714) e P2(-1,917; - 2,633).

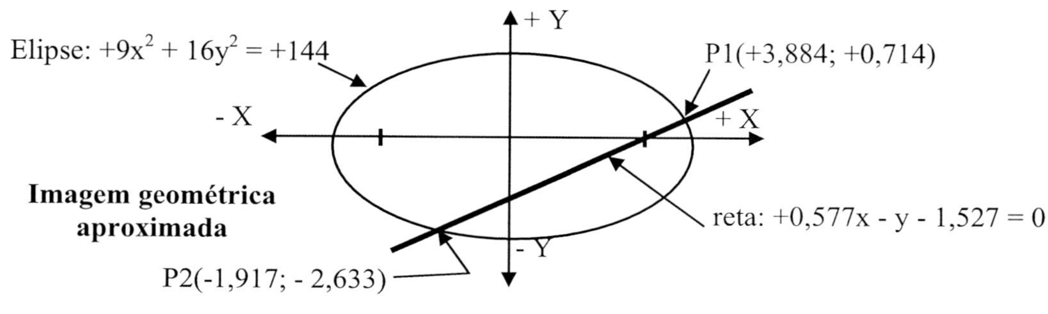

5,4.3) Analise a equação geral da elipse a seguir, deduzindo suas características, seus elementos e representando sua imagem geométrica: $+9x^2 + 36y^2 - 49 = 0$.

Análise e características: Inicialmente, tem que se passar da equação geral para a reduzida.

$+9x^2 + 36y^2 - 49 = 0$; significa que: $+9x^2 + 36y^2 = +49$. Dividindo-se por 49, tem-se:

$\dfrac{9x^2}{49} + \dfrac{36y^2}{49} = \dfrac{49}{49} \Rightarrow \dfrac{9x^2}{49} + \dfrac{36y^2}{49} = +1 \Rightarrow \dfrac{x^2}{5{,}44} + \dfrac{y^2}{1{,}36} = +1$ ← Equação reduzida.

Considerando: $\dfrac{x^2}{a^2} + \dfrac{y^2}{b^2} = 1$; concluí-se que $a^2 = 5{,}44$ ($a = \pm 2{,}332$) e $b^2 = 1{,}36$ ($b = \pm 1{,}166$).

Como a > b, pode-se afirmar que o eixo maior está no eixo das Abscissas, ou seja, X.

Cálculo dos elementos:

Distância focal (2c): $a^2 = b^2 + c^2$: $c = \sqrt{(a^2 - b^2)} \Rightarrow c = \sqrt{(5{,}44 - 1{,}36)} \Rightarrow c = \pm 2{,}02$.

Excentricidade: $e = c/a$; $e = 2{,}02/2{,}332 \Rightarrow e = 0{,}866$

Corda focal $CF = 2b^2/a$; $CF = (2.1{,}36)/2{,}332 \Rightarrow CF = 1{,}166$.

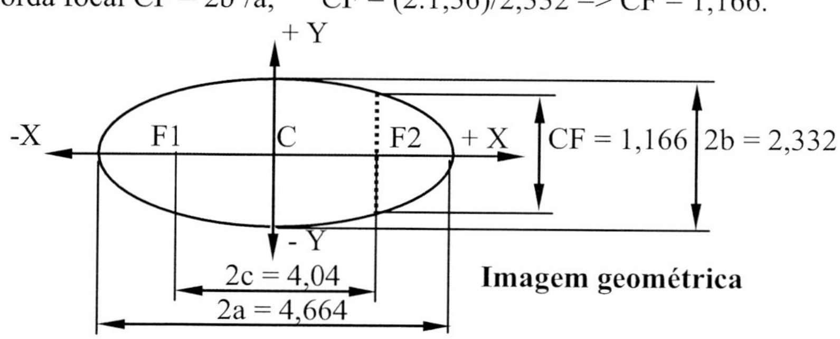

5.4.4) Considerando a elipse, adiante citada, pede-se: a) calcular o perímetro do quadrilátero formado pelos focos e pelos pontos onde a elipse corta o eixo Y e b) a área do quadrilátero. A equação da elipse é: $+x^2/25 + y^2/16 = +1$.

Raciocínio lógico: inicialmente tem que se calcular os parâmetros da elipse, para entender o problema.

$+x^2/25 + y^2/16 = +1$; significa que $a = 5$ (pois $a^2 = 25$), logo $2a = 10$, que é o semi eixo maior. De forma semelhante, $b = 4$ (pois $b^2 = 16$), logo $2b = 8$, que é o semi eixo menor.

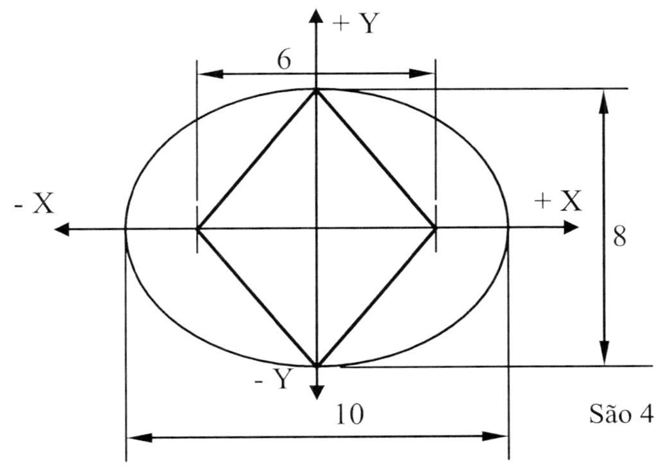

A distância focal "2c" é obtida por:

$c = \sqrt{(a^2 - b^2)} \Rightarrow c = 3$, logo $2c = 6$.

Com a imagem geométrica da elipse e do quadrilátero, pode-se calcular o perímetro e a área, definindo-se o tipo de quadrilátero.

Quando o eixo menor 2b é igual à distância focal 2c, esse quadrilátero é um quadrado, e a elipse é chamada de equilátera.

São 4 triângulos pitagóricos ou 3 x 4 x 5.

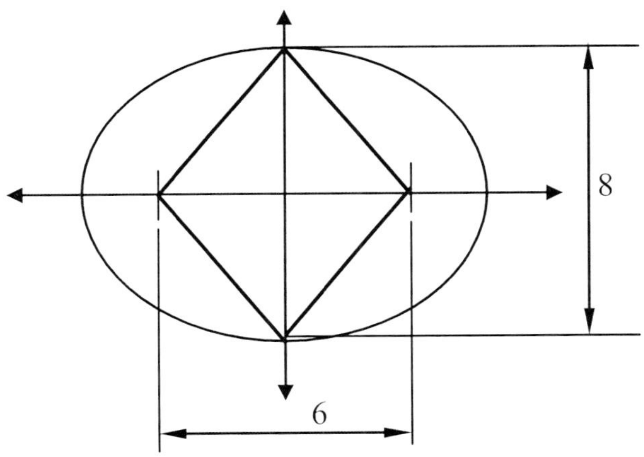

Os quatro lados são iguais a 5

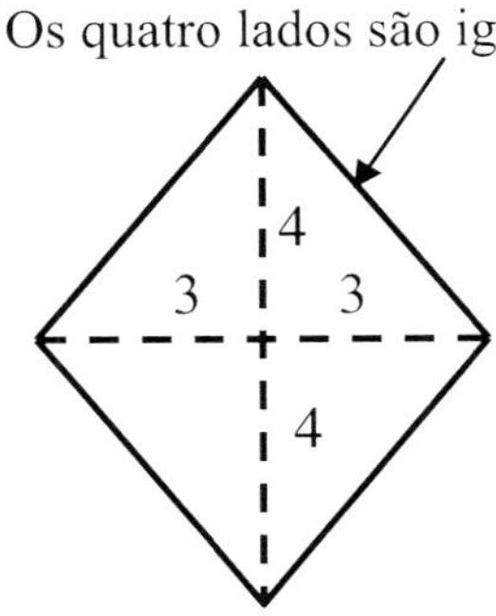

A área desse quadrilátero, é composta pela área dos quatro triângulos. Cada um tem como área: (Base x Altura) / 2

$(3 \times 4)/2 = 6$.

4 x 6 = 24 UM^2.

A área do quadrilátero é: 24 unidades de área.

O perímetro do quadrilátero pedido (paralelogramo) é igual a 20 UC (4 x 5 = 20).

5.4.5) Determinar as coordenadas cartesianas dos pontos de interseção da elipse: $+x^2/16 + y^2/9 = +1$, e a reta que passa pelo foco da elipse de abscissa positiva e forma 30° com o eixo X. Mostre a imagem geométrica aproximada do conjunto.

Com: $+x^2/16 + y^2/9 = +1$; tem-se: $a = 4$ e $2a = 8$; $b = 3$ e $2b = 6$. $c = \sqrt{(a^2 - b^2)} \Rightarrow c = \pm 2{,}646$.

As coordenadas do foco positivo são $F_2(+2{,}646; 0)$.

Se a reta forma 30° com o eixo X, logo seu coeficiente angular é igual à tangente de 30°, ou seja: $mF_2 = +0{,}577$. Como a reta passa pelo ponto $F_2(+2{,}646; 0)$, sua equação é:

$mF_2 = (y - yF_2)/x - x\,F_2 \Rightarrow +0{,}577(x - x\,F_2) = (y - yF_2) \Rightarrow +0{,}577(x - 2{,}646) = y - 0$.

A equação da reta é: $+0{,}577x - y - 1{,}527 = 0$.

$+x^2/16 + y^2/9 = +1$, também é igual a: $+9x^2 + 16y^2 = +144$.

Os pontos de interseção da reta com a elipse, são determinados, resolvendo-se o sistema:

$\begin{cases} +0,577x - y - 1,527 = 0. \\ +9x^2 + 16y^2 = +144. \end{cases}$ As raízes desse sistema são: $\begin{cases} x1 = +3,884;\ y1 = +0,714 \\ x2 = -1,917 \text{ e } y2 = -2,633. \end{cases}$

As coordenadas cartesianas da interseção são: P1(+3,884; +0,714) e P2(-1,917; -2,633).

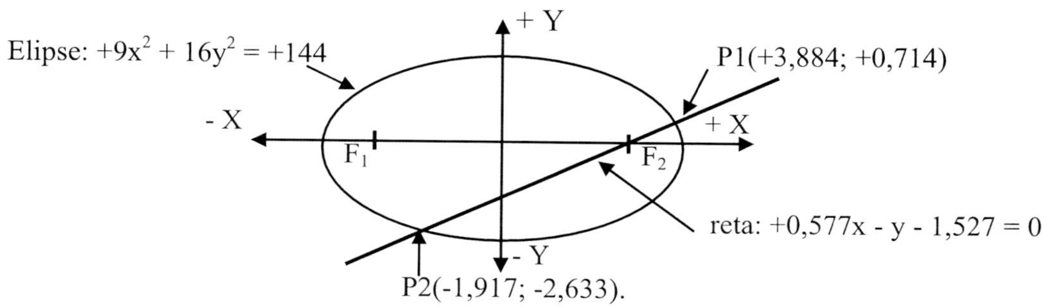

5.4.6) (AFA). Se A(+10; 0) e B(-5; y) são pontos de uma elipse, cujos focos são: $F_1(-8;\ 0)$ e $F_2(+8;\ 0)$, determinar o perímetro do triângulo BF_1F_2.

Raciocínio lógico espacial: inicialmente faz-se uma imagem geométrica, com os dados disponíveis, para se ter uma melhor ideia de como será o raciocínio lógico matemático.

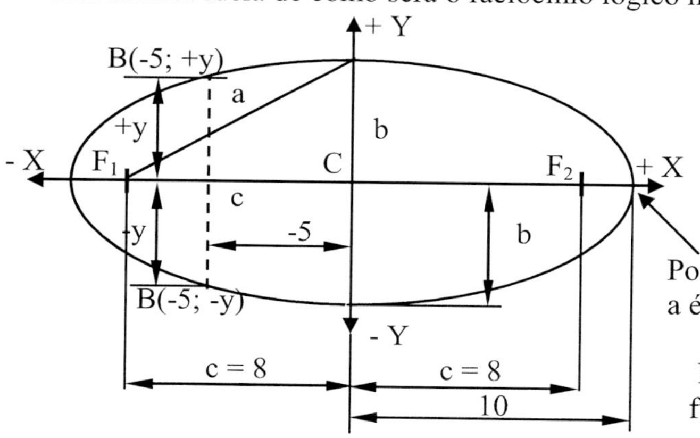

Como: $F_1(-8;\ 0)$ e $F_2(+8;\ 0)$, significa que os focos estão sobre o eixo X, ou seja, o eixo maior coincide com o eixo X e o centro da elipse coincide com a origem dos eixos cartesianos. A equação dessa elipse é: $+x^2/a^2 + y^2/b^2 = +1$.

Ponto A(+10; 0): isso significa que o semi eixo maior a é igual a 10, pois tem a mesma ordenada de F1 e F2.

Raciocínio lógico matemático: usando-se a relação fundamental: $a^2 = b^2 + c^2$, acha-se b. Com o valor do semi eixo menor b, volta-se à equação $x^2/a^2 + y^2/b^2 = +1$, para calcular as coordenadas do ponto B, uma vez que sua ordenada está definida como igual a y. Uma vez com as coordenadas do ponto B, calculam-se as distâncias BF_1 e BF_2, permitindo o cálculo do perímetro do triângulo BF_1F_2.
$a^2 = b^2 + c^2 \Rightarrow 10^2 = b^2 + 8^2 \Rightarrow b = \sqrt{100 - 64} \Rightarrow b = \sqrt{36} \Rightarrow b = \pm 6.$

$+x^2/a^2 + y^2/b^2 = +1 \Rightarrow +x^2/100 + y^2/36 = +1$. Substituindo as coordenadas do ponto B(-5; y), nessa equação tem-se:

$(-5)^2/100 + y^2/36 = +1 \Rightarrow 25/100 + y^2/36 = +1 \Rightarrow y^2 = 36(1 - 25/100) \Rightarrow y^2 = 27 \Rightarrow y = \pm 3\sqrt{3}.$

Ou seja, $B(-5;\ \pm 3\sqrt{3})$. Com B definido, calculam-se as distâncias BF1 e BF2.

$|BF_1| = \sqrt{(xF_1 - x_B)^2 + (yF_1 - y_B)^2} \Rightarrow |BF_1| = \sqrt{[(-8) - (-5)]^2 + (0 - 3\sqrt{3})^2} \Rightarrow |BF_1| = \sqrt{9 + 27} \Rightarrow |BF_1| = 6.$

$|BF_2| = \sqrt{(xF_2 - x_B)^2 + (yF_2 - y_B)^2} \Rightarrow |BF_2| = \sqrt{[(+8) - (-5)]^2 + (0 - 3\sqrt{3})^2} \Rightarrow |BF_2| = \sqrt{169 + 27} \Rightarrow |BF_2| = 14.$

Perímetro do triângulo $BF_1F_2 = |BF_1| + |BF_2| + |F_1F_2| = 6 + 14 + 16 = 36.$

Conclusão: o perímetro do triângulo BF_1F_2 é igual a 36 unidades de comprimento.

5.4.7) Dada a equação: $+x^2/16 + y^2/9 = +1$, pede-se: a) O tipo de curva, todas as suas características dimensionais e sua imagem geométrica e b) A equação da reta que passa pelo foco de abscissa positiva e forma um ângulo de 30^0 com o eixo X.

a) Trata-se de uma elipse, com equação do tipo: $+x^2/a^2 + y^2/b^2 = +1$, ou seja: $a^2 = 16$, logo $a = 4$, $b^2 = 9$, logo, $b = 3$, com eixo maior $2a = 8$ e eixo menor $2b = 6$. O centro C dessa elipse coincide com a origem dos eixos cartesianos (0; 0). O eixo maior $2a = 8$ coincide com o eixo cartesiano X.

Imagem Geométrica

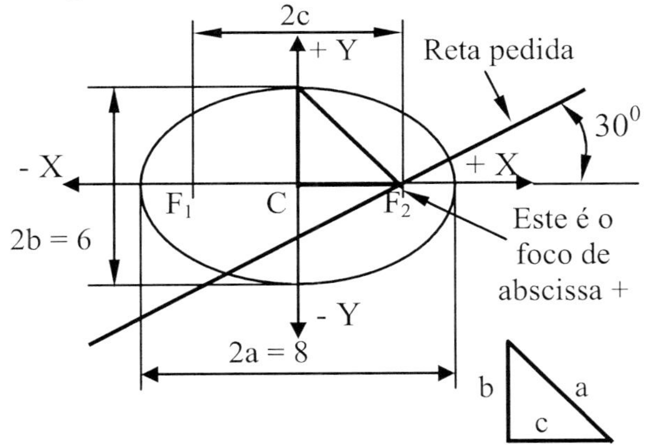

O foco de abscissa positiva é o F_2, ou direito.

$a^2 = b^2 + c^2$. $c^2 = a^2 - b^2$; $c = \sqrt{a^2 - b^2}$; $c = \pm 2{,}646$.

F_1 (-2,646; 0) e F_2 (+2,646; 0). $2c = 5{,}292$.

Como a Reta faz 30^0 com o Eixo X, seu coeficiente angular m é igual a tg $30^0 = +0{,}577$.

$m(x - 0) = y - 2{,}646$. $+0{,}577x = +y - 2{,}646$.

b) Equação da reta: $y = +0{,}577x + 2{,}646$.

$a^2 = 16$ e $b^2 = 9 \Rightarrow a = \pm 4$ e $b = \pm 3$

Esse é o triângulo fundamental de toda elipse.

5.4.8) (CEFET - CE). Dada a equação: $+4x^2 + 3y^2 = +12$, onde x e y são variáveis reais, ou seja pertencem ao conjunto dos números reais, determine qual lugar geométrico é representado pela equação.

Raciocínio lógico matemático: dividindo-se toda a equação por 12 tem-se: $\frac{+4x^2}{12} + \frac{3y^2}{12} = \frac{+12}{12} \Rightarrow \frac{+x^2}{3} + \frac{y^2}{4} = +1$. Que representa uma elipse de centro C coincidente com a origem (0; 0) e eixo maior 2a coincidente com o eixo cartesiano Y. Essa é uma elipse do tipo: $\frac{+x^2}{b^2} + \frac{y^2}{a^2} = +1$, onde: $a^2 = 4 \Rightarrow a = \pm 2$; $b^2 = 3 \Rightarrow \; = \pm\sqrt{3}$.

Como: $a^2 = b^2 + c^2 \Rightarrow c = \pm\sqrt{a^2 - b^2} \Rightarrow c = \pm\sqrt{4 - 3} \Rightarrow c = \pm 1$.

Imagem geométrica da elipse

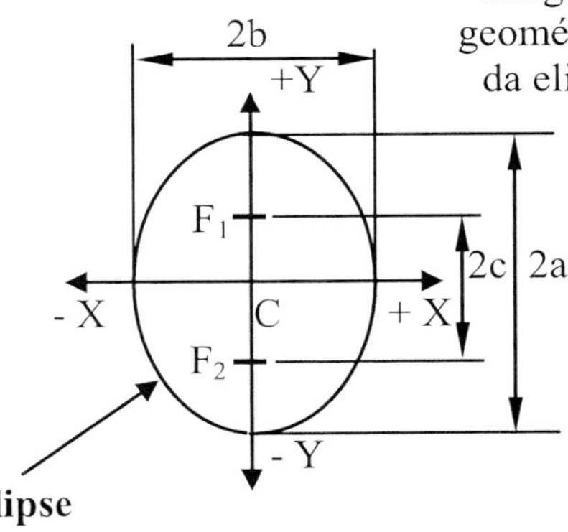

Conclusão: o lugar geométrico é essa elipse

5.4.9) Uma elipse tem equação: $+(x - 4)^2/36 + (y + 1)^2/9 = +1$. A partir da mesma, pedem-se: a) Sua imagem geométrica, mostrando todas as dimensões e b) As coordenadas cartesianas dos focos.

Raciocínio lógico matemático: como $a^2 = 36 \Rightarrow a = 6$ e $2a = 12$. $b^2 = 9 \Rightarrow b = 3$ e $2b = 6$. O eixo maior está paralelo ao eixo X, pois o maior denominador está sob x. O centro da elipse tem abscissa $x = +4$ e ordenada $y = -1$, pois trata-se de uma elipse do tipo: $+(x - h)^2/a^2 + (y - k)^2/b^2 = +1$, onde $h = +4$ e $k = -1$.

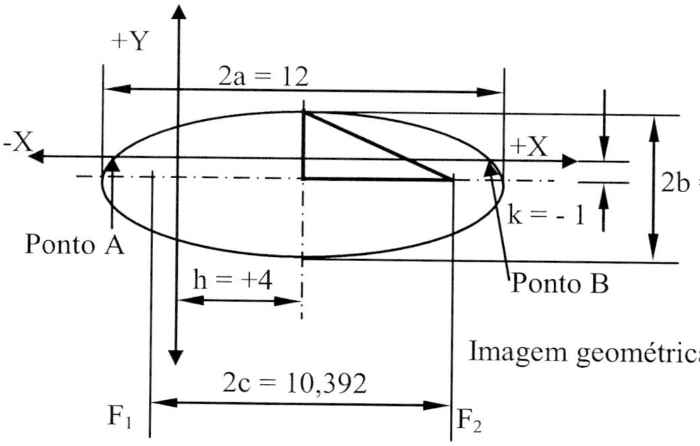

Imagem geométrica

a) $a^2 = b^2 + c^2$: $c^2 = a^2 - b^2$. $c = \sqrt{a^2 - b^2}$.

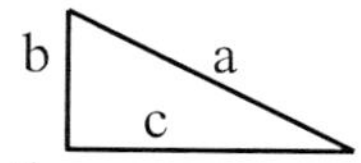

$c = \sqrt{36 - 9} \Rightarrow c = \pm 5,196$.

$2c = 10,392$.

b) $F_1(-1,196; -1)$ e $F_2(+9,196; -1)$.

5.4.10) Determinar a área do círculo circunscrito a uma elipse equilátera onde o círculo inscrito tem área igual a 9π.

Raciocínio lógico espacial: como já visto, elipse equilátera é a que o eixo menor 2b é igual à distância focal 2c. Inicialmente faz-se a imagem geométrica preliminar da elipse, com indicação do que é pedido, observando-se que a posição do eixo maior 2a será colocado coincidente com o eixo cartesiano X, embora também possa ser coincidente com o eixo Y, pois estuda-se área e não a equação da elipse em si.

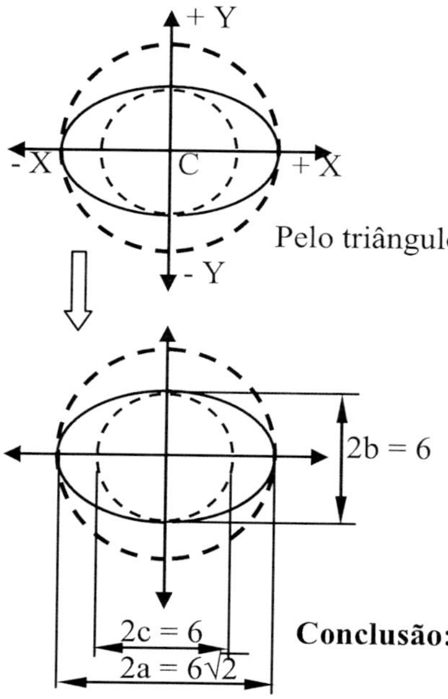

Raciocínio e desenvolvimento matemático:

Área do círculo inscrito = $9\pi \Rightarrow \pi r^2 = 9\pi \Rightarrow r^2 = 9 \Rightarrow r = 3$.

Como a elipse é equilátera: $r = b$ e $2b = 6 \Rightarrow 2c = 6$.

Pelo triângulo fundamental: $a^2 = b^2 + c^2 \Rightarrow a^2 = 3^2 + 3^2 \Rightarrow a^2 = 18 \Rightarrow a = \sqrt{18} = \pm 3\sqrt{2}$.

Observa-se que o raio R do círculo circunscrito é: $a = 3\sqrt{2}$.

Portanto a área do círculo circunscrito é: $\pi R^2 = \pi(3\sqrt{2})^2 = 18\pi$.

Conclusão: a área do círculo circunscrito é igual a 18π (56,55)

Conclusão: a área do círculo circunscrito é igual a 18π (56,55) unidades de área.

5.4.11) Determinar as equações reduzida e geral da elipse que passa pelos pontos A(+6; +4) e B(-8; +3), e tem centro C na origem (0; 0).

Raciocínio lógico matemático: esse problema não é entendido, inicialmente, apenas com a imagem geométrica dos pontos fornecidos. A solução vem da análise da equação reduzida geral dessa elipse que é igual a: $\frac{+x^2}{a^2} + \frac{y^2}{b^2} = +1$, substituindo-se x e y, pelos valores de A e de B.

$\frac{+x^2}{a^2} + \frac{y^2}{b^2} = +1$. Considerando o ponto A: $\frac{(+6)^2}{a^2} + \frac{(+4)^2}{b^2} = +1 \Rightarrow \frac{36}{a^2} + \frac{16}{b^2} = +1$ (I)

$\frac{+x^2}{a^2} + \frac{y^2}{b^2} = +1$. Considerando o ponto B: $\frac{(-8)^2}{a^2} + \frac{(+3)^2}{b^2} = +1 \Rightarrow \frac{64}{a^2} + \frac{9}{b^2} = +1$ (II). Observa-se que: (I) = (II).

(I) = (II) $\Rightarrow \frac{36}{a^2} + \frac{16}{b^2} = \frac{64}{a^2} + \frac{9}{b^2} \Rightarrow 36b^2 + 16a^2 = 64b^2 + 9a^2 \Rightarrow 16a^2 - 9a^2 = 64b^2 - 36b^2 \Rightarrow +7a^2 = +28b^2 \Rightarrow$

$a^2 = 4b^2$ ou $a = 2b$. Substituindo $a^2 = 4b^2$ na equação (I), tem-se:

$\frac{36}{4b^2} + \frac{16}{b^2} = +1 \Rightarrow \frac{9}{b^2} + \frac{16}{b^2} = +1 \Rightarrow 9 + 16 = b^2 \Rightarrow b^2 = 25 \Rightarrow b = \pm 5$. Como $a = 2b$: $a = \pm 10$.

Conclusão: equação reduzida: $\frac{+x^2}{100} + \frac{y^2}{25} = +1$ e equação geral: $+x^2 + 4y^2 - 100 = 0$.

5.4.12) (EsFAO). Determinar os focos da elipse: $+\frac{(x-1)^2}{16} + \frac{(y+2)^2}{25} = +1$.

Raciocínio lógico matemático espacial: observa-se que é uma elipse com centro C(+1; -2), com eixo maior 2a paralelo ao eixo cartesiano Y, sendo: $a^2 = 25 \Rightarrow a = \pm 5$ e $2a = 10$; $b^2 = 16 \Rightarrow b = \pm 4$ e $2b = 8$. Pelo triângulo fundamental: $a^2 = b^2 + c^2 \Rightarrow c^2 = a^2 - b^2 \Rightarrow c = \sqrt{a^2 - b^2} \Rightarrow c = \sqrt{25 - 16} \Rightarrow c = \pm 3$. Como o centro C não coincide com a origem, é através da imagem geométrica da elipse, que se deduz a posição dos focos.

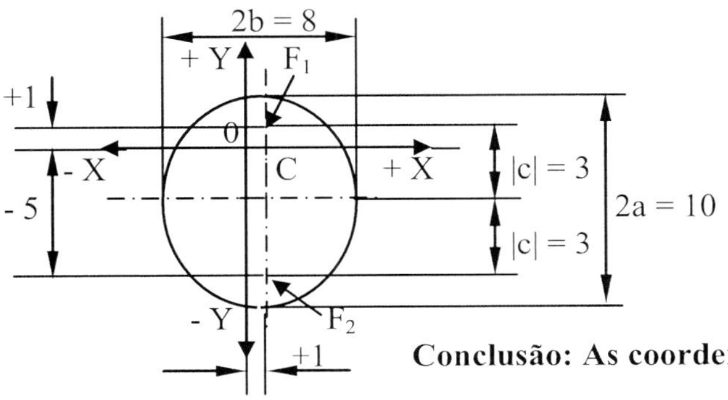

Esta é uma elipse de equação:

$+(x-1)^2/b^2 + (y+2)^2/a^2 = +1$, e C(+1; -2)

Conclusão: As coordenadas dos focos são: $F_1(+1; +1)$ e $F_2(+1; -5)$.

5.5 Exercícios sobre aplicações práticas e reais de elipses

5.5.1) Um escritório de Arquitetura projetou um galpão cilíndrico vertical, com uma cobertura (telhado) no formato elíptico, como descrito a seguir. Como a sustentação da cobertura será em vigas metálicas, as mesmas serão feitas a partir de perfis metálicos, curvados segundo a geometria da elipse. Com as informações do desenho a seguir, pede-se calcular o comprimento de cada uma dessas vigas.

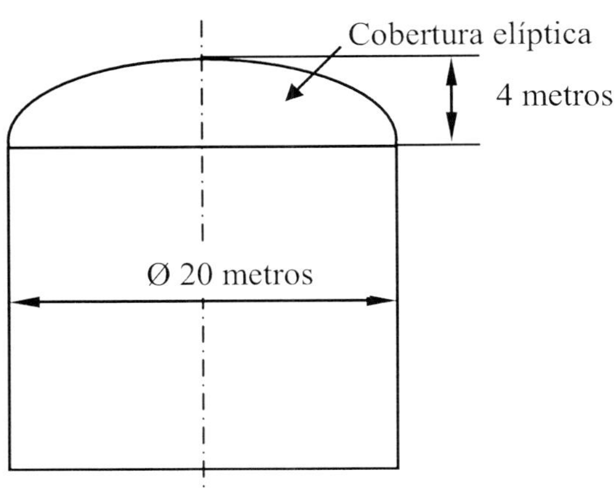

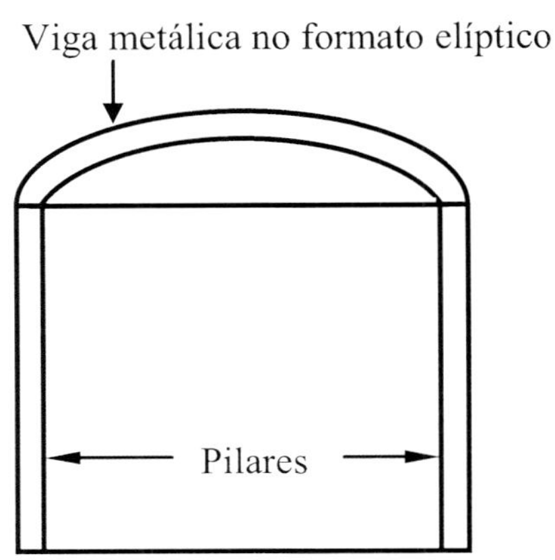

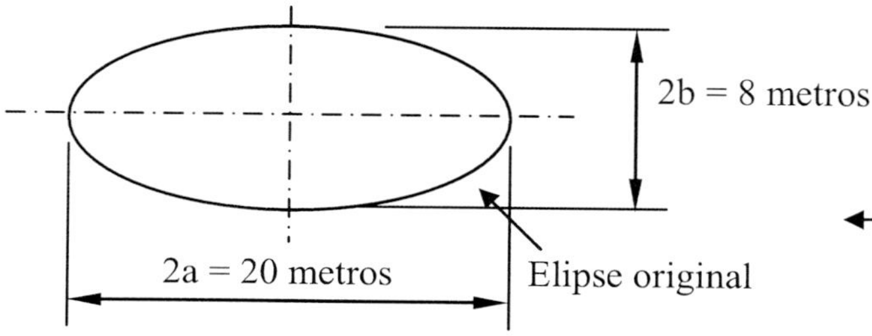

A cobertura é uma semi elipse com o eixo maior de 20 metros e o menor com 8 metros.
O comprimento de cada viga metálica é igual à metade do perímetro da elipse (C/2).

O perímetro de uma elipse é dado por:
O perímetro de uma elipse é dado por:

$C = \pi \, . \, a \, . \, (2 - e^2/2 + 3. \, e^4/16)$

- e = excentricidade.
- e = c/a.
- c = metade da distância focal.

Basta calcular a distância focal 2c e a excentricidade e. O comprimento de cada viga será C/2.

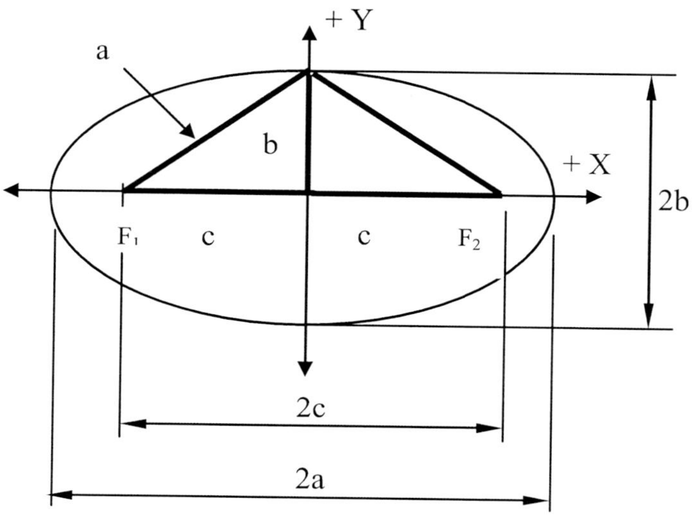

- $a^2 = b^2 + c^2$ logo: $c = \sqrt{(a^2 - b^2)}$.
- a = 10 metros e b = 4 metros.
- c = 9,165 metros.
- e = c/a => e = 9,165/10 => e = 0,9165

$C/2 = \pi \, . \, a \; (2 - e^2/2 + 3. \, e^4/16) \quad \Rightarrow C/2 = \dfrac{3{,}1416 \, . \, 10 \, [2 - (0{,}9165^2/2) + (3 \, . \, 0{,}9165^4/16)]}{2}$

$C/2 = [31{,}416 \, (2 - 0{,}4120 + 0{,}1323)] / 2 \qquad C/2 = 27{,}0224572$ metros = 27.022,472 mm.

Ou seja, o comprimento de cada viga é de 27,0224572 m ou 27.022,472 mm.
Na prática, ou seja, comercialmente, essas vigas metálicas são fornecidas pelas siderúrgicas em varas com no máximo 12 metros (ou 12.000 mm) de comprimento. Como o comprimento necessário é de 27.022,472 mm, serão soldadas duas varas de 12 metros (total de 24.000 mm) e uma terceira de 3.022,5 mm. Outra observação é que, cada viga terá as três peças metálicas soldadas da forma mostrada a seguir:

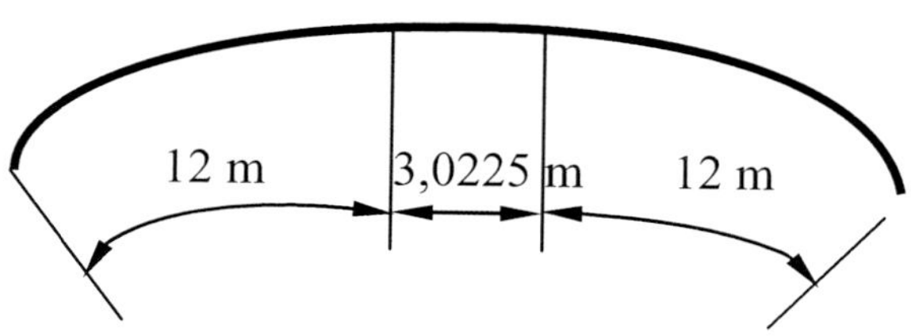

Por questões de simetria, as peças de mesmo comprimento (12 m) ficam nas pontas e a menor (3,0225 m) fica no meio do vão.
Observa-se que, cada peça será curvada previamente e depois é que serão soldadas.

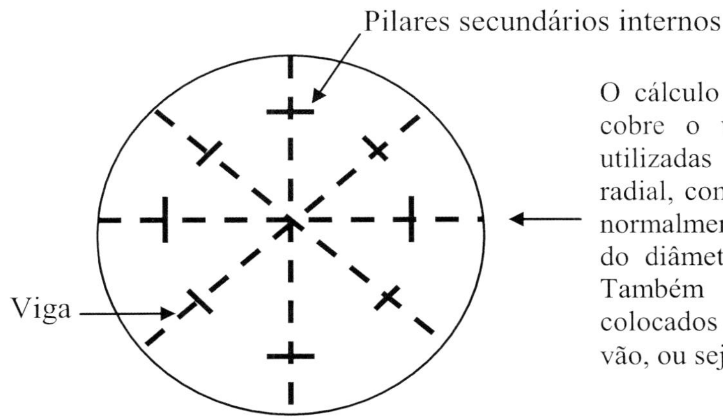

O cálculo aqui desenvolvido é para uma viga, que cobre o valor do diâmetro. Na realidade, serão utilizadas várias destas vigas, montadas no sentido radial, como mostradas ao lado. O número de vigas, normalmente em número par, é calculado em função do diâmetro e das cargas sobre o teto do tanque. Também podem existir pilares secundários, colocados no interior do tanque, devido ao grande vão, ou seja, devido ao diâmetro do tanque.

5.5.2) Um desenhista industrial (*designer*) está desenvolvendo o projeto de uma lata para chocolate em pó, com um volume de 1,1 litro, para armazenar o equivalente a 1 litro de pó de chocolate. O *designer* pensou num frasco no formato elipsoidal, em verdade um cilindro elíptico. Conhecendo-se as dimensões da elipse, como no desenho a seguir, Qual deve ser a altura deste frasco, para ter o volume de 1,1 litro?

Como em qualquer cilindro, o volume dessa lata é igual à área da base (S) vezes a altura (H), que é o que se tem que calcular. Ou seja: V = S . H.
A área (S) de uma elipse é dada por: S = π . a. b, onde a é o semi eixo maior e b o semi eixo menor. Esses valores já são conhecidos: π = 3,1416, a = 60 mm e b = 40 mm.

De V = S . H, tem-se: H = V / S.
O volume é 1,1 litro ou 1,1 dcm^3 (1,1 decímetro cúbico, já que 1 litro = 1 dcm^3).
a = 60 mm = 0,6 dcm. b = 40 mm = 0,4 dcm.
S = 3,1416 . 0,6 dcm. 0,4 dcm; S = 0,754 dcm^2.
H = 1,1 dcm^3 / 0,754 dcm^2; logo: H = 1,459 dcm (igual a 14,59 cm).

Do ponto de vista prático e de fabricação dessa lata, a altura deverá ser de 15 cm (ou 150 mm), com o volume real ficando um pouco maior do que 1,1 litro.

5.5.3) Considerando que a lata do exercício 5.5.2 será fabricada a partir de um pedaço (plano) de chapa de aço, que será dobrada no formato elipsoidal, calcular as dimensões (altura x comprimento) dessa chapa, para fabricar uma lata.

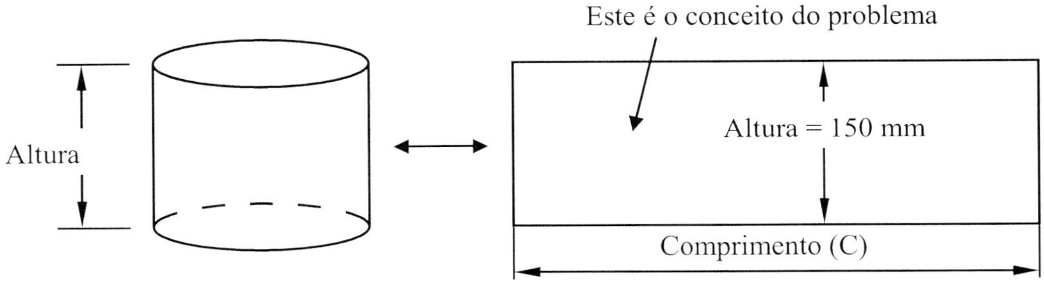

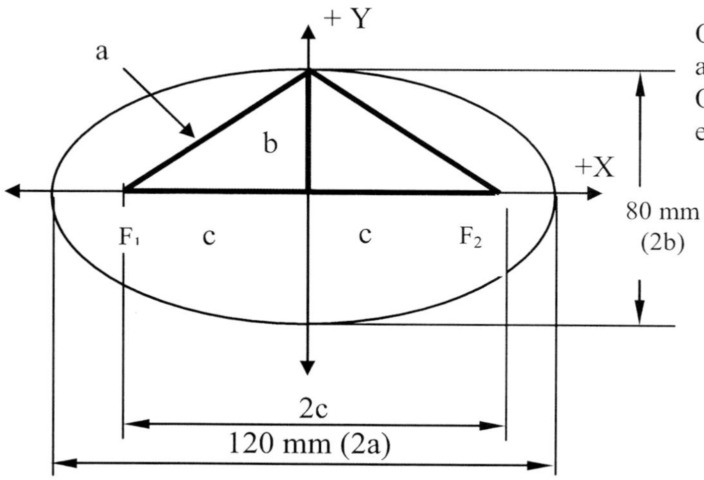

O comprimento é o perímetro da elipse, e a altura, já calculada, é igual a 15 cm.
O perímetro será calculado como no exercício 5.4.1.

$a^2 = b^2 + c^2$ logo: $c = \sqrt{(a^2 - b^2)}$

a = 60 mm e b = 40 mm.

c = 44,7213 mm.

e = c/a => e = 44,7213/60:

e = 0,7453

Como já visto:

$C = \pi . a . (2 - e^2/2 + 3. e^4/16)$

e = excentricidade = 0,7453.
π = 3,1416.
c = metade da distância focal = 44,7213 mm.
a = 60 mm.

$C = 3{,}1416 . 60. [2 - (0{,}7453^2/2) + (3. 0{,}7453^4/16)] \Rightarrow C = 188{,}496 (2 - 0{,}278 + 0{,}0578).$

C = 335,4852 mm. Esse é o comprimento calculado analiticamente.

Como, para fazer a lata a chapa terá que ser dobrada e soldada por pontos na junção, com uma sobreposição, logo o comprimento tem que ser um pouco maior. Uma chapa com comprimento de 350 mm está adequada. A chapa planificada tem as dimensões:

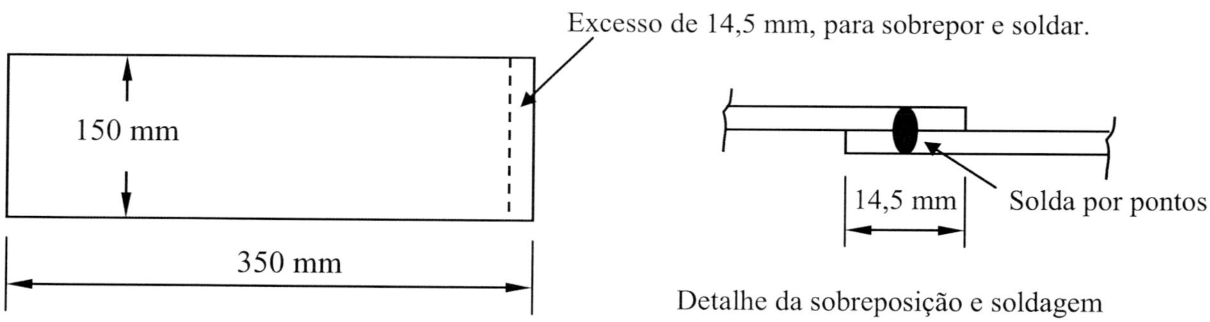

Detalhe da sobreposição e soldagem

5.5.4) Imagine o cilindro circular, como a seguir mostrado, com diâmetro de 30 centímetros e sendo cortado por um plano a 45 graus com a horizontal. Desse corte resulta uma elipse (veja parágrafo 5.1). Determinar todas as características dessa elipse, inclusive sua equação.

Esse tipo de problema ocorre na prática, quando se faz uma curva de tubulação a 45°, a partir do corte de trechos de tubos retos.

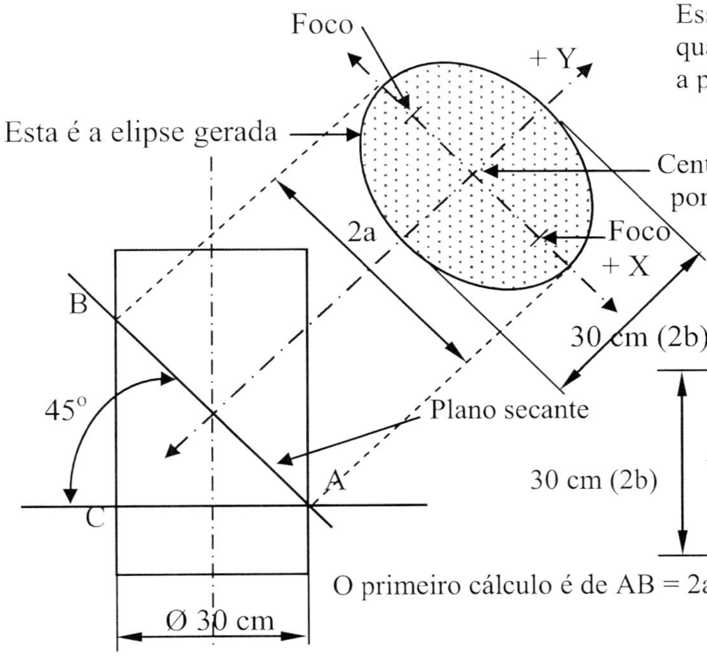

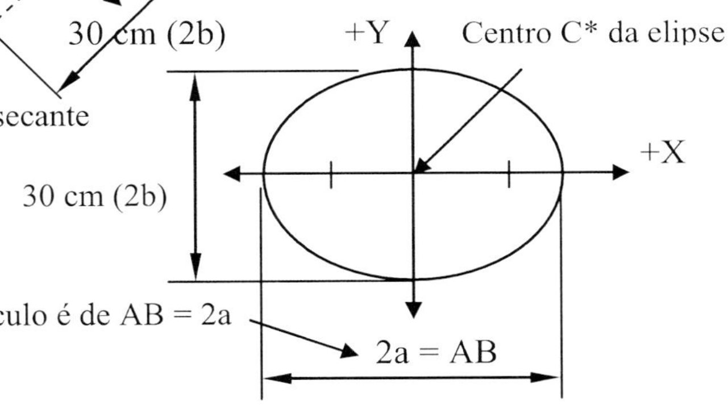

Observação: Em Engenharia Mecânica, especialmente na área de projetos de tubulações industriais, é muito comum peças e cálculos desse tipo, ou seja, um tubo circular seccionado a 45°, gerando uma elipse.

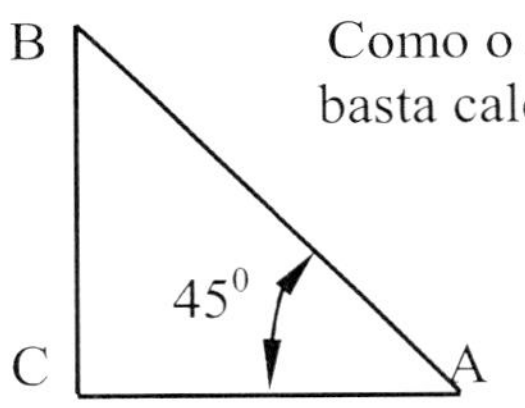

Como o ângulo é de 45°, o triângulo retângulo tem lados iguais (AC = BC), logo basta calcular a hipotenusa AB que é o eixo maior (2a) da elipse.

$AB^2 = 2.\ AC^2$; $AB = 2a = \sqrt{(2.\ 30^2)}$ => $2a = 42{,}4264$ cm.

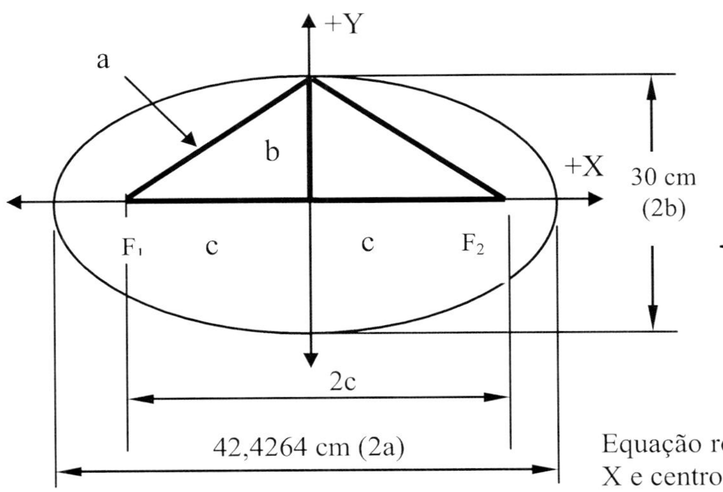

$a^2 = b^2 + c^2$ logo: $c = \sqrt{(a^2 - b^2)}$.

a = 21,2132 cm e b = 15 cm.

c = 15 cm. (b = c, pois é 45°)

e = c/a => e = 15/21,2132;

e = 0,7071.

$x^2/a^2 + y^2/b^2 = 1$

Equação reduzida da elipse com focos sobre o eixo X e centro C coincidente com a origem (0; 0).

$$\frac{+x^2}{21{,}2132^2} + \frac{y^2}{15^2} = +1$$

$+x^2/450 + y^2/225 = +1$ (equação reduzida) $+x^2 + 2y^2 - 450 = 0$ (equação geral)*

* Essa equação foi obtida, multiplicando-se a equação reduzida por 450, que é o m.m.c entre 450, 225 e 1.

Resumo das características da elipse:

$\begin{cases} +x^2/450 + y^2/225 = +1 \text{ ou } +x^2/2 + y^2 = +1 \text{ (equação reduzida). } +x^2 + 2y^2 - 2 = 0 \text{ (equação geral)} \\ \text{Eixo maior} = 2a = 42{,}4264 \text{ cm; Eixo menor} = 2b = 30 \text{ cm; Distância Focal} = 2c = 30 \text{ cm} \\ \text{Excentricidade} = 0{,}7071. \end{cases}$

5.5.5) Considerando a curva $+(x - 5)^2/25 + y^2/4 = +1$, pede-se: a) o seu tipo, sua imagem geométrica com suas dimensões e b) Com um gráfico à parte, mostre como essa curva pode ser utilizada em uma análise estatística, citando as variáveis consideradas nos eixos X e Y.

a) A equação: $+(x - 5)^2/25 + y^2/4 = +1$ é do tipo: $+(x - h)^2/a^2 + (y - k)^2/b^2 = +1$, ou seja: de uma elipse com centro (+5; 0) e eixo maior coincidente com o eixo cartesiano X. Nesse caso h = +5 e k = 0.
$a^2 = 25$ e $a = |5|$; $b^2 = 4 \Rightarrow b = \pm 2$.

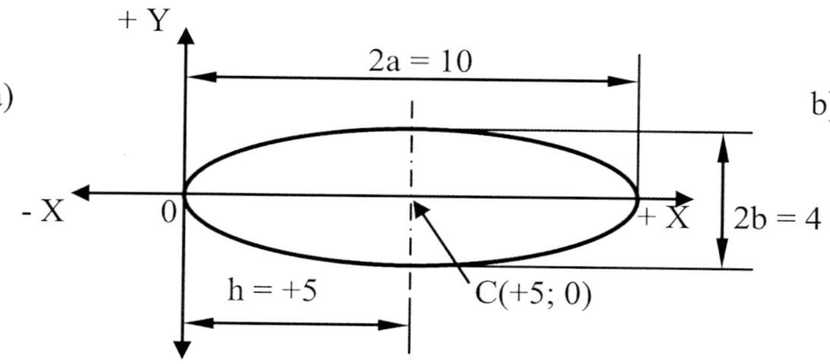

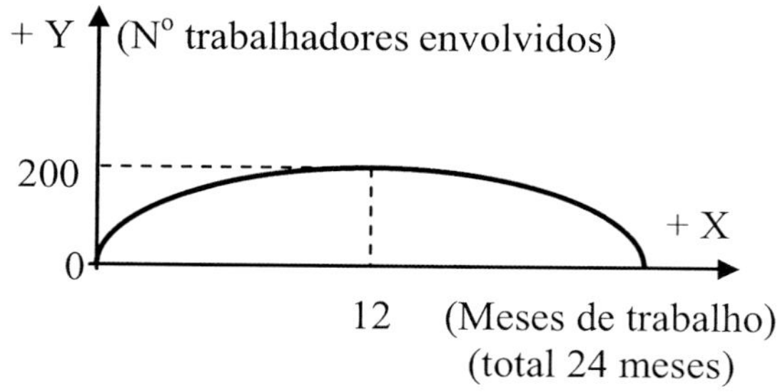

A "metade" superior dessa elipse pode ser utilizada para representar, por exemplo, o que ocorre em uma construção civil de grande porte (um edifício), onde ao iniciar começa com poucos trabalhadores (das mais diversas especialidades), ao longo do tempo, à medida que a obra avança, contratam-se mais trabalhadores, até que os serviços vão diminuindo e o número de trabalhadores também, até o final da obra, quando não tem mais ninguém trabalhando.

5.6 Exercícios propostos (veja respostas no Apêndice A)

5.6.1) A elipse a seguir representada tem equação: $+x^2/25 + y^2/9 = +1$. Calcular a área do triângulo indicado, segundo detalhes da figura a seguir. Todas as dimensões são em metros.

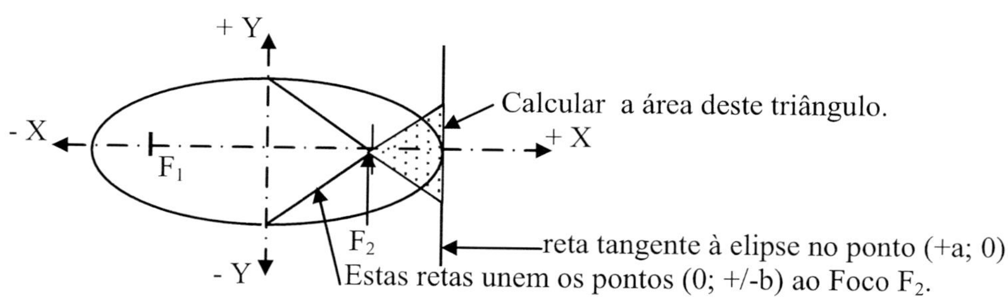

5.6.2) Determinar as coordenadas cartesianas dos pontos (P) de interseção das elipses: $+x^2/25 + y^2/16 = +1$ e $+x^2/16 + y^2/25 = +1$.

5.6.3) Determinar as equações reduzida e geral da elipse de centro C(-2; +3), com eixo maior igual a 8 e paralelo ao eixo X, e eixo menor igual a 6.

5.6.4) Considerando o metro como medida, e dada a elipse $+x^2/9 + y^2/36 = +1$, pedem-se: as coordenadas cartesianas dos pontos de interseção entre a elipse e a reta $x = +y$.

5.6.5) (UFPB - 2011). A secretaria de infraestrutura de um município contratou um arquiteto para fazer o projeto de uma praça, conforme o desenho a seguir. Trata-se de uma praça no formato retangular medindo 80 metros por 120 metros, onde deverá ser construído um jardim em forma de elipse na parte central. Na figura estão destacados os segmentos AC e BD, que são, respectivamente, o eixo maior e o menor da elipse, bem como os pontos F1 e F2, que são os focos da elipse, onde serão colocados dois postes de iluminação (um em cada foco). Com base nesses dados, determinar a distância entre os postes.

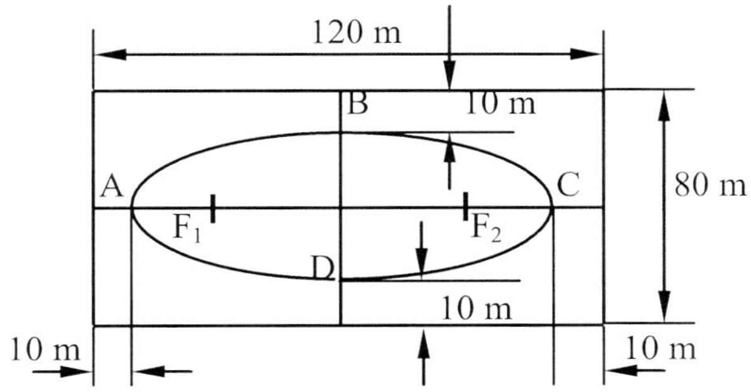

5.6.6) Uma elipse tem equação: $+(x+5)^2/36 + (y-4)^2/9 = +1$. A partir da mesma, pedem-se: a) As coordenadas cartesianas dos focos. b) As coordenadas cartesianas dos pontos A e B, onde a elipse é interceptada pela reta de equação: $y = +5$.

5.6.7) Sabendo que uma elipse tem seu eixo maior coincidente com o eixo cartesiano Y, tem a distância entre focos igual a 1 (um) e excentricidade igual a 0,5, determinar a equação reduzida dessa elipse.

5.6.8) (ENEM - 2015). A bola de futebol americano é um elipsoide obtido pela rotação de uma elipse em torno do seu eixo maior 2a. Sabe-se que a e b são, respectivamente, a metade do seu comprimento horizontal e a metade do seu comprimento vertical. Para esse tipo de bola, a diferença entre os comprimentos horizontal e vertical é igual à metade do comprimento vertical. Sabendo que o volume V dessa bola é aproximadamente igual a $V = 4ab^2$, determine o volume dessa bola, apenas em função de b.

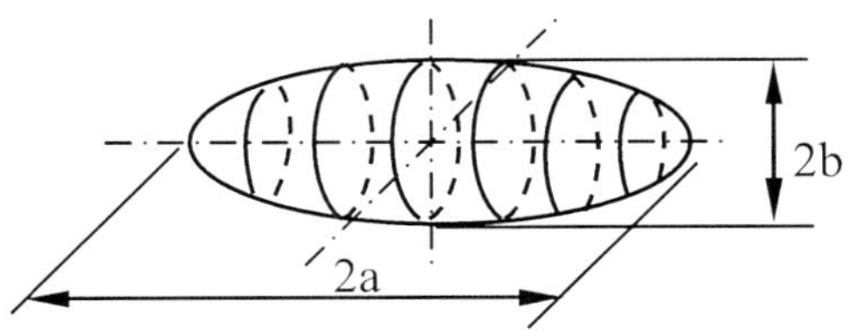

5.6.9) Dada a equação: $+x^2/16 + y^2/36 = +1$, pede-se: a) O tipo de curva, todas as suas características dimensionais e sua Imagem Geométrica e b) A equação da Reta que passa pelo Foco de Ordenada positiva e forma um ângulo de 30^0 com o Eixo X.

5.6.10) (UFPB). Nos focos de uma elipse, que contorna uma praça, estão dois quiosques representados pelos pontos A(+2; +80) e B(+2; -80). Um terceiro quiosque, sobre a elipse, está representado pelo ponto C(+2; -100). Nesse contexto, determinar a equação dessa elipse.

5.6.11) Um engenheiro civil está projetando um canal de perfil geométrico elíptico, para escoamento de água de uma grande barragem de uma hidrelétrica. A elipse estudada segue a equação $+x^2/16 + y^2/36 = +1$. Como largura do canal ele irá utilizar a distância da corda focal superior e a altura será igual à distância entre o foco superior e a extremidade do semi eixo maior. Considerando o metro como unidade de medida, pedem-se as medidas da largura e altura deste canal, fazendo um rascunho da imagem geométrica do canal.

5.6.12) (FUVEST). Determinar a equação da circunferência com centro na origem e cujo raio é igual ao semi eixo menor da elipse: $+x^2 + 4y^2 = +4$.

5.6.13) Determine as coordenadas cartesianas do centro C, as medidas dos eixos menor e maior e a distância focal da elipse: $+16x^2 + 25y^2 - 400 = 0$.

5.6.14) A órbita da Terra é uma elipse e o Sol ocupa um dos focos. Sabendo que o semi eixo maior tem 153.493.000 km, e que a excentricidade é de 0,0167, calcular a menor e a maior distância da Terra ao Sol.

5.6.15) Determinar a distância entre o centro da circunferência $+x^2 + y^2 + 8x - 6y = 0$ e o foco de coordenada positiva da elipse: $\frac{+x^2}{25} + \frac{y^2}{16} = +1$.

5.6.16) Determinar o tipo e a área do quadrilátero cujos vértices são as interseções da elipse: $+9x^2 + 25y^2 - 225 = 0$, com os eixos cartesianos.

5.6.17) Identifique qual é a curva cônica de equação: $+4x^2 + 9y^2 - 16x + 18y - 11 = 0$, bem como os valores dos seus principais elementos.

5.6.18) (AFA). Determinar a equação da elipse de centro C(-2; +1), excentricidade igual 0,6 e eixo maior horizontal com comprimento igual a 20.

5.6.19) (USP). Determinar as coordenadas cartesianas dos focos da elipse: $+9x^2 + 25y^2 = +225$.

5.6.20)) (PUC - SP). Sabendo que um ponto P da elipse $+x^2/9 + y^2/4 = +1$ dista 2 unidades de medida de um dos focos, determinar a distância de P ao outro foco.

Capítulo 6
A parábola

Exemplo de uma antena parabólica (mostrando sua propriedade refletora). *O receptor de sinal fica no foco da parábola.

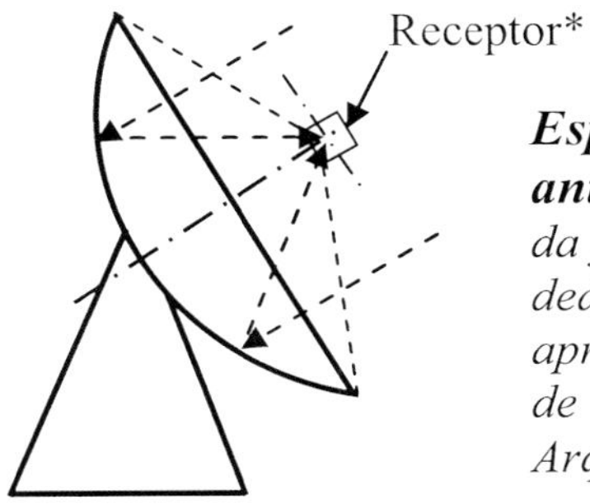

Espelhos, faróis, coberturas de igrejas e antenas, *são algumas aplicações práticas da função parabólica. Além das definições e deduções matemáticas, este capítulo apresenta vários exemplos práticos de usos de parábolas, em especial nas áreas de Arquitetura e Engenharia.*

6.1 Definição e elementos

Visualmente uma parábola é obtida quando um plano corta a superfície cônica, de forma inclinada à base, sendo paralelo à reta geratriz e interceptando a superfície cônica na área da base. Analiticamente, parábola é a curva plana aberta definida como o conjunto dos pontos (ou lugar geométrico) que são equidistantes, ao mesmo tempo, de um ponto fixo (chamado de foco F) e de uma reta também fixa, chamada diretriz "d", que é perpendicular ao eixo da parábola. Dessa definição, e segundo a figura a seguir, tem-se que: FP = PP' e FP1 = P1P1'.

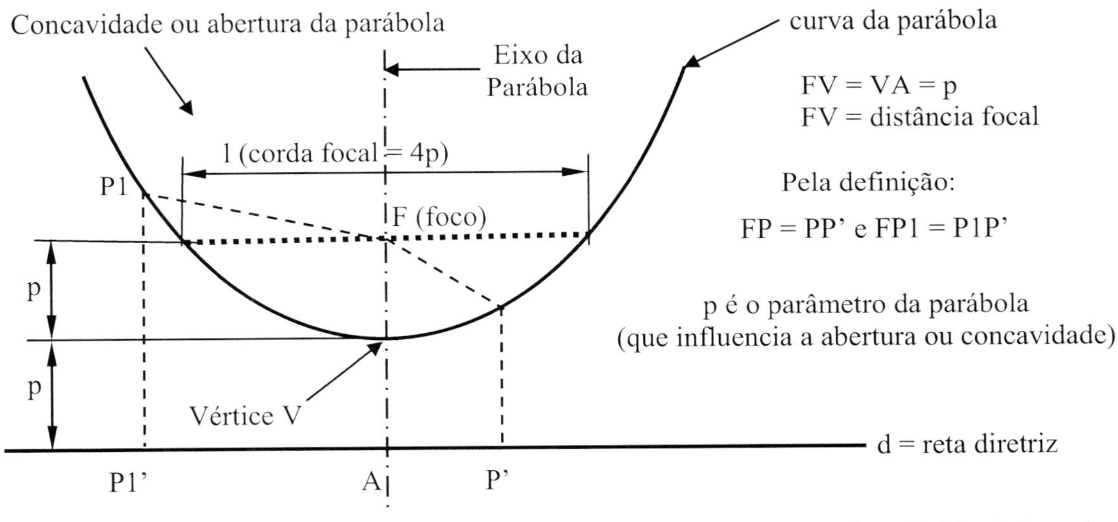

Um bom exemplo de estrutura arquitetônica, parabólica, é a ponte Juscelino Kubitschek, sobre o lago Paranoá, em Brasília. Inaugurada em 15 de dezembro de 2002, a estrutura da ponte tem um comprimento total de 1.200 metros, largura de 24 metros com duas pistas, cada uma com três faixas de rolamento, duas passarelas nas laterais para uso de ciclistas e pedestres com 1,5 metros de largura e comprimento total dos três vãos de 720 metros. A estrutura da ponte tem quatro apoios com pilares submersos no Lago Paranoá e os três vãos de 240 metros são sustentados por três arcos assimétricos e localizados em planos diferentes, com cabos tensionados de aço colocados em forma cruzada, o que geometricamente faz com que os cabos formem um plano parabólico (ou sob a forma de catenária).
Algumas entradas de túneis têm o formato parabólico e algumas construções, especialmente de igrejas católicas, têm a sua cobertura (telhado) no formato de uma parábola, como a Igreja Católica de São Francisco, na Pampulha, Minas Gerais, uma das primeiras obras de Oscar Niemeyer, construída na década de 1940. A abóbada dessa Igreja é no formato parabólico, e toda em concreto armado, sem alvenaria (tijolo).

6.2 Equação reduzida da parábola de eixo horizontal (ou coincidente com eixo X), vértice na origem (0; 0) e cavidade voltada para a direita ($y^2 = +4px$)

A parábola é uma curva aberta, de forma infinita. A própria imagem da origem de uma parábola, já mostrada, indica isso, visto que a superfície cônica é infinita, ou melhor, cada folha é infinita. Na prática, por exemplo, em espelhos e antenas parabólicas, por óbvio, é feita uma limitação na altura.

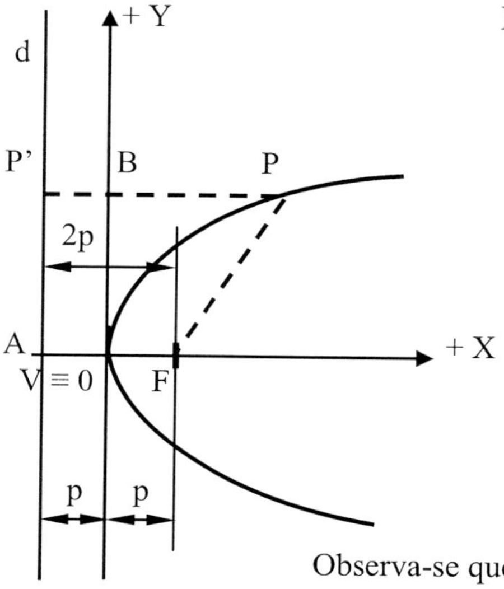

Dedução da equação dessa parábola

Pela definição de parábola: PF = PP' e AV = VF = p.

Coordenadas cartesianas: P(x; y); F(+p; 0); P'(-p; y); B(+p; y).

$|PF| = \sqrt{(x - p)^2 + (y - 0)^2} = \sqrt{(x - p)^2 + y^2}$.

$|PP'| = \sqrt{[(x - (p)]^2 + (y - y)^2} = \sqrt{(x + p)^2}$.

Como |PF| = |PP'| tem-se: $\sqrt{(x - p)^2 + y^2} = \sqrt{(x + p)^2}$,

Que elevado ao quadrado fica: $+(x - p)^2 + y^2 = (x + p)^2$, ou:

$+x^2 - 2px + p^2 + y^2 = +x^2 + 2px + p^2$, que resulta em:

$-2px + y^2 = +2px \Rightarrow y^2 = +4px$

$\mathbf{y^2 = +4px}$ ⟵ **Equação da parábola mostrada**

Observa-se que: $y = +/- \sqrt{+4px}$ (Não existindo o valor negativo de x).

Detalhes de parábolas simétricas, com eixos coincidentes com eixo cartesiano X:

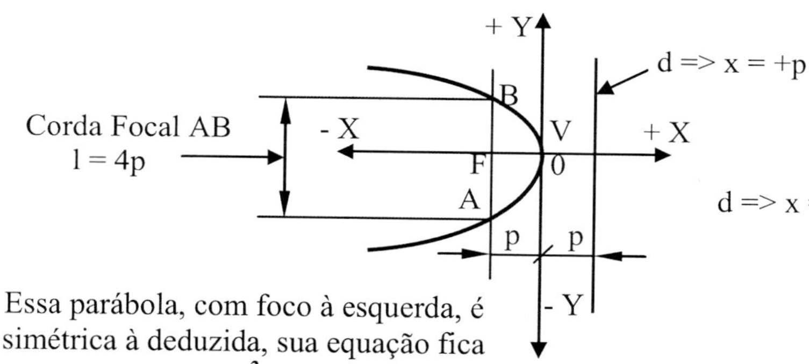

Essa parábola, com foco à esquerda, é simétrica à deduzida, sua equação fica igual a: $\mathbf{y^2 = -4px}$

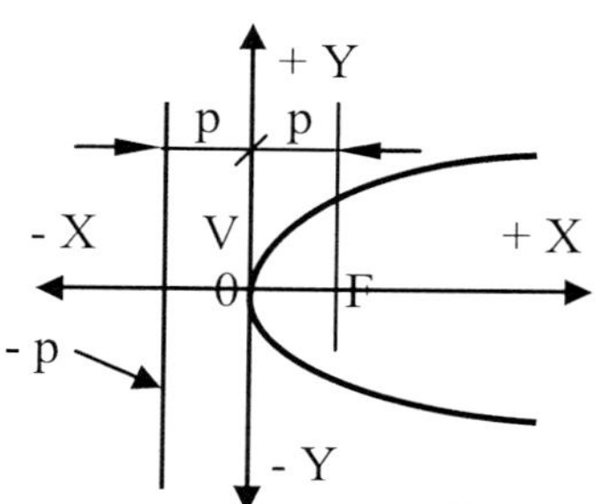

Imagem da parábola $\mathbf{y^2 = +4px}$, com foco à direita

Os conceitos matemáticos envolvidos na dedução da equação $\mathbf{y^2 = +4px}$, também são válidos para as outras três posições.

6.3 Equação reduzida da parábola de eixo vertical (ou coincidente com eixo Y), vértice na origem (0; 0) e cavidade voltada para cima ($x^2 = +4py$)

Se o foco de uma parábola é colocado sobre o eixo Y e se a diretriz d é paralela ao eixo X, e localizada a p unidades abaixo dele, a parábola resultante é representada, graficamente, como a seguir e sua equação é dada por: $x^2 = +4py$ (figura a seguir e à esquerda). A dedução dessa equação é análoga à da parábola de eixo horizontal e vértice na origem.

Da equação $x^2 = +4py$, obtém-se: $x = +/- \sqrt{4.p.y}$ (Não existindo o valor negativo de y).

Da definição: PF = PQ

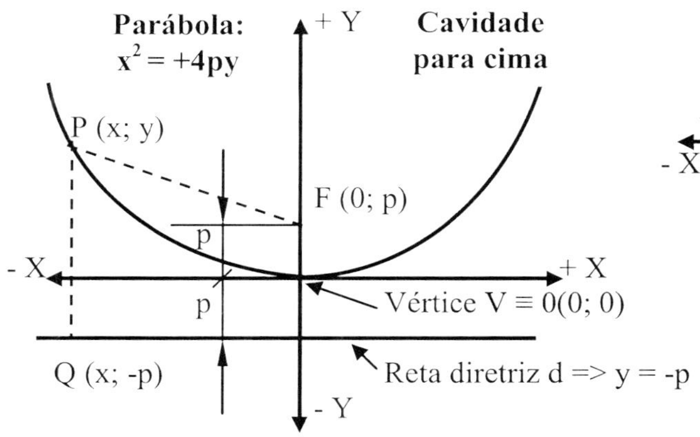

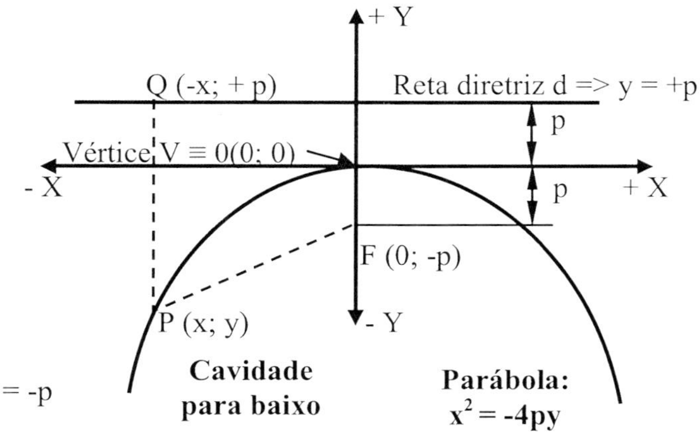

6.4 Equação geral e particularidades sobre a abertura (ou cavidade) de uma parábola

A função $y = +ax^2 + bx + c$ também expressa uma parábola, onde o valor do coeficiente "a" está ligado à abertura ou cavidade da parábola. À medida que o valor absoluto do coeficiente "a" do termo x^2 aumenta de valor, a abertura abre, ou seja, fica mais achatada, e à medida que diminui, a abertura se torna menor, ou seja, a parábola fica mais fechada.

Para $y = +ax^2 + bx + c \longrightarrow a1 < a2 < a3 < a4 < a5$.

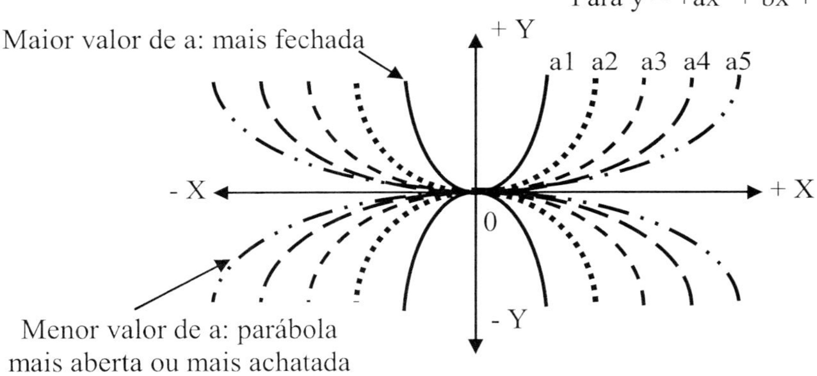

Quando "a" é positivo, a cavidade é para cima, por exemplo: $y = +x^2 - 2x - 3$

Quando "a" é negativo, a cavidade é para baixo, por exemplo: $y = -x^2 - 4x - 3$

6.5 Principais posições de uma parábola, em relação aos eixos cartesianos X e Y, e com o vértice V coincidindo com a origem (0; 0)

Em relação aos eixos cartesianos X e Y, uma parábola pode assumir diversas posições. As a seguir mostradas, são as mais comuns na prática, especialmente em cálculos de Engenharia.

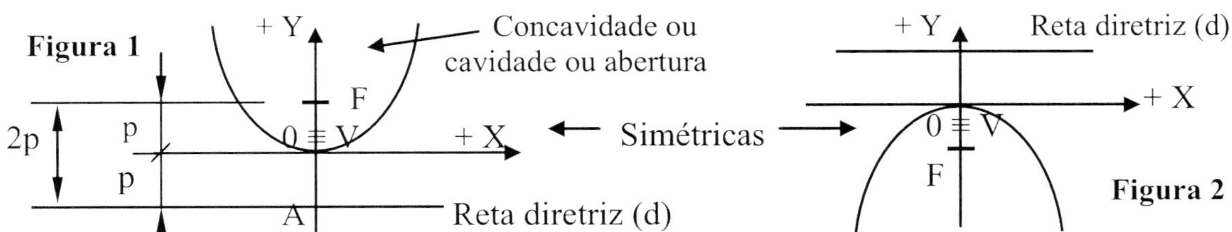

Parábola vertical com cavidade para cima e vértice na origem
Equação: $\mathbf{x^2 = +4py}$ ⟵ Simétricas ⟶ Equação: $\mathbf{x^2 = -4py}$

Parábola vertical com cavidade para baixo e vértice na origem

Quando nessas posições, figuras 1 e 2, a parábola é nominada função parabólica, pois, como cita a definição, uma curva só é função, quando qualquer reta paralela ao eixo Y, só corta a curva em um ponto.

Nessas posições, como qualquer reta paralela ao eixo Y, corta a curva em dois pontos, não é uma função.

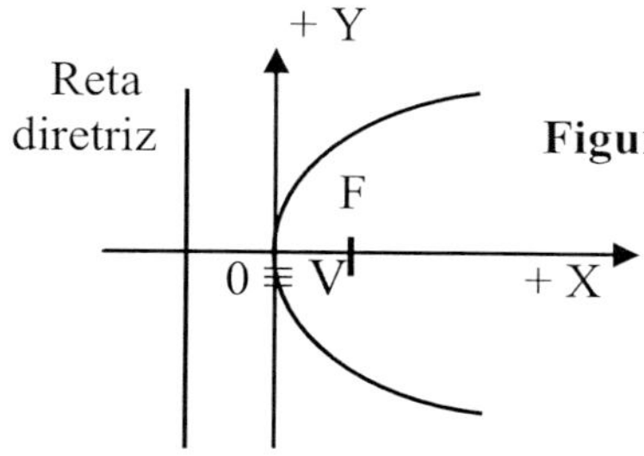

Figura 3

← Simétricas →

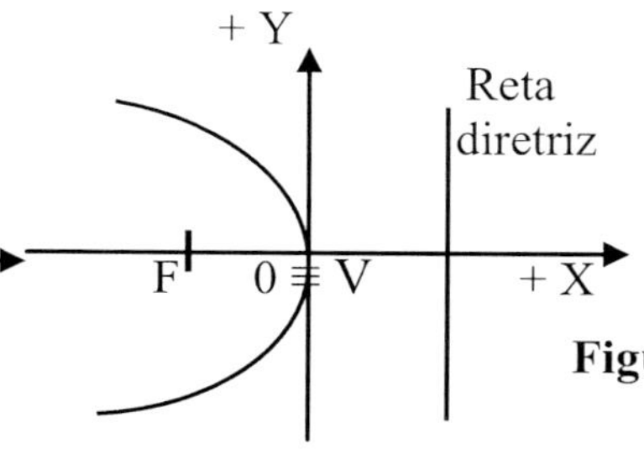

Figura 4

Parábola horizontal com cavidade para a direita e vértice na origem
Equação: $y^2 = +4px$

← Simétricas →

Parábola horizontal com cavidade para a esquerda e vértice na origem
Equação: $y^2 = -4px$

6.6 Características das raízes de uma equação do 2º grau ($+ax^2 + bx + c = 0$)

Segundo o método de Bhaskara, a resolução de uma equação do 2º grau do tipo $f(x) = +ax^2 + bx + c$, com o cálculo de suas raízes, é dada por: $x = \frac{(-b +/- \sqrt{\Delta})}{2a}$, onde Δ ou discriminante é dado por: $\Delta = b^2 - 4.ac$.

A análise do valor do discriminante Δ mostra como a curva da parábola se desenvolve em relação aos eixos X e Y, da seguinte maneira:

Parábola com duas raízes: A equação: $+x^2 - 3 = 0$, possuí duas raízes: x1 = +3 e x2 = -1, pois: $\Delta = b^2 - 4.ac = +16$. Ou seja, quando o discriminante é positivo, tem-se duas raízes. Como "a" é positivo, a cavidade é para cima. Já a equação $-x^2 - 4x - 3 = 0$, também tem duas raízes (x1 = +1 e x2 = +3), mas a cavidade é para baixo, pois "a" é negativo.

Obs: a raiz de uma equação do 2º grau, ou seja, de uma parábola, é onde a curva intercepta o eixo X.

A parábola intercepta o eixo em dois pontos diferentes

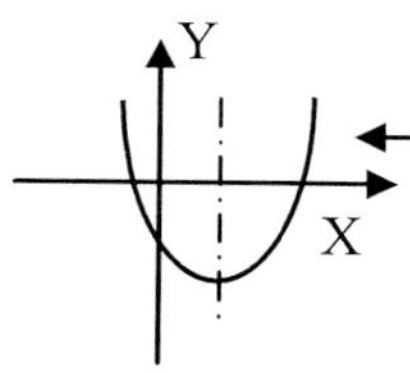

← $+x^2 - 2x - 3 = 0$; a = +1.
Duas raízes e cavidade para cima.

$-x^2 - 4x - 3 = 0$; a = -1.
Duas raízes e cavidade para baixo.

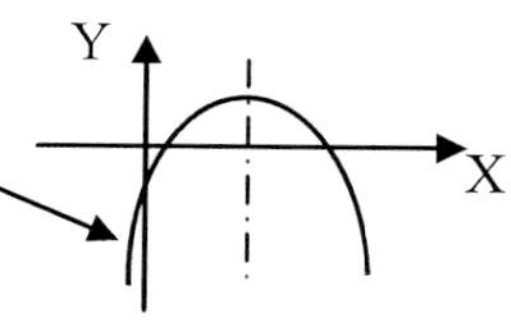

Parábola com apenas uma raiz: A equação: $+x^2 - 8x + 16 = 0$, possui apenas uma raíz: x = +4, pois: $\Delta = b^2 - 4.ac = 0$ e cavidade para cima, pois "a" é positivo. Já a equação $-x^2 - 8x - 16 = 0$, também só possui uma raiz, x = -4, mas a cavidade é para baixo, pois "a" é negativo.

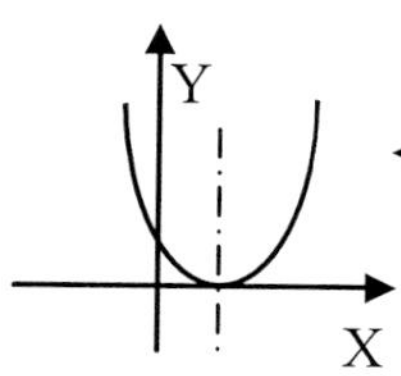

← $+x^2 - 8x + 16 = 0$, a = +1.
Uma raiz e cavidade para cima.

$-x^2 - 8x - 16 = 0$, a = -1.
Uma raiz e cavidade para baixo. →

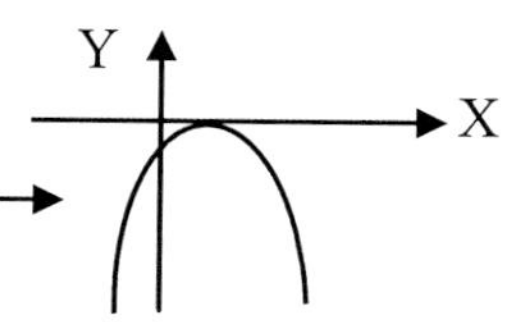

A curva da parábola é tangente ao Eixo X.

Parábola sem raiz, ou seja, que não intercepta o eixo X: A equação: $+10x^2 + 6x + 10 = 0$, não tem raízes reais, pois: $\Delta = b^2 - 4.ac = -364$, e a cavidade para cima, pois "a" é positivo. Já a equação: $-2x^2 + 3x - 10 = 0$, não tem raízes reais, pois: $\Delta = b^2 - 4.ac = -71$, e a cavidade é para baixo, pois "a" é negativo.

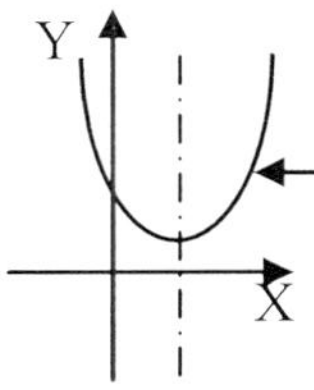

$+10x^2 + 6x + 10 = 0$, $a = +10$.
Sem raiz e cavidade para cima.
(Quando $x = 0 \Rightarrow y = +10$)

$-2x^2 + 3x - 10 = 0$, $a = -2$.
Sem raiz e cavidade para baixo.
(Quando $x = 0 \Rightarrow y = -10$)

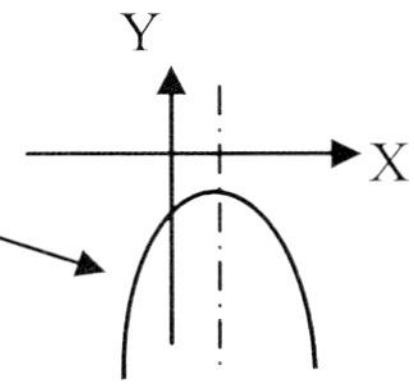

A parábola não intercepta o eixo X.

6.7 Equações de parábolas com vértices não coincidentes com a origem (0; 0)

Serão analisadas as parábolas com eixos paralelos a X e Y, embora por teoria uma parábola possa assumir qualquer posição dentro do espaço R^2, ou seja, nos quatro quadrantes.

$$+(x - h)^2 = +4.p\ (y - k)$$

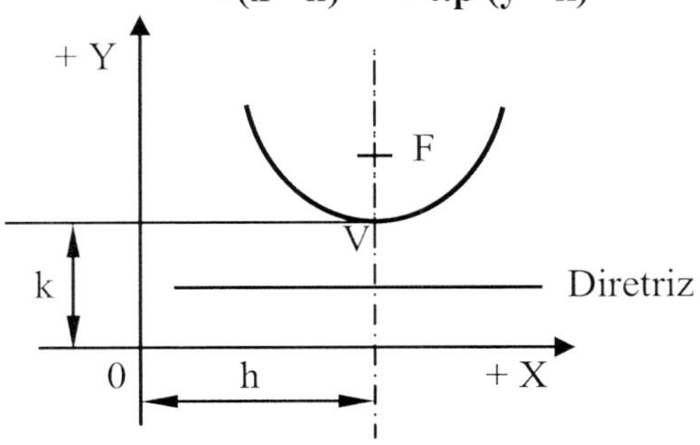

Parábola "A" com eixo paralelo a Y
e no primeiro quadrante

$$+(y - k)^2 = +4.p\ (x - h)$$

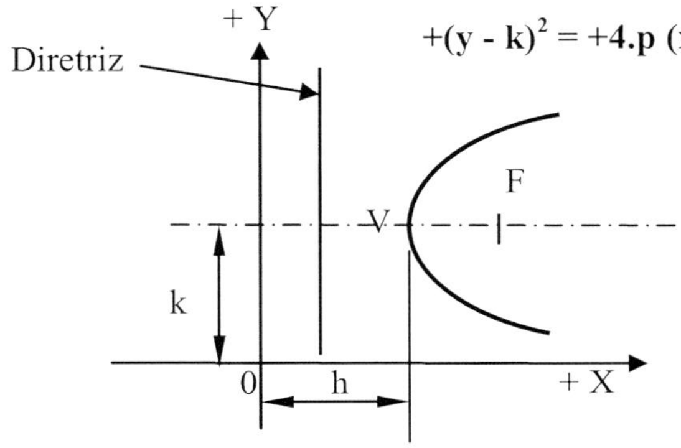

Parábola "B" com eixo paralelo a X
e no primeiro quadrante

Os termos h e k, acrescidos às equações das parábolas com vértices coincidentes com a origem (0; 0), são as distâncias cartesianas, positivas ou negativas, do vértice à origem (0; 0).
Em verdade são usadas as mesmas considerações algébricas e geométricas, das deduções para as parábolas com eixos coincidentes a X ou Y, mas considerando uma translação dos eixos cartesianos.

$$\begin{cases} \textbf{Parábola A: } +(x - h)^2 = +4.p\ (y - k). \\ \textbf{Parábola B: } +(y - k)^2 = +4.p\ (x - k). \end{cases} \longleftarrow$$

Estas são as equações a serem utilizadas. Observa-se que, dependendo do quadrante onde se situa o vértice, h e k podem ser positivo e ou negativo.

A equação: $+(x + 3)^2 = +8(y - 2)$, igual a: $+x^2 + 6x - 8y + 25 = 0$, é um exemplo desse tipo de parábola.

6.8 Propriedade refletora da parábola e suas aplicações práticas

Em qualquer parábola, um raio emitido paralelamente ao seu eixo de simetria reflete-se passando pelo foco. Reciprocamente, todo raio emitido pelo foco, reflete-se paralelamente ao eixo de simetria. Essas propriedades podem ser constatadas, por exemplo, no funcionamento dos seguintes itens: fornos solares, antenas parabólicas, faróis de automóveis e de navegação, antenas de radar e telescópios.

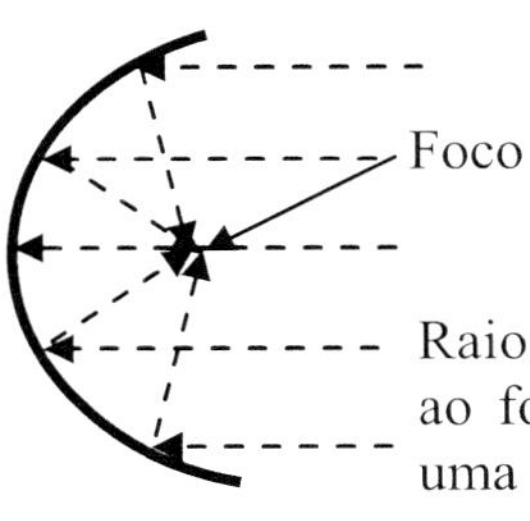

Raios emitidos em direção ao foco (por exemplo, em uma antena receptora)

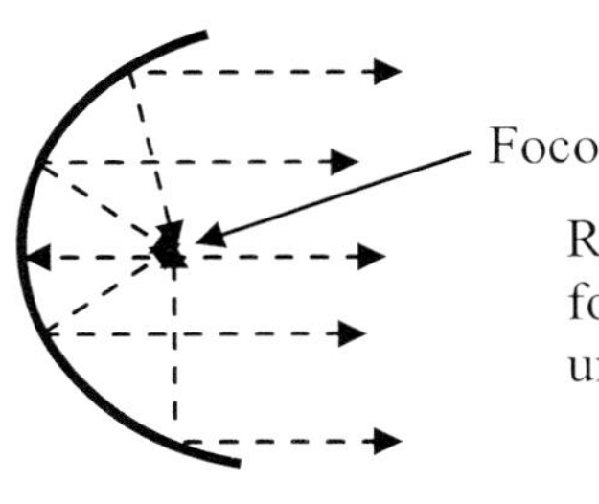

Raios emitidos pelo foco (por exemplo, em um farol automotivo)

Em acústica, o formato parabólico é utilizado para concentrar o som em microfones, permitindo ouvir fontes sonoras distantes, como pássaros sendo observados na natureza. Alguns ambientes utilizam-se do formato parabólico no teto para possibilitar que o som da fala seja ouvido mesmo em grandes espaços onde o som geralmente seria dispersado.

6.9 Aplicações práticas de parábolas

Antena parabólica

Antenas parabólicas são utilizadas para várias finalidades, dentre as quais para recepção de sinais de televisões digitais. A seguir é mostrada uma antena comercial e suas dimensões, sendo comum a sua venda no mercado. A antena em questão tem 1,2 metros de diâmetro (D), 90 centímetros de distância focal (P) e profundidade de 10 cm (H).

Na prática comercial, a distância focal P é calculada pela equação: $P = D^2/16H$. A antena mostrada atende à esta equação, pois: $(120\ cm)^2/16.10\ cm = 90\ cm = P$.

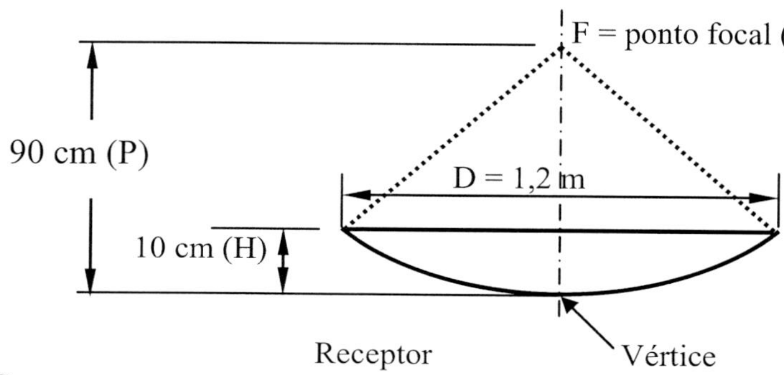

Na prática comercial, a distância focal P é calculada pela equação: $P = D^2/16H$.

A antena mostrada atende à essa equação.

Observa-se que essa parábola atende à equação: $x^2 = +4py$. (Figura 1).

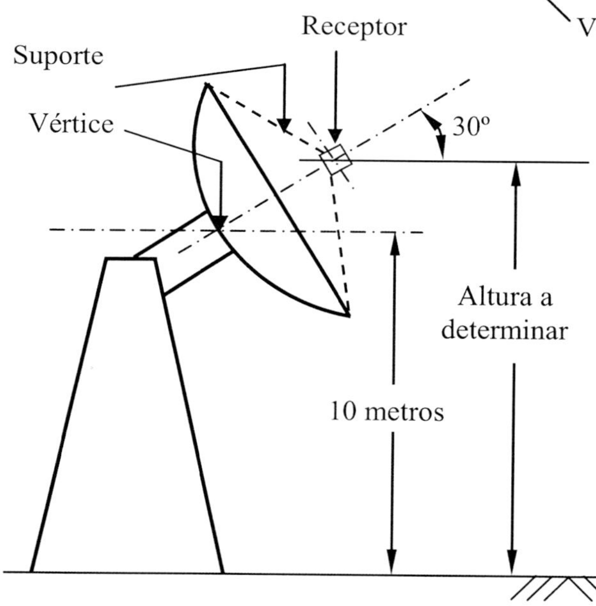

Exercício 6.9.1) Considerando a antena parabólica à esquerda, onde a parábola tem equação $x^2 = +4y$, determinar a altura do Foco, até o solo. Observações: a) trata-se de uma antena parabólica, com posição fixa e segundo o ângulo de 30°, com a horizontal. b) O decodificador fica localizado exatamente na posição do Foco, já que essa antena utiliza o princípio de reflexão da parábola, onde se sabe que os raios (por exemplo, de imagem) que incidem sobre a superfície interna da parábola, convergem para o Foco. Todas as medidas são em metros.

Raciocínio lógico matemático: considerando a equação: $x^2 = +4y$, trata-se de uma parábola com eixo alinhado com o eixo X, e de equação: $x^2 = +4py$. Fazendo $x^2 = +4y$ igual a $x^2 = +4py$, acha-se $p = 1$ m. Ou seja, a distância entre o foco e o vértice é igual a 1 m. A resolução do triângulo AFV, a seguir, é a solução.

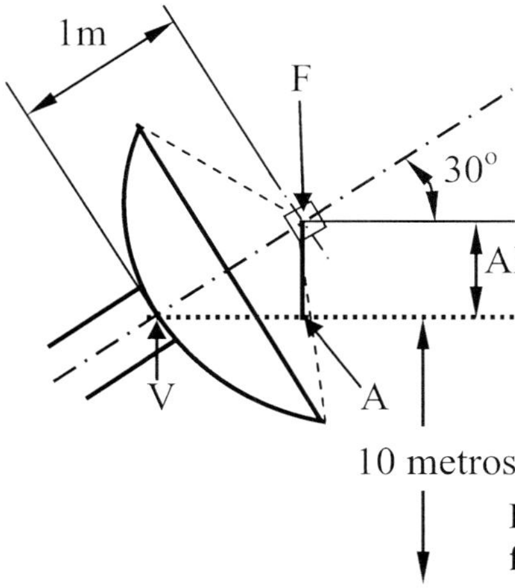

Observação: para esse tipo de cálculo, a inclinação da parábola (30°), não tem nenhuma influência.

O cateto AF, mais 10 metros é a altura solicitada.

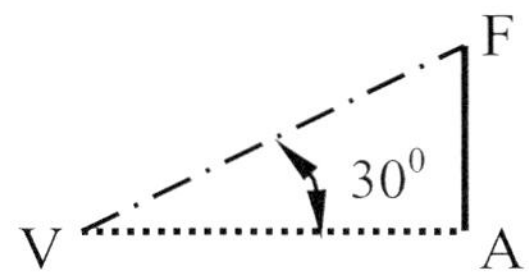

sen 30° = AF/VF.
AF = VF . sen 30°.
FV = 1 m. sen 30° = 0,5.
AF = 0,5 m. Conclusão:

Altura pedida = 10,5 m.

Resposta: a altura do solo até o decodificador (que fica no foco) é igual a 10,5 metros.

O fogão solar parabólico

A literatura especializada, da área de energias alternativas, cita que, nesses tipos de fogões solares, a temperatura no foco pode variar entre 150° C e 700° C, dependendo do tipo de material usado no revestimento da superfície parabólica. Como exemplo de revestimento tem-se: espelhos, chapas de alumínio e cerâmicas. Várias referências na WEB, mencionam que fogões desses tipos são utilizados em regiões pobres, sem acesso a energia elétrica ou gás. Também existem citações de estudos acadêmicos, sobre o aproveitamento de antenas parabólicas descartadas, revestidas com placas de vidro coladas ou de folhas de alumínio, para a produção desse tipo de fogão solar popular, permitindo o cozimento de alimentos, sem o consumo de eletricidade ou combustíveis ou lenha. A seguir é detalhado um modelo desse tipo de fogão.

Todas as alturas indicadas estão em relação ao ângulo mínimo de 30°.

Medidas em metros.

Pela propriedade refletora, todo raio que incide sobre a superfície da parábola, é refletido para o Foco da mesma.

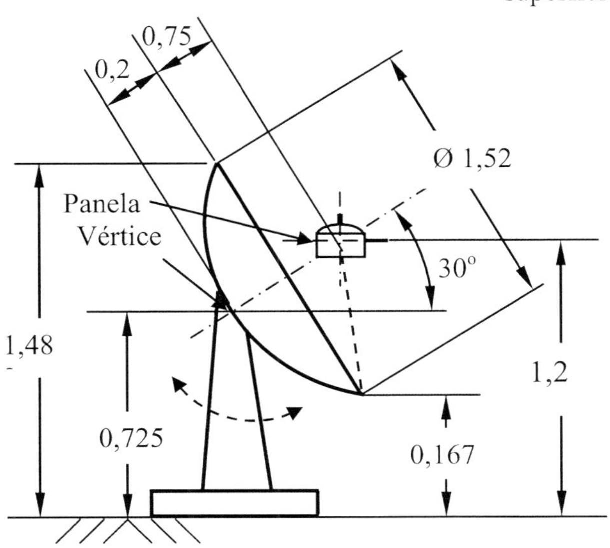

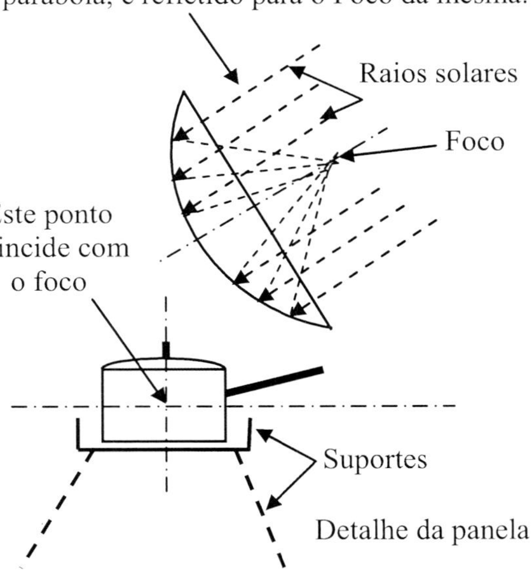

Exemplo de aplicação prática de superfícies cilíndricas parabólicas na geração de energia elétrica. Concentradores solar ou espelhos parabólicos captando raios solares

Desde a década de 1980, usam-se espelhos no formato cilíndrico parabólico, de forma a gerar energia elétrica, usando a luz solar. Tecnicamente esse processo chama-se "tecnologia heliotérmica". A imagem a seguir mostra como funcionam estes espelhos cilíndricos parabólicos.

Em verdade a luz solar incide sobre a superfície espelhada e parabólica, com os raios sendo refletidos para o foco da parábola. Exatamente sobre a linha do foco, passa um tubo circular (cilindro circular), que contém um fluido térmico (sal fundido), que tem a capacidade de se aquecer bastante e transmitir este aquecimento (nesses casos a temperatura chega a 450° C). Esse fluido térmico aquecido passa por um gerador de vapor (um intercambiador de calor) vaporizando a água. Esse vapor de água é enviado para uma turbina a vapor que, finalmente, gera a energia elétrica. Uma usina heliotérmica desse tipo possuí milhares de cilindros parabólicos.

As placas cilíndricas parabólicas são fabricadas em vidro, revestido com películas de prata ou alumínio. O tubo, por onde circula o fluido térmico, possui duas camadas concêntricas, com um espaço vazio a vácuo. O tubo menor, por onde circula o fluido térmico é metálico e o tubo externo é de um tipo de vidro cristal especial.

Apenas como curiosidade, informa-se que essas superfícies cilíndricas parabólicas são de grandes dimensões, com cordas de até mais de 6 metros e profundidade da parábola de até 2,5 metros. Tanto as placas cilíndricas parabólicas, que refletem a luz do sol, quanto os tubos, por onde circulam o fluido térmico, exigem sofisticados processos de fabricação, de alta tecnologia.

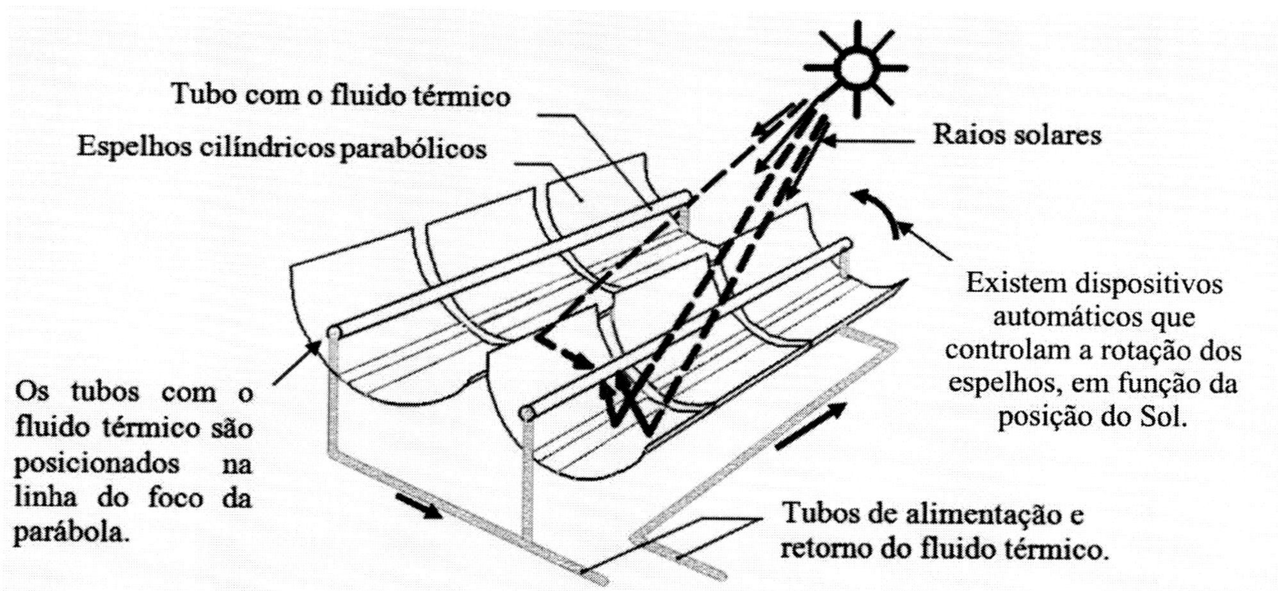

Exercício 6.9.2) (UFPB, 2012, adaptado). A figura a seguir representa uma seção transversal de um concentrador solar (cilindro parabólico), que está sendo projetado por um técnico. Baseado nas dimensões indicadas, determinar a distância h, do vértice V ao foco F.

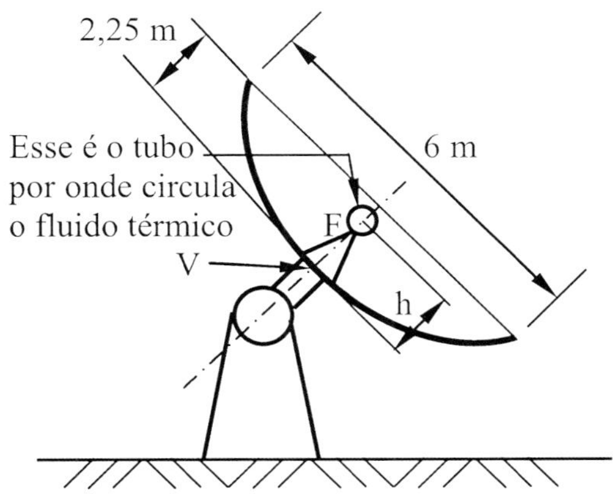

Raciocínio lógico espacial: a distância do foco ao vértice é o parâmetro de uma parábola e sua dimensão independe da posição da parábola, portanto a análise será feita com a curva como indicada a seguir, de equação: $x^2 = +4py$.

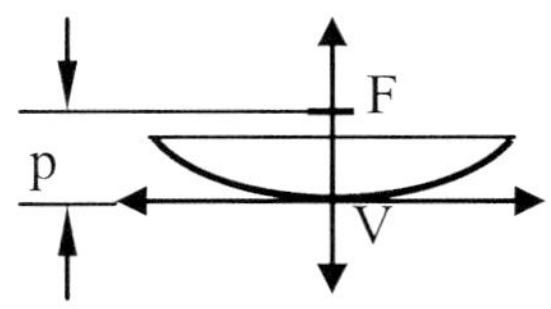

Raciocínio lógico matemático:

Basta na equação substituir x e y, fazendo x = 3 m e y = 2,25 m, ou seja:

$x^2 = +4py \Rightarrow (3)^2 = (4)(p)(2,25) \Rightarrow 9 = 9p \Rightarrow$ p = 1 m.

Conclusão: a distância h é igual a um metro (1 m).

6.10 Exercícios complementares resolvidos

6.10.1) Determinar a equação da parábola de vértice V(-3; +2), com parâmetro p = 2, sendo a parábola com eixo paralelo a Y e cavidade voltada para cima. Fazer também a imagem geométrica.

Raciocínio lógico: trata-se de uma parábola do tipo da figura 1, com equação: $+(x - h)^2 = +4.p\,(y - k)$; onde h = -3 e K = +2.

$+[x - (-3)]^2 = +4.2\,(y - 2) \Rightarrow +(x + 3)^2 = +8y - 16;$

$+x^2 + 6x + 9 = +8y - 16;$

$\mathbf{+x^2 + 6x - 8y + 25 = 0}$ ⟵ Esta é a equação da parábola

Na forma de função a equação é: $y = \dfrac{+x^2}{8} + \dfrac{3x}{4} + \dfrac{25}{8}$.

A reta diretriz coincide com o eixo X

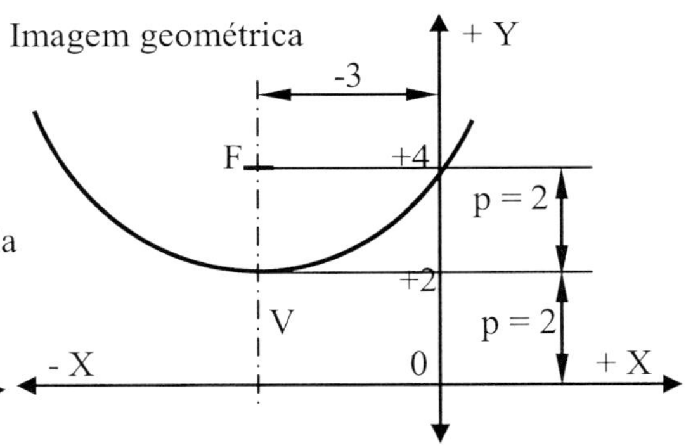

Observa-se que, na equação: $+x^2 + 6x - 8y + 25 = 0$, fazendo-se y = 0, tem-se: $+x^2 + 6x + 25 = 0$, onde $\Delta = -64$, ou seja, confirma-se que essa parábola não intercepta o eixo X.

6.10.2) Uma parábola tem foco F(0; -5) e vértice V na origem (0; 0). Com esses dados pede-se: a) A imagem geométrica da curva, com a reta que passa pelos pontos P1 e P2. 4b) A equação da reta diretriz e 4c) As coordenadas cartesianas dos pontos P3 e P4, de interseção entre a parábola e a reta que passa pelos pontos P1(+5; +2) e P2(-3; -4).

Raciocínio lógico espacial: inicialmente faz-se a imagem geométrica, com os dados disponíveis. Em geral, mesmo sem muitos detalhes, a imagem muito ajuda na análise matemática, por exemplo, nesse caso, já definindo a posição, e equação, da reta diretriz.

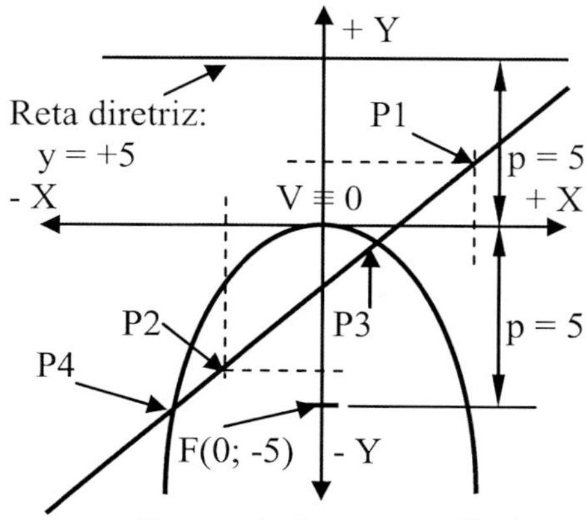

Em verdade essa parábola é bem mais aberta.

b) A equação da reta diretriz é: y = +5.

c) Raciocínio lógico matemático: para determinar os pontos P3e P4, tem-se que resolver um sistema com as equações da parábola e da reta, que a intercepta. A equação desse tipo de parábola é: $x^2 = -4py$.

p = 5; Logo: $x^2 = -4.5.y$; $\mathbf{x^2 = -20y}$. (Parábola).

mP1P2 = (yP1 - yP2)/(xP1 - xP2) = [+2 - (-4)]/[+5 - (-3)]:
mP1P2 = +6/+8 => mP1P2 = +0,75.
+0,75(x - 5) = y - 2 => +0,75x - 3,75 = y - 2.
y = +0,75x - 1,75. (É a equação da reta).
Substituindo esse valor de y na equação da parábola: $x^2 = -20y$, tem-se: $x^2 = -20(+0{,}75x - 1{,}75)$, ou seja:
$x^2 = -15x + 35$ ou $+x^2 + 15x - 35 = 0$. ⟵ Equação da parábola.

Resolvendo-se essa equação do segundo grau, tem-se: x1 = -17,053 e x2 = +2,053. Substituindo os valores de x1 e x2, na equação da reta, acham-se os valores de y1 e y2: y1 = -14,54 e y2 = -0,21.

Conclusão: P3(+2,053; -0,21) e P4(-17,053; -14,54).

6.10.3) Determine a equação da parábola com foco no ponto F(+3; +2) e com a reta diretriz de equação: x = +4.

Raciocínio lógico espacial matemático: uma análise da imagem geométrica mostra que tem-se uma parábola com vértice não coincidente com a origem (0; 0), com eixo paralelo a X e com a cavidade voltada para a esquerda. Esse tipo de parábola tem como equação: $+(y - k)^2 = -4.p\ (x - h)$, e *: p = 0,5; k = +2 e h = +3,5.

*Como a distância entre o vértice e o foco é igual à distância entre o vértice e a reta diretriz, ambas igual ao parâmetro p, e como a distância entre a reta diretriz e o foco é igual a 1, concluí-se que: p = 1; k = +2; h = +3,5.

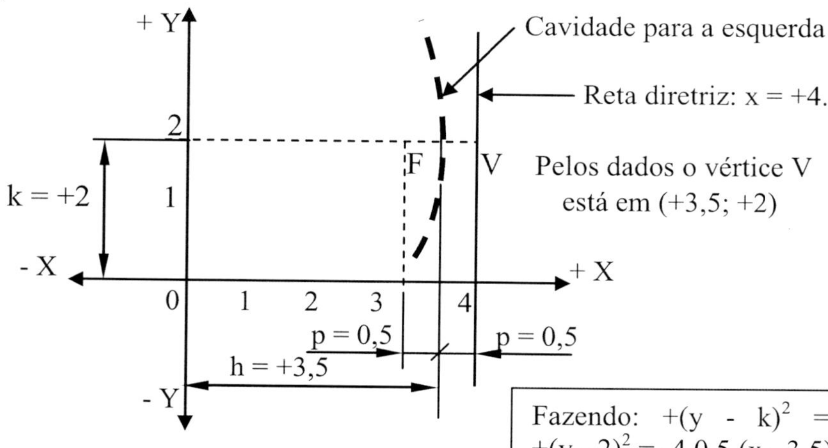

Fazendo: $+(y - k)^2 = -4.p\ (x - h)$, tem-se: $+(y - 2)^2 = -4.0{,}5\ (x - 3{,}5) \Rightarrow +y^2 - 4y + 4 = -2x + 7$.

Conclusão: a equação da parábola é: $+y^2 - 4y + 2x - 3 = 0$.

6.10.4) Sabendo que uma parábola tem vértice V(+3; -2), eixo paralelo a Y, parâmetro p = 1 e cavidade voltada para cima, pede-se: a) a equação da parábola; b) a sua imagem geométrica; c) Todas suas características dimensionais e d) As coordenadas cartesianas do foco.

Raciocínio lógico espacial matemático: como o vértice não coincide com a origem (0; 0) e como a parábola tem eixo paralelo a Y, sua equação é do tipo: $+(x - h)^2 = +4.p\ (y - k)$, com h = +3 e k = -2.

$+(x - h)^2 = +4.p\ (y - k)$ ou $+(x - 3)^2 = +4.1.\ (y + 2) \Rightarrow +x^2 - 6x + 9 = +4y + 8 \Rightarrow +x^2 - 6x - 4y + 1 = 0$.

x	y
-2	+4,25
-1	+2
0	+0,25
+1	-1
+2	-1,75
+3	-2
+4	-1,75
+5	-1
+5,828	
+6	+0,25
+7	+2

Quando y = 0, tem-se:

$+x^2 - 6x + 1 = 0$; com raízes:

x1 = +0,172 e x2 = +5,828.

Quando x = 0; y = +0,25.

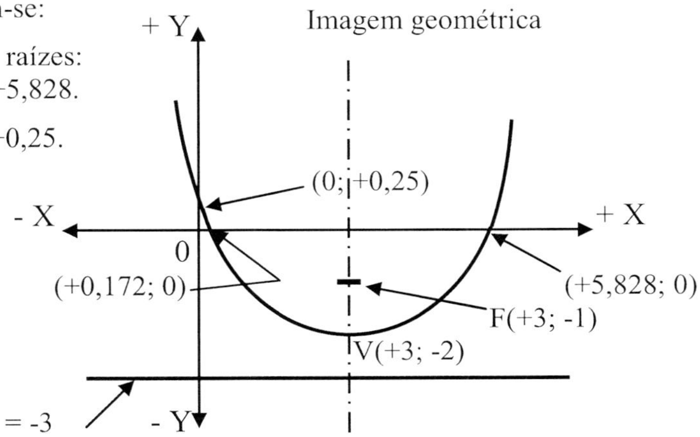

A distância entre o vértice e o foco, bem como do vértice à reta diretriz é igual ao parâmetro (p = 1). Como o vértice está em V(+3; -2), tem-se: F(+3; -1).

Conclusão: a equação, na forma geral, da parábola é: $+x^2 - 6x - 4y + 1 = 0$.

6.10.5) A partir da equação da parábola $+x^2 - 2x - 3 = y$, pede-se: a) Explicar a posição da sua cavidade, b) Determinar os valores de y, para os seguintes valores de x: -3, -2, -1, 0, +1, +2, +3 e +4, c) Fazer a imagem geométrica aproximada da parábola, d) Calcular as coordenadas cartesianas dos seguintes pontos: d1) vértice; d2) raízes da equação, ou seja, os valores onde a parábola corta o eixo X e d3) As coordenadas cartesianas do ponto onde a parábola corta o eixo dos Y.

Raciocínio lógico espacial matemático para a equação: $y = +ax^2 + bx + c$, a) quando o sinal de "a" é positivo, a cavidade da parábola é para cima. Esse é o caso da parábola: $y = +x^2 - 2x - 3$, onde a = +1, b = -2 e c = -3.

b) Valores de x e y:

x	y
-3	+12
-2	+5
-1	0
0	-3
+1	-4
+2	-3
+3	0
+4	+5

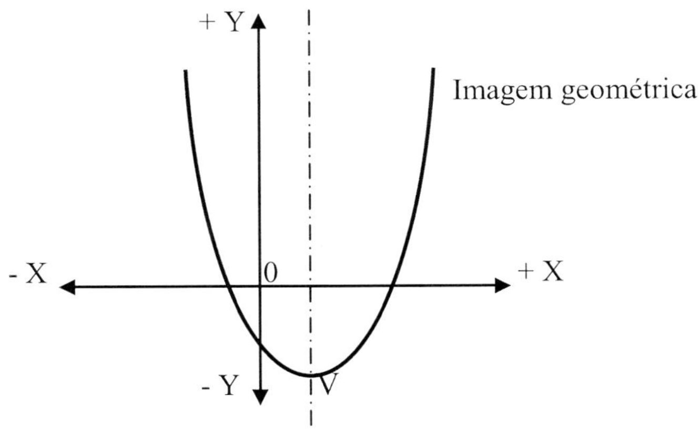

d1) Coordenadas do vértice V:

$\Delta = b^2 - 4ac \Rightarrow \Delta = (-2)^2 - 4.1.(-3) \Rightarrow \Delta = +16$, logo: $-\Delta = -16$.

$x_V = \frac{-b}{2a} \Rightarrow x_V = -(-2)/2.1 \Rightarrow x_V = +1$ ⟵ Abscissa do vértice.

$y_V = \frac{-\Delta}{4a} \Rightarrow y_V = -16/4.1 \Rightarrow y_V = -4$ ⟵ Ordenada do vértice. **Portanto: V(+1; -4).**

d2) Raízes da equação, ou seja, ordenadas (y) iguais a zero:

Conforme a tabela anterior, vê-se que as raízes são: x1 = -1 (ponto B) e x2 = +3 (ponto C).

d3) Coordenadas cartesianas do ponto onde a parábola corta o eixo dos Y, ou seja, onde x = 0.

Para: $y = +ax^2 + bx + c$, e: $y = +x^2 - 2x - 3$.
Tem-se: a = +1; b = -2 e c = -3.
A ordenada y do ponto A de interseção com o eixo Y é = -3 (valor de c).
Portanto A(-3; 0)

6.10.6) (EN). Determinar a equação da parábola cujo foco é o ponto F(+1; +4) e cuja diretriz é a reta y = +3.

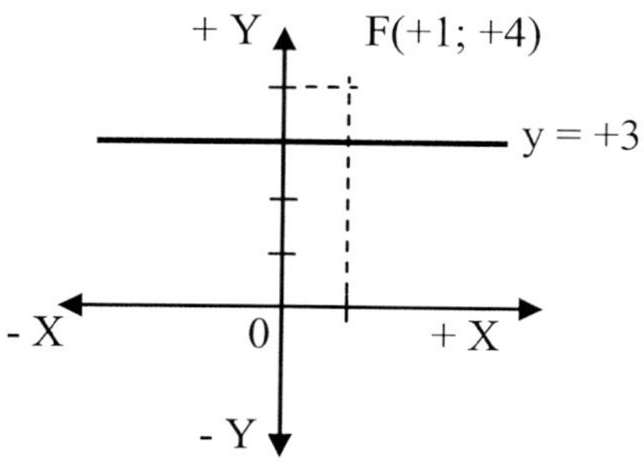

Raciocínio lógico espacial: a simples plotagem do foco e da reta diretriz mostra que: trata-se de uma parábola com abertura para cima, com vértice V(+1; + 3,5), bem como: h = +1, k = +3,5 e p = 0,5. Matematicamente é uma parábola de equação: $+(x - h)^2 = +4p(y - k)$.

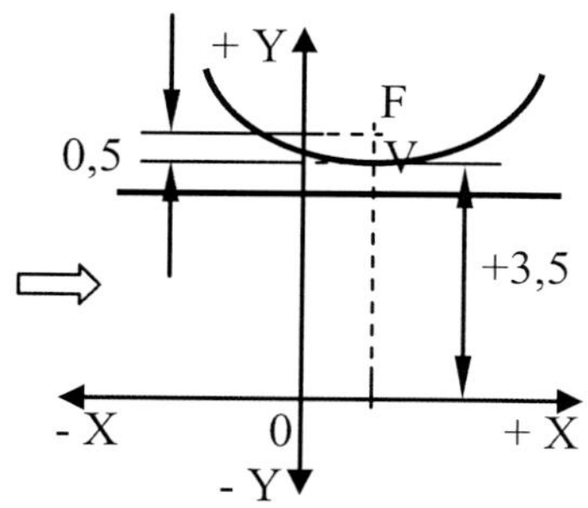

$+(x - h)^2 = +4p(y - k) \Rightarrow (x - 1)^2 = +4(0,5)(y - 3,5) \Rightarrow +x^2 - 2x + 1 = +2y - 7 \Rightarrow +x^2 - 2x - 2y + 8 = 0$

Conclusão: a equação da parabola é: $+x^2 - 2x - 2y + 8 = 0$.

6.10.7) Considerando que uma parábola tem vértice V(+4; +2) e Foco F(+1; +2), pede-se: a) A imagem geométrica aproximada e b) todas as características da curva.

Raciocínio lógico espacial: apenas com os dados iniciais, já se descobre que essa parábola tem as seguintes características: eixo paralelo a X, vértice não coincidente com a origem (0; 0) e cavidade voltada para a esquerda (devido posições de F e V).

Raciocínio lógico matemático: com essas características, a equação desse tipo de parábola é: $+(y - k)^2 = -4p(x-h)$, onde k = +2 e h = +4. Substituindo nessa fórmula, tem-se a equação da parábola:

$+(y - 2)^2 = -4p(x-4) \Rightarrow +y^2 - 4y + 4 = -12x + 48 \Rightarrow$ $\mathbf{+y^2 - 4y + 12x - 44 = 0}$ ⟵ Esta é a equação.

Determinação dos pontos, onde a parábola corta os eixos X e Y.

Quando y = 0, tem-se: +12x - 44 = 0 => x = + 44/12 => x = +3,667. Ponto A(+3,667; 0).
Quando x = 0, tem-se: $+y^2 - 4y - 44 = 0$. Resolvendo essa equação do segundo grau, encontram-se as raízes y1 = +8,928 e y2 = -4,928.

Portanto os pontos são: B(0; +8,928) e C(0; -4,928).

Com todos esses dados, pode-se fazer a imagem geométrica aproximada de toda a parábola, como mostrada à direita do esboço.

Esboço da parábola, com os dados iniciais

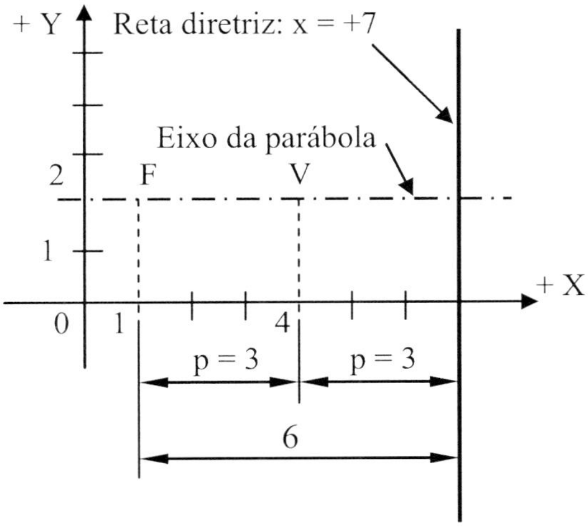

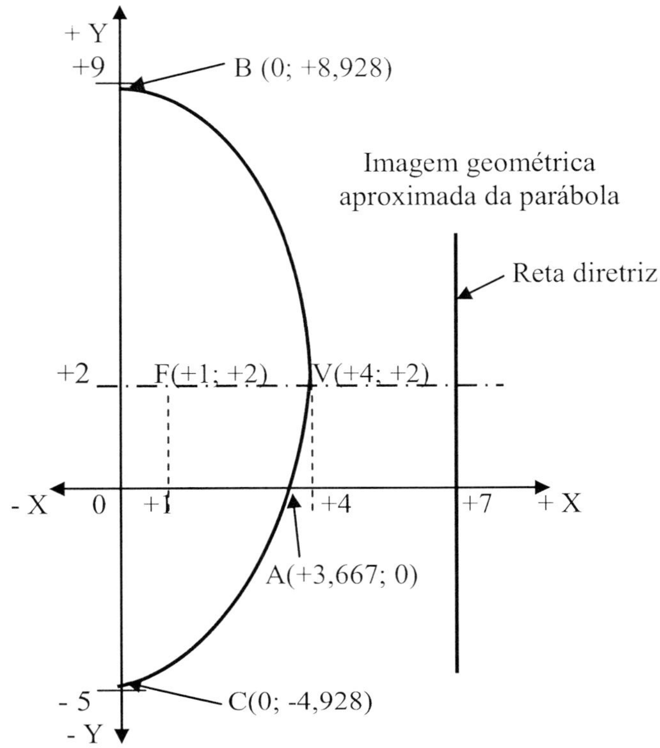

6.10.8) Uma elipse tem equação: $+y^2/36 + x^2/16 = +1$, supondo um parábola, com abertura para a direita, com vértice coincidente com o ponto de menor abscissa da elipse e que passa pelos focos da elipse, pede-se: a) A imagem geométrica das curvas, b) A equação da parábola, c) As coordenadas cartesianas dos pontos de interseção entre a parábola e a elipse, d) As coordenadas cartesianas do foco da parábola e e) A equação da reta diretriz da parábola.

Raciocínio lógico espacial matemático: essa elipse tem seu eixo maior coincidente com o eixo Y e: eixo maior $2a = 12$ (pois, $a^2 = 36$), eixo menor $2b = 8$ (pois, $b^2 = 16$). A imagem geométrica do conjunto parábola/elipse, fica da seguinte forma:

a) Imagem geométrica da interseção elipse/parábola

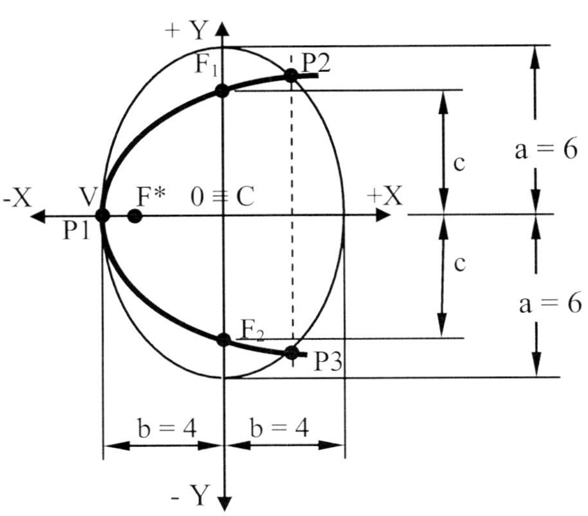

$a^2 = b^2 + c^2$; $c = \sqrt{(a^2 - b^2)}$; $c = \sqrt{20}$; $c = \pm 4{,}472$.

Coordenadas cartesianas já determinadas:

$P1 \equiv V(-4; 0)$; $F1(0; +4{,}472)$; $F2(0; -4{,}472)$.

F^* é o foco da parábola. $xF^* = -(4 - p)$.

b) Equação da parábola que tem vértice V(-4; 0) e passa pelos pontos F1(0; +4,472) e F2(0; -4,472). Raciocínio lógico: essa parábola, além de ter cavidade para a direita, tem o vértice fora da origem e seu eixo coincide com o eixo X. Trata-se de uma parábola com equação: $+(y - k)^2 = +4p(x - h)$, onde k = - 4 e h = 0.

Com esses dados, a equação da parábola fica: $y^2 = +4p(x + 4)$. Como a parábola passa pelos focos da elipse, esses pontos pertencem à mesma e, portanto, têm que satisfazer à equação: $y^2 = +4p(x + 4)$. Considerando o ponto: F1(0; +4,472), tem-se: $(4{,}472)^2 = +4p(0 + 4)$ ou: 20 = 16p. Disso resulta: p = 20/16, ou seja: p = 1,25. Finalmente a equação da parábola fica:

$y^2 = +4.1{,}25(x + 4) \Rightarrow$ $\mathbf{y^2 = +5x + 20}$ ou: $\mathbf{+y^2 - 5x - 20 = 0}$ ⟵ Equação da parábola.

c) Elipse e parábola se interceptam em três pontos: P1, P2 e P3. As coordenadas cartesianas de P1 são: P1 (-4; 0), que são as mesmas do vértice V. Raciocínio lógico: para determinar P2 e P3, resolve-se o seguinte sistema de duas equações, com duas incógnitas:

$$\begin{cases} y^2 = +5x + 20 \text{ (parábola) (B).} \\ +y^2/36 + x^2/16 = +1 \text{ (elipse) (A).} \end{cases}$$ B, substituindo em A, resulta em:

$+[(+5x + 20)]/36 + x^2/16 = +1$ ou: $144(+5x + 20)/36 + 144(x^2)/16 = +1$. Que resulta na equação: $+9x^2 + 20x - 64 = 0$. As raízes dessa equação são: x1 = -4 e x2 = +1,78, que representam as coordenadas x dos três pontos, ou seja: xP1, xP2 e xP3.

Para calcular as coordenadas y desses pontos, ou seja: yP1, yP2 e yP3, basta substituir cada valor de x na equação da parábola: $y^2 = +5x + 20$, sabendo que: xP1 = -4 e yP1 = 0, bem como: xP2 = xP3 = +1,78, e ainda yP2 = yP3.

$y^2 = +5(+1{,}78) + 20$ ou $y^2 = +28{,}29$; ou seja: $y = \pm 5{,}375$.

Finalmente: P1(-4; 0), P2(+1,78; +5,375) e P3(+1,78; -5,375).

d) Com o parâmetro p = 1,25, e com o vértice V(-4; 0), tem-se que o foco da parábola está em xF* = -(4 - p) e yF* = 0, ou seja: **F*(-2,75; 0)**.

e) Equação da reta diretriz da parábola, com V(-4; 0), F*(-2,75; 0) e p = 1,25:

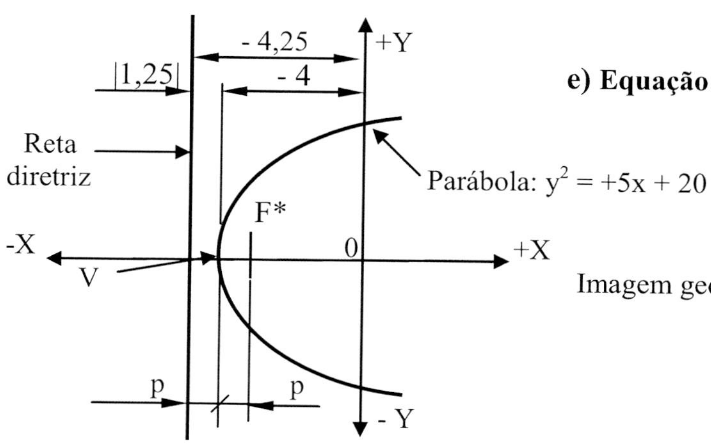

e) Equação da reta diretriz: x = -4,25.

Imagem geométrica com detalhes da parábola.

6.10.9) Uma parábola tem coordenadas do vértice V(0; 0) e do foco F(+2; 0). Pede-se: a) A equação da parábola. b) A equação da reta diretriz d e c) A imagem geométrica da parábola.

Raciocínio lógico: observa-se que, como o vértice e o Foco têm a mesma ordenada (iguais a zero), pode-se afirmar que a parábola é de eixo horizontal. Como a abscissa do foco é positiva, a concavidade está voltada para a direita, ou seja, no sentido +X. Como o vértice tem abscissa e ordenada iguais a zero, o vértice está na origem (0; 0). A equação dessa parábola é dada por: $y^2 = +4px$.

*Reta diretriz: $x = -2$

*A distância entre o foco e o vértice é igual à distância entre o vértice e a reta diretriz.

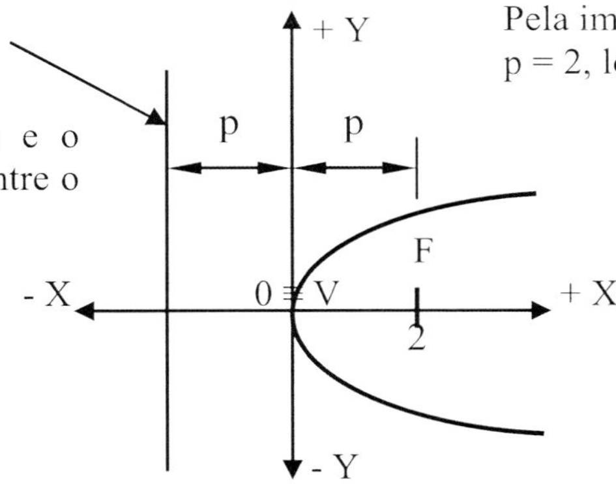

Pela imagem geométrica vê-se que: $p = 2$, logo: $4p = 8$.

Essa parábola é do tipo da figura 3.

Imagem geométrica

Conforme figura 3: $y^2 = +4px$, logo; $y^2 = +8x$; ou seja: **$y^2 = +8x$ é a equação da parábola**.

6.10.10) a) Determinar os pontos de interseção entre a parábola $y = +x^2 - 3x + 4$ e a reta: $y = x + 1$ e b) Plotar a imagem geométrica da interseção.

a) Raciocínio lógico: as coordenadas cartesianas da interseção são obtidas com a resolução do sistema:

$$\begin{cases} y = +x^2 - 3x + 4. \\ y = +x + 1. \text{ (Este valor de y é substituído na equação da parábola).} \end{cases}$$

$x + 1 = +x^2 - 3x + 4$; $\quad +x^2 - 4x + 3 = 0$;

$$x = \frac{-(-4) +/- \sqrt{(-4)^2 - (4.1.3)}}{2}; \quad \begin{cases} x1 = +3. \\ x2 = +1. \end{cases}$$

$$y = x + 1, \text{ logo: } \begin{cases} y1 = x1 + 1 = +3 + 1;\ y1 = +4. \\ y2 = x2 + 1 = +1 + 1;\ y2 = +2. \end{cases}$$

As coordenadas cartesianas dos pontos de interseção são: P1(+3; +4) e P2(+ 1; + 2).

b) Imagem geométrica da interseção:

Para cada função, calculam-se pontos x e y, de forma a poder plotar no gráfico esses pontos, por onde passam as funções. São feitas duas tabelas com valores de x e y: uma para a reta e outra para a parábola.

x	y
0	+1
+1	+2
+3	+4
+4	+5

← Reta: $y = +x + 1$.

x	y
-1	+8
0	+4
+1	+2
+2	+2
+3	+4
+4	+8

← Parábola: $y = +x^2 - 3x + 4$

Observa-se que existem *softwares* que fazem, tanto o cálculo dos pontos, quanto o desenho da curva e da reta.

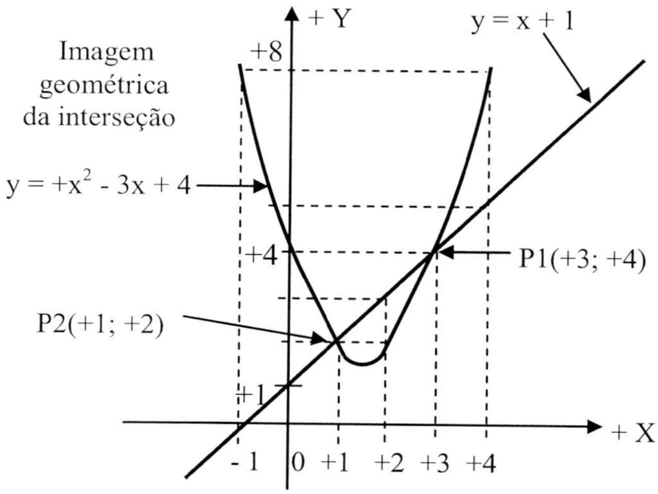

Análise da parábola: $y = +x^2 - 3x + 4$

$$x = \frac{-(-3) \pm \sqrt{(9 - 16)}}{2} \Rightarrow (\Delta = -7).$$

Como o discriminante Δ é negativo, significa que essa parábola não intercepta o eixo X, ou seja, não tem raízes.

Também se confirma que, como o valor de "a" é positivo, a abertura é para cima.

6.10.11) (UERJ, 2019). Uma ponte com a forma de um arco de parábola foi construída para servir de travessia sobre um rio, com as margens em níveis diferentes. A figura a seguir representa essa ponte em um sistema de coordenadas cartesianas XY. Nesse sistema, os pontos A, B e C correspondem, respectivamente, à margem esquerda, à margem direita e o ponto mais alto da ponte. As distâncias dos pontos A, B e C, até à superfície do rio, são iguais, respectivamente, a 0,5 m, 1,5 m e 2,3 m. Sabendo que o ponto C, nesse sistema, tem abscissa igual a 6 m, calcular, em metros, a largura do rio

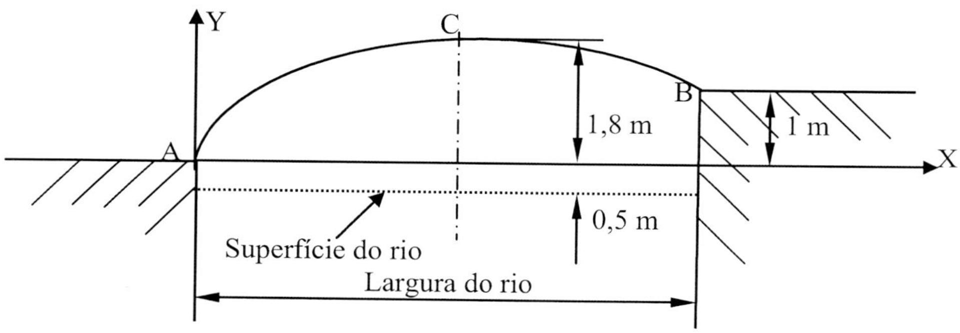

Raciocínio lógico espacial matemático: a primeira coisa que se faz é representar o problema num sistema cartesiano XY, representando as abscissas e ordenadas disponíveis, e entendendo como esse arco de parábola se apresenta, de forma a se saber qual a equação da parábola envolvida.

Essa parábola tem o vértice fora da origem (0; 0), com equação: $+(x - h)^2 = -4p(y - k)$.

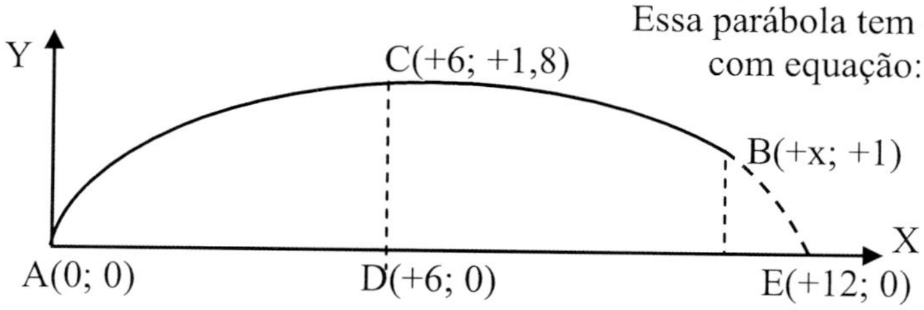

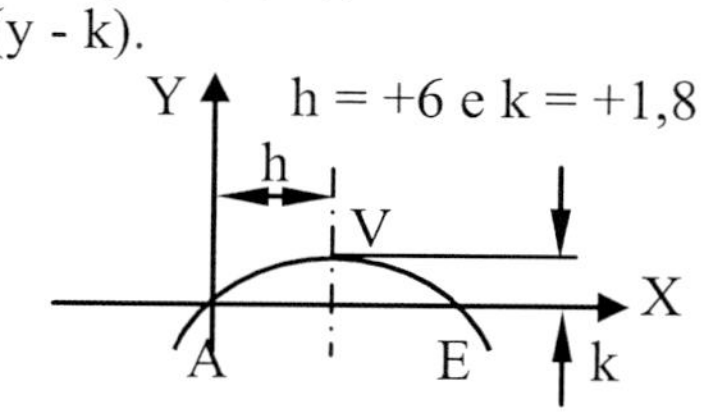

$+(x - h)^2 = -4p(y - k) \Rightarrow (x - 6)^2 = -4p(y - 1{,}8) \Rightarrow +x^2 - 12x + 36 = -4py + 7{,}2p$. (I).

Em (I), substituindo o ponto E(+12; 0): $+(12)^2 - 12(12) + 36 = -4p(0) + 7{,}2p \Rightarrow +7{,}2p = +36 \Rightarrow p = 5$.
Voltando à equação (I): $+x^2 - 12x + 36 = -4py + 7{,}2p \Rightarrow +x^2 - 12x + 36 = -4(5)y + 7{,}2(5) \Rightarrow$

$+x^2 - 12x + 36 = -20y + 36 \Rightarrow +x^2 - 12x + 20y = 0$. Essa equação, considerando o ponto B(+x; +1), fica:

$+x^2 - 12x + 20 = 0$; onde: $x = \frac{-(-12) \pm \sqrt{(12)^2 - (4)(+1)(+20)}}{2} \Rightarrow x = \frac{+12 \pm \sqrt{144 - 80}}{2} \Rightarrow x = \frac{+12 \pm \sqrt{64}}{2} \Rightarrow$

$x = \frac{+12 \pm 8}{2}$ => x1 = + 10 e x2 = +2.

Como a raiz x2 = +2, está antes do meio da parábola, a raiz a ser usada é x1 = +10, que é a largura do rio.

Conclusão: a largura do rio é igual a 10 metros.

6.10.12) (ENEM - 2013). A parte interior de uma taça foi gerada pela rotação de uma parábola em torno de um eixo z, conforme mostra a figura a seguir. A função real que expressa a parábola, no plano cartesiano da figura, é dada pela lei $f(x) = +3/2\ x^2 - 6x + C$, onde C é a medida da altura do líquido contido na taça, em centímetros. Sabe-se que o ponto V, na figura, representa o vértice da parábola, localizado sobre o eixo x. Nessas condições, determinar o valor, em centímetros da altura C.

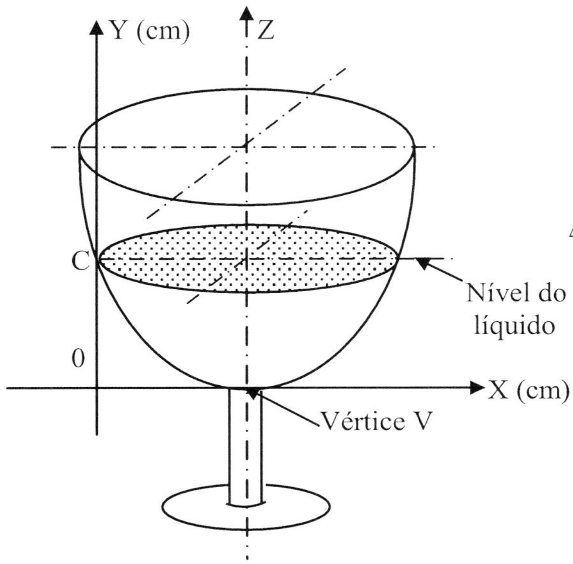

$f(x) = +3/2\ x^2 - 6x + C => y = +1{,}5x^2 - 6x + C$.

Para que a função $y = +1{,}5x^2 - 6x + C$, tenha apenas Uma raiz, o seu determinante tem que ser igual a zero.

$\Delta = b^2 - 4aC = 0 => (-6)^2 - (4)(+1{,}5)(C) => +36 - 6C = 0 =>$

C = 6.

Conclusão: o valor da altura C é igual a 6 cm.

6.10.13) (UERJ - 2018). No plano cartesiano a seguir, estão representados os gráficos das funções f e g, sendo P e Q seus pontos de interseção. Determine a medida do segmento PQ, sabendo que: $f(x) = +4x - x^2$ e $g(x) = +x^2 + 8x - 6$.

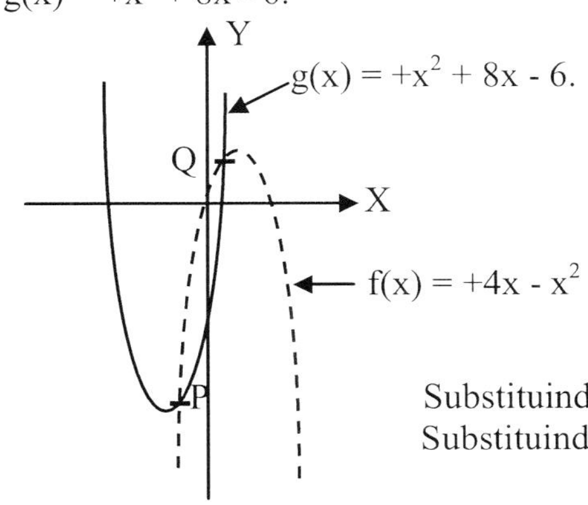

Raciocínio lógico matemático:

As coordenadas dos dois pontos de interseções são determinadas resolvendo-se o sistema das duas equações. Uma vez determinados os pontos, calcula-se a distância entre os pontos.

$+x^2 + 8x - 6 = +4x - x^2 => +2x^2 + 4x - 6 = 0$.

$+2x^2 + 4x - 6 = 0 =>$ x1 = +1 e x2 = -3, ou seja: $x_Q = +1$ e $x_P = -3$.

Substituindo $x_Q = +1$ em $f(x) = +4x - x^2$, tem-se: $y_Q = +4(+1) - (+1)^2 => y_Q = +3$.

Substituindo $x_P = -3$. em $f(x) = +4x - x^2$, tem-se: $y_P = +4(-3) - (-3)^2 => y_P = -21$.

Os pontos são: P(-3; +21) e Q(+1; -21).

Distância $PQ = \sqrt{(x_Q - x_P)^2 + (y_Q - y_P)^2} => |PQ| = \sqrt{(1 + 3)^2 + (3 + 21)^2} => |PQ| = \sqrt{16 + 576} => |PQ| = \sqrt{592}$.

Conclusão: a medida do segmento PQ é igual a $|\sqrt{592}|$ = 24,331.

6.10.14) (UERJ - 2016). Observe a função $f(x) = +x^2 - 2kx + 29$, onde k é um número real. Se $f(x) \geq +4$, para todo número real x, o valor mínimo da função é $f(x) = +4$. Determinar o valor positivo de k.

Raciocínio lógico espacial matemático: essa é uma função do tipo: $y = +ax^2 + bx + c$, ou seja, uma parábola. Como "a" é positivo, sua cavidade está para cima e, portanto $y = +4$ é a ordenada do vértice (y_V). Analisando-se a fórmula de $y_V = -\frac{\Delta}{4a}$, chega-se ao valor de k.

$+x^2 - 2kx + 29 \Rightarrow a = +1;\ b = -2k$ e $c = +29$.

Ver observação sobre o gráfico

$\Delta = b^2 - 4ac \Rightarrow \Delta = (-2k)^2 - (4)(+1)(+29) \Rightarrow \Delta = 4k^2 - 116.$

Como $4a = +4$ e $y_V = +4$: $y_V = -\frac{\Delta}{4a} \Rightarrow +4 = -\frac{(4k^2 - 116)}{4} \Rightarrow +16 = -4k^2 + 116 \Rightarrow$

$4k^2 = 100 \Rightarrow k^2 = 25 \Rightarrow k = \pm 5$. Como k tem que ser positivo, logo $k = +5$.

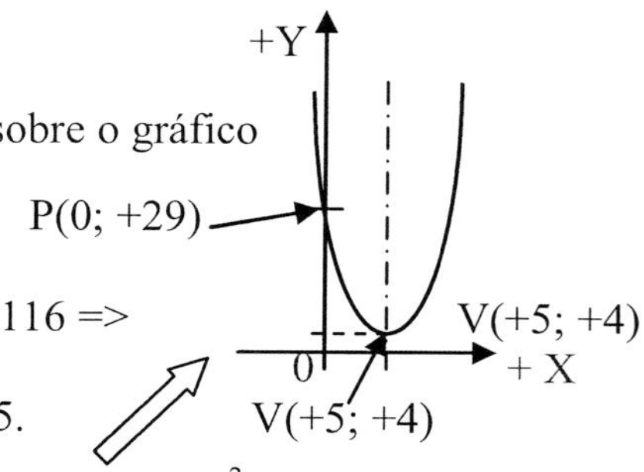

Gráfico da função: $y = +x^2 - 10x + 29$

Conclusão: o valor de k é igual a +5.

Observação sobre o exercício: Supondo $k = +5$, a função fica: $f(x) = +x^2 - 10x + 29$, ou seja: $\Delta = b^2 - 4ac \Rightarrow \Delta = 100 - 116 \Rightarrow \Delta = -16$. Como não existe raiz quadrada de número negativo, concluí-se que essa parábola não tem corta o eixo dos X. A figura acima à direita, dá uma ideia da imagem geométrica dessa função.

6.10.15) O deslocamento de um ponto P determina no plano R^2, uma curva tal que, em qualquer posição que se encontre P, a razão entre as suas distâncias à reta $y + 5 = 0$ e ao ponto (0; +5) é igual a 1. Determinar sua equação e características.

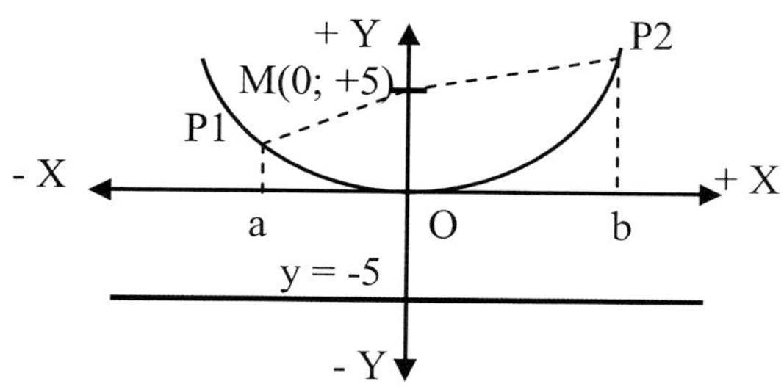

Uma parábola é definida com a curva plana aberta cujo conjunto dos pontos (ou lugar geométrico) que são equidistantes, ao mesmo tempo, de um ponto fixo (chamado de foco F) e de uma reta também fixa, chamada diretriz "d", que é perpendicular ao eixo da parábola.

Observa-se que a curva citada é uma parábola, com foco F(0; +5), vértice coincidente com a origem O(0; 0) e reta diretriz igual a: $y + 5 = 0 \Rightarrow y = -5$.

Esse tipo de parábola tem equação: $x^2 = +4py$. Como nesse caso, o parâmetro p é igual a 5, tem-se:

$+x^2 = +4(5)y \Rightarrow x^2 = +20y$, que é equação da curva.

Conclusão: trata-se de uma parábola de equação $x^2 = +20y$, foco F(0; +5) e vértice V(0; 0).

6.11 Exercícios propostos (veja respostas no Apêndice A)

6.11.1) Determinar a equação da parábola a seguir, que é referente a um tipo de antena parabólica, bem como a profundidade ou altura H, para o diâmetro D = 130 cm.

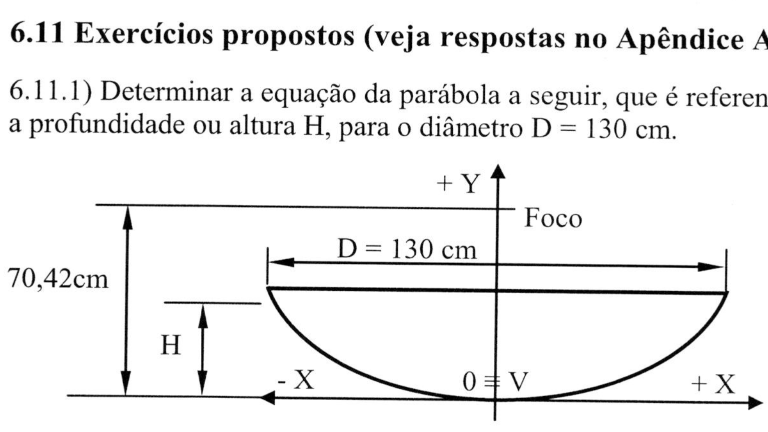

6.11.2) Determine a equação, as coordenadas cartesianas do foco e a equação da reta diretriz, da parábola que atende às seguintes condições: vértice na origem V(0; 0), concavidade ou abertura voltada para a esquerda e passa pelo ponto P(-2; +4).

6.11.3) Determinar as coordenadas cartesianas da interseção entre a parábola $+y^2 = -2x$ e a reta que passa pelos pontos P1(-5; +1,5;) e P2(+3; +1,5).

6.11.4) Dada uma parábola com vértice V(-5; +3) e foco F(-7; + 3), pede-se determinar a sua equação e a da reta diretriz.

6.11.5) Dada a parábola $+x^2 = +12y$, determinar as coordenadas cartesianas do foco e a equação da reta diretriz.

6.11.6) Sabendo que, uma parábola tem foco F(-4; 0) e vértice V(+2; 0), pede-se: a) a equação da parábola; b) a equação da reta diretriz e c) as coordenadas cartesianas, onde a parábola intercepta os eixos X e Y.

6.11.7) Uma parábola tem Vértice V(0; 0) e foco F(0; +4). Com estes dados pede-se: a) A equação da parábola; b) A equação da sua reta diretriz e c) As coordenadas cartesianas dos pontos de interseção da parábola com a reta: $y = +4$.

6.11.8) Considerando a parábola de equação $x^2 = +16y$, determinar: a) As coordenadas cartesianas da interseção entre a parábola e a reta que passa pelo foco F(0; +4), e que faz um ângulo de 150° com o semi eixo OX e b) O parâmetro da parábola.

6.11.9) Dada a equação $+x^2/16 + y^2/25 = +1$, determinar: a) A equação da parábola que tem foco coincidente com o foco superior da elipse e vértice coincidente com o centro da elipse e b) As coordenadas cartesianas dos pontos onde a parábola intercepta a elipse.

6.11.10) Uma parábola tem foco F(-4; 0) e vértice V(+2; 0). Com esses dados, pede-se: a) A equação da parábol e b) A equação da reta diretriz.

6.11.11) Uma parábola tem vértice no ponto V(-3; -2) e reta diretriz de equação $y = +2$. Com esses dados pede-se: a) A equação da parábola, b) Caso existam, determinar as coordenadas cartesianas dos pontos de interseção da parábola com os eixos cartesianos X, Y e c) As coordenadas cartesianas do foco.

6.11.12) Determinar a equação da parábola cujo foco F é (0; +3) e reta diretriz $y = -3$.

6.11.13) (AMAN, adaptado). Estudar o lugar geométrico expresso pela equação: $+x^2 - 5x - 6 = 0$, definindo todas as suas características e mostrando um esboço de sua imagem geométrica.

6.11.14) Determinar a equação da parábola de foco F(+0,5; 0) e cuja reta diretriz tem equação: $+2x + 1 = 0$.

6.11.15) Determinar o valor de k, para que a reta $y = +x + k$ e a parábola $y = +x^2$ tenham um único ponto de interseção.

6.11.16) Determinar as coordenadas cartesianas do foco F e do vértice V da parábola: $x = +2y^2 - 4y + 5$.

6.11.17) Dada a parábola de equação: $+y^2 + 6y - 8x + 17 = 0$, determinar: a) A equação reduzida, b) As coordenadas do vértice V, c) As coordenadas do foco F e d) A equação da reta diretriz.

6.11.18) Dada a parábola: $y = +x^2 + 4x$, pede-se: a) Sua equação reduzida, b) As coordenadas do vértice, c) Coordenadas do foco e d) A equação da reta diretriz.

Capítulo 7
A hipérbole

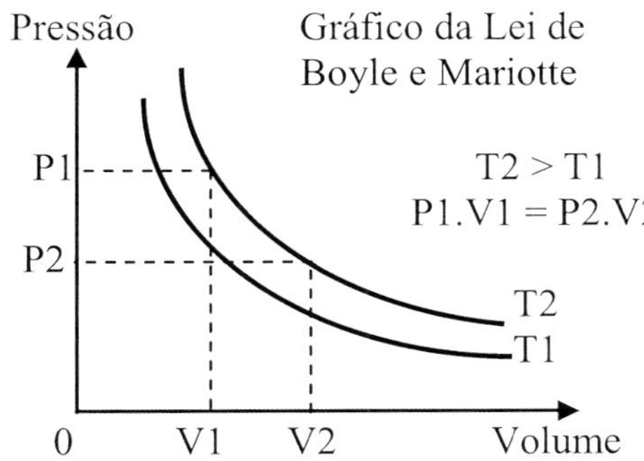

A curva hiperbólica, além de aplicações na Engenharia e Arquitetura, também é utilizada, por exemplo, na explicação de alguns fenômenos físicos, como a Lei de Boyle e Mariotte aplicada aos gases, mostrada à esquerda, bem como na conceituação da trigonometria hiperbólica, muito utilizada nos cálculos, em especial para resoluções de problemas da área de Engenharia. Este capítulo, além de exercícios no nível da Educação Básica, mostra e detalha várias aplicações práticas da hiperbóle.

7.1 Definição e elementos

Como já citado, se uma superfície cônica for cortada por um plano perpendicular à base, portanto paralelo ao eixo da superfície, são geradas duas curvas ou duas folhas, denominadas hipérboles.
Considerando os focos F_1 e F_2, com distância igual a "2c", os vértices V_1 e V_2, com distância igual a "2a", e o ponto P(x; y), define-se hipérbole como o conjunto dos pontos do plano, ou seja, o lugar geométrico, cuja diferença (em módulo) das distâncias aos focos F_1 e F_2 é a constante "2a" ($|V_1V_2|$). Ou seja: $|PF_1 - PF_2| = 2a$. Observa-se que: $0 < 2a < 2c$. A figura a seguir detalha uma hipérbole, com eixo real coincidente com o eixo cartesiano X e centro C coincidente com a origem (0; 0).

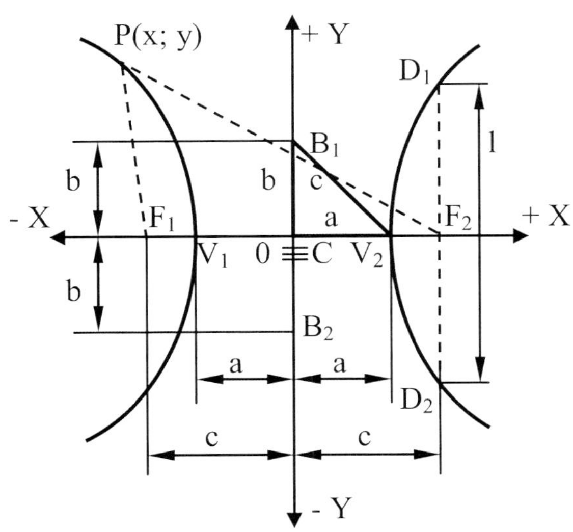

Hipérboles são curvas com dois eixos de simetria um real e um imaginário. Nesse caso: -XC+X e -YC+Y.

Elementos de uma hipérbole

- C = Centro (nesta figura $C \equiv 0$)
- F_1 e F_2 = Focos
- V_1 e V_2 = Vértices
- F_1, V_1, C, V_2, F_2 = Eixo real ou transverso
- B_1, C, B_2 = Eixo imaginário ou reverso
- $|D_1D_2| = l$ = Corda focal ou corda principal
- CB_1V_2 = Triângulo fundamental (lados a, b, c)
- e = Excentricidade
- a = distância do centro ao vértice V_1 ou V_2
- b = distância do centro C ao ponto B_1 ou B_2

Relações geométricas de uma hipérbole

*Observa-se que "a" pode ser maior, menor ou igual a "b". →

- $|V_1V_2| = 2a$
- $|B_1B_2| = 2b$
- $|F_1F_2| = 2c$
- $c^2 = a^2 + b^2$ (relação fundamental)
- $|D_1D_2|$ = Corda focal $l = |2b^2/a|$
- $e = c/a$
- *Quando a = b a hipérbole é equilátera

7.2 Dedução da equação da hipérbole, com focos sobre o eixo X e centro coincidente com a origem ($+x^2/a^2 - y^2/b^2 = +1$)

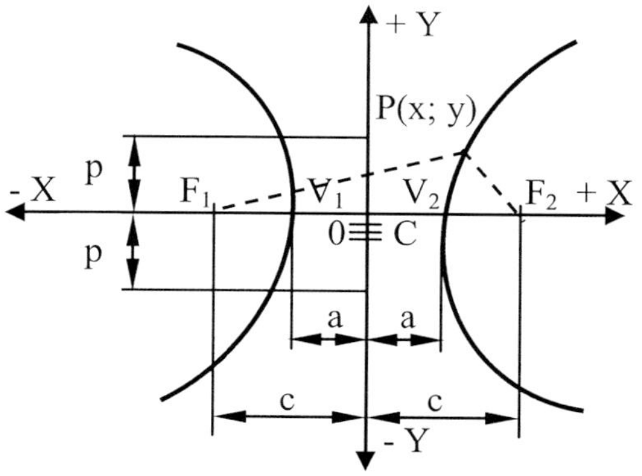

A definição de hipérbole cita que a diferença da distância entre um ponto qualquer P(x; y), que pertence à curva, aos focos $F_1(-c; 0)$ e $F_2(+c; 0)$ é constante e igual à distância entre os vértices, ou seja, $|V_1V_2| = 2a$.

Isso significa que: $|PF_1 - PF_2| = 2a$.

A dedução a seguir detalhada, parte dessa definição, considerando a distância entre dois pontos e as coordenadas P(x; y), $F_1(-c; 0)$ e $F_2(+c; 0)$.

Utilizando a fórmula da distância entre dois pontos, e a definição: $|PF_1 - PF_2| = 2a$, tem-se:

$|\sqrt{[(x + c)^2 + (y - 0)^2]} - \sqrt{[(x - c)^2 + (y - 0)^2]}| = 2a$, que pode ser escrita como:

$|\sqrt{[(x + c)^2 + (y - 0)^2]} - \sqrt{[(x - c)^2 + (y - 0)^2]}| = +/-2a$, que fatorado fica:

$\sqrt{[(x + c)^2 + y^2]} = +/-2a + \sqrt{[(x - c)^2 + y^2]}$. Elevando ambos os membros da igualdade ao quadrado, tem-se:

$(x + c)^2 + y^2 = 4a^2 +/-4a \sqrt{[(x - c)^2 + y^2]} + (x - c)^2 + y^2$, ou seja:

$4xc = 4a^2 +/-4a\sqrt{[(x - c)^2 + y^2]}$. Dividindo ambos os membros da igualdade por 4:

$xc = a^2 +/-a\sqrt{[(x - c)^2 + y^2]}$; o que resulta em: $xc - a^2 = +/-a \sqrt{[(x - c)^2 + y^2]}$

Elevando novamente ambos os membros ao quadrado, tem-se:

$x^2c^2 - 2xca^2 + a^4 = a^2[(x - c)^2 + y^2] \Rightarrow x^2c^2 - 2xca^2 + a^4 = a^2x^2 - 2xca^2 + a^2c^2 + a^2y^2$:

$x^2c^2 + a^4 = a^2x^2 + a^2c^2\ a^2y^2 \Rightarrow x^2(c^2 - a^2) - a^2y^2 = a^2c^2 - a^4$;

Dividindo ambos os membros por: $a^2(c^2 - a^2)$; tem-se: $\dfrac{+x^2}{a^2} - \dfrac{y^2}{c^2 - a^2} = +1$

Substituindo $c^2 - a^2 = b^2$ (pois, $c^2 = a^2 + b^2$), tem-se a equação na forma mais simples e direta:

$\dfrac{+x^2}{a^2} - \dfrac{y^2}{b^2} = +1$ ⇦ Equação da hipérbole com focos sobre o eixo X. (Esta forma de equação é chamada de canônica)

7.3 Equações da hipérbole com centro na origem e em função da posição do eixo real

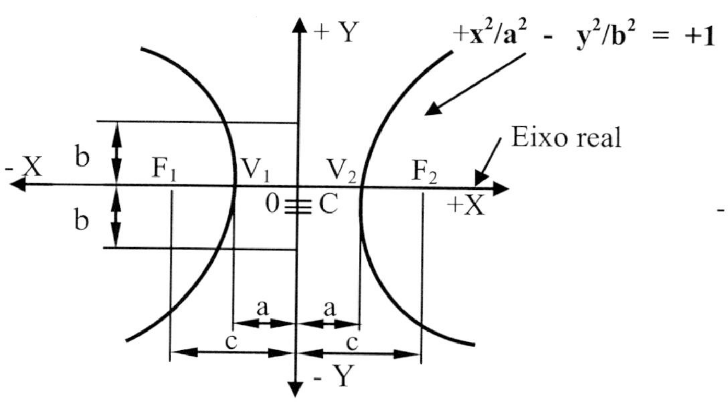

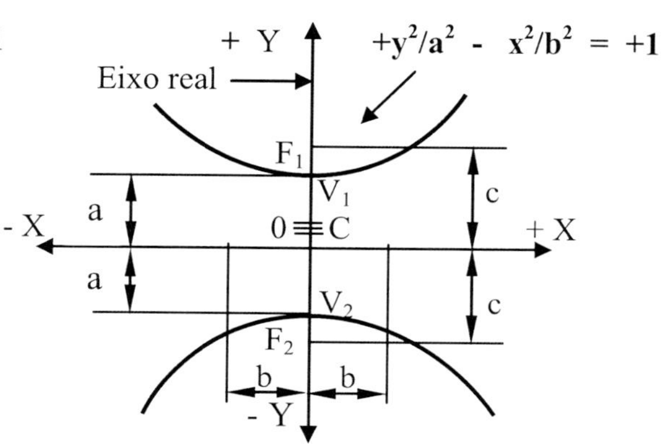

7.4 Equações da hipérbole com focos em eixos paralelos aos eixos cartesianos X ou Y, e centro não coincidente com a origem

Algumas vezes a hipérbole pode ter seus focos em eixos reais não coincidentes com os eixos cartesianos X ou Y, bem como seu centro não estar na origem (0; 0), mas sim no ponto C (h; k). Nesses casos, a equação da hipérbole assume as formas adiante mostradas.

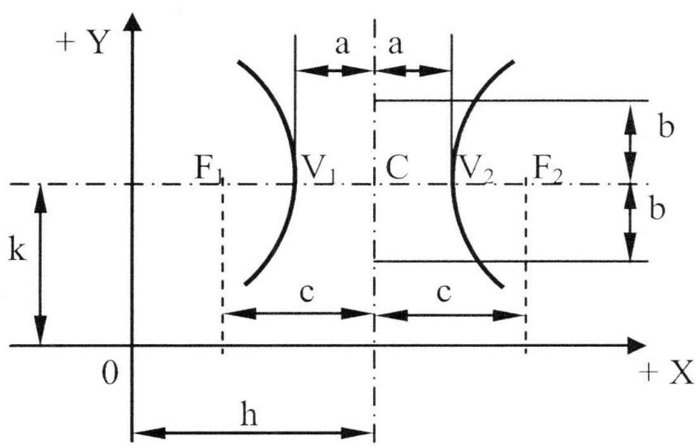

O eixo real é paralelo ao eixo X:

$$\pm\frac{(x-h)^2}{a^2} - \frac{(y-k)^2}{b^2} = +1$$

O eixo real é paralelo ao eixo Y:

$$\pm\frac{(y-k)^2}{a^2} - \frac{(x-h)^2}{b^2} = +1$$

Observa-se que, dependendo da posição do centro da hipérbole, as distâncias h e k, podem ser negativas ou positivas. Ou seja, o centro pode estar localizado em qualquer um dos quatro quadrantes.

7.5 Assíntotas, abertura, excentricidade e características geométricas de uma hipérbole

Toda hipérbole, independente de sua posição, além das já apresentadas, possuí outras características e propriedades, que muito podem facilitar, tanto os cálculos teóricos e analíticos, quanto as aplicações práticas. A seguir são apresentadas essas outras características.

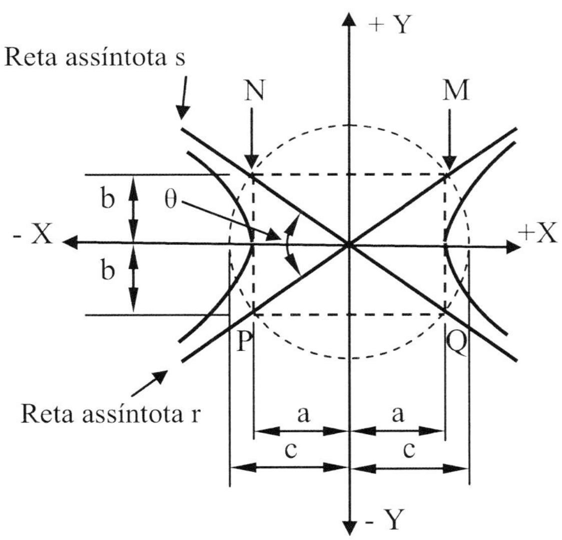

Assíntotas são as retas r e s das quais a hipérbole se aproxima cada vez mais à medida que os pontos se afastam dos focos. Essa aproximação é contínua e lenta de forma que a tendência da hipérbole é tangenciar suas assíntotas no infinito.
Abertura da hipérbole é o ângulo θ, entre as assíntotas.
Excentricidade (e) da hipérbole é o número dado pela relação: $e = c/a$, onde $c > a$; $e > 1$.
Quando a = b o retângulo MNPQ se transforma num quadrado, tornando as assíntotas perpendiculares e a abertura da hipérbole fica igual a θ = 90°. Nesse caso específico a hipérbole recebe o nome de hipérbole equilátera.

Geometricamente, as assíntotas são obtidas da seguinte forma: considera-se uma circunferência de raio CF_1 ou CF_2, cujo centro C é o mesmo centro da hipérbole. Traçam-se pelos vértices A_1 e A_2 cordas perpendiculares ao segmento F_1F_2, marcando as intersecções com a circunferência. Esses pontos são os vértices do retângulo MNPQ inscrito à circunferência. Esse retângulo tem dimensões 2a e 2b. As retas r e s que contém as diagonais desse retângulo são as assíntotas da hipérbole.
A excentricidade da hipérbole está relacionada com sua abertura. Se o segmento "c" for mantido fixo e variar-se apenas o comprimento do segmento "a", ter-se-á uma abertura maior quando "a" é menor e vice-versa. Se diminuirmos o valor de "a" teremos uma excentricidade maior, pois: e = c/a.

7.6 Equações das assíntotas de uma hipérbole, com eixo real coincidente com eixo X

As curvas das hipérboles são tangentes às retas assintóticas no infinito.

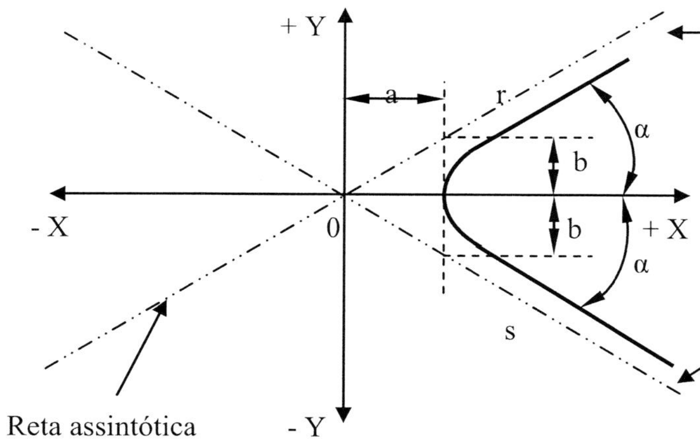

$y = +\frac{b}{a}x$ ← Equação da reta r

Retas que passam pela origem, têm equação do tipo: y = mx, onde m é o coeficiente angular, que é igual a tg α, que, nesse caso*, é igual a b / a. Para as retas r e s estes coeficientes são: mr = b/a e ms = -b/a.

$y = -\frac{b}{a}x$ ← Equação da reta s

mr = tg α e ms = - tg α ou ms = tg (180° - α).

* Para a hipérbole com eixo real coincidente com eixo Y, a tangente é igual a a/b, e as equações das retas assintóticas ficam: reta r: $y = +\frac{a}{b}x$ e reta s: $y = -\frac{a}{b}x$.

7.7 Análise da equação de uma hipérbole equilátera ($+x^2 - y^2 = a^2$)

Uma hipérbole é equilátera quando suas retas assíntotas formam um ângulo de 90°, ou seja, são perpendiculares. Nesse caso as equações dessas retas ficam da seguinte forma: x + y = 0 e x - y = 0 ou x = -y e x = +y. Esta condição ocorre quando o semi eixo real ou transverso (a) é igual ao semi eixo imaginário ou conjugado (b). Ou seja: a = b.

Equação da hipérbole equilátera ($+x^2 - y^2 = a^2$)

$\frac{+x^2}{a^2} - \frac{y^2}{b^2} = +1$ ← Nesta equação fazendo a = b, tem-se: $+x^2/a^2 - y^2/a^2 = +1$, que multiplicada por a^2, resulta em: $+x^2 - y^2 = a^2$, que é a equação de uma hipérbole equilátera.

Excentricidade (e) da hipérbole equilátera (e = 1,414)

A excentricidade de uma hipérbole é dada por e = c/a, onde $b^2 = c^2 - a^2$. Como nas hipérboles equiláteras, temos a = b, substituindo tem-se: $a^2 = c^2 - a^2$ ou: $2a^2 = c^2$ e $c = a.\sqrt{2}$. Como e = c/a, temos: $e = (a.\sqrt{2})/a$; ou seja: $e = \sqrt{2}$ ou e = 1,414. A excentricidade de uma hipérbole equilátera, sempre é igual a 1,414.

7.8 Aplicações práticas das curvas hiperbólicas

A Lei de Boyle e Mariotte

Essa Lei, aplicada aos gases, é usada nos motores de combustão interna, dos automóveis, que funcionam segundo o ciclo termodinâmico de Carnot (Nicolas Leónard Sadi Carnot: 1796-1832), que pode ser representado por meio de uma hipérbole equilátera rotacionada.

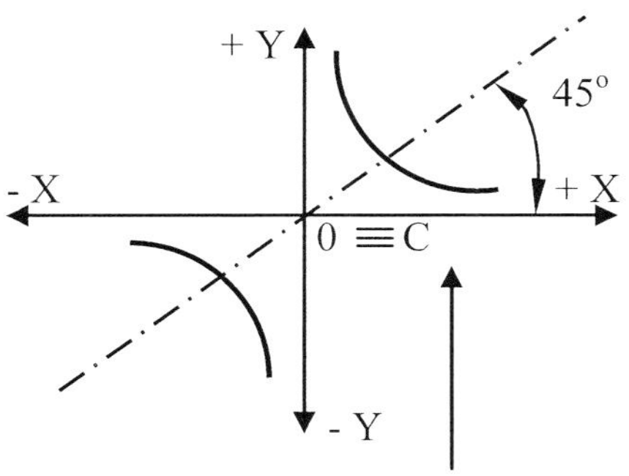

Este é um tipo de hipérbole equilátera, que representa alguns fenômenos físicos, por exemplo, a Lei de Boyle e Mariotte, à direita. Observa-se que, nesse caso o Eixo Real da hipérbole está com uma rotação de 45°.

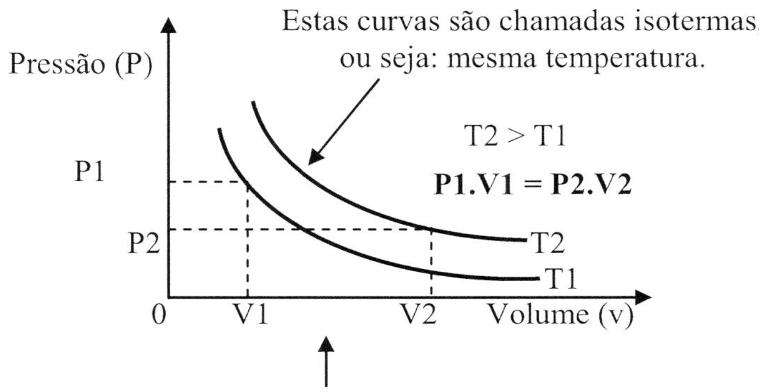

A Lei de Boyle* e Mariotte**, estabelece que sob temperatura constante, o volume ocupado por uma certa massa de gás, é inversamente proporcional à pressão aplicada. Seja V o volume de um gás submetido a uma pressão P, a uma temperatura constante. A lei de Boyle e Mariotte, estabelece que: P.V = constante = k.

*Robert Boyle (1627-1691), físico e químico irlandês. **Edme Mariotte (1620-1684), cientista e padre francês. Como ambos, sem pesquisarem juntos, chegaram ao mesmo resultado sobre a compressibilidade dos gases, a Lei leva o nome dos dois.

Pontilhão sobre um rio

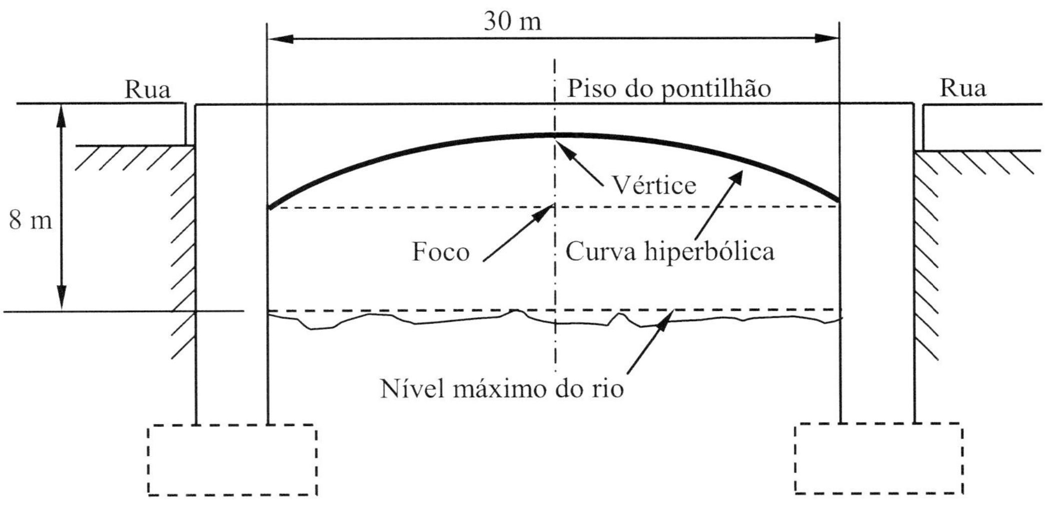

Existem pontes e pontilhões que utilizam uma curva hiperbólica, como elemento estrutural para vencer vãos entre margens de rios. O exemplo citado é uma simulação dos autores.

Funções trigonométricas hiperbólicas

Assim como existem funções trigonométricas no círculo, de raio igual a um (r = 1), existem as funções "trigonométricas", em um tipo de hipérbole, e que tem aplicações práticas, por exemplo, na Física e na Engenharia. As funções trigonométricas hiperbólicas, são originárias de uma hipérbole equilátera, com centro C, coincidente com a origem (0; 0) dos eixos cartesianos (C ≡ 0) com eixo real (2a) sobre o eixo cartesiano X, com o semi eixo real igual à unidade (a = 1) e, obviamente, eixo imaginário sobre o eixo cartesiano Y e com semi eixo imaginário também igual à unidade (b = 1).

A partir desse tipo de hipérbole equilátera, e considerando uma rotação de 45^0 ou $\pi/4$, no sentido anti-horário, e com uma série de análises geométricas e cálculos algébricos, chega-se à definição das funções: senh Θ (seno hiperbólico), cosh Θ (cosseno hiperbólico), tgh Θ (tangente hiperbólica) e, consequentemente, as inversas: cossech Θ (cossecante hiperbólica), sech Θ (secante hiperbólica) e cotgh Θ (cotangente hiperbólica), sendo que as inversas têm suas equações exponenciais relacionadas ao Logaritimo Neperiano (base e), já que, para a mesma base, exponenciais e logaritmos são inversos.
Diferentemente do ângulo na trigonometria circular, que varia de 0^0 (0π) a 360^0 (2π), um ângulo hiperbólico é o dobro do valor numérico da área do setor hiperbólico, representado na figura abaixo pela área compreendida pelos pontos 0AM. Ou seja, em teoria um ângulo hiperbólico não é expresso em radianos, mas em unidades de área (VASCONCELOS, 2013, p. 20 a 24).

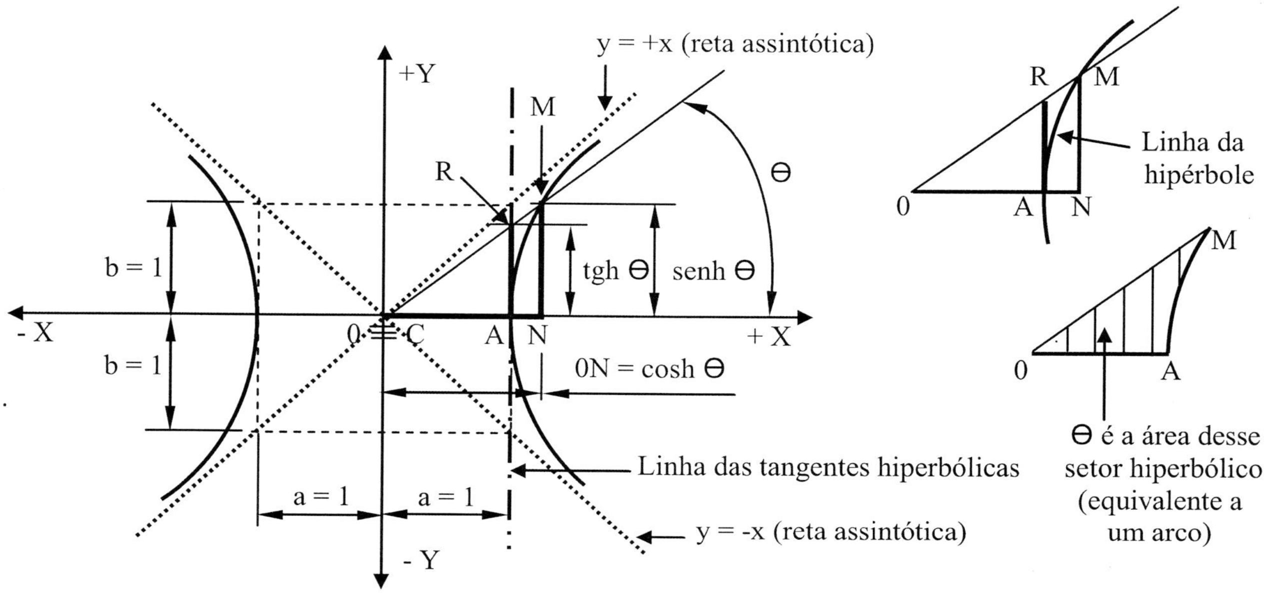

Essa hipérbole tem equação: $+x^2 - y^2 = +1$, onde: 0N = cosseno hiperbólico, MN = seno hiperbólico e AR = tangente hiperbólica.

Principais relações das funções hiperbólicas:

$\cosh^2 \Theta - \text{senh}^2 \Theta = 1$. $\text{tgh}\, \Theta = \dfrac{\text{senh}\, \Theta}{\cosh \Theta}$. $\text{sech}\, \Theta = \dfrac{1}{\cosh \Theta}$.

$\text{cotgh}\, \Theta = \dfrac{\cosh \Theta}{\text{senh}\, \Theta}$. $\text{cossech}\, \Theta = \dfrac{1}{\text{senh}\, \Theta}$. $1 - \text{tgh}^2\, \Theta = \text{sech}^2\, \Theta$. $\text{cotgh}^2\, \Theta - 1 = \text{cossech}^2\, \Theta$.

A trigonometria hiperbólica é apresentada no capítulo 8, tendo aplicações na disciplina "Cálculo I".

Cobertura de um pavilhão de exposições

Curva hiperbólica

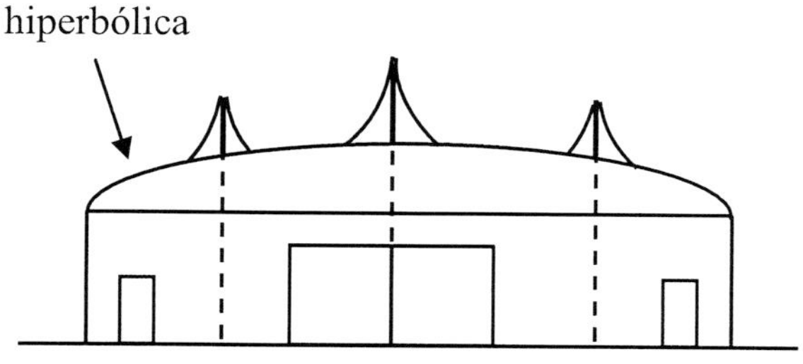

Nesse caso, a curva hiperbólica ao ser girada, segundo uma circunferência, gera uma superfície no formato de um hiperboloide, constituindo uma cúpula de belo aspecto visual.

Reservatório esférico, suportado por um hiperboloide

Esse tipo de estrutura é muito utilizado para suportar reservatório de água, no formato esférico. Esse conceito é chamado de castelo d'água, sendo comum em fábricas. A água é recebida da concessionária, armazenada na esfera, suspensa e, então, é distribuída por gravidade, para todos os locais onde necessário, como por exemplo, para banheiros.

Tanto o reservatório esférico, quanto a estrutura hiperbólica, em geral, são fabricados a partir de chapas de aço, que são cortadas, curvadas e soldadas. O reservatório aqui mostrado, com diâmetro interno de 5 metros, tem capacidade para armazenar cerca de 65 mil litros de água. O exemplo mostrado foi projetado pelos autores, estimando-se um peso total, cheio de água, em mais de 90 toneladas ou 90 mil quilos. Observa-se que, existe uma escada interna ao hiperboloide, que permite acesso ao fundo do reservatório esférico. As tubulações de entrada e saída de água, também estão localizadas no interior do hiperboloide.

Observa-se que, na prática, a definição da equação da hipérbole é obtida a partir dos dados básicos e após simulações de valores dos parâmetros a e b, até se encontrar valores que atendam às dimensões básicas, como as mostradas à direita.

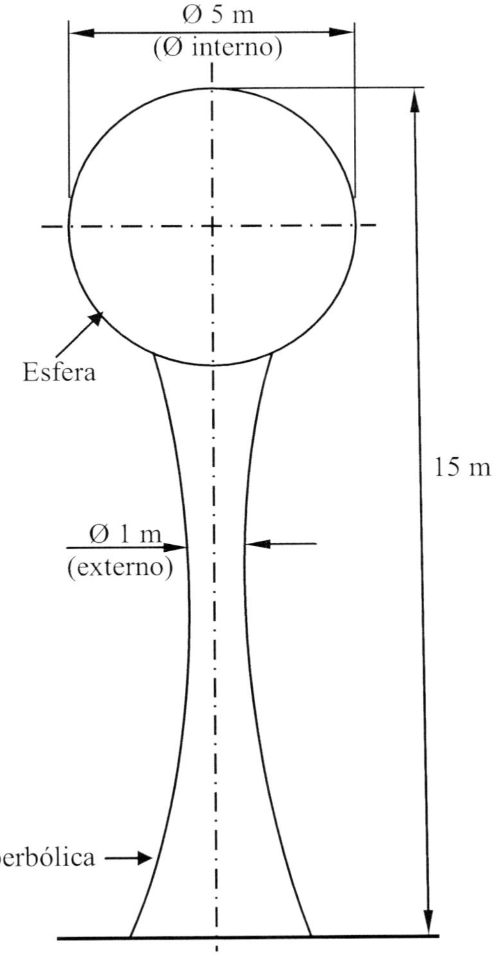

Chaminés de usinas térmicas

Usinas térmicas, de geração de energia elétrica, usam um tipo de combustível que, ao ser queimado, gera calor. Esse calor evapora a água e esse vapor passa por uma turbina a vapor, gerando energia elétrica. Tanto os gases da combustão, quanto os vapores residuais, são lançados na atmosfera, a grandes alturas, para que as partículas em suspensão se dispersem o mais possível, diminuindo os danos às pessoas e ao meio ambiente. Como combustível, podem ser utilizados os seguintes materiais: carvão, óleo combustível, gás natural, bem como combustível nuclear (urânio), como é o caso das usinas nucleares localizadas no município de Angra dos Reis, no estado do Rio de Janeiro.

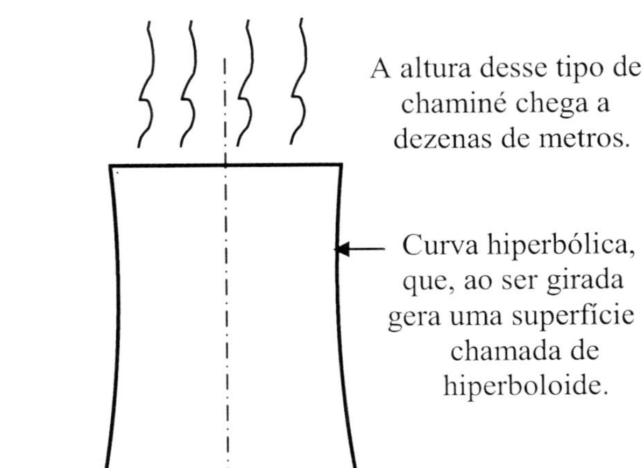

7.9 Exercícios resolvidos

7.9.1) Determinar as coordenadas cartesianas dos pontos de interseção entre a hipérbole $+x^2 - y^2 = +4$ e a elipse $+x^2/36 + y^2/16 = +1$.

Raciocínio lógico espacial matemático: embora a solução venha da formação e resolução de um sistema de duas equações e duas incógnitas (x e y) é bom, inicialmente fazer-se a imagem geométrica das curvas, de forma a se visualizar e compreender melhor o problema e a solução.

$+x^2 - y^2 = +4$, é equivalente a: $+x^2/4 - y^2/4 = +1$; hipérbole do tipo $+x^2/4 - y^2/4 = +1$; ou seja: $a = 2$ e $b = 2$.
Trata-se de uma hipérbole equilátera, com eixo real coincidente com eixo cartesiano X.

$+x^2/36 + y^2/16 = +1$; é uma elipse do tipo: $+x^2/a^2 + y^2/b^2 = +1$.
Semi eixo maior $a = 6$ e semi eixo menor $b = 4$.
Trata-se de uma elipse com o semi eixo maior (a), coincidente com o eixo cartesiano X.

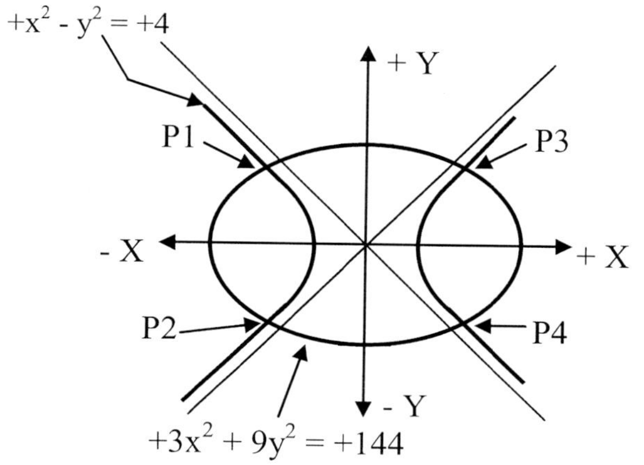

P1, P2, P3 e P4, são os pontos de interseção entre as curvas.

$+x^2/36 + y^2/16 = +1$: (multiplicado por 144):
Resulta em: $+4x^2 + 9y^2 = +144$.
Montando o sistema de equações tem-se:

$$\begin{cases} +x^2 - y^2 = +4 \Rightarrow x^2 = y^2 + 4. \ (1) \\ +3x^2 + 9y^2 = +144. \ (2). \end{cases}$$

Substituindo 1 em 2 e desenvolvendo as equações acham-se os seguintes valores:

$x = +/-3,72$ e $y = +/-3,14$.

Conclusão: coordenadas dos pontos de interseção: P1(-3,72; +3,14); P2(-3,72; -3,14); P3(+3,72; + 3,14); P4(+3,72; -3,14).

7.9.2) Para a hipérbole a seguir definida, pede-se: a) Os comprimentos dos semi eixos (a , b), b) A distância focal (2c), c) A excentricidade (e), d) A corda focal (l), e) As coordenadas cartesianas do centro da hipérbole, f) As coordenadas cartesianas dos focos, g) Coordenadas cartesianas dos vértices e h) A Imagem geométrica da hipérbole.

Equação da hipérbole: $+\dfrac{(y - 2)^2}{4} - \dfrac{(x + 4)^2}{9} = +1$

Raciocínio lógico espacial matemático: pode-se afirmar que essa hipérbole tem focos em um eixo paralelo ao eixo Y, centro em C(-4; +2) e que sua equação é do tipo: $+(y - k)^2/a^2 - (x - h)^2/b^2 = +1$, com $h = -4$ e $k = +2$.

a) Comparando a hipérbole apresentada com a equação teórica tem-se: $a^2 = 4 \Rightarrow$ **$a = \pm 2$**. $b^2 = 9 \Rightarrow$ **$b = \pm 3$**.

b) Distância focal 2c: $c^2 = a^2 + b^2 \Rightarrow c = \sqrt{(4 + 9)} \Rightarrow c = \pm 3,606 \Rightarrow$ **$2c = 7,212$**.

c) Excentricidade e: $e = c/a$; $e = 3,606/2 \Rightarrow$ **$e = 1,803$**. **d) Corda focal l:** $l = 2b^2/a \Rightarrow l = 2.9/2 \Rightarrow$ **$l = 9$**.

e) Coordenadas cartesianas do centro C da hipérbole: Comparando a equação teórica, com a da hipérbole dada, tem-se que $k = +2$ e $h = -4$, portanto o centro está em: **C(- 4; +2)**.

f) Coordenadas cartesianas dos focos e g) Dos vértices.

Primeiro é importante fazer a imagem geométrica, para ter-se a percepção visual.

g) Em relação ao eixos cartesianos X, Y, as coordenadas dos vértices são: **V1(-4; +4) e V2(-4; 0)**.

f) Em relação ao eixos cartesianos X, Y, as coordenadas dos focos são: **F1(-4; +5,606) e F2(-4; -1,606)**.

Imagem geométrica

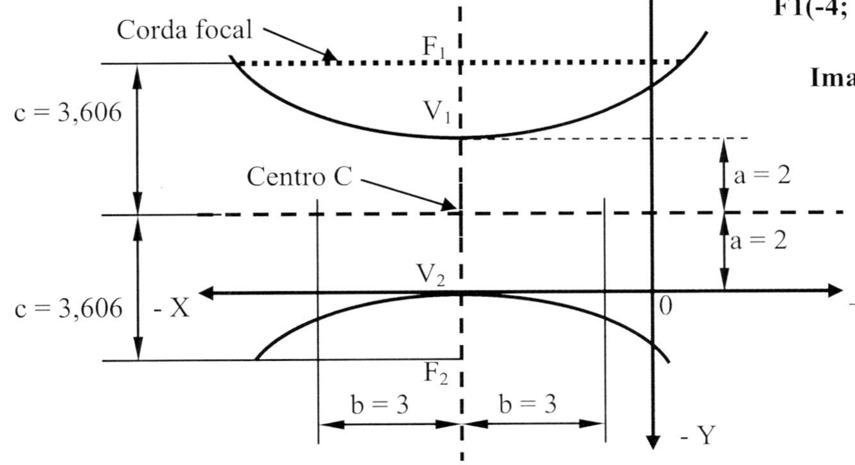

7.9.3) O centro de uma hipérbole é o ponto C(+2; -3), um dos vértices é o ponto V_1 (0; -3) e a sua corda focal é 8. Pede-se: a) A imagem geométrica da hipérbole, b) A equação da hipérbole, c) As equações das retas r e s, assíntotas da hipérbole e d) Ângulo α que cada assíntota faz com o eixo X.

Inicialmente, faz-se um esboço gráfico da hipérbole, com os dados citados, ou seja: C(+2; -3) e V_1(0; -3).

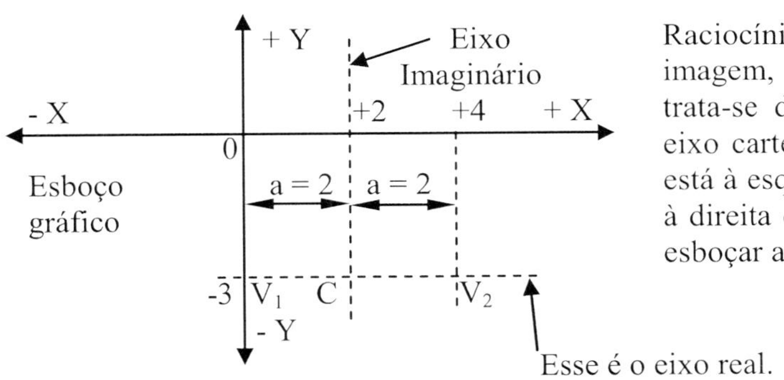

Raciocínio lógico espacial: analisando o esboço da imagem, com apenas os dois dados citados, vê-se que trata-se de uma hipérbole com eixo real paralelo ao eixo cartesiano X. Também se constata que o foco F_1 está à esquerda do vértice V_1, bem como o foco F_2 está à direita do vértice V_2. Com essas conclusões, pode-se esboçar a imagem geométrica real dessa hipérbole.

a) Cálculos iniciais: Corda focal: $l = 2b^2/a$; ou seja: $8 = 2b^2/2 \Rightarrow 2b^2 = 16 \Rightarrow b^2 = 8 \Rightarrow$ **$b = \pm 2{,}828$**.

Cálculo da distância Focal 2c: $c^2 = a^2 + b^2 \Rightarrow c^2 = 4 + 8 \Rightarrow$ **$c = \pm 3{,}4641 \Rightarrow 2c = 6{,}9282$**.

As retas assintóticas r e s, são as diagonais do retângulo ABCD, com lados 2a (4) e 2b (5,656), sendo que a tangente do ângulo α (tg α = 5,656/4) é o coeficiente angular da reta r (mr). A tangente do ângulo α1 é o coeficiente angular da reta s (ms) e o ângulo α1 = 180° - α.mr = +1,414 e ms = -1,414.

b) Equação da hipérbole e imagem geométrica: trata-se de uma hipérbole com centro não coincidente com a origem dos eixos cartesianos (0; 0) e com seu eixo real paralelo ao eixo cartesiano X, logo sua equação é do tipo:

$$\frac{+(x-h)^2}{a^2} - \frac{(y-k)^2}{b^2} = +1.$$ Onde: a = 2; b = 2,828; h = +2 e k = -3.

A equação da hipérbole fica: $\frac{+(x-2)^2}{2^2} - \frac{(y+3)^2}{2{,}8284^2} = +1 = \mathbf{\frac{+(x-2)^2}{4} - \frac{(y+3)^2}{8} = +1}$

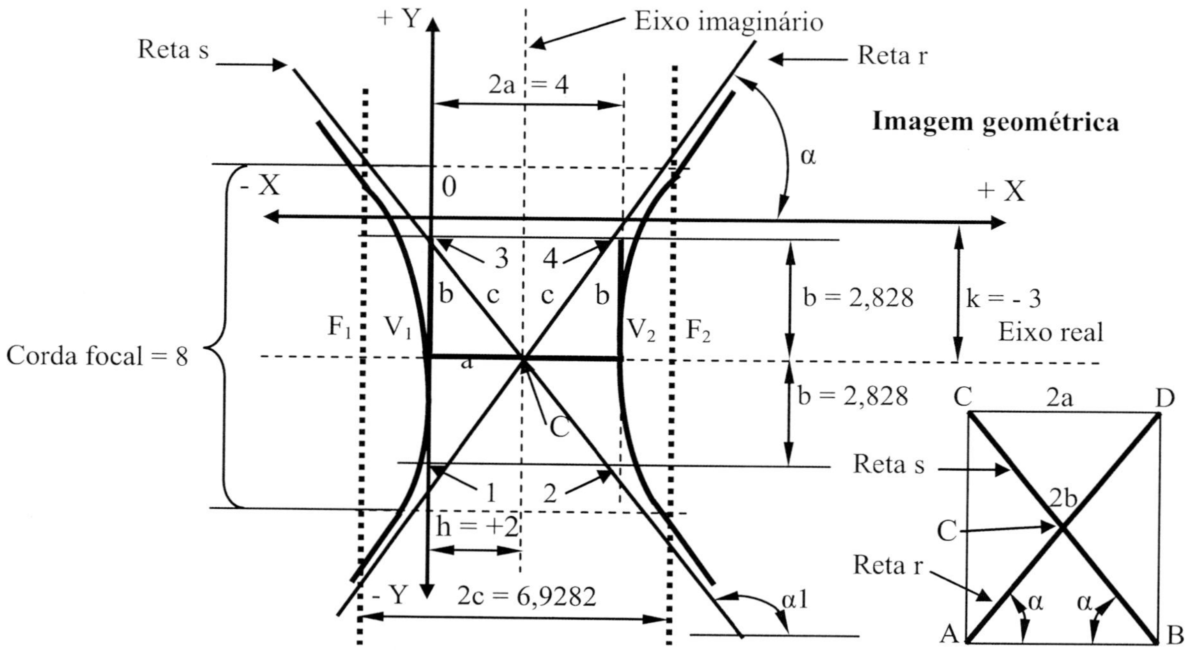

c) Equações das retas r e s, assíntotas da hipérbole, e que passam pelo ponto C(+2; -3):

Reta r ⟶ mr(x - xC) = y - yC. Como mr = +1,414, tem-se: +1,414(x - 2) = y - (-3);

logo: +1,414x - 2,828 = y + 3. Ou: **y = +1,414x - 5,828** ⟵ Equação da reta r.

Reta s ⟶ ms(x - xC) = y - yC. Como ms = -1,414, tem-se: -1,414(x - 2) = y - (-3);

logo: -1,414x + 2,828 = y +3. Ou: **y = -1,414x - 0,172** ⟵ Equação da reta s.

d) Ângulo que cada assíntota faz com o eixo X.

Basta calcular o ângulo de uma das retas, por exemplo, a r: tg α = 5,656/4 = +1,414, portanto α = arctg +1,414: Ou seja: **α = 54,732°**. Ângulo α1 que a reta s forma com o eixo X: α1 = 180° - α. Ou seja: **α1 = 125,268°**.

7.9.4) (EsPCEx - 2018). Sabendo que uma hipérbole tem focos F_1(-5; 0), F_2(+5; 0) e passa pelos pontos P(+3; 0) e Q(+4; y), sendo y > 0, determinar a área do triângulo com vértices: F_1, P e Q.

Inicialmente, faz-se a imagem geométrica, com os dados disponíveis, para se entender o problema:

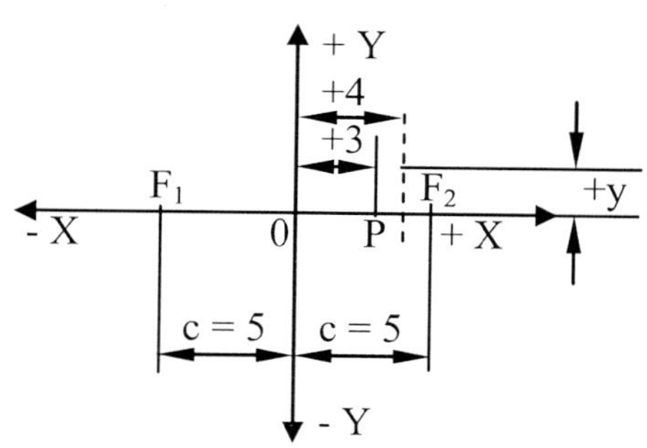

Raciocínio lógico espacial: Como a hipérbole passa pelo ponto P, que está no eixo real, conclui-se que o vértice V_1 coincide com o ponto P. Dessa forma a hipérbole tem a imagem geométrica à direita:

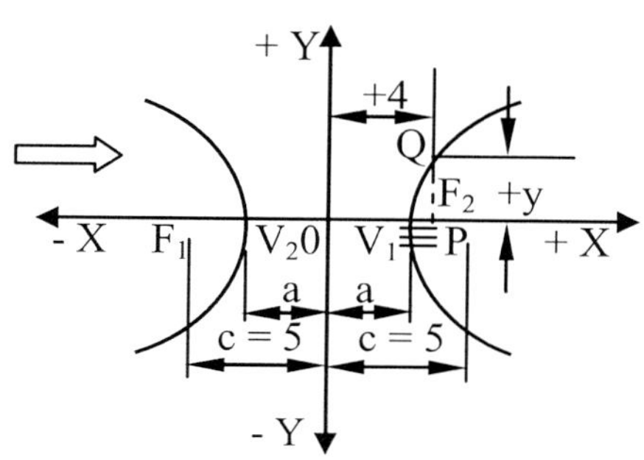

OP = OV_1 = a = 3.

Raciocínio lógico matemático: essa é uma hipérbole de equação: $+x^2/a^2 - y^2/b^2 = +1$, com a = 3, c = 5, sabendo-se que: $c^2 = a^2 + b^2$.

$c^2 = a^2 + b^2 \Rightarrow b^2 = c^2 - a^2 \Rightarrow b^2 = 5^2 - 3^2 \Rightarrow b^2 = 16 \Rightarrow b = \pm 4$. A equação fica então: $+x^2/9 - y^2/16 = +1$.

Como o ponto Q também pertence à curva da hipérbole, então basta substituir suas coordenadas na equação da hipérbole, para obter o valor da ordenada $+y_Q$, possibilitando a análise da área do triângulo F_1, P e Q.

$+x^2/9 - y^2/16 = +1 \Rightarrow (+4)^2/9 - y_Q^2/16 = +1 \Rightarrow y_Q^2/16 = 16/9 - 1 \Rightarrow y_Q^2 = (16)(7/9) \Rightarrow y_Q = \frac{4\sqrt{7}}{3}$.

Triângulo F_1PQ

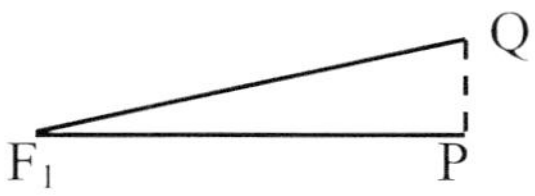

$F_1P = c + a \Rightarrow F_1P = 8$. $QP = y_Q = \frac{4\sqrt{7}}{3}$.

Área do triângulo $= \frac{(F_1P) \times QP}{2} = \frac{(8) \times (4\sqrt{7}/3)}{2} = \frac{16\sqrt{7}}{3} = 14{,}11$.

Conclusão: a área do triângulo com vértices F_1, P e Q é igual a 14,11 unidades de área.

7.9.5) Dada a equação: $+y^2 - 3x^2 = +9$, de uma hipérbole, determine todos os seus elementos, com as coordenadas cartesianas dos vértices e focos, bem como sua imagem geométrica.

Raciocínio lógico matemático: como a equação está expressa na forma geral, inicia-se determinando a sua equação reduzida, que já fornece os valores de a e b, possibilitando a determinação de c.
Raciocínio lógico espacial: com os valores de a, b e c, e a posição da hipérbole, faz-se a imagem geométrica determinando-se as coordenadas cartesianas dos vértices e focos.

$+y^2 - 3x^2 = +9 \Rightarrow \frac{+y^2}{9} - \frac{3x^2}{9} = \frac{+9}{9} \Rightarrow \frac{+y^2}{9} - \frac{x^2}{3} = +1$.

Ou seja: $a^2 = +9 \Rightarrow a = \pm 3$. $b^2 = +3 \Rightarrow b = \pm\sqrt{3}$.

$c^2 = a^2 + b^2 \Rightarrow c^2 = 9 + 3 \Rightarrow c^2 = +12 \Rightarrow c = \pm 2\sqrt{3} = \pm 3{,}464$.

A equação indica uma hipérbole com eixo real coincidente com o eixo cartesiano Y.

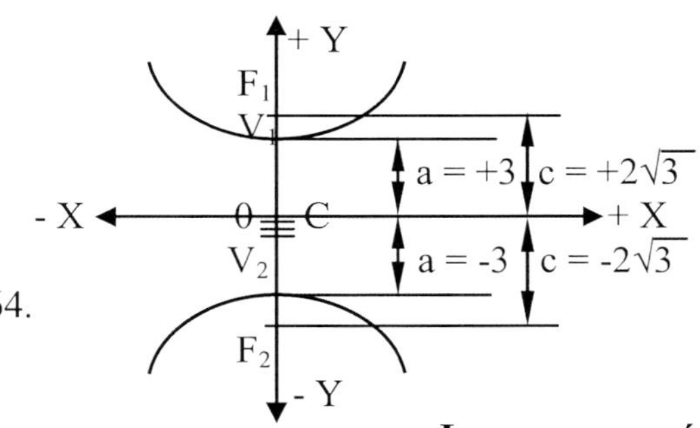

Imagem geométrica

Conclusão: $V_1(0; +3)$, $V_2(0; -3)$, $F_1(0; +3{,}464)$ e $F_2(0; -3{,}464)$.

7.9.6) Sabendo que uma hipérbole tem como equação: $+x^2/9 - y^2/16 = +1$, pede-se: a) A imagem geométrica da curva, com a indicação de todas as suas características dimensionais, b) O valor da distância focal e c) As equações das retas assíntotas à hipérbole.

Raciocínio lógico matemático espacial: inicialmente se analisa a posição da hipérbole: na equação, fazendo x = 0, tem-se que $y^2 = -16$, o que é impossível, ou seja, esta hipérbole não corta o Eixo dos Y. Isso significa que o eixo real = 2a está sob o eixo X. Com isto, faz-se a imagem geométrica.

$+x^2/9 - y^2/16 = +1$; é da forma: $+x^2/a^2 - y^2/b^2 = +1$; logo: $a^2 = 9 \Rightarrow a = \pm 3$ e $2a = 6$; $b^2 = 16 \Rightarrow b = \pm 4$ e $2b = 8$.

a) Imagem geométrica

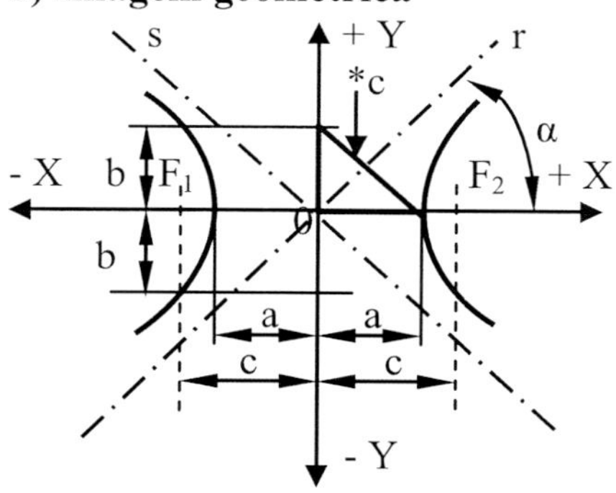

$2a = 6$ é a medida do eixo real.
$2b = 8$ é a medida do eixo imaginário.
$2c$ é a distância focal.

b) Cálculo da distância focal 2c: $*c^2 = a^2 + b^2 \Rightarrow c = \sqrt{a^2 + b^2} \Rightarrow$ $c = \sqrt{25} \Rightarrow c = \pm 5$ e **$2c = 10$**.

c) Equações das retas assíntotas r e s:
Como passam pela Origem (0; 0), estas retas têm equações:
$y = +/- mx$, onde m é o coeficiente angular ou tg α.
Nesse caso tg $\alpha = b/a$; $b/a = 4/3 = 1{,}33$, portanto:
r: $y = +(b/a)x$ e s: $y = -(b/a)x$.
Logo: **r: $y = +1{,}33x$ e s: $y = -1{,}33x$**.

7.9.7) (ITA). Considere as afirmações I, II e III, e responda às cinco questões.

I) Uma elipse tem como focos: $F_1(-2; 0)$ e $F_2(+2; 0)$, eixo maior igual a 12 e equação: $+x^2/36 + y^2/32 = +1$.

II) Os focos de uma hipérbole são $F_1(-\sqrt{5}; 0)$ e $F_2(+\sqrt{5}; 0)$, excentricidade é $\sqrt{10}/2$ e equação: $+3x^2 - 2y^2 = +6$.

III) A parábola $+2y = +x^2 - 10x - 100$ tem como vértice o ponto $P(+5; +125/2)$.

Pode-se afirmar que:

a) Todas as afirmações são falsas.
b) Apenas as afirmações II e III são falsas.
c) Apenas as afirmações I e II são verdadeiras.
d) Apenas a afirmação III é verdadeira.
e) Nenhuma das respostas anteriores (n.d.a).

Raciocínio lógico geral:

Resolve-se cada uma das afirmações, concluindo se são falsas ou verdadeiras, para depois comparar com as cinco opções de respostas.

I) Uma elipse tem como focos: $F_1(-2; 0)$ e $F_2(+2; 0)$, eixo maior igual a 12 e equação: $+x^2/36 + y^2/32 = +1$.

Raciocínio lógico espacial: faz-se a imagem geométrica da elipse, obtém-se mais dados e concluí-se.

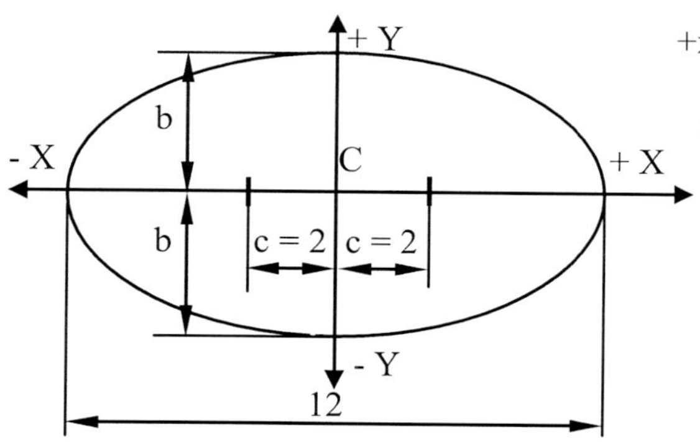

$+x^2/36 + y^2/32 = +1 \Rightarrow a^2 = 36 \Rightarrow a = \pm 6$. $b^2 = 32 \Rightarrow b = \pm 4\sqrt{2}$.

$a^2 = b^2 + c^2 \Rightarrow b = \sqrt{a^2 - c^2} \Rightarrow b = \pm\sqrt{36 - 4} \Rightarrow b = \pm 4\sqrt{2}$.

Ou seja, essa afirmação é verdadeira.

II) Os focos de uma hipérbole são $F_1(-\sqrt{5}; 0)$ e $F_2(+\sqrt{5}; 0)$, excentricidade $\sqrt{10}/2$ e equação: $+3x^2 - 2y^2 = +6$.

Raciocínio lógico espacial: devido coordenadas dos focos, concluí-se que é uma hipérbole de centro C na origem, eixo real coincidente com o eixo cartesiano X e $c = \sqrt{5}$ ($c^2 = 5$).

Excentricidade $e = \sqrt{10/2} = c/a \Rightarrow a = c/e \Rightarrow a = \dfrac{\sqrt{5}}{\sqrt{10/2}} \Rightarrow a = \dfrac{2 \times \sqrt{5}}{\sqrt{10}} \Rightarrow a^2 = \dfrac{4 \times 5}{10} \Rightarrow a^2 = 2$.

$c^2 = a^2 + b^2 \Rightarrow b^2 = c^2 - a^2 \Rightarrow b^2 = 5 - 2 \Rightarrow b^2 = 3$.

Análise da equação: $+3x^2 - 2y^2 = +6 \Rightarrow \dfrac{+3x^2}{6} - \dfrac{2y^2}{6} = \dfrac{+6}{6} \Rightarrow \dfrac{+x^2}{2} - \dfrac{y^2}{3} = +1$.

Excentricidade: $c/a = \sqrt{5}/\sqrt{2} = \sqrt{10}/2$.

Essa **afirmação é verdadeira**.

III) A parábola $+2y = +x^2 - 10x - 100$ tem como vértice o ponto P(+5; +125/2).

Raciocínio lógico: se o ponto P, que é o vértice, pertence à parábola, então suas coordenadas têm que atender à equação.

$+2y = +x^2 - 10x - 100 \Rightarrow +2(125/2) = +(+5)^2 - 10(+5) - 100 \Rightarrow +125 = +25 - 50 - 100 \Rightarrow +125 = -125$.
Como essa igualdade não se verifica, concluí-se que o ponto P não é o vértice da curva, ou seja, **a afirmação III não é verdadeira.**

Resumo das análises: I) Verdadeira, II) Verdadeira e III) Falsa.

Conclusão: a opção correta é c e, ou seja, apenas as afirmações I e II são verdadeiras.

7.9.8) Estudar as equações: $y = +x - 4$ e $+x^2/4 - y^2/16 = +1$, quanto à interseção entre as curvas, fazendo suas imagens geométricas.

Raciocínio lógico matemático espacial: inicialmente determina-se o tipo de cada curva, depois faz-se a imagem geométrica e finalmente, faz-se uma análise analítica sobre se há interseção.

$y = +x - 4$, é uma reta.
$+x^2/4 - y^2/16 = +1$, é uma hipérbole com centro na origem eixo real coincidente com o eixo cartesiano X e as seguintes características: $a^2 = 4 \Rightarrow a = \pm 2$, $b^2 = 16 \Rightarrow b = \pm 4$. $c^2 = a^2 + b^2 \Rightarrow c^2 = 4 + 16 \Rightarrow c^2 = 20 \Rightarrow c = \pm 2\sqrt{5}$.

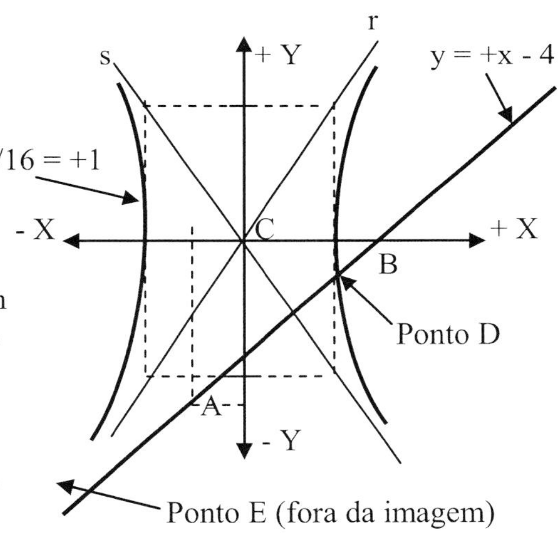

Tabela para reta: $y = +x - 4$

x	y	
-1	-5	← A
0	-4	
+1	-3	
+2	-2	
+3	-1	
+4	0	← B

Uma análise visual da imagem mostra que devem existir dois pontos de interseção, entre a reta e a hipérbole, são os pontos D e E. Só com cálculos confirmam-se ou não os pontos.

Raciocínio matemático: para determinar as interseções, resolve-se o sistema constituído pelas duas equações.

$$\begin{cases} y = +x - 4. \text{ (I)} \\ +x^2/4 - y^2/16 = +1. \text{ (II)} \end{cases}$$

Substituindo (I) em (II), tem-se: $+\dfrac{x^2}{4} - \dfrac{(+x-4)^2}{16} = +1 \Rightarrow +16x^2 - 4(+x-4)^2 = +64 \Rightarrow$

$+16x^2 - 4(+x^2 - 8x + 16) = +64 \Rightarrow +16x^2 - 4x^2 + 32x - 64 = +64 \Rightarrow$
$+12x^2 + 32x - 128 = 0 \Rightarrow x = \dfrac{-32 \pm \sqrt{(32)^2 - (4)(+12)(-128)}}{(2)(+12)} \Rightarrow x = \dfrac{-32 \pm \sqrt{7168}}{24} \Rightarrow x = \dfrac{-32 \pm 84{,}664}{24} \Rightarrow$

$x1 = \dfrac{-32 + 84{,}664}{24} = +2{,}194$. $x2 = \dfrac{-32 - 84{,}664}{24} = -4{,}861$.

$y1 = x1 - 4 \Rightarrow y1 = +2{,}194 - 4 = -1{,}806$. $y2 = x2 - 4 \Rightarrow y1 = -4{,}861 - 4 = -8{,}861$.

Conclusão: os pontos de interseção são: D(+2,194; -1,806) e E(-4,861; -8,861).

7.9.9) (IME). Calcule as coordenadas dos pontos de interseção da elipse com a hipérbole, representadas a seguir, sabendo que: a) Os pontos C e C' são os focos da elipse e os pontos A e A' são os focos da hipérbole, b) BB' é o eixo conjugado (eixo imaginário) da hipérbole e c) OB = OB' = 3 m e OC = OC' = 4 m.

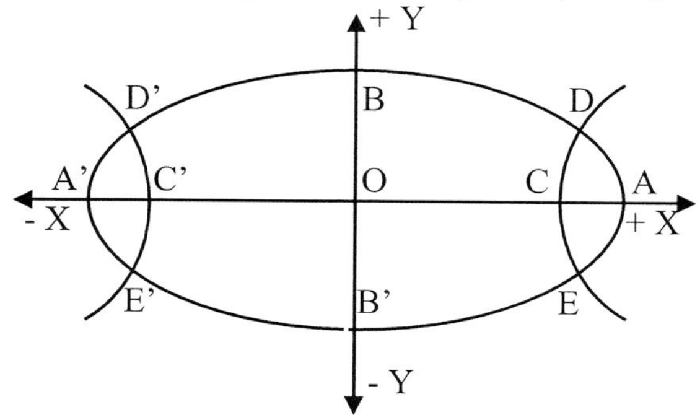

Raciocínio lógico espacial matemático:

Essa figura será desmembrada em duas: uma elipse e uma hipérbole, começando-se o cálculo pela elipse, pois já são dados o semi eixo menor: OB = OB' = b = 3 m e metade da distância focal: OC = OC' = c = 4 m. Quanto à hipérbole, já se conhece metade do eixo real, com a localização do vértice: OC = OC' = 4 m e V(+4; 0) e V'(-4; 0).

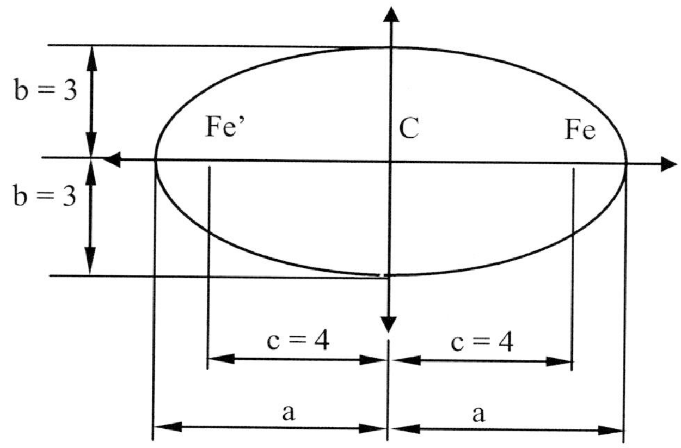

Equação da elipse: $+\frac{x^2}{a^2} + \frac{y^2}{b^2} = +1$.

$a^2 = b^2 + c^2 \Rightarrow a^2 = 9 + 16 \Rightarrow a^2 = 25 \Rightarrow a = \pm 5$.

Portanto: $+\frac{x^2}{25} + \frac{y^2}{9} = +1 \Rightarrow \frac{y^2}{9} = 1 - \frac{x^2}{25}$ (I)

Equação da hipérbole: $+\frac{x^2}{a^2} - \frac{y^2}{b^2} = +1$.

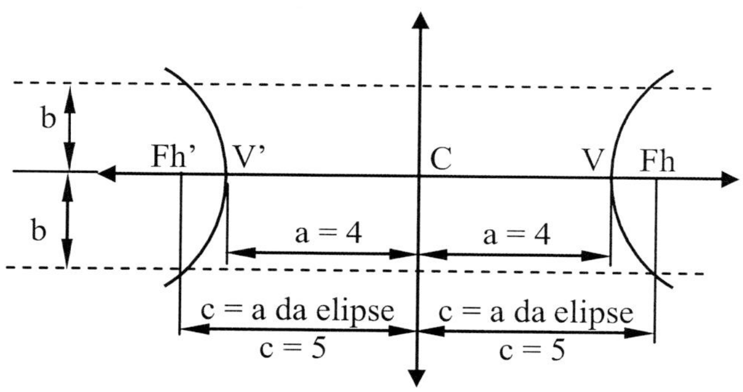

$c^2 = a^2 + b^2 \Rightarrow b^2 = 25 - 16 \Rightarrow b^2 = 9 \Rightarrow b = \pm 3$.

Portanto: $+\frac{x^2}{16} - \frac{y^2}{9} = +1 \Rightarrow \frac{y^2}{9} = \frac{x^2}{16} - 1$ (II)

Igualando (I) e (II), tem-se: $1 - \frac{x^2}{25} = +\frac{x^2}{16} - 1 \Rightarrow$
$+(25)(16) - 16x^2 = 25x^2 - (25)(16) \Rightarrow$
$+400 + 400 = 41x^2 \Rightarrow x^2 = 19{,}512 \Rightarrow x = \pm 4{,}417$.

Substituindo $x^2 = 19{,}512$, na equação da hipérbole: $+\frac{y^2}{9} = \frac{19{,}512}{16} - 1 \Rightarrow y^2 = \frac{(9)(19{,}512)}{16} - (9)(1) = 1{,}976$.

$y^2 = 1{,}976 \Rightarrow y = \pm 1{,}405$. **Conclusão: os pontos de interseção são: D(+4,417; +1,405). D'(-4,417; +1,405), E(+4,417; -1,405) e E'(-4,417; -1,405)**.

7.9.10) Analise a equação: $+16x^2 - 9y^2 - 64x - 72y - 224 = 0$, definindo qual o tipo de curva e fazendo sua imagem geométrica.

Raciocínio lógico matemático: como existem fatores de incógnitas negativas, pode-se pensar numa hipérbole com centro não coincidente com a origem. Dessa forma, analisa-se a equação teórica reduzida de uma hipérbole com centro não coincidente com a origem, fazendo-se a comparação com a equação dada.

$\frac{+(x-h)^2}{a^2} - \frac{(y-k)^2}{b^2} = +1 \Rightarrow +b^2(x-h)^2 - a^2(y-k)^2 = a^2b^2 \Rightarrow +b^2(x^2 - 2xh + h^2) - a^2(y^2 - 2yk + k^2) - a^2b^2 = 0 \Rightarrow$

$+b^2x^2 - 2xb^2h + b^2h^2 - a^2y^2 + 2ya^2k - a^2k^2 - a^2b^2 = 0$. Essa equação, colocada de forma a ser comparada com a equação dada, fica com a seguinte forma:

$+b^2x^2 - a^2y^2 - 2xb^2h + 2ya^2k + \underbrace{b^2h^2 - a^2k^2 - a^2b^2} = 0.$

Dessa forma as equações têm as igualdades abaixo:

$+16x^2 - 9y^2 - 64x - 72y - 224 = 0$. (Equação dada).

$+b^2x^2 = +16x^2 \Rightarrow b^2 = +16 \Rightarrow b = \pm 4.$
$-a^2y^2 = -9y^2 \Rightarrow a^2 = +9 \Rightarrow a = \pm 3.$
Esses valores de a e b serão substituídos nas igualdades a seguir:

$-2xb^2h = -64x \Rightarrow +2b^2h = +64 \Rightarrow +2(4)^2h = +64 \Rightarrow +32h = +64 \Rightarrow h = +2.$

$+2ya^2k = -72y \Rightarrow +2a^2k = -72 \Rightarrow +2(3)^2k = -72 \Rightarrow +18k = -72 \Rightarrow k = -4.$

$+b^2h^2 - a^2k^2 - a^2b^2 = -224 \Rightarrow +(16)(4) - (9)(16) - (9)(16) = -224 \Rightarrow +64 - 144 - 144 = -224 \Rightarrow -224 = -224.$

Conclusão: $\frac{+(x-h)^2}{a^2} - \frac{(y-k)^2}{b^2} = +1 \Rightarrow \frac{+(x-2)^2}{9} - \frac{(y+4)^2}{16} = +1.$

Uma hipérbole com centro C(+2; -4), a = ±3 e b = ±4.

$c^2 = a^2 + b^2 \Rightarrow c^2 = 9 + 16 \Rightarrow c^2 = 25 \Rightarrow$ **c = ±5**.

Coordenadas: F1(-3; -4), F2(+7; -4), V1(-1; -4) e V2(+5; -4).

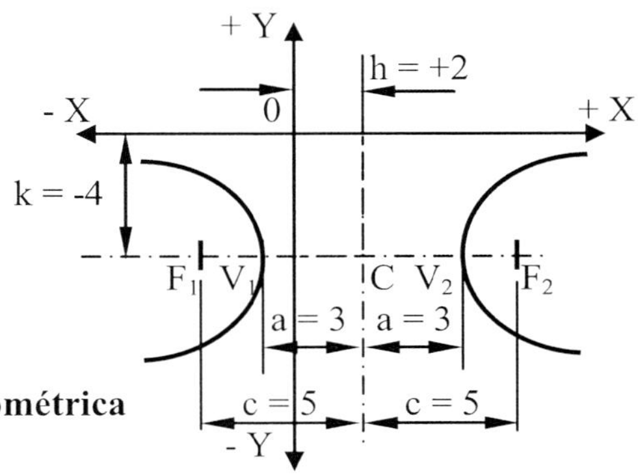

Imagem geométrica

7.9.11) Levando em conta as exigências ambientais e considerações termodinâmicas, em especial a tiragem dos gases, um engenheiro mecânico está a projetar uma chaminé, no formato hiperbólico, como descrita a seguir. Considerando o desenho e os dados informados, pede-se: a) A equação da hipérbole. b) A altura total H da chaminé. c) O diâmetro da base e d) O diâmetro da boca.
Dados informados da hipérbole: 2a = 2 metros. 2c = 8 metros. Dados complementares: $c^2 = a^2 + b^2$. $l = 2b^2/a$.

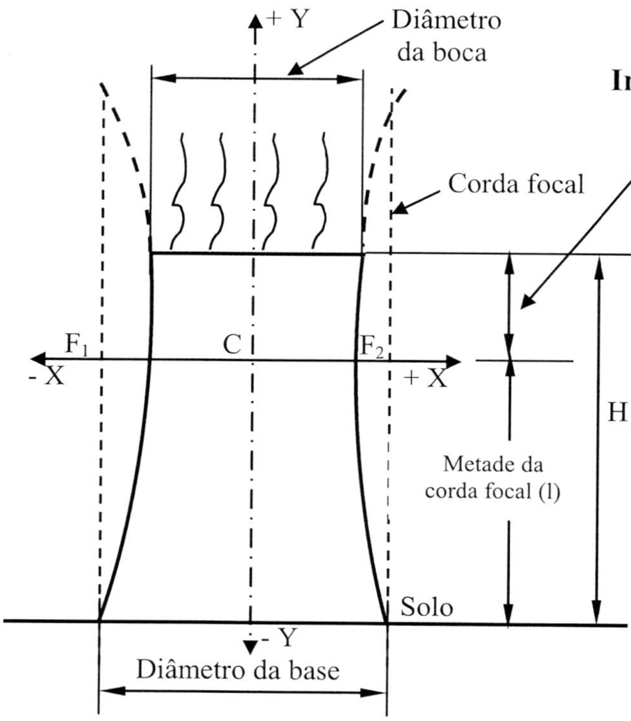

Imagem geral da chaminé

$c^2 = a^2 + b^2$; ou seja: $b^2 = c^2 - a^2$. $c^2 = 16$ e $a^2 = 1$. $b^2 = 15 \Rightarrow b = \sqrt{15} = 3{,}873$ m.
$l = 2b^2/a = 2.15/1 = 30$ m. $l/2 = 15$ m.

a) Esse tipo de hipérbole tem equação: $+x^2/a^2 - y^2/b^2 = +1$.
Ou seja: a) $+x^2/1 - y^2/15 = +1$, que pode ser escrita como: $\mathbf{+15x^2 - y^2 = +15}$.

b) Altura H total da chaminé = 22,5m.

Cálculo dos diâmetros da base e da boca

O diâmetro da boca é obtido, quando na equação da hipérbole se substitui y por 7,5.
$+15x^2 - y^2 = +15$; ou seja: $x = \sqrt{[(y^2 + 15)/15]}$
x = 2,1795 m e 2x = 4,359 m (Diâmetro da boca).

c) Diâmetro da base = 8 metros.
d) Diâmetro da boca = 4,359 metros.

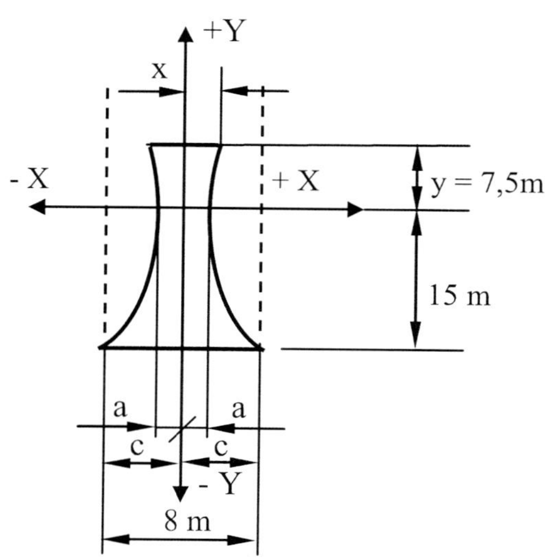

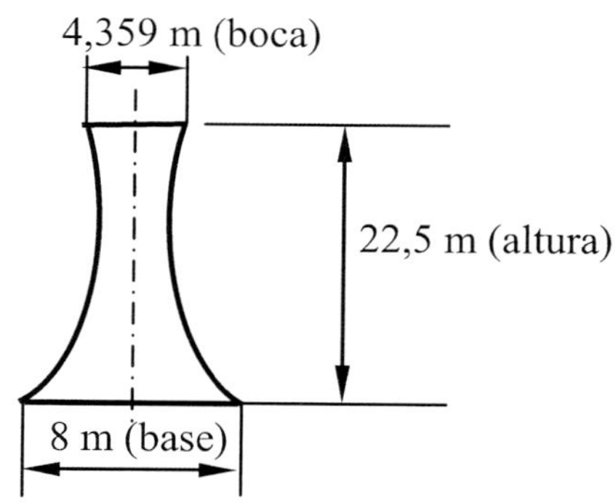

Essas são as dimensões finais da chaminé.

Com essas dimensões, a Engenharia Civil, desenvolve todo o cálculo estrutural da chaminé, permitindo sua construção.

7.9.12) Um engenheiro está desenvolvendo o projeto de um pontilhão sobre um rio, conforme dimensões e detalhes mostrados no desenho a seguir. Os cálculos iniciais, para atender às dimensões do rio, indicam que o vão de 30 metros será vencido por um arco hiperbólico, com a distância entre o Foco e o vértice da hipérbole igual a 3 metros. Baseado nas dimensões disponíveis e na geometria do pontilhão, pede-se estudar as características da hipérbole utilizada, inclusive o cálculo das dimensões detalhadas do arco hiperbólico, de forma a permitir a construção das formas e sua concretagem.

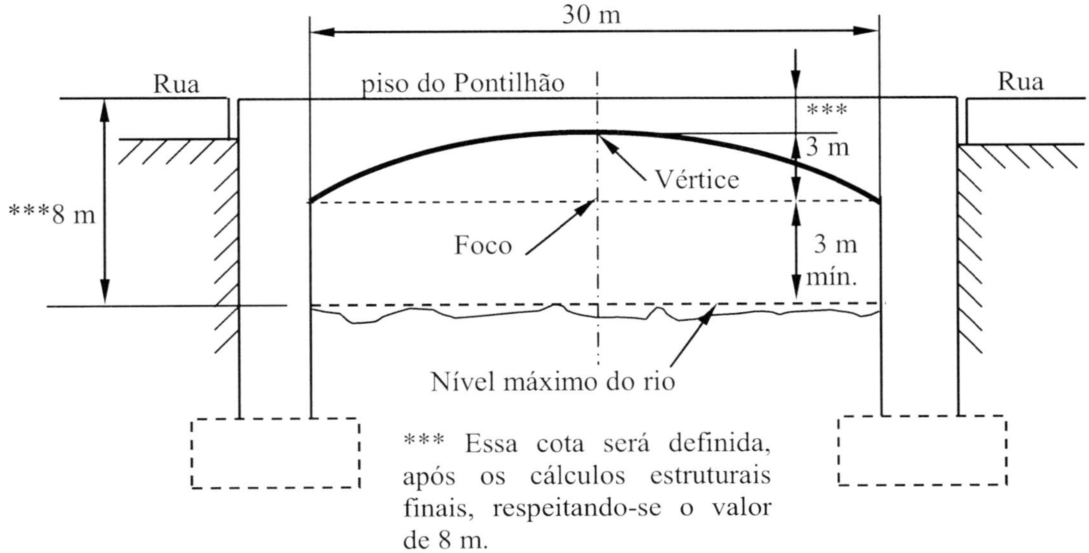

A imagem geométrica, teórica, dessa hipérbole, com os dados disponíveis é a seguinte:

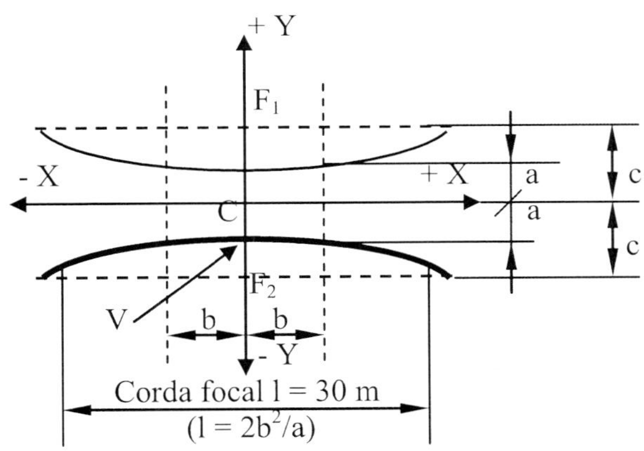

Essa hipérbole é do tipo:

$+y^2/a^2 - x^2/b^2 = +1$.

Observa-se que o vão de 30 metros é a corda focal. Com apenas esses dados não se consegue calcular e definir a equação, para determinar as dimensões necessárias ao projeto das formas e posterior concretagem da parte do arco parabólico.

A partir da imagem teórica, podem-se desenvolver os cálculos, como a seguir mostrados:

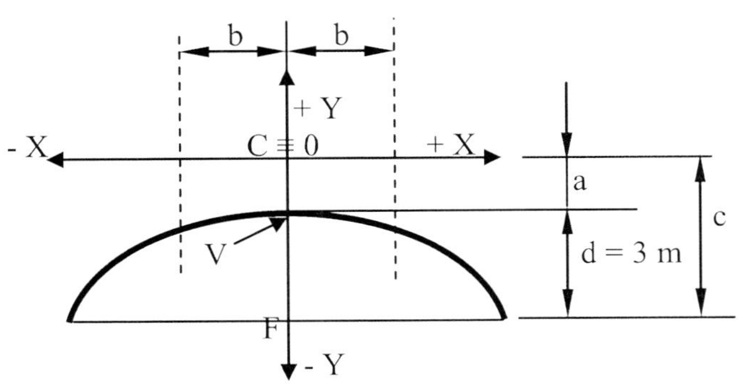

Dados para cálculo

$+y^2/a^2 - x^2/b^2 = +1$.

$2b^2/a = l = 30$ m.

$c^2 = a^2 + b^2$; ou seja: $b^2 = c^2 - a^2$

$d = c - a$. ($d = 3$ m).

Com esses dados e com a Imagem, desenvolvem-se os cálculos.

$2b^2/a = 30$ m. Ou seja: $b = \sqrt{15a}$. Com essa relação, mais $c^2 = a^2 + b^2$ e $d = c - a = 3$ m, podem ser calculados as diversas dimensões da hipérbole, inicialmente arbitrando-se um valor para a, que é a distância entre o vértice e o Foco. Os cálculos, iniciando-se com a = 0,5 metro, estão sintetizados na tabela a seguir:

a	b	a^2	b^2	c	d
0,5	2,739	0,25	7,5	2,784	2,284
1,0	**3,873**	**1**	**15**	**4,000**	**3,000**
1,5	4,743	2,25	22,5	4,975	3,475
2,0	5,477	4	30	5,831	3,831
2,5	6,124	6,25	37,5	6,614	4,114
3,0	6,708	9	45	7,348	4,348

Esses são os valores que atendem à distância de 3 m, entre o vértice e o foco da hipérbole (d), com a = 1,0 m e b = 3,873 m. Com estes dados escreve-se a equação da hipérbole:

$$+y^2/1 - x^2/15 = +1.$$

Essa equação fatorada resulta em:

$$y = \pm\sqrt{(15 + x^2)/15}$$

Os cálculos das dimensões horizontal (x) e vertical (y), que permitirão a construção das formas e concretagem do arco hiperbólico, são baseados na seguinte figura:

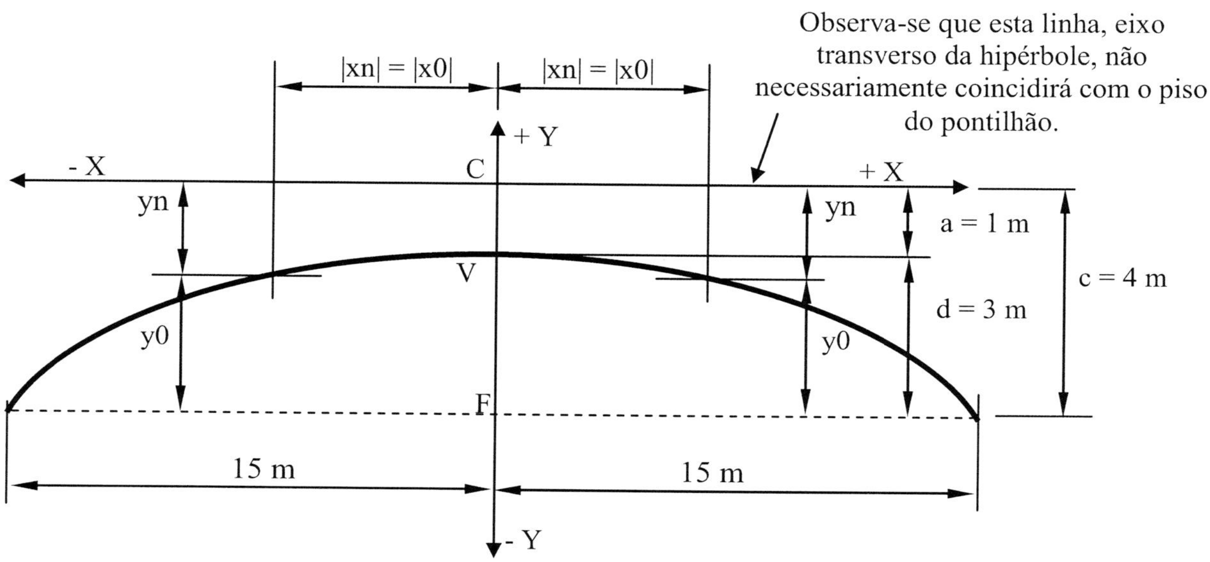

Os módulos de xn e yn serão calculados pela função: $y = \pm\sqrt{(15 + x^2)/15}$, sendo observado que os valores são iguais ao longo do eixo X, pois a hipérbole é uma curva simétrica. Considerando-se, apenas o arco, as cotas x0 e y0, permitem a execução das formas e posterior concretagem do arco hiperbólico.

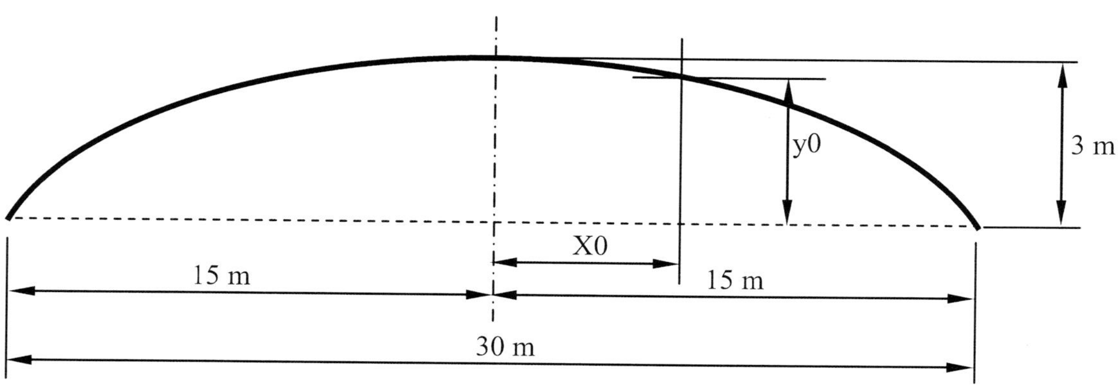

Comparando-se as duas figuras anteriores, vê-se que: x0 = x e y0 = 4 - yn. Serão estipulados valores de xn a partir de zero, com intervalos de 1,0 m, até o limite xn = 15 m. A tabela a seguir resume todos os valores de x0 e y0, necessários à construção das formas do arco, e posterior concretagem.

xn	yn	x0	y0
0	1,0000	0,0	3,0000
1,0	1,0328	1,0	2,9672
2,0	1,1255	2,0	2,8745
3,0	1,2649	3,0	2,7351
4,0	1,4376	4,0	2,5624
5,0	1,6330	5,0	2,3670
6,0	1,8439	6,0	2,1561
7,0	2,0656	7,0	1,9344
8,0	2,2949	8,0	1,7051
9,0	2,5298	9,0	1,4702
10,0	2,7689	10,0	1,2311
11,0	3,0111	11,0	0,9889
12,0	3,2558	12,0	0,7442
13,0	3,5024	13,0	0,4976
14,0	3,7506	14,0	0,2494
15,0	4,0000	15,0	0,0000

Valores intermediários de xn, por exemplo 0,5 m, são calculados a partir das seguintes funções e relações:

$$y = \pm\sqrt{(15 + x^2)/15}$$

$$x0 = x \text{ e } y0 = 4 - yn.$$

Observa-se que os cálculos aqui realizados, podem ser realizados por um programa, facilmente exequível, possibilitando o uso nos mais diversos vãos em arcos hiperbólicos, inclusive com várias simulações. A partir do programa com a solução, também se pode migrar, por exemplo, para o AutoCad®, permitindo desenhos técnicos detalhados das formas.

** Um hiperboloide circular é obtido a partir do giro de 360° de uma curva hiperbólica, segundo uma circunferência. Uma hipérbole é uma figura plana (x; y). Um hiperboloide é uma quádrica tridimensional ou seja, com três dimensões (x; y; z).

7.9.13) Um escritório de Arquitetura e Construção Civil recebeu um pedido para projetar e construir um pavilhão de exposições, com uma área coberta de cerca de 1.000 m², com a cobertura no formato curvilíneo. Uma arquiteta da equipe foi a escolhida para desenvolver o projeto. Após alguns esboços à mão livre, ela optou por uma cobertura (telhado) no formato de um hiperbolóide** circular, com a concepção arquitetônica como adiante mostrada. Na sequência ela escolheu o tipo de hipérbole (modelo geométrico) que usará, ou seja, a Imagem geométrica de uma hipérbole, em relação aos eixos X e Y. Uma vez essas etapas definidas, a arquiteta passou a estudar matematicamente a hipérbole, de forma a obter sua equação, permitindo, tanto os cálculos estruturais de Engenharia, quanto sua efetiva Construção Civil. As figuras, análises e cálculos, a seguir detalhadas, mostram todo o trabalho, até a obtenção da equação da hipérbole e das dimensões finais do pavilhão.

Esta foi a concepção arquitetônica, com a cobertura hiperbólica AB

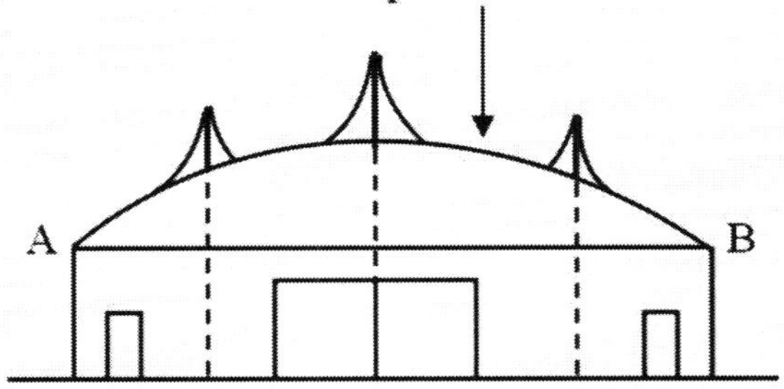

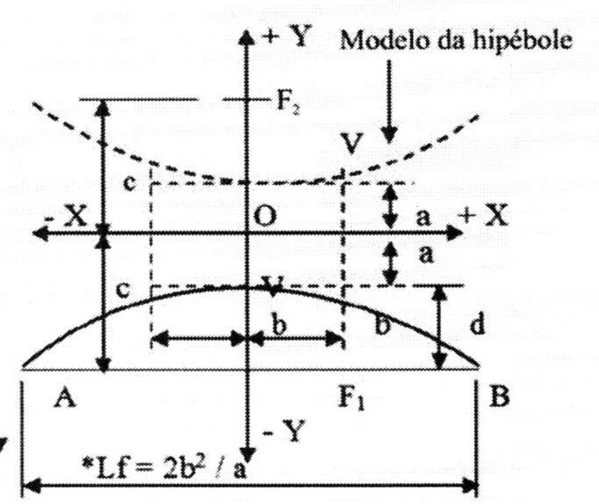

A partir da modelagem geométrica da hipérbole, a arquiteta, definiu alguns parâmetros complementares, como Lf (corda focal) e d (altura da cúpula hiperbólica) para após os cálculos, encontrar a equação da hipérbole, de forma a poder ser desenhada e construída.

$c = \sqrt{(a^2 + b^2)}$ $\quad$ $*b = \sqrt{(a.Lf)}/2$

$d = c - a$

Como a cobertura é um hiperboloide circular, a área coberta é a de um círculo, como foi pedida uma área de cerca de 1.000 m^2, será feito o cálculo inicial do diâmetro do círculo, que é igual à corda focal Lf, ou seja:
1.000 $m^2 = \pi d^2/4$; ou seja: d = 35,682 m.
Para facilitar a construção, em princípio será utilizado um diâmetro de 36 m.

Este tipo de hipérbole tem como equação:

$$+y^2/a^2 - x^2/b^2 = +1$$

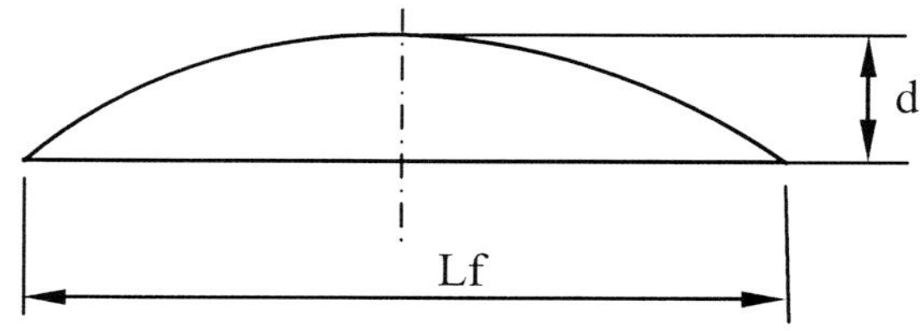

Estas são as duas dimensões principais da cobertura

A partir desses cálculos e análises iniciais, bem como da dimensão Lf = 36 metros, será elaborada uma tabela onde serão calculados e comparados alguns parâmetros, de forma a se achar um valor da altura da cúpula (dimensão d) que, além de uma boa estética, apresente uma curvatura que facilite o cálculo estrutural, já que quanto mais se aproximar de uma reta, ou seja, curvatura mais plana/fechada, parâmetro "a" pequeno, maiores serão os esforços sobre a laje cobertura, consequentemente exigindo uma espessura maior, ou seja, maior custo.

Lf	**a**	**b**	**c**	**d**	**Equação**	**Lf**	**a**	**b**	**c**	**d**	**Equação**
36	0,5	3,0	3,041	2,541	$+36y^2 - x^2 - 9 = 0$	**36**	2,5	6,708	7,159	4,659	$+8y^2 - x^2 - 50 = 0$
36	1,0	4,243	4,359	3,359	$+18y^2 - x^2 - 18 = 0$	**36**	3,0	7,348	7,937	4,937	$+6y^2 - x^2 - 54 = 0$
36	1,5	5,196	5,408	3,908	$+12y^2 - x^2 - 27 = 0$	**36**	3,5	7,937	8,674	5,174	$+36y^2 - 7x^2 - 441 = 0$
36*	**2,0**	**6,000**	**6,324**	**4,324**	$\mathbf{+9y^2 - x^2 - 36 = 0}$	**36**	4,0	8,485	9,381	5,381	$+9y^2 - 2x^2 - 144 = 0$

As dimensões da tabela estão em metros. Observa-se que, para um mesmo valor da corda focal Lf de 36 metros, igual ao diâmetro do hiperboloide circular, foram calculados os diversos parâmetros da respectiva hipérbole, chegando-se à equação reduzida, com eixo real coincidente com o eixo X: $+y^2/a^2 - x^2/b^2 = +1$.
Após conversa e análise com o engenheiro que faz os cálculos estruturais, foi decidido que será usada a hipérbole de equação: $^*+9y^2 - x^2 - 36 = 0$, com uma altura d = 4,324 m.

Imagem aproximada das cúpulas: a maior e a menor (d).

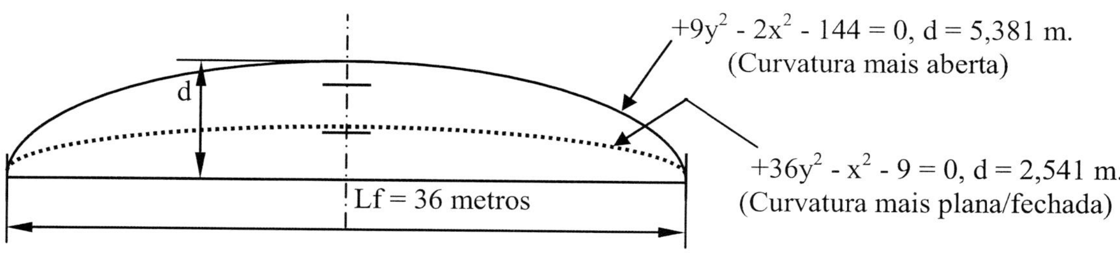

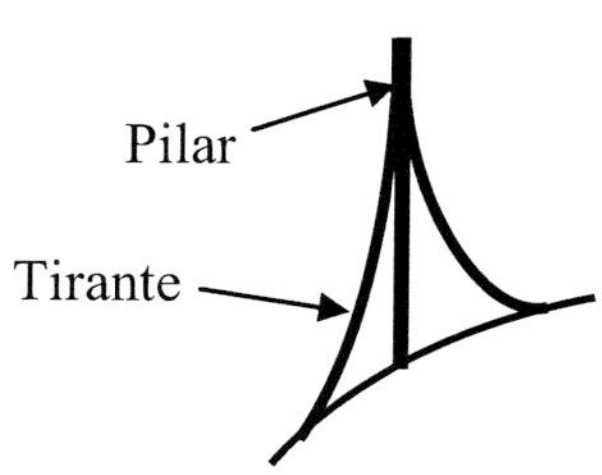

Detalhe arquitetônico estrutural da suportação da cúpula.

Dimensões externas finais do pavilhão

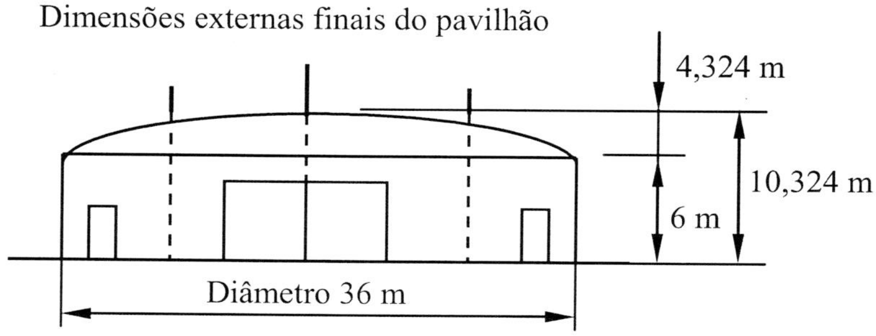

7.9.14) Uma empresa de consultoria recebeu a encomenda de elaborar os projetos conceitual e básico de um reservatório esférico, para armazenamento e distribuição de água, em uma indústria química, onde o projeto básico fornecido é mostrado no desenho à direita, a partir do qual se deve desenvolver o projeto conceitual. Foi informado que, tanto a esfera, quanto o suporte terão que ser em aço ASTM A - 285 gr C. Outra exigência é que o suporte seja segundo uma curva, por questões estéticas e arquitetônicas, com um diâmetro mínimo de 1 m, de forma que haja uma escada interna ao suporte, para permitir a passagem de uma pessoa, para manutenção e reparos.

Após uma rápida análise, o engenheiro modelou o problema considerando o suporte em arco hiperbólico (em verdade um hiperboloide circular).

Essa hipérbole tem equação: $+x^2/a^2 - y^2/b^2 = +1$.
O único dado é: 2a = 1 m; a = 0,5 m, não se conhecendo o valor de b.

Outras relações são:

$c^2 = a^2 + b^2 \Rightarrow b = \sqrt{(c^2 - a^2)}$. Excentricidade: $e = c/a \Rightarrow c = e.a$. Corda focal: $l = 2b^2/a$.

Com apenas o valor de a (0,5), observa-se que atribuindo-se valores de "e" (excentricidade), calculam-se os valores de "c" e "b", resolvendo-se a equação. Com os valores de "a" e "b", calcula-se o valor da corda focal ($l = 2b^2/a$), obedecendo-se a altura máxima igual a 15 m.

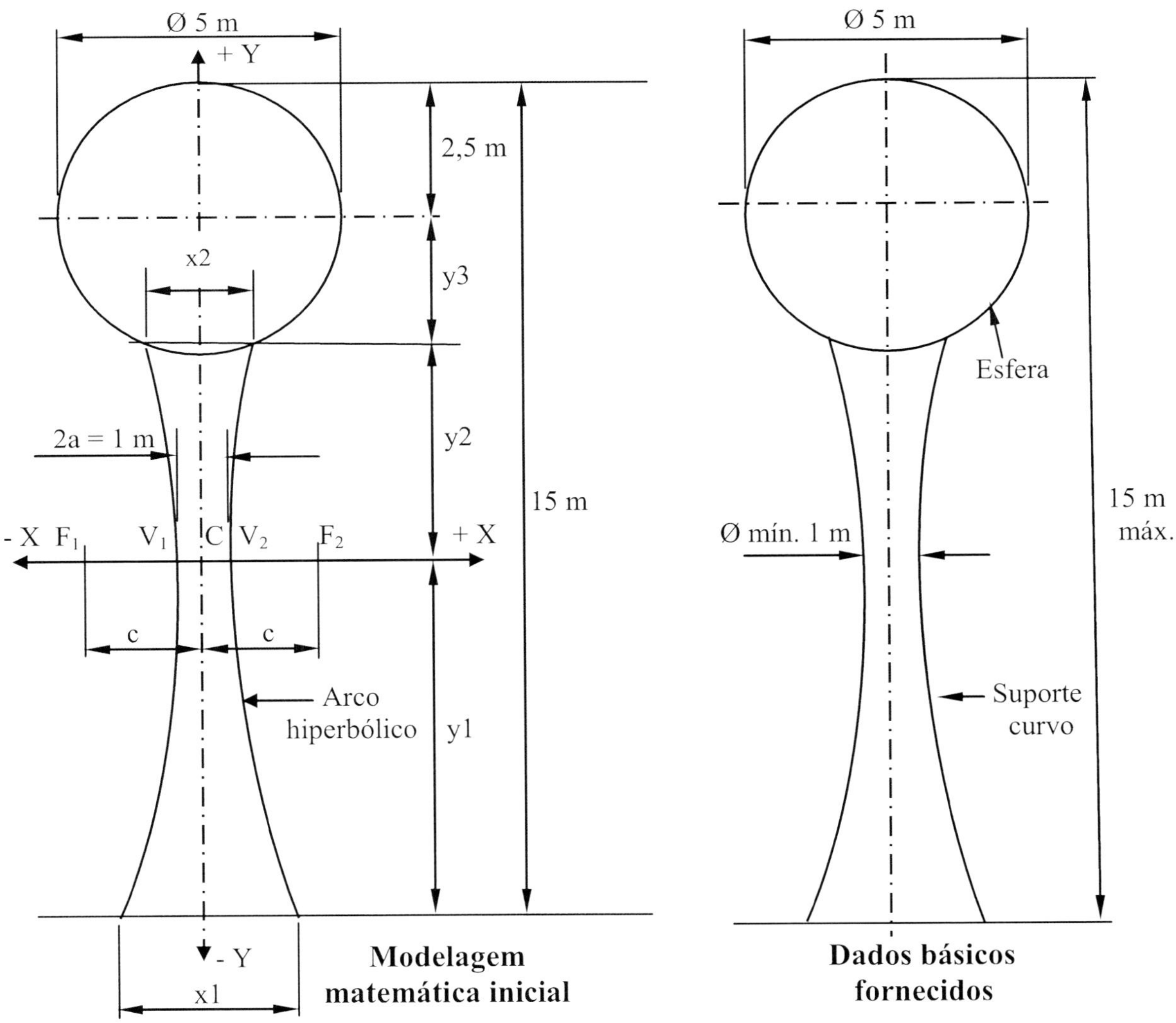

A tabela a seguir resume as simulações dos valores da excentricidade "e", a partir de e = 1,5, com cálculos dos demais parâmetros.

a	e (c/a)	c (e x a)	b ($\sqrt{c^2 - a^2}$)	l ($2b^2/a$)	Equação da hipérbole ($+x^2/a^2 - y^2/b^2 = +1$)
0,5	1,5	0,75	0,559	1,25	$+x^2/0{,}25 - y^2/0{,}312 = +1$
0,5	2,0	1,00	0,866	3,00	$+x^2/0{,}25 - y^2/0{,}75 = +1$
0,5	2,5	1,25	1,146	5,25	$+x^2/0{,}25 - y^2/1{,}313 = +1$
0,5	3,0	1,50	1,414	8,00	$+x^2/0{,}25 - y^2/2 = +1$
0,5	3,5	1,75	1,677	11,25	$+x^2/0{,}25 - y^2/2{,}812 = +1$
0,5	**4,0**	**2,00**	**1,936**	**15,00**	$\mathbf{+x^2/0{,}25 - y^2/3{,}75 = +1}$
0,5	4,5	2,25	2,194	19,25	$+x^2/0{,}25 - y^2/4{,}814 = +1$
0,5	5,0	2,50	2,449	24,00	$+x^2/0{,}25 - y^2/6 = +1$

A corda focal com valor de 15 metros (que atende a altura máxima exigida), e os dados correspondentes, serão analisados, para a solução do problema.

Com a corda focal de 15 m, e com a equação da hipérbole: $+x^2/0{,}25 - y^2/3{,}75 = +1$, foi possível se ter o desenho detalhado. Observa-se que, tanto a circunferência, quanto a hipérbole, passam pelos pontos A e B. Fazendo-se o sistema de duas equações com duas incógnitas (circunferência e hipérbole), acham-se tanto o valor de X2, quanto o de Y2.

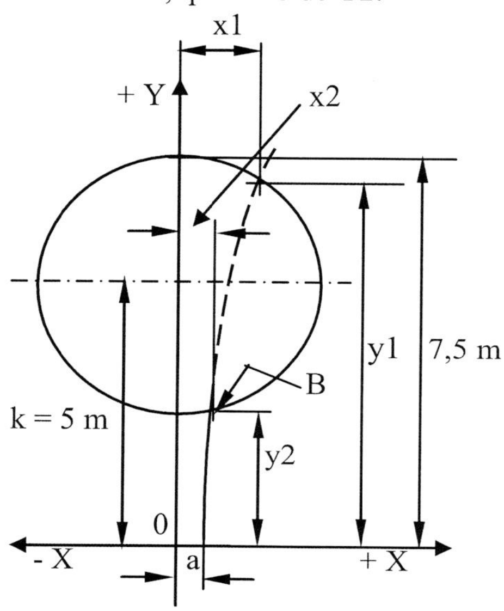

Detalhes da interseção

Modelagem teórica da interseção entre esfera e hipérbole

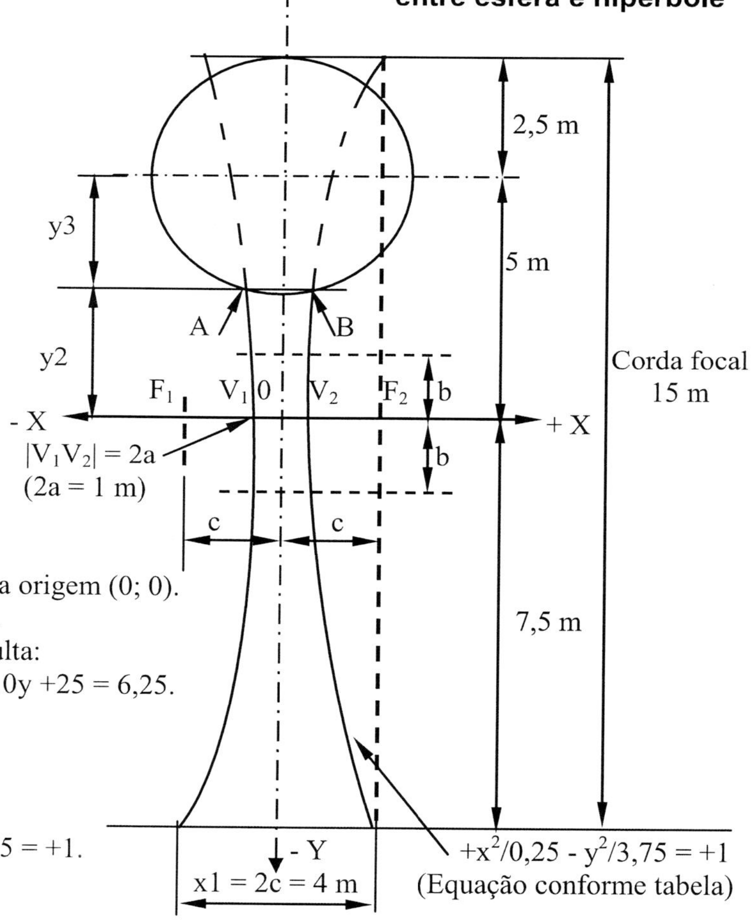

Essa circunferência tem o centro fora da origem (0; 0).
Sua equação é: $+(x - h)^2 + (y - k)^2 = R^2$.
Onde: h = 0; k = 5 e R = 2,5, o que resulta:
$+(x - 0)^2 + (y - 5)^2 = 2{,}5^2 \Rightarrow +x^2 + y^2 - 10y + 25 = 6{,}25$.

Onde: $\begin{cases} x^2 = (-y^2 + 10y - 18{,}75) \text{(A)} \\ +x^2/0{,}25 - y^2/3{,}75 = +1 \text{ (B)} \end{cases}$

A em B: $(-y^2 + 10y - 18{,}75)/0{,}25 - y^2/3{,}75 = +1$.
Ou seja: $-4{,}2667y^2 + 40y - 76 = 0$.

$y = \dfrac{-40 \pm \sqrt{(40^2) - 4[(-4{,}2667).(-76)]}}{2.(-4{,}2667)}$: $y = \dfrac{-40 \pm 17{,}4047}{-8{,}5334}$: y1 = +6,727 e y2 = +2,648.

y1 = +6,727 m ou y1 = +6.727 mm e y2 = +2,648 m ou y2 = +2.648 mm.

$x^2 = (-y^2 + 10y - 18{,}75) \Rightarrow x = \sqrt{(-y^2 + 10y - 18{,}75)}$. Para determinar A e B, faz-se y = +2,648 m.

$x2 = \sqrt{[-(2{,}648)^2] + [10(2{,}648) - 18{,}75)]} \Rightarrow x2 = \pm 0{,}8474$ m. Ou seja: |AB| = 2(0,8474 m) = 1,6948 m.

Do eixo X até onde o hiperboloide intercepta a chapa metálica da base, tem-se: y = -7,2 m.

Diâmetro da base do hiperboloide com y = -7,2 m: $x^2/0{,}25 - (-7{,}2)^2/3{,}75 = +1$: $x = \pm 1{,}925$ m;

Ou seja: diâmetro do hiperboloide na base metálica = 3,85 m (retificado = π . 3,85 = 12,0948 m = 12.094,8 mm).

Dimensões finais e detalhes dos projetos conceitual e básico, do conjunto esfera/hiperboloide (medidas em metros)

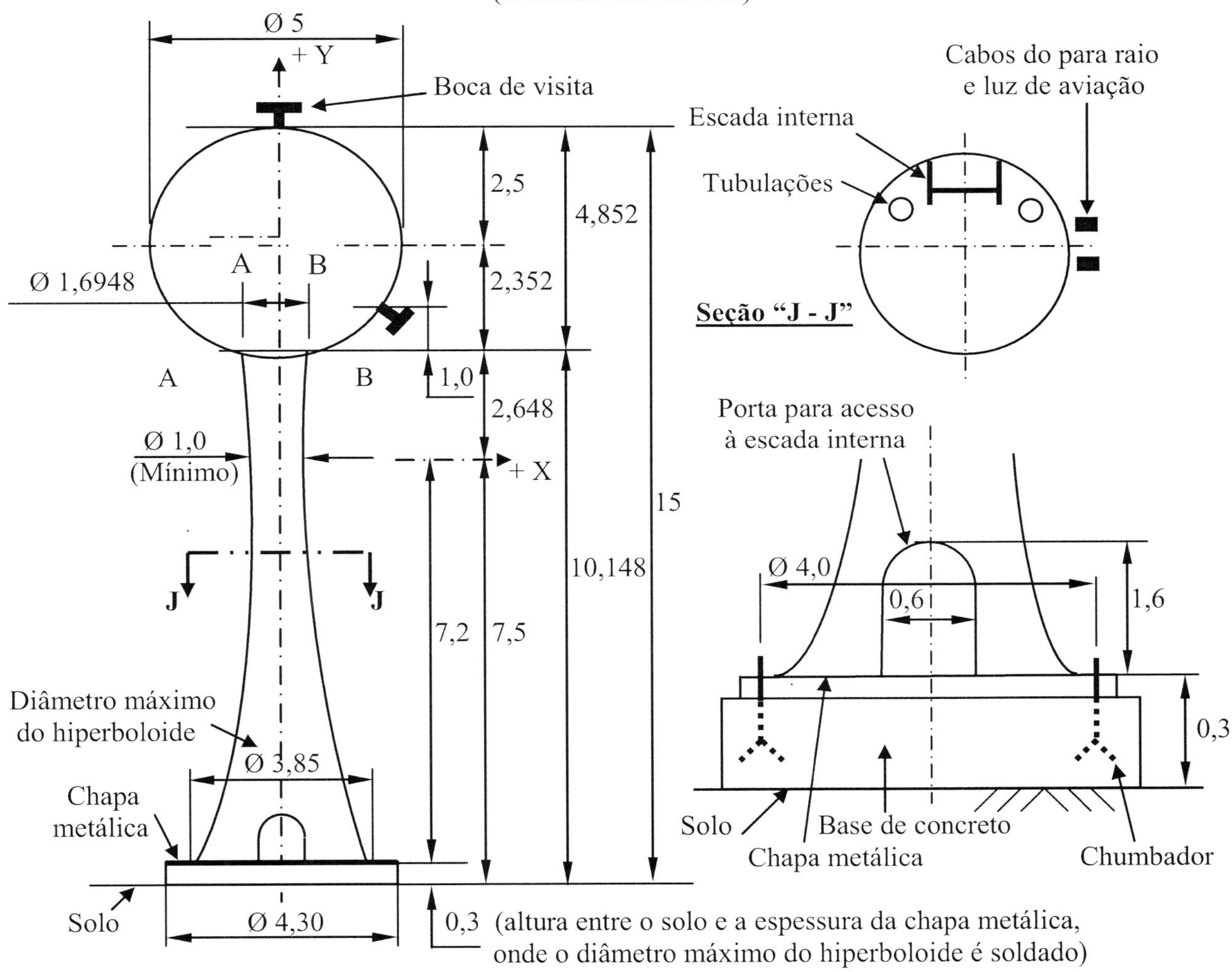

Observações gerais: A) Haverá uma escada interna, tipo marinheiro, para acesso ao fundo do reservatório esférico, para inspeção e manutenção de bocais de entrada e saída de água, bem como do ladrão. B) Existirão duas bocas de visita, de diâmetro 24" (610 mm) uma superior e outra próxima ao fundo, que servirão para entrada no reservatório esférico, para manutenções. C) As tubulações de entrada, saída de água e ladrão, passarão por dentro da base em arco hiperbólico, bem como dos cabos de comando do nível de água. D) Para futuras manutenções, o acesso à boca de visita inferior, e externa, será por meio de andaimes montados desde a base. Ao lado dessa boca de visita, e ao longo da superfície da esfera, existirão degraus soldados, que permitirão acesso à boca de visita do topo.

7.10 Exercícios propostos (veja respostas no Apêndice A)

7.10.1) Para a hipérbole $+9y^2 - x^2 - 36 = 0$, determinar as coordenadas cartesianas de: a) Focos F_1 e F_2 e b) Vértices V_1 e V_2.

7.10.2) Para a hipérbole $+9y^2 - x^2 - 36 = 0$, determinar as equações das suas retas assíntotas r e s, bem como o ângulo que cada uma forma com o eixo X.

7.10.3) Determinar a equação da hipérbole de focos $F_1(-5; 0)$, $F_2(+5; 0)$ e vértices $V_1(-3; 0)$ e $V_2(+3; 0)$.

7.10.4) Determinar a equação da hipérbole de focos $F_1(-3; 0)$, $F_2(+3; 0)$, cujas equações das retas assíntotas são $y = +x$ e $y = -x$.

7.10.5) Determinar as medidas dos eixos real e imaginário, bem como as coordenadas cartesianas dos focos, da hipérbole de equação: $+y^2 - 3x^2 - 9 = 0$.

7.10.6) Determinar a equação da hipérbole de centro C(+3; -7), eixo real 2a = 12 e distância focal 2c = 16. Essa hipérbole tem eixo real paralelo ao eixo cartesiano X.

7.10.7) Determinar a equação da hipérbole de focos F1(-3; 0) e F2(+3; 0), sabendo que seu eixo real é igual a 4 unidades de medida.

7.10.8) Determinar as equações geral e reduzida da hipérbole de centro C(+3; -7), eixo real igual a 12, distância focal igual a 16 e com o eixo real paralelo ao eixo cartesiano X.

7.10.9) Determinar as coordenadas cartesianas dos vértices e dos focos da hipérbole: $+16x^2 - 25y^2 = +400$.

7.10.10) Sabendo que uma hipérbole tem como equação: $+y^2/9 - x^2/16 = +1$, pede-se: a) O valor da distância focal e b) As equações das retas r e s assíntotas à hipérbole.

7.10.11) Uma hipérbole tem centro no Ponto C(-4; -3), tem distância focal igual a 12 unidades de medida e um dos vértices está no Ponto $V_1(-6; -3)$. Com estes dados pede-se: a) O cálculo de todas as medidas da hipérbole e b) A sua equação, na forma geral.

7.10.12) (UFF). As equações: $+y - 2x = 0$, $+y + x^2 = 0$ e $+y^2 - x^2 + 1 = 0$, representam no plano R^2, respectivamente: A) Uma reta, uma hipérbole e uma parábola. B) Uma parábola, uma hipérbole e uma reta. C) Uma reta, uma parábola e uma elipse. D) Uma elipse, uma parábola e uma hipérbole. E) Uma reta, uma parábola e uma hipérbole. Determinar a opção verdadeira.

7.10.13) Determinar as coordenadas cartesianas do centro C da hipérbole: $+8x^2 + 64x - y^2 - 6y + 87 = 0$.

7.10.14) Dada a curva: $+\dfrac{(x + 4)^2}{9} - \dfrac{(y - 5)^2}{16} = +1$, pede-se:

a) Os valores dos elementos e as coordenadas cartesianas de todos os pontos importantes e característicos dessa curva e b) analise, algebricamente, se a reta $y = +x$ intercepta a curva citada e caso haja interseção determinar as coordenadas cartesianas dos pontos de interseção.

UNIDADE III

FUNÇÕES TRIGONOMÉTRICAS, EXPONENCIAIS E LOGARÍTMICAS

Capítulo 8

Funções trigonométricas no triângulo e no círculo. A trigonometria hiperbólica

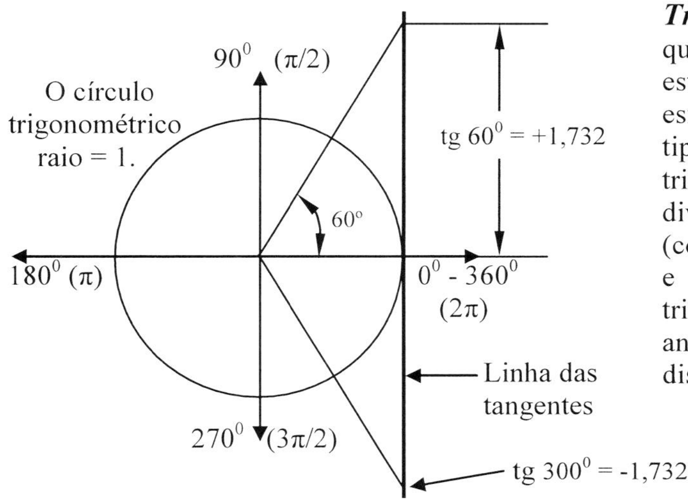

Trigonometria é uma das partes da Geometria, que relaciona ângulos e medidas, podendo ser estudada no triângulo retângulo, no círculo, na esfera (a trigonometria esférica) e também em um tipo de hipérbole equilátera, a chamada trigonometria hiperbólica. A trigonometria estuda diversas relações chamadas: seno (sen), cosseno (cos), tangente (tg), cotangente (cotg), secante (sec) e cossecante (cossec). Os conceitos e relações trigonométricas são fundamentais para uma série de análises e cálculos, em especial vários utilizados na disciplina "Cálculo I".

8.1 Funções trigonométricas no triângulo retângulo

A palavra tri-gono-metria, de origem grega, pode ser interpretada da seguinte forma: tri = três, gono = ângulo e metria = medida. Em síntese pode ser entendida, em português, como relações entre três ângulos, considerando-se um triângulo retângulo.
Em todo triângulo retângulo, além do teorema de Pitágoras, que relaciona o quadrado da hipotenusa (a^2), com os quadrados dos catetos (b^2 e c^2), existem relações entre os lados e os ângulos, como a seguir mostradas.

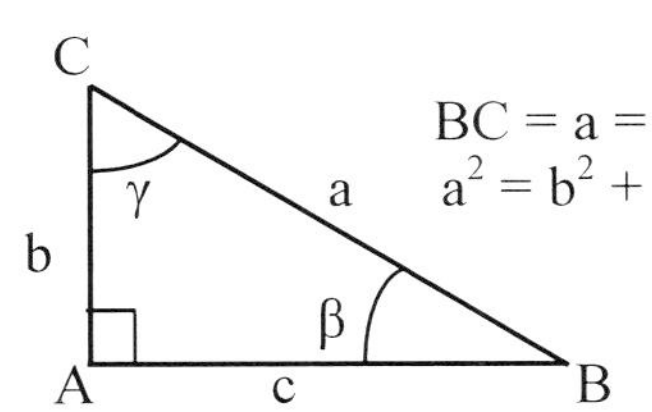

BC = a = hipotenusa; AC = b = cateto menor; AB = c = cateto maior
$a^2 = b^2 + c^2$.

As três principais relações trigonométricas são:
seno (sen); cosseno (cos) e tangente (tg).
Definidas das seguintes formas:

- Seno é a relação entre o cateto oposto e a hipotenusa: sen $\beta = b/a$; sen $\gamma = c/a$.
- Cosseno é a relação entre o cateto adjacente e a hipotenusa: cos $\beta = c/a$; cos $\gamma = b/a$.
- Tangente é a relação entre o cateto oposto e o adjacente: tg $\beta = b/c$; tg $\gamma = c/b$.
- A tangente também é definida como a relação entre seno e cosseno: tg β = sen β/cos β.

8.2 Funções trigonométricas no círculo

Considerando-se o círculo trigonométrico como de raio igual à unidade (r = 1), pode-se representar graficamente, tanto as três funções básicas: seno (sen), cosseno (cos) e tangente (tg), quanto as três secundárias: cossecante (cossec), secante (sec) e cotangente (cotg). Cossecante é o inverso do seno, a secante é o inverso do cosseno e a cotangente é o inverso da tangente.

O círculo a seguir mostra a imagem geométrica das seis funções trigonométricas, referindo-se a um ângulo no 1^0 quadrante. Observa-se que na prática profissional, em especial em cálculos de Engenharia, usam-se apenas as três funções principais: seno, cosseno e tangente, normalmente entre 0^0 e 90^0.

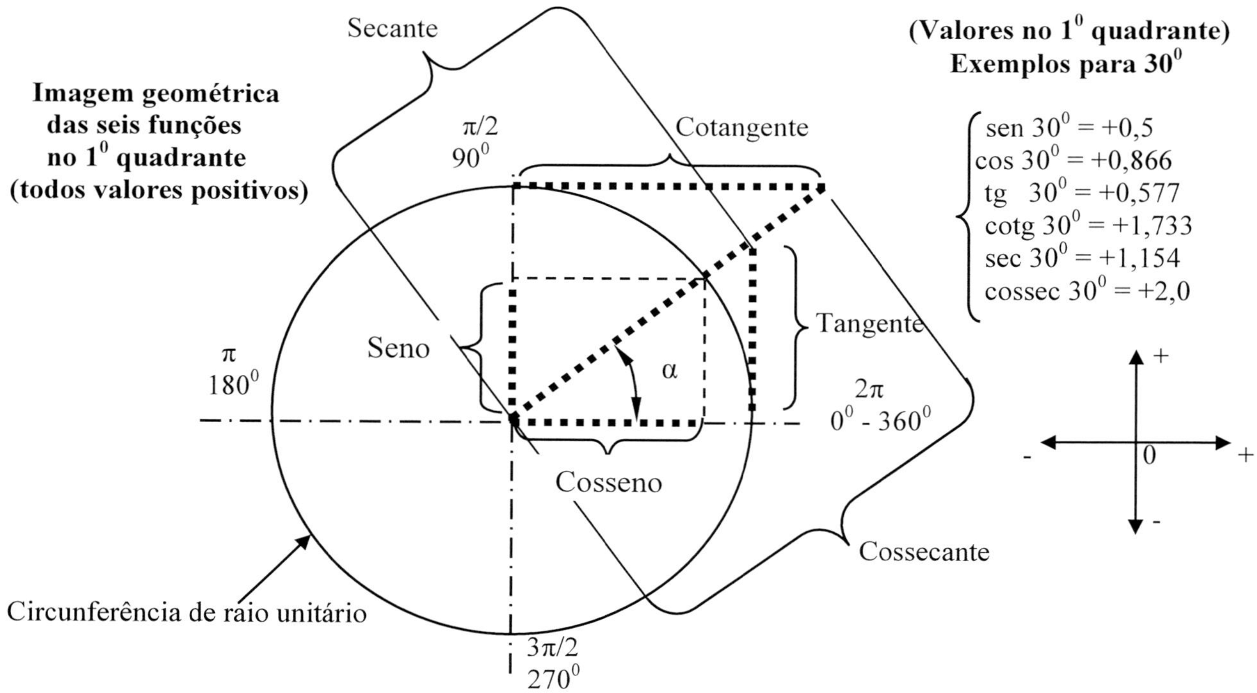

Relações trigonométricas fundamentais

$\text{sen}^2 x + \cos^2 x = +1$; $\quad \text{tg}\, x = \dfrac{\text{sen}\, x}{\cos x}$; $\quad \text{cotg}\, x = \dfrac{\cos x}{\text{sen}\, x}$;

$\sec x = \dfrac{1}{\cos x}$ e $\text{cossec}\, x = \dfrac{1}{\text{sen}\, x}$

8.2.1 Valores e gráficos das funções trigonométricas básicas e secundárias

Imagem geométrica da função seno

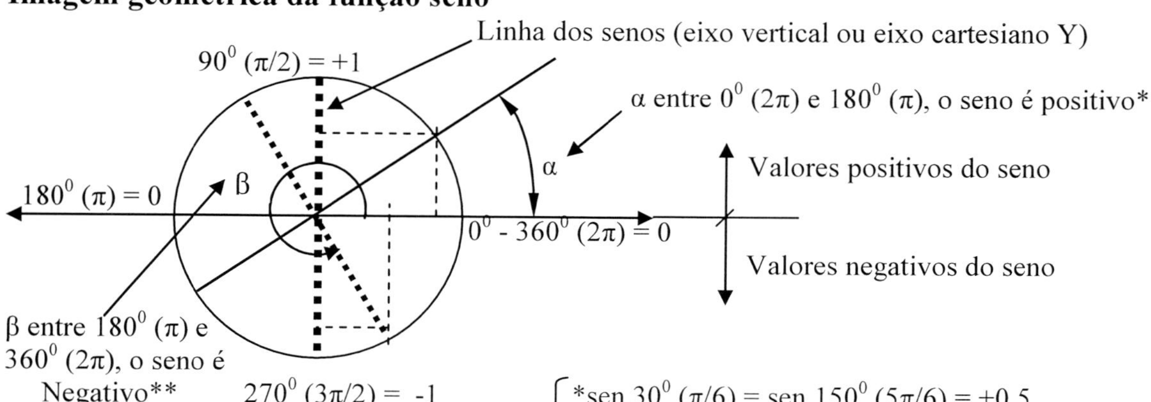

$\begin{cases} ^{*}\text{sen } 30^0\ (\pi/6) = \text{sen } 150^0\ (5\pi/6) = +0{,}5 \\ ^{**}\text{sen } 210^0\ (7\pi/6) = \text{sen } 330^0\ (11\pi/6) = -0{,}5 \end{cases}$

Gráfico com a variação da função seno (a senoide): y = sen x (varia de -1 a +1)

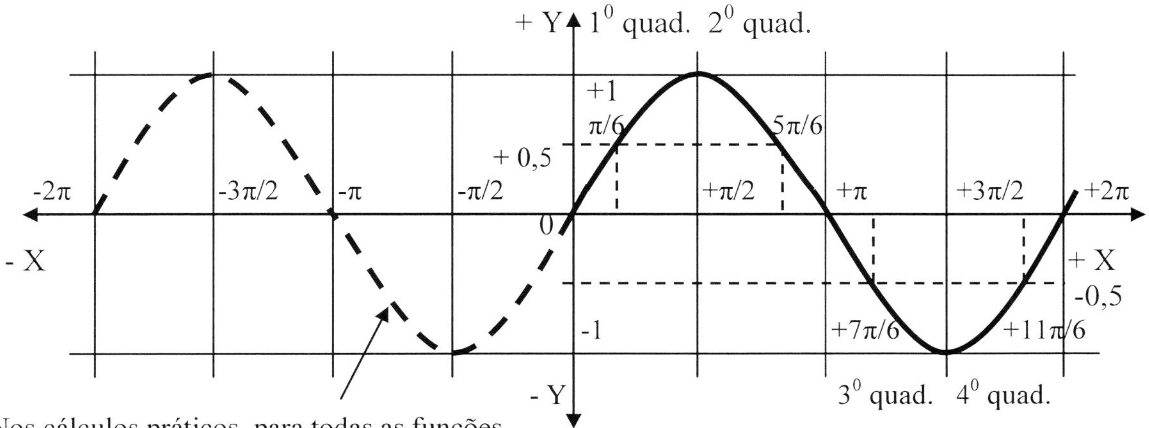

Nos cálculos práticos, para todas as funções, só se trabalha entre 0 e 2 π (0^0 e 360^0)

$\pi/6 = 30^0$; $5\pi/6 = 150^0$; $7\pi/6 = 210^0$ e $11\pi/6 = 330^0$.

Imagem geométrica da função cosseno

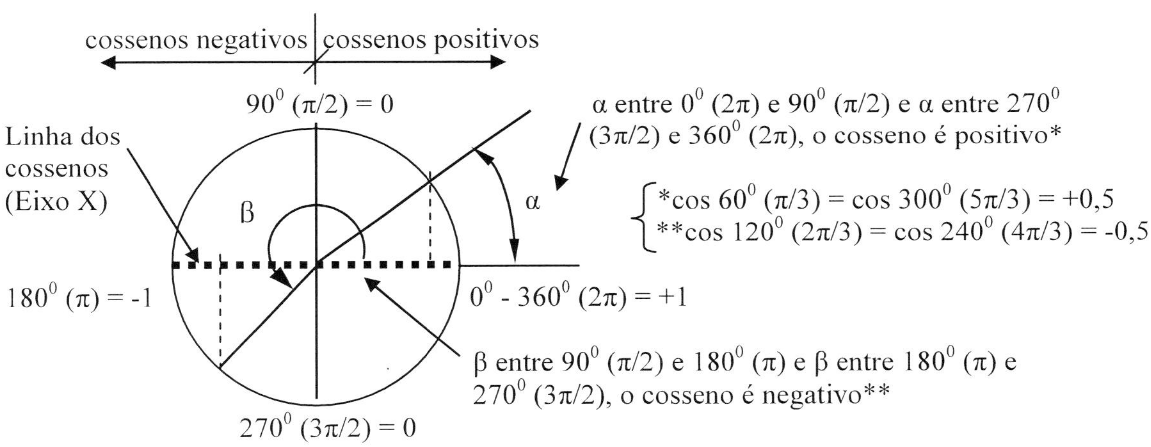

Gráfico com a variação da função cosseno (a cossenoide): y = cos x (varia de -1 a +1)

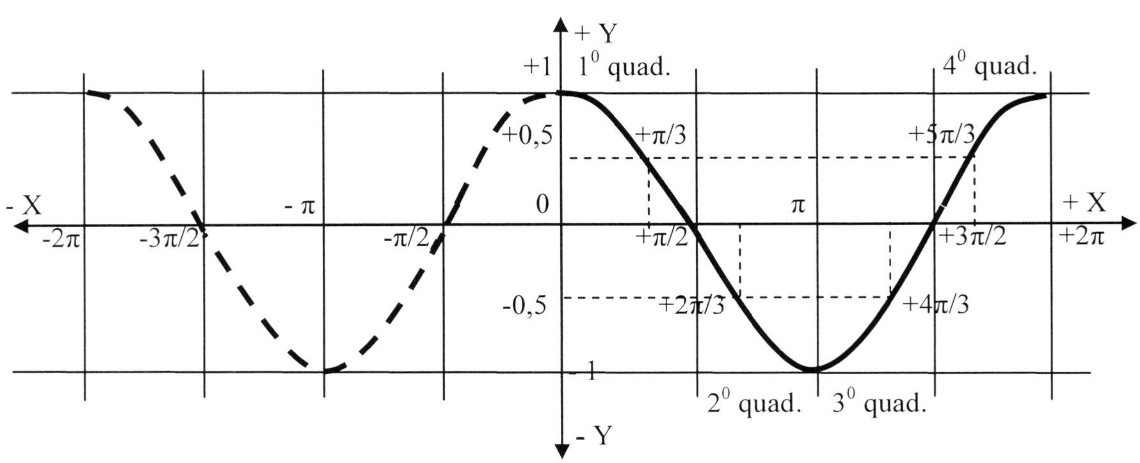

$\pi/3 = 60^0$; $2\pi/3 = 120^0$; $4\pi/3 = 240^0$; $5\pi/3 = 300^0$.

Exemplo de aplicação prática das funções seno ou cosseno, como telhas onduladas

Desde 29/11/2017, está proibida a fabricação de produtos em amianto (ou asbestos) no Brasil. Até então, caixas d'água e telhas como a aqui mostrada, eram produzidas em amianto. Comprovadamente, a fibra de amianto, quando inalada pode causar sérias doenças pulmonares. Desde 2018, no Brasil, já eram produzidas comercialmente, telhas onduladas a partir de fibras vegetais, em especial de folhas da bananeira.

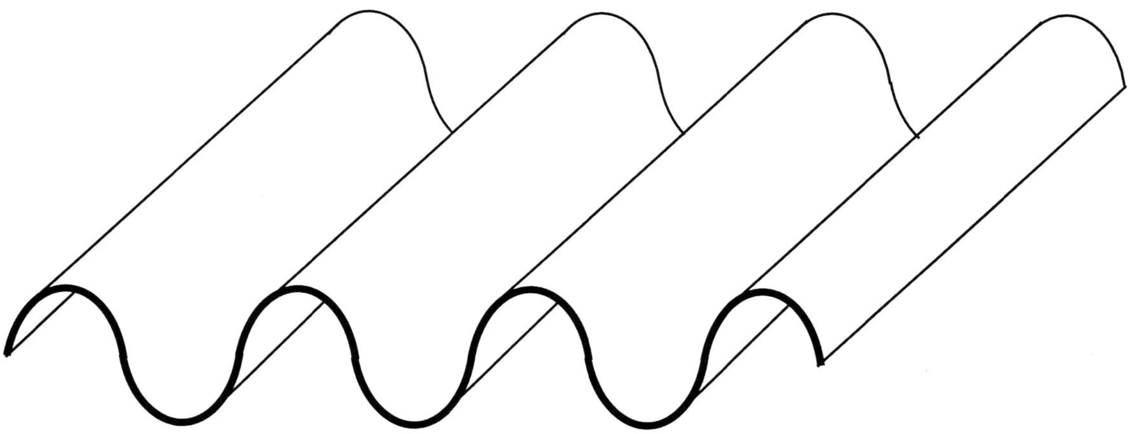

Imagem geométrica da função tangente

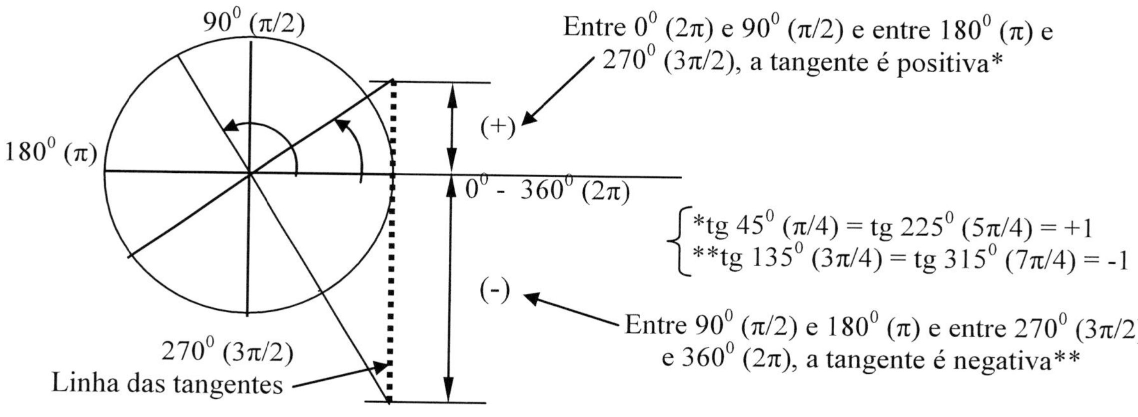

Gráfico com a variação da função tangente: y = tg x (varia de -∞ até +∞)

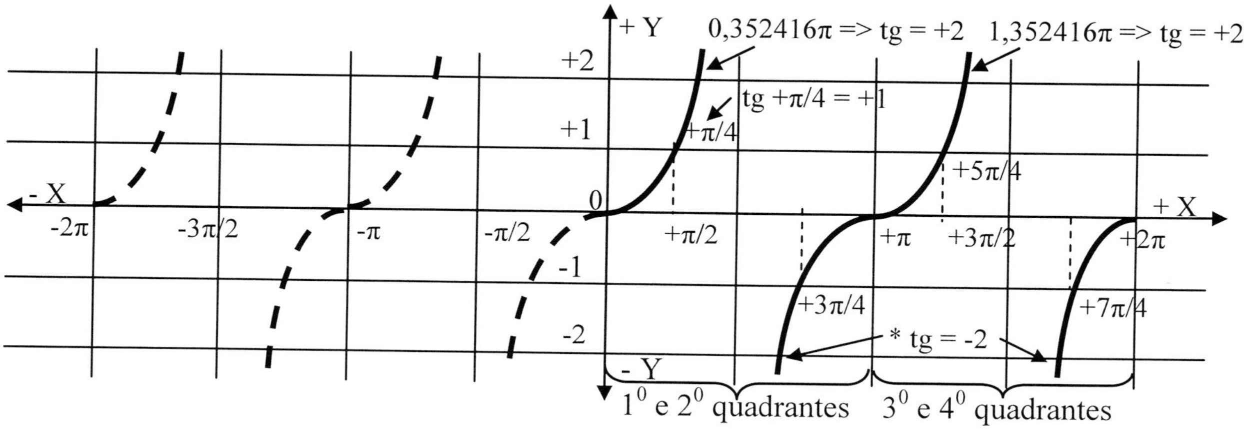

$\pi/4 = 45^0$ e $5\pi/4 = 225^0$ têm tg = +1. $3\pi/4 = 135^0$ e $7\pi/4 = 315^0$ têm tg = -1.

Os ângulos $63{,}434949^0$ ($0{,}352416\pi$) e $243{,}434949^0$ ($1{,}352416\pi$) têm tangentes igual a +2.
*Os ângulos $116{,}56506^0$ ($0{,}6475836\pi$) e $296{,}56506^0$ ($1{,}6475836\pi$) têm tangentes igual a -2.

Exemplo de aplicação prática da função tangente, na área da Biociência

A partir do gráfico da função y = tg x, com x variando entre 0 e $\pi/2$ radianos (0^0 e 90^0), pode-se mostrar como essa função pode ser utilizada em análises estatísticas, definindo as variáveis consideradas nos eixos X e Y, aplicadas à Biociência.

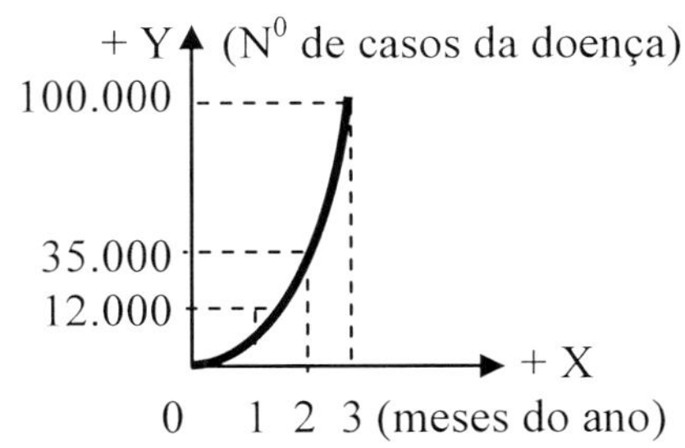

Observa-se que, considerando o 1^0 quadrante pode-se representar a incidência de uma doença, ao longo dos meses de janeiro, fevereiro e março. Como será visto no capítulo 9, muitas doenças têm crescimento exponencial.

1 = janeiro; 2 = fevereiro e 3 = março

Imagem geométrica da função cossecante (inverso do seno => cossec α = 1/sen α)

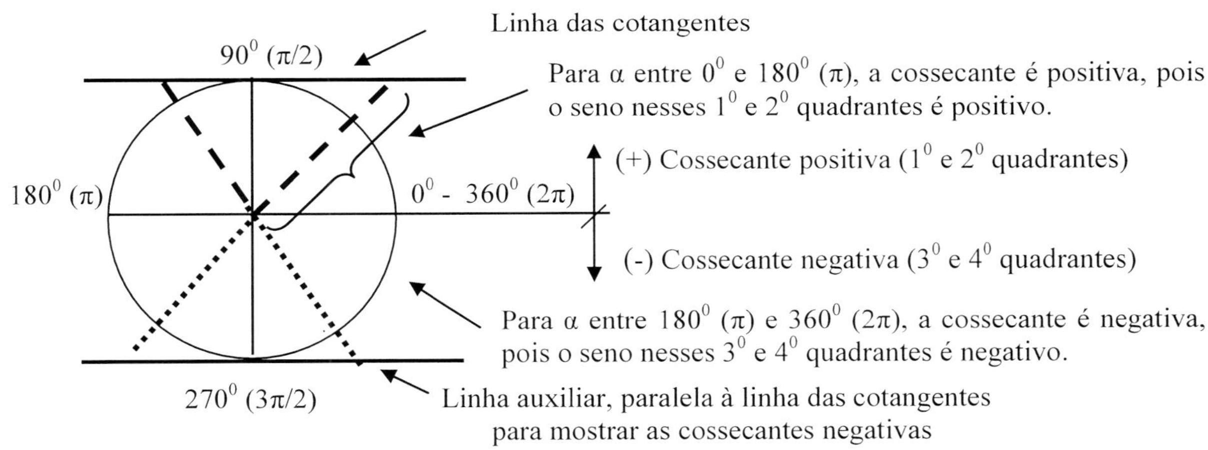

Interpretação das imagens geométricas dos módulos das cossecantes

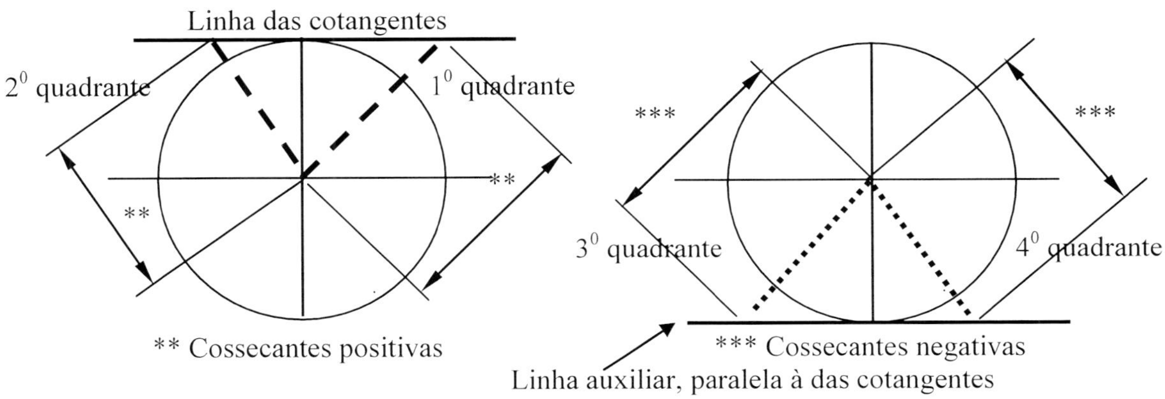

Gráfico com a variação da função cossecante: y = cossec x

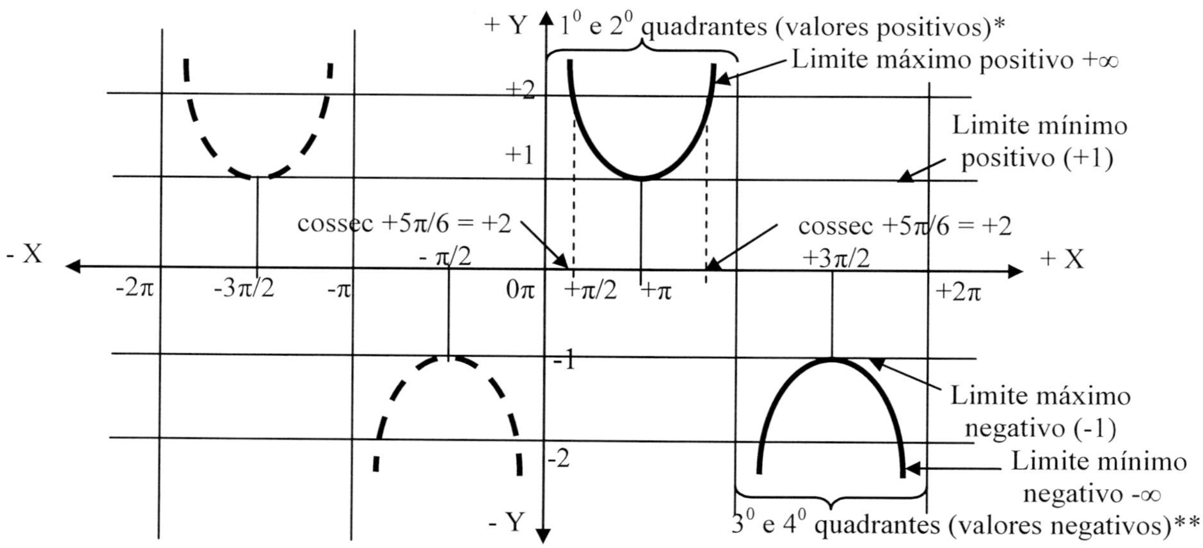

{sen 30^0 (π/6) = sen 150^0 (5π/6) = + 0,5 => *cossec 30^0 (π/6) = cossec 150^0 (5π/6) = +2.
{sen 210^0 (13π/6) = sen 330^0 (11π/6) = - 0,5 => **cossec 30^0 (π/6) = cossec 150^0 (5π/6) = -2.

Imagem geométrica da função secante (inverso do cosseno => sec α = 1/cos α)

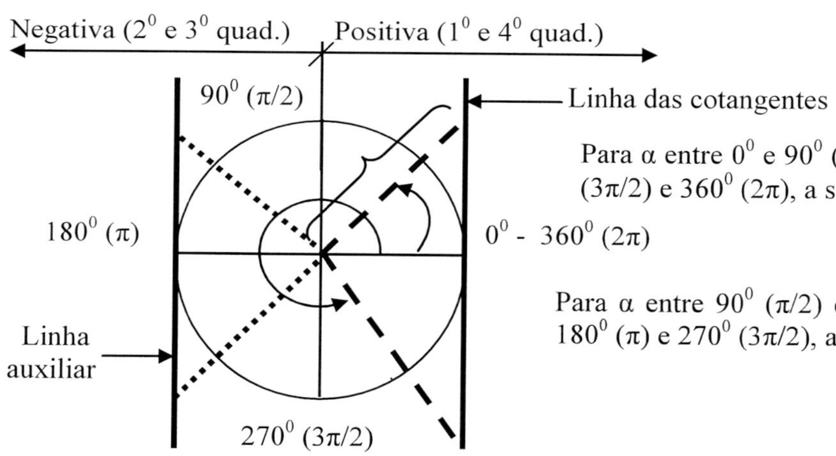

Para α entre 0^0 e 90^0 (π/2), bem como para α entre 270^0 (3π/2) e 360^0 (2π), a secante é positiva.

Para α entre 90^0 (π/2) e 180^0 (π), bem como para α entre 180^0 (π) e 270^0 (3π/2), a secante é negativa.

Interpretação das imagens geométricas dos módulos das secantes

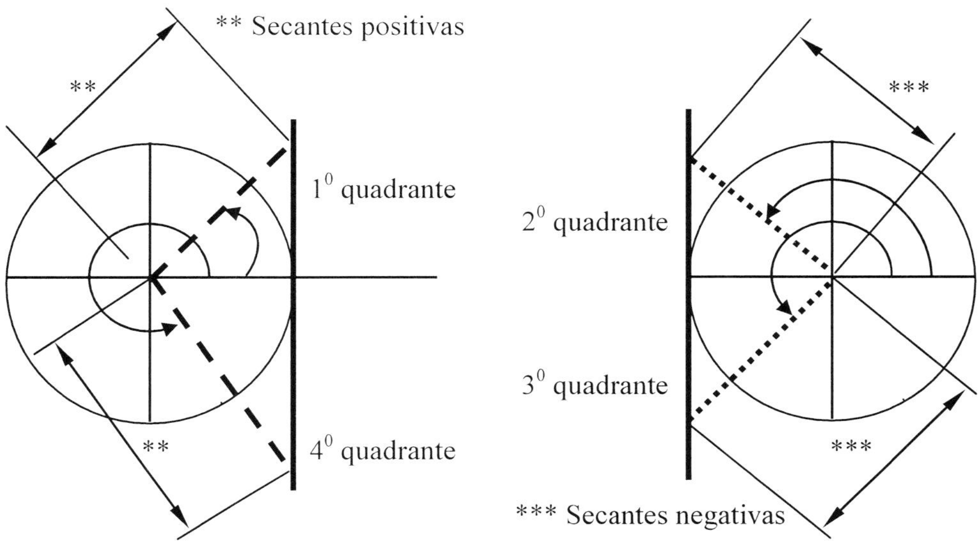

Gráfico com a variação da função secante: y = sec x

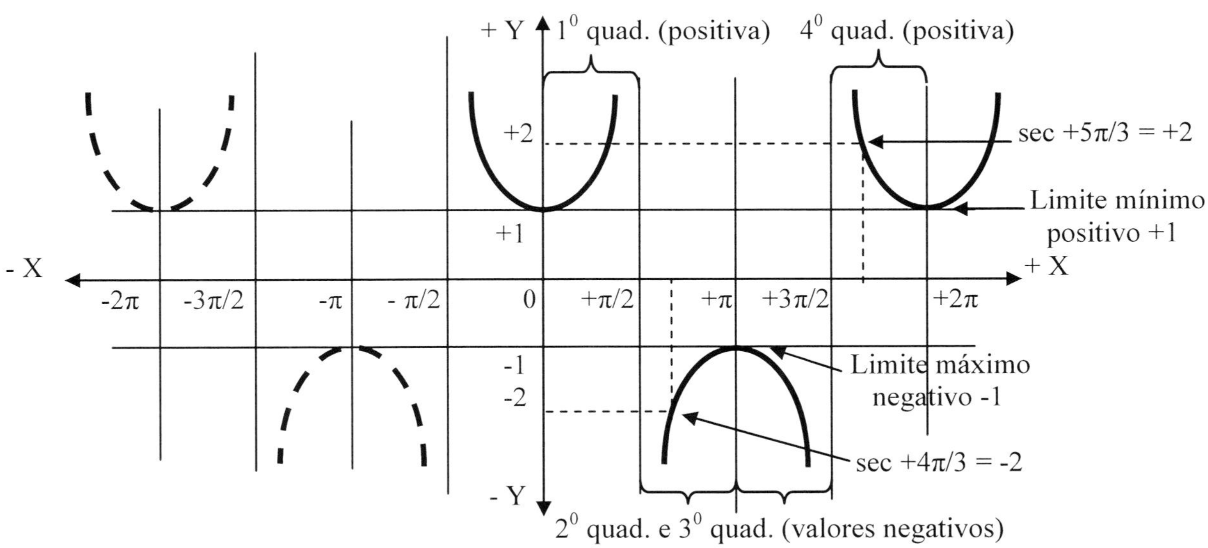

$$\begin{cases} \cos 60^0\ (\pi/3) = \cos 300^0\ (5\pi/3) = +\ 0{,}5 \Rightarrow \sec 60^0\ (\pi/3) = \sec 300^0\ (5\pi/3) = +2. \\ \cos 120^0\ (2\pi/3) = \cos 240^0\ (4\pi/3) = -\ 0{,}5 \Rightarrow \sec 120^0\ (2\pi/3) = \sec 240^0\ (4\pi/3) = -2. \end{cases}$$

Imagem geométrica da função cotangente (inversa da tangente => cotg α = 1/tg α)

A cotangente é positiva nos 1^0 e 3^0 quadrantes e negativa nos 2^0 e 4^0 quadrantes.

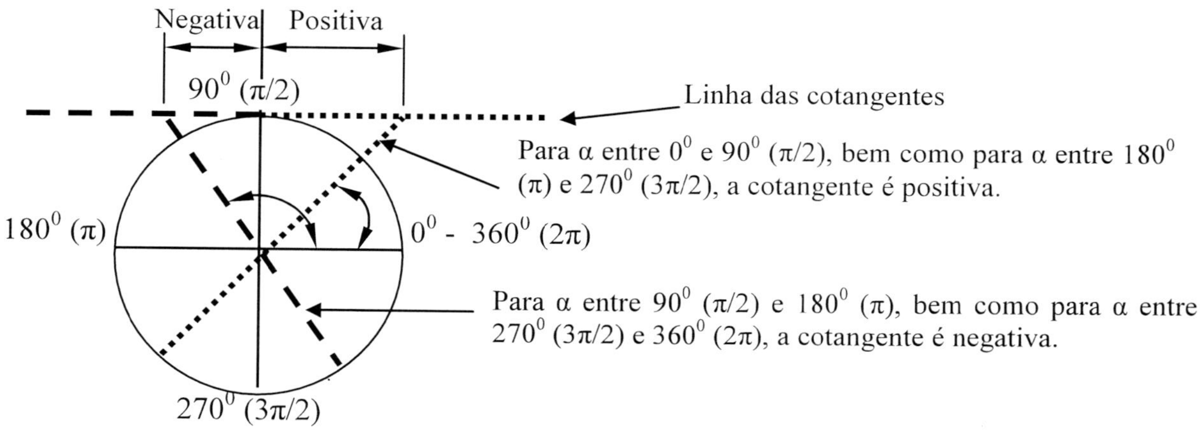

Gráfico com a variação da função cotangente: y = cotg x (varia de -∞ até +∞)

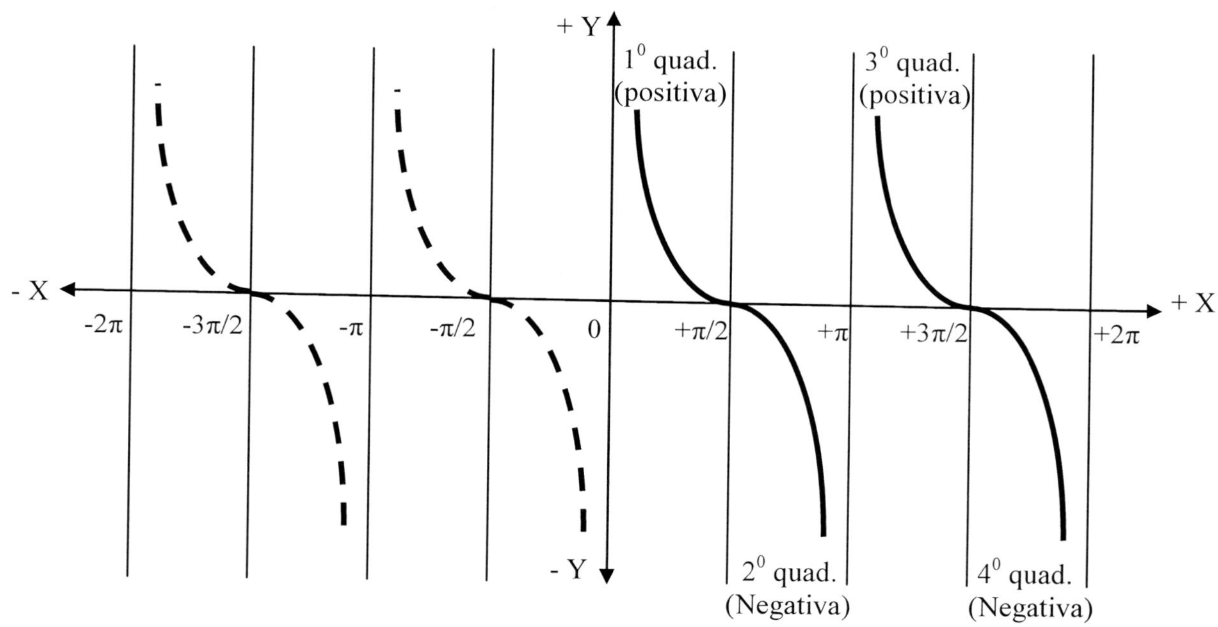

$$\begin{cases} \text{tg } 30^0 = \text{tg } 210^0 = +0{,}57735 \Rightarrow \text{cotg } 30^0 = \text{cotg } 210^0 = +1{,}732 \text{ (pois, } 1/{+0{,}57735} = +1{,}732). \\ \text{tg } 150^0 = \text{tg } 330^0 = -0{,}57735 \Rightarrow \text{cotg } 150^0 = \text{cotg } 330^0 = -1{,}732 \text{ (pois, } 1/{-0{,}57735} = -1{,}732). \end{cases}$$

8.3 Leis dos senos e dos cossenos

A trigonometria no triângulo retângulo relaciona os ângulos do triângulo com as medidas dos lados por meio de: seno, cosseno e tangente. Para triângulos acutângulos e obtusângulos são utilizadas as leis do seno ou do cosseno, que permitem o cálculo de lados e ângulos.

A lei dos cossenos tem muita utilização em cálculos vetoriais, como mostrado no exercício 8.3.1.

Considerando um triângulo qualquer, não retângulo, são válidas as relações:

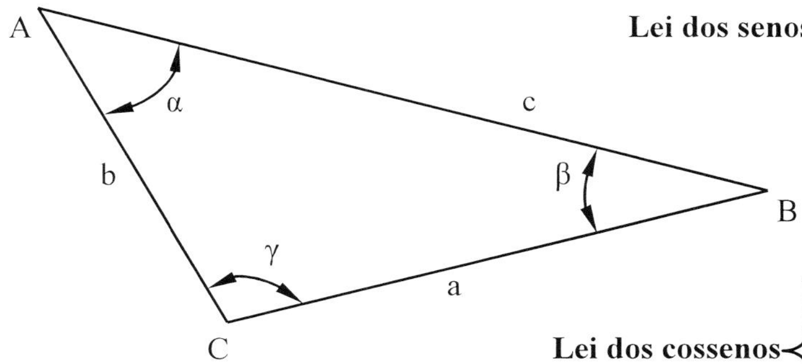

Lei dos senos: $\dfrac{a}{\text{sen } \alpha} = \dfrac{b}{\text{sen } \beta} = \dfrac{c}{\text{sen } \gamma}$

Lei dos cossenos

$a^2 = b^2 + c^2 - 2.b.c.\cos \alpha$

$b^2 = a^2 + c^2 - 2.a.c.\cos \beta$

$c^2 = a^2 + b^2 - 2.a.b.\cos \gamma$

Exercício 8.3.1: considerando os dois vetores $\overrightarrow{V1}$ e $\overrightarrow{V2}$, determinar o valor do vetor resultante $\overrightarrow{VR}$ da soma vetorial dos dois, bem como o ângulo Θ que o vetor resultante forma com o vetor $\overrightarrow{V1}$.

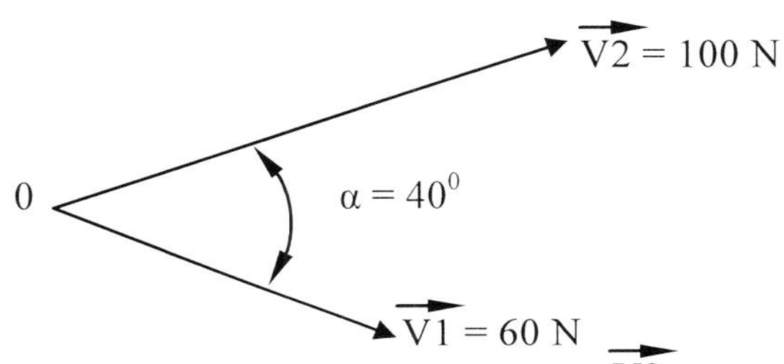

A Física mostra que, a resultante da soma de dois vetores é dada pela regra do paralelogramo, como abaixo:

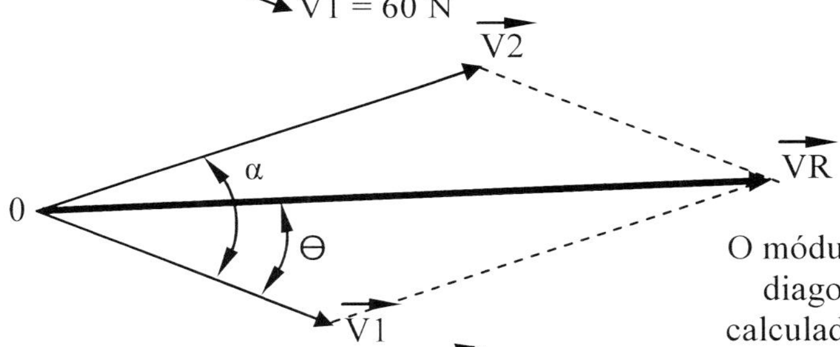

O módulo do Vetor Resultante VR é a diagonal maior do paralelogramo, calculada, usando a Lei dos Cossenos

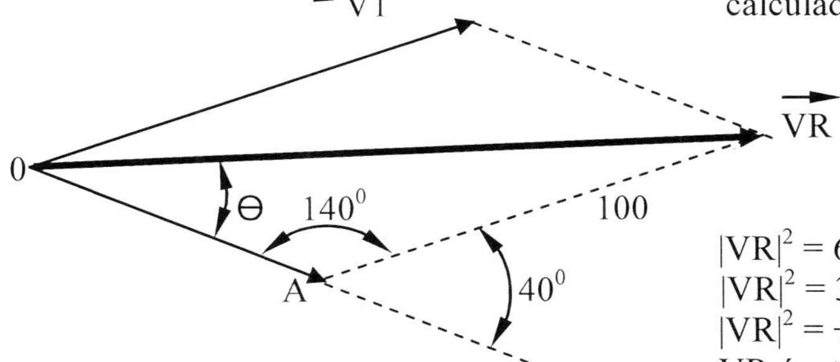

$\cos 140^0 = -0,76604.$

$|VR|^2 = 60^2 + 100^2 - 2.60.100.\cos 140^0.$

$|VR|^2 = 3.600 + 10.000 - 12.000.\ (-0,76604).$

$|VR|^2 = +22792,48 \Rightarrow |VR| = 150,972$ N.

VR é o terceiro lado do triângulo 0AVR.

Aplicando de novo a Lei dos Cossenos: $AVR^2 = 0A^2 + 0VR^2 - 2.0A.0VR.\cos \Theta$.

$+AVR^2 - 0A^2 - 0VR^2 = -2.0A.0VR.\cos \Theta \Rightarrow \cos \Theta = (+AVR^2 - 0A^2 - 0VR^2)/-2.0A.0VR.$

$\cos \Theta = [(+100^2) - (60)^2 - (150,972)^2]/-2.(60).(150,972) \Rightarrow$

$\cos \Theta = +10.000 - 3.600 - 22792,54/-18.116,64 \Rightarrow \cos \Theta = -16.392,54/-18.116,64 \Rightarrow$

$\cos \Theta = +0,90483 \Rightarrow \Theta = 25,2^0.$

Resposta: O vetor resultante é $\overrightarrow{VR} = 150,972$ N, que faz um ângulo Θ de $25,2^0$ com o vetor $\overrightarrow{V1}$.

8.4 Exercício de aplicação prática e real, das funções seno e cosseno, no cálculo vetorial

Exercício 8.4.1) É comum em indústrias petrolíferas, petroquímicas e químicas, o uso de um equipamento chamado tocha (*flare*), que é utilizado para queimar gases residuais dos processos, que não devem ser lançados diretamente na atmosfera, e não conseguem ser reutilizados. A queima desses gases, derivados do petróleo, gera fumaça com partículas sólidas, que devem ser dispersadas a grandes alturas, para evitar ao máximo que se concentre sobre populações. Esses equipamentos são altos (alguns passam dos 60 metros de altura) e, portanto, sujeitos à ação dos ventos, que gera grandes esforços na base do corpo cilíndrico. Para reduzir esses esforços usam-se tirantes, tipo cabos de aço, apoiados em pequenos blocos de concreto, com olhais metálicos de fixação dos cabos. Esses olhais são soldados a uma chapa metálica, que por sua vez é chumbada no bloco de concreto. A figura a seguir mostra um exemplo prático, com uma força de 1.000 N atuando em cada tirante (são três tirantes espaçados a 120°). Essa força de 1.000 N gera duas componentes na região do olhal metálico: uma horizontal (eixo X) e uma vertical (eixo Y). A força horizontal Fx causa um cizalhamento na solda entre o olhal e a chapa metálica chumbada no bloco de concreto. A força vertical Fy causa uma tração na solda. Com todos esses dados, pede-se o cálculo das forças componentes Fx e Fy.

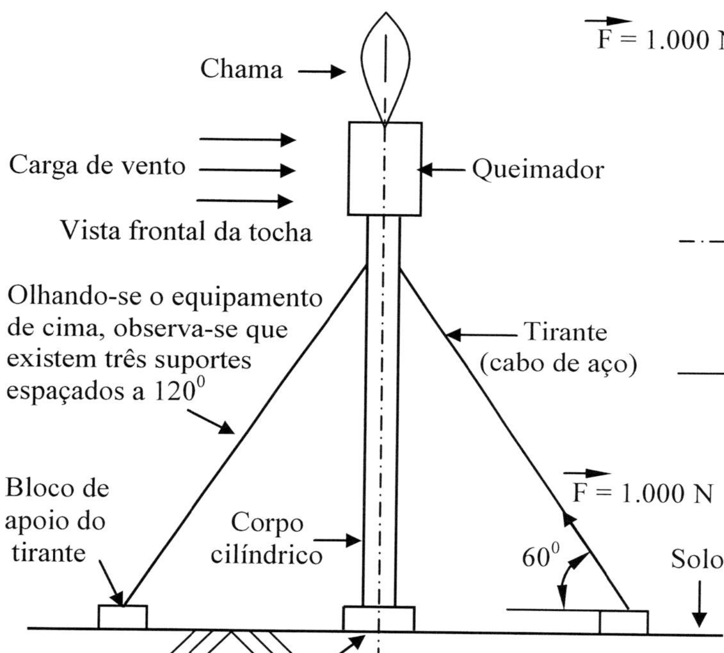

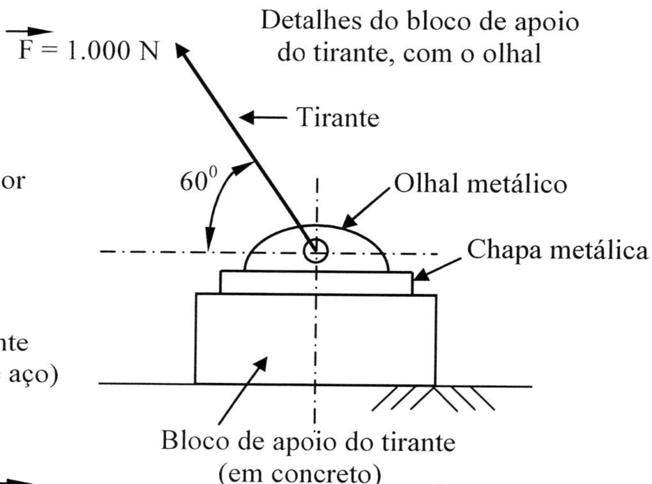

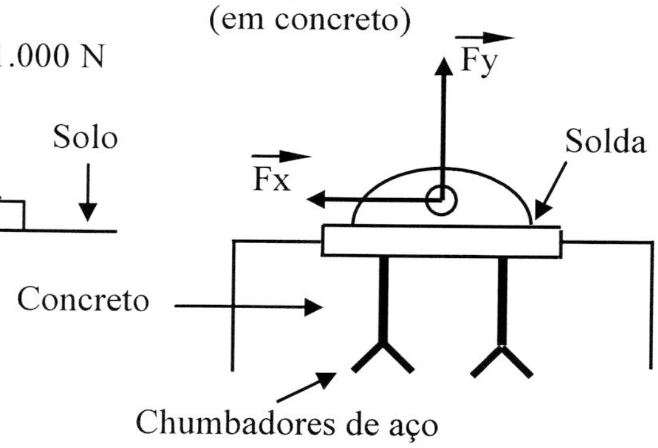

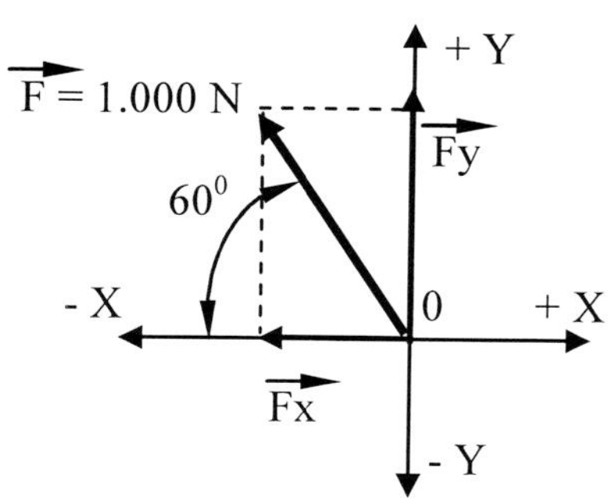

$\vec{Fx} = \vec{F}.\cos 60^0$ e $\vec{Fy} = \vec{F}.\text{sen } 60^0$.
$\cos 60^0 = +0{,}5$ e $\text{sen } 60^0 = +0{,}866$.

$\vec{Fx} = 500$ N e $\vec{Fy} = 866$ N.

Esse exercício mostra como os simples conceitos de trigonometria num triângulo retângulo, têm aplicações práticas importantes.

Resposta: a força $\vec{Fx}$ de cizalhamento é 500 N e a força $\vec{Fy}$ de tração é 866 N. Com essas forças, um engenheiro mecânico faz o dimensionamento das soldas , bem como do olhal.

8.5 Transformações trigonométricas. (Exercícios resolvidos)

Uma vez conhecidas as funções trigonométricas principais (sen, cos e tg), bem como as secundárias (cossec, sec e cotg), é fundamental entender as várias transformações e operações com as funções trigonométricas, que muito ajudam à resolução de diversos problemas relacionados ao cálculo integral, especialmente os aplicados à Física e à Engenharia, onde cálculos de comprimentos e áreas de trechos sob curvas utilizam vários conceitos e definições trigonométricas.

sen $(60^0 + 30^0)$ = sen $90^0 = +1$.

sen 60^0 + sen $30^0 = (+0{,}866) + (+0{,}5) = +1{,}366$.

Conclusão: sen (a + b) ≠ sen a + sen b.

Seguindo o mesmo raciocínio, pode-se afirmar que:

$$\begin{cases} \text{sen } (a - b) \neq \text{sen } a - \text{sen } b. \\ \cos (a + b) \neq \cos a + \cos b. \\ \cos (a - b) \neq \cos a - \cos b. \end{cases}$$

Cálculo de sen (a + b):

sen (a + b) = sen a . cos b + sen b . cos a.

Exercício 8.5.1) Calcular o sen 75^0 como sen $(45^0 + 30^0)$.

sen $(45^0 + 30^0)$ = sen 45^0 . cos 30^0 + sen 30^0 . cos 45^0.

sen 45^0 = + 0,707*; cos 30^0 = + 0,866; sen 30^0 = + 0,5 e cos 45^0 = +0,707*

sen $(45^0 + 30^0) = (+0{,}707) . (+0{,}866) + (+0{,}5) . (+0{,}707) = +0{,}612 + 0{,}354$. Finalmente:

sen $(45^0 + 30^0) = +0{,}966$.

*Em cálculos práticos, especialmente de Engenharia, não se deixa valor sob radical. Por exemplo: sabe-se que sen 45^0 = cos $45^0 = +\sqrt{2}/2 = +1{,}41421/2 = +0{,}707105$. Para cálculos simples, usa-se: +0,707. Raciocínio análogo é usado para frações. Por exemplo, um engenheiro não escreve que se deve cortar um pedaço de madeira com $\sqrt{13}$ m, mas sim com 3,60555 m ou 3.605,5 mm.

Cálculo de sen (a - b):

sen (a - b) = sen a . cos b - sen b . cos a.

Exercício 8.5.2) Calcular o sen 25^0 como sen $(65^0 - 40^0)$.

sen $(65^0 - 40^0)$ = sen 65^0 . cos 40^0 - sen 40^0 . cos 65^0.

sen 65^0 = +0,906; cos 40^0 = +0,766; sen 40^0 = +0,643 e cos 65^0 = +0,423.

sen $(65^0 - 40^0) = (+0{,}906) . (+0{,}766) - (+0{,}643) . (+0{,}423) = +0{,}694 - 0{,}272$. Finalmente:

sen $(65^0 - 40^0) = +0{,}422$.

Cálculo de cos (a + b):

cos (a + b) = cos a . cos b - sen a . sen b.

Exercício 8.5.3) Calcular o cos 65^0 como cos $(25^0 + 40^0)$.

$\cos(25^0 + 40^0) = \cos 25^0 . \cos 40^0 - \text{sen } 25^0 . \text{sen } 40^0$.

$\cos 25^0 = +0{,}906$; $\cos 40^0 = +0{,}766$; $\text{sen } 25^0 = +0{,}423$ e $\text{sen } 40^0 = +0{,}643$.

$\cos(25^0 + 40^0) = (+0{,}906) . (+0{,}766) - (+0{,}423) . (+0{,}643) = +0{,}694 - 0{,}272$. Finalmente:

$\cos(25^0 + 40^0) = +0{,}422$.

Confirma-se que: $\text{sen } 25^0 = \cos 65^0 = +0{,}422$.

Cálculo de cos (a - b):

$\cos(a - b) = \cos a . \cos b + \text{sen } a . \text{sen } b$.

Exercício 8.5.4) Calcular o cos 25^0 como cos $(65^0 - 40^0)$.

$\cos(65^0 - 40^0) = \cos 65^0 . \cos 40^0 + \text{sen } 65^0 . \text{sen } 40^0$.

$\cos 65^0 = +0{,}423$; $\cos 40^0 = +0{,}766$; $\text{sen } 65^0 = +0{,}906$ e $\text{sen } 40^0 = +0{,}643$.

$\cos(65^0 - 40^0) = (+0{,}423) . (+0{,}766) + (+0{,}906) . (+0{,}643) = +0{,}324 + 0{,}583$. Finalmente:

$\cos(65^0 - 40^0) = \cos 25^0 = +0{,}907$.

Cálculo de tg (a + b):

$$\text{tg}(a + b) = \frac{\text{tg } a + \text{tg } b}{1 - \text{tg } a . \text{tg } b}\text{; com } a + b \neq 90^0 \ (\pi/2).$$

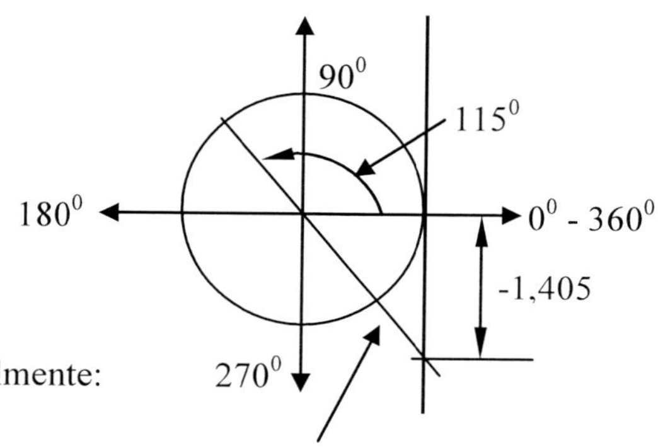

Exercício 8.5.5) Calcular a tg 115^0 como tg $(70^0 + 45^0)$.

$$\text{tg}(70^0 + 45^0) = \frac{\text{tg } 70^0 + \text{tg } 45^0}{1 - \text{tg } 70^0 . \text{tg } 45^0}$$

$\text{tg } 70^0 = +2{,}747$ e $\text{tg } 45^0 = +1$.

$$\text{tg}(70^0 + 45^0) = \frac{+2{,}747 + 1}{1 - (+2{,}747).(+1)} = \frac{+3{,}47}{-1{,}747} = -1{,}986. \text{ Finalmente:}$$

$\text{tg}(70^0 + 45^0) = \text{tg } 115^0 = -1{,}405$. Ângulos entre 90^0 e 180^0 e 270^0 e 360^0 têm tangentes negativas.

Cálculo de tg (a - b):

$$\text{tg}(a + b) = \frac{\text{tg } a - \text{tg } b}{1 + \text{tg } a . \text{tg } b}\text{; com } a - b \neq 90^0 \ (\pi/2).$$

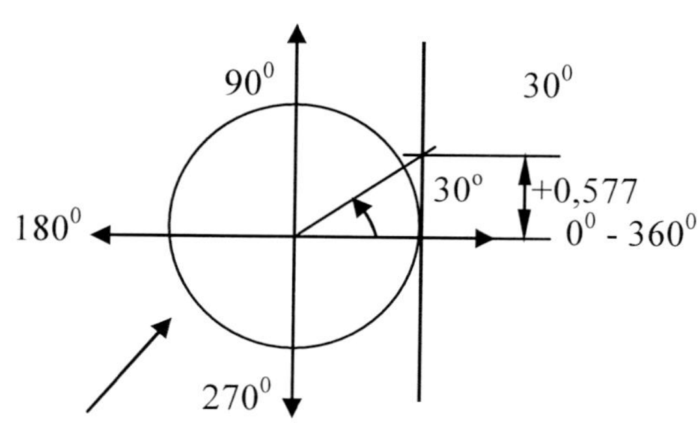

Exercício 8.5.6) Calcular a tg 30^0 como tg $(70^0 - 40^0)$.

$$\text{tg}(70^0 - 40^0) = \frac{\text{tg } 70^0 - \text{tg } 40^0}{1 + \text{tg } 70^0 . \text{tg } 40^0}$$

$\text{tg } 70^0 = +2{,}747$ e $\text{tg } 40^0 = +0{,}839$.

$$\text{tg}(70^0 - 40^0) = \frac{+2{,}747 - (+0{,}839)}{1 + (+2{,}747).(+0{,}839)} = +0{,}577 .$$

Finalmente: $\text{tg}(70^0 - 40^0) = \text{tg } 30^0 = +0{,}577$.

Fórmulas de arcos duplos tipos: sen 2a; cos 2a e tg 2a

sen 2a = 2 . sen a . cos a.

Exercício 8.5.7) Considerando a = 60^0, determinar o sen 2a.

sen 2a = 2 . sen a . cos a; ou seja: sen 120^0 = 2 . sen 60^0 . cos 60^0.

sen 60^0 = +0,866; cos 60^0 = +0,5.

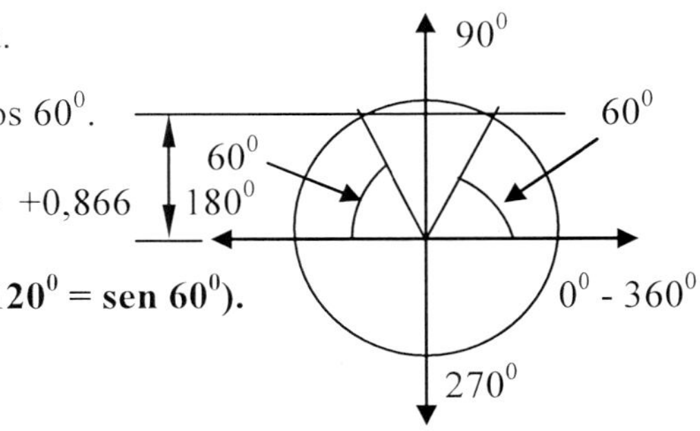

sen 120^0 = 2[(+0,866) . (+0,5)] => + 0,866. (De fato: sen 120^0 = sen 60^0).

$$\begin{cases} \cos 2a = 2 \cdot \cos^2 a - 1 \\ \cos 2a = \cos^2 a - \text{sen}^2\, a \\ \cos 2a = 1 - 2 \cdot \text{sen}^2\, a \end{cases}$$

Exercício 8.5.8) Considerando a = 30^0, determinar cos 2a.

cos 60^0 = 2 . $\cos^2 30^0$ - 1.

cos 30^0 = +0,866 => $\cos^2 30^0$ = +0,75; portanto: cos 60^0 = 2 . (+0,75) - 1 = +0,5.

cos 60^0 = +0,5.

$$\text{tg } 2a = \frac{2 \cdot \text{tg } a}{1 - \text{tg}^2\, a}$$

Exercício 8.5.9) Considerando a = 30^0, determinar a tg 2a.

$$\text{tg } 60^0 = \frac{2 \cdot \text{tg } 30^0}{1 - \text{tg}^2\, 30^0}$$

tg 30^0 = +0,57735 => $\text{tg}^2\, 30^0$ = +0,333; portanto: $\text{tg } 60^0 = \frac{2 \cdot (+0{,}57735)}{1 - (+0{,}333)} = +1{,}731$.

Fórmulas de arcos metades tipos: sen a/2; cos a/2; tg a/2

$$\text{sen}^2\,(a/2) = \frac{1 - \cos a}{2} \Rightarrow \text{sen } a/2 = \pm\sqrt{[(1 - \cos a)/2]}$$

Por exemplo: sen 30^0 = +0,5; $\text{sen}^2\, 30^0$ = +0,25; sen 60^0 = +0,866; cos 60^0 = +0,5.

$a = 60^0 \Rightarrow \text{sen}^2\,(60^0/2) = \frac{1 - \cos 60^0}{2} \Rightarrow \text{sen}^2\, 30^0 = \frac{1 - (+0{,}5)}{2} = +0{,}25$; ou seja: $\text{sen}^2\, 30^0$ = +0,25.

Conclusão: $\text{sen}^2\, 30^0$ = +0,25 => sen 30^0 = +0,5.

$$\cos^2(a/2) = \frac{1 + \cos a}{2} \Rightarrow \cos a/2 = \pm\sqrt{[(1 + \cos a)/2]}$$

Por exemplo: cos 30^0 = +0,866; $\cos^2 30^0$ = +0,75; cos 60^0 = +0,5.

$a = 60^0 \Rightarrow \cos^2(60^0/2) = \frac{1 + \cos 60^0}{2} \Rightarrow \cos^2 30^0 = \frac{1 + (+0{,}5)}{2} = +0{,}75$; ou seja: $\cos^2 30^0$ = +0,75.

$\cos^2 30^0 = +0,75 \Rightarrow \cos 30^0 = +0,866$.

tg (a/2) = (sen a/2)/(cos a/2) = $\pm\sqrt{[(1 - \cos a)/(1 + \cos a)]}$

8.6 Funções trigonométricas inversas

No exercício 8.3.1, no cálculo da resultante, dados dois vetores $\overrightarrow{V1}$ e $\overrightarrow{V2}$, também foi pedido o cálculo do ângulo que a resultante faz com o vetor V1. Aplicando-se a lei dos cossenos, obteve-se:

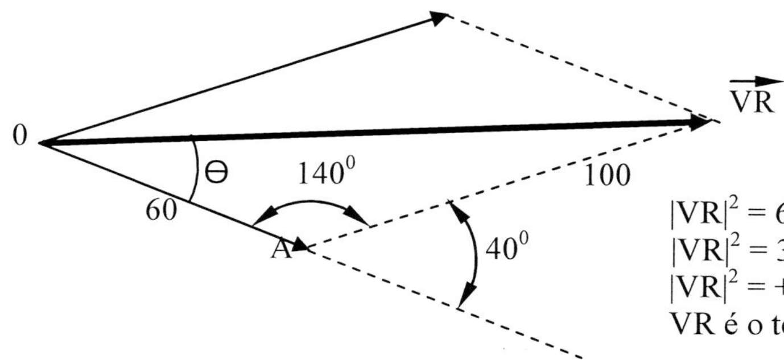

$\cos 140^0 = -0,76604$.

$|VR|^2 = 60^2 + 100^2 - 2.60.100.\cos 140^0$.
$|VR|^2 = 3.600 + 10.000 - 12.000. (-0,76604)$.
$|VR|^2 = +22792,48 \Rightarrow |VR| = 150,972$ N.
VR é o terceiro lado do triângulo 0AVR.

Aplicando de novo a Lei dos Cossenos: $AVR^2 = 0A^2 + 0VR^2 - 2.0A.0VR.\cos \Theta$.

$+AVR^2 - 0A^2 - 0VR^2 = - 2.0A.0VR.\cos \Theta \Rightarrow \cos \Theta = (+AVR^2 - 0A^2 - 0VR^2)/(-2.0A.0VR)$.

$\cos \Theta = [(+100^2) - (60)^2 - (150,972)^2]/-2.(60).(150,972) \Rightarrow$

$\cos \Theta = +10.000 - 3.600 - 22792,54/-18.116,64 \Rightarrow \cos \Theta = -16.392,54/-18.116,64 \Rightarrow \cos \Theta = +0,90483$.

Ou seja, precisa-se saber qual é o arco (em graus ou radianos) cujo cosseno é igual a +0,90483.

Uma consulta a uma máquina de calcular científica, indica que: $\Theta = 25,2^0$.

Esse desenvolvimento pode ser entendido como da função: y = arccos Θ, onde y = +0,90483 e $\Theta = 25,2^0$. Nesse caso, y é a função inversa da função seno, de um ângulo Θ.

A seguir, serão mostrados e comentados os seis gráficos das funções trigonométricas inversas: arco seno, arco cosseno, arco tangente, arco cossecante, arco secante e arco cotangente. Simbolicamente, a função inversa pode ser grafada da seguinte forma: se f(x) = +0,5, sua inversa é $f^{-1}(x) = +2$. Observa-se que, $f^{-1}(x)$ não significa 1/f(x).

8.6.1 Arco seno (y = arcsen x)

sen 0^0 (0π) = 0 => arcsen 30^0 = 0. sen 30^0 ($\pi/6$) = +0,5 => arcsen 30^0 = +0,5.

sen 60^0 ($\pi/3$) = +0,866 => arcsen 60^0 = +0,866. sen 90^0 ($\pi/2$) = +1 => arcsen (+1) = 90°.

sen 120^0 ($2\pi/3$) = +0,866 => arcsen 120^0 = +0,866. sen 150^0 ($5\pi/6$) = +0,5 => arcsen (+0,5) = 150^0.

sen 180^0 (π) = 0 => arcsen 180^0 = 0. sen 210^0 ($7\pi/6$) = -0,5 => arcsen (-0,5) = 210^0.

sen 240^0 ($4\pi/3$) = -0,866 => arcsen 240^0 = -0,866. sen 270^0 ($3\pi/2$) = -1 => arcsen (-1) = 270^0.

sen 300^0 ($5\pi/3$) = -0,866 => arcsen 300^0 = -0,866. sen 330^0 ($11\pi/6$) = -0,5 => arcsen (-0,5) = 330^0 e

sen 360^0 (2π) = 0 => arcsen (0) = 360^0.

Alguns valores podem ser vistos no gráfico a seguir: y = arcsen x, observando-se que o domínio dessa função é de -1 a +1 e a imagem de $-\pi/2$ a $+\pi/2$.

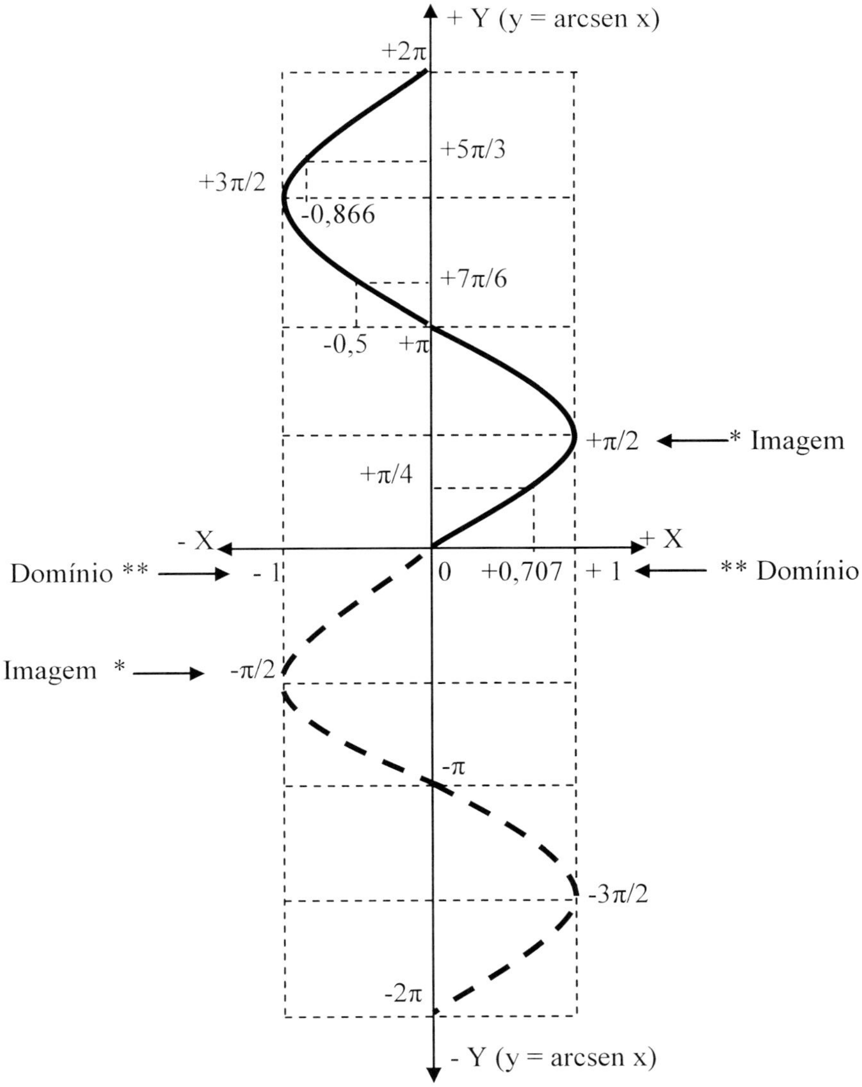

8.6.2 Arco cosseno (y = arccos x)

cos 0^0 (0π) = +1 => arccos 0^0 = +1. cos 30^0 ($\pi/6$) = +0,866 => arccos (+0,866) = 30^0.

cos 60^0 ($\pi/3$) = +0,5 => arccos 60^0 = +0,5. cos 90^0 ($\pi/2$) = 0 => arccos (0) = 90^0.

cos 120^0 ($2\pi/3$) = -0,5 => arccos 120^0 = -0,5. cos 150^0 ($5\pi/6$) = -0,866 => arccos (-0,866) = 150^0.

cos 180^0 (π) = -1 => arccos 180^0 = -1. cos 210^0 ($7\pi/6$) = -0,866 => arccos (-0,866) = 210^0.

cos 240^0 ($4\pi/3$) = -0,5 => arccos 240^0 = -0,5. cos 270^0 ($3\pi/2$) = 0 => arccos (0) = 270^0.

cos 300^0 ($5\pi/3$) = +0,5 => arccos 300^0 = +0,5. cos 330^0 ($11\pi/6$) = +0,866 => arccos (+0,866) = 330^0 e

cos 360^0 (2π) = +1 => arccos (+1) = 360^0.

Alguns valores podem ser vistos no gráfico a seguir: y = arccos x, observando-se que o domínio dessa função é de -1 a +1 e a imagem de 0π a $+2\pi$.

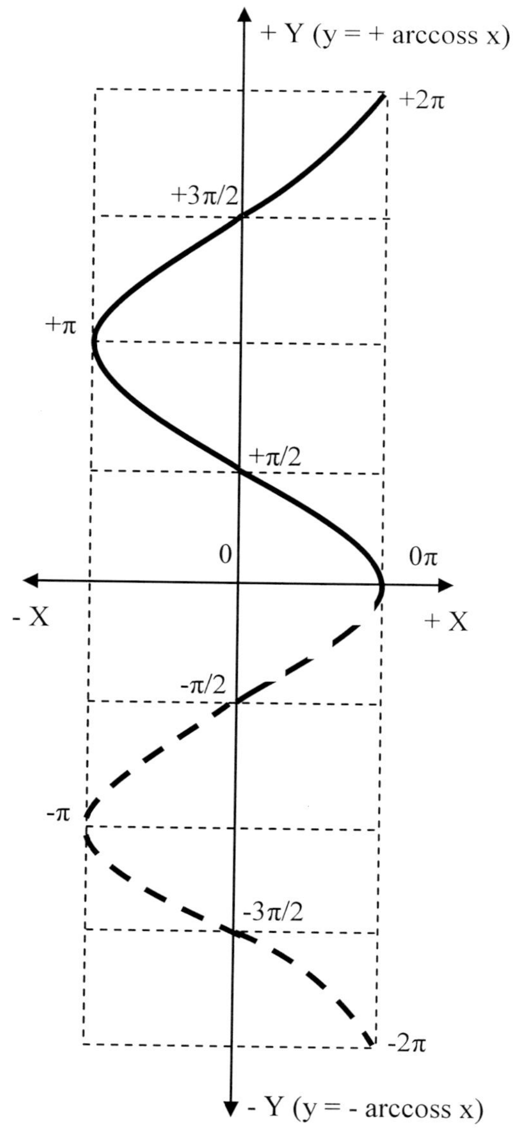

8.6.3 Arco tangente (y = arctg x)

tg 0^0 (0π) = 0 => arctg 0^0 = 0. tg 30^0 ($\pi/6$) = +0,577 => arctg (+0,577) = 30^0.
tg 60^0 ($\pi/3$) = +1,732 => arctg 60^0 = +1,732. tg 90^0 ($\pi/2$) = $+\infty$ => arctg ($+\infty$) = 90^0.
tg 120^0 ($2\pi/3$) = -1,732 => arctg 120^0 = -1,732. tg 150^0 ($5\pi/6$) = -0,577 => arctg (-0,577) = 150^0.
tg 180^0 (π) = 0 => arctg 180^0 = 0. tg 210^0 ($7\pi/6$) = +0,577 => arctg (+0,577) = 210^0.
tg 240^0 ($4\pi/3$) = +1,732 => arctg 240^0 = +1,732. tg 270^0 ($3\pi/2$) = $-\infty$ => arctg ($-\infty$) = 270^0.
tg 300^0 ($5\pi/3$) = -1,732 => arctg 300^0 = -1,732. tg 330^0 ($11\pi/6$) = -0,577 => arctg (-0,577) = 330^0 e
tg 360^0 (2π) = 0 => arctg (0) = 360^0.

Alguns valores podem ser vistos no gráfico a seguir: y = arctg x, observando-se que o domínio dessa função é de $-\infty$ a $+\infty$ e a imagem de $-\pi/2$ a $+\pi/2$.

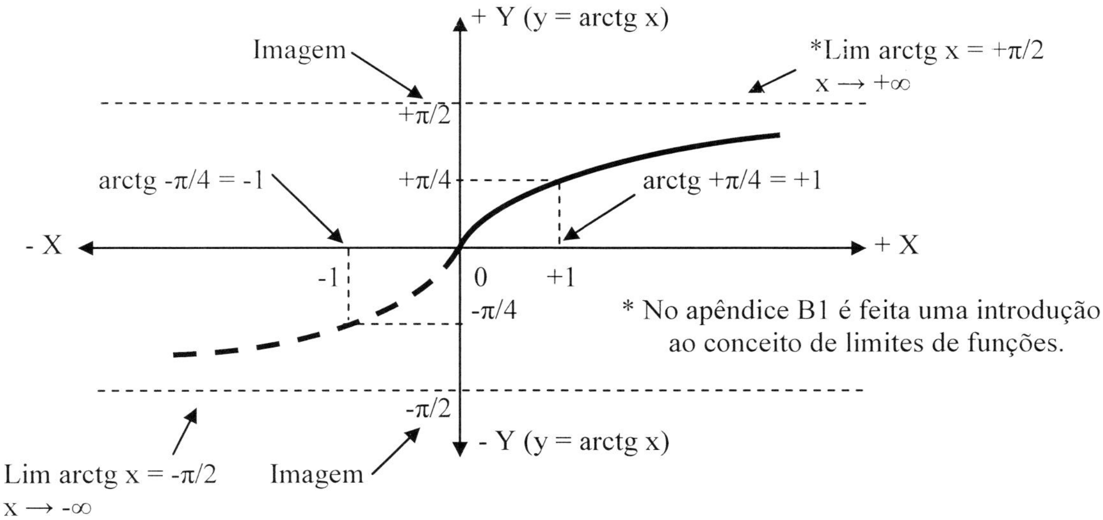

8.6.4 Arco secante (y = arcsec x)

sec (0^0) (0π) = +1 => arcsec (+1) = 0^0. sec 30^0 (π/6) = +1,1547 => arcsec +1,1547 = 30^0.

sec 60^0 (π/3) = +2 => arcsec (+2) = 60^0. sec 90^0 (π/2) = +∞ => arcsec +∞ = 90^0.

sec 120^0 (2π/3) = -2 => arcsec (-2) = 120^0. sec 150^0 (5π/6) = -1,1547 => arcsec -1,1547 = 150^0.

sec 180^0 (π) = -1 => arcsec (-1) = 180^0. sec 210^0 (7π/6) = -1,1547 => arcsec -1,1547 = 210^0.

sec 240^0 (4π/3) = -2 => arcsec (-2) = 240^0. sec 270^0 (3π/2) = -∞ => arcsec -∞ = 270^0.

sec 300^0 (5π/3) = +2 => arcsec (+2) = 300^0. sec 330^0 (11π/6) = +1,1547 => arctg +1,1547 = 330^0 e

sec 360^0 (2π) = +1 => arcsec (+1) = 360^0.

Alguns valores podem ser vistos no gráfico a seguir: y = arcsec x, observando-se que o domínio dessa função é de -∞ a -1 e de +1 a +∞. Ou seja, essa função sofre uma descontinuidade.

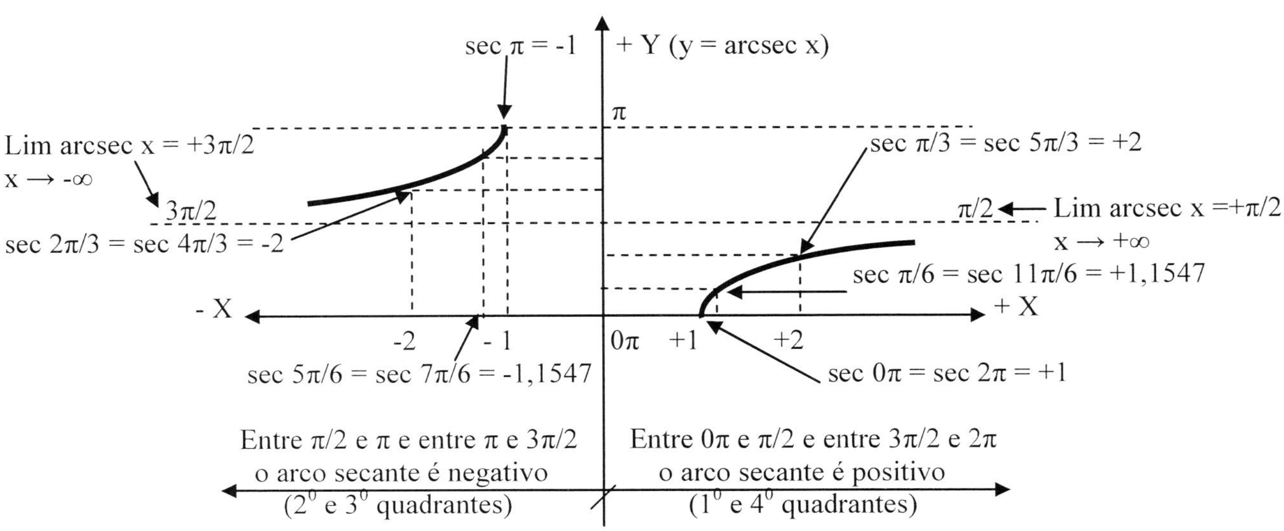

8.6.5 Arco cossecante (y = arccossec x)

cossec (0^0) (0π) = $+\infty$ => arccossec ($+\infty$) = 0^0. cossec 30^0 ($\pi/6$) = +2 => arccossec (+2) = 30^0.

cossec 60^0 ($\pi/3$) = +1,1547 => arccossec (+1,1547) = 60^0. cossec 90^0 ($\pi/2$) = +1 => arccossec (+1) = 90^0.

cossec 120^0 ($2\pi/3$) = +1,1547 => arccossec (+1,1547) = 120^0. cossec 150^0 ($5\pi/6$) = +2 => arccossec (+2) = 150^0. cossec 180^0 (π) = $-\infty$ => arccossec ($-\infty$) = 180^0. cossec 210^0 ($7\pi/6$) = -2 => arccossec (-2) = 210^0.

cossec 240^0 ($4\pi/3$) = -1,1547 => arccossec (-1,1547) = 240^0. cossec 270^0 ($3\pi/2$) = -1 => arccossec (-1) = 270^0. cossec 300^0 ($5\pi/3$) = -1,1547 => arccossec (-1,1547) = 300^0. cossec 330^0 ($11\pi/6$) = -2 => arccossec (-2) = 330^0 e cossec 360^0 (2π) = $+\infty$ => arccossec ($+\infty$) = 360^0.

Alguns valores podem ser vistos no gráfico a seguir: y = arcsec x, observando-se que o domínio dessa função é de $-\infty$ a -1 ou de +1 a $+\infty$. É uma função com descontinuidade.

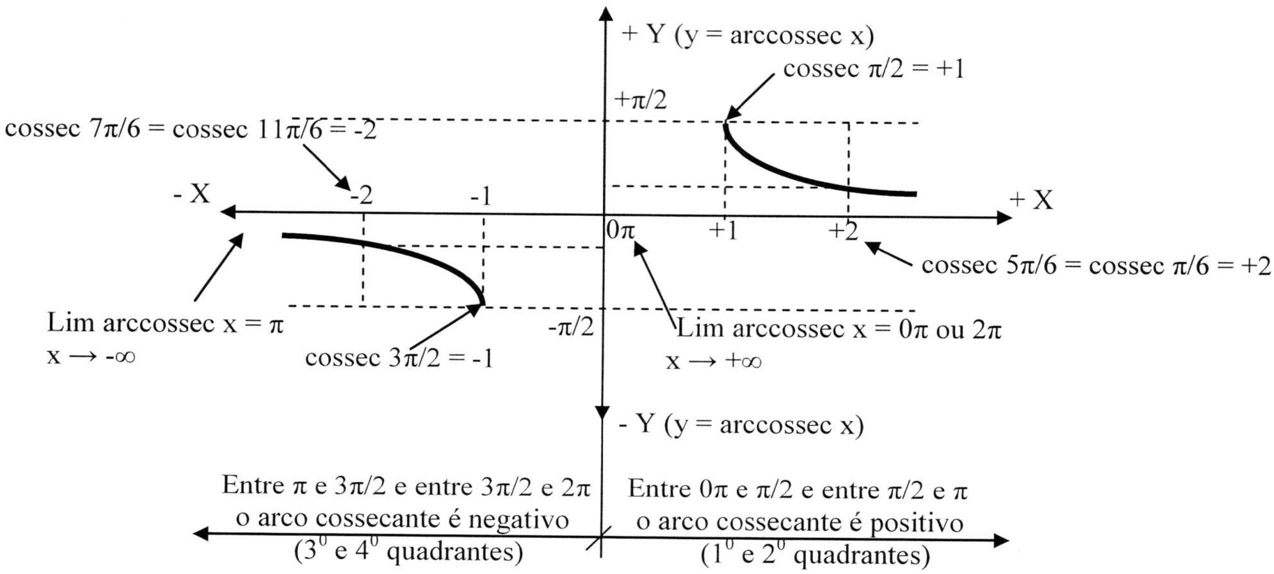

8.6.6 Arco cotangente (y = arccotg x)

cotg (0^0) (0π) = $+\infty$ => arccotg ($+\infty$) = 0^0. cotg 30^0 ($\pi/6$) = +1,732 => arccotg (+1.732) = 30^0.

cotg 60^0 ($\pi/3$) = +0,577 => arccotg (+0,577) = 60^0. cotg 90^0 ($\pi/2$) = 0 => arccotg (0) = 90^0.

cotg 120^0 ($2\pi/3$) = -0,577 => arccotg (-0,577) = 120^0. cotg 150^0 ($5\pi/6$) = -1,732 => arccotg (-1,732) = 150^0.

cotg 180^0 (π) = $-\infty$ => arccotg ($-\infty$) = 180^0. cotg 210^0 ($7\pi/6$) = +1,732 => arccotg (+1,732) = 210^0.

cotg 240^0 ($4\pi/3$) = +0,577 => arccotg (+0,577) = 240^0. cotg 270^0 ($3\pi/2$) = +1,837 => arccotg (+1,837) = 270^0.

cotg 300^0 ($5\pi/3$) = -0,577 => arccotg (-0,577) = 300^0. cotg 330^0 ($11\pi/6$) = -1,732 => arccotg (-1,732) = 330^0 e cotg 360^0 (2π) = $-\infty$ => arccotg ($-\infty$) = 360^0.

Alguns valores podem ser vistos no gráfico a seguir: y = arccotg x, observando-se que o domínio dessa função é de $-\infty$ a $+\infty$ e a imagem de 0π a π.

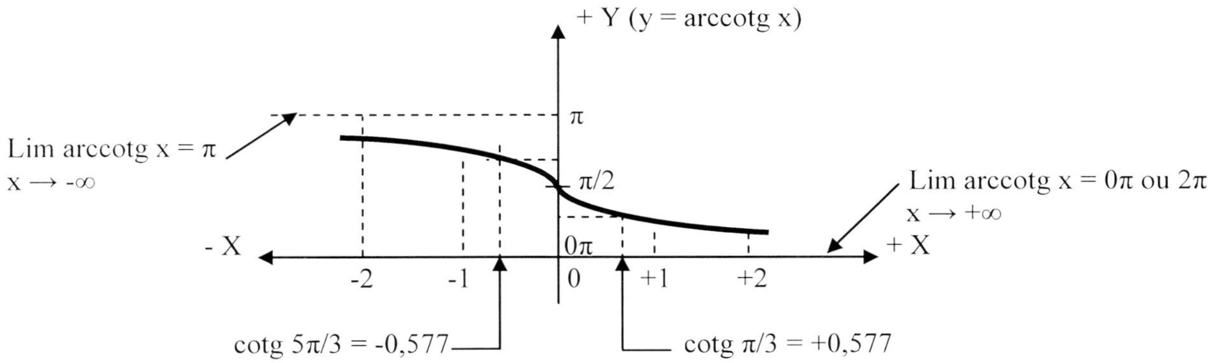

8.7 Funções trigonométricas hiperbólicas

Assim como existem funções trigonométricas no círculo, de raio igual a um (r = 1), existem as funções "trigonométricas", em um tipo de hipérbole, e que tem aplicações práticas, por exemplo, na Física e na Engenharia. As funções trigonométricas hiperbólicas, são originárias de uma hipérbole equilátera, com centro C, coincidente com a origem (0; 0) dos eixos cartesianos (C ≡ 0) com eixo real (2a) sobre o eixo cartesiano X, com o semi eixo real igual à unidade (a = 1) e, obviamente, eixo imaginário sobre o eixo cartesiano Y e com semi eixo imaginário também igual à unidade (b = 1).
A partir desse tipo de hipérbole equilátera, considerando uma rotação de 45^0 ou π/4, no sentido anti-horário, através de uma série de análises geométricas e cálculos algébricos, chega-se à definição das funções: senh Θ (seno hiperbólico), cosh Θ (cosseno hiperbólico), tgh Θ (tangente hiperbólica) e, consequentemente, às inversas: cossech Θ (cossecante hiperbólica), sech Θ (secante hiperbólica) e cotgh Θ (cotangente hiperbólica), sendo que as inversas têm suas equações exponenciais relacionadas ao Logaritimo Neperiano (base e), já que, para a mesma base, exponenciais e logaritmos são inversos.
Diferentemente do ângulo na trigonometria circular, que varia de 0^0 (0π) a 360^0 (2π), um ângulo hiperbólico é o dobro do valor numérico da área do setor hiperbólico, representado na figura abaixo pela área compreendida pelos pontos 0AM. Ou seja, em teoria um ângulo hiperbólico não é expresso em radianos, mas em unidades de área (VASCONCELOS, 2013, p. 20 a 24).

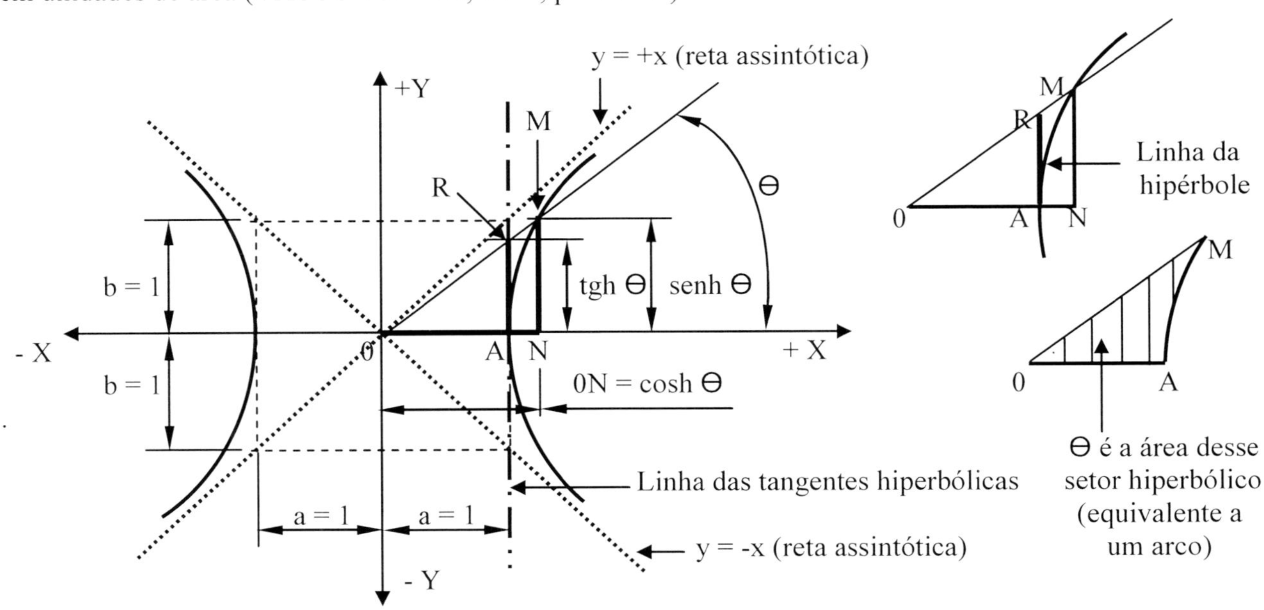

Essa hipérbole tem equação: $+x^2 - y^2 = +1$, onde: 0N = cosseno hiperbólico, MN = seno hiperbólico e AR = tangente hiperbólica.

Girando-se essa hipérbole a 45^0 (ou $\pi/4$), no sentido anti-horário, tem-se as imagens geométricas a seguir, que permitem a dedução das funções trigonométricas hiperbólicas básicas.

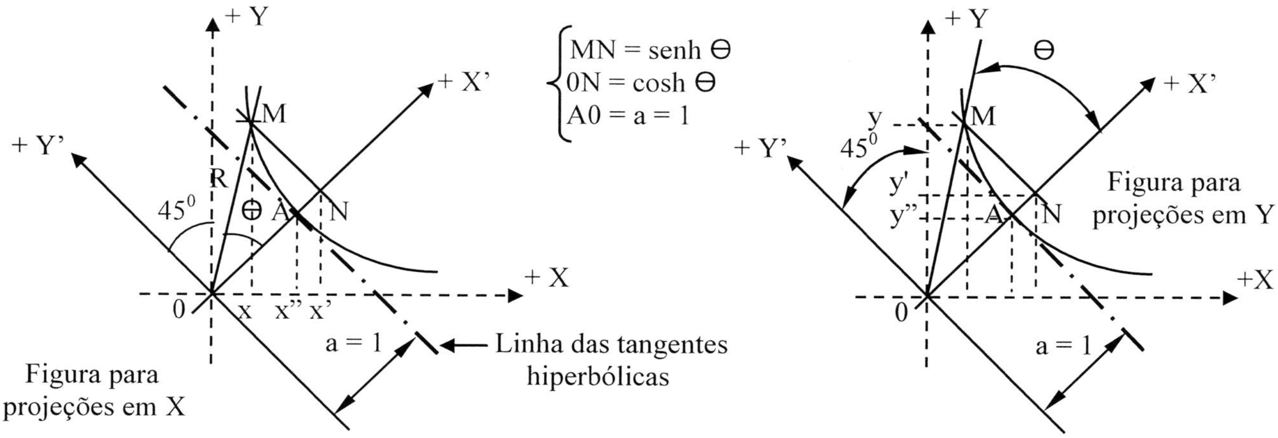

O triângulo 0MN, com as projeções em X e Y, permite as demonstrações a seguir.

$x' - x = MN.\cos 45^0 \Rightarrow x = x' - MN.\cos 45^0 \Rightarrow x = 0N.\cos 45^0 - MN.\cos 45^0 \Rightarrow$

$x = (\cosh \Theta).\cos 45^0 - (\text{senh}\ \Theta).\cos 45^0 \Rightarrow x = (\sqrt{2}/2).(\cosh \Theta - \text{senh}\ \Theta).$

$x" = A0.\cos 45^0 \Rightarrow x" = \sqrt{2}/2.$

$y - y' = MN.\ \cos 45^0 \Rightarrow y = y' + MN.\ \cos 45^0 \Rightarrow y = 0N.\cos 45^0 + MN.\ \cos 45^0 \Rightarrow$

$y = (\cosh \Theta).\cos 45^0 + (\text{senh}\ \Theta).\cos 45^0 \Rightarrow y = (\sqrt{2}/2).(\cosh \Theta + \text{senh}\ \Theta).$

$y" = A0.\cos 45^0 \Rightarrow y" = \sqrt{2}/2.$

Sabendo que: $\Theta = \ln x"/x \Rightarrow \Theta = \ln[(\sqrt{2}/2) / (\sqrt{2}/2).(\cosh \Theta - \text{senh}\ \Theta)] \Rightarrow \Theta = -\ln(\cosh \Theta - \text{senh}\ \Theta) \Rightarrow$

$e^{-\Theta} = \cosh \Theta - \text{senh}\ \Theta$ (A). Lembra-se que Θ é expresso pela área do setor hiperbólico.

Bem como: $\Theta = \ln y/y" \Rightarrow \Theta = \ln[(\sqrt{2}/2) / (\sqrt{2}/2).(\cosh \Theta + \text{senh}\ \Theta)] \Rightarrow \Theta = +\ln(\cosh \Theta + \text{senh}\ \Theta) \Rightarrow$

$e^{+\Theta} = \cosh \Theta + \text{senh}\ \Theta$ (B).

Somando (A) + (B), e usando as relações trigonométricas hiperbólicas fundamentais têm-se as funções hiperbólicas expressas na forma exponencial:

$$\text{senh}\ x = \frac{e^{+x} - e^{-x}}{2} \qquad \cosh x = \frac{e^{+x} + e^{-x}}{2} \qquad \text{tgh}\ x = \frac{e^{+x} - e^{-x}}{e^{x} + e^{-x}}$$

$$\text{cossech}\ x = \frac{2}{e^{+x} - e^{-x}} \qquad \text{sech}\ x = \frac{2}{e^{+x} + e^{-x}} \qquad \text{cotgh}\ x = \frac{e^{+x} + e^{-x}}{e^{+x} - e^{-x}}$$

Observa-se que o expoente passou de "Θ" para "x", já que o ângulo hiperbólico significa a área do setor hiperbólico e não radiano ou grau.

Relações trigonométricas hiperbólicas:

- $\cosh^2 x - \text{senh}^2 x = +1.$ $\quad \text{tgh}\ x = \text{senh}\ x/\cosh x.$ $\quad \text{cotgh}\ x = \cosh x/\text{senh}\ x.$
- $\text{sech}\ x = 1/\cosh x.$ $\quad \text{cosech}\ x = 1/\text{senh}\ x.$
- $\text{senh}\ 2x = 2.\text{senh}\ x.\cosh x.\cosh 2x = \cosh^2 x + \text{senh}^2 x.$ $\quad \text{tgh}\ 2x = \dfrac{2\text{tgh}\ x}{1 + \text{tgh}^2 x}.$

Observa-se que a função catenária é expressa por: $y = e^{+ax} + e^{-ax}/2a$, onde "a" é uma constante que depende dos seguintes parâmetros do cabo: a densidade linear do material do cabo (em geral cabo de aço) ou peso por comprimento, e a força com a qual o cabo é seguro nos mastros.

Esta curva é uma catenária, não uma parábola.

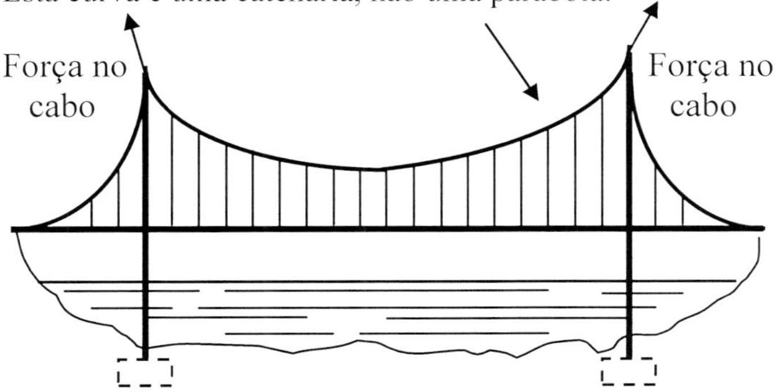

A ponte Pênsil é um tipo de ponte suspensa, que é sustentada por sistema de cabos e mastros. Nesse tipo de ponte os cabos principais partem de um mastro a outro, formando uma catenária, não uma parábola. Dos cabos principais partem os cabos de sustentação da plataforma, que são verticais e espaçados igualmente. Algumas equações de parábolas, quando expressas na forma gráfica, apresentam uma imagem muito parecida com uma catenária, entretanto, do ponto de vista da Matemática são curvas diferentes.

8.7.1 Gráficos e particularidades das funções trigonométricas hiperbólicas e suas inversas

A seguir são mostrados os gráficos de cada uma das seis funções, com as suas inversas (função arco). É importante que se analise e compare o gráfico de cada função, com sua imagem geométrica, observando-se que, como cada função hiperbólica é expressa por meio de equações exponenciais, por exemplo: $\text{senh } x = (e^{+x} - e^{-x})/2$, nos gráficos, os eixos X e Y, são marcados com números Reais.

Gráfico das funções: y = senh x e y = arcsenh x

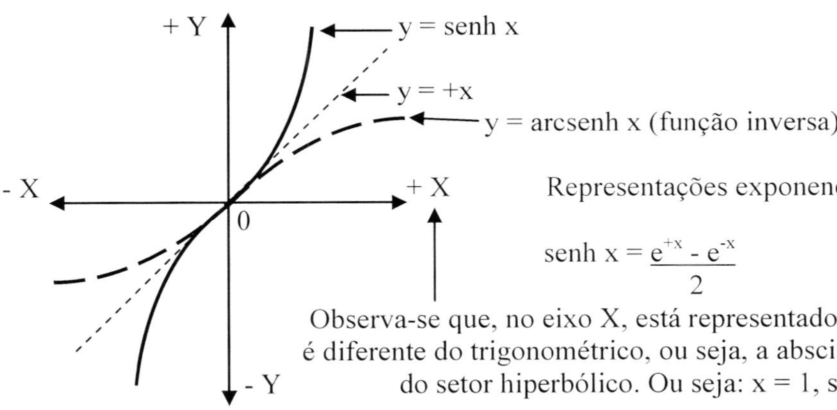

arcsenh x ou senh^{-1} x

Representações exponenciais e logarítmicas das funções:

$$\text{senh } x = \frac{e^{+x} - e^{-x}}{2} \qquad \text{senh}^{-1} x = \ln\left(x + \sqrt{x^2 + 1}\right)$$

Observa-se que, no eixo X, está representado o valor do ângulo hiperbólico, que é diferente do trigonométrico, ou seja, a abscissa x, em verdade, refere-se à área do setor hiperbólico. Ou seja: x = 1, significa uma unidade de área.

Gráfico das funções: y = cosh x e y = arccosh x

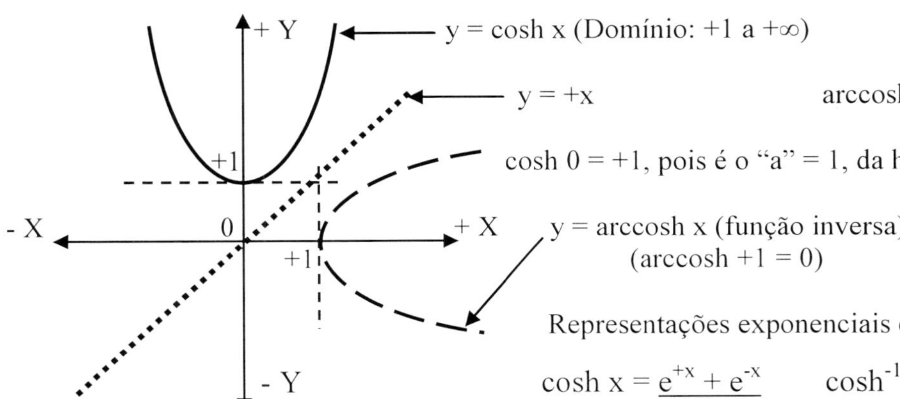

arccosh x ou $\cosh^{-1}$ x

Representações exponenciais e logarítmicas das funções:

$$\cosh x = \frac{e^{+x} + e^{-x}}{2} \qquad \cosh^{-1} x = \ln\left(x + \sqrt{x^2 - 1}\right)$$

Gráfico das funções: y = tgh x e y = arctgh x

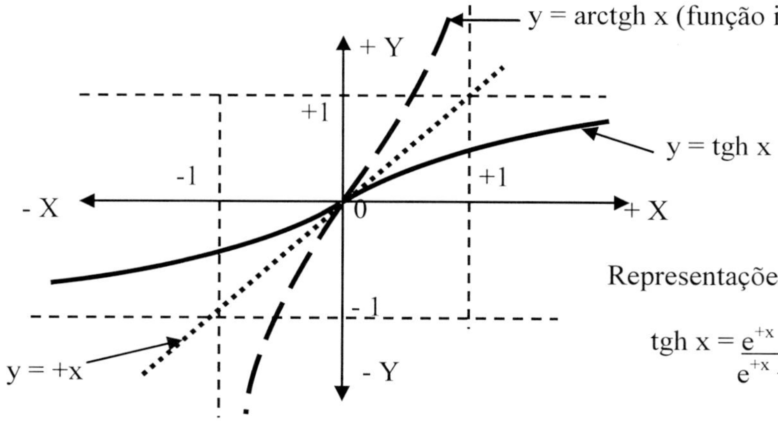

arctgh x ou tgh^{-1} x

Representações exponenciais e logarítmicas das funções:

$$\text{tgh } x = \frac{e^{+x} - e^{-x}}{e^{+x} + e^{-x}} \qquad \text{tgh}^{-1} x = \frac{1}{2} \ln\left(\frac{1+x}{1-x}\right)$$

Gráfico das funções: y = cotgh x e y = arccotgh x

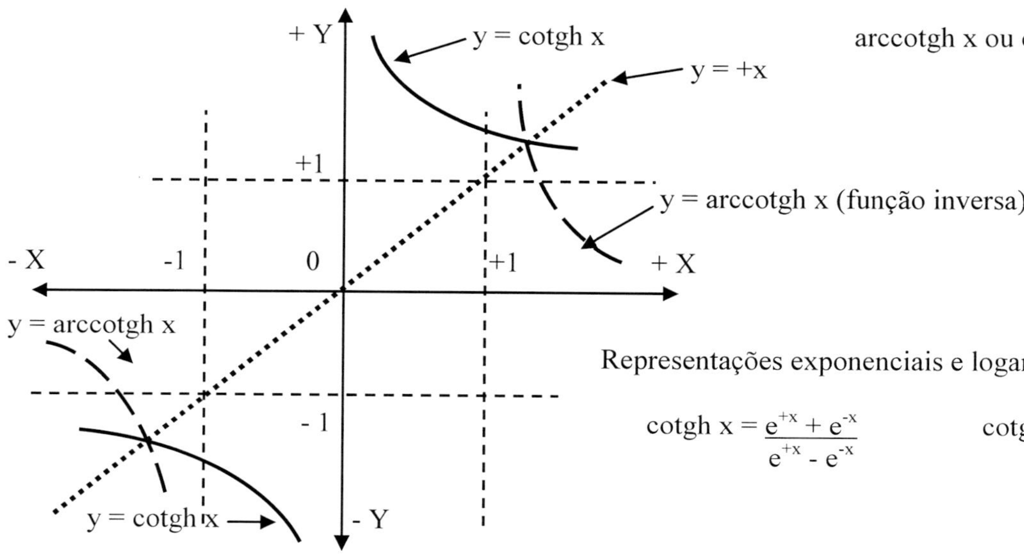

arccotgh x ou $cotgh^{-1}$ x

Representações exponenciais e logarítmicas das funções:

$$\text{cotgh } x = \frac{e^{+x} + e^{-x}}{e^{+x} - e^{-x}} \qquad \text{cotgh}^{-1} x = 1 \ln\left(\frac{x+1}{x-1}\right)$$

Gráfico das funções: y = sech x e y = arcsech x

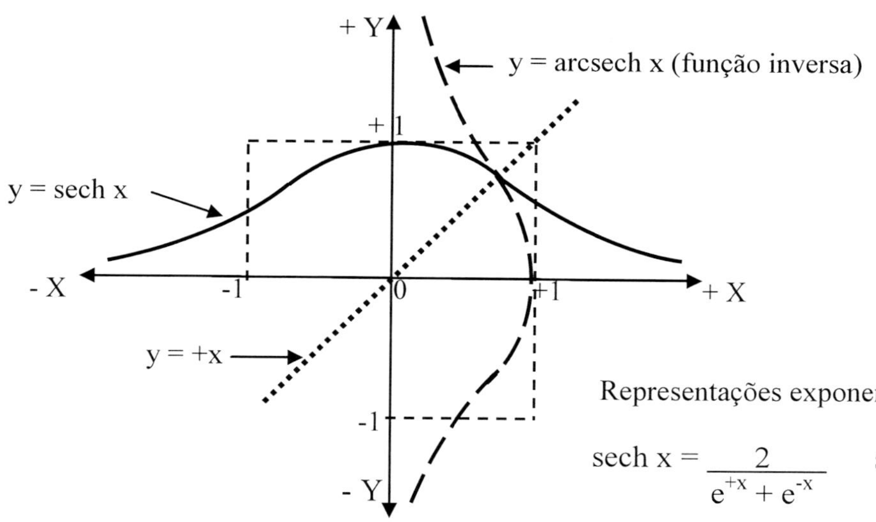

arcsech x ou $sech^{-1}$ x

Representações exponenciais e logarítmicas das funções:

$$\text{sech } x = \frac{2}{e^{+x} + e^{-x}} \qquad \text{sech}^{-1} x = \ln\left(\frac{1 + \sqrt{1 - x^2}}{x}\right)$$

Gráfico das funções: y = cossech x e y = arccossech x

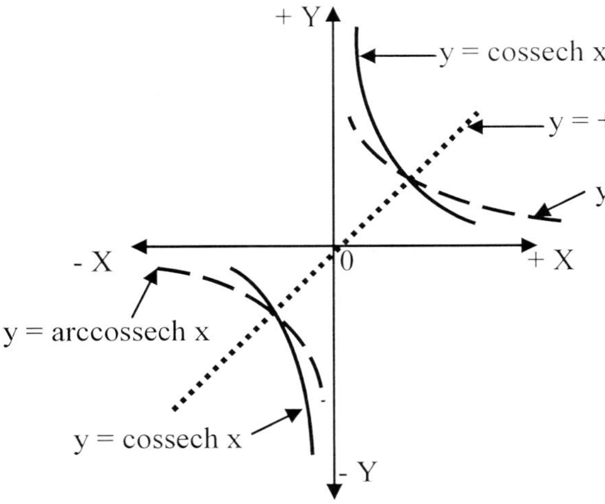

arccossech x ou cossech^{-1} x

Representações exponenciais e logarítmicas das funções:

$$\text{cossech } x = \frac{2}{e^{+x} - e^{-x}} \qquad \text{cossech}^{-1} x = \ln\left(\frac{1 + \sqrt{1 + x^2}}{x}\right)$$

8.8 Exercícios complementares resolvidos

Exercício 8.8.1) Para o triângulo de vértices A(+2; +6), B(+1; +4) e C(+6; +1), calcular a sua área, interagindo o conceito da distância entre pontos no espaço R^2 e a definição de altura.

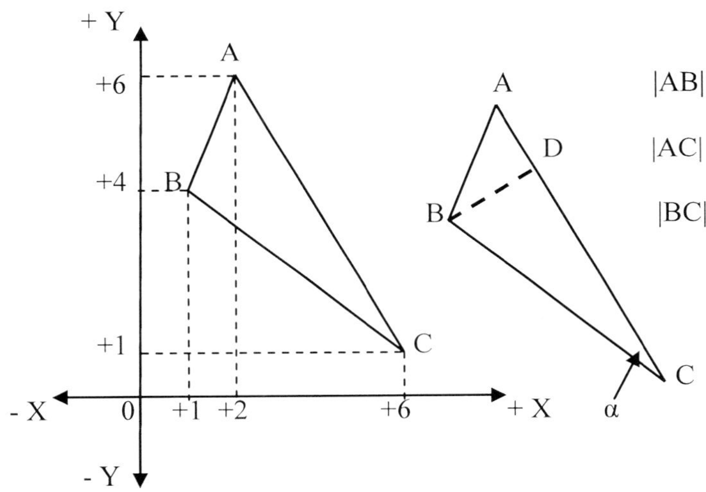

Segundo parágrafo 1.5:

$$|AB| = \sqrt{[(+1 - (+2)]^2 + [(+4) - (+6)]^2} = 2{,}236.$$

$$|AC| = \sqrt{[(+6 - (+2)]^2 + [(+1) - (+6)]^2} = 6{,}403.$$

$$|BC| = \sqrt{[(+6 - (+1)]^2 + [(+1) - (+4)]^2} = 5{,}831.$$

Todo triângulo tem três alturas, definidas como a distância entre um vértice e o lado oposto. Aqui, o vértice B foi escolhido e, lógico, o lado AC. A altura considerada é o segmento BD.

A área S de um triângulo é definida como o produto de um lado, pela sua altura e tudo dividido por dois. No caso, temos: S = (AC . BD)/2.

O cálculo da altura BD é feito no triângulo retângulo BCD, onde D é o vértice do ângulo reto.

No triângulo BCD, já se conhece o valor de BC, faltando calcular o valor do ângulo α, do vértice C.

Usando a lei dos cossenos: $AB^2 = BC^2 + AC^2 - 2.BC.AC.\cos\alpha \Rightarrow -\cos\alpha = \dfrac{(AB^2) - (BC^2) - (AC^2)}{2.BC.AC} =$

$= -\cos\alpha = -0{,}9374357 \Rightarrow \cos\alpha = +0{,}9374357 \Rightarrow \alpha = 20{,}375^0$.

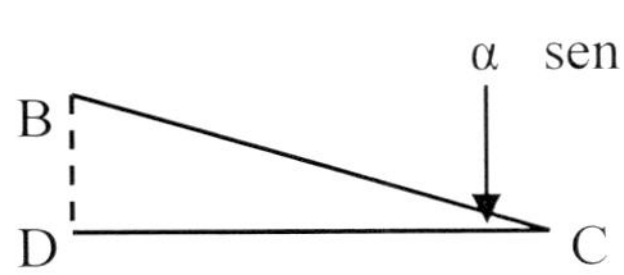

sen α = BD/BC => BD = sen α. BC => BD = 0,348.5,831 => BD = 2,029.

S = (AC . BD)/2 => S = (6,403.2,029)/2 => S = 6,496* unidades de área.

A área do triângulo é 6,496 unidades de área.

Conforme Abrantes (2019, p.23), a área de um triângulo, formado no espaço R^2 pelas coordenadas cartesianas dos vértices, pode ser calculada pelo seguinte determinante de 3ª ordem:

$$S = \frac{1}{2}\begin{vmatrix} x_A & y_A & 1 \\ x_B & y_B & 1 \\ x_C & y_C & 1 \end{vmatrix} \Rightarrow S = \frac{1}{2}\begin{vmatrix} +2 & +6 & 1 \\ +1 & +4 & 1 \\ +6 & +1 & 1 \end{vmatrix} \Rightarrow S = 6{,}5^* \text{ unidades de área.}$$

Observa-se uma pequena diferença entre o cálculo trigonométrico e o analítico.

* 6,5 - 6,496 = 0,004, ou seja, quatro milésimos ou 0,06%, em relação ao cálculo analítico. Na prática, especialmente em cálculos de Engenharia, essa "diferença" é irrelevante.

Exercício 8.8.2: mostrar que: $\cosh^2 x - \operatorname{senh}^2 x = +1$.

$$\cosh x = \frac{e^{+x} + e^{-x}}{2} \Rightarrow \cosh^2 x = \frac{e^{+2x} + 2 + e^{-2x}}{4}. \qquad \operatorname{senh} x = \frac{e^{+x} - e^{-x}}{2} \Rightarrow \operatorname{senh}^2 x = \frac{e^{+2x} - 2 + e^{-2x}}{4}.$$

$$\cosh^2 x - \operatorname{senh}^2 x = \frac{(e^{+2x} + 2 + e^{-2x})}{4} - \frac{(e^{+2x} - 2 + e^{-2x})}{4} = + \frac{\cancel{e^{+2x}} + 2 + \cancel{e^{-2x}}}{4} - \frac{\cancel{e^{+2x}} + 2 - \cancel{e^{-2x}}}{4} = \frac{4}{4} = +1.$$

Conclusão: $\cosh^2 x - \operatorname{senh}^2 x = +1$.

Exercício 8.8.3) Utilizando o gráfico, determinar e interpretar o valor da cotangente hiperbólica, quando x = -0,5.
Inicialmente analisa-se o gráfico da função, como visto anteriormente.

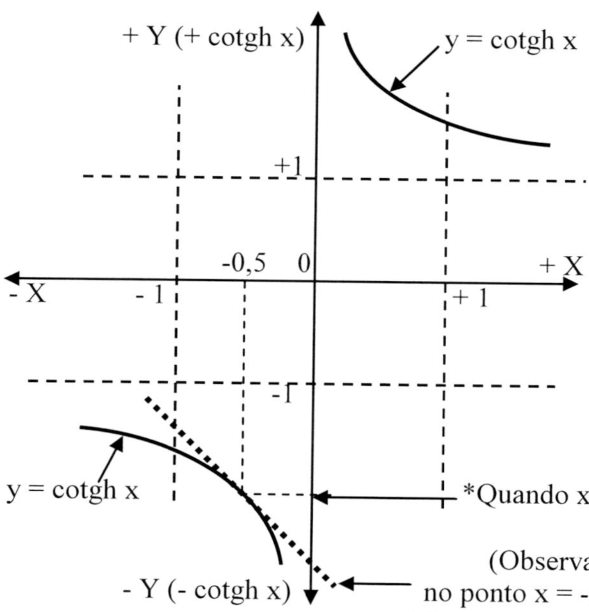

$$\operatorname{cotgh} x = \frac{\cosh x}{\operatorname{senh} x}$$

$$\operatorname{cotgh} x = \frac{e^{+x} + e^{-x}}{e^{+x} - e^{-x}}.$$

Base dos logarítmos neperianos ↓ e = 2,7182818.

$$\operatorname{cotgh}(-0{,}5) = \frac{e^{+(-0,5)} + e^{-(-0,5)}}{e^{+(-0,5)} - e^{-(-0,5)}} = \frac{0{,}60653 + 1{,}64872}{0{,}60653 - 1{,}64872} = \operatorname{cotgh}(-0{,}5) = -2{,}164^*.$$

(* máquinas de calcular científica, costumam ter a função e^x, existindo na WEB, de forma virtual)

*Quando x = -0,5 => y = -2,164.

(Observa-se que a derivada da função y = cotgh x no ponto x = -0,5, indica o coeficiente angular da reta tangente à função no ponto x = -0,5. Ou seja esse valor é a tangente da reta, cujo arcotangente equivale ao ângulo que a tangente faz com eixo X). Derivadas são estudadas na disciplina Cálculo I.

Exercício 8.8.4) Esboçar o gráfico da função y = 3sen 2x, no intervalo entre 0^0 (0 π) e 180^0 (π) comparando-o com a função y = sen x.

Baseado em tabelas, faz-se o gráfico de y = sen x (linha interrompida) e o de y = 3sen 2x (linha contínua), lembrando que para y = sen x, y varia de -1 a +1, que é o raio do círculo trigonométrico.

Para $0\,\pi$: $y = 3\text{sen } 2x = 3.0 \Rightarrow y = 0$

Para $\pi/4$: $y = 3\text{sen } 2x = (3)(\text{sen } \pi/2) \Rightarrow y = +3$

Para $\pi/2$: $y = 3\text{sen } 2x = (3)(\text{sen } \pi) \Rightarrow y = 0$

Para $3\pi/4$: $y = 3\text{sen } 2x = (3)(\text{sen } 3\pi/2) \Rightarrow y = -3$

Para π: $y = 3\text{sen } 2x = (3)(\text{sen } 2\pi) \Rightarrow y = 0$

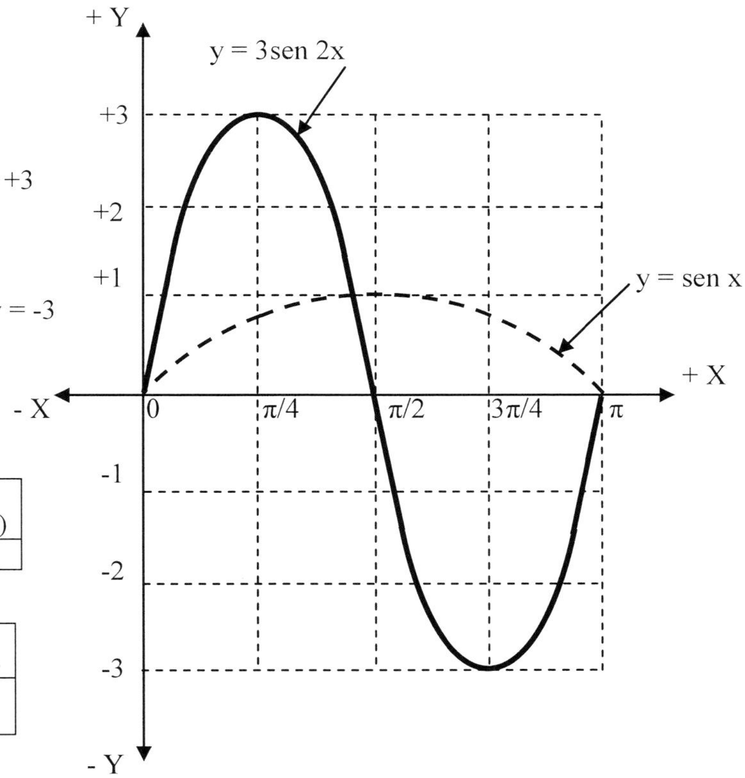

x	0π (0^0)	$\pi/4$ (45^0)	$\pi/2$ (90^0)	$3\pi/4$ (135^0)	π (180^0)
sen x	0	+0,707	+1	+0,707	0

x	0π (0^0)	$\pi/4$ (45^0)	$\pi/2$ (90^0)	$3\pi/4$ (135^0)	π (180^0)
y = 3sen 2x	0	+3	0	-3	0

Exercício 8.8.5) Mostrar porque sen 20^0 é igual ao cosseno de 70^0.

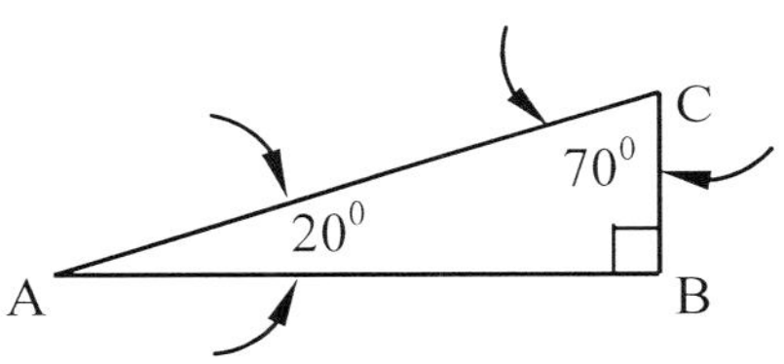

sen 20^0 = BC/AC (cateto oposto sobre hipotenusa)

cos 70^0 = BC/AC (cateto adjacente sobre hipotenusa)

Como BC/AC = BC/AC => sen 20^0 = cos 70^0.

8.9 Exercícios propostos (veja respostas no Apêndice A)

8.9.1) a) Faça e interprete o gráfico da função $y = +1 + 2\text{sen } x$, b) Qual o valor máximo de y? c) Qual o valor de y, quando $x = \pi/6$?

8.9.2) Determinar o lado do triângulo equilátero inscrito à circunferência de diâmetro 20 cm.

8.9.3) Faça o gráfico da função $y = \cosh x$, calculando o valor de y para $x = -2$.

8.9.4) calcular a diferença entre os valores máximos e mínimos da função: $y = +3 - \text{sen}^2 (2x + \pi)$.

8.9.5) Calcule o valor de: $\cos^2 (\pi/3) - \text{sen } (\pi/6) + \text{tg } (3\pi/4)$.

8.9.6) Considerando a unidade de medida como metro e o desenho esquemático do telhado a seguir, pede-se: a) o comprimento L dos lados inclinados e b) a altura H do telhado.

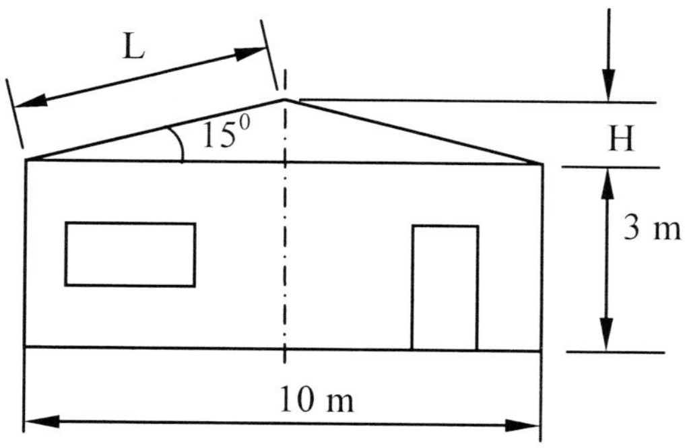

8.9.7) O desenho a seguir é igual ao do exercício 8.2, referente a um tipo de queimador, na forma de uma chaminé metálica. Considerando os ângulos de 45^0 e 60^0 e as alturas de 20 metros e 30 metros, pede-se os cálculos dos comprimentos dos tirantes A e B, observando-se que são três tirantes tipo A e três tirantes tipo B.

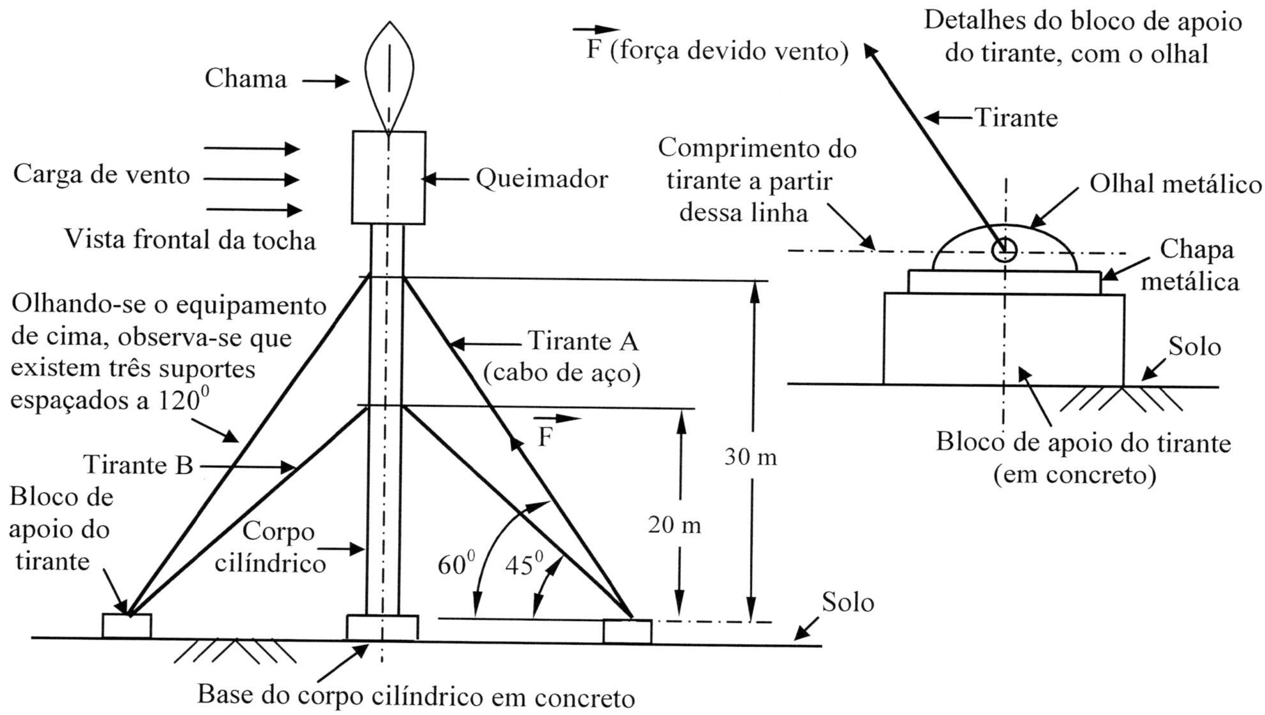

8.9.8) Considerando o círculo trigonométrico, as medidas em metros e os ângulos indicados, determinar a flecha AB.

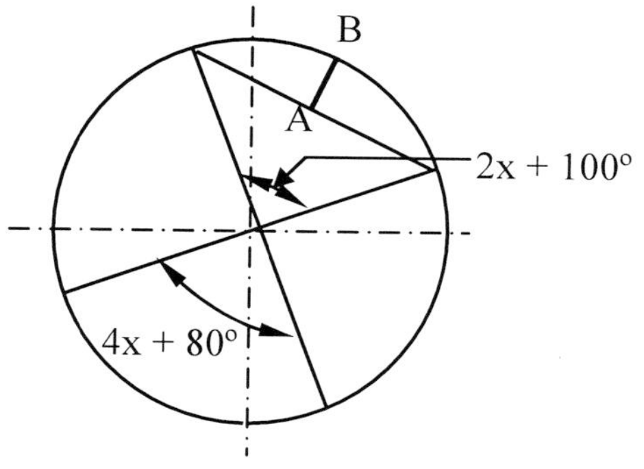

8.9.9) Considerando a superfície poliédrica planificada, a seguir mostrada, calcular os comprimentos das arestas BE, BG e EG, bem como todos os ângulos mostrados.

Visão Espacial
(7 Planos)

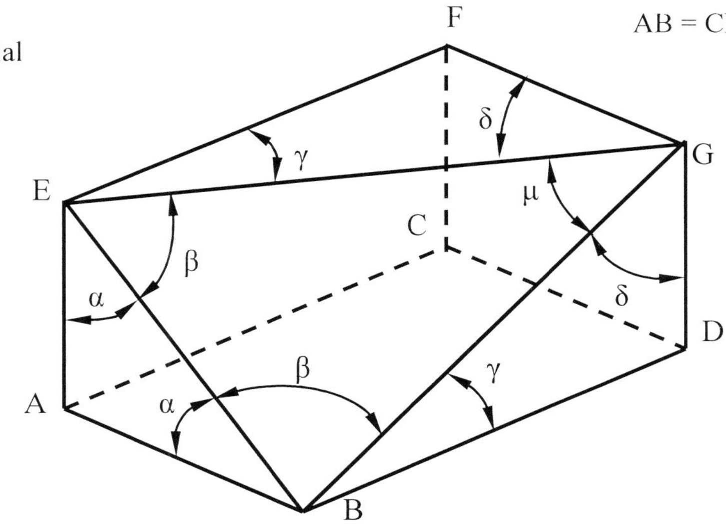

AB = CD = FG = AE = CF = DG = 3 cm.

AC = BD = EF = 4 cm.

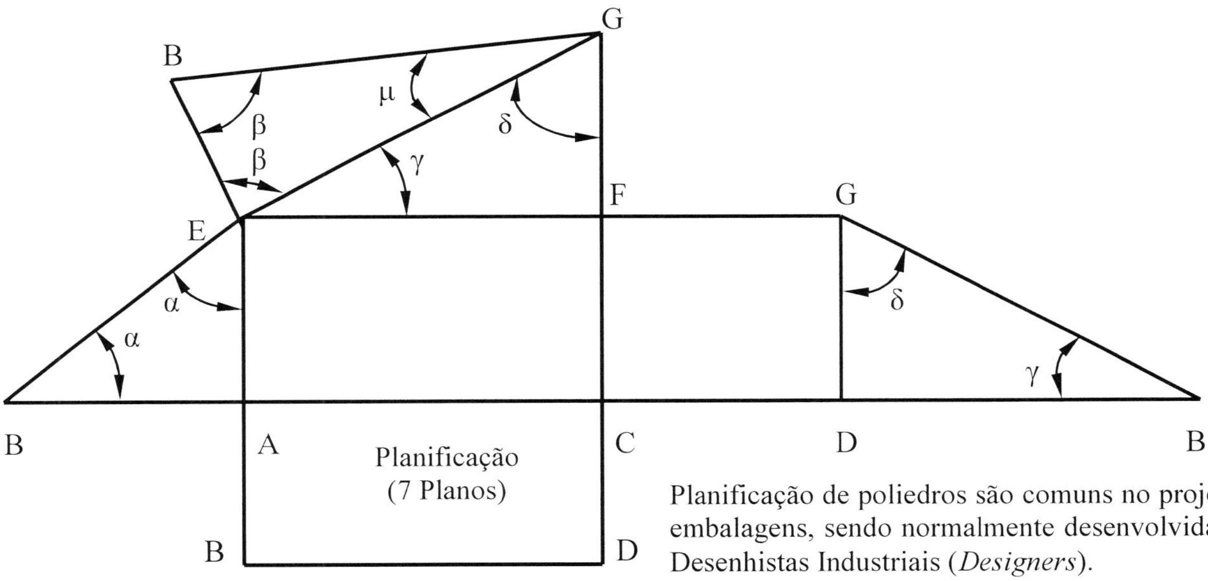

Planificação de poliedros são comuns no projeto de embalagens, sendo normalmente desenvolvidas por Desenhistas Industriais (*Designers*).

8.9.10) Na figura a seguir, calcular o valor do comprimento L das retas tangentes.

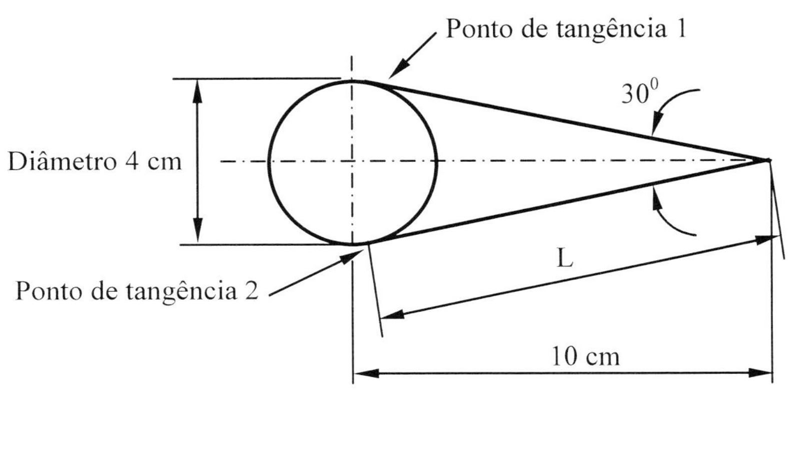

Capítulo 9
Função exponencial

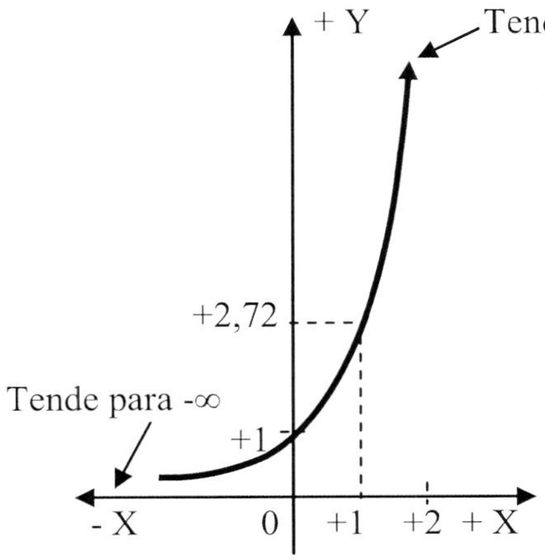

Gráfico da função $y = e^x$

x	y
-3	+0,049
-2	+0,135
-1	+0,368
0	+1
+1	+2,72
+2	+7,39
+3	+20,09

Tabela para alguns valores de $y = e^x$ (e = base dos logarítmos neperianos, estudados no capítulo 10)

Exponenciação ou potenciação é uma operação matemática usada para indicar a multiplicação de um número por ele mesmo "x" vezes. Por exemplo, 7 vezes 7 igual a 49, pode ser indicado como $7^2 = 49$, onde 7 é a base e 2 é o expoente. Além de auxiliar muitos cálculos, especialmente na área de Engenharia, a função exponencial é muito importante nas análises da disciplina Cálculo I, bem como em várias aplicações práticas. A potenciação possuí algumas propriedades, que muito ajudam, em especial no Cálculo Integral, além de poder ser utilizada em estruturas de Engenharia, como será mostrado ao longo desse capítulo.

Propriedades da exponenciação

1 – **Potência de potência: $(N^x)^y = N^{x \cdot y}$**. Conservava-se a base e multiplicam-se os expoentes.

$(5^2)^3 = (5)^{2x3} = (5)^6 = 15.625$. De fato: $(5^2) = 25$ e $(25)^3 = 15.625$.

2 – **Potência de um produto: $(N. M)^x = N^x . M^x$**. Primeiro faz-se o produto entre parênteses, depois resolve-se a potência do produto.

$(3.5)^2 = (15)^2 = 225$. De fato: $(3.5)^2 = (3)^2 . (5)^2 = 9 . 25 = 225$.

3 – **Multiplicação de bases iguais: $N^x . N^y = N^{x+y}$**. Mantém-se a base e somam-se os expoentes.

$(3)^2 . (3)^4 = (3)^{2+4} = (3)^6 = 729$. De fato: $(3)^2 . (3)^4 = 9 . 81 = 729$.

4 – **Potência de uma divisão: $(N/M)^x = N^x/M^x$**. (Com M diferente de zero). Primeiro faz-se a divisão, depois eleva-se o resultado à potência.

$(3/2)^2 = (1,5)^2 = 2,25$. De fato: $(3/2)^2 = (3)^2/(2)^2 = 9/4 = 2,25$.

5 – **Divisão de bases iguais e expoentes diferentes: $N^x/N^y = N^{x-y}$**. Mantém-se a base e subtraem-se os expoentes.

$(4)^5/(4)^2 = (4)^{5-2} = (4)^3 = 64$. De fato: $(4)^5/(4)^2 = 1024/16 = 64$.

6 – **Potência de número elevado a zero: $x^0 = 1$.** Todo número elevado a zero é igual a um.

A demonstração é dada pela propriedade da divisão de potências de mesma base (propriedade 5), onde mantém-se a base e subtraem-se as potências.
Por exemplo: $2^5/2^3 = 2^{5-3} = 2^2 = 4$. De fato $2^5 = 32$ e $2^3 = 8$; portanto: $32/8 = 4$ ou 2^2.
Agora considerando $2^5/2^5$, tem-se como resultado $2^{5-5} = 2^0$. ou $32/32 = 1$. Portanto $2^0 = 1$, bem como qualquer número elevado a zero.

7 – **Potenciação de números negativos ($-a^x$):** quando um número negativo é elevado a um número par, o resultado será positivo. Se for ímpar, o resultado será negativo. Vejamos:

$(-5)^3 = [(-5) . (-5)] . (-5) = (+25) . (-5) = -125.$ $(-5)^2 = (-5) . (-5) = +25.$

8 – **Potenciação de expoente negativo: $x^{-n} = (1/x)^n = 1/x^n$.** Inverte-se sua base e também o sinal do expoente.

$6^{-3} = (1/6)^3 = 1/6^3 = 0{,}0046296$ ou $46{,}296 \times 10^{-4}$. $2^{-2/3} = 1/(2^{2/3}) = 1 / (\sqrt[3]{4}) = +1{,}59.$

9 – **Potenciação de fração com expoente negativo: $(a/x)^{-n} = x^n/a$.** Inverte-se a base, e se eleva a nova base ao expoente positivo.

$(1/2)^{-3} = (2/1)^3 = +8$. De fato: $(1/2)^{-3} = 1^{-3}/2^{-3} = 1/(1/2)^3 = 1/(1/8) = 1. (8/1) = +8.$

10 – **Potenciação de expoente fracionário (ou decimal): $a^{x/y} = (\sqrt[y]{a^x})$.** Faz-se a raiz do expoente y (denominador), do número da base elevado à potência do expoente x (numerador).

Por exemplo: $5^{4/3} = \sqrt[3]{5^4} = \sqrt[3]{625} = +8{,}5499$. Cinco elevado a quatro terços é igual à raiz cúbica de cinco elevada à quarta potência.

9.1 A função exponencial ($y = a^x$)

Uma função é considerada exponencial quando a variável x estiver no expoente em relação à base de um termo numérico (a) ou algébrico. Por exemplo: $y = +2^x$ e $y = +(1/2)^x$, são funções exponenciais. Caso esse termo numérico (a) ou algébrico, seja maior que 1, o gráfico da função exponencial é crescente (2^x). Mas se o termo for um número entre 0 e 1, o gráfico da função exponencial é decrescente, como a $(1/2)^x$.

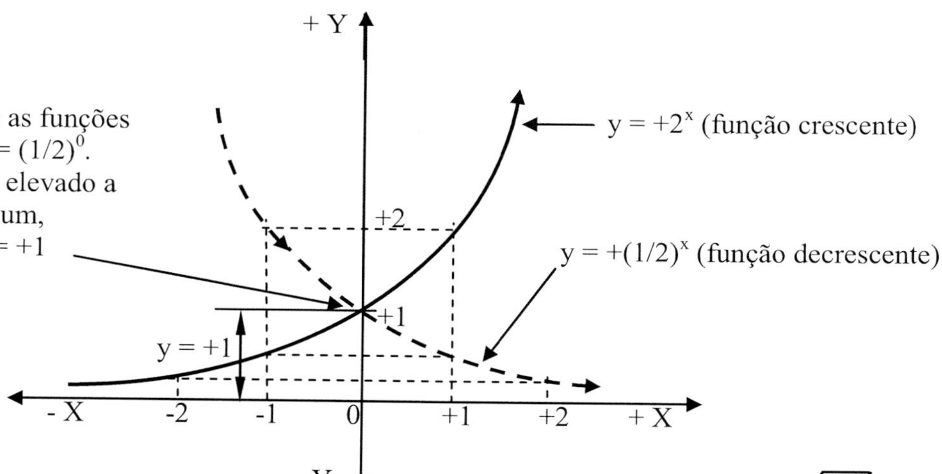

$y = +2^x$

x	y
-2	+0,25
-1	+0,5
0	+1
+1	+2
+2	+4

$y = +(1/2)^x$

x	y
-2	+4
-1	+2
0	+1
+1	+0,5
+2	+0,25

Sem maiores detalhes matemáticos, pode-se imaginar um tipo de elemento arquitetônico, composto por curvas exponenciais transladadas, a partir dessas duas.

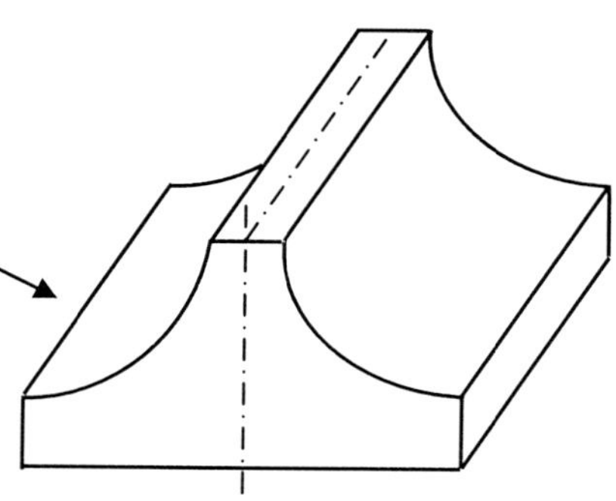

9.1.1 Exemplos de aplicações práticas da função exponencial

Em Economia: juros compostos são calculados usando crescimento exponencial, uma vez que a quantidade a ser cobrada a mais na próxima parcela depende não só da quantidade inicial, mas da parcela anterior a qual os juros já foram previamente aplicados. A fórmula clássica para juros compostos é: $M = C \times (1 + i)^t$, onde: M = montante final (R$); C = capital ou valor inicial (R$); i = taxa de juros aplicada (% ao tempo) e t = tempo total de aplicação ou a ser considerado (unidade compatível com i).

Exercício 9.1.1.1) Uma pessoa adquiriu um imóvel por um valor inicial de um milhão de Reais. Sabendo que, o imóvel tem uma valorização, mês a mês de 3% (0,03 = juro composto), deseja-se saber quanto valerá após seis meses.

$M = C \times (1 + i)^t$; C = 1.000.000; i = 0,03 ao mês e t = seis meses.
$M = 1.000.000 \times (1 + 0,03)^6$. M = R$ 1.194.052,30.
Ou seja: o imóvel valerá R$ 1.194.052,30, com uma valorização de 19,405%, em seis meses.
Caso fosse considerado juros simples, valeria R$ 1.180.000,00 (valorização de 18%).
A figura a seguir dá uma ideia das curvas dos juros compostos e simples.

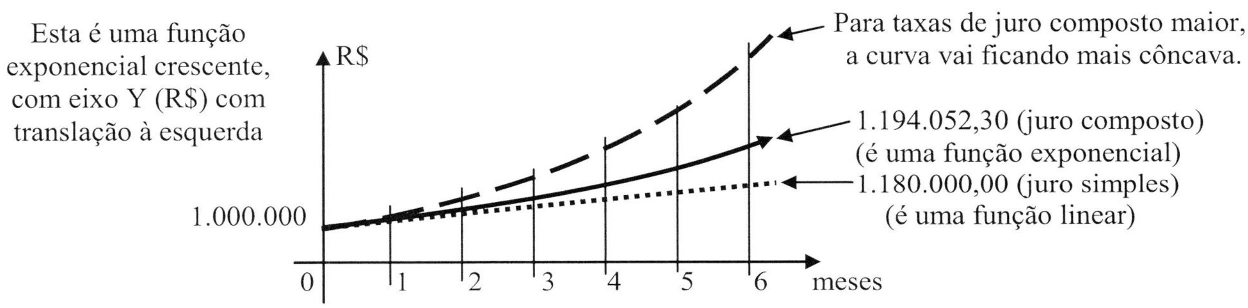

Em oposição à valorização, existe o conceito de depreciação de um bem, muito comum, por exemplo, em máquinas e equipamentos. Depreciação significa o quanto o bem perde valor (se desvaloriza) ao longo de um determinado tempo. A depreciação ocorre por diversos fatores, que extrapolam aos objetivos deste livro (é da área da Contabilidade). A depreciação exponencial é calculada pela fórmula: $M = C \times (1 - i)^t$, ou seja, com os mesmos termos da fórmula usada para o cálculo da valorização dos juros compostos, porém subtraindo, ao invés de somando. Ou seja, ao longo do tempo o valor inicial diminui.

Exercício 9.1.1.2) Uma empresa adquiriu uma máquina por um valor inicial de quinhentos mil Reais. Sabendo que, esta máquina tem uma depreciação, mês a mês, de 2%, deseja-se saber quanto valerá esta máquina após seis meses.

Observa-se que, enquanto a valorização soma, a depreciação diminui a taxa de juros.

$M = C \times (1 - i)^t$; C = 500.000; i = 0,02 ao mês e t = seis meses.
$M = 500.000 \times (1 - 0,02)^6$. M = R$ 442.921,19.
Ou seja: a máquina sofreu uma desvalorização de 13,28%, em seis meses.

Para maiores detalhes sobre depreciação, ver parágrafo 9.4.

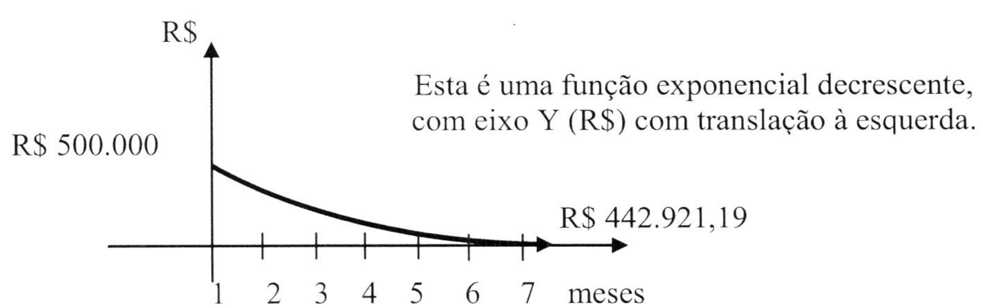

Na Física Nuclear: existem materiais, como por exemplo, o urânio 235, que emitem radiações, tanto do ponto de vista natural, quanto artificialmente. Ao longo do tempo esta emissão vai diminuindo, caracterizando um fenômeno chamado "Decaimento Radioativo". Através de uma série de análises e cálculos, que extrapolam os objetivos deste livro, demonstra-se que este decaimento ocorre segundo uma curva exponencial decrescente, com o eixo Y sofrendo translação para a esquerda. Por exemplo, a quebra de átomos em uma fissão nuclear, na qual a quebra de um átomo de urânio 235 acarreta a liberação de 3 nêutrons, os quais quebram mais 3 átomos, e assim sucessivamente, tornando o processo uma cadeia com crescimento exponencial. A literatura cita a função $N_0 = N^{(-\lambda t)}$, onde: N_0 = número de átomos radioativos no estado inicial; N = número de átomos radioativos no estado atual (tempo t); λ = constante de decaimento radioativo e t = tempo considerado. A figura a seguir mostra esta função.

Gráfico esquemático do "decaimento radioativo"

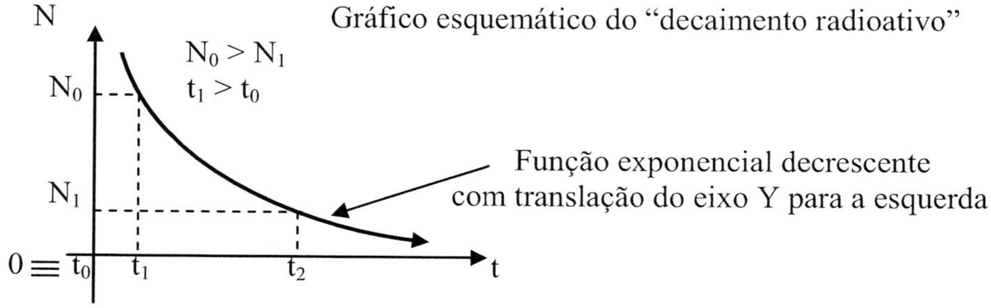

Na Biologia: uma população que obtém todo o alimento de que precisa aumentará cada vez mais rápido, pois quanto mais indivíduos, mais bocas e, portanto, mais alimento consumido, acarretando maior crescimento de toda a população. Este tipo de crescimento é chamado de crescimento exponencial. Isto pode ser verificado em experiências com ratos de laboratório. O crescimento exponencial se caracteriza por um constante aumento percentual por um período de tempo. Quanto maior o consumo, mais alimento é fornecido e mais rápido a população cresce. A cada semana o número de ratos aumenta. Enquanto a necessidade por alimento for suprida, o número de ratos crescerá exponencialmente. Outro exemplo na Biologia é o crescimento bacteriano em laboratório, já que bactérias se reproduzem por fissão binária (se dividem ao meio), e o tempo entre as divisões é cerca de uma hora para a maioria das espécies de bactéria.

Exercício 9.1.1.3) São colocadas 1.000 bactérias em um frasco, com um suprimento ilimitado de nutrientes, com o seguinte resultado: após 1 hora, cada bactéria se dividirá, produzindo 2.000 bactérias (um aumento de 1.000 bactérias). Após 2 horas, cada uma das 2.000 bactérias se dividirá, produzindo 4.000 (um aumento de 2.000 bactérias). Após 3 horas, cada uma das 4.000 bactérias se dividirá, produzindo 8.000 (um aumento de 4.000), e assim sucessivamente. Após 1 dia (24 ciclos de divisão, em 24 horas), a população de bactérias cresce de 1.000 para mais de 16 bilhões! O gráfico cartesiano, a seguir, mostra a imagem geométrica aproximada da função exponencial gerada.

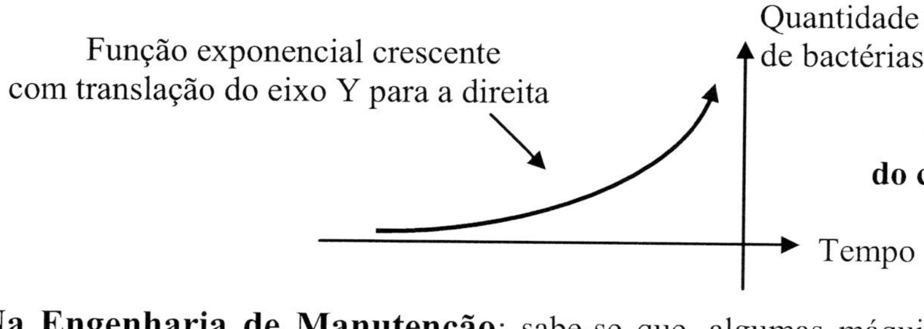

Gráfico exponencial do crescimento de bactérias

Na Engenharia de Manutenção: sabe-se que, algumas máquinas ou equipamentos apresentam falhas (deixando de produzir) e que ao longo do tempo (anos) se comportam segundo uma característica chamada de "Curva da Banheira", conforme a seguir mostrada. A explicação tecnológica que existe para esta característica é a seguinte:

Embora tenham sido feitos testes na fábrica, uma máquina ao ser acionada pela primeira vez, tem uma probabilidade relativamente alta para apresentar defeitos/falhas. Este fato é mais recorrente em máquinas com muitos componentes, já que cada um tem a sua probabilidade de falha. À medida que as falhas iniciais vão sendo corrigidas e a máquina entra em funcionamento normal, as falhas diminuem, chegando a um valor mínimo, mas não zero. Com o passar do tempo (anos), principalmente por desgaste, as falhas voltam a crescer, às vezes de uma forma muito parecida com o que ocorreu no início, só que no sentido inverso. O gráfico a seguir dá uma ideia da "curva da banheira".

Na prática, os fabricantes de máquinas têm suas previsões, quanto à probabilidade de falhas de uma máquina, ao longo de sua vida, desde o início de funcionamento.

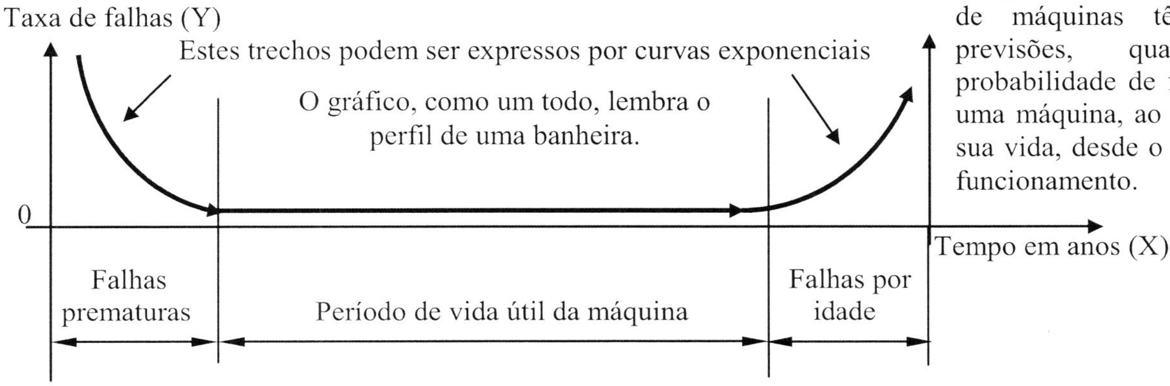

Gráfico da "curva da banheira", para falhas em máquinas

Do ponto de vista matemático, existem algumas considerações, sobre a Imagem Geométrica da curva da banheira, já que existem dois trechos que se assemelham a funções decrescentes e crescentes, como vistas anteriormente. O trecho que representa as "falhas prematuras", se mostra como uma função decrescente, enquanto o trecho referente às falhas por idade, mostram uma função crescente.

Falhas e confiabilidade de um produto (*Reliability*)

Confiabilidade expressa a capacidade de um produto/máquina funcionar como esperado, ou seja, sob certas condições, durante certo intervalo de tempo. O ideal é que as máquinas tenham alta confiabilidade, ou seja, que funcionem por muito tempo. A confiabilidade é expressa em termos percentuais, por exemplo, 97% ou 0,97. Como se determina a confiabilidade de um produto? Através de testes de funcionamento, quando o produto é colocado em operação e monitorado para se medir quando apresenta problemas, normalmente de desgaste. Também é possível, em alguns casos, simulações em programas computacionais específicos. Embora se fale em confiabilidade, na verdade medem-se falhas.
A confiabilidade, em função do tempo, pode ser expressa pela seguinte equação, com uso de exponencial:

$$\mathbf{R_t = e^{-\lambda t}} \quad \text{ou} \quad \mathbf{R_t = 1/\,e^{\lambda t}} \quad \text{onde:}$$

$$\begin{cases} R_t = \text{confiabilidade, em função do tempo } t \\ e = \text{base dos logarítimos neperianos } (e \approx 2{,}718) \\ \lambda = \text{taxa de falhas ou o número total de falhas, ocorrido no período de observação} \\ t = \text{tempo de observação} \end{cases}$$

Com relação à confiabilidade, o grande problema é quanto ao número de componentes interdependentes de um produto/máquina, pois, além de cada um ter a sua confiabilidade específica, quanto maior o número de componentes, maior será a probabilidade de que um falhe e cause o colapso do produto/máquina, como um todo. Ou seja, quanto maior o número de componentes interdependentes de um produto, maior a probabilidade do mesmo falhar. É baseado nesse conceito que se usa a analogia: assim como toda corrente tem um elo fraco, assim também todo produto tem um componente mais fraco, ou seja, de menor

confiabilidade. Este é um dos grandes desafios do projeto e engenharia de produtos, ou seja, concebê-los com alta confiabilidade e com preço e custos competitivos.
A confiabilidade de um produto ou R_P, com vários componentes interdependentes, é dada pelo produto da confiabilidade de cada componente. Supondo um produto com quatro componentes, com confiabilidades específicas R_1, R_2, R_3, R_4, sua confiabilidade será:

$R_P = R_1 \times R_2 \times R_3, \times R_4$. A seguir, tem-se um exemplo prático:

Uma determinada máquina, tem oito componentes interdependentes, com as seguintes confiabilidades específicas: R_1= 0,93, R_2= 0,98, R_3= 0,97, R_4= 0,91, R_5= 0,99, R_6= 0,95, R_7= 0,95 e R_8= 0,97. Calcular a confiabilidade total da máquina (R_m).

R_m = 0,93 x 0,98 x 0,97 x 0,91 x 0,99 x 0,95 x 0,95 x 0,97, o que resulta em R_m = 0,697.

Ou seja, a máquina tem uma confiabilidade de 69,7%, o que significa que, esta máquina tem cerca de 30% de probabilidade de falhar, durante o período que se precisa que a mesma funcione. Também podemos pensar assim: "esta máquina é 70% confiável".
Considerando produtos com componentes interdependentes, onde cada um tem uma confiabilidade específica de 0,99, o produto (uma máquina, por exemplo) como um todo apresenta as seguintes confiabilidades: 10 componentes, R_P = 0,90, 20 componentes, R_P = 0,82, 30 componentes, R_P = 0,74, 40 componentes, R_P = 0,67, 50 componentes, $R_P < 0,61$, 100 componentes, $R_P < 0,35$ e 400 componentes, $R_P < 0,05$. Ou seja, um produto com 100 componentes interdependentes tem uma confiabilidade total menor do que 0,35, que significa que este produto é apenas 35% confiável, podendo falhar em 65% do tempo previsto do seu uso.
É baseado nesse raciocínio que recomenda-se que os produtos/máquinas devem ser o mais simples possível, com o menor número de componentes interdependentes e todos fabricados com a máxima qualidade possível.

Na área de Engenharia Mecânica, existem algumas situações práticas de ocorrência de funções exponenciais, como por exemplo, a variação de temperatura de uma peça metálica, que é aquecida em um forno até determinada temperatura e depois é deixada resfriar, com o forno desligado e fechado. A variação de temperatura segue, parcialmente, uma curva exponencial decrescente, até a peça atingir a temperatura de equilíbrio. Esse fenômeno é descrito pela "**lei de Newton para o resfriamento de um corpo**", que afirma que a diferença de temperatura, T0 − t0, entre um objeto e o meio ambiente que o contém, decresce com uma taxa de variação proporcional a essa própria diferença. Logo, é uma lei de decaimento exponencial, análoga a lei da desintegração radioativa. Essa Lei pode ser expressa por uma função exponencial do tipo:

$T(t) = t0 + (T0 - t0)e^{-kt}$; onde:

- t0 = temperatura ambiente;
- T0 = temperatura do objeto no momento em que foi colocado no ambiente;
- k = uma constante, que depende do material que constitui o corpo e
- T(t) = temperatura do objeto no instante t.

Observa-se que depois de algum tempo que o objeto foi colocado nesse ambiente, sua temperatura tende a se igualar com a temperatura do ambiente, t0.

Esse fenômeno de resfriamento de um corpo é comum em atividades de indústrias metalúrgicas, por exemplo, no forjamento a quente de peças de aço.

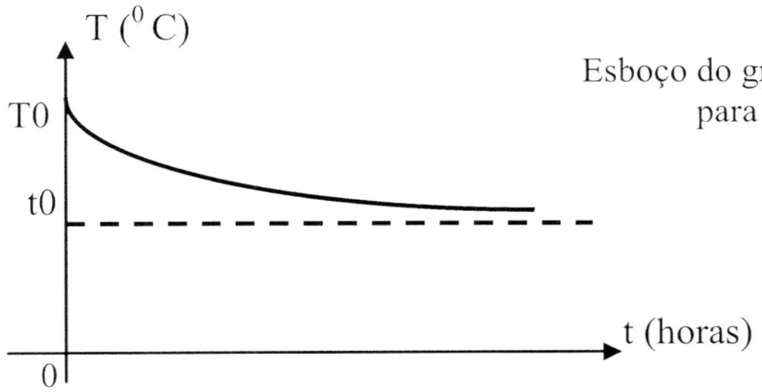

Esboço do gráfico exponencial da lei de Newton para o resfriamento de um corpo

Além de todos estes exemplos citados, existem outros fenômenos que podem ser estudados como funções exponenciais, dentre os quais: o crescimento da Internet entre a década de 1970 e o ano 2000 e o crescimento da capacidade de memória de computadores.

Aplicações na Arquitetura/Engenharia Civil e no *Design*

Baseando-se na imagem geométrica da função: $y = +1 - 2^x$, pode-se fazer uma "adaptação" e pensar em um tipo de cobertura (telhado) ou cúpula, como a seguir mostrada, e que se assemelha a uma curva parabólica.

$y = 1 - 2^x$

x	y
-3	+0,875
-2	+0,75
-1	+0,5
0	0
+1	-1
+2	-3
+3	-7

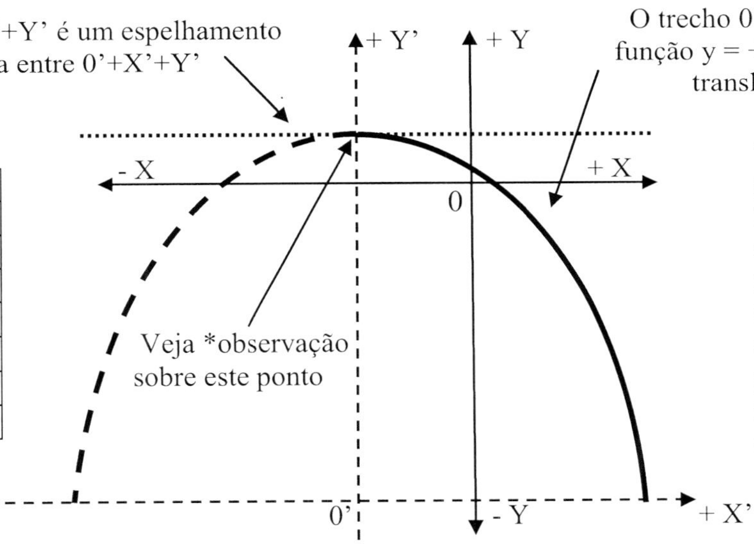

* Em termos teóricos, este ponto não é um máximo da função $y = +1 - 2^x$, ou seja, tem que ser feita uma pequena adaptação dimensional, para se espelhar a curva para a esquerda. Na prática, essa adaptação é feita com um pequeno arco circular.

Esta cobertura ou cúpula, pode ser projetada a partir da função $y = +1 - 2^x$.

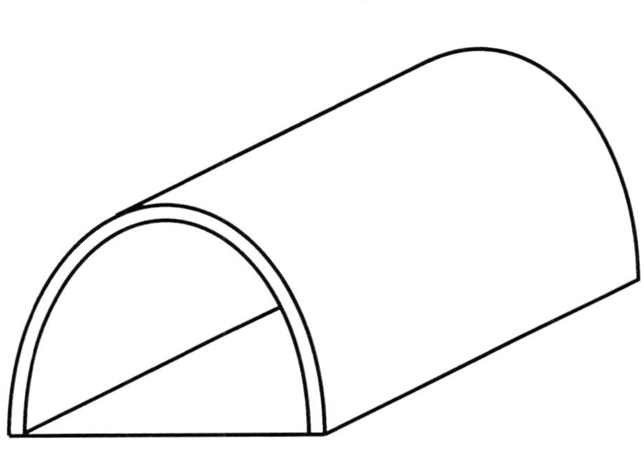

Essa é a imagem do tipo de cobertura imaginada.

Observa-se que, através de translações e reflexões de funções exponenciais, é possível a obtenção de curvas com aplicações na Arquitetura e Engenharia Civil.

Baseando-se na função logarítmica $y = +e^x$, pode-se pensar numa rotação, segundo uma circunferência ou uma elipse, gerando uma superfície tridimensional, que pode ser usada, por exemplo, como um produto industrial, ou seja, da área do *Design* ou Desenho Industrial.

Gráfico da função $y = +e^x$

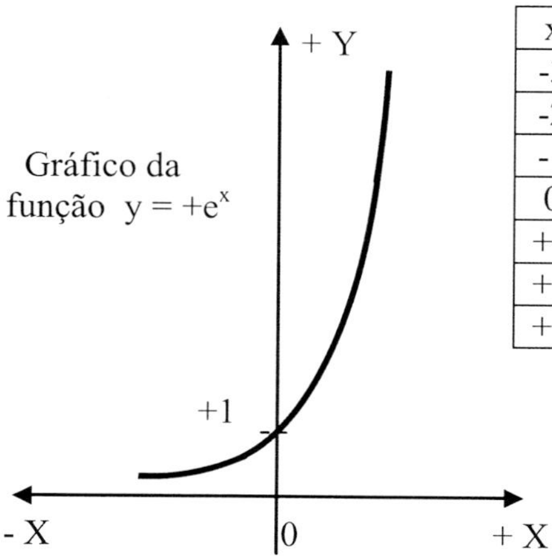

x	y
-3	+0,049
-2	+0,135
-1	+0,368
0	+1
+1	+2,72
+2	+7,39
+3	+20,09

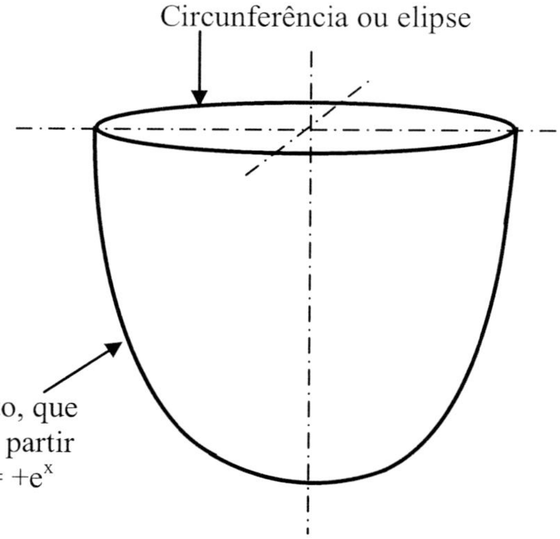

Exemplo de objeto, que pode ser gerado a partir da função $y = +e^x$

9.2 Conceitos de translação, deformação e reflexão de funções exponenciais

Com alterações nos expoentes, através de somas ou subtrações, é possível deslocar uma função exponencial, permitindo o seu uso prático, por exemplo, como elementos estruturais, como visto anteriormente.

9.2.1 Translação horizontal

Observa-se que, em relação à função $y = +3^x$, ocorreram translações para a direita ($y = +3^{x-2}$) e para a esquerda ($y = +3^{x+1}$).

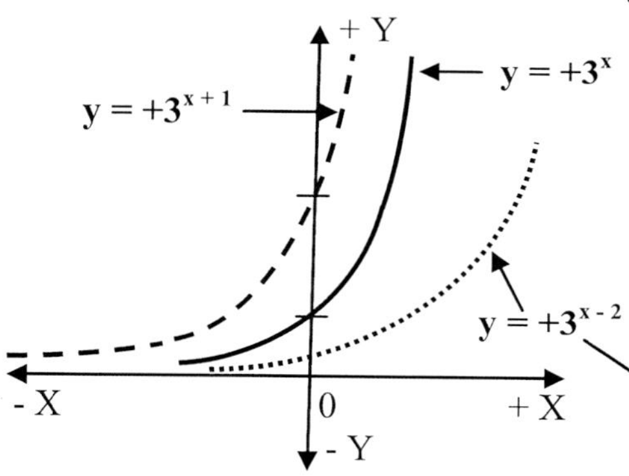

$y = +3^x$

x	-3	-2	-1	0	+1	+2	+3
y	+0,037	+0,111	+0,333	+1	+3	+9	+27

$y = +3^{x+1}$

x	-3	-2	-1	0	+1	+2	+3
y	+0,111	+0,333	+1	+3	+9	+27	+81

$y = +3^{x-2}$

x	-3	-2	-1	0	+1	+2	+3
y	+0,004	+0,012	+0,037	+0,111	+0,333	+1	+3

9.2.2 Deformação ou dilatação vertical

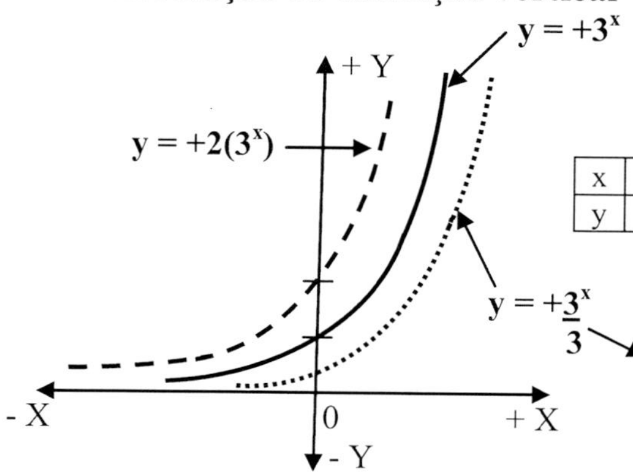

Observa-se que, em relação à função $y = +3^x$, ocorreram esticamento $[y = +2(3^x)]$ e encolhimento verticais ($y = +3^x/3$).

$y = +2(3^x)$

x	-3	-2	-1	0	+1	+2	+3
y	+0,074	+0,222	+0,666	+2	+6	+18	+54

$y = +\frac{3^x}{3}$

x	-3	-2	-1	0	+1	+2	+3
y	+0,0123	+0,037	+0,111	+0,333	+1	+3	+9

9.2.3 Reflexões

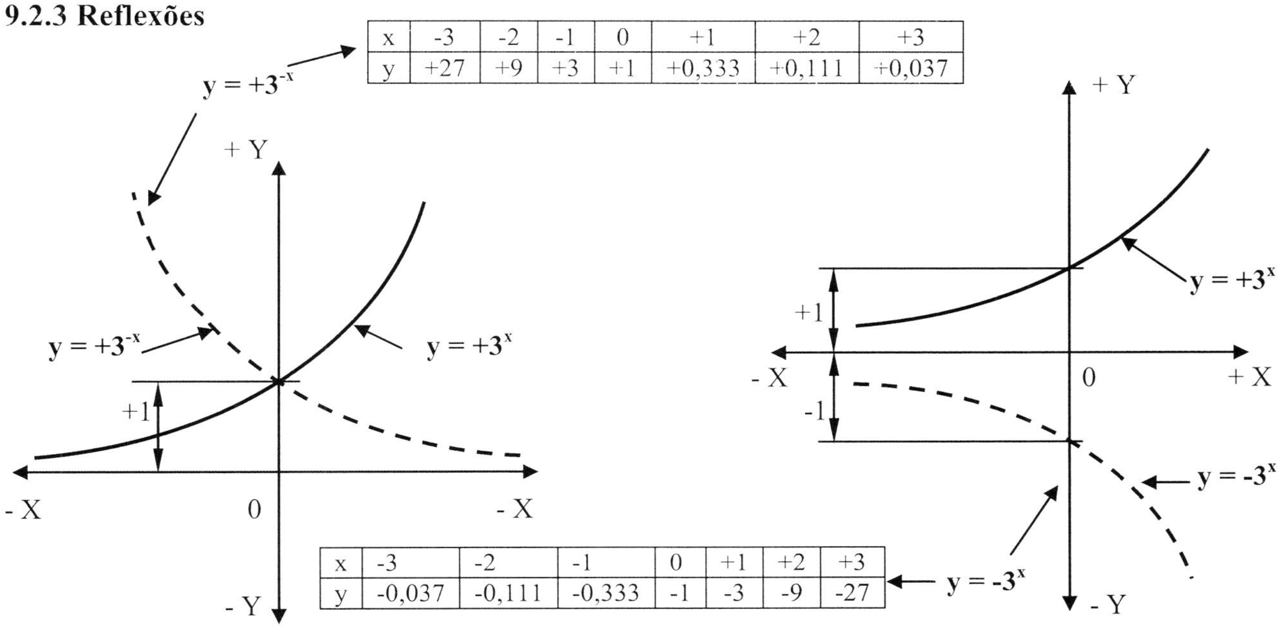

x	-3	-2	-1	0	+1	+2	+3
y	+27	+9	+3	+1	+0,333	+0,111	+0,037

x	-3	-2	-1	0	+1	+2	+3
y	-0,037	-0,111	-0,333	-1	-3	-9	-27

9.3 Relação entre função exponencial e progressão geométrica (P.G.)

Progressão geométrica (P.G.) é toda sequência (a_1, a_2, a_3, ..., a_{n-1}, a_{n-2}, ...) em que cada termo (a), a partir do segundo (a_2), é igual ao anterior vezes uma constante, denominada razão (q). Desta forma, qualquer termo (a_n) pode ser calculado da seguinte forma:

$$\mathbf{a_n = a_1 . q^{n-1}}$$

Exercício 9.3.1) Considerando a sequência: 2, 4, 8, 16, 32, 64, ..., representar a sua imagem geométrica.

Sabe-se que: $2 = 2^1$, $4 = 2^2$, $8 = 2^3$, $16 = 2^4$, $32 = 2^5$, $64 = 2^6$, ... 2^{n-1}, 2^{n-2}, ... Ou seja: $a_1 = 2$ e $q = 2$. Esta sequência plotada num gráfico, apresenta a seguinte imagem geométrica:

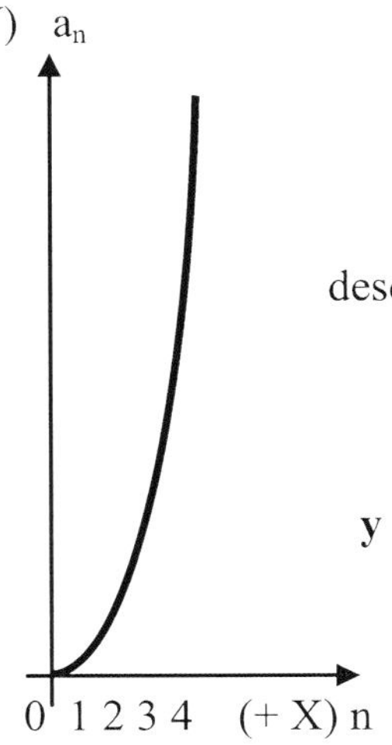

Esta P.G. pode ser escrita na forma da seguinte função exponencial: $\mathbf{a_n = a_1 . q^{n-1}}$, desde que "n" pertença ao conjunto dos números naturais, ou seja, números inteiros positivos.

Esta função pode ser expressa como:

$y = +2^x$ (com x inteiro, positivo e valor mínimo = 0)

Exercício 9.3.2) Analise as equações exponenciais: $y = +2^{(x - 3)}$ e $y = +(1/2)^{(x - 3)}$, plotando suas imagens geométricas e fazendo considerações.

Inicialmente, faz-se uma tabela, para cada função, atribuindo-se valores para x e calculando-se o valor de y. Com os valores de x e y, faz-se o gráfico ou imagem geométrica da função.

Para a função $y = +2^{(x-3)}$ será usado o intervalo de x = -3 a x = +6.

$y = +2^{(x-3)}$

x	y
-3	+0,015625
-2	+0,03125
-1	+0,0625
0	+0,125
+1	+0,25
+2	+0,5
+3	+1
+4	+2
+5	+4
+6	+8

⟹

$x = -3$: $y = 2^{-3-3} = 2^{-6} = 1/2^6 = 1/64 = +0{,}015625$.

$x = -2$: $y = 2^{-2-3} = 2^{-5} = 1/2^5 = 1/32 = +0{,}03125$.

$x = -1$: $y = 2^{-1-3} = 2^{-4} = 1/2^4 = 1/16 = +0{,}0625$.

$x = 0$: $y = 2^{0-3} = 2^{-3} = 1/2^3 = 1/8 = +0{,}125$.

$x = +1$: $y = 2^{+1-3} = 2^{-2} = 1/2^2 = 1/4 = +0{,}25$.

$x = +2$: $y = 2^{+2-3} = 2^{-1} = 1/2^1 = 1/2 = +0{,}5$.

$x = +3$: $y = 2^{+3-3} = 2^0 = 1/2^0 = 1/1 = +1$.

$x = +4$: $y = 2^{+4-3} = 2^{+1} = +2$.

$x = +5$: $y = 2^{+5-3} = 2^{+2} = +4$.

$x = +6$: $y = 2^{+6-3} = 2^{+3} = +8$.

Uma primeira análise indica que, enquanto a variável independente x pode variar de $-\infty$ a $+\infty$, a variável dependente y só existe para a parte positiva até $+\infty$, sendo que y tende a zero em $-\infty$, ou seja, o eixo X é uma reta assíntota a esta função $y = +2^{(x-3)}$. Esta é uma função crescente.

Para a função $y = +(1/2)^{(x-3)}$ também será utilizado o intervalo de x = -3 a x = +6.

$y = +(1/2)^{(x-3)}$

x	y
-3	+64
-2	+32
-1	+16
0	+8
+1	+4
+2	+2
+3	+1
+4	+0,5
+5	+0,25
+6	+0,125

⟹

$x = -3$: $y = (1/2)^{-3-3} = (1/2)^{-6} = (2/1)^6 = +64$.

$x = -2$: $y = (1/2)^{-2-3} = (1/2)^{-5} = (2/1)^5 = +32$.

$x = -1$: $y = (1/2)^{-1-3} = (1/2)^{-4} = (2/1)^4 = +16$.

$x = 0$: $y = (1/2)^{0-3} = (1/2)^{-3} = (2/1)^3 = +8$.

$x = +1$: $y = (1/2)^{+1-3} = (1/2)^{-2} = (2/1)^2 = +4$.

$x = +2$: $y = (1/2)^{+2-3} = (1/2)^{-1} = (2/1)^1 = +2$.

$x = +3$: $y = (1/2)^{+3-3} = (1/2)^0 = (2/1)^0 = +1$.

$x = +4$: $y = (1/2)^{+4-3} = (1/2)^{+1} = +0{,}5$.

$x = +5$: $y = (1/2)^{+5-3} = (1/2)^{+2} = +0{,}25$.

$x = +6$: $y = (1/2)^{+6-3} = (1/2)^{+3} = +0{,}125$.

Observa-se que algumas produções industriais têm seus custos variáveis que seguem estas funções, ou seja, enquanto um custo cresce com a quantidade produzida, o outro diminui.

O exercício 9.3.3, analisa este tipo de característica, que é um dos problemas típicos da Engenharia de Produção.

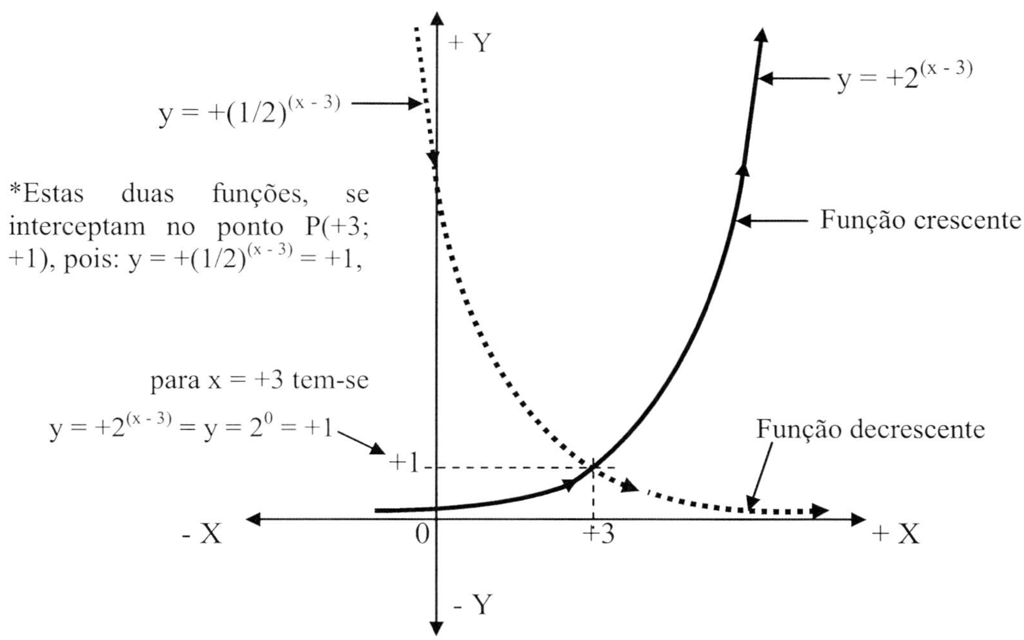

Exercício 9.3.3) Uma indústria metalúrgica tem dois tipos de custos que representam seus custos variáveis totais, ou seja, estes custos "variam" em função da quantidade produzida de determinado produto. Os custos relativos à produção com preparo de máquinas e compra de matérias primas, seguem a função $y = (1/2)^{(x - 3)}$ e os custos com gastos de energia, seguem a função $y = 2^{(x - 3)}$. Baseado nesses dados, pede-se fazer uma análise sobre em que situação se tem a quantidade produzida tal que os custos variáveis são mínimos.

Como já citado, os custos referenciados seguem as curvas já plotadas, obviamente só com a parte positiva da variável x, que representa a quantidade produzida. O primeiro passo é fazer um gráfico, com as duas curvas, para então se concluir, o que está pedido, ou seja: a minimização dos dois custos.

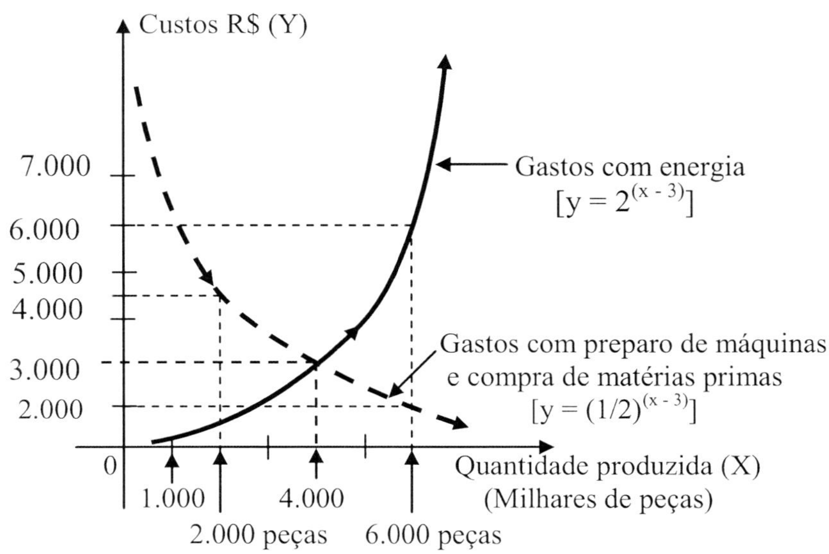

Análise das curvas:

Quanto maior a quantidade produzida, mais energia se gasta, ou seja, estes custos são crescentes, logo seguem a função crescente: $y = +2^{(x - 3)}$. Em contrapartida, os custos com preparo de máquinas e compra de matérias primas decresce, à medida que aumenta a quantidade produzida, ou seja, segue a função decrescente: $y = +(1/2)^{(x - 3)}$. São duas as explicações para este decréscimo: a) o custo de preparo das máquinas não é praticamente influenciado, com a quantidade produzida, ou seja, tanto faz produzir muito ou pouco, este custo varia muito pouco. b) Quando se aumenta a quantidade produzida, obviamente usa-se mais matéria prima, ou seja, necessita-se comprar uma quantidade maior de matéria prima. Quanto maior a quantidade de matéria prima comprada, mais desconto se consegue, aliás, como em qualquer situação do cotidiano, bastando lembrar das promoções no varejo: "uma é R$ 5,00 e três são R$ 12,00, ou seja, desconto de 20%". Assim, também na indústria.

Análise dos custos, em função da quantidade produzida:

Estão simuladas três opções, para a quantidade produzida: 1) 2.000 peças; 2) 4.000 peças e 3) 6.000 peças. Os custos variáveis totais é a soma dos dois custos, para cada opção, como mostrados na tabela a seguir.

Quantidade / Custos	2.000 peças	**4.000 peças**	6.000 peças
Custo energia	R$ 1.750,00	**R$ 3.000,00**	R$ 6.000,00
Custo preparo máquinas	R$ 4.500,00	**R$ 3.000,00**	R$ 2.000,00
Custo Total	R$ 6.250,00	**R$ 6.000,00**	R$ 8.000,00

Observa-se que o menor custo total ocorre onde as curvas se interceptam.

No exercício 9.3.2, quando as funções foram analisadas matematicamente, viu-se que a interseção ocorreu no ponto onde $x = +3$.

O menor custo total ocorre quando se produz um lote de 4.000 peças. Na prática da Engenharia de Produção, esta quantidade é chamada de Lote Econômico de Produção - LEP.
Alerta-se que, estas curvas variam em função de vários fatores, principalmente de empresa para empresa. Um destes fatores é o custo da energia, já que algumas empresas produzem sua própria energia, ao invés de comprar de concessionárias.

Exercício 9.3.4) O consumo de energia elétrica, para a fabricação de determinado produto, é expresso pela função $y = +(1/2)^x$. Considerando o eixo Y como custos em reais (R$) e o eixo X como a quantidade de produtos fabricada, pede-se: a) o gráfico da função, a partir de uma tabela com valores de x variando de -2 a +2 (-2; -1; 0; +1; +2) e b) comentários sobre a variação dos custos, em função da quantidade produzida.

a)

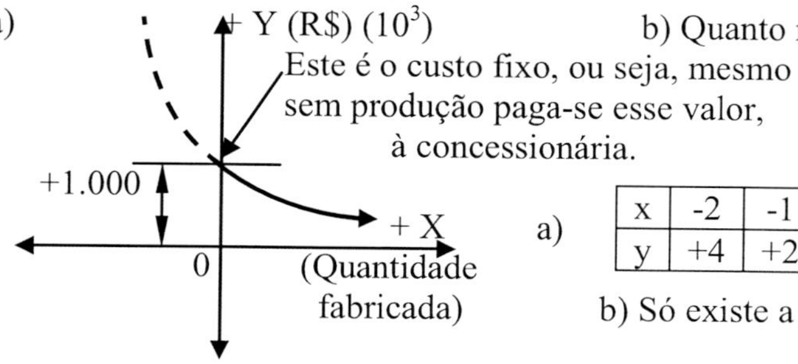

b) Quanto maior a quantidade produzida, menos energia se paga, por cada produto produzido.

a)

x	-2	-1	0	+1	+2
y	+4	+2	+1	+0,5	+0,25

b) Só existe a parte positiva do gráfico

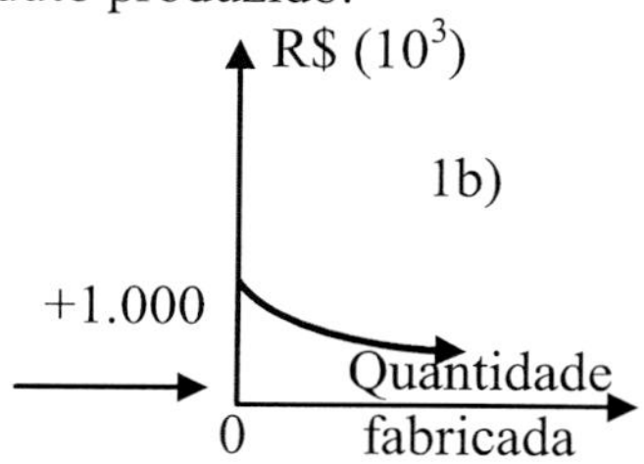

Exercício 9.3.5) Determinar o valor de x na equação exponencial: $3^x = 1/81$.

Observa-se que a base é 3, logo procura-se fatorar 81 como múltiplo de 3.

$+3 \times +3 \times +3 \times +3 = 81$, ou seja: $3^4 = 81$; portanto: $3^x = 1/3^4$ ou $3^x = 3^{-4} \Rightarrow x = -4$

Exercício 9.3.6) Determinar o valor de x na equação exponencial: $3^x = \sqrt[5]{27}$.

Observa-se que a base é 3, logo procura-se fatorar 27 como múltiplo de 3.

(+3) . (+3) . (+3) = 27, ou seja: $3^3 = 27$; portanto: $3^x = \sqrt[5]{3^3}$ ou $3^x = 3^{3/5}$ => x = 3/5 ou x = +0,6.

9.4 Funções exponenciais de base "e" (o número de Euler e ≈ 2,7182818)

O número irracional e = 2,7182818..., também chamado número de Euler, foi assim denominado em homenagem ao matemático suíço Leonhard Euler (1707-1783), sendo a base dos logaritmos naturais, também chamado logaritmos neperianos, devido às pesquisas do escocês John Napier (1550-1617). A primeira referência à constante foi publicada em 1618 na tabela de um apêndice de um trabalho sobre logaritmos realizado por Napier, entre 1614 e 1617.
A partir do desenvolvimento do conceito de Limites matemáticos (estudados no Cálculo I) foi definida a equação para determinação do valor do número e:

$$\mathbf{e = \lim_{m \to \infty} (1 + 1/m)^m}$$

Embora a demonstração dessa equação seja complexa e fora dos objetivos desse livro, pode-se fazer uma "confirmação", calculando-se o valor da expressão $(1 + 1/m)^m$, para alguns valores, como mostrados na tabela a seguir:

m	**$(1 + 1/m)^m$**
10	2,59374
100	2,70481
1.000	2,71692
10.000	2,71815
100.000	2,71827
1.000.000	**2,71828**

Este valor está muito próximo do valor de "e".

Exercício 9.4.1) Fazer um esboço gráfico da função: $y = +e^x$.

Inicialmente faz-se uma tabela, com valores de x e y, para x entre -3 e +3, considerando e = 2,72. Para valores negativos de x, tem-se: $y = +1/e^x$.

x	y
-3	+0,049
-2	+0,135
-1	+0,368
0	+1
+1	+2,72
+2	+7,39
+3	+20,09

Para x = -3: $y = 1/2{,}72^3 = 1/20{,}123648 = +0{,}049$.

Para x = -2: $y = 1/2{,}72^2 = 1/7{,}3984 = +0{,}135$.

Para x = -1: $y = 1/2{,}72^1 = 1/2{,}72 = +0{,}368$.

Para x = 0: $y = 1/2{,}72^0 = 1/1 = +1$.

Para x = +1: $y = 2{,}72^1 = +2{,}72$.

Para x = +2: $y = 2{,}72^2 = +7{,}398$.

Como será visto nos exercícios propostos, essa função pode ser usada, por exemplo, na área da Engenharia Agrícola, bem como na Biologia.

Gráfico da função $y = +e^x$

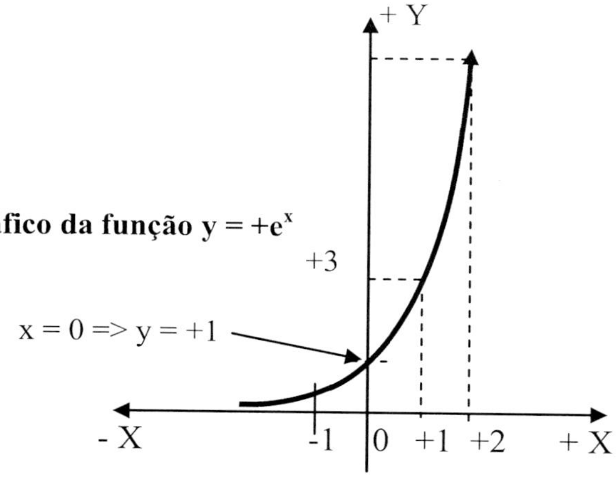

Observa-se que essa reta é uma função afim de equação: $y = +x + 1$.

Exercício 9.4.2: determinar o valor de x na equação: $3^{2x} + 3^{x+1} = 18$.

Utilizando a propriedade 2, da potenciação, ou seja, potência de um produto, bem como a propriedade 3, potência de bases iguais, podemos reescrever a equação da seguinte forma:
$3^{2x} + 3^{x+1} = 18$, fica como: $(3^x)^2 + 3^x \cdot 3^1 = 18$.

Considerando $y = 3^x$. Temos uma nova equação em função de y: $y^2 + y \cdot 3^1 = 18$, ou seja: $y^2 + 3y - 18 = 0$. Que é uma equação do 2º grau.
$y = \frac{-b \pm \sqrt{\Delta}}{2a}$, onde $\Delta = b^2 - 4ac$. $\Delta = 3^2 - 4.1.(-18)$; $\Delta = 81$ e $\sqrt{\Delta} = 9$. $y = \frac{-3 \pm 9}{2}$; $y1 = +3$ e $y2 = -6$.

Como $y = +3^x$, para $y1 = +3$, tem-se: $+3^x = +3$, portanto: $x_1 = +1$. Como $y = +3^x$, para $y2 = -6$, tem-se: $+3^x = -6$, portanto: x_2 não existe*.

Conclusão: só existe uma solução, com $x = +1$. (De fato: $3^{2x} + 3^{x+1} = 3^{2.1} + 3^{1+1} = 3^2 + 3^2 = 18$, pois: $9 + 9 = 18$). * Como será visto no capítulo 10, não existe logaritmo de número negativo. $3^x = -6$, “significaria”: $\log_3 -6 = x$, o que não existe.

Exercício 9.4.3) Fazer um esboço da função $y = +(1 + 1/x)^x$. A tabela a seguir possibilita esboçar o gráfico da função citada.

x	1 + 1/x	$(1 + 1/x)^x$
-1	0	+∞
-2	+0,5	+4
0	+1	+1
+1	+2	+2,000000
+10	+1,1	+2,593742
+100	+1,01	+2,704814
+1.000	+1,001	+2,716924
+10.000	+1,0001	+2,718146
+100.000	+1,00001	+2,718268
+1.000.000	+1,000001	**+2,718280**

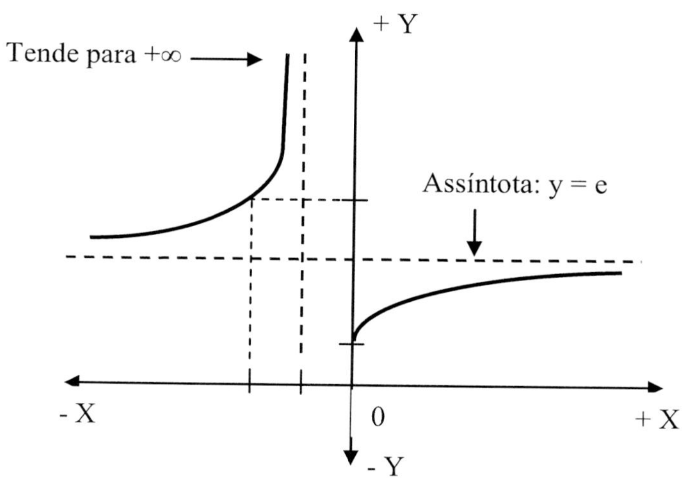

Este valor se aproxima de “e” ou número de Euler, que é a base dos logaritmos neperianos ou naturais.

9.5 Depreciação exponencial

Do ponto de vista contábil, depreciação é uma despesa equivalente à perda do valor de um bem, por exemplo, de uma máquina, quer seja por deterioração (defeitos), quer seja por obsolescência (envelhecimento). Legalmente, a depreciação pode ser abatida das receitas, na declaração de Imposto de Renda. Com isso, se tem um menor lucro contábil, ou seja, se tem menos imposto a pagar.

O governo federal tem regras bem definidas para cada tipo de depreciação de bem, para evitar abusos e fraudes. Por exemplo: 25 anos para prédios, 10 anos para equipamentos e cinco anos para veículos.

Esse tipo de depreciação é linear, ou seja, a cada ano o bem perde um percentual fixo do seu valor.

Na prática o que ocorre é que, mesmo após depreciado, do ponto de vista contábil um bem apresenta um valor residual. Ou seja, a depreciação real não é linear. Por exemplo, um caminhão, mesmo após cinco anos de uso, quando por lei já está 100% depreciado, ainda tem um valor de venda, bem como ainda pode ser usado por mais tempo, mesmo necessitando de reparos. Baseado nesse raciocínio, existe a depreciação exponencial, como mostra o gráfico a seguir.

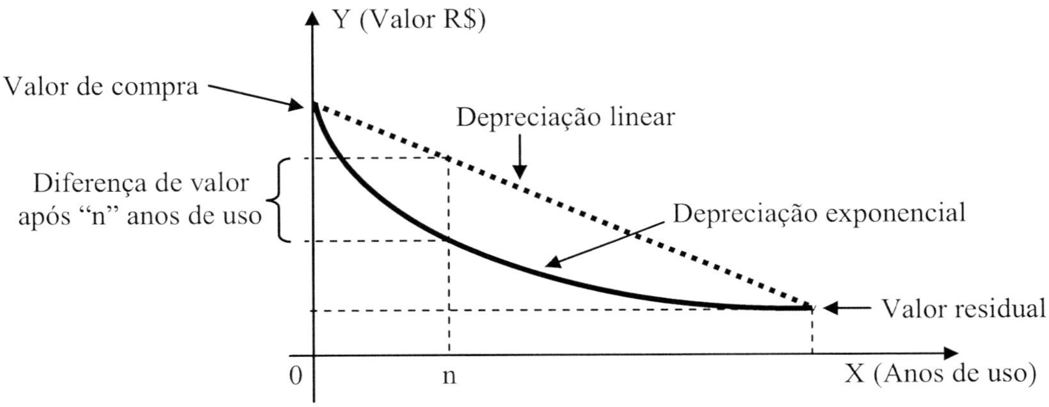

A fórmula da depreciação exponencial é: $V(n) = PC(1 - t)^n$, onde:

$V(n)$ = Valor real do bem, após "n" anos de uso.
PC = Preço de compra do bem.
t = taxa percentual de depreciação do bem.
n = anos de uso do bem.

Exercício 9.5.1) Sabendo que um tipo de máquina industrial tem uma depreciação exponencial dada por: $V(n) = PC(2)^{-0,2n}$, e sabendo que após 10 anos a máquina vale R$ 50.000,00, pede-se determinar por quanto a máquina foi comprada.

Sabe-se que: $V(10) = 50.000$, e $n = 10$, logo: $50.000 = PC(2)^{-0,2.10}$ => $50.000 = PC(2)^{-2}$ => $PC = 50.000/2^{-2}$.

$2^{-2} = 1/2^2 = 1/4 = 0,25$; portanto: $PC = 50.000/0,25 = 200.000$.

Resposta: a máquina foi comprada, há 10 anos atrás, por R$ 200.000,00. Ou seja, após 10 anos de uso, a máquina "vale" apenas 25% do valor, pelo qual foi comprada.

9.6 Equações exponenciais

São equações cujas incógnitas aparecem em bases ou em expoentes, usando-se as propriedades das exponenciais, para a solução. Por exemplo, a equação $-5^{(x-1)} - 5^x + 5^{(x+2)} = 119$, tem a seguinte solução:

Como existem adição e subtração de potências, não se pode escrever o primeiro membro como uma só potência, mas pode-se desmembrar as potências na maior quantidade possível. Isso corresponde a escrever a equação da seguinte forma:

$-5^{x-1} - 5^x + 5^{x+2} = -5^x \cdot 5^{-1} - 5^x + 5^x \cdot 5^2$. Colocando o termo 5^x em evidência, tem-se: $5^x \cdot (-5^{-1} - 1 + 5^2) =$

$5^x \cdot (-1/5 - 1 + 25) = 119 \Rightarrow 5x\ (-1/5 + 24) = 119 \Rightarrow 5x\ (+119/5) \Rightarrow x = +1$.

Para a equação $-5^{x-1} - 5^x + 5^{x+2} = 119$, ser satisfeita, x tem que ser igual a +1.

Exercício 9.6.1) Determinar o valor de x na equação: $+3^{(x^2-15)} = +9^x$. (O expoente de +3 é: $(x^2 - 15)$.

$+9^x = 3^{2x}$. Ou seja: $+3^{(x^2-15)} = 3^{2x}$. Como ambos os termos têm a mesma base 3, escreve-se: $(x^2 - 15) = 2x$ ou:

$+x^2 - 2x - 15 = 0 \Rightarrow x1 = +5$ e $x2 = -3$.

Resposta: na equação: $+3^{(x-15)} = +9^x$, x pode ser igual a +5 ou igual a -3.

Exercício 9.6.2) Determinar o valor de x na equação: $\frac{(3^{2x-7})^3}{9^{x+1}} = (3^{3x-1})^4$.

$\frac{(3^{2x-7})^3}{9^{x+1}} = (3^{3x-1})^4 \Rightarrow (3^{2x-7})^3 = (3^{3x-1})^4 .\ 9^{x+1}$. Como: $9^{x+1} = 3^{2(x+1)}$ ou $3^{(2x+2)}$; portanto:

$(3^{2x-7})^3 = (3^{3x-1})^4 .\ 3^{(2x+2)} \Rightarrow (3^{6x-21}) = (3^{12x-4}) .\ 3^{(2x+2)}$. Como têm a mesma base, escreve-se:

$+6x - 21 = (+12x - 4) + (+2x + 2) \Rightarrow +6x - 21 = +14x - 2 \Rightarrow -8x = +19 \Rightarrow x = -19/8 \Rightarrow x = -2{,}375$.

Resposta: x = -2,375.

Exercício 9.6.3) Determinar o valor de x na equação: $4^x . 3^x = 9 . 2^{2x}$.

$4^x . 3^x = 9 . 2^{2x} \Rightarrow (2^2)^x . 3^x = 3^2 . 2^{2x} \Rightarrow 2^{2x} . 3^x = 3^2 . 2^{2x} \Rightarrow 3^x = 3^2$, ou seja: x = +2.

Resposta: x = +2.

Exercício 9.6.4) Determinar o valor de x na equação: $9^{(x+2)} = 240 + 9^x$.

$9^{(x+2)} = 240 + 9^x \Rightarrow 9^x . 9^2 - 9^x = 240 \Rightarrow 81 . 9^x - 9^x = 240 \Rightarrow 9^x(81 - 1) = 240 \Rightarrow 9^x . 80 = 240 \Rightarrow 9^x = 3 \Rightarrow$

$3^{2x} = 3 \Rightarrow 3^{2x} = 3^1 \Rightarrow +2x = +1 \Rightarrow x = +1/2 = +0{,}5$.

Resposta: x = +0,5.

9.7 Exercícios propostos (veja respostas no Apêndice A)

9.7.1) Determinar o valor de: $(5^2)^3 . (3/2)^2$.

9.7.2) Usando as propriedades da exponenciação, determine o valor de: $[5^{4/3} + (+3/2)^2]/(-7)^{1/3}$.

9.7.3) Uma indústria, de alta tecnologia adquiriu uma máquina por R$ 810.000,00, sendo que sua depreciação exponencial é dada por: $V(n) = PC(3)^{-0,3n}$. Após 10 anos de uso, a máquina parou de funcionar e uma empresa especializada avaliou que o conserto, para que a máquina volte a trabalhar, fica em R$ 50.000,00. Analise a situação, efetue cálculos e explique, se é ou não vantajoso consertar a máquina.

9.7.4) Determinar o valor de x na equação: $2^{2x} - 2^{(x+2)} + 2^x = 0$.

9.7.5) Determinar o valor de x na equação: $(1/5)^x = 125$.

9.7.6) Determinar o valor de x na equação: $81^{(1-3x)} = 27$.

9.7.7) Esboce o gráfico da função: $y = +x^3 - 10$. Imagine o que essa curva pode representar, por exemplo, na área da medicina.

9.7.8) Determinada árvore frutífera, tem uma vida de 50 anos e só começa a dar frutos com sete anos de vida. A partir do sétimo ano de vida (ano em que produz 3.000 frutos), segundo a função exponencial $y = 3^x$ e até os 12 anos, a cada ano aumenta o número de frutos. A partir do 13^0 ano de vida, a produção de frutos entra em declínio, sem uma curva que possa ser expressa na forma de uma função matemática. Baseado nesses dados, pede-se calcular o número de frutos que a árvore produzirá, quando estiver com 11 anos de vida, ou seja, no quinto ano, após começar a produzir após o sétimo ano. Recomenda-se esboçar o gráfico da função, para se entender como inicia e varia a produção de frutos.

9.7.9) Uma indústria tem diversos fornos que utilizam gás natural como combustível, de forma que à medida que a produção (em milhares de peças) aumenta, também aumenta o consumo e os gastos em reais (R$) com o gás. Sabendo que a curva gastos (R$) *versus* quantidade produzida (em milhares de peças) é expressa pela função $y = 3^{(x-2)}$, onde y é o gasto em milhares de reais (R$ x 10^3) e x a quantidade produzida em milhares de peças, pede-se determinar qual será o gasto em reais, para produzir quatro mil peças, sabendo que, mesmo sem produção (zero peças produzidas) existe um gasto de R$ 111.111,11, devido contrato com a fornecedora de gás (isso porque a empresa fornecedora tem custos para permitir disponibilidade de gás, na "porta da fábrica", como se diz). Recomenda-se esboçar o gráfico dessa função aplicada à produção, para se entender como variam os gastos com a produção.

9.7.10) Uma pesquisa agrobiológica constatou que, em um pomar de produção orgânica de frutas (ou seja, sem o uso de defensivos agroquímicos), existe uma infestação de mosca da fruta, que segue a função $y = e^x$, onde y é a quantidade de moscas e x é o tempo em semanas, desde o início da maturação da fruta. Normalmente a colheita é feita logo no final da primeira semana do início da maturação, ou seja, no máximo no início da segunda semana de maturação. Sabendo que, assim que a fruta começa a amadurecer, ou seja, no início da primeira semana, existem "naturalmente" mil moscas por hectare (lembra-se que a produção é orgânica), pede-se determinar: a) quantas moscas, por hectare, existirão ao final da primeira semana de maturação, ou seja, início da segunda semana e b) Caso as frutas não sejam colhidas, quantas moscas existirão ao final da segunda semana de maturação. Observa-se que um hectare é igual a 10 mil metros quadrados ou um quadrado de lado 100 metros.

Capítulo 10
A função logarítmica

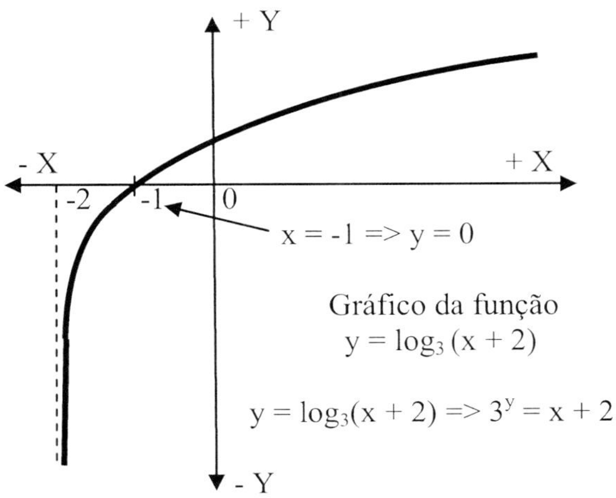

Sendo "a" e "b" números reais positivos e a > 0; a ≠ 0 e b > 0, chama-se logaritmo de "b" na base "a" (log_a b), o expoente em que "a" deve ser elevado de modo que a potência obtida de base "a" seja igual a "b". Em síntese, o logaritmo é um expoente. Se $a^x = b$, então $\log_a b = x$ (se $3^y = x + 2$, então: $y = \log_3 (x + 2)$. As funções exponencial e logarítmica são inversas. Um logaritmo não existe quando o logaritmando e ou a base são negativos. Em geral, operações matemáticas com logaritmos são complexas, porém, como visto nesse capítulo, existem aplicações de funções lagarítmicas em várias áreas, inclusive na Engenharia, bem como considerando o primeiro quadrante, é possível o uso de funções logarítmicas em análises estatísticas.

Se $a^x = b$, então $\log_a b = x$ ⟶ Desde que: a > 0; a ≠ 0 e b > 0.

A expressão: $\log_a b = x$ significa que: o logaritmo de "b" na base "a" é igual a "x", onde o número "b" é chamado de logaritmando.

Como $2^5 = 32$, então: $\log_2 32 = 5$; ou seja: o logaritmo de 32 na base 2 é 5.

Como $7^3 = 343$, então: $\log_7 343 = 3$; ou seja: o logaritmo de 343 na base 7 é 3.

Como $2^0 = 1$, então: $\log_2 1 = 0$; ou seja: o logaritmo de 1* na base 2 é zero.
Como $5^0 = 1$, então: $\log_5 1 = 0$; ou seja: o logaritmo de 1* na base 5 é zero.

* Em qualquer base, o logaritmo de 1 é igual a zero, pois qualquer número elevado a zero é igual a um.

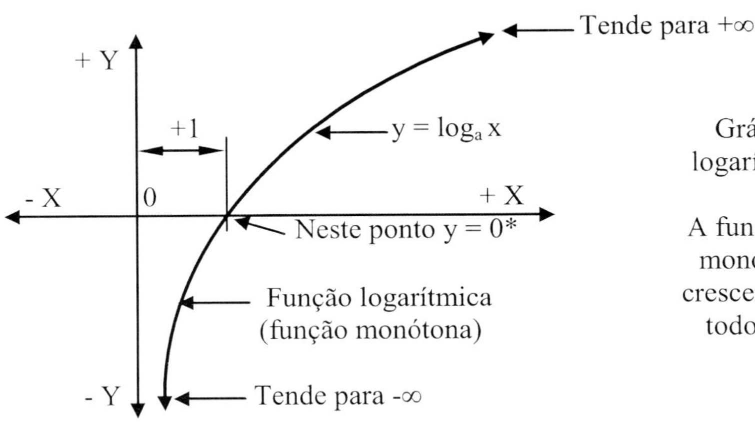

Gráfico da função logarítmica: $y = \log_a x$

A função logarítmica é monótona, pois pode crescer ou decrescer em todo o seu domínio.

Quanto maior a base de um logaritmo, mais próximo de ambos os eixos estará seu gráfico. O gráfico a seguir mostra esta característica para as bases 2, 3, 4, 5 e 10.

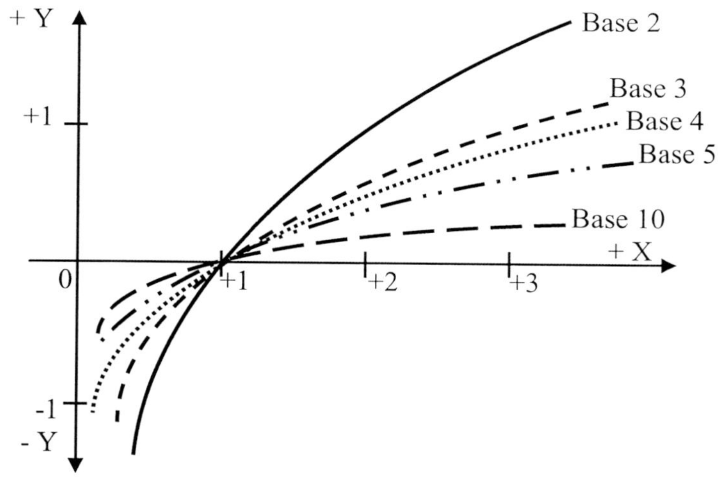

Gráfico da função logarítmica para diferentes bases.

Observe que no gráfico da base 10, a linha função está mais próxima dos eixos X e Y.

10.1 A exponencial e a logarítmica como exemplo de funções inversas

Em termos gráficos observa-se que uma função logarítmica é um função exponencial com os Eixos X e Y trocados. Matematicamente, são funções inversas.

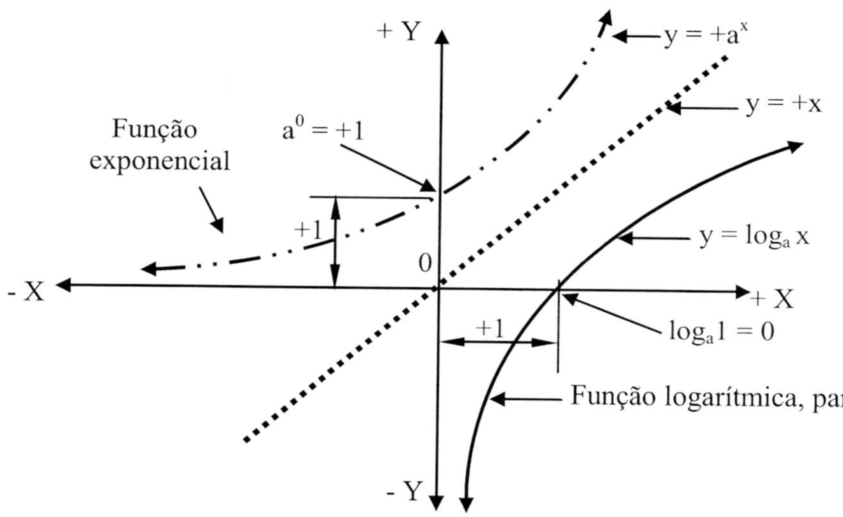

As funções exponencial e logarítmica são inversas e também chamadas de monótonas, pois podem subir (crescente) ou descer (decrescente) em todo o seu domínio.

Exercício 10.1.1) Traçar o gráfico esquemático da função logarítmica de base 2 ($\log_2 x = y$).

Inicialmente faz-se a exponenciação ($2^x = y$), depois escrevem-se os logaritmos correspondentes ($\log_2 x = y$), finalmente obtém-se os valores dos pares ordenados x e y e faz-se o gráfico.

$2^{-3} = 1/2^3 = 1/8 = +0{,}125 \Rightarrow \log_2(1/8) = -3$; ou seja: $x = +0{,}125$ e $y = -3$.
$2^{-2} = 1/2^2 = 1/4 = +0{,}25 \Rightarrow \log_2(1/4) = -2$; ou seja: $x = +0{,}25$ e $y = -2$.
$2^{-1} = 1/2^1 = 1/2 = +0{,}5 \Rightarrow \log_2(1/2) = -1$; ou seja: $x = +0{,}5$ e $y = -1$.
$2^0 = 1 \Rightarrow \log_2 1 = 0$; ou seja: $x = +1$ e $y = 0$.
$2^1 = 2 \Rightarrow \log_2 2 = 1$; ou seja: $x = +2$ e $y = +1$.
$2^2 = 4 \Rightarrow \log_2 4 = 2$; ou seja: $x = +4$ e $y = +2$.
$2^3 = 8 \Rightarrow \log_2 8 = 3$; ou seja: $x = +8$ e $y = +3$.
$2^4 = 16 \Rightarrow \log_2 16 = 4$; ou seja: $x = +16$ e $y = +4$.

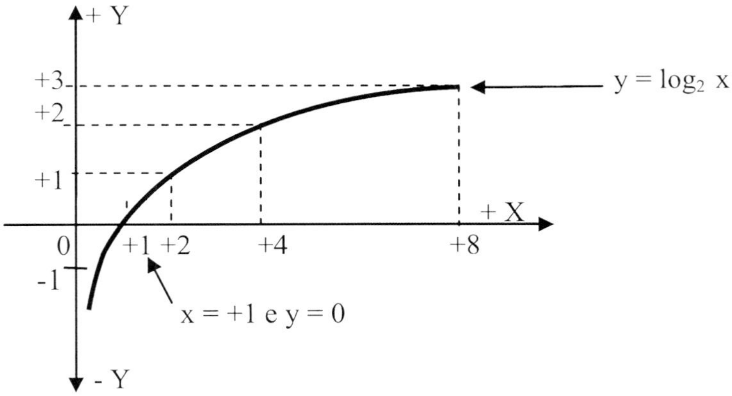

Exercício 10.1.2) Traçar o gráfico esquemático da função logarítmica de base e ($\log_e x = y$ ou $\ln x = y$).

Inicialmente faz-se a exponenciação ($e^x = y$), depois escrevem-se os logaritmos correspondentes ($\log_e x = y$), finalmente obtém-se os valores dos pares ordenados x e y e faz-se o gráfico. Será utilizado e = 2,72.

$e^{-3} = 1/e^3 = 1/\ 2{,}72^3 = +0{,}0497 \Rightarrow \log_e (0{,}0497) = -3$; ou seja: x = +0,0497 e y = -3.

$e^{-2} = 1/e^2 = 1/\ 2{,}72^2 = +0{,}1352 \Rightarrow \log_e (0{,}1352) = -2$; ou seja: x = +0,1352 e y = -2.

$e^{-1} = 1/e^1 = 1/\ 2{,}72^1 = +0{,}3676 \Rightarrow \log_e (0{,}3676) = -1$; ou seja: x = +0,3676 e y = -1.

$e^0 = 1 \Rightarrow \log_e 1 = 0$; ou seja: x = +1 e y = 0.

$e^1 = 2{,}72^1 = 2{,}72 \Rightarrow \log_e 2{,}72 = 1$; ou seja: x = +2,72 e y = +1.

$e^2 = 2{,}72^2 = 7{,}398 \Rightarrow \log_e 7{,}3984 = 2$; ou seja: x = +7,3984 e y = +2.

$e^3 = 2{,}72^3 = 20{,}124 \Rightarrow \log_e 20{,}124 = 3$; ou seja: x = +20,124 e y = +3.

$e^4 = 2{,}72^4 = 54{,}736 \Rightarrow \log_e 54{,}736 = 4$; ou seja: x = +54,736 e y = +4.

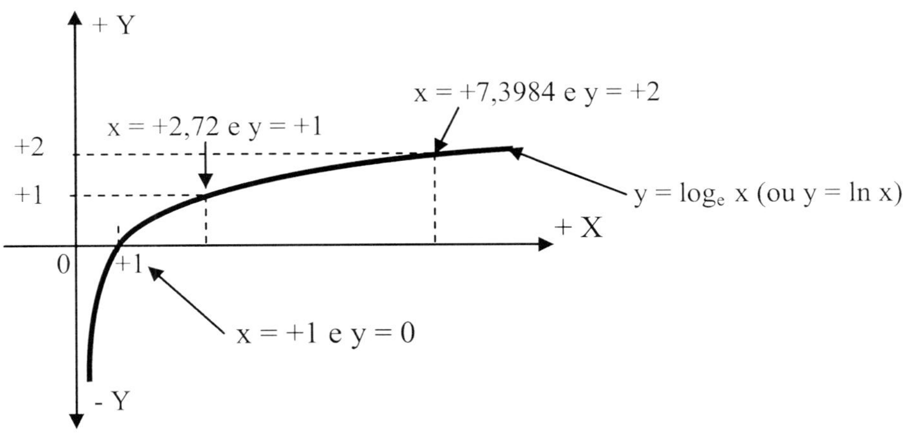

Exercício 10.1.3) Nas expressões a seguir, calcular o valor de x, a partir da definição de logaritmo:

a) $\log_3 27 = x \Rightarrow 3^x = 27$; logo: x = 3.

b) $\log_{81} x = 3/4 \Rightarrow x = 81^{3/4}$ ou $x = (3^4)^{3/4}$ ou $x = 3^{12/4}$ ou $x = 3^3$; logo: x = 27.

c) $\log_4 \sqrt{2} = x \Rightarrow 4^x = \sqrt{2}$ ou $2^{2x} = \sqrt{2}$ ou $2^{2x} = 2^{1/2}$ ou $2x = 1/2$; logo: x = 1/4.

d) $\log_x 8 = 2 \Rightarrow x^2 = 8$ ou $\sqrt{x^2} = \sqrt{8}$; logo: $x = 2\sqrt{2}$.

e) $\log_4 (2x - 1) = 1/2 \Rightarrow 2x - 1 = 4^{1/2}$ ou $2x - 1 = \sqrt{4}$ ou $2x - 1 = 2$ ou $2x = 3$; logo: x = 3/2 (x = 1,5).

f) $\log_{18} 18 = x \Rightarrow 18^x = 18$; logo: x = 1.

g) $\log_x 1024 = 2 \Rightarrow x^2 = 1024$ ou $\sqrt{x^2} = \sqrt{1024}$; logo: $x = 32$.

h) $\log_4 0,25 = x \Rightarrow 4^x = 0,25$ ou $4^x = 25/100$ ou $4^x = 1/4$ ou $4^x = 4$ -1; logo: $x = -1$.

i) $16^{\log_2 25} = (2^4)^{\log_2 25} = (2^{\log_2 25})^4 = 5^4 = 625$.

j) log* $0,01 = x \Rightarrow 10^x = 0,01$ ou $10^x = 1/100$ ou $10^x = 10^{-2}$: logo: $x = -2$. (*Na base 10 é omitido o número)

10.2 Propriedades dos logaritmos

1 – O logaritmo de qualquer número "a", na própria base "a", será igual a 1.
$\log_a a = 1$, pois: $a^1 = a$.

Como $7^1 = 7$, logo: $\log_7 7 = 1$.

2 – O logaritmo do produto de dois números "a" e "c", na base "b", é igual à soma dos logaritmos de cada número, na mesma base.
$\text{Log}_b (a.c) = \log_b a + \log_b c$.

$\text{Log}_3 (9.27) = \log_3 9 + \log_3 27$. Ou seja: $\text{Log}_3 (243) = \log_3 9 + \log_3 27$.
$\text{Log}_3 9 \Rightarrow 3^x = +9$ e $\log_3 27 \Rightarrow 3^{x1} = +27$.
$3^x = +9 \Rightarrow x = +2$ e $3^{x1} = +27 \Rightarrow x1 = +3$. Ou seja: $\log_3 9 = +2$ e $\log_3 27 = +3$.
Como: $\text{Log}_3 (243) = \log_3 9 + \log_3 27$, logo: $\text{Log}_3 (243) = +2 +3$ ou seja: $\text{Log}_3 (243) = +5$.
Confirma-se que: $\text{Log}_3 (9.27) = \log_3 9 + \log_3 27$. Portanto: **"$\text{Log}_b (a.c) = \log_b a + \log_b c$".**

3 – O logaritmo da divisão de dois números "a" e "c", na base "b", é igual à subtração dos logaritmos de cada número, na mesma base.
$\text{Log}_b (a/c) = \log_b a - \log_b c$.

$\text{Log}_3 (9/27) = \log_3 9 - \log_3 27$. Ou seja: $\text{Log}_3 (9/27) = \log_3 9 - \log_3 27$.
$\text{Log}_3 9 \Rightarrow 3^x = +9$ e $\log_3 27 \Rightarrow 3^{x1} = +27$.
$3^x = +9 \Rightarrow x = +2$ e $3^{x1} = +27 \Rightarrow x1 = +3$. Ou seja: $\log_3 9 = +2$ e $\log_3 27 = +3$.
Como: $\text{Log}_3 (9/27) = \log_3 9 - \log_3 27$, logo: $\text{Log}_3 (9/7) = +2 - (+3)$, ou seja: $\text{Log}_3 (9/27) = -1$.
$\text{Log}_3 (9/27) = -1$, ou seja: $\text{Log}_3 (1/3) = -1 \Rightarrow (1/3)^{-1} = +3$.
Confirma-se que: $\text{Log}_3 (9.27) = \log_3 (1/3) = -1$. Portanto: **"$\text{Log}_b (a/c) = \log_b a - \log_b c$".**

4 – O logaritmo de uma potência $\log_b (a^r)$ é igual a: $r. \log_b a$.

Se $\log_b (a^r) = r.\log_b a$, tem-se por exemplo: $\log_3 (2^5) = 5.\log_3 2$.

$\log_3 (2^5) = \log_3 (32) \Rightarrow 3^x = 32$, ou seja: $x = \sqrt[3]{32} = +3,175$

5 – Mudança de base: $\log_b a = \log_c a / \log_c b$, com $c > 0$ e $c \neq 1$. A base decimal ou logaritmos de Briggs

A propriedade de mudança de base de um logaritmo permite e facilita a resolução de equações exponenciais e logarítmicas, principalmente porque as calculadoras científicas possuem teclas que fornecem, de maneira simples e direta, os valores dos logaritmos decimais e naturais. Ou seja, na prática, esta propriedade é utilizada para passar a expressão logarítmica em uma base qualquer, a ser analisada, para a base neperiana ou decimal.

O sistema de logaritmos decimais ou logaritmos de Briggs são aqueles que utilizam a base 10. Foram desenvolvidos por Henry Briggs (1561-1630), a partir dos trabalhos de Napier. Por convenção, quando se omite a base na notação dos logaritmos, esta se referindo aos logaritmos de Briggs, ou seja, esta a ser usada a base 10. Por exemplo, indica-se $\log_{10} 3$ simplesmente por log 3. Exemplos: $10^2 = 100 \Rightarrow \log_{10} 100 = 2$. $10^4 = 10.000 \Rightarrow \log_{10} 10.000 = 4$. Na prática, omite-se grafar a base 10. Os logaritmos de base 10 são também chamados de briggsianos ou comuns.

Por exemplo: $\log_3 54 = \log_9 54/\log_9 3$. Ou ainda: $\log_3 54 = \log_{10} 54/\log_{10} 3 = \log 54/\log 3$.

10.3 Exemplos de ocorrência de função logarítmica (com a exponencial) na prática

Química de soluções: o fator p.H. ou Potencial de Hidrogênio é um índice muito usado, em soluções, para indicar ou acidez (solução ácida) ou alcalinidade (solução básica) ou neutralidade (solução neutra). O p.H. de uma solução indica o teor (quantidade) de íons hidrônio (H_3O^+ ou H^+) presente no meio. Esse teor determina se a solução analisada apresenta caráter ácido, básico ou neutro. As soluções, considerando a temperatura de 25^0C, são neutras quando p.H. = 7; são ácidas quando 0 < p.H. < 7 e básicas quando 7 < p.H. < 14.
O valor do p.H. de uma solução é dado pela equação logarítmica: $(H^+) = 10^{-\text{p.H.}}$, que utiliza logaritmo de base 10.

Exercício 10.3.1) Uma determinada solução foi analisada por um peagâmetro ou potenciômetro de p.H. e encontrou uma concentração de Hidrônio (H_3O^+) igual a 1.10^{-5}. Qual o p.H. desta solução?

Como $(H_3O^+) = 10^{-\text{p.H.}}$, logo: $1.10^{-5} = 10^{-\text{p.H.}}$, portanto: -5 = -p.H. ou p.H. = +5. Esta solução é ácida, pois p.H. < 7.

Análise de terremotos: a escala Richter é uma escala logarítmica decimal que mede a intensidade das ondas (energia) geradas por um centro sísmico em um terremoto. Charles Francis Richter (1900-1985), sismólogo americano, formulou essa escala (que varia de 0 a 9) com base na amplitude dos registros das estações sismográficas. Como a escala é logarítmica, existe uma grande diferença na intensidade da energia gerada entre os valores, ainda que pequena, como mostrada no gráfico e exercício adiante.

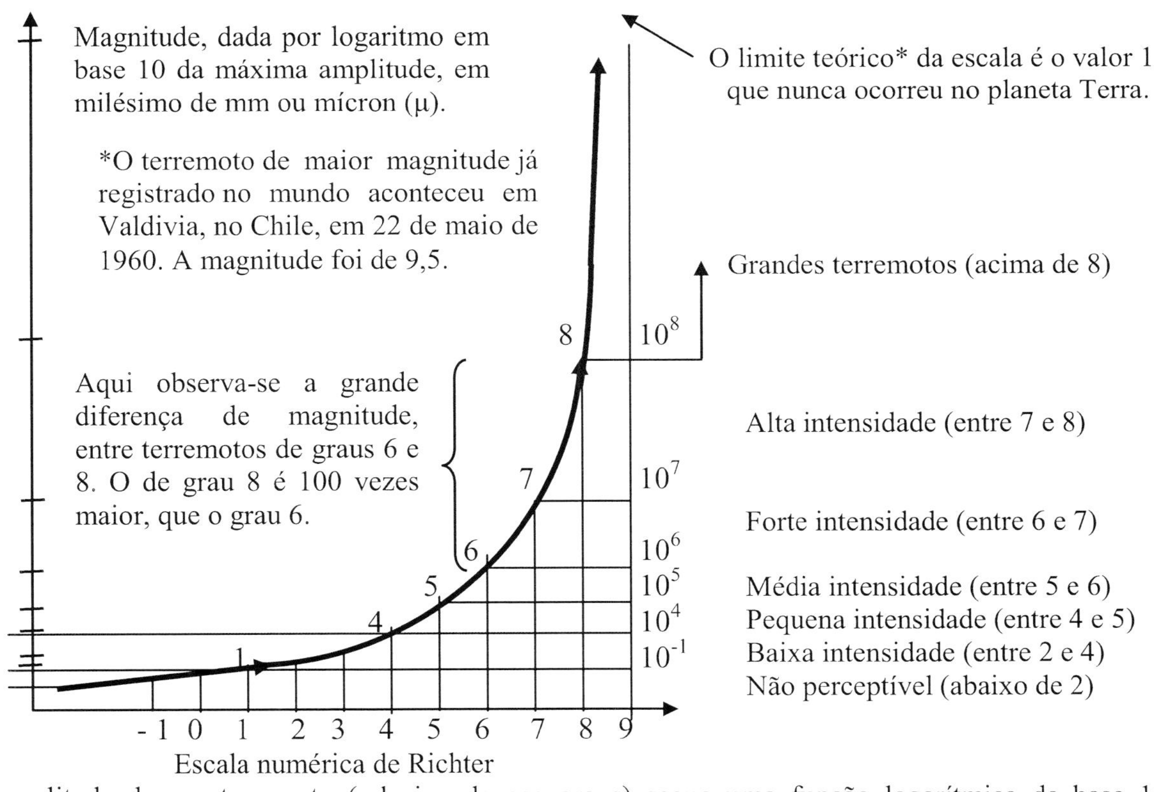

A amplitude de um terremoto (relacionada aos graus) segue uma função logarítmica de base 10. Essa amplitude é medida por aparelhos denominados sismógrafos, que detecta e registra graficamente as ondas produzidas pela liberação de energia do terremoto. A fórmula utilizada é a seguinte: $M = \log A - \log A_0$, onde M: magnitude, A: amplitude máxima, A_0: amplitude de referência.

Exercício 10.3.2) Comparar as magnitudes de dois terremotos com graus 6 e 8, segundo a escala Ricther.

$M_1 - M_2 = (\log A_1 - \log A_0) - (\log A_2 - \log A_0)$.

$6 - 8 = \log A_1 - \log A_2 \Rightarrow -2 = \log(A_1/A_2) \Rightarrow 10^{-2} = A_1/A_2 \Rightarrow (1/10^2) = A_1/A_2$.

$(1/100) = A_1/A_2 \Rightarrow A_2 = 100A_1$

Conclusão: as ondas do terremoto A_2 possuem amplitudes 100 vezes mais intensas do que a do terremoto A_1.

Para calcular a energia liberada por um terremoto, usa-se a seguinte fórmula:

$I = (2/3)\log_{10}(E/E_0)$, onde I: varia de 0 até 8,9, E: energia liberada em kw/h. $E_0 = 7 \times 10^{-3}$ kw/h.

Exercício 10.3.3) calcular a energia liberada por um terremoto de intensidade 6 na escala Richter.

$I = 6$ significa que: $6 = (2/3)\log_{10}(E/7x10^{-3})$. $9 = \log_{10}(E/7 \times 10^{-3})$. $10^9 = E/7x10^{-3}$.

$E = 7x10^{-3} \times 10^9$. $E = 7x10^6$ kw/h

Conclusão: energia liberada por um terremoto de 6 graus na escala Richter é de $7x10^6$ kw/h.

Na Geografia (crescimento populacional): não só na espécie humana, mas em várias espécies animais, é normal que, uma vez existindo condições ambientais e de alimentos, ocorra um crescimento de forma exponencial, porque também pode ser analisado por uma curva logarítmica. O gráfico a seguir dá uma ideia do crescimento da população mundial, ao longo dos séculos, entre o ano zero da era cristã e o ano de 2022.

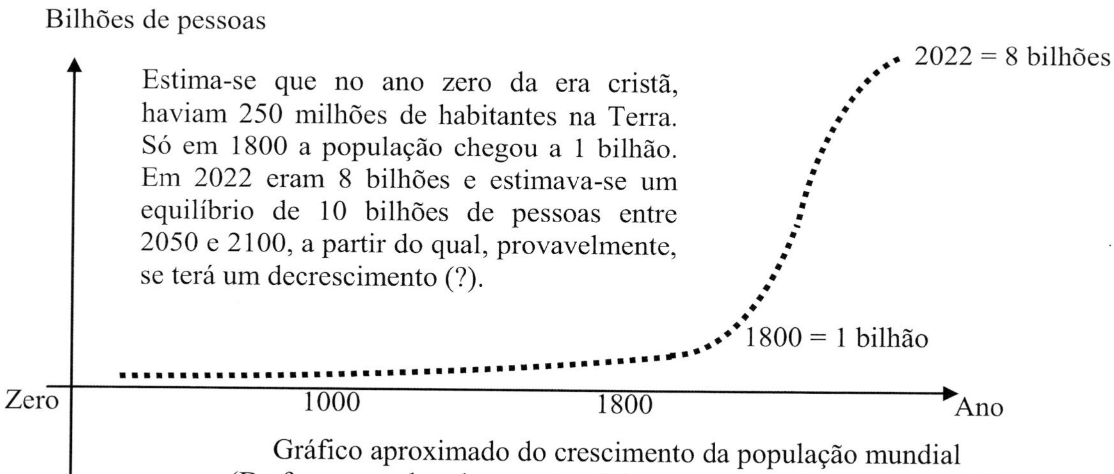

Gráfico aproximado do crescimento da população mundial
(De forma geral pode ser entendida como uma curva exponencial)

Apenas como curiosidade, estima-se que, quando Pedro Álvares Cabral chegou ao Brasil em 22 de abril de 1500, existiam cerca de cinco milhões de indígenas, ou melhor, povos originários, em todo o território brasileiro. Em 2022, eram cerca de 500 mil, porém nem todos com origem pura. Não se sabia, com exatidão, quantos viviam de forma isolada ou de forma natural, igual a 1500.

Exercício 10.3.4) Em uma determinada cidade, a taxa de crescimento populacional é de 3% ao ano, aproximadamente. Em quantos anos a população desta cidade irá dobrar, se a taxa de crescimento continuar a mesma?

População do ano base = P0

População após um ano = P0 . (1,03) = P1
População após dois anos = P0 . $(1,03)^2$ = P2
População após x anos = P0 . $(1,03)^x$ = Px

Supondo que a população dobre em relação ao ano base após x anos, tem-se:

Px = 2 . P0; P0 . $(1,03)^x$ = 2 . P0; $1,03^x$ = 2: que é uma expressão exponencial.
Aplicando logaritmo tem-se: log $1,03^x$ = log 2; x . log 1,03 = log 2; x . 0,0128 = 0,3010.
x = 0,3010/0,0128; portanto: x = 23,5.

Conclusão: a população dobrará em aproximadamente 23,5 anos.

Exercício 10.3.5) Um escritório de Arquitetura e Engenharia ganhou um concurso de uma prefeitura, para o projeto e construção de abrigos a serem instalados em algumas praças da cidade. Cada abrigo tem as dimensões informadas no desenho a seguir. Uma vez aprovado o projeto arquitetônico, engenheiros civis calculistas conversaram com os arquitetos e concluíram que os arcos curvos poderiam ser, por exemplo, no formato de uma curva logarítmica.

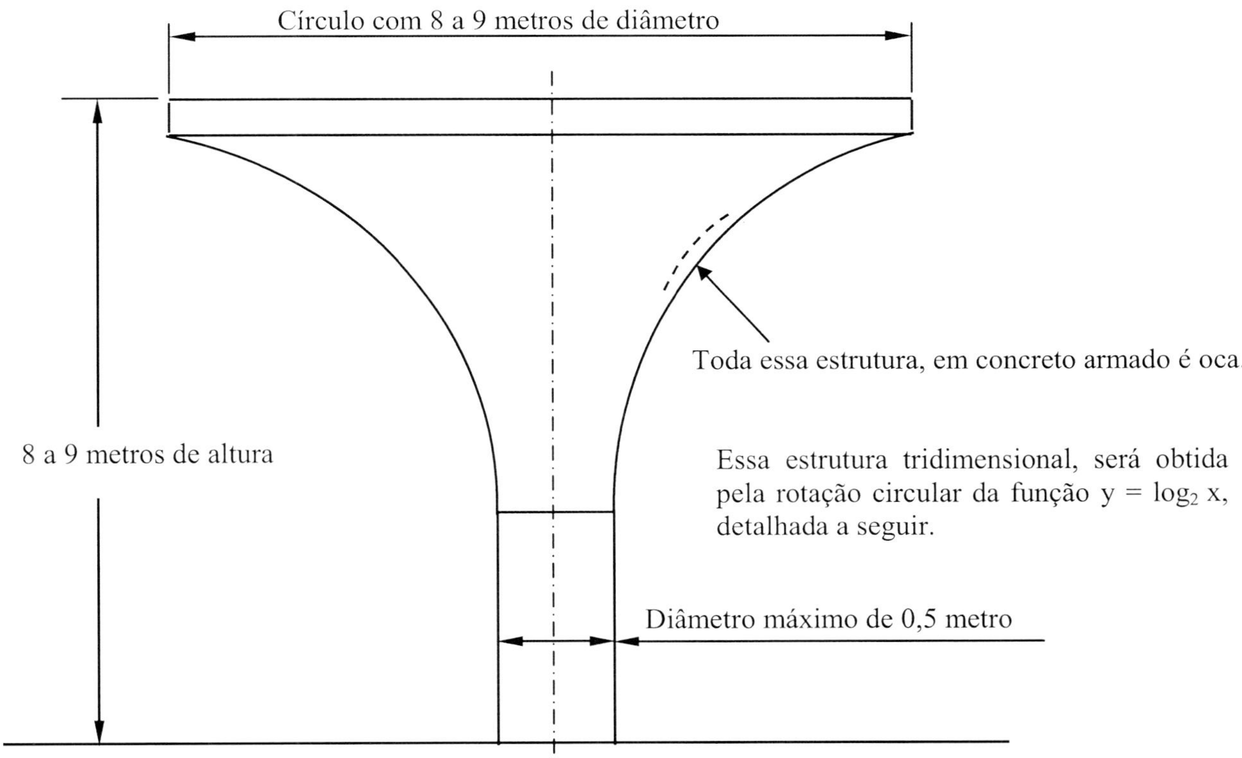

Cálculos preliminares indicaram que a função $y = \log_2 x$, seria a mais indicada, de forma a atender, tanto ao projeto arquitetônico, quanto as dimensões máximas definidas pela prefeitura.

Observa-se que, por exemplo, o cálculo estrutural necessita do cálculo da área e peso de cada abrigo. O cálculo da área, envolve o cálculo integral aplicado à função $y = \log_2 x$, considerando x entre +0,125 e +8, como definidos na tabela a seguir.

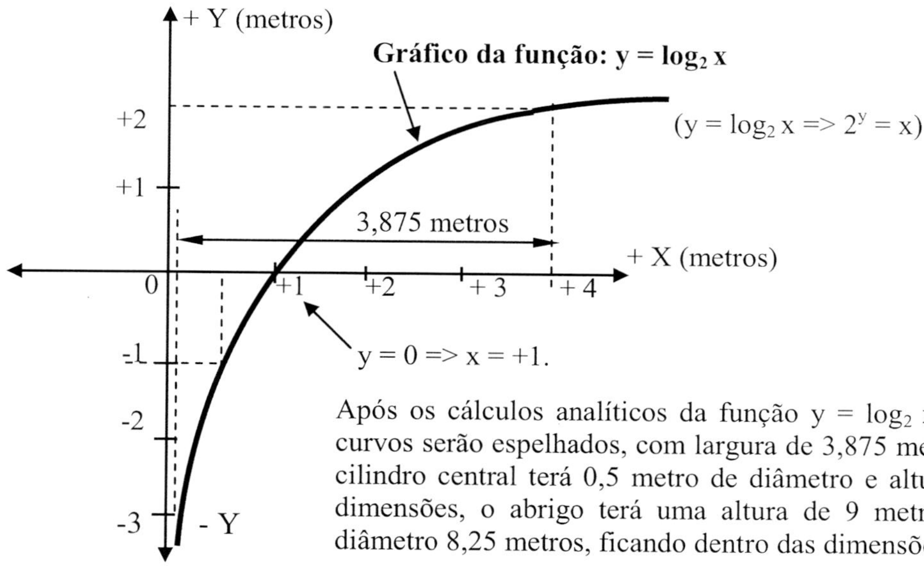

$y = \log_2 x$

y	x
-3	+0,125
-2	+0,25
-1	+0,5
0	+1
+1	+2
+2	+4
+3	+8

Após os cálculos analíticos da função $y = \log_2 x$, concluiu-se que os arcos curvos serão espelhados, com largura de 3,875 metros e altura de 5 metros. O cilindro central terá 0,5 metro de diâmetro e altura de 4 metros. Com estas dimensões, o abrigo terá uma altura de 9 metros e uma laje superior de diâmetro 8,25 metros, ficando dentro das dimensões máximas.

10.4 Logaritmo natural ou neperiano. Particularidades

O logaritmo natural de um número "a", maior que zero, é o logaritmo desse número, na base e (e = 2,7182818...,). Representa-se o logaritmo natural por ln, ou seja: $\ln a = \log_e a$.
De forma similar aos logaritmos em geral, existem algumas particularidades sobre os logaritmos naturais:

A) $\ln_e e = 1$ (log neperiano de e na base e é igual a 1), demonstrado da seguinte maneira:

Ln e = $\log_e e$. Usando a definição de logaritmo: $\log_e e = x$, significa $e^x = e$
Pelas propriedades da potenciação, se as bases são iguais, os expoentes também são, portanto para x = 1, tem-se: $\ln e = \log_e e = 1$.

B) ln 1= 0 (log neperiano de 1 é igual a zero) demonstrado da seguinte maneira:

ln 1 = loge 1. Usando a definição de logaritmo: $\log_e 1 = x$, significa $e^x = 1$
Pelas propriedades da potenciação, todo número elevado a potência 0 é igual a 1, portanto para x = 1, tem-se: $\ln 1 = \log_e 1 = 0$.

C) $\ln_e n = n$ (log neperiano de n na base e é igual a n)

$\ln_e n = \log_e n$. Uma das propriedades do logaritmo diz que o logaritmo de uma potência é igual ao produto entre o expoente da potência e o logaritmo cujo logaritmando é a base da potência. Assim, $\log_e en = n \cdot \log_e e$.
Como $\log_e e = 1$, tem-se que: $\log_e en = n\cdot\log_e e = n\cdot 1 = n$.

D) Mudança de base: pode-se mudar da base "e" para a base decimal, da seguinte maneira:

$\ln a = \log_e a$. Mudando para a base 10 tem-se: $\mathrm{Log}_e\ a = \log_{10} a \,.\, \log_{10} e$

Como $\log_{10} e \approx 0{,}43$, tem-se: $\mathrm{Log}_e\ a = \log_{10} a \,.\, 0{,}43 = 10{,}43\cdot\log a = 2{,}3\cdot\log a$.

Conclusão: pode-se realizar uma mudança de base considerando sempre a relação: $\mathrm{Ln}\ a = 2{,}3\cdot\log_e a$.

Exercício 10.4.1) Sabendo que log 7 = 0,84, determine ln 7.

Como $\ln a = 2{,}3\cdot\log a$; tem-se: $\ln 7 = 2{,}3\cdot\log 7$. Como $\log 7 = 0{,}84$, então: $\ln 7 = 2{,}3\cdot 0{,}84$, ou seja: $\ln 7 = 1{,}93$.

10.4.1 Gráfico da função do logaritmo natural ou neperiano

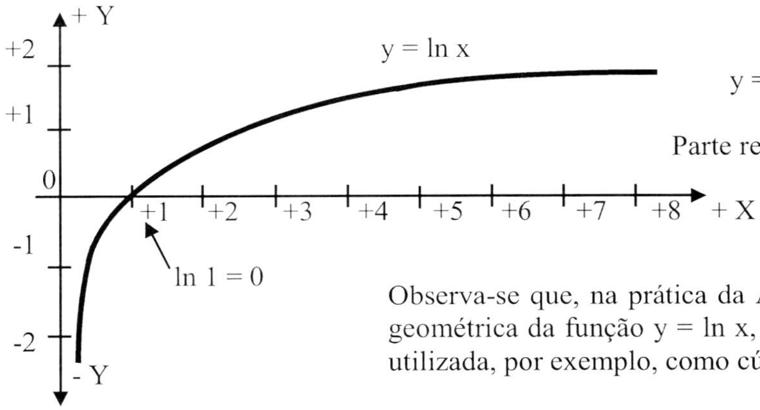

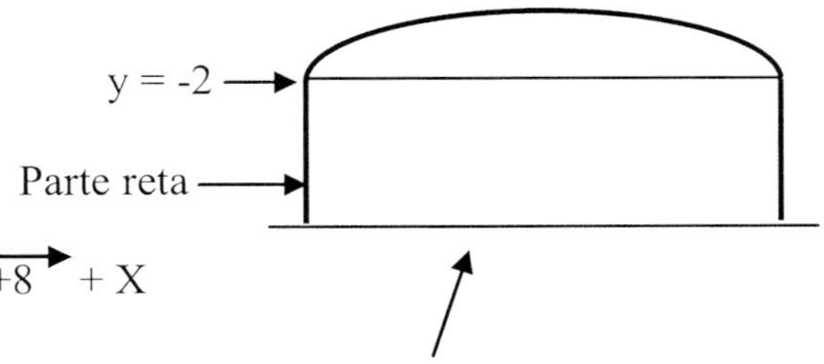

Observa-se que, na prática da Arquitetura/Engenharia Civil, a imagem geométrica da função y = ln x, com adaptações dimensionais, pode ser utilizada, por exemplo, como cúpula de um templo religioso.

10.5 Gráfico da função logarítmica de base menor que um, por exemplo: $y = \log_{1/2} x$

Com: $y = \log_{1/2} x$, significa que: $(1/2)^y = x$. Para a construção do gráfico, são atribuídos valores a y (expoente), achando-se valores de x, ou seja, acham-se pares de pontos ordenados em x e y.

$(1/2)^y = x$, com $y = +4$, tem-se: $(1/2)^4 = 1^4/2^4 = 1/16$; ou seja: $x = 1/16$; ponto $(+1/16; +4)$.

$(1/2)^y = x$, com $y = +3$, tem-se: $(1/2)^3 = 1^3/2^3 = 1/8$; ou seja: $x = 1/8$; ponto $(+1/8; +3)$.

$(1/2)^y = x$, com $y = +2$, tem-se: $(1/2)^2 = 1^2/2^2 = 1/4$; ou seja: $x = 1/4$; ponto $(+1/4; +2)$.

$(1/2)^y = x$, com $y = +1$, tem-se: $(1/2)^1 = 1^1/2^1 = 1/2$; ou seja: $x = 1/2$; ponto $(+1/2; +1)$.

$(1/2)^y = x$, com $y = 0$, tem-se: $(1/2)^0 = 1^0/2^0 = 1/1$; ou seja: $x = +1$; ponto $(+1; 0)$.

$(1/2)^y = x$, com $y = -1$, tem-se: $(1/2)^{-1} = 1/(1/2) = 1 \, . \, 2/1$; ou seja: $x = +2$; ponto $(+2; -1)$.

$(1/2)^y = x$, com $y = -2$, tem-se: $(1/2)^{-2} = 1/(1/2)^2 = 1/(1/4)$; ou seja: $x = +4$; ponto $(+4; -2)$.

$(1/2)^y = x$, com $y = -3$, tem-se: $(1/2)^{-3} = 1/(1/2)^3 = 1/(1/8)$; ou seja: $x = +8$; ponto $(+8; -3)$.

$(1/2)^y = x$, com $y = -4$, tem-se: $(1/2)^{-4} = 1/(1/2)^4 = 1/(1/16)$; ou seja: $x = +16$; ponto $(+16; -4)$.

$(1/2)^y = x$, com $y = -5$, tem-se: $(1/2)^{-5} = 1/(1/2)^5 = 1/(1/32)$; ou seja: $x = +32$; ponto $(+32; -5)$.

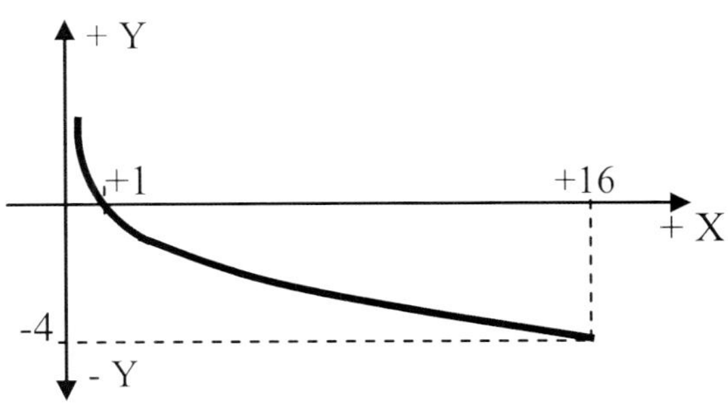

Quando a base do logaritmo é menor que um, a curva tem o aspecto, de uma função decrescente.

Gráfico da função $y = \log_{1/2} x$

10.6 Base, logaritmando, anti logaritmo, logaritmo, mantissa, e cologaritmo

Se $\log_a b = x$, então: a é a base, b é o logaritmando ou anti logaritmo e x é o logaritmo. Matematicamente, mantissa é a parte decimal de um logaritmo. Por exemplo, o logaritmo de 127, na base decimal é 2,1038, ou seja: $\log 127 = 2{,}1038$. Nesse caso, a base é 10 (decimal), o logaritmando ou anti logaritmo é 127 e a mantissa é igual a 0,1038. Cologarítmo de um número b na base a é o oposto do logaritmo de b na base a. Ou seja: $\text{colog}_a b = -\log_a b$. Por exemplo: $\text{Colog}_2 5 = -\log_2 5 = \log_2 1/5 \Rightarrow \log_2 0{,}2$.

10.7 Exercícios sobre mudança de base

Como citado, a mudança de base de um logaritmo permite e facilita a resolução de equações exponenciais e logarítmicas. O conceito é: $\log_b a = \log_c a/\log_c b$, com $c > 0$ e $c \neq 1$.

Visualmente, pode-se escrever: $$\log_b a = \frac{\log_c a}{\log_c b}$$

Exercício 10.7.1) Determinar: $\log_4 7 - \log_{16} 49$.

Inicialmente passa-se para a mesma base: $\log_{16} 49 = \log_4 49 / \log_4 16$. Como: $\log_4 16 = 2$, pois: $4^2 = 16$ e como: $49 = 7^2$, tem-se: $\log_4 49 = \log_4 7^2 = 2 . \log_4 7$. Dessa forma pode-se escrever:

$\log_{16} 49 = \log_4 49/\log_4 16 = (2 . \log_4 7)/2 = \log_4 7$. Finalmente:

Resposta: $\log_4 7 - \log_{16} 49 = \log_4 7 - \log_4 7 = 0$.

Exercício 10.7.2) Sabendo que $\log 2 = 0,3$, determinar $\log_2 10$.

$\log 2 = 0,3 \Rightarrow$ logaritmo de 2 na base 2 igual a 0,3. Pode-se escrever: $\log_{10} 2 = \log_2 2/\log_2 10$.

$\log_2 2 = 1$, pois: $2^1 = 2$. Portanto: $\log_{10} 2 = \log_2 2/\log_2 10 \Rightarrow \log_{10} 2 = 1/\log_2 10 \Rightarrow \log_2 10 = 1/\log_{10} 2 =$

$= 1/0,3$; portanto: $\log_2 10 = 1/0,3 = 3,333$.

Resposta: $\log_2 10 = 3,333$.

Exercício 10.7.3) Determinar o $\log_2 30$, sabendo que: $\log 2 = 0,3$; $\log 3 = 0,47$ e $\log 5 = 0,69$.

$\log_2 30 = \log 30/\log 2$. Mas, $\log 30 = \log (2.3.5) = \log 2 + \log 3 + \log 5 = 0,3 + 0,47 + 0,69 = 1,46$.

$\log_2 30 = 1,46/0,3 = 4,86$. **Resposta: $\log_2 30 = 4,86$.**

10.8 Translação do gráfico de uma função logarítmica

Quando se soma (ou subtrai) uma constante ao logaritmando (ou anti logaritmo), ocorre uma translação ou deslocamento horizontal no gráfico de uma função logarítmica, como mostrado nos gráficos a seguir.

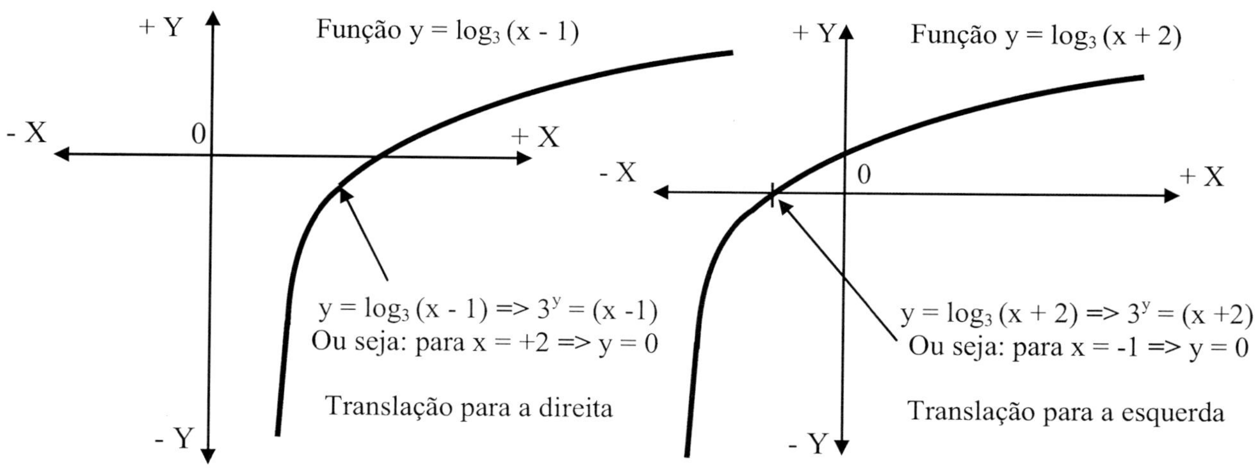

10.9 Equações logarítmicas

São equações envolvendo logaritmos e igualdades, como por exemplo: $\log_2 (5x +1) = 5$. Ou seja, aqui se quer determinar o valor de x, para que seja verdade a igualdade. A seguir são apresentados vários exemplos de equações logarítmicas, com suas soluções.

Exercício 10.9.1) Determinar o valor de x para: $\log_2 (7x +1) = 4$.

$\log_2 (7x +1) = 4 \Rightarrow 2^4 = 7x + 1$; ou seja: $16 = 7x + 1 \Rightarrow x = (16 - 1)/7 \Rightarrow x = 15/7$; ou seja: $x = +2,143$.

Resposta: para $\log_2 (7x +1) = 4 \Rightarrow x = +2,143$.

Exercício 10.9.2) Determinar o valor de x para: $\log_3 (x^2 - 4x) = 4$.

$\log_3 (x^2 - 4x) = 4 \Rightarrow 3^4 = x^2 - 4x$; ou seja: $81 = x^2 - 4x$ ou $+x^2 - 4x - 81 = 0$. ($a = +1$; $b = -4$ e $c = -81$).

$$x = \frac{-b \pm \sqrt{b^2 - 4.a.c}}{2a} \Rightarrow x = \frac{-(-4) \pm \sqrt{(-4)^2 - 4(+1)(-81)}}{2(+1)} = \frac{+4 \pm \sqrt{16 + 324}}{+2} = \frac{+4 \pm 18,439}{+2} \Rightarrow \begin{cases} x1 = +11,2195. \\ x2 = -7,2195. \end{cases}$$

A equação $+x^2 - 4x - 81 = 0$, resultou em duas raízes, porém apenas $x = +11,2195$ satisfaz à: $81 = x^2 - 4x$.

Resposta: para $\log_3 (x^2 - 4x) = 4 \Rightarrow x = +11,2195$.

Exercício 10.9.3) Determinar o valor de x para: $\log_{1/8} x = -4/3$.

$\log_{1/8} x = -4/3 \Rightarrow x = (1/8)^{-4/3} \Rightarrow x = (8^{-1})^{-4/3} \Rightarrow x = (8)^{+4/3} \Rightarrow x = (\sqrt[3]{8})^4 \Rightarrow x = (2)^4$ ou seja: $x = +16$.

Resposta: para $\log_{1/8} x = -4/3 \Rightarrow x = +16$.

Exercício 10.9.4) Determinar o valor de x para: $\log_x 0,04 = 2$.

$\log_x 0,04 = 2 \Rightarrow x^2 = 0,04 \Rightarrow x = +\sqrt{0,04} \Rightarrow x = +0,2$.

Resposta: para $\log_x 0,04 = 2 \Rightarrow x = +0,2$.

Exercício 10.9.5) Determinar o valor de x para: $(\log_x)^2(5x - 6) - 3\log_x (5x - 6) +2 = 0$.

Inicialmente observam-se as seguintes restrições: Com relação à base: $0 < x \neq 1$, pois não existem bases iguais a 0 ou 1. Com relação ao anti logarítmo: $5x - 6 > 0 \Rightarrow x > +6/5$, pois não existe anti logaritmo negativo ou 0,5

Algebricamente fazendo: $\log_x (5x - 6) = y$; a equação logarítmica fica: $y^2 - 3y + 2 = 0$.

Resolvendo as raízes tem-se: $y1 = +1$ e $y2 = +2$.

$y1 = +1 \Rightarrow \log_x (5x - 6) = +1 \Rightarrow x^1 = (5x - 6) \Rightarrow +4x = +6 \Rightarrow x = +3/2$ ou $x = +1,5$.

$y2 = +2 \Rightarrow \log_x (5x - 6) = +2 \Rightarrow x^2 = (5x - 6) \Rightarrow +x^2 - 5x + 6 = 0$.

Resolvendo as raízes tem-se: $x1 = +3$ e $x2 = +2$.

Comparando os três valores de x, com as restrições, tem-se que x pode ser igual a: +1,5 ou +2 ou +3.

Resposta: para $(\log_x)^2 (5x - 6) - 3\log_x (5x - 6) +2 = 0$, x pode ser igual a: +1,5 ou +2 ou +3.

10.10 Comparação entre crescimentos exponenciais e logarítmicos

Especialmente na área das biociências, ocorrem muitos fenômenos que podem ser expressos por funções exponenciais e/ou logarítmicas. Crescimento de colônias de bactérias e absorção de minerais por plantas, em função da maior ou menor exposição ao sol, são alguns exemplos. Esse parágrafo foi baseado em Anton, Bivens e Davis (2014, p. 60), comparando o "crescimento" das funções naturais: $y = \ln x$ e $y = e^x$.

Observa-se que, quando essas funções expressam fenômenos reais, só se consideram os valores positivos de x e y.

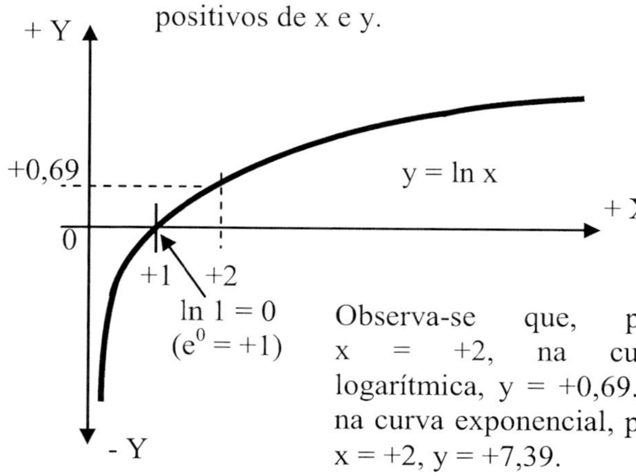

Observa-se que, para x = +2, na curva logarítmica, y = +0,69. Já na curva exponencial, para x = +2, y = +7,39.

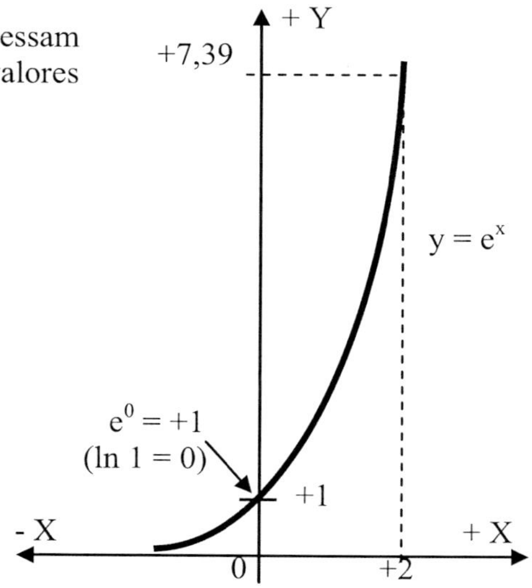

x	+1	**+2**	+3	+4	+5	+6	+7	+10	+100	+1.000
e^x	+2,72	**+7,39**	+20,09	+54,60	+148,41	+403,43	+1.096,63	+22.026,47	$+2{,}69 \times 10^{43}$	$+1{,}97 \times 10^{434}$
ln x	0,00	**+0,69**	+1,10	+1,39	+1,61	+1,79	+1,95	+2,30	+4,61	+6,91

Além da visão dos gráficos, uma rápida análise comparativa entre valores das duas funções, considerando o mesmo valor de x, mostra que a função exponencial, tem um "crescimento" muito mais acentuado. Quando é estudado o crescimento de bactérias, o eixo X representa o tempo em horas e Y a quantidade de bactérias.

10.11 Exercícios complementares resolvidos

10.11.1) Uma empresa tem os seus custos de armazenamento expressos pela função: $y = \log_3 (x + 2)$, onde y é o custo em reais (R$) e x é a quantidade de produtos armazenados. Devido diversos fatores, mesmo quando não existe nenhum produto armazenado (ou seja: x = 0), existe um custo fixo de R$ 6.400,00. Qual será o custo, para se manter 100 produtos armazenados?

Inicialmente, faz-se o gráfico teórico da função, para se entender o problema, lembrando que, esse gráfico já foi desenhado no parágrafo 10.8.

Observa-se que, tanto as funções logarítmicas quanto as exponenciais, são utilizadas em diversas áreas profissionais, como por exemplo, no acompanhamento da produção e no armazenamento de produtos industriais. Para cada tipo de produção podem existir diversas funções diferentes, sendo importante um acompanhamento constante dos custos, até porque variam em função de uma série de fatores, muitos dos quais a empresa não tem controle.

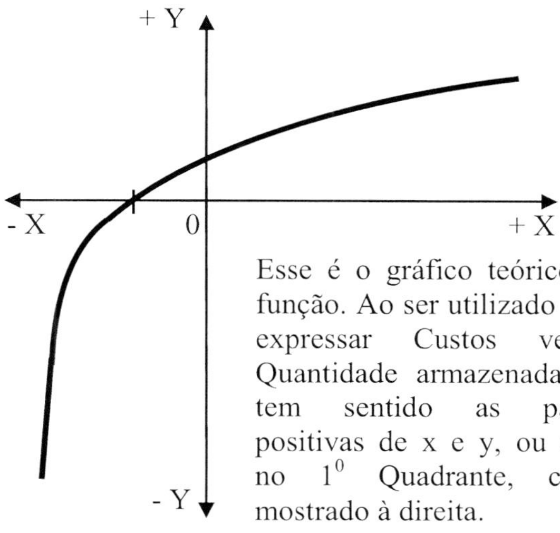

Esse é o gráfico teórico da função. Ao ser utilizado para expressar Custos versus Quantidade armazenada, só tem sentido as partes positivas de x e y, ou seja, no 1^0 Quadrante, como mostrado à direita.

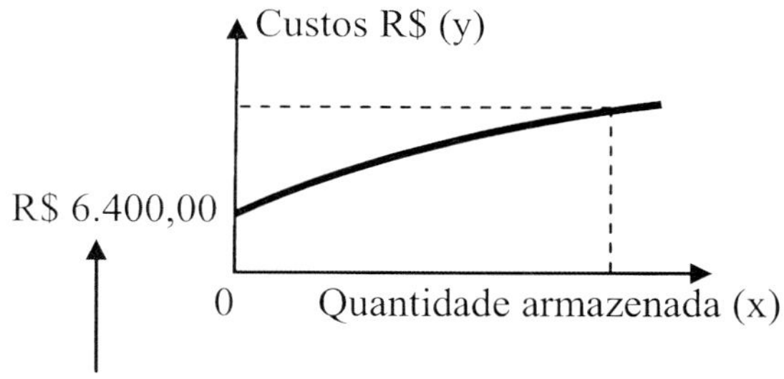

Custo fixo, com zero produto armazenado.
Para 100 produtos armazenados tem-se:
$y = \log_3 (x + 2) \Rightarrow y = \log_3 (100 + 2) \Rightarrow y = \log_3(102)$.
Fazendo a mudança de base tem-se:
$y = \log_3 (102) \Rightarrow y = \log 102/\log 3$.
$\log 102 = 2{,}0086$ e $\log 3 = 0{,}4771$, portanto:
$\log 102/\log 3 = 2{,}0086/0{,}4771 = 4{,}21$.

Na função $y = \log_3 (x + 2)$, quando $x = 0 \Rightarrow y = 0{,}64$. Ou seja, no eixo y dos custos, tem uma multiplicação por 10.000 (R$ 6.400,00 = 0,64 x R$ 10.000). Isso significa que o custo para manter 100 produtos armazenados será de R$ 42.100,00 (4,21 x R$ 10.000,00).

Conclusão: o custo para manter 100 produtos armazenados é de R$ 42.100,00.

Exercício 10.11.2) Determinar o valor de x para a equação: $\log_{1/7} \frac{(3x + 4)}{49} < 2$.

Inicialmente tem que ser analisada a seguinte restrição do antilogarítmo: $\frac{(3x + 4)}{49} > 0$; ou seja: $x > - 4/3$.

$\log_{1/7} \frac{(3x + 4)}{49} < 2 \Rightarrow \log_{1/7} \frac{(3x + 4)}{49} < 2 \log_{1/7} 1/7$. Observa-se que: $\log_{1/7} 1/7 = 1$, pois: $[(1/7)^1 = 1/7]$

$\log_{1/7} \frac{(3x + 4)}{49} < 2 \log_{1/7} 1/7 \Rightarrow \log_{1/7} \frac{(3x + 4)}{49} < 2 \,.\, 1$. Disso resulta que: $\frac{(3x + 4)}{49} > \frac{1}{49}$ ou seja: $x > -1$.

Como: $x > - 4/3$ e $x > -1 \Rightarrow x > -1$; portanto: $x = +1$.

Resposta: para: $\log_{1/7} \frac{(3x + 4)}{49} < 2 \Rightarrow x > +1$.

10.11.3) Determinada árvore frutífera, tem uma vida de 50 anos e só começa a dar frutos com sete anos de vida. A partir do sétimo ano de vida, e até os 14 anos, a cada ano aumenta o número de frutos, segundo a função logarítmica $y = \ln x$ (com y proporcional a mil). A partir do 14° ano de vida, a produção de frutos entra em declínio, sem uma curva que possa ser expressa na forma de uma função matemática. Baseado nesses dados, pede-se calcular o número de frutos que a árvore estará produzindo, quando estiver com 11 anos de vida, ou seja, no quinto ano, após começar a produzir no sétimo ano e qual será a quantidade máxima de fruto produzida.

Inicialmente faz-se o gráfico da função original $y = \ln x$, para se entender a produção. Lembra-se que essa função já foi desenhada no parágrafo 10.10.

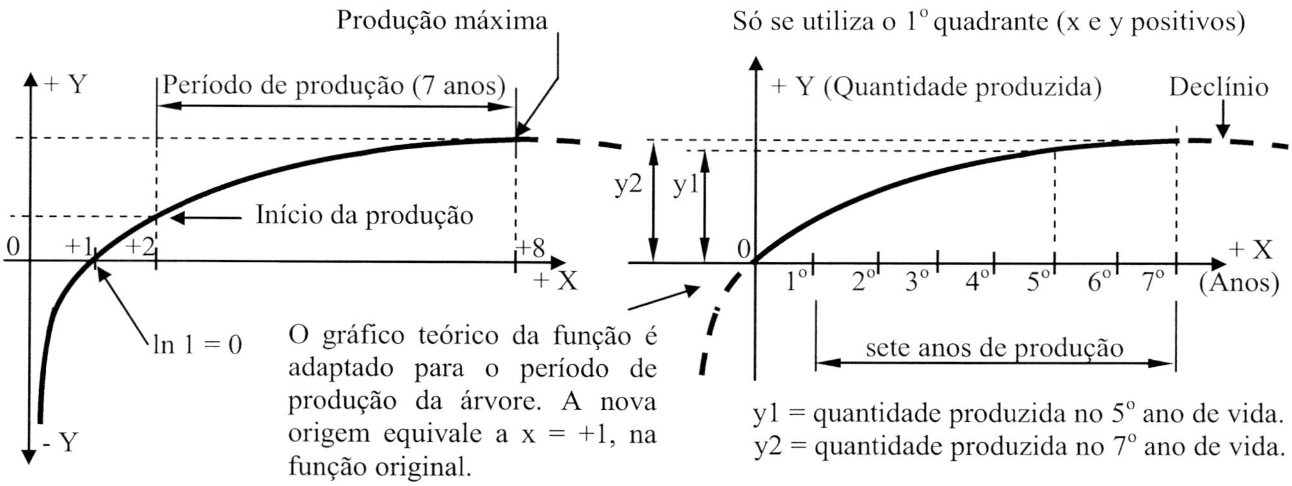

Uma consulta à tabela do parágrafo 10.9, permite as seguintes análises:

x	+1	+2	+3	+4	+5	+6	+7	+8
ln x	0,00	+0,69	+1,10	+1,39	+1,61	+1,79	+1,95	+2,08

Essa é a tabela teórica da função y = ln x, ou seja, do gráfico à esquerda.

Ano de produção	1°	2°	3°	4°	**5°**	6°	**7°**
Quantidade produzida	690	1.100	1.390	1.610	**1.790**	1.950	**2.080**

Essa é a tabela adaptada à produção, considerando os sete anos, em que a árvore aumenta sua produção, ano após ano, até o 14° ano de vida, quando a produção declina, até a morte da árvore.

Observe-se que cada valor da tabela original é multiplicada por mil. A tabela teórica é usada como base, fazendo-se (1.000) . ln x.

Conclusão: com 11 anos de vida, ou seja, no quinto ano de produção, serão produzidos 1.790 frutos. A quantidade máxima de frutos produzidos será de 2.080 frutos, no 13° ano de vida da àrvore.

10.11.4) Determinar a função inversa de $\log_2 x = y$, fazendo o gráfico das duas funções.

A inversa de $\log_2 x = y$ é a exponencial $y = 2^x$. As tabelas a seguir, permitem o desenho dos gráficos.

$\log_2 x = y$

P	x	y
A	+0,125	-3
B	+0,25	-2
C	+0,5	-1
D	+1	0
E	+2	+1
F	+4	+2
G	+8	+3

$y = 2^x$

P	x	y
A'	-3	+0,125
B'	-2	+0,25
C'	-1	+0,5
D'	0	+1
E'	+1	+2
F'	+2	+4
G'	+3	+8

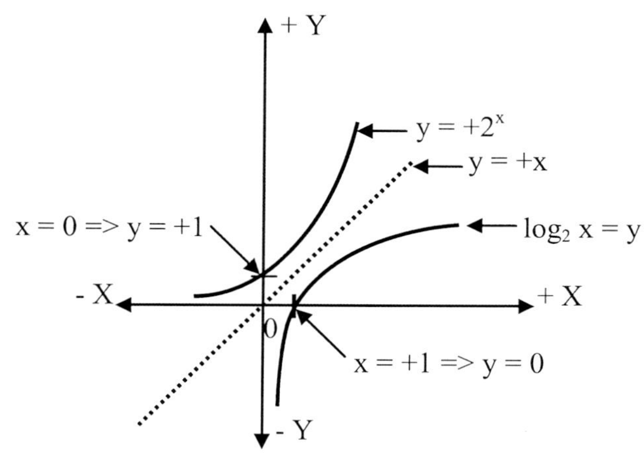

Observe-se como os valores de x e y estão invertidos nessas duas tabelas

A (+0,125; -3) e A' (-3; +0,125)

xA = yA' e xA' = yA

10.12 Exercícios propostos (veja respostas no Apêndice A)

10.12.1) Determinar o valor de $\log_{16} 64$.

10.12.2) Determinar o valor de $\log_{49} \sqrt[3]{7}$.

10.12.3) Determinar o valor de x para a equação: $\log_3 (x^2 - 8x) = 2$.

10.12.4) Resolver o sistema: $\begin{cases} x + y = +7. \\ \log_2 x + \log_2 y = \log_2 12 \end{cases}$

10.12.5) Determinar o valor de x para: $4 \cdot x^{(\log_2 x)} = x^3$.

10.12.6) Desenvolva $\log_{100} 3$ para a base 10.

10.12.7) Um investimento rende juros compostos a uma taxa de 6% ao ano. Depois de quantos anos, um valor inicial de R$ 1.000,00 chegará ao valor de R$ 10.000,00? Observa-se que esse exercício envolve, tanto a função exponencial, quanto a logarítmica.

10.12.8) Um tipo de árvore frutífera leva um ano para atingir um porte tal (cerca de 30 centímetros) que permita ser transplantada para o seu local definitivo no pomar de produção. A partir do transplante, essa árvore tem seu crescimento em metros, segundo a função $y = \log_2 x$, onde y é a altura em metros e x a idade em anos. Com esses dados, e considerando-se a altura inicial de 30 cm, pede-se calcular a altura total em metros, quando a árvore tiver 16 anos de idade, após o seu transplante.

10.12.9) Determinar o valor de x na equação: $\log_2 (3x + 10) - \log_2 x = \log_2 5$.

10.12.10) Determinar o valor de x na equação: $\log_5 (2x + 4) = \log_5 (3x + 1)$.

Referências

ABRANTES, José. **Geometria Analítica Aplicada**. 5.ed. Rio de Janeiro: Ciência Moderna, 2019.

__________. **A Geometria Básica estudada nos Ensinos Fundamental e Médio**. Rio de Janeiro: Ciência Moderna, 2022.

BATSCHELET, Edward. **Introdução à Matemática para Biocientistas**. 2.ed. Tradução: Vera Maria Abud Pacífico da Silva e Junia Maria Penteado de Araújo Quitete. Rio de Janeiro: Interciência; São Paulo: Ed. da Universidade de São Paulo - EDUSP, 1978.

BOYER, Carl B. **História da matemática**.3.ed. São Paulo: Blucher, 2010.

CASTRO, Wilza (org.). **Caderno de Exercícios: Carreiras Militares**. Cascavel, Paraná: Alfacon, 2019.

FALCO, Javert. ENEM - **Exame Nacional do Ensino Médio**. Cascavel, Paraná: Alfacon, 2019.

FREITAS, Maria do Bom Conselho da Silva Beserra. **As Funções Hiperbólicas e suas aplicações**. 2015. 61f. Dissertação (Mestrado Profissional em Matemática em Rede Nacional – PROFMAT) - Universidade Federal da Paraíba, Centro de Ciências Exatas e da Natureza, Departamento de Matemática.

JULIANELLI, José Roberto *et all*. **1000 Questões de Matemática**. Escolas Militares e Ensino Médio. Rio de Janeiro: Ciência Moderna, 2009.

LOPES, Luís. **Manual das funções Exponenciais e Logarítmicas**. Rio de Janeiro: Interciência, 1999.

MORI, Iracema e ONAGA, Dulce Satiko. **Matemática: Ideias e Desafios**. (Manual do professor, 6º ano do Ensino Fundamental). 18.ed. São Paulo: Saraiva, 2016.

__________. **Matemática: Ideias e Desafios**. (Manual do professor, 7º ano do Ensino Fundamental). 18.ed. São Paulo: Saraiva, 2016.

__________. **Matemática: Ideias e Desafios**. (Manual do professor, 8º ano do Ensino Fundamental). 18.ed. São Paulo: Saraiva, 2016.

__________. **Matemática: Ideias e Desafios**. (Manual do professor, 9º ano do Ensino Fundamental). 18.ed. São Paulo: Saraiva, 2016.

REIS, Alcir Garcia. **Geometrias Plana e Sólida**. Introdução e aplicações em Agrimensura. Porto Alegre, Rio Grande do Sul: Bookman, 2014.

ROBALLO, Murilo Sérgio. **Aplicações de funções exponenciais e logarítmicas**. 2014. 68f. Dissertação (Mestrado Acadêmico em Matemática) – Universidade de Brasília, Instituto de Ciências Exatas, Departamento de Matemática.

SOUZA, Joamir Roberto. **Coleção Novo Olhar Matemática. Ensino Médio**. Vol.1. São Paulo: FTD, 2010.

__________. **Coleção Novo Olhar Matemática. Ensino Médio**. Vol.2. São Paulo: FTD, 2010.

__________. **Coleção Novo Olhar Matemática. Ensino Médio**. Vol.3. São Paulo: FTD, 2010.

THOMAS JR, George B. **Cálculo**. Tradução de Alfredo Alves de Faria. 2. reimp. Rio de Janeiro: Livro Técnico, 1966.

VASCONCELOS, Jerry Gleison Salgueiro Fidanza. **Funções hiperbólicas: história, conceito e aplicação**. 2013. 74f. Dissertação (Mestrado Profissional em Matemática em Rede Nacional – PROFMAT) – Universidade Federal do Amazonas.

VIDIGAL, Carlos Eduardo Ladeira. **(Re)significando o conceito de logaritmo**. 2014. 133f. Dissertação (Mestrado em Ensino de Ciências e Matemática) – Pontifícia Universidade Católica de Minas Gerais.

Apêndice A
Respostas dos exercícios propostos

Capítulo 1: Revisão da Álgebra básica. Representação gráfica de funções. Equações

1.13.1) $\dfrac{(x - y)(x^2 - y^2)}{x + y} = (x - y)^2$. 1.13.2) $\sqrt[2]{2 \cdot (1 + 3\sqrt[2]{3})} = 3{,}52$.

1.13.3) As retas y = +x e y = -x, passam pela origem (0; 0) formam 45° em relação ao Eixo Y, e logo são perpendiculares entre si.

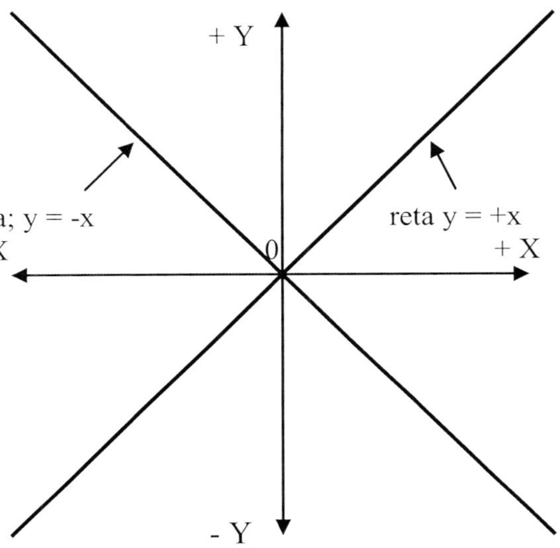

Essas são as retas

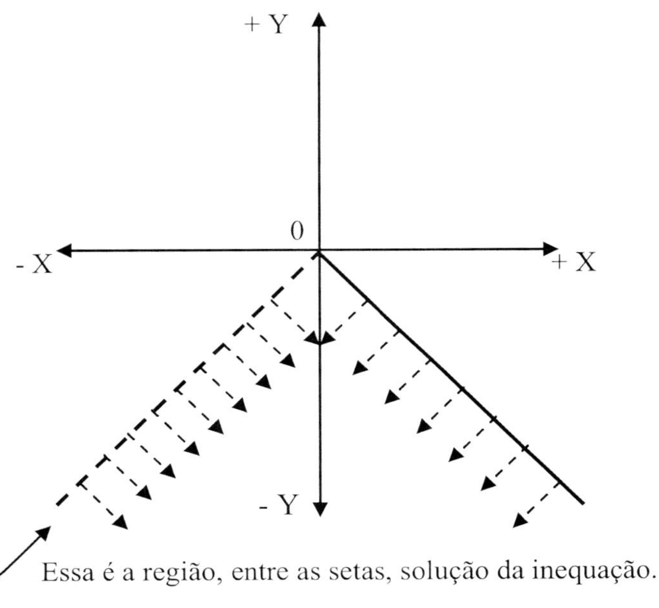

Essa é a região, entre as setas, solução da inequação.

Esse trecho é tracejado, pois a inequação é $y < +x$ e não $y \leq +x$

1.13.4) $\dfrac{(10^{-3}) \cdot (10^5)}{(10) \cdot (10^4)} = 10^{-3} = 0{,}001$. 1.13.5) $+1 < |+x - 1| < +2 = +2 < x < +3$.

1.13.6) a) K tem que ser igual a -2; b) A equação é: $-4x^2 + 7x - 8 = 0$. Não tem raízes, pois $\Delta = b^2 - 4ac = -79$; c) Coordenadas cartesianas do vértice: $x_V = +0{,}875$ e $y_V = -4{,}938$.
Imagem geométrica, da parábola: $-4x^2 + 7x - 8 = 0$.

Valores para $y = -4x^2 + 7x - 8$.

x	y
-3,000	-65,000
-2,000	-38,000
-1,000	-19,000
0,000	-8,000
+0,875	-4,938
+1,000	-5,000
+2,000	-10,000
+3,000	-23,000

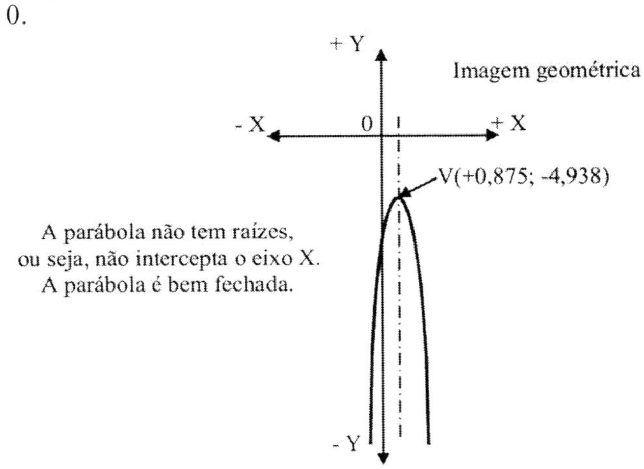

1.13.7) $x_1 = +1$ e $x_2 = -3 \Rightarrow (x_1) \cdot (x_2) = -3^3 = -27$.

1.13.8) A pessoa entrou com R$ 15.000,00 na igreja.

1.13.9) As parábolas não se interceptam. A parábola $y = +x^2$ tem vértice na origem (0; 0).
A parábola $y = -2x^2 - 1$. não têm raízes, ou seja, não intercepta o eixo X e seu vértice está no ponto (0; -1).

1.13.10) P1(+3,884; +0,714) e P2(-1,917; -2,633).

1.13.11)

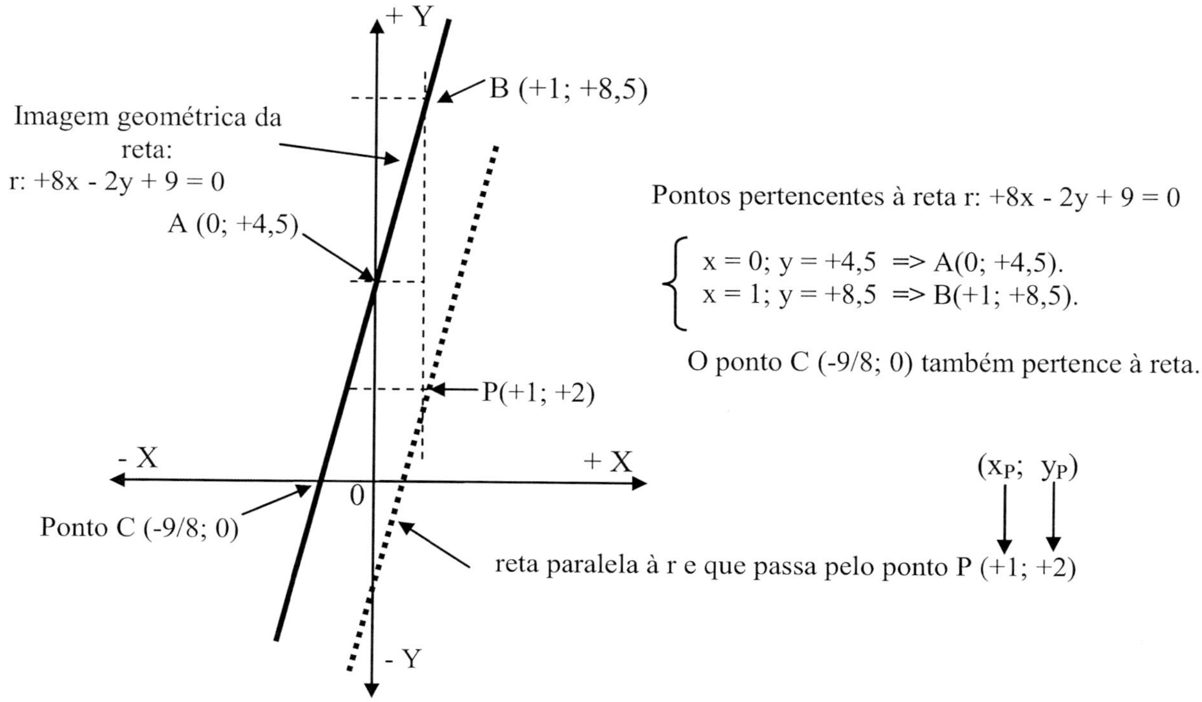

$+4x - y - 2 = 0$ é a equação da reta paralela à reta r.

1.13.12) A equação da reta t é: $y = +1{,}732x - 4{,}464$.

Capítulo 2: A Geometria dos corpos redondos: cilindro, cone e esfera

2.5.1) a) Cada esfera tem 1 dm de diâmetro, b) Podem ser colocadas 27 esferas e c) A relação entre os volumes é de 52,33 %. Ou seja: o volume de todas as esferas é equivalente a 52,33 % do volume da caixa.

2.5.2) A esfera furada, menos os volumes das duas calotas, tem um volume de 50,36 dm^3.

2.5.3) A lata maior, de 450 ml, é 16,67% mais cara que a lata menor de 250 ml.

2.5.4) São necessários 4.144,80 m^2 de lona, para cobrir o circo.

2.5.5) O valor do lado da base quadrada da barra é 1,772R.

2.5.6) A forma correta é a opção e (tronco de cone).

2.5.7) Para obter o mesmo volume, a altura deve ser igual a 12R.

2.5.8) O volume será multiplicado por 18.

2.5.9) O volume do cone dobra.

2.5.10) O volume da esfera é igual a $\frac{32\pi}{3}$ m^3 ou 33,493 m^3.

2.5.11) O volume da esfera é igual a $32\pi/3$ cm^3 ou 33,493 cm^3.

2.5.12)

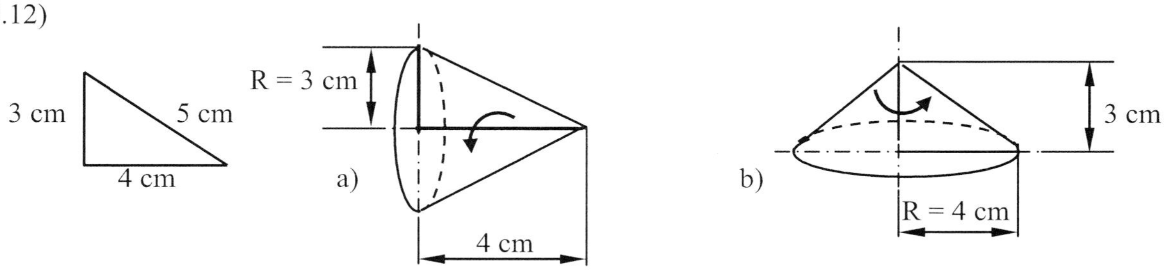

a) Um cone circular de raio de base 3 cm, altura 4 cm e volume 37,68 cm^3.

b) Um cone circular de raio de base 4 cm, altura 3 cm e volume 50,24 cm^3.

2.5.13)

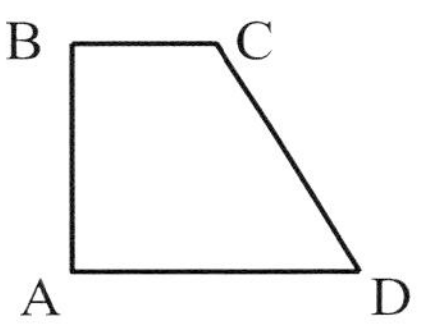

AB = 5 cm; BC = 2 cm e AD = 5 cm.

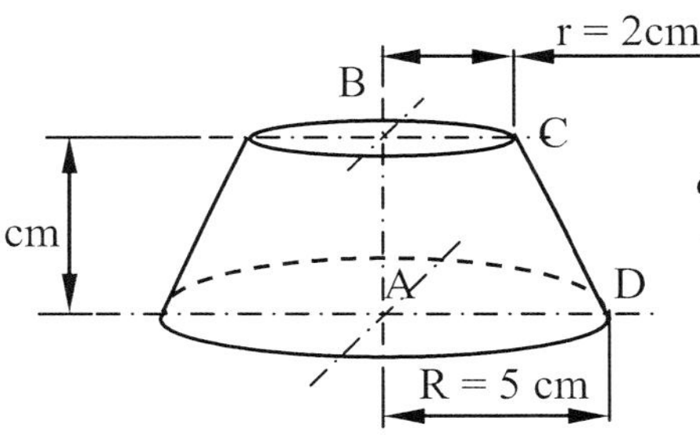

O sólido gerado é um tronco de cone de altura 5 cm e raios da base maior igual a 5 cm e da base menor igual a 2 cm.

2.5.14) O custo da vela tipo I é o dobro do custo da vela tipo II.

2.5.15) O volume do cilindro é igual a $2\pi R^3$.

2.5.16) Terão que ser feitas, no mínimo, 18 viagens.

2.5.17) O escultor irá gastar 37,68 litros de tinta.

2.5.18) A distância H é igual a 8 cm.

2.5.19) O volume do sólido é $7\pi/3$ cm^3 ou 7,33 cm^3.

2.5.20) O aumento no raio deverá ser de 2 m.

2.5.21) O índice pluviométrico, durante o temporal, foi de 108 mm.

2.5.22) O raio da nova esfera é igual a $\sqrt[3]{78}$ cm ou 4,273 cm.

2.5.23) A área da base do cone é igual a 113,04 cm^2.

2.5.24) Altura H = 2,0 m, desde a parte interna do fundo hemisférico.

2.5.25) A redução de volume foi de 514 mm^3.

Capítulo 3: Funções: definição, representação gráfica, domínio e imagem. Gráficos de funções e curvas. Aplicações práticas gerais

Este capítulo não apresenta exercícios propostos.

Capítulo 4: Circunferências

4.6.1) As Coordenadas Cartesianas são: P1(-3; +2,646) e P2(-3; -2,646).

4.6.2) As Coordenadas Cartesianas são: P1(-3,196; +4) e P2(+7,196; +4).

4.6.3) A equação da Reta é: y = +x + 5.

4.6.4) Essas circunferências são tangentes e as Coordenadas Cartesianas dos pontos de tangência T são: x = +7 e y = +2; ou seja T(+7; +2). (Alguns autores não consideram ponto de tangência como ponto de interseção).

4.6.5) a) Trata-se de uma circunferência com raio 5 e Centro C(+3; +5) e b) A circunferência é tangente ao Eixo X no ponto T(+3; 0) e intercepta o Eixo Y nos pontos y1(0; +1) e y2(0; +9). Portanto, são três pontos de interseção: P1(0; +9), P2(0; +1) e P3(+3; 0).

4.6.6) x = 20 cm e y = 18,66 cm.

4.6.7) O raio aproximado é igual a 11 cm (o cálculo exato é 10,967 cm).

4.6.8) O diâmetro da circunferência menor é 1,54 cm.

4.6.9) Lado do quadrado igual a 7,67 m e lado do triângulo equilátero igual a 11,66 m.

4.6.10) A área total da praça é igual a 3,14 km^2.

4.6.11) A área total azulejada é igual a 989,1 m^2.

4.6.12) A área do triângulo é igual a 9 cm^2.

4.6.13) Terão que ser dadas cinco (5) voltas.

4.6.14) À medida que as raias se aproximam do centro da pista, o comprimento percorrido pelo atleta diminui. Portanto, estaria sendo beneficiado o atleta que correu na raia um (1).

4.6.15) Área total revestida igual a 227,64 cm^2.

4.6.16) A área marcada é igual a 2,28 cm^2.

4.6.17) A área das regiões marcadas é igual a $16\pi/3$ cm^2, ou seja: 16,745 cm^2.

4.6.18) Área total banhada em ouro igual a 54,62 cm^2.

4.6.19) A área total ocupada pelos três canteiros é 25π m^2, ou seja: 78,5 m^2.

4.6.20) A área interior à pista circular, excedente à da quadra retangular é igual a $(25\pi - 48)$ m^2 ou 30,5 m^2.

4.6.21) A área do quadrilátero é igual a $6\sqrt{3}$ ou 10,392. (O quadrilátero é um losango).

4.6.22) O raio dos tubos maiores é de $6(1 + \sqrt{2})$ cm ou 14,49 cm.

4.6.23) É um quadrado de área 52,46 cm^2.

4.6.24) O tambor dará 15 voltas inteiras.

Capítulo 5: Elipses

5.6.1) A área do triângulo é igual a 0,75 m^2.

5.6.2) As coordenadas são: P1(+3,123; +3,123), P2(-3,123; +3,123), P3(-3,123; -3,123) e P4(+3,123; -3,123).

5.6.3) Equação reduzida: $+\frac{(x+2)^2}{16} + \frac{(y-3)^2}{9} = +1$. Equação geral: $+9x^2 + 16y^2 + 36x - 96y + 36 = 0$.

5.6.4) Os pontos de interseção são: P1(+2,683 m; +2,683 m) e P2(-2,683 m; -2,683 m).

5.6.5) A distância entre os postes é de 80 metros.

5.6.6) a) Coordenadas dos focos: F_1(-10,196; +4) e F_2(+0,196; +4) e b) Coordenadas da interseção: A (-10,657; +5) e B (+0,657; +5).

5.6.7) A equação reduzida da elipse é: $+x^2/0{,}75 + y^2/1 = +1$.

5.6.8) O volume da bola é igual a $6b^3$.

5.6.9) a) Trata-se de uma elipse, de equação do tipo: $+x^2/b^2 + y^2/a^2 = +1$, com eixo maior 2a = 12 e eixo menor 2b = 8, uma vez que: $a^2 = 36$ e $b^2 = 16$. O centro C dessa elipse coincide com a origem dos eixos Cartesianos (0; 0). O eixo maior 2a = 12 está no sentido do eixo cartesiano Y e b) Equação da reta: $y = +0{,}577x + 4{,}47 = 0$.

5.6.10) Resposta: A equação da elipse é: $+\frac{(x-2)^2}{3.600} + \frac{y^2}{10.000} = +1$.

5.6.11) Resposta: A largura é igual a 5,333 m ou 5.333 mm e a altura é igual a 1,528 m ou 1.528 mm.

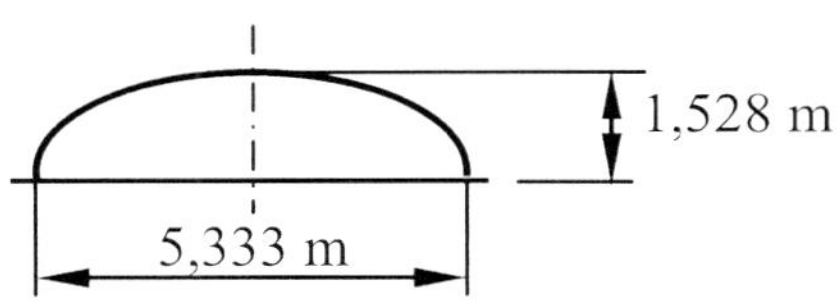

Imagem geométrica do problema

5.6.12) A equação da circunferência é: $+x^2 + y^2 = +1$.

5.6.13) Coordenadas do centro C(0; 0), eixo maior 2a igual a 10, eixo menor 2b igual a 8 e distância focal 2c igual a 6.

5.6.14) Menor distância igual a 150.929.666,9 km e maior distância igual a 156.056.333,1 km.

5.6.15) O foco de abscissa positiva é o F_1(+3; 0), o centro C(-4; +3) e a distância é igual a 7,616.

5.6.16) O quadrilátero é um losango de área igual a 30 unidades de área.

5.6.17) Trata-se de uma elipse de centro C(+2; -1), com eixo maior 2a = 6, paralelo ao eixo cartesiano X, eixo menor 2b = 4 e distância focal $2c = 2\sqrt{5} = 4{,}472$.

5.6.18) A equação da elipse é igual a $+\frac{(x+2)^2}{100} + \frac{(y-1)^2}{64} = +1$.

5.6.19) As coordenadas cartesianas dos focos são: $F_1(+4; 0)$ e $F_2(-4; 0)$.

5.6.20) O outro foco dista 4 unidades de medida de P.

Capítulo 6: A parábola

6.11.1) Equação da parábola: $x^2 = +281{,}68y$ e altura H = 15 cm.

6.11.2) Equação: $y^2 = -8x$, foco F(-2; 0) e reta diretriz: x = +2.

6.11.3) O ponto de interseção é P3(-1,125; +1,5).

6.11.4) Equação: $+y^2 - 6y + 8x + 49 = 0$ e reta diretriz: x = -3.

6.11.5) Foco F(0; +3) e reta diretriz: y = -3.

6.11.6) a) Equação da parábola: $+y^2 + 24x - 48 = 0$, b) Reta diretriz: x = +8 e c) Parábola intercepta eixo Y nos pontos: P1(0; +6,928) e P2(0; -6,928), e a parábola intercepta o eixo X no vértice V(+2; 0).

6.11.7) a) Equação da parábola: $x^2 = +16y$, b) Reta diretriz: y = -4 e c) Pontos de interseção: P1(+8; +4) e P2(-8; +4).

6.11.8) a) Pontos de interseção: P1(+4,62; +1,33) e P2(-13,852; +11,992) e b) Parâmetro: p = 4.

6.11.9) a) Equação da parábola: $x^2 = +12y$ e b) Pontos de interseção: P1(+3,87; +1,25) e P2(-3,87; +1,25).

6.11.10) a) Equação da parábola: $+y^2 + 8x + 16 = 0$, b) Equação da reta diretriz: x = 0 e c) A reta diretriz não intercepta a parábola, pois coincide com o eixo Y.

6.11.11) a) Equação da parábola: $+x^2 + 6x + 16y + 41 = 0$, b) Interseção com eixo Y: (0; -2,563); a parábola não intercepta o eixo X e c) Foco F(-3; -6).

6.11.12) A equação da parábola é $x^2 = +12y$.

6.11.13) Trata-se de uma parábola, com cavidade para cima, pois a é positivo (a = +1), de raízes x1 = -1 e x2 = +6, com o vértice no quarto quadrante e coordenadas V(+2,5; -12,25).

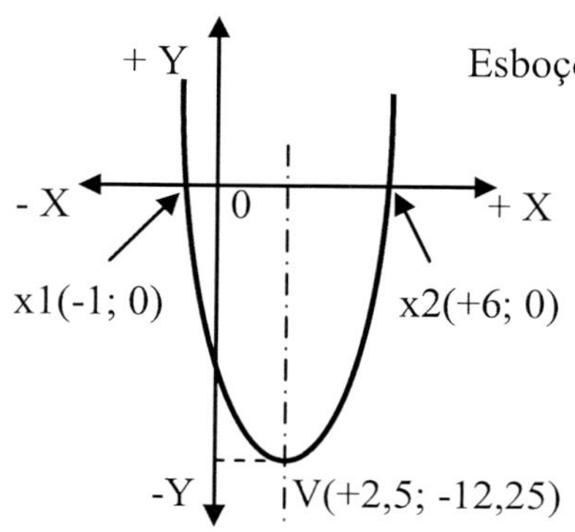

Esboço da imagem geométrica

6.11.14) A equação da parábola é: $y^2 = +2x$.

6.11.15) O valor de k tem que ser -1/4 ou -0,25.

6.11.16) As coordenadas são: F(+25/8; +1) ou F(+3,125; +1) e V(+3; +1).

6.11.17) a) Equação reduzida: $+(y + 3)^2 = +8(x - 1)$, b) Vértice V(-3; +1), c) Foco F(+3; -3) e d) Reta diretriz: x = -1.

6.11.18) a) Equação reduzida: $+(x + 2)^2 = +y + 4$, b) Coordenadas do vértice: V(-2; -4), c) Coordenadas do foco: F(-2; -3.75) e d) Equação da reta diretriz: y = -4,25.

Capítulo 7: A hipérbole

7.10.1)) Focos: $F_1(0; -6{,}325)$ e $F_2(0; +6{,}325)$ e b) Vértices: $V_1(0; -2)$ e $V_2(0; +2)$.

7.10.2) Reta r: y = +0,333x, reta s: y = -0,333x. A reta r forma um ângulo de 18,418°, com o eixo X e a reta s um ângulo de 161,582°.

7.10.3) Equação: $+x^2/9 - y^2/16 = +1$. Também pode ser: $+16x^2/ - 9y^2 - 144 = 0$.

7.10.4) As equações são: $+x^2 - y^2 = +4{,}5$ ou $+2x^2 - 2y^2 - 9 = 0$. É uma hipérbole equilátera.

7.10.5) Eixo real 2a = 6, eixo imaginário 2b = 3,464, distância focal 2c = 6,928, $F_1(0; +3{,}464)$ e $F_2(0; -3{,}464)$.

7.10.6) Equação: $+\frac{(x - 3)^2}{36} - \frac{(y + 7)^2}{28} = +1$.

7.10.7) A equação da hipérbole é: $+x^2/4 - y^2/5 = +1$.

7.10.8) Equação geral: $+7x^2 - 9y^2 - 42x - 126y - 630 = 0$. Equação reduzida: $+\frac{(x - 3)^2}{36} - \frac{(y + 7)^2}{28} = +1$.

7.10.9) $V_1(-5; 0)$, $V_2(+5; 0)$, $F_1(-6{,}403; 0)$ e $F_2(+6{,}403; 0)$.

7.10.10) a) Distância focal 2c = 10 e b) Retas assíntotas: s: y = +0,75x e r: y = -0,75x.

7.10.11) a) Medidas: a = ±2 u.m, b = ±5,657 u.m e c = ±6 u.m e b) Equação: $+8x^2 + 64x - y^2 - 6y + 87 = 0$.

7.10.12) Opção verdadeira é a E, ou seja: uma reta, uma parábola e uma hipérbole.

7.10.13) As coordenadas são: C(-4; -3).

7.10.14) a) Elementos: a = ±3, b = ±4 e c = ±5. Coordenadas: C(-4; +5), $V_1(-7; +5)$, $V_2(-1; +5)$, $F_1(-9; +5)$ e $F_2(+1; +5)$ e b) Existe interseção e os pontos são: P1(-31,653; -31,653) e P2(+0,51; +0,51).

Capítulo 8: Funções trigonométricas no triângulo e no círculo. A trigonometria hiperbólica

8.9.1) a) Gráfico a seguir. b) valor máximo y = +3 e c) y = +2.

y \ x	0π	π/6	π/4	π/2	3π/4	π	5π/4	3π/2	7π/4	2π
sen x	0	+0,5	$+\sqrt{2}/2$	+1	$+\sqrt{2}/2$	0	$-\sqrt{2}/2$	-1	$-\sqrt{2}/2$	0
2|sen x|	0	+1	$+\sqrt{2}$	+2	$+\sqrt{2}$	0	$+\sqrt{2}$	+2	$+\sqrt{2}$	0
y = +1 + 2|sen x|	+1	+2	$1 + \sqrt{2}$	+3	$1 + \sqrt{2}$	+1	$1 + \sqrt{2}$	+3	$1 + \sqrt{2}$	+1

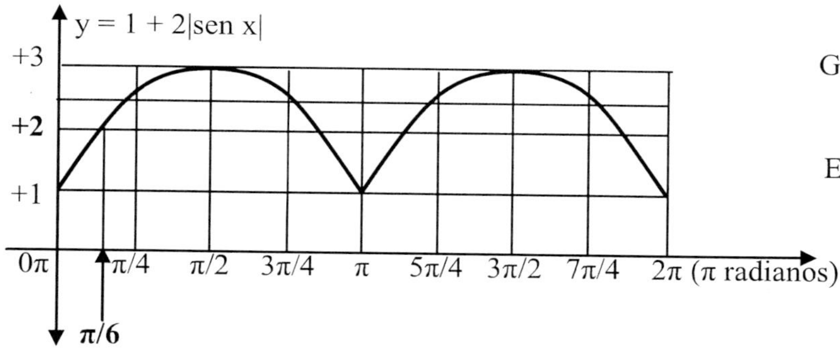

Gráfico da função: $y = +1 + 2|\text{sen } x|$

Essa função varia entre +1 e +3.

8.9.2) Lado igual a 17,32 cm.

8.9.3) y = +3,762.

8.9.4) Diferença igual a 1.

8.9.5) $\cos^2(\pi/3) - \text{sen}(\pi/6) + \text{tg}(3\pi/4) = -1{,}25$.

8.9.6) a) L = 5,176 metros e b) H = 1,34 metros.

8.9.7) 103,927 metros de tirante tipo A e 84,666 metros de tirante tipo B.

8.9.8) A flecha é igual a 0,5 metro.

8.9.9) BE = 4,243 cm; BG = EG = 5 cm. $\alpha = 45°$; $\gamma = 36{,}87°$; $\delta = 53{,}13°$; $\beta = 64{,}96°$ e $\mu = 50{,}08°$.

8.9.10) L = 9,8 cm.

Capítulo 9: Função exponencial

9.7.1) Valor igual a 35.156,25.

9.7.2) Valor igual a -5,6458.

9.7.3) Não será vantajoso consertar a máquina, pois após 10 anos de uso a máquina vale R$ 30.000,00, ou seja, bem menos do que se gastará para consertar.

9.7.4) x = +1,585.

9.7.5) x = -3.

9.7.6) x = +1/12 = +0,083.

9.7.7) Esboce o gráfico da função: $y = +x^3 - 10$. Imagine o que essa curva pode representar, por exemplo, na área da medicina.

9.7.8) Com 11 anos de vida a árvore produzirá 243.000 frutos.

9.7.9) Para produzir quatro mil peças a empresa terá um gasto com gás combustível de nove mil reais.

9.7.10) a) Ao final da primeira semana existirão cerca de 2,718 moscas por hectare e b) Ao final da segunda semana existirão cerca de 7.389 moscas por hectare.

Capítulo 10: A função logarítmica

10.12.1) $\log_{16} 64 = +1{,}5$.

10.12.2) $\log_{49} \sqrt[3]{7} = +1/6 = +0{,}1667$.

10.12.3) $x = -1$ ou $x = +9$.

10.12.4) $\begin{cases} x + y = +7. \\ \log_2 x + \log_2 y = \log_2 12 \end{cases}$ => (+3; +4) ou (+4; +3). $x = +3$ ou $+4$; $y = +4$ ou $+3$.

10.12.5) $x = +2$ ou $x = +4$.

10.12.6) $\log_{100} 3 = 1/2 \log_{10} 3$.

10.12.7) Após 40 anos.

10.12.8) A árvore terá 4,3 metros.

10.12.9) $x = +5$.

10.12.10) $x = +3$.

APÊNDICE B

INTRODUÇÃO AO CÁLCULO I

Apêndice B1
Os limites

As definições de derivada e integrais definidas envolvem o conceito de limite. *Na prática, existem formas mais rápidas de se calcular derivadas e integrais, sem a análise dos limites, que são processos longos. O Cálculo Diferencial envolve as análises de limites e derivadas de funções matemáticas. Existe toda uma sequência lógica até se chegar ao Cálculo Integral, que também é conhecido como antiderivada. Ou seja, uma antiderivada necessita do cálculo da derivada, que por sua vez utiliza o conceito de limite.*

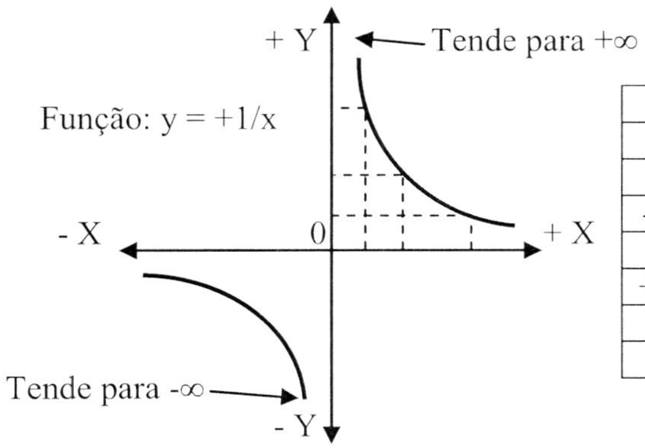

x	y
-2	-0,5
-1	-1
-0,5	-2
0	±∞
+0,5	+2
+1	+1
+2	+0,5

y = +1/x => quando x tende a zero, y tende a ±∞
(Trata-se de uma função descontínua)

B.1.1 Conceito intuitivo de limite

O conceito de limite descreve o comportamento de uma função y = f(x), à medida que o seu argumento (valor de x) se aproxima de um determinado valor. Por exemplo, na função y = +5x - 2, quando x tende a +2, y tende a +8. Nesse caso a notação matemática fica: $\lim_{x \to +2} +(5x - 2) = +8$.

De fato, quando x = +2 => [5(+2) - 2] = +8. (O valor de x é o que se chama de argumento).

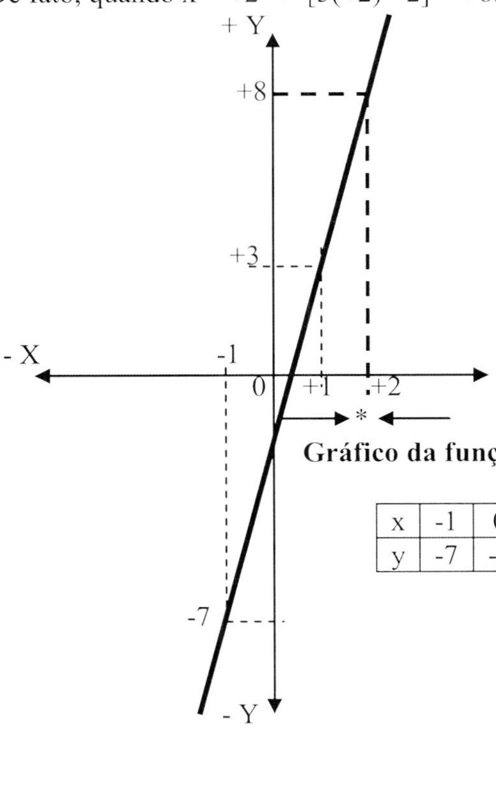

Gráfico da função: y = +5x - 2

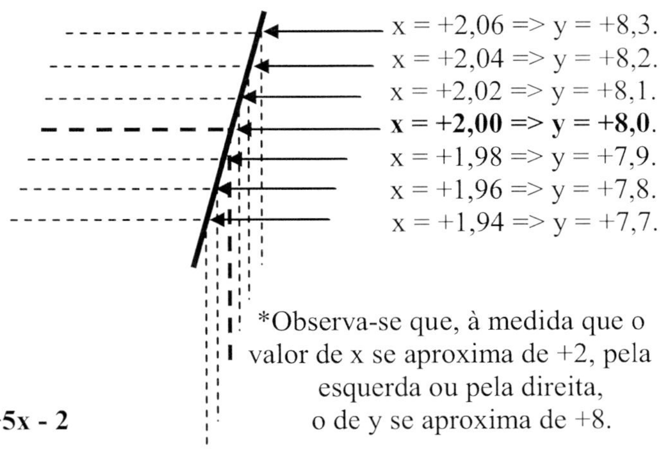

x	-1	0	+1	+1,94	+1,96	+1,98	**+2**	+2,02	+2,04	+2,06
y	-7	-2	+3	+7,70	+7,80	+7,90	**+8**	+8,10	+8,20	+8,30

$\lim_{x \to +2} +5x - 2 = +8$

B.1.2 Conceito matemático de limite

Em uma função f(x) = y, quando a variável x tende à constante y, no limite, os sucessivos valores de x resultam na diferença x - l, com valor numérico tão pequeno, logo próximo de x. Analisando a seguinte sequência infinita, conceitua-se limite:

$3 + 1; 3 + 1/2; 3 + 1/4; 3 + 1/8; ...; 3 + 1/2^n$, que resulta em: 4; 3,5; 3,25; 3,125; ...; 3,000000000.... Ou seja:

$\lim_{n \to +\infty} (3 + 1/2^n) = +3.$

B.1.3 Limites especiais

Os limites a seguir descritos, onde "c" é uma constante, em muito ajudam a resolver limites, especialmente de funções polinomiais.

$\lim_{x \to 0} c/x = c/0 = +\infty.$ Por exemplo: $\lim_{x \to 0} +2/x = +\infty.$

$\lim_{x \to +\infty} c.x = c. +\infty = +\infty.$ Por exemplo: $\lim_{x \to +\infty} +5x = +\infty.$

$\lim_{x \to +\infty} x/c = +\infty/c = +\infty.$ Por exemplo: $\lim_{x \to +\infty} x/-7 = +\infty.$

$\lim_{x \to +\infty} c/x = c/+\infty = 0.$ Por exemplo: $\lim_{x \to +\infty} -7/x = 0.$

B.1.4 Exercício resolvido

Determinar o limite da função $(x^2 - 1)/(x - 1)$, quando x tende a +1, e analisar seu gráfico.

Matematicamente pede-se: $\lim_{x \to +1} y = (x^2 - 1)/(x - 1)$. Fazendo x = 1, tem-se 0/0, que é indefinido.

Como: $(x^2 - 1) = (x + 1)(x - 1)$, tem-se: $y = (x^2 - 1)/(x - 1) \Rightarrow y = \frac{(x + 1)(x - 1)}{(x - 1)} \Rightarrow y = (x + 1)$. Portanto:

$\lim_{x \to +1} y = (x^2 - 1)/(x - 1) = \lim_{x \to +1} y = (x + 1) = +2.$

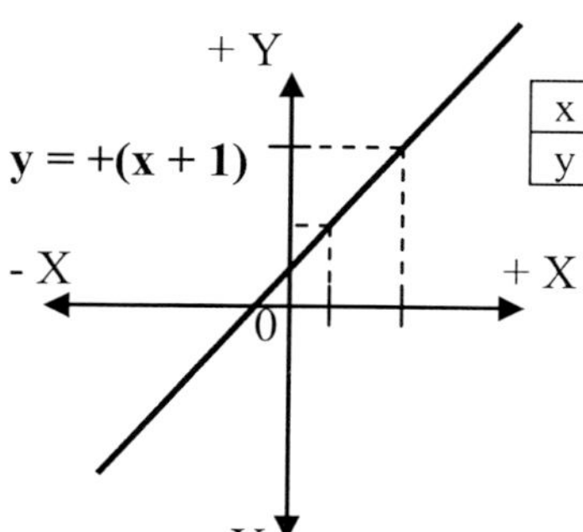

x	-3	-2	-1	0	+0,25	+0,5	+0,75	+0,8	+0,9	+0,99	+1	+1,1	+1,2
y	-2	-1	0	+1	+1,25	+1,5	+1,75	+1,8	+1,9	+1,99	+2	+2,1	+2,2

Observa-se que, à medida que x se aproxima de +1, y se aproxima de +2.
Ou seja: $\lim_{x \to +1} +(x + 1) = +2.$

Apêndice B2
As derivadas

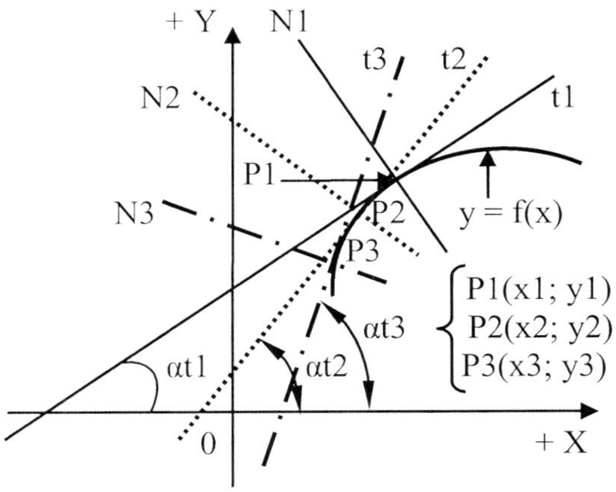

Retas tangentes t1, t2 e t3, e retas normais N1, N2 e N3 à função y = f(x), passando pelos pontos P1, P2 e P3.

A derivada de uma função y = f(x) num ponto P é igual ao valor da tangente trigonométrica do ângulo αt formado pela tangente geométrica à curva representativa de y = f(x), no ponto P considerado. Ou seja, a derivada é o coeficiente angular da reta tangente ao gráfico da função no ponto P. A derivada de uma função y = f(x), também pode ser representada pelos símbolos: y', dy/dx ou f'(x). O Cálculo Integral, também conhecido como anti derivada necessita do conceito da derivada, que por sua vez utiliza o conceito de limite. Na prática, por exemplo, em uma estrutura no formato logarítmico, existem limitações de altura e largura. Tanto o cálculo da área da espessura da estrutura, quanto o comprimento dos vergalhões, no concreto da estrutura utilizam o cálculo integral ou anti derivada.

B.2.1 Definição e imagem geométrica da função derivada f'(x). Exercícios conceituais

A derivada de uma função y = f(x) num ponto $x = x_0$, é igual ao valor da tangente trigonométrica do ângulo formado pela tangente geométrica à curva representativa de y = f(x), no ponto $x = x_0$, ou seja, a derivada é o coeficiente angular da reta tangente ao gráfico da função no ponto x_0. A derivada de uma função y = f(x), ou seja: df/dx no ponto x_0, também pode ser representada pelos símbolos: y', dy/dx ou f '(x). A derivada de uma função f(x) no ponto x_0 é dada pela expressão a seguir, conforme figura ilustrativa:

$$\frac{df(x_0)}{dx} = f'(x_0) = \lim_{x \to x_0} \frac{f(x) - f(x_0)}{x - x_0} = \lim_{x \to x_0} \frac{f(x_0 + h) - f(x_0)}{h} \longleftarrow$$ Aqui se tem o quociente de uma diferença.

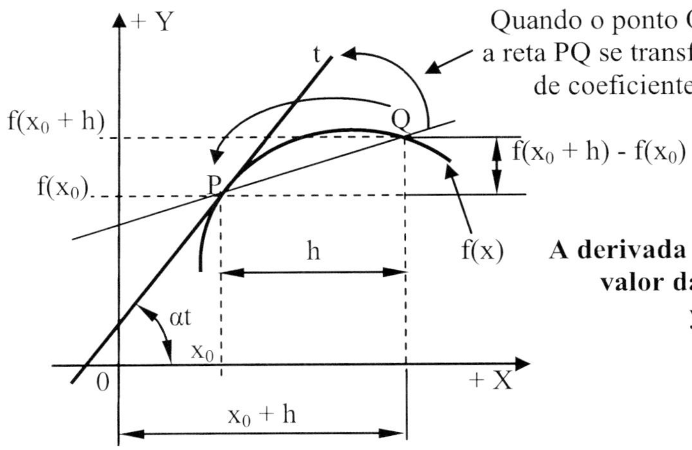

Quando o ponto Q tende para o ponto P, a reta PQ se transforma na reta tangente t, de coeficiente angular igual a αt.

Usa-se o termo "derivada", porque a função f ' deriva da função f, por meio de um limite.

A derivada da função y = f(x) no ponto $x = x_0$, é igual ao valor da tangente trigonométrica do ângulo αt.
y' ou dy/dx ou f '(x) = |tg αt|.

O símbolo f ' significa "f linha".

B.2.2 Exercício resolvido

Determine a função derivada f ', em relação a x, da função $f(x) = +x^2$, bem como a equação da reta t tangente à função, no ponto x = +1. Após a determinação da equação da reta, faça seu gráfico.
A função f(x) ou $y = +x^2$, representa uma parábola com vértice coincidente com a origem (0; 0) e cavidade para cima, como mostrada a seguir.

Tabela de valores para: $y = +x^2$.

x	-3	-2	-1	0	+1	+2	+3
y	+9	+4	+1	0	+1	+4	+9

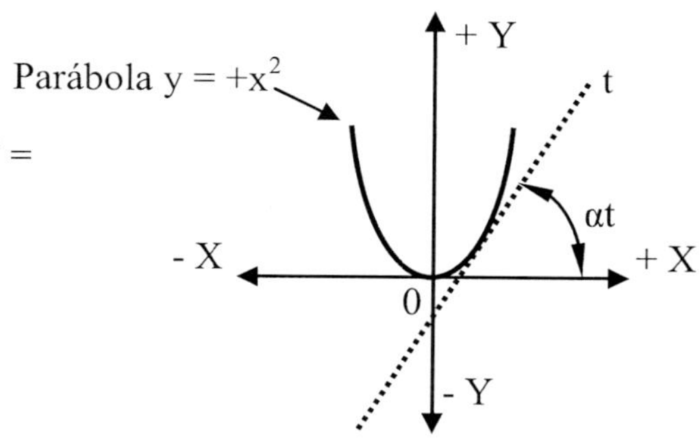

$$f'(x) = \lim_{h \to 0} \frac{f(x+h) - f(x)}{h} = \lim_{h \to 0} \frac{(x+h)^2 - x^2}{h} =$$

$$= \lim_{h \to 0} \frac{x^2 + 2xh + h^2 - x^2}{h} = \lim_{h \to 0} \frac{2xh + h^2}{h} =$$

$$= \lim_{h \to 0} +2x + h = 2x.$$ **Ou seja: $f'(x) = +2x$.**

A inclinação da reta t tangente à $y = +x^2$, no ponto x = +1 é 2x = 2 . (+1) = +2, é o valor da tangente no ponto x = +1, ou seja, o coeficiente angular mt da reta t que passa pelo ponto (+1; +1).

A equação da reta é: mt(x - 1) = y - 1 ou +2(x - 1) = y - 1 ou +2x - 2 + 1 = y ou y = +2x - 1.

Tabela de valores para: y = +2x - 1.

x	-3	-2	-1	0	+1	+2	+3
y	-7	-5	-3	-1	+1	+3	+5

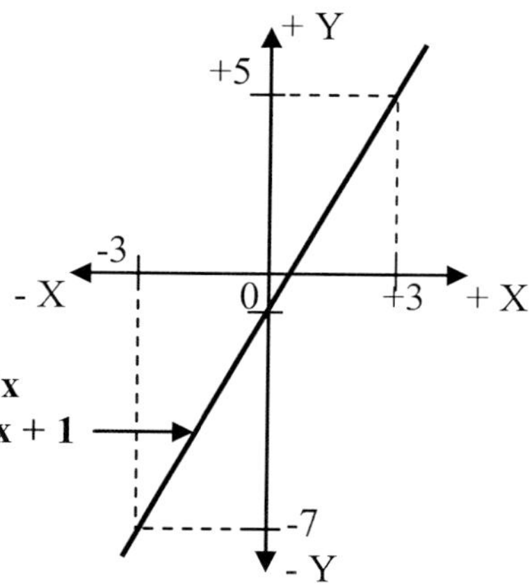

Resposta: a função derivada é f '(x) = +2x e a equação da reta no ponto x = +1 é: y = +2x + 1

Importância do estudo das derivadas e a disciplina "Cálculo I"

Quando uma função possui uma derivada, em determinado ponto, diz-se que a função é diferenciável no ponto. Segundo Thomas (1966, p.22): "o processo de achar a derivada de uma função é a operação fundamental do cálculo diferencial". Ainda segundo Thomas, o cálculo diferencial é o ramo da Matemática que estuda dois principais problemas:

Problema I: dada uma função f(x), determinar os valores de x (ou seja, no domínio da função), para as quais a função possui derivada.

Problema II: dada uma função f(x) e um valor de x, para a qual existe a derivada da função, calcular f '(x).

Esses dois problemas seguem as seguintes lógicas:

Lógica do problema I: só existem derivadas nos trechos do domínio, onde a função é contínua.

Lógica do problema II: se a função é contínua, no ponto considerado, sua derivada pode ser calculada a partir do limite: $f'(x) = \lim_{h \to 0} \frac{f(x + h) - f(x)}{h}$.

Geometricamente, o cálculo da derivada determina a inclinação da reta tangente à função, no ponto x considerado. Ou seja, o valor numérico da derivada é o coeficiente angular da reta tangente à função ou curva no ponto x. Isso também significa que, o valor numérico da derivada é igual ao valor numérico da tangente do ângulo que a reta faz com o eixo X.

Apêndice B3
A integral indefinida, conceituada como antiderivada

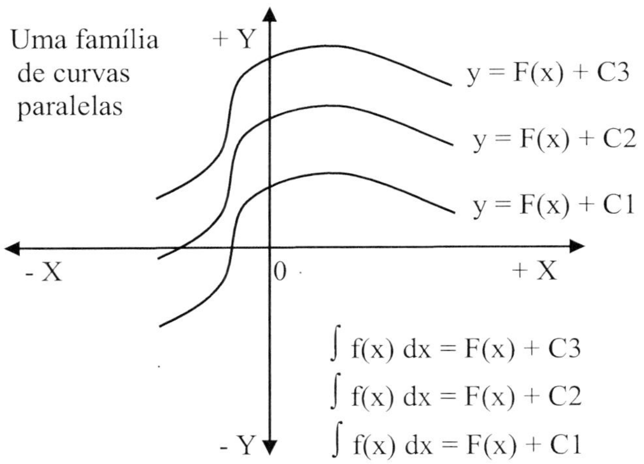

y = F(x) + C é a antiderivada geral ou integral indefinida de y = f(x)

O Cálculo Integral, como aqui detalhado, é definido como uma antiderivada, que advém de uma equação diferencial. Conceitualmente, o Cálculo Integral está relacionado a duas análises: uma reta tangente à uma função ou curva derivável e o cálculo de uma área, sob uma curva ou função (soma de Riemann). Diversas áreas profissionais utilizam o Cálculo Integral, em especial nas das ciências exatas e, principalmente em diversas análises de problemas aplicados às engenharias. Observa-se que, o Cálculo Integral, além das áreas, também se aplica ao cálculo de perímetros (linhas) e volumes, usando-se a integral definida, ou seja, quando o cálculo é feito para um determinado intervalo.

B.3.1 Integrais: símbolo, tipos e exemplos gerais de aplicações

Embora muitos estudiosos tenham contribuído com análises e conceitos, como já citado, atribui-se ao alemão Gottfried Wilhelm Leibniz e ao inglês Isaac Newton, o que se denomina Cálculo Integral. O Teorema Fundamental do Cálculo estabelece a relação entre o Cálculo Diferencial e o Cálculo Integral. O Cálculo Diferencial estudou o problema de se determinar a reta tangente a uma curva em um ponto. O Cálculo Integral surgiu a partir do problema de se encontrar a área sob uma curva no plano cartesiano XY. Como visto adiante, calcular uma integral indefinida, conceitualmente, significa calcular uma antiderivada.

O símbolo da integração é um "S" alongado ($\int$) significando soma. Considerando uma integral como uma antiderivada, pode-se escrever, por exemplo: $A = \int 2x\,dx = 2\int x\,dx = 2\,\dfrac{(x^{1+1})}{(1+1)} = \dfrac{2x^2}{2} = x^2 + C$.

De fato: se $y = x^2 + C \Rightarrow dy/dx = 2x$. Ou seja, é a inversa da integral (C é uma constante qualquer).

Uma integral é chamada de indefinida, quando não se analisa um determinado intervalo. De modo contrário, na integral definida o cálculo é feito considerando-se um determinado intervalo. **O resultado de uma integral indefinida é uma função, enquanto o resultado de uma integral definida é um número**, podendo representar, por exemplo: um perímetro, uma área ou um volume. Os exemplos a seguir ilustram o fato:

A integral indefinida: $A = \int 2x\,dx = x^2 + C$, representa uma parábola, ou seja uma função, onde C é qualquer constante, positiva ou negativa. Em verdade, a função $A = x^2 + C$, expressa uma família de parábolas com vértice não coincidente com a origem ($C \neq 0$) e concavidade para cima.
Já a integral definida, com intervalo de variação -r a +r:

$V = \int_{-r}^{+r} \pi(r^2 - x^2)\, dx \Rightarrow V = (4/3).\pi.r^3$ ou $V = (\pi/6).d^3$, representa o volume de uma esfera de diâmetro d.

Nas aplicações práticas, usam-se as integrais definidas, sejam de linha (ou perímetro), área ou volume. A seguir são mostrados dois exemplos do uso aplicado do Cálculo Integral, com integrais definidas, pois trata-se de saber um perímetro ou uma área ou um volume.

Nesse caso, o volume do cilindro parabólico é calculado, multiplicando a área da espessura de concreto pelo comprimento L.

Um túnel parabólico

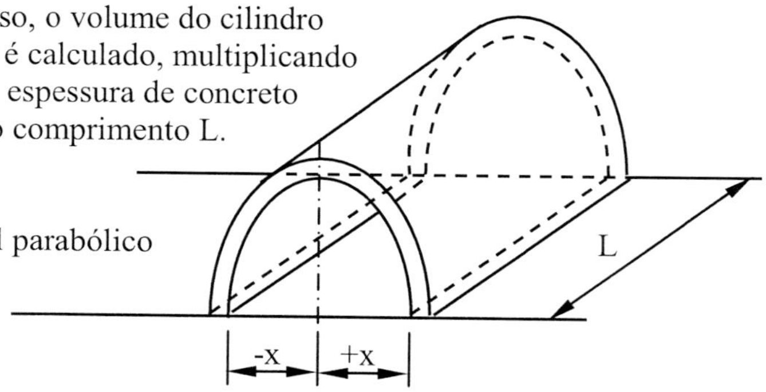

Num túnel de abertura parabólica, tanto a área da espessura em concreto, quanto o comprimento dos vergalhões parabólicos são calculados por integrais definidas. Nesse exemplo usa-se a equação da parábola, considerando-se o intervalo ±x, que é a metade da entrada do túnel.

Um paraboloide circular

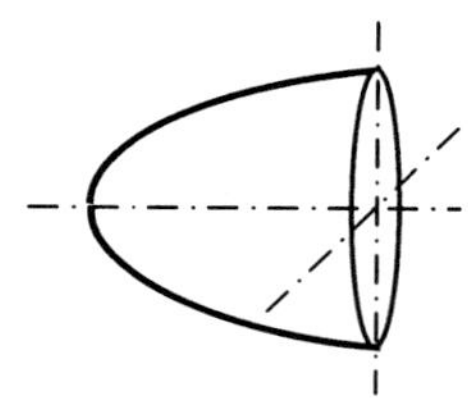

Num paraboloide, o volume é calculado por uma integral definida. No paraboloide circular, gira-se a parábola, segundo uma circunferência.

B.3.2 Equações diferenciais e antiderivada

Uma equação que envolva derivada de uma função é chamada de equação diferencial. Se $y = +x^2$, então $dy/dx = +2x$ e $dy = +2xdx$, que é uma equação diferencial. Por exemplo: $A = \int +2x\, dx = x^2 + C$, ou seja, a integral indefinida é a antidiferencial ou anti derivada da função original.

As equações diferenciais podem ser classificadas como: Equação Diferencial Ordinária (EDO) e Equação Diferencial Parcial (EDP). As ordinárias envolvem derivadas de uma função de uma só variável independente, enquanto as parciais envolvem derivadas parciais (implícitas) de uma função de mais de uma variável independente.

A ordem de uma equação diferencial é dada pela derivada mais alta da função que consta na equação. O grau é dado pelo expoente (potência) da derivada de mais alta ordem. Exemplos:

$\frac{dy}{dx} = +2x - 1 \Rightarrow$ ordem 1 e grau 1.

$\frac{d^2y}{dx^2} + x^2\left(\frac{dy}{dx}\right) + 30y = 0 \Rightarrow$ ordem 2 e grau 1.

$\frac{d^3y}{dx^3} + x.\cos x = +x^3y^4 \Rightarrow$ ordem 3 e grau 1.

O estudo completo das equações diferenciais, que têm aplicações em diversas áreas, em geral, é objeto de disciplinas específicas, não sendo estudadas no presente livro.

B.3.3 A integral indefinida (conceituada como antiderivada)

Como já citado, o resultado de uma integral indefinida é uma função, também considerada como uma antiderivada de "outra" função.
Considerando a função: $f(x) = +x^3 + C$, e sua derivada $f'(x) = (x^3)' + (C)' \Rightarrow f'(x) = +3x^2 + 0$, ou seja: $f'(x) = +3x^2$. Observa-se que $f(x) = +x^3 + C$ e $f'(x) = +3x^2$, são funções relacionadas, da seguinte forma:

Considerando: $\frac{d}{dx}(x^3) = +3x^2$, tem-se que: $\int +3x^2\,dx = x^3 + C$. Ou seja, uma é a antiderivada da outra.

Conceitualmente, resolver uma integral indefinida significa descobrir qual função tem como derivada a função que se quer integrar. A seguir são mostrados alguns exemplos de cálculos de integrais indefinidas, a partir do conceito de antiderivada, indicando que a integração é uma antiderivação ou antidiferenciação.

Funções primitivas (ou antiderivada) ↓   **Função integrando** ↓

$\int +3x^2\,dx = x^3 + C \longrightarrow f'(x^3) = +3x^2$ ⟵ **Função Derivada**

$\int 1/(2\sqrt{x})\,dx = \sqrt{x} + C \longrightarrow f'(\sqrt{x}) = 1/(2\sqrt{x})$

$\int \sec^2 x\,dx = \text{tg } x + C \longrightarrow f'(\text{tg } x) = \sec^2 x$

> As funções $\int +3x^2\,dx = x^3 + C$ são chamadas de funções primitivas e $f(x) = x^3$ é chamada função integrando, sendo $+3x^2$ sua função derivada.

B.3.4 Exercícios resolvidos, sobre integrais indefinidas gerais

Utilizando as fórmulas, propriedades e operações algébricas resolver as seguintes integrais indefinidas:

1) $\int \mathbf{2\,sen\,x\,dx} = 2\int \text{sen } x\,dx = 2(-\cos x) + C$. Portanto: $\int \mathbf{2\,sen\,x\,dx = -2cos\,x + C}$.

2) $\int (\mathbf{x^2 + 1})\,\mathbf{dx} = \int x^2\,dx + \int dx$. Como $\int x^r\,dx = \frac{(x)^{r+1}}{(r+1)} + C$, então: $\int x^2\,dx = \frac{(x)^{2+1}}{(2+1)} + C = \frac{x^3}{3} + C \Rightarrow$

$\int x^2\,dx + \int dx = \frac{x^3}{3} + x$. Portanto: $\int (\mathbf{x^2 + 1})\,\mathbf{dx} = \mathbf{\frac{x^3}{3} + x + C}$.

3) $\int (\mathbf{4x^3 + 3cos\,x})\,\mathbf{dx} = \int 4x^3\,dx + \int 3\cos x\,dx = 4\int x^3\,dx + 3\int \cos x\,dx$. Resolvendo cada integral:

$$\left\{\begin{array}{l} 4\int x^3\,dx = \frac{4(x^{3+1})}{3+1} = \frac{4x^4}{4} = x^4. \\ 3\int \cos x\,dx = 3(\text{sen } x). \end{array}\right\}$$

Portanto: $\int (\mathbf{4x^3 + 3cos\,x})\,\mathbf{dx = x^4 + 3sen\,x + C}$.

4) $\int \mathbf{[(x^2 - 1)^2/(x^2)]\,dx} = \int [(x^2 - 1)(x^2 - 1)/(x^2)]\,dx = \int [(x^4 - 1x^2 - 1x^2 + 1)/(x^2)]\,dx =$

$= \int [(x^4 - 2x^2 + 1)/(x^2)]\,dx = \int [(x^4/x^2) - 2(x^2/x^2) + (1/x^2)]\,dx = \int [(x^2) - 2 + (1/x^2)]\,dx$. Como: $1/x^2 = x^{-2}$, logo:

$\int [(x^2) - 2 + (1/x^2)]\,dx = \int (x^2 - 2 + x^{-2})\,dx = \int x^2\,dx - \int 2\,dx + \int x^{-2}\,dx = \frac{x^{2+1}}{2+1} - 2x + \frac{x^{-2+1}}{-2+1} = \frac{x^3}{3} - 2x + \frac{x^{-1}}{-1} =$

$= \frac{x^3}{3} - 2x - x^{-1}$. Mas $x^{-1} = 1/x$, logo $= \frac{x^3}{3} - 2x - 1/x$. Ou seja: $\int [(x^2 - 1)^2/(x^2)]\,dx = x^3/3 - 2x - 1/x + C \Rightarrow$

Portanto: $\int \mathbf{[(x^2 - 1)^2/(x^2)]\,dx = \frac{x^3}{3} - 2x - \frac{1}{x} + C}$.

Apêndice B4
A integral definida, conceituada pela soma de Riemann

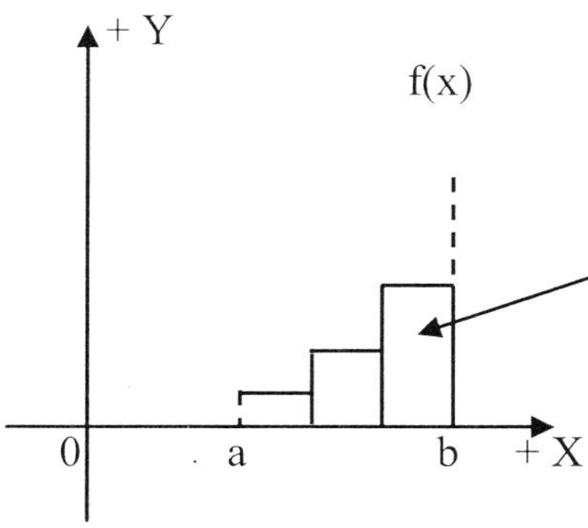

Conceitualmente os retângulos diminuem de largura, até ter a largura de um infinitésimo. A soma das áreas dos infinitos retângulos "equivale" à área S sob a curva, no intervalo [a, b].

Conhecendo-se a função y = f(x), calcula-se a área S indicada, no intervalo a, b, da seguinte forma:

$S = \int_a^b f(x)\, dx$: é uma aplicação da integral definida.

Esse é o conceito da Soma ou integral de Riemann.

A integral definida, como o próprio nome diz, permite a análise de funções e curvas, considerando um determinado intervalo, permitindo que áreas como a Engenharia, executem cálculos de comprimento, áreas e volumes, das mais diversas geometrias, diferentemente da Geometria clássica, que não permite análises onde ocorram taxas de variação. No início desse livro de Pré Cálculo, é feita a pergunta: o que é "Cálculo I"? Para que serve essa disciplina? Na sequência, é citado que o cálculo do volume de uma coluna de líquido, em uma esfera é feito através de uma integral definida, determinada a partir do conceito da soma de Riemann.

B.4.1 Um pouco de história sobre a integral definida. A soma de Riemann (definida como o limite de uma soma de infinitos retângulos)

A integral ou soma de Riemann, criada pelo alemão Georg Friedrich Bernhard Riemann (1826-1866), foi a primeira definição mais precisa da integral de uma função em um determinado intervalo. Embora esse tipo de soma não se aplique a vários casos, é uma das definições mais simples e de maior aplicação do cálculo integral. Para os casos onde não seja possível aplicar a integral de Riemann, podem ser utilizadas outras técnicas desenvolvidas por Riemann e o holandês Thomas Joannes Stieltjes (1856-1894), bem como um método criado pelo francês Henri Léon Lebesgue (1875-1941). É importante relembrar que, simultaneamente, Newton e Leibniz, entre 1666 e 1686, criaram os métodos da integração indefinida, conceituada como antidiferenciação.

A ideia básica de Riemann, mostrada na figura a seguir, foi considerar uma função contínua f(x) não negativa e um intervalo em X, entre as abscissas xa e xb, onde se quer calcular a área S entre a função e o eixo cartesiano das abscissas.

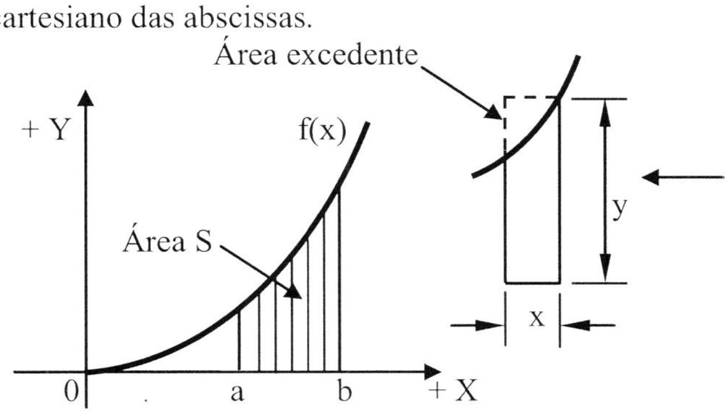

Riemann imaginou a área S, sendo subdivida em retângulos de base x e altura y e, à medida que reduzia a base x, além de reduzir a área de cada retângulo, reduzia a área excedente (tracejada).
No limite, ou seja, quando x tendia ao mínimo infinito, as áreas excedentes se aproximavam de zero, ou seja, a soma das áreas desses infinitos retângulos, se aproximava da área real S, entre a curva e o eixo X.

É baseado nesse conceito, que se define o cálculo da área S pela integral: $S = \int_a^b f(x)\, dx$.

As integrais definidas são aquelas em que dada uma determinada função, ou um determinado problema prático a ser resolvido (por exemplo, a área de um túnel de abertura parabólica, para se calcular o volume de solo a ser escavado), obtemos um número como resposta, diferentemente de uma integral indefinida, cujo resultado é outra função. Esse número, obtido através do cálculo de uma integral definida, é capaz de nos fornecer informações, como a área entre o gráfico da função e o eixo X, ou o perímetro de um trecho de uma função ou curva ou ainda o volume de determinada superfície oriunda de uma função ou curva bidimensional (X, Y) rotacionada e, portanto no espaço R^3 (X, Y, Z).
Em termos conceituais, a análise dos "retângulos" de Riemann, para se chegar ao cálculo do limite, ou seja, da área S, pode ser feita de quatro formas distintas, mostradas a seguir.

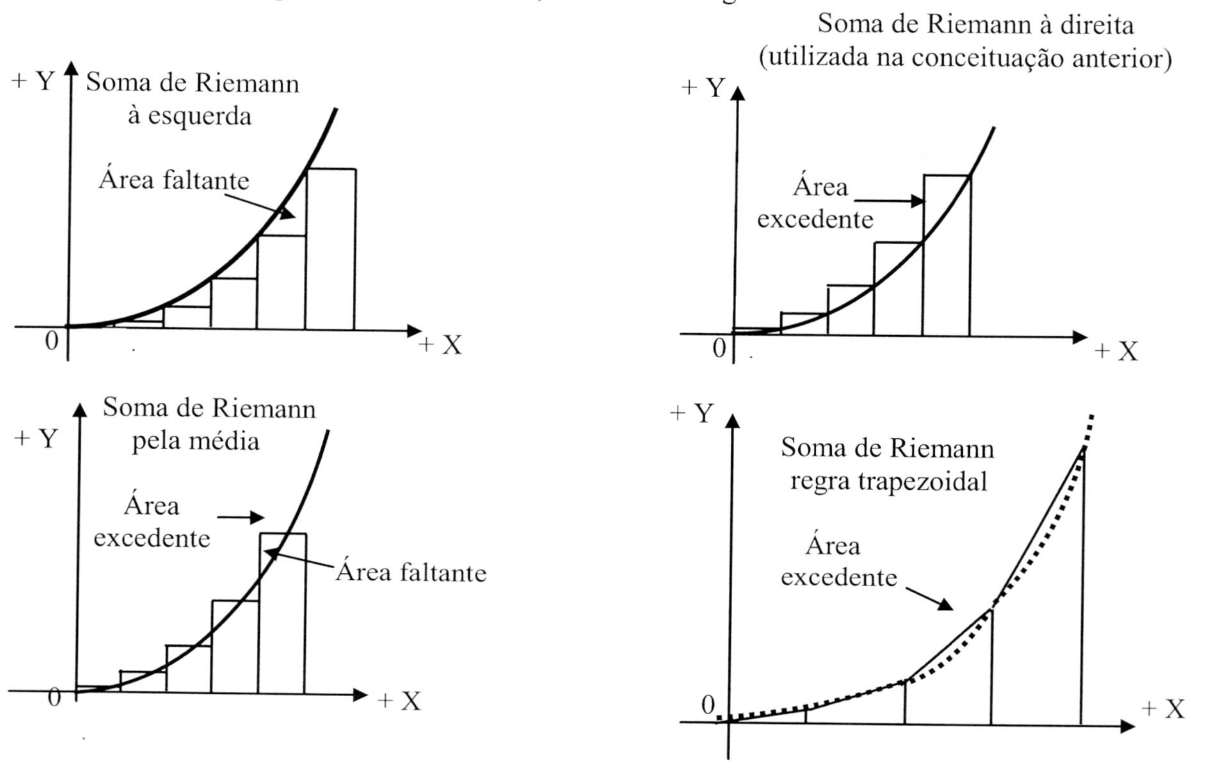

Seja qual for a forma de se posicionar os retângulos, quando se calcula o limite, a área é a mesma.

Considerando a integral de Riemann, como um limite da soma de infinitos retângulos com base Δx e altura f(xi) e de área: $(\Delta x)\,[f(xi)]$, onde i é o retângulo considerado, pode-se escrever a soma ou integral de Riemann, como a seguir, quando i tende ao infinito (número infinito de retângulos):

$$\int_a^b f(x)\,dx. = \lim_{n \to +\infty} \sum_{i=1}^{n} (\Delta x)\,[f(xi)] \qquad \left(\text{Onde } \Delta x = \frac{b-a}{n} \text{ e } xi = a + (\Delta xi)\right)$$

Exercício B.4.1.1) Escrever a integral definida $\int_{\pi}^{2\pi} \cos x\,dx$, como o limite de uma soma de Riemann.

$\Delta x = \frac{b-a}{n} = \frac{2\pi - \pi}{n} = \frac{\pi}{n}.$ Como xi = a + (Δxi), então: $xi = \pi + \frac{\pi i}{n} = \frac{\pi n + \pi i}{n}$. Portanto:

$$\int_{\pi}^{2\pi} \cos x\,dx = \lim_{n \to +\infty} \sum_{i=1}^{n} \left[\left(\frac{\pi}{n}\right) \cos\left(\frac{\pi + \pi i}{n}\right)\right]$$

Exercício B.4.1.2) Baseado no limite da soma de Riemann, calcule a integral da função $y = +x^2$, considerando o intervalo [1, 3]. Mostre a soma numa imagem geométrica.

$$\int_{+1}^{+3} x^2\,dx. = \lim_{n \to +\infty} \sum_{i=1}^{n} \left(\frac{n+2i}{n}\right)^2 \left(\frac{2}{n}\right) = \lim_{n \to +\infty} \frac{2}{n^3} \sum_{i=1}^{n} (n^2 + 4ni + 4i^2) =$$

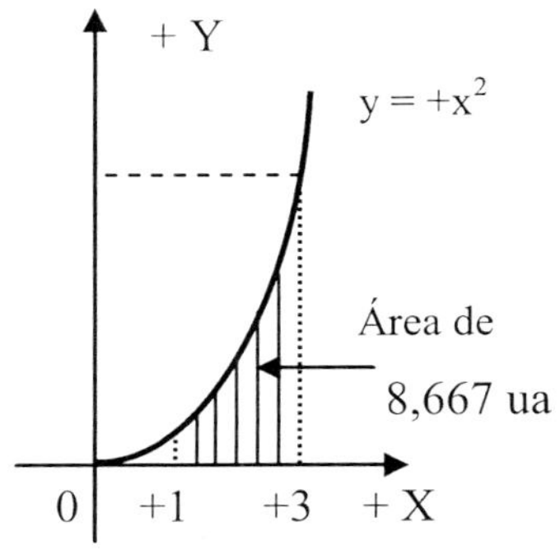

$$= \lim_{n \to +\infty} \frac{2}{n^3}\left[n^2 \sum_{i=1}^{n} 1 + 4n \sum_{i=1}^{n} i + 4 \sum_{i=1}^{n} i^2\right] =$$

$$= \lim_{n \to +\infty} \frac{2}{n^3}\left[n^2\, n + 4n\left(\frac{n(n+1)}{2}\right) + 4n\left(\frac{(n+1)(2n+1)}{6}\right)\right] =$$

$$= \lim_{n \to +\infty} \frac{2}{n^3}\left[n^3 + 2n^3 + 2\,n^2 + 2n\left(\frac{2n^2 + 3n + 1}{3}\right)\right] =$$

$$\int_{+1}^{+3} x^2\,dx = 8{,}667 \text{ unidades de área.}$$

$$= \lim_{n \to +\infty}\left[6 + \frac{4}{n} + \frac{8n^2 + 12n + 4}{3n^2}\right] = \lim_{n \to +\infty}\left[6 + \frac{4}{n} + \frac{8}{3} + \frac{4}{n} + \frac{4}{3n^2}\right] = 6 + 0 + \frac{8}{3} + 0 + 0 = \frac{26}{3} = 8{,}667.$$

O cálculo de uma integral definida, considerada como o limite da soma de infinitos retângulos, ou soma de Riemann, além de trabalhosa, apresenta dificuldades como a escolha correta do intervalo, bem como do valor de "n". A partir do próximo parágrafo as integrais definidas serão analisadas e resolvidas de uma forma mais objetiva e menos trabalhosa, baseando-se nos estudos de Newton e Leibniz, para as integrais indefinidas.

B.4.2 O teorema fundamental do cálculo e a solução de integrais definidas (representando áreas)

Como visto, uma integral definida compreende um intervalo [a, b], sendo resolvida, segundo o teorema fundamental do cálculo, pela diferença entre a integral indefinida em "b" e a indefinida em "a".

Teorema fundamental do cálculo

Esse teorema advém do conceito que diz que a integração e a diferenciação são operações inversas. Ou seja, uma função contínua integrada e depois diferenciada (ou vice versa), volta à função original. Vejamos:

Se $y = +2x$ (função original).

Função original

$$\int 2x\,dx = 2\int x\,dx = 2\left(\frac{x^{1+1}}{1+1}\right) + C = 2\,\frac{x^2}{2} + C = x^2 + C.$$

A derivada é a função original.

Se $y = +x^2 + C \Rightarrow y' = +2x$

Ou seja: a derivada (y') da integral ou antiderivada ($2x\,dx$) é a função original ($+2x$), portanto o teorema pode ser assim enunciado:

Se a função f(x) é contínua no intervalo [a, b], e se F for uma antiderivada (ou integral indefinida) de f(x), no intervalo [a, b], então:

$$\int_a^b f(x)\,dx = F(b) - F(a).$$

F(b) é o valor da integral indefinida, substituindo x por b e F(a) é o valor da integral indefinida, substituindo x por a.

Exercício B.4.2.1) Determinar a integral $\int_1^3 2x\,dx$, fazendo sua interpretação geométrica.

Como: $\int 2x\,dx = x^2 + C$, então: $\int_1^3 2x\,dx = x^2\,]^3 - x^2\,]^1 = 3^2 - 1^2 = 9 - 1 = 8$. (oito unidades de área)

Não existe mais a constante C, pois a sua integral é igual a zero.

Portanto: $\int_1^3 2x\,dx = 8$.

A função y = 2x é uma função linear, mostrada a seguir.

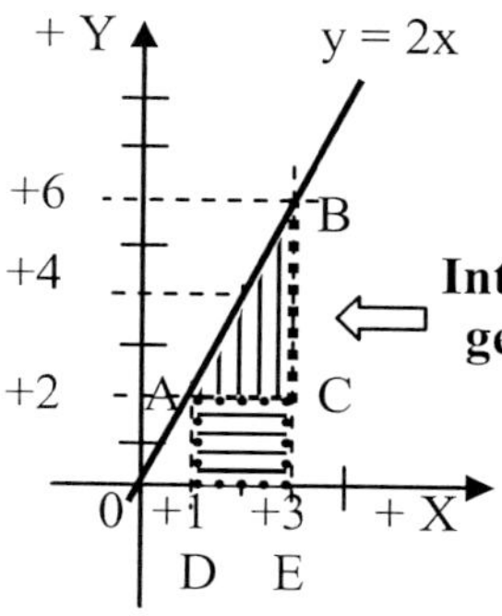

Interpretação geométrica

O valor oito (8), significa a soma das áreas do triângulo ABC e do quadrado ACDE.

Pela imagem geométrica, nota-se que:

Área do triângulo = $\frac{2 \times 4}{2} = 4$.

Área do quadrado = 2 x 2 = 4.

A soma das áreas é igual a 8 (oito) unidades de área.
(Confirma-se a soma ou integral de Riemann)

B.4.3 Cálculo de áreas, para funções no primeiro quadrante. Exercícios resolvidos

Quando a área a ser calculada está toda no primeiro quadrante, aplica-se diretamente o teorema fundamental do cálculo. Quando parte da área a ser calculada ou toda a área estiver em outros quadrantes, ocorre uma troca de sinal.

Exercício B.4.3.1) Determinar: $\int_0^{+2} (+x^2 + 4x + 5)\,dx$, analisando e mostrando sua imagem geométrica.

$$\int_0^{+2} (+x^2 + 4x + 5)\,dx = \int_0^{+2} x^2\,dx + \int_0^{+2} 4x\,dx + \int_0^{+2} 5\,dx = \frac{x^{2+1}}{2+1} + (4)\,\frac{x^{1+1}}{1+1} + 5x = \frac{x^3}{3} + \frac{4x^2}{2} - 5x = +0{,}333x^3 + 2x^2 + 5x.$$

$$\int_0^{+2} (+x^2 + 4x + 5)\,dx = (0{,}333x^3 + 2x^2 + 5x)]^{+2} - \underbrace{(0{,}333x^3 + 2x^2 + 5x)]^0}_{0} = (+0{,}333x^3 + 2x^2 + 5x)]^{+2} = 20{,}664.$$

Essa é a área sob a curva, como mostrada na imagem geométrica adiante.

A imagem Geométrica dessa função, indica ser uma parábola, onde $+x^2 + 4x + 5 = 0$ é sua equação do segundo grau. Como "a" é positivo (a = +1) a cavidade é para cima. Como o discriminante é negativo ($\Delta = b^2 - 4.a.c$), essa parábola não intercepta o eixo X (a equação não tem raízes). As coordenadas cartesianas do vértice, no caso um ponto de mínimo ou inflexão são: $x_V = -b/2a$ e $y_V = -\Delta/4a$. Parâmetros da equação: a = +1, b = +4 e c = +5.

$\Delta = b^2 - 4.a.c = (+4)^2 - (4)(+1)(+5) = 16 - 20 = -4$. Ou seja: $\Delta = -4$.

$x_V = -b/2a = (-4)/(2)(+1) = -2$. Ou seja: $x_V = -2$.

$y_V = -\Delta/4a = -(-4)/(4)(+1) = +1$. $y_V = -\Delta/4a = -(-4)/(4)(+1) = +1$.

Imagem Geométrica do exercício B.4.3.1

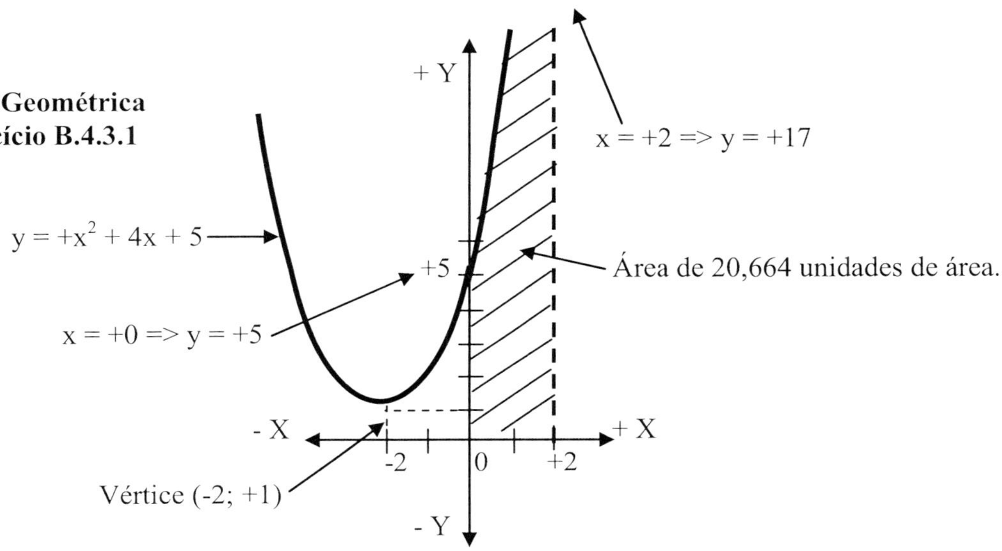

Exercício B.4.3.2) Determinar: $\int_1^4 2\sqrt{x}\,dx$, mostrando sua imagem geométrica.

(unidade de medida em metros).

$$\int_1^4 2\sqrt{x}\,dx = 2\int \sqrt{x}\,dx = 2\int x^{1/2}\,dx = (2)\frac{(x^{1/2+1})}{(1/2+1)} = (2)\frac{(x^{3/2})}{(3/2)} = (2)\frac{(2x^{3/2})}{(3)} = \frac{4x^{3/2}}{3} = 1{,}333\ {}^2\sqrt{x^3} \Rightarrow$$

$$\int_1^4 2\sqrt{x}\,dx = 1{,}333\ {}^2\sqrt{x^3}]^4 - 1{,}333\ {}^2\sqrt{x^3}\ ]^1 = 1{,}333\ {}^2\sqrt{4^3} - 1{,}333\ {}^2\sqrt{1^3} = 1{,}333(\ {}^2\sqrt{64} - {}^2\sqrt{1}) = 1{,}333(7) = 9{,}331.$$

Portanto: $\int_1^4 2\sqrt{x}\,dx = 9{,}331\ m^2$.

Imagem Geométrica do exercício B.4.3.2

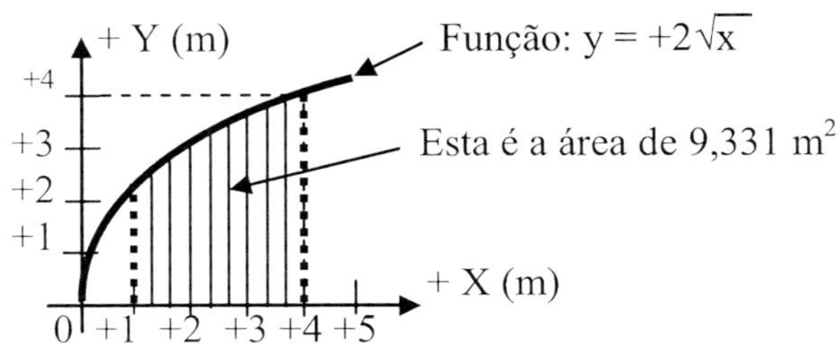

LISTA DE SIGLAS CITADAS NO LIVRO

A seguir são descritas as siglas, citadas no livro, principalmente em exercícios resolvidos e propostos.

AFA – Academia da Força Aérea, SP.
AMAN – Academia Militar das Agulhas Negras, RJ.
CEFET/CE – Centro Federal de Educação Tecnológica do Ceará, CE.
CN – Colégio Naval, RJ.
COPPE/RJ – Coordenação de Programa de Pós Graduação em Engenharia da UFRJ, RJ.
EEAR – Escola de Especialistas de Aeronáutica, SP.
ENEM – Exame Nacional do Ensino Médio.
EN – Escola Naval, RJ.
EsFAO – Escola Academia de Bombeiro Militar Dom Pedro II, RJ.
EsPCEx – Escola Preparatória de Cadetes do Exército, SP.
EsSA – Escola de Sargentos das Armas, SP.
FABES – Faculdade Bhéthencourt da Silva, RJ.
FAETEC – Fundação de Apoio à Escola Técnica, RJ.
FEAGRI – Faculdade de Engenharia Agrícola da UNICAMP, SP.
FRASCE – Faculdade de Reabilitação da ASCE, RJ.
FTESM – Fundação Técnico-Educacional Souza Marques, RJ.
IME – Instituto Militar de Engenharia, RJ.
IME/UERJ – Instituto de Matemática e Estatística da UERJ, RJ.
ITA – Instituto Tecnológico de Aeronáutica, SP.
PUC – RJ – Pontifícia Universidade Católica do Rio de Janeiro, RJ.
PUC – SP – Pontifícia Universidade Católica, SP.
PUC – RS – Pontifícia Universidade Católica do Rio Grande do Sul, RS.
UBM – Centro Universitário de Barra Mansa, RJ.
UCAM – Universidade Cândido Mendes, RJ.
UCS – Universidade de Caxias do Sul, RS.
UERJ – Universidade do Estado do Rio de Janeiro, RJ.
UFF – Universidade Federal Fluminense, RJ.
UFG – Universidade Federal de Goiás, GO.
UFOP – Universidade Federal de Ouro Preto, MG.
UFPB – Universidade Federal da Paraíba, PB.
UFRGS – Universidade Federal do Rio Grande do Sul, RS.
UFRJ – Universidade Federal do Rio de Janeiro, RJ.
UFRN – Universidade Federal do Rio Grande do Norte, RN.
UNIABEU – Centro Universitário da Associação Brasileira de Ensino Universitário, RJ.
UNICAMP – Universidade Estadual de Campinas, SP.
UNIFRA – Universidade Franciscana, RS.
UNIRJ – Centro Universitário do Rio de Janeiro, RJ.
UNISUAM – Centro Universitário Augusto Motta, RJ.
USP – Universidade de São Paulo, SP
USS – Universidade Severino Sombra, RJ.
UniverCidade – Centro Universitário da Cidade, RJ.

Impressão e acabamento
Gráfica da Editora Ciência Moderna Ltda.
Tel: (21) 2201-6662